中国勘察设计发展史

吴奕良　何立山　杨发君　编著

中国建筑工业出版社

图书在版编目（CIP）数据

中国勘察设计发展史 / 吴奕良，何立山，杨发君编著．—北京：中国建筑工业出版社，2022.1（2022.10 重印）
ISBN 978-7-112-26950-1

Ⅰ. ①中… Ⅱ. ①吴… ②何… ③杨… Ⅲ. ①工程勘测-史料-中国 Ⅳ. ①TB22-092

中国版本图书馆 CIP 数据核字（2021）第 270715 号

数千年来，中华民族创造了光辉的建筑文化。万里长城、大运河、明清故宫等，无不反映出博大精深的勘察设计建筑智慧。尤其是中华人民共和国成立以后勘察设计作为工程建设的先导和灵魂，涵盖包括建筑、工业、交通等20多个门类的工程建设全过程的特殊行业，更是得到了蓬勃发展，为社会的文明进步做出了卓越的贡献。本书主要回顾中华人民共和国成立以来勘察设计行业的历史及重大历史事件记录。全书包括：发展历史综述、坚持党的领导、历次重要会议、重大改革溯源、主要发展指标、主要著作简介、发展要事纪实、协会工作回顾、历次表彰名录、启航新的征程。供业内人士参考、借鉴。

责任编辑：李春敏　杨　杰
责任校对：焦　乐

中国勘察设计发展史
吴奕良　何立山　杨发君　编著
*
中国建筑工业出版社出版、发行（北京海淀三里河路9号）
各地新华书店、建筑书店经销
北京蓝色目标企划有限公司制版
北京盛通印刷股份有限公司印刷
*
开本：787毫米×1092毫米　1/16　印张：39¾　字数：771千字
2021年12月第一版　2022年10月第三次印刷
定价：**160.00**元

ISBN 978-7-112-26950-1
（38676）

《中国勘察设计发展史》

编　委　会

《中国勘察设计发展史》

编委会名誉主任、主任、副主任简介

张钦楠 1951年毕业于美国麻省理工学院土木工程系，先后在上海华东建筑设计研究院、北京建筑工程部设计总局、西安中国建筑西北设计研究院、重庆建筑工程部第一综合设计院等从事建筑与工程设计，1980年至1988年在中央机关工作，曾任城乡建设环境保护部设计局局长，中国建筑学会秘书长、副理事长，系美国、英国、俄罗斯、澳大利亚建筑师学会名誉资深会员，教授级高工，享受国务院特殊津贴专家，阿根廷布宜诺艾利斯市的名誉市民。英国《建筑学报》地区编辑，中、日、韩建筑学会联合出版的《建筑理论》中方总编辑。主要著作和译作有:《阅读城市》《特色取胜》《现代建筑——一部批判的历史》《人文主义建筑》等。

丁士昭 1985年获德国达姆斯塔特工业大学土木工程系工学博士学位，同济大学经济与管理学院教授、博士生导师、工程管理研究所名誉所长。1991年创立“同济大学工程管理研究所”，主要从事工程项目管理、建筑经济、建设项目策划及工程管理信息化等方面的研究。曾任高等教育工程管理专业评估委员会主任、高等学校工程管理学科专业指导委员会副主任、国际建设管理会（IAPMC）副主席、英国特许建造学会（CIOB）中国代表、CIOB中国管理委员会主任、美国建设教育委员会（ACCE）会员、中国建筑学会建筑经济分会常务理事、中国建筑学会工程管理分会理事长。数十年来，有多项科研成果和多部重要著作，为工程项目管理理论的引入及创新和发展、中国建筑业体制及法治和机制改革、工程管理专业教育体系建设和人才培养、国家建设领域执业资格制度建立等做出了重要贡献。

何镜堂　建筑学家，中国工程院院士，全国工程勘察设计大师，首届“梁思成建筑奖”获得者。现任华南理工大学建筑学院名誉院长、建筑设计研究院董事长、首席总建筑师、教授、博士生导师，曾兼任国家教育建筑专家委员会主任，亚热带建筑科学国家重点实验室学术委员会主任，全国第九、第十届政协委员，获中华人民共和国成立70周年“全国最美奋斗者”“全国先进工作者”和“全国优秀教师”等称号，长期从事建筑设计、教学和研究工作，创立“两观三性”建筑论，坚持中国特色创作道路，探索出产、学、研三结合发展模式，主持设计了一大批在国内外有较大影响的优秀作品，先后获国家和省部级优秀设计一、二等奖200多项，在《建筑学报》发表学术论文50余篇，共培养博士、博士后136名，曾受邀在哈佛大学、米兰理工大学、威尼斯建筑学院、奥克兰大学等以及美国、英国、意大利、西班牙等国家和地区进行专业学术讲座。

朱长喜　中国勘察设计协会理事长，高级工程师。原任国家计委设计管理局副主任科员，建设部勘察设计司、质量安全司副处长、处长，住房城乡建设部稽查办副主任、直属机关纪委书记、城管监督局局长。长期从事勘察设计行业管理工作，曾参与《建设工程质量管理条例》《建设工程勘察设计管理条例》《建设工程勘察质量管理办法》《建设工程质量检测管理办法》等法律法规的起草工作，以及勘察设计收费、资质管理、工程总承包、质量管理、技术标准、勘察设计评优、全国工程勘察设计大师评选等制度设计和实施工作。随后参与住房城乡建设部有关稽查和主持城市管理工作，建立了城市综合管理服务平台，制定了城市管理评价指标体系和城市管理“干净、整洁、有序、安全”标准体系等。

孙丽丽　中国工程院院士，全国工程勘察设计大师。现任中石化炼化工程（集团）股份有限公司董事长、党委书记，中国石化工程建设有限公司执行董事、党委书记。长期致力于石化工程技术、设计和管理的研究与实践，提出了“融合共生”的工程管理思想，构建了石化工程整体化管理模式；开发了高效环保芳烃集成设计技术，在芳烃自主技术工程创新上填补了国内空白；主持设计建成了我国首套自主技术芳烃联合装置、首座单系列千万吨级炼油厂、世界第二大高酸天然气净化厂和沙特延布 2000 万吨 / 年炼油厂等多项境内外标志性石化工程。获国家科技进步特等奖 2 项、二等奖 2 项；获省部级科技进步特等奖 1 项、一等奖 12 项；获何梁何利基金科学与技术创新奖；获授权专利 45 项；出版专著 5 部，发表学术论文 60 余篇。

沈小克　原北京市勘察设计研究院院长兼总工程师，北京市勘察设计研究院有限公司董事长、技术委员会主任，国际土力学及岩土工程学会委员会委员，中国土木工程学会土力学及岩土工程分会副理事长，挪威科技大学土木与环境工程学院岩土工程系访问学者，国际土力学及岩土工程学会（ISSMGE）TC16 委员会委员，现任北京市勘察设计研究院有限公司顾问总工程师，北京市道路与市政管线地下病害工程技术研究中心主任，中国勘察设计协会副理事长、岩土工程与工程测量分会会长，中国建筑业协会专家委员会副主任，住房城乡建设部建筑地基基础标准化技术委员会副主任，北京岩土工程协会会长，《工程勘察》和《勘察科学技术》编委会副主任，北京市突出贡献专家，茅以升科学技术奖土力学及岩土工程大奖获得者，教授级高工，全国工程勘察设计大师，享受国务院特殊津贴专家。

《中国勘察设计发展史》

编著者简介

吴奕良 高级工程师，美国注册建筑师委员会杰出贡献奖获得者，总部设在伦敦的结构工程师学会（国际）名誉会员。原任兰州化学工业公司科长、处长，石化部化肥司处长、国家建委化轻局处长、国家经委化轻局副局长、国家计委基建综合局副局长、国家计委委员兼设计局局长、建设部勘察设计司司长、全国注册建筑师和注册结构工程师管理委员会主任、中国勘察设计协会理事长、名誉理事长。曾参与苏联援建和国家引进项目、中央援藏工程和国家重点工程等项目的建设，数十年来主持全国勘察设计体制改革工作，积极推动行业实行企业化、市场化、社会化、信息化和现代企业制度，以及推行工程总承包、全过程工程咨询服务、岩土工程体制、执业资格注册制度、建筑师负责制和组建行业协会等方面的改革发展。组织撰写和编著出版多部指导行业发展的书籍，并发表了诸多论文。

何立山 教授级高工，享受国务院特殊津贴专家，现为中国管理科学院商学院客座教授、企业创新研究所学术委员及研究员。曾在化工部第五设计院工作 15 年，任设计室主任、院计划科科长、技术科科长，在化工部基建局工作 10 年，任副处长、副局长，后任中国化学工程总公司副总经理、中国化工勘察设计协会副理事长，在中国寰球工程有限公司工作 14 年，任总经理，任中国勘察设计协会、中国工程咨询协会、中国国际工程咨询协会副理事长，在北京中寰工程项目管理有限公司工作 5 年，任董事长。曾主持化工系统勘察设计体制改革及最早创建工程公司、实行工程总承包的试点工作，组建我国同业协会中最早成立的中国化工勘察设计协会，推动寰球公司企业化改革，成为全国第一家“事改企”的设计单位，并使寰球公司第一批由设计单位改造成为国际工程公司，作为主发起人组建了国内第一家工程项目管理公司。出版多部促进行业改革发展的书籍，发表过多篇论文。

杨发君　教授级高工，现任伊朗 STSC 公司总经理、北京中伊科技有限公司总经理。原任化工部基建局主任科员、中国化学工程（集团）总公司设计管理部主任、中国寰球工程有限公司副总经济师、北京中寰工程项目管理有限公司总经理、北京中海景环境科技产业发展有限公司总经理等职。从事勘察设计管理工作近 20 年，参与和组织推动化工部直属化工勘察设计单位体制改革、创建国际型工程公司、实行工程总承包和岩土工程体制以及企业化、市场化、社会化、信息化和现代企业制度的改革工作。20 世纪 80 年代，在日本国际石油技术交流中心和日本千代田建设株式会社学习“工程项目管理与控制”，近 20 年来一直从事工程项目管理研究与实践。参与或作为主要撰写人编写出版了多部工程项目管理等方面的书籍，发表过多篇勘察设计体制改革等方面的论文。

《中国勘察设计发展史》

鸣谢支持单位

（排名不分先后）

中国建筑业协会
中国建筑学会
中国建设监理协会
中国建设工程造价管理协会
北京中设认证服务有限公司
北京筑信筑衡工程设计顾问有限公司
杭州园林设计院股份有限公司
清华大学建筑设计研究院
同济大学工程管理研究所
华南理工大学建筑设计研究院有限公司
《建筑时报》
《中国勘察设计》杂志社
《建筑设计管理》杂志社
中国电力规划设计协会
中国石油和化工勘察设计协会
中国机械勘察设计协会
中国武汉工程设计产业联盟
北京工程勘察设计行业协会
上海市勘察设计行业协会
天津市勘察设计协会
重庆市勘察设计协会
辽宁省勘察设计协会
陕西省勘察设计协会
新疆维吾尔自治区勘察设计协会
四川省勘察设计协会
江苏省勘察设计行业协会
安徽省工程勘察设计协会
广东省勘察设计协会

贺　词

欣闻中国勘察设计协会组织业内资深专家撰写的《中国勘察设计发展史》正式出版，这是一件好事。勘察设计是国民经济发展的重要环节，是工程建设的先导和灵魂，是把科学技术成果转化为现实生产力的桥梁和纽带。70年来，特别是改革开放以来，勘察设计行业发生了巨大的变化，为我国社会主义建设做出了卓越的贡献。

《中国勘察设计发展史》记载了我国勘察设计行业可歌可泣的发展历史，全面详尽；展望了新时代新使命的光辉未来，催人奋进。对它的出版表示祝贺！

希望勘察设计行业在习近平新时代中国特色社会主义思想指引下，以《中华人民共和国国民经济和社会发展第十四个五年规划和2035远景目标纲要》和国务院《关于促进建筑业持续健康发展的意见》为引领，坚定不移地贯彻“创新、协调、绿色、开放、共享”新发展理念，坚决落实“适用、经济、绿色、美观”的建筑方针，为全面实现社会主义建设事业高质量发展谱写新篇章。

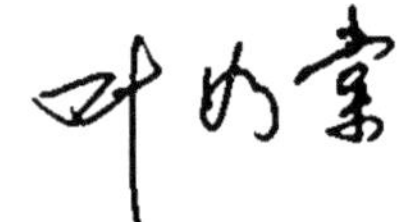

（原城乡建设环境保护部部长、第十届全国人大环境与资源委员会副主任委员）

2021年12月

序

新中国成立以来，在党的坚强领导下，勘察设计行业历经风雨，从无到有，从小到大，从大到强，完成了一大批技术水平高、经济效益好、令世人瞩目重大工程的勘察设计，为我国社会主义建设做出了重要贡献。

习近平总书记强调:“以史为镜、以史明志、知史爱党、知史爱国。”在建党 100 周年之际，中国勘察设计协会原理事长吴奕良等组织业内专家撰写了《中国勘察设计发展史》，详实记述了新中国成立 70 多年来勘察设计行业的创建、成长、改革、壮大的发展历史；总结了 70 多年来特别是改革开放以来的变化和成就；展望了迈向第二个一百年新征程行业发展的美好远景。令亲历者重温当年的建设场景和战斗岁月而无比感慨；令年轻的勘察设计工作者面对振兴中华的宏伟目标和改革开放的大好机遇而备受鼓舞。

《中国勘察设计发展史》出版是一件好事。它会使人了解行业沿革，起到读古鉴今的作用。

展望未来，勘察设计行业和广大从业者，要在习近平新时代中国特色社会主义思想指引下，“不忘初心，牢记使命”，弘扬百年光辉路，开启发展新征程，在新中国成立 100 年时，实现几代勘察设计人的现代化梦想，为建设社会主义强国作出更大的新贡献。

宋长春

中国勘察设计协会理事长

2021 年 12 月

前　言

建党经历一百载，华夏盛世在今朝。在举国同庆建党百年之际，中国勘察设计协会组织业内资深专家，对收集的近百年来勘察设计发展的历史资料进行分析、总结和提炼，坚持客观严谨的科学态度和忠于史实的求实精神，撰写了《中国勘察设计发展史》，重点反映辉煌成就和行业发展的总体趋势，是我国工程建设和建筑业发展史的缩影。全书共 10 章和两个附录。

第一章　发展历史综述　包括古代、近代和新中国成立后三个部分。简述了中华文明和新中国成立前的工程建设成果，全面叙述了新中国成立后我国勘察设计发展的历史概貌和发展过程，分为四个阶段：百废待兴（1949 ～ 1957 年）;激流勇进（1958 ～ 1977 年）;改革发展（1978 ～ 2011 年）;开创未来（2012 年～）。客观地反映了我国勘察设计发展的艰难历程和取得的辉煌成就。

第二章　坚持党的领导　新中国成立 70 多年来，中央领导始终对勘察设计行业的发展十分关心和高度重视，国务院始终设有专门的行政管理部门负责勘察设计行业的管理，对工程建设和勘察设计行业的发展起到了极为重要的关键作用。在勘察设计行业成长过程中也一直得到国家主要媒体的关注和支持。始终坚定不移地坚持党的领导，成就了行业快速、持续、健康发展的辉煌伟业。

第三章　历次重要会议　在 70 多年的发展历程中，中央一直高度重视勘察设计工作，在社会主义建设的关键时期，先后共召开了 14 次全国性勘察设计工作会议，每次都有党和国家重要领导人出席，并作重要指示，对我国勘察设计的快速健康发展起到了极为重要的关键作用。本章着重介绍了这 14 次全国性勘察设计工作会议召开的时间、会议主题、会议成果等情况。

第四章　重大改革溯源　党的十一届三中全会以来，全国勘察设计咨询业在各个方面实施了一系列的改革。其中实行企业化、市场化、社会化、信息化、现代企业制度、工程总承包体制、工程咨询服务、岩土工程体制、执业注册制度、建筑师负责制等 10 项重大改革，取得了历史性突破和丰硕的成果，为我国社会主义现代化建设做出了重要贡献。本章对以上重大改革的过程、取得的重要成果进行了客观阐述。

第五章　主要发展指标　自 1995 年起，勘察设计行政主管部门每年在各单位年报的基础上进行综合统计，发布年度全国勘察设计统计公报，内容包括企业总体情况、从业人员、业务、财务、科技活动等情况。本章汇集了自

1995 ～ 2020 年的公报数据，充分说明，各项技术经济指标随着勘察设计单位的各项重大改革的不断深入发展而得以快速增长。

第六章　主要著作简介　改革开放 40 多年来，有关行业组织、先行一步改革的单位和业内的专家学者，借鉴国际先进经验，不断总结自身实践，探索工程建设客观规律，加强理论研究和实践指导，陆续编写出版了许多著作。这些著作的出版发行，为工程勘察设计咨询业创建国际型工程企业、推行全过程工程咨询和工程总承包体制及岩土工程体制、提高工程项目科学管理和专业技术水平等，提供了积极的理论指导和实用的操作指南，有效地促进了我国基本建设管理体制改革。本章重点介绍了 33 本主要著作。

第七章　发展要事纪实　在 70 多年的奋斗历程中，党和政府领导和指引着勘察设计咨询业的发展，留下了无数光辉的历史瞬间。记录历史，展现勘察设计咨询业从无到有、从小到大、从大到强的一幅幅历史画面和取得的辉煌成就。本章编录了新中国成立以来，充分反映我国勘察设计发展历程的绝大多数重要活动。

第八章　协会工作回顾　中国勘察设计协会于 1985 年成立，标志着中国勘察设计行业管理由传统的单一行政管理，开始朝向政府部门依法主导与行业协会自律管理相结合、进而向行业协会管理与自律运行的目标变革。本章从十个方面回顾了中国勘察设计协会成立 36 年来取得的发展成绩，着重记述了行业协会的多项重大活动。

第九章　历次表彰名录　本章收录了国家发明奖、国家科学技术进步奖、全国科学大会奖获奖行业和项目统计，以及历次全国工程勘察设计大师、梁思成建筑奖、全国优秀勘察设计企业家（院长）、全国最佳工程设计特奖、优秀工程勘察项目奖、优秀工程设计项目奖、优秀计算机软件奖、优秀标准设计奖，优秀勘察设计企业奖、优秀工程总承包和项目管理奖等各届评选结果，对调动广大勘察设计咨询人员的创造性和积极性，起到了重要的作用。

第十章　启航新的征程　本章是对行业启航新征程的展望，重点阐述了我国勘察设计发展必须毫不动摇地坚持加强党的全面领导、坚持服务方式转型发展、坚持深化改革创新发展、坚持国内外双循环发展、坚持经济绿色低碳发展、坚持设计主导工程全过程发展、坚持完善的市场化发展和坚持政府引领行业发展。通过五年、十五年乃至更长时期的努力，在新中国成立 100 周年时，实现由勘察设计咨询大国成为勘察设计咨询强国的转变。

附录一　主要文件汇集　新中国成立以来，党中央、国务院和各部委在各个不同的历史阶段为勘察设计业的发展，制定了一系列重要方针政策、法律法规、改革方案、指导意见与实施措施。本文集中收录了自 1950 ～ 2020 年以来共 352 份上述文件名称，以便在研究发展史时查阅。

附录二　重要文件选编　重点收录了改革开放以来勘察设计发展的各个关

键时期，中央、全国人大、国务院及各有关主管部门颁发的关于勘察设计咨询业改革创新发展的方针政策、法律法规、规章制度、指导意见、五年发展规划等重要文件 41 份。其中绝大多数文件至今还指导着行业的深化改革和加快发展，对启航行业新征程具有重大意义。

《中国勘察设计发展史》融理论与实践于一体，以论述和纪实相结合，内容详尽，覆盖我国工程勘察设计咨询业的整个发展阶段和各个方面，是一部温故知新、继往开来、求真务实、内涵丰富、充满激情的行业发展真实记录，是一部勘察设计行业大全，是业内企业管理、追求改革创新、研究行业发展和关心我国工程建设事业的人士不可或缺的参考文献，也是目前我国唯一的一部中国勘察设计发展史，有助于回顾我国工程勘察设计咨询业的发展历程，有益于启迪开创我国中国特色社会主义新时代工程勘察设计咨询业的新局面。值得一读。

中国勘察设计协会第六届、第七届副理事长，
第五届、第六届秘书长
2021 年 12 月

目　　录

第一章　发展历史综述

数千年来，中华民族以不屈不挠的顽强意志、勇于探索的精神和卓越的聪明才智，谱写了波澜壮阔的历史画卷，也创造了光辉的建筑文化。万里长城、大运河、明清故宫等，无不反映出博大精深的勘察设计建筑智慧。尤其是新中国成立以后，泱泱中华，薪火相传，勘察设计作为工程建设的先导和灵魂，涵盖包括建筑、工业、交通等 20 多个门类的工程建设全过程的特殊行业，更是得到了蓬勃发展，为社会的文明进步做出了卓越的贡献。

一、泱泱中华，沉淀灿烂的建筑文化（1840 年前）

在奴隶社会的商周时期，各地开始出现规模较大的不同建筑风格的宫殿和陵墓，以及以宫、室为中心的大小城市。与此同时，木构架也逐渐成为中国古代建筑的结构方式。建于公元前 1600 年前，采用大型夯土台基、木骨为架、草泥为皮、四坡出檐的大型木构建筑的早商宫殿遗址，是目前发现的最早能体现我国古人勘察设计智慧的作品。随着公元 5 世纪左右封建社会的进一步发展，新的生产关系和中央集权的逐步建立，经济趋于繁荣，社会相对稳定，故而有能力修建起规模空前的宫殿、陵墓、长城、驰道和水利工程等，建筑技术有了长足发展，建筑艺术形态日渐成熟。汉代时，中国古代建筑的一些典型特征已基本形成，而后经过 500 多年的发展演变，至唐宋时代中国古代建筑发展到了顶峰，出现了当时世界上最大、规划最严密的都城——长安城。

始建于春秋战国时期（公元前 770 年～前 476 年）长城

古代的“四大工程”举世闻名：始建于战国时代的万里长城，规模宏伟，是中国古代的第一军事工程；公元前256年李冰父子修建的都江堰水利工程，以其规模宏大、选址和设计科学、工程艰巨，兼有灌溉、防洪、航运以及城市供水等多种用途，历经两千多年而至今效益不衰，被誉为世界上最古老的生态工程；始建于春秋时期的京杭大运河，是历经世界上里程最长的古代运河，也是最古老的运河之一，并且使用至今，是中国古代劳动人民创造的一项伟大工程；建于隋代大业年间（公元605年至618年）的赵州桥，由著名匠师李春设计建造，是世界上现存年代久远、跨度最大、保存最完整的单孔坦弧敞肩石拱桥，其建造工艺独特，在世界桥梁史上首创“敞肩拱”结构形式，具有较高的科学研究价值。

到封建社会晚期的明清时代，中国古建筑在某些方面更趋完美，但同时也走向衰微。著名的明清“北京城”是在元大都城的基础上改、扩建而成，中国古代以宫室为中心的都城规划思想在此得到了最完整、最精彩的体现，其建筑群体布局艺术可谓臻于化境。世界上现存规模最大、最完整的木结构建造群——紫禁城，选址在有效规避洪水灾害的地貌单元之中，宏大的建筑群和城墙稳稳地坐落在施工精细、厚度不等、由不同材料组合填筑的人工地基垫层之上，显示着各专业匠师们的卓越成就，是中国古代建筑最高水平的体现。历经500多年传承而来的土楼，是闽派建筑的典型代表，将生土夯筑技术发挥到极致，单体建筑规模宏大精细，工程技术高超，文化内涵丰富，地堡式独特建筑风格坚固无比，既可防火防震，亦可御敌入侵。此外，在明清时代，中国各少数民族的建筑也有了相当的发展，现存的著名建筑有西藏拉萨的“布达拉宫”、日喀则的“扎什伦布寺”，以及云南傣族的“缅寺”、贵州侗族的“风雨桥”等，形成了各民族建筑群芳吐艳、异彩纷呈的景象。始于商周时代的中国园林，至明清时也达到了极度的艺术境界，著名的皇家园林有圆明园、颐和园、北海、承德避暑山庄等，私家园林则以江南的苏州、扬州等地最为兴盛，名园佳作不胜枚举。

中国古代有很多著名的建筑著作，其中城市著作有《考工记》，建筑条例著作有宋代李诫《营造法式》、清代《清工部工程做法则例》，是工程设计、结构、用料和施工规范性和示范性的珍贵文献。园林著作有《园冶》。著名的匠人有隋朝宇文恺、宋朝李诫、明朝蒯祥、清朝样式雷。

中国建筑是东方哲学和文化的载体，历史悠久，成就辉煌，不仅具有极高的文化内涵，而且在平面和外观上也能给人生动而具体的美感，在社会历史进化的过程中，已经逐步完善成熟并自成体系，成为独有东方特色的一面旗帜，其独特的风貌在世界建筑史画卷中闪现着耀眼的光华。古建筑是祖先留给中华民族的珍宝，犹如一颗璀璨的明珠镶嵌在华夏之上。

故宫建筑（建于 1406 ～ 1420 年）

二、盛极而衰，忧患近代的屈辱前行（1840 ～ 1949 年）

至明清两代，封建社会盛极而衰，并最终步入多灾多难的近代社会。中国在这个时期的建筑处于承上启下、中西交汇、新旧接替的过渡时期，也是中国建筑发展史上一个急剧变化的时期，大致可分为四个阶段：

（一）鸦片战争到甲午战争（1840 ～ 1895 年）

这是西方近代建筑开始传入中国的阶段。一方面是帝国主义者在中国通商口岸租界区内大批建造各种新型建筑，如领事馆、洋行、银行、住宅、饭店等，在内地也零星地出现了教堂建筑，当时称为“殖民式建筑”。另一方面是洋务派和民族资本家为创办新型企业所营建的房屋、工厂，这些建筑多数仍是手工业作坊那样的木构架结构，小部分引进了砖木混合结构的西式建筑。上述两方面的建筑虽然为数不多，但标志着中国建筑开始酝酿新建筑体系。这个阶段，中国资本主义工业开始兴起，1865 年，江南造船厂的前身——江南机器制造总局的创建，揭开了中国近代民族工业的历史。早期著名的企业主要有“三厂一坊”，到甲午战争前，实存的商办近代企业 260 家，大部分是轻工业，主要分布在上海、广东、天津等沿海地区。1881 年 5 月开工兴建、11 月完工的唐胥铁路，起自唐山，止于胥各庄（今河北省唐山市丰南区），长 9.3 千米。现为北京至沈阳铁路的一段。轨距为 1435 毫米，采用每米重 15 千克的钢轨。这条铁路有利于当时开平煤矿的煤运。1887 年唐胥铁路延修至芦台，1888 年再建至天津，全长130千米，命名为“津唐铁路”，是中国自建的第一条标准轨运货铁路。

（二）甲午战争到五四运动（1895～1919年）

这是西式建筑影响扩大和新建筑体系初步形成的阶段。19世纪90年代前后，帝国主义国家纷纷在中国设银行、办工厂、开矿山，争夺铁路修建权。火车站建筑陆续出现，厂房建筑数量增多，银行建筑引人注目。第一次世界大战期间中国民族资本如轻工业、商业、金融业都有长足发展。引进西式建筑，成为中国工商事业和城市生活的普遍需求。在这个时期，中国近代居住建筑、工业建筑、公共建筑的主要类型已大体齐备。水泥、玻璃、机制砖瓦等近代建筑材料的生产能力有了初步发展。有了较多的砖石钢骨混合结构，初步使用了钢筋混凝土结构。辛亥革命后为数不多的在国外学习建筑设计的留学生学成归国，中国有了第一批建筑师，奋发有为的中国工程建设精英也曾自主设计、建造出一些杰出的至今还在使用的建设工程，如詹天佑主持设计、修建的京张铁路，以及南京大学北大楼、东大楼、图书馆、小礼堂等建筑，中西合璧，十分经典。

京张铁路（1909年竣工）

甲午战败，为支付巨额赔款，解决财政危机，迫使清政府放宽对民间办厂的限制，于是中国出现了兴办工业的热潮。甲午战火刚刚熄灭，列强便纷纷抢夺修筑铁路、开采矿山和建立工厂的权利，也刺激了民族工业的发展，很多的民族企业应运而生。1895 年，近代民族资本家张謇在江苏南通开始筹办旧中国著名的私营棉纺织企业。辛亥革命后，中国近代民族工业经历了短暂繁荣的黄金时期，从 1912 ～ 1919 年，中国新建厂矿达 600 多家，其中发展最快的是纺织业和面粉业，仅袜厂，1916 ～ 1922 年就开办了 10 家。荣宗敬、荣德生系统的面粉厂，到 1917 年市场占有率竟达到 40% 以上。此外，火柴、毛纺织、榨油、造纸、玻璃等轻工业，都有一定的发展。我国的民族搪瓷业、玻璃业、橡胶业等也是在此时创立起来的。1914 年，范旭东在天津塘沽创办久大精盐公司；1915 年广东兄弟创制橡胶公司成立，为国内第一家橡胶生产厂；同年，中国第一家造漆厂——上海开林造漆颜料厂创办；1917 年，范旭东等发起成立永利制碱公司；1918 年，河南巩县兵工厂在国内首家使用接触法制取硫酸；1919 年，青岛维新化学工艺社成立，被称为“民族染料第一家”。这个阶段，中国民族工业有了初步发展，但基本上是轻工业，仅有少量化学工业和其他门类的工业项目，地区分布也不平衡，主要集中在沿海大城市。

（三）五四运动到抗日战争爆发（1919 ～ 1931 年）

这是中国近代建筑事业繁荣发展的阶段。20 世纪 20 ～ 30 年代，上海、天津、北京、南京等大城市和一些省会城市，建筑活动日益增多。南京、上海分别制定了《首都计划》和《大上海都市计划》，建造了一批行政建筑、文化建筑、居住建筑。上海、天津、广州、汉口和东北的一些城市，新建了一批近代化水平较高的高楼大厦，特别是上海，这个时期出现了 28 座十层以上的高层建筑。建筑技术有较大进步，许多高层、大型、大跨度、复杂的工程达到很高的施工质量。一部分建筑在设计上和技术设备上已接近当时国外的先进水平。从国外留学归国的建筑师纷纷成立中国建筑师事务所，并且在中等和高等学校中设立建筑专业，引进和传播发达国家的建筑技术和创作思想。1927 年成立了中国建筑师学会和上海市建筑协会，分别出版了专业刊物《中国建筑》（1932 年创刊）和《建筑月刊》（1932 年创刊）。1929 年成立了中国营造学社，建筑学家梁思成、刘敦桢在学社进行的研究工作，为中国建筑史学科奠定了基础。中国近代建筑在这一阶段不只是单纯地引进西方建筑，而且是结合中国实际创作出一些有中国特色的近代建筑，如吕彦直设计的广州中山纪念堂、南京中山陵；李宗侃设计的南京天文台等，以及北京大学办公楼、民主楼、西校门等中西合璧的建筑。但我国自己的勘察设计技术标准体系没有形成，在实践中主要是参用欧美标准。

1923 年，天津味精制造厂成立，是中国第一家自己创办的味精厂；1926 年，永利碱厂生产出优质的“红三角”牌纯碱；同年，在美国费城万国博览会上获金质奖章，被誉为“中国工业进步的象征”；1929 年，天原电化厂在上海成立，是中国第一家电解化学工厂；同年，得利三酸厂总厂在天津河东建成，是我国首家民办酸厂等。民族工业又有了进一步的发展。

（四）抗战爆发到中华人民共和国成立（1931 ～ 1949 年）

这是中国近代建筑的停滞时期。在抗日战争初期，中国的建筑师们面临错综复杂的执业环境，表现出顽强的适应性，完成了一些流传至今的典型作品，如徐敬直主持设计的南京博物院、茅以升主持设计和建造的钱塘江大桥、中山大学牌楼等建筑，尤其是武汉大学建筑群，气势恢宏，布局精巧，中西合璧，美轮美奂，是中国近代史上唯一完整规划和统筹设计，并在较短时间内一气呵成的大学校园。抗日战争的中后期，中国的建筑业处于萧条状态。第二次世界大战结束后，许多国家积极进行战后建设，建筑活动十分活跃。通过西方建筑书刊的传播和少数新归国建筑师的介绍，中国建筑师较多地接触到国外现代建筑思潮。而这时期中国处在国内战争环境中，建筑活动很少，现代建筑思潮对中国的建筑实践没有产生多大影响。

武汉大学建筑（建于 20 世纪 30 年代）

国民政府统治时期，帝国主义和官僚资本的双重压迫，使中国民族工业日益萎缩。为达到长期占领的目的，日本在沦陷区进行野蛮掠夺，同时也新建了许多厂矿；四大家族在国统区加强对工业的垄断，尤其是钢铁工业的官僚资本占有明显优势，中国民族工业遭到破产。解放战争时期，国民党为了进行内战，空前出卖国家主权。1946 年 11 月，国民党同美国签订了所谓《中美友好通商航海条约》，导致美国货充斥中国市场，民族工商业受到毁灭性打击。

近代以来，中国内忧外患、饱受欺凌。中国共产党诞生以后，始终把中国的建设事业作为中国共产党“初心和使命”的重要组成部分，第一个全国性红色政权中华苏维埃共和国时期建设的临时中央政府大礼堂，以及延安时期的延安飞机场建设、学校建设、工厂建设、市政建设、中央大礼堂、中央办公楼、中央党校礼堂、陕甘宁边区政府、陕甘宁边区银行大楼建设等，都体现了党领导建设事业的艰辛探索。革命先辈留下的艰苦创业、勇于创新、无私奉献、精益求精的革命精神，仍是我们今天宝贵的精神财富。

三、薪火相传，迎来辉煌的发展伟业（1949 年后）

中华人民共和国成立后，我国的勘察设计才被真正当作为一门科学和一个行业得以快速发展，取得长足进步，特别是改革开放以来，变化巨大，成就斐然。为了系统和全面反映 70 年来的历史概貌，将我国勘察设计的发展过程，分为四个阶段进行简述：百废待兴（1949 ～ 1957 年）；激流勇进（1958 ～ 1977 年）；改革发展（1978 ～ 2011 年）；开创未来（2012 年～）。

（一）百废待兴（1949 ～ 1957 年）

1949 ～ 1957 年，是中华人民共和国成立后用三年时间进行国民经济恢复工作，至第一个五年计划完成的时期。经过这一时期，中国共产党领导全国各族人民有步骤地实现了从新民主主义到社会主义的转变。这一阶段，百废待兴，我国勘察设计经历了创建队伍、学习模仿、建章立制、提高本领的过程。

为了适应恢复生产和发展经济的迫切需要，按照当时中央财政经济委员会的要求，一些地区开始筹建勘察设计机构。一是把私营的土木建筑设计事务所收归国有；二是从国有企业抽调一批有经验的技术人员；三是配备一批管理干部；四是分配一批大专院校毕业生；五是组织各种专业的培训班。在此期间，留学欧美、毅然投身新中国建设的专家学者在其中发挥了重要的作用，如成立于 1953 年、由著名桥梁工程专家茅以升和清华大学陈梁生教授主持的中国土木工程学会北京分会土工组（现中国土木工程学会土力学及岩土工程分会的前身），针对勘察设计的需要，积极主办工程勘察、地基基础设计系列专题讲座，授课专家包括茅以升、陈梁生、卢肇钧、黄强、陈仲颐、陈志德、张国霞、张咸恭、饶鸿雁、洪锡铭等。东北、华东等有一定工业基础的地区的工业部门和大型新厂的筹建机构，较早地成立了一些规模不等的机械、钢铁、化工、铁道等工程设计机构和建筑设计队伍。同时，有的地区成立了钻探队、测量队、土工试验室，为原有工厂企业的恢复、改建、扩建、迁建和少数新建项目，自行摸索进行了小规模的勘察设计。到 1952 年末，勘察设计队伍从无到有，达到 2.3 万人。

三年国民经济恢复之后，国家制定了 1953 ～ 1957 年发展国民经济的第一个五年计划。接着，苏联先后向我国提供了 3 亿美元和 5 亿卢布的长期低息贷款，派出了 3000 多位专家和顾问来华，按苏联技术标准帮助我国建设 156 个项目。在苏联援建的项目中，实际施工的有150项，其中军事工业44项、冶金工业20项、化学工业7项、机械加工24项、能源工业52项、轻工业和医药工业3项。德意志民主共和国、捷克斯洛伐克、罗马尼亚、保加利亚等六个社会主义国家也援助我国建设工业项目68项。

鞍山钢铁——新中国建立后第一个恢复建设的大型钢铁联合企业

在“一五”期间，大规模经济建设开始后，在全国范围内把基本建设放在了首要地位，国家迫切需要一支管理和从事工程勘察设计的机构和队伍。1953年前后，国务院各部门和各大区、省（市），凡有基本建设任务的，纷纷从各条战线、各个工厂企业抽调了一大批优秀干部和技术人员以及大专院校毕业生，相继建立了一大批国有的勘察设计管理机构和勘察设计机构。建工、建材、冶金、水利、电力、机械、煤炭、化工、石油、轻工、纺织、铁道、交通、电子、邮电、林业、军工等主要工交部门都组建了各自的专业工程勘察设计机构。这支勘察设计队伍为以后我国勘察设计的进一步发展奠定了坚实的基础。

勘察设计队伍组织起来之后，承担起了三项主要任务：一是配合苏联援建项目的勘察设计；二是在苏联专家指导下，采用苏联的资料，自行设计一批项目；三是学习苏联经验和技术标准，边学边干，迅速掌握勘察设计本领，初步建立起能够独立进行勘察设计的机构体系。我国有计划并作为一个行业的勘察设计事业开始起步。

在初创时期，新组建的队伍既缺乏系统的勘察设计能力和经验，也没有成熟的技术和装备，相关的法律、法规、制度、标准几乎一无所有，一切都要从头开始。队伍组织起来后，当务之急是要建立起一套有效的规章制度。当时，主管勘察设计的国家计划委员会和国家基本建设委员会为勘察设计的建章立制做了大量卓有成效的开创性工作，相继建立起了有关基本建设程序、设计阶段划分、勘察设计审批、设计定额指标、技术规范标准，以及相应的管理制度，为勘察设计的有序进行和进一步发展创造了条件。

这个时期，政府和建筑界经过酝酿，产生了当时我国的建筑方针："适用、经济、在可能条件下注意美观"，成为我国建筑设计长期的指导思想。

1956 年前后，勘察设计机构进行了一次以专业化为原则的调整和增建，直到 1958 年，化工、电力、冶金、煤炭等部门，对勘察设计进行了调整改组，并抽调力量，与当地的勘察设计力量相结合，建立了一批区域性的和省、市的专业勘察设计机构。如化工部于 1958 年，从部属设计院抽调 1000 多人，与当地的化工设计力量合并，组建了吉林、大连、锦西、华东、华中、华北、西北、西南等 8 个区域性的设计院和分属 5 个设计院的综合性勘察队。同时，又抽调 660 人下放给 27 个省、自治区、直辖市，组建省市化工设计机构。当年成立化工设计机构的有 18 个省、自治区、直辖市，设计队伍总人数达到 14000 人。

我国的勘察设计事业，随着国民经济第一个五年计划起步，到 1957 年末，全国独立的勘察设计机构发展到 198 个，职工总数达 15 万人，比 1952 年增加了 5 倍多。

通过第一个五年计划的经济建设实践，设计与工程的质量、造价、先进性、合理性的密切关系，更加显现出来。设计的地位和作用被提升为基本建设工作中的重要环节、关键部分和对工程质量有着决定性作用的高度上来。

到 1957 年底，"一五"计划的各项指标都大幅度地超额完成。在基本建设方面，成就十分显著，建成了一大批重要工程。五年内，全国完成基本建设投资总额 588 亿元，新增加固定资产 492 亿元，相当于 1952 年底全国拥有的固定资产原值的 1.9 倍。施工建设的工矿建设单位达 1 万个以上，其中，限额（我国在基本建设中区分重大建设项目和一般建设项目在投资额上所规定的标准。如 1957 年规定钢铁工业的投资限额为 1000 万元，煤炭工业为 500 万元等）以上的大中型工业项目 921 个，有 428 个大中型建设工程全部建成投产，部分建成投产的有 109 个。一批新兴工业建设项目，如航空、汽车、电力、冶金、矿山设备、重型机械、精密仪表制造，以及高级合金钢、有色金属制造、基本化工和国防军工企业等，纷纷在祖国大地崛起，以铁路为中心的交通运输业发展迅速，运输网络及运输能力有了较大提高。1957 年，全国铁路通车里程达到 2.99 万公里，比 1952 年增长了 22%；全国公路通车里程达到 25.46 万公里，比 1952 年增长一倍。青藏高原上的康藏、青藏、新藏公路相继通车，打破了这些边远地区交通闭塞的局面。

从地区看，以鞍钢为中心的东北工业基地基本建成，上海和其他沿海城市的工业基础大为加强，华北、西南地区以及河南、湖北等省也建立了一批新的工业企业。我国的基础工业实力较建国初期取得了较快的增长。

在这个时期，工程设计机构，在配合苏联援建的156项设计的同时，还在苏联专家的指导下，自行设计了一批项目。工程勘察机构，在当时建立时间不长、装备简陋的条件下，按照苏联的技术标准和要求，承担并完成了工程勘察任务，提供了全部勘察资料，保证建设项目的顺利设计和建设。通过工程实践，经过模仿起步、认真学习、艰辛创业，我国的勘察设计行业基本具备了独立开展各类勘察设计的能力，设计工作经过了按照国外设计进行翻版的阶段和参照国外设计进行修改的阶段，已经开始进入自行设计的阶段。

（二）激流勇进（1958 ～ 1977 年）

这一历史阶段是我国社会主义改造基本完成，开始全面建设社会主义的时期，经历了第二个五年计划（1958 ～ 1962 年）和经济调整时期（1961 ～ 1965 年）、第三个五年计划（1966 ～ 1970 年）、第四个五年计划（1971 ～ 1975 年）。在这近二十年中，我国还经历了整风运动与反右派斗争（1957 年）、“大跃进”运动和农村人民公社化运动（1958 ～ 1960 年）、“反右倾”斗争（1959 年）、社会主义教育运动（“四清”运动）（1963 ～ 1965 年）和历时十年的“文化大革命”（1966 ～ 1976 年）等连续不断的政治运动。勘察设计行业在这样的社会政治背景下，经历了动荡曲折、自主发展、激流勇进的过程。

人民大会堂（1959 年建成）

在这一历史时期，我国各行业和地方的勘察设计骨干单位在学习消化苏联技术标准、借鉴欧美技术标准方法的基础上，通过对工程实践的总结和大量深入研究，逐步建立起了符合中国实际的勘察设计技术标准体系，并研制出一批国产工程勘探、测试、试验装备，为确保各类建设工程的质量安全和不断推进工程勘察设计技术的发展奠定了坚实的新基础。

在“大跃进”运动和农村人民公社化运动期间，面临繁重的任务，勘察设计人员以饱满的爱国热情，夜以继日、废寝忘食地投入工作，在缺乏可以借鉴的工程经验、缺少成熟方法标准的困难条件下，勇担责任，敢于创新，成功地解决了大跨结构、软弱不均匀地基等大量工程设计建造和地基基础方面的复杂难题，完成了大量新建、改（扩）建项目的勘察设计工作。其中有重大意义的是北京建成的国庆十周年十大建筑：人民大会堂、中国革命和中国历史博物馆、中国人民军事博物馆、北京火车站、北京工人体育馆、全国农业展览馆、迎宾馆、民族文化宫、民族饭店、华侨饭店，总面积 67.3 万平方米，是我国建筑史上的创举。

由于受“左”的经济思想影响，勘察设计行业也出现了一些“超常规”的做法，背离了基本建设的客观规律，造成了诸如杭州半山钢铁厂合金车间倒塌的重大事故，暴露了工程建设质量和设计质量问题。在总结了正反两方面的经验后，陈云副总理强调指出：设计是基本建设的关键部分，当工厂决定建设以后，设计工作就是关键了，设计决定工厂建设的质量好坏、合理与否的命运，施工是按照图纸施工，服从于设计的。

针对“大跃进”出现的问题，加上当时的自然灾害以及苏联撕毁合同、撤走专家，1961 年 1 月，中共八届九中全会提出了“调整、巩固、充实、提高”八字方针，决定用三年时间对国民经济实行调整，三年调整过后，根据当时国家经济发展的实际情况，中央又决定再延长调整期，直至 1965 年。在此阶段，国家大力缩短基本建设战线，逐年压缩基建投资，各工程设计单位派出人员，对已施工和停缓建的工程项目进行了复查处理或调整利用的工作，对已经建成投产的项目，组织设计回访，进行调查研究，总结经验教训。同时，国家计划委员会先后下达制订国家和部颁设计、施工及验收规范，各单位进行了大量的业务建设，为提高勘察设计水平打下了基础，取得了明显效果。

1958 年至整个调整期，勘察设计人员在完成调整任务的同时，还完成了一批重要工程项目的建设任务，创造了历史不能抹灭的业绩。1958，我国第一条沙漠铁路——包兰（包头—兰州）铁路建成通车；1960 年，大庆石油会战开始，一批年轻的勘察设计人员，随同几万石油大军开进了大庆荒原，完全依靠自己的力量，进行攻关和设计；1961 年我国第一条干线电气化铁路——宝成（宝鸡—成都）铁路宝鸡—凤州段电气化改造工程建成通车；1962 年，我国第一台万吨水压机在上海诞生；1964 年，我国第一颗原子弹爆炸成功；到 1965 年，面对外国在石油产品上的封锁和三年自然灾害的严峻形势，我国成功开发了炼油工业“五朵金花”（流化催化裂化技术、催化重整技术、延迟焦化技术、尿素脱蜡技术、炼油催化剂技术），成为 20 世纪 60 年代自力更生发展炼油技术的典范；一些传统的工业部门，如能源、冶金、机械工业得到充实和加强，电子、石油和化工以及核工业等一批新兴工业部门建立起来，分别形成了冶金、采矿、电站、石化等工业设备制造以及飞机、汽车、工程机械制造等十几个基本行业，并且能够独立设计和制造一部分现代化大型设备。1964 年，我国主要机器设备的自给率已达 90% 以上。特别突出的是，石油工业发展成为这个时期我国国民经济的支柱产业。建设完成了大庆油田，随后又开发了胜利油田和大港油田。到 1965 年，国内需要的石油已经全部自给，使我们能够自豪地宣布：中国人靠“洋油”过日子的时代已经结束了！此时，我国不少经济技术指标创造了新中国成立以来的最好水平，整个国民经济出现了欣欣向荣的新局面。年轻的勘察设计行业已成为我国能源基础设施建设，冶金、机械工业的发展，以及新兴的电子、石油和化工、核工业和国防工业的创建事业中一支不可或缺的重要技术力量。

1964 年，我国开始了大规模的“三线”建设，这是继“一五”之后的又一次大规模建设。除在内地新建了一批大中型骨干企业，还将沿海地区一批企业迁往“三线”。“三线”建设任务紧急、条件艰苦，广大勘察设计人员怀着饱满的政治热情，组成设计工作队，积极奔赴各个建设现场，克服恶劣的工作环境与艰苦的生活条件，坚持现场设计，完成了大量工业建设项目的勘察设计任务。“三线”建设对改善我国工业布局、发展国民经济，具有重大的历史意义，取得了巨大成绩。经过“三线”建设，内地形成了不少工业中心，如建成以武汉、包头为中心的钢铁基地；山西、内蒙古、河南的煤炭基地；兰州的石油化工中心；成都、重庆的钢铁、机械基地等，内地的工业产值在全国工业产值中的比重有了显著提高。

人民日报

RENMIN RIBAO

加强国防力量的重大成就　保卫世界和平的重大贡献

我国第一颗原子弹爆炸成功

我国政府发表声明，郑重宣布：中国在任何时候、任何情况下，都不会首先使用核武器。同时向世界各国政府郑重建议：召开世界各国首脑会议，讨论全面禁止和彻底销毁核武器问题。作为第一步，各国首脑会议应当达成协议，即拥有核武器的国家和很快可能拥有核武器的国家承担义务，保证不使用核武器，不对无核武器国家使用核武器，不对无核武器区使用核武器，彼此也不使用核武器。

我国自行研制的第一颗原子弹 1964 年在新疆罗布泊爆炸成功

“文化大革命”时期，各勘察设计单位正常工作秩序都不同程度地受到了冲击。在工程建设中不尊重科学、违背客观规律、违反基建程序的做法愈演愈烈。但广大工程勘察设计人员在十分困难的条件下，以国家利益为重，艰苦努力，曲折前进，仍然取得了许多重要成果。

1967 年，我国第一颗氢弹爆炸成功；1968 年，我国自己设计建造的双层双线公路、铁路两用桥——南京长江大桥竣工通车；1969 年，全部采用国内开发技术、自行设计和制造设备的东方红炼油厂一次试运投产成功，在二十周年的国庆日生产出合格产品；1970 年，内地战略后方建设（重点是国防工业建设）迅速全面铺开，地方“五小”工业（小钢铁、小机械、小化肥、小煤窑、小水泥）迅猛发展；1970 年，我国自主研发设计的第一颗人造卫星飞越太空，发回了震撼世界的“东方红”乐曲，同年，我国第一艘核潜艇成功下水；1971 年，灌溉 11 个县（市）、170 万亩耕田的大型水利工程——宝鸡峡引渭灌溉工程通水；1970 年 7 月～1973 年 10 月，相继建成了成昆铁路、湘黔铁路、襄渝铁路；1975 年 11 月成功发射我国第一颗返回式遥感人造地球卫星等。

1973 年，引进技术工作迈出了较大步伐，中央决定从国外进口 43 亿美元成套先进设备和单机，包括 13 套大化肥、4 套化纤、3 套石油化工、3 个电站等大型项目。有关勘察设计单位积极投入力量，参与引进工作，承担勘察设计任务，促进了我国勘察设计技术水平的提高。

在此时期，机械、冶金、石油、化工、电力、铁路、水利、建筑、市政等行业的勘察设计单位，先后完成了一大批国家重点勘察设计任务。一批具有先进水平的大型厂矿企业相继建成，如贵州六盘水、四川宝鼎山等大型煤矿；攀枝花钢铁基地一期工程基本建成；大庆至秦皇岛的第一条长距离输油管道工程全部建成；化工行业加强内地建设，不仅从沿海搬迁一部分化工企业到内地，同时又规划新建一批化工大中型项目；电力行业先后完成了国产第一台 100MW、200MW、300MW 机组的勘察设计，于 1969 年、1972 年、1974 年相继投产，宣告了我国已经能够依靠自己的力量设计、制造、安装大型火电机组，也为我国电力发展积累了宝贵经验；铁路战线的广大勘察设计人员和施工人员，在继续建设沿海铁路运输线的同时，克服各种艰难险阻，在内地设计建成了许多铁路干线；水利战线的勘察设计人员，参加了治理黄河、淮河、海河等各大水系和各地农田水利建设，建成了包括河南林县红旗渠在内的成千上万个大中小型水利工程；在建和建成的如甘肃刘家峡、湖北丹江口、葛洲坝等大中型水电站；勘察设计人员开展了大批民用建筑的勘察设计，他们坚持解放思想、实行“三结合”现场设计，第一次成功采用了“空间网架”结构的屋顶设计，第一次建成了室内人工滑冰场，第一次建成了机械牵引、升降的活动地板，第一次大面积采用了碘钨灯照明。

20世纪70年代前后，因外事活动需要，广州建造了一批现代岭南园林式建筑，如山庄旅舍、友谊剧院、东方宾馆等，对国内建筑界产生很大影响。

勘察设计人员还完成了大量援外工程设计，坦赞铁路、阿尔巴尼亚的柯尔察热电站等受到受援国的高度赞扬。

至1977年，勘察设计队伍发展到了30多万人，先后完成了一大批国家各个行业重点工程的勘察设计任务，为我国建设较为完整的工农业体系、城乡交通路网、进行大规模的城市建设和农田水利建设以及国防建设等，做出了重要贡献。

（三）改革发展（1978～2011年）

1976年10月的金秋，历经十年的“文化大革命”以粉碎“四人帮”为标志宣告结束。1978年12月，中共中央召开了具有历史意义的十一届三中全会，做出了把工作重心转移到经济建设上来的战略决策，标志着我国全面进入社会主义现代化建设的新时期，勘察设计行业进入了改革开放、全面发展的阶段。

这一阶段，经历了第五个五年计划（1976～1980年）、第六个五年计划（1981～1985年）、第七个五年计划（1986～1990年）、第八个五年计划（1991～1995年）、第九个五年计划（1996～2000年）、第十个五年计划（2001～2005年）、第十一个五年计划（2006～2010年）。

在这一阶段，勘察设计行业的地位得到了充分肯定。1983年10月，国家计委发布的《基本建设设计工作管理暂行办法》和《基本建设勘察工作管理暂行办法》分别指出:“基本建设设计工作是工程建设的关键环节，在建设项目确定以前，为项目决策提供科学依据；在建设项目确定以后，为工程建设提供设计文件；做好设计工作，对工程项目建设过程中节约投资和建成后取得好的经济效益，起着决定性的作用。”“基本建设勘察工作在工程建设各重要环节中居先行地位；勘察成果资料是进行规划、设计、施工必不可少的基本依据，对工程建设的经济效益有着直接影响。”1984年，全国人大六届二次会议《政府工作报告》第一次提出“设计是整个工程的灵魂”这一重要论述。同年，国务院在《批转国家计委关于工程设计改革的几点意见的通知》中再次强调:“工程设计是工程建设的首要环节，是整个工程的灵魂。先进合理的设计，对于改建、扩建和新建项目缩短工期、节约投资、提高经济效益，起着关键性的作用。”中央政府表述的这一新的论断，对勘察设计行业的改革发展起到重要的指导作用，有力地调动了勘察设计单位和勘察设计人员的积极性。

深圳城市风光（1980 年 8 月 26 日，国务院批准设立深圳特区）

在这一阶段，中共中央提出了国民经济和社会发展的宏伟目标，做出了一系列改革开放的重要决策。1979 年 7 月，中央决定在深圳、珠海、汕头、厦门试办出口特区（1980 年改称“经济特区”）。1982 年 9 月，中共十二大确定分两步走，到 20 世纪末，实现国民生产总值翻两番的目标。随后又提出第三步到 21 世纪中叶基本实现社会主义现代化的战略。1984 年，中共十二届三中全会提出了发展有计划的商品经济。1993 年 11 月，中共十四届三中全会通过了《关于建立社会主义市场经济体制的决定》，勾画了社会主义市场经济的基本框架。1997 年 9 月，召开了中共十五大，对我国跨世纪发展做出了部署：第一个十年实现国民生产总值比 2000 年翻一番，使人民的小康生活更加宽裕，形成比较完善的社会主义市场经济体制；再经过十年的努力，到建党 100 年时，使国民经济更加发展，各项制度更加完善；到 21 世纪中叶新中国成立 100 年时，基本实现现代化，建成富强、民主、文明的社会主义国家。2003 年 10 月，中共十六届三中全会做出了《中共中央关于完善社会主义市场经济体制若干问题的决定》，提出了“坚持以人为本，树立全面、协调、可持续的发展观，促进经济社会和人的全面发展”。这些重大决策，为勘察设计工作提出了极为光荣的任务，也为勘察设计行业的大发展提供了极为有利的机遇。

在这一阶段，勘察设计行业紧跟党的改革发展战略，各勘察设计单位和广大技术人员的积极性和创造性得到了前所未有的大爆发。以体制机制为核心，进行了一系列改革，取得了重大突破，发生了根本变革，全面实现了由事业体制向企业体制转型，由行政隶属管理转变为自主经营、自负盈亏、自我发展的体制；基本建立了适应市场化改革要求的专业化、全过程、国际化发展的运行机制。主要有：

一是实行企业化改革。改变勘察设计单位的事业性质，实行收取勘察设计费，独立核算，自负盈亏，成为独立企业法人，使我国勘察设计单位体现本来具有的生产属性，是由事业体制向企业体制转型的重大变革。实行企业化改革，是新中国成立以来勘察设计单位体制上的一次重大变革；是实行自主经营、独立核算、自负盈亏、照章纳税，为成为真正的市场竞争主体创造了条件；是思想观念、经营机制、领导体制的大变革；是生产关系的大调整，社会和行业的大进步。可以说，没有实行企业化改革的大变化，便没有勘察设计行业的大发展。

二是实行市场化改革。改变计划经济体制下，勘察设计单位的资源由政府配置和调控，勘察设计任务由上级下达，勘察设计单位只完成指令性任务的封闭状态。通过市场竞争，由市场配置资源，优胜劣汰，促使企业不断发展。实行市场化改革，促进企业进行了管理再造，建立起一整套有效的运行机制，实现体制机制创新、经营管理创新；促进企业的技术进步，提高了勘察设计水平和工作质量，保证了工程质量，提高了工程建设的经济效益、环境效益和社会效益；促进企业提升了勘察设计服务空间，实现了发展方式的转变。

三是实行社会化改革。改变在计划经济体制下，勘察设计单位的隶属关系，实行政企分离，行政部门不再直接管理勘察设计企业，实现由行政隶属管理向自律管理转变。实行社会化改革，有利于勘察设计企业真正按照《中华人民共和国公司法》的规定，自主决定发展规划、经营战略、经营行为和客户关系，履行企业的责任义务，成为自主经营、自负盈亏的商品生产者和经营者；有利于企业融入社会，将企业的经营职能与社会职能分开，按照企业社会化原则和主辅分离的政策规定，将社会保险、退离休职工服务等职能转给社保机构，使企业集中精力搞经营，加快企业又快又好的发展，从根本上改变“企业办社会”“大而全”“小而全”、自我封闭的局面。

四是实行信息化改革。改变传统落后的生产方式和管理方式，最大限度地解放勘察设计生产力。实行信息化改革，实现了协同设计、优化设计、信息集成、制定标准、共同开发、系统集成、资源共享；实现了软件国产化；实现了从企业资源信息管理提升到工程项目信息管理上来、从传统的文档管理提升到电子文档管理上来的信息化发展目标；推动了可视化、信息化、集成化、智能化为中心的勘察设计企业集成信息管理系统建设的全面发展，是促进企业可持续高质量高水平高效率发展和提高核心竞争力的重要保障。

五是实行现代企业制度改革。改变勘察设计单位长期实行事业体制和国有独资传统企业制度，实现以市场经济为基础，以企业法人制度为主体，以公司制度为核心，以“产权清晰、权责明确、政企分开、管理科学”为条件的现代企业制度。勘察设计单位的企业化、市场化、社会化改革，为实施现代企业制度改革创造了条件。实行现代企业制度改革，是市场经济发展的必然结果；是从知识密集型企业人才资源向人才资本发展，最大限度调动员工积极性的有效途径；是政企分离的根本措施和实现社会化改革的良方。

六是实行工程总承包制改革。改变我国传统工程项目实施的组织方式，通过调整产业结构、创新结构、运营结构、管理结构、人才结构，将大型工程设计企业改造为综合型工程公司或将掌握专有技术的中小型设计企业改造为专业工程公司，作为承包商对建设项目的工程设计、设备材料采购、施工安装等实施工程总承包，实行项目经理负责制，确保工程项目的进度、费用、质量得到有效控制，是国际上普遍采用的工程建设有效实施方式，是工程建设高质量发展的可靠保证，是我国基本建设管理体制改革的重要内容。

七是实行工程咨询服务改革。把可行性研究纳入基本建设程序，标志着我国真正意义上的工程咨询业得以萌生，现代工程咨询的理念开始传播。随着科学技术和建设事业的不断发展，越来越多的业主已经没有直接管理项目建设的能力。将有条件的勘察设计企业改造为专业的咨询商（工程公司、工程咨询公司或工程项目管理公司、设计公司、专业事务所），根据业主多样化需求，在建设项目的定义、策划、实施和总结各阶段为业主提供全过程技术咨询和管理咨询，全面提升投资效益，有效地控制工程质量、进度和费用，是现代工程建设高质量发展的客观要求。

八是实行岩土工程体制改革。岩土工程体制是我国勘察体制改革的核心成果，它的实施使传统勘察企业拓展了业务，从单一的工程地质、水文地质资料的提供者转变为智力服务的提供者、治理方案的实施者和建设项目的专业质量管理者，服务延伸到建设工程全过程的多个环节，包括岩土工程设计与地基施工方案的决策、专项问题的技术顾问、地下工程的质量检验监测和基础工程建造，以及涉及城市安全运行的基础设施地下病害隐患探测、诊断与风险预防等，为社会提供了更加广泛、深入的专业技术服务，在公共安全和投资效益等方面为社会创造了可观的新价值，基本实现了与国际岩土工程技术服务体系的全面接轨。

九是实行执业注册制度改革。个人执业注册制度是国际通行做法。通过资格考试保证关键岗位的人员具备必需的专业知识和技能；通过诚信和执业监管，强化执业人员在工程建设中的权利、义务和法律责任，建立行之有效的工程质量终身责任制，对提高工程质量，保障人民群众生命财产安全起到积极作用。个人执业资格制度集中体现了市场经济公平、竞争、法治的原则，符合政府职能转变的要求。勘察设计行业是我国实行执业资格制度起步最早的行业之一，为我国的执业资格制度与国际接轨、使我国注册师参与国际竞争奠定了基础，为在工程建设领域逐步取代企业资格制度创造了必要条件。

十是实行建筑师负责制改革。以担任民用建筑工程项目设计主持人的注册建筑师为核心的设计团队，依托所在的设计企业（设计公司或设计事务所）为实施主体，依据合同约定，对民用建筑工程全过程或部分阶段提供全寿命周期设计咨询管理服务，最终将符合建设单位要求的建筑产品和服务交付给建设单位的一种工作模式。推进建筑师负责制，明确建筑师权利和责任，发挥建筑师在项目报建过程中的作用，提升建筑设计供给体系质量和建筑设计品质，增强核心竞争力，最大程度激发建筑师活力和创造力，使每座建筑成为新时代高质量发展的作品。

上海浦东新区（1992 年 10 月 11 日，国务院批复设立上海市浦东新区）

这一阶段，党中央、国务院与时俱进，提出了“适用、安全、经济、美观”新的建筑方针。同时，工程建设领域的法治建设加快步伐，1995 年 9 月 23 日，《注册建筑师条例》发布施行；1998 年 3 月 1 日，适用于“各类房屋建筑及其附属设施的建造和与其配套的线路、管道、设备的安装活动”的《中华人民共和国建筑法》施行；2000 年 1 月 30 日，以《中华人民共和国建筑法》为依据的《建设工程质量管理条例》发布施行；2000 年 9 月 25 日《建设工程勘察设计管理条例》发布施行；2003 年 11 月 24 日，以《中华人民共和国建筑法》为依据的《建设工程安全生产管理条例》发布，并于2004年2月1日施行。标志着我国工程行业法治建设进一步加强，为制订一部适用于整个工程建设领域的法律以及制订以此为依据的相关法规创造了条件、奠定了基础。

在这一阶段，我国先后建设经济特区、经济开放区、经济开发区；实施西部大开发战略；振兴东北老工业基地战略；上海浦东新区建设；天津滨海新区建设；长三角、珠三角和京津冀三大都市圈建设等。开展了一大批举世瞩目的工程建设项目，如三峡工程、南水北调、西气东输、西电东送、青藏铁路的建设和神舟载人飞船成功返回等。大量工业、交通、铁路、水利、电力、军工等项目，遍布全国乃至世界许多国家，体现了前所未有的现代化水平，有的达到或接近世界先进水平，如宝山钢铁总厂二期工程、金山石油化工总厂、大亚湾核电站、秦山核电站二期工程、青海龙羊峡水电站、江西万安水泥厂、山东兖济矿区、大瑶山隧道、大秦铁路、秦皇岛煤码头、北京—武汉—广州中同轴电缆载波工程、江苏仪征化纤总厂、陕西彩色显像管厂、天津引滦入津工程和沈阳等城市电视发射塔、上海杨浦大桥、葛洲坝水利枢纽工程、大庆油田稳产5000万吨工程、西昌卫星发射中心、准格尔特大型露天煤矿、我国第一座沙漠油田、小浪底和天荒坪水利水电工程、京九铁路、兰州至拉萨光缆干线、921航天基地、燕化二期乙烯改造和天津化纤工程、上海通用、一汽大众等轿车工程、三北防护林工程、西安安康铁路秦岭隧道工程、浙江舟山国家石油储备工程、上海浦东国际机场工程、五纵七横国道主干线、西部开发八条公路干线、杭州湾跨海大桥、上海国际航运中心洋山深水港区工程、长江口深水航道治理工程、北京首都机场扩建工程、3000米深水半潜式钻井平台“海洋石油981”工程、燃煤锅炉（窑炉）改造工程、区域热电联产工程、余热余压利用工程、节约和替代石油工程、电机系统节能工程、能量系统优化工程、建筑节能工程、绿色照明工程、政府机构节能工程、节能监测和技术服务体系建设工程，以及尼日利亚铁路工程、中哈原油管道工程、中俄原油管道工程、毛里塔尼亚友谊港工程等等。我国勘察设计人员为此做出了不可磨灭的贡献。

广大建筑、市政、基础设施等行业的勘察设计人员，坚定贯彻党的建设方针，为千千万万个城镇面貌的巨变，完成了大量公共建筑、市政工程、旧城改造、住宅小区等任务，以及一批具有国际影响力的建筑工程，如国家大剧院工程、国家博物馆改扩建工程、国家图书馆二期暨国家数字化图书馆建设工程、国家奥林匹克中心和运动员村在内的各项亚运会工程、国家体育场（鸟巢）和国家游泳中心（水立方）在内的各项奥运会工程等。深圳由一个边陲小镇建成一个现代化都市创造的“深圳速度”，上海浦东开放创造的奇迹，上海世博会的中国馆，都倾注了建筑、市政等勘察设计人员的智慧和心血。1999年6月23～26日，第20届世界建筑师大会和国际建协第21次大会在北京举行，为了解、学习世界先进建筑水平，向世界宣传中国建筑思想起到了很好的促进作用。该次大会通过的《北京宪章》影响深远。

这一阶段，开始开展全国勘察设计项目奖、优秀计算机软件奖、优秀标准设计奖、全国勘察设计大师、梁思成建筑奖、全国优秀勘察设计企业家、优秀勘察设计企业奖、优秀工程总承包和项目管理奖等的评选活动，并给予公布和表彰，对调动广大勘察设计人员的创造性和积极性，促进我国工程建设事业和行业的高水平、高质量发展，都起到了重要的作用。

勘察设计单位通过多种途径，积极引进、消化、吸收国外先进技术，结合工程实际进行科研攻关和再创新，自主开发或与科研院校及生产单位联合，开发出一大批具有自主知识产权的专有或专利技术，有的技术已达到国际先进水平。一大批勘察设计项目和科技成果获得全国科学大会奖、国家发明奖、国家科技进步奖、全国优秀工程设计奖、全国优秀工程勘察奖、全国工程设计计算机优秀软件奖、全国优秀工程建设标准设计奖。至 2010 年末，全国勘察设计行业拥有专利技术 24476 项，拥有专有技术 15036 项。这些先进的科技成果为我国经济建设的快速发展和技术进步奠定了坚实的基础。

国家体育中心工程（2008 年北京奥运会主场馆）

伴随着勘察设计取得的累累硕果，勘察设计队伍得到了快速发展壮大。至 2011 年末，全国共有勘察设计企业 16482 个，从业人员 172.8 万人。与此同时，勘察设计单位实现了由事业体制向企业体制转型、由计划经济向市场经济转轨、行政隶属由部门管理向自律管理转变、服务功能由单一的勘察设计向建设工程全过程服务转化，促进工程建设方式转型发展、由传统国有独资企业制度向产权多元化的现代企业制度转制、生产要素向数字化创新发展、由传统手工作业向先进现代化手段演变，大大解放和发展了勘察设计生产力，缩小了与世界先进水平的差距，为加速实现行业的现代化建设创造了良好的条件。

（四）开创未来（2012 年～）

党的十八大以来，以习近平同志为核心的党中央勇于进行具有许多新的历史特点的伟大斗争，统筹推进“五位一体”总体布局、协调推进“四个全面”战略布局，提出一系列新理念新思想新战略，出台一系列重大方针政策，推出一系列重大举措，推进一系列重要工作，解决了许多长期想解决而没有解决的难题，办成了许多过去想办而没有办成的大事，推动我国改革开放和社会主义现代化建设取得了历史性成就，推动党和国家事业发生了历史性变革，推动中国特色社会主义进入新阶段。这个新阶段，同改革开放以来的发展既一脉相承，又有很大不同——党和国家事业发展从指导思想、理念思路、方针政策、体制机制、根本保证到社会主要矛盾、社会环境、外部条件等各方面都发生了巨大变化，发展水平、发展要求更高，呈现出新的时代特征。党中央准确把握这些新的时代特征，做出了"新时代"的科学论断。

进入新时代，中国共产党以卓越的战略谋划确立了以史为鉴、开创未来，实现中华民族伟大复兴的发展目标，开启了现代化建设的新征程。高质量发展是这个阶段乃至今后较长一个时期社会经济发展的主旋律，更是勘察设计行业实现现代化宏伟蓝图的根本途径。这个阶段，经历了第十二个五年计划（2011 ～ 2015 年）和第十三个五年计划（2016 ～ 2020 年），还将经历今后相当长的一个时期。

2011 年 3 月，十一届全国人大四次全会批准《中华人民共和国国民经济和社会发展第十二个五年规划纲要》，坚持把经济结构战略性调整作为加快转变经济发展方式的主攻方向，坚持把科技进步和创新作为加快转变经济发展方式的重要支撑，坚持把保障和改善民生作为加快转变经济发展方式的根本出发点和落脚点，坚持把建设资源节约型、环境友好型社会作为加快转变经济发展方式的重要着力点，坚持把改革开放作为加快转变经济发展方式的强大动力。

2013 年 9 月和 10 月，国家主席习近平分别提出了建设"新丝绸之路经济带"和"21 世纪海上丝绸之路"的国际合作倡议。依靠中国与有关国家既有的双多边机制，借助既有的、行之有效的区域合作平台，一带一路旨在借用古代丝绸之路的历史符号，高举和平发展的旗帜，积极发展与沿线国家的经济合作伙伴关系，共同打造政治互信、经济融合、文化包容的利益共同体、命运共同体和责任共同体。

2015 年 10 月，习近平总书记在关于《中共中央关于制定国民经济和社会发展第十三个五年规划的建议》的说明中指出：发展理念是发展行动的先导，是管全局、管根本、管方向、管长远的东西，是发展思路、发展方向、发展着力点的集中体现。2015 年 10 月 29 日，习近平在党的十八届五中全会第二次全体会议上的讲话鲜明提出了创新、协调、绿色、开放、共享的发展理念。2017 年 10 月 18 日，在党的十九大报告中，习近平强调，必须坚持质量第一、效益优先，以供给侧结构性改革为主线，推动经济发展质量变革、效率变革、动力变革，提高全要素生产率，着力加快建设实体经济、科技创新、现代金融、人力资源协同发展的产业体系，着力构建市场机制有效、微观主体有活力、宏观调控有度的经济体制，不断增强我国经济创新力和竞争力。2020 年 8 月，中共中央政治局会议，在分析了国内外经济发展形势后，提出了加快形成以国内大循环为主体、国内国际双循环相互促进的新发展格局的要求。2020 年 10 月 29 日，中国共产党第十九届中央委员会第五次全体会议通过《关于制定国民经济和社会发展第十四个五年规划和二〇三五年远景目标的建议》，将“十四五”规划与2035年远景目标统筹考虑，阐明今日中国的新坐标，舒卷我国进入新发展阶段的新图景，为“中国号”巨轮行稳致远锚定了正确航向，为全党全国各族人民夺取全面建设社会主义现代化国家新胜利提供了行动指南、指明了前进方向。

进入新时代，中央、国务院和政府主管部门颁布了一系列完善社会主义市场经济体制建设、促进勘察设计行业健康发展的政策和措施，如《关于分类推进事业单位改革的指导意见》《关于深化国有企业改革的指导意见》《关于构建更加完善的要素市场化配置体制机制的意见》《关于国有企业发展混合所有制经济的意见》《关于新时代加快完善社会主义市场经济体制的意见》《工程勘察设计行业2011～2015年发展纲要》《关于进一步促进工程勘察设计行业改革与发展若干意见的通知》《2016～2020年建筑业信息发展纲要》《关于促进建筑业持续健康发展的意见》《关于推进全过程工程咨询服务发展的指导意见》《关于进一步加强城市规划建设管理工作的若干意见》《关于进一步推进工程总承包发展的若干意见》《关于房屋建筑和市政基础设施项目工程总承包管理办法的通知》《工程勘察设计行业发展“十三五”规划》《关于完善质量保障体系提升建筑工程品质指导意见的通知》等，改善了工程建设市场环境，推动了勘察设计行业继续深化改革、进一步转变发展方式、创新现代企业制度、促进技术进步和数字化转型发展，取得了可喜的成就。

海南自由贸易港（2020年6月1日，中共中央、国务院批准《海南自由贸易港建设总体方案》）

2015年，住房城乡建设部借鉴多年来实行工程总承包和全过程项目管理的成功经验，在民用建筑项目中进一步明确建筑师的执业范围和服务内容、责任、权利、义务，逐步确立建筑师在建筑工程中的核心地位，发挥建筑师对工程实施全过程的主导作用。2019 年 9 月 15 日，国务院办公厅转发住房城乡建设部《关于完善质量保障体系提升建筑工程品质指导意见的通知》（国办函〔2019〕92 号）指出：在民用建筑工程中推进建筑师负责制，依据双方合同约定，赋予建筑师代表建设单位签发指令和认可工程的权利，明确建筑师应承担的责任。这是贯彻党中央、国务院关于新时期“适用、经济、绿色、美观”的建筑方针的重要措施，也是培育一批著名建筑师，提升建筑设计水平，带领“中国建筑”走向世界的重大举措。

新发展理念提出新要求，新科技革命催生新动能，新发展格局带来新机遇，新发展环境带来新挑战。进入新的发展阶段，勘察设计行业面临着前所未有的新形势和新挑战，当然，也为行业带来了前所未有的新机遇。勘察设计企业和广大勘察设计人员在迈入新时代的过去几年里，把握大势、抢占先机、直面问题、迎难而上，取得了新的发展成就，为我国实现第一个百年奋斗目标做出了贡献。

进入新时代，行业人才队伍素质不断提升，至 2020 年末，全国共有勘察设计企业 23741 个，从业人员达 440 万人；经营规模不断扩大，全年营业总收入达 72496.7 亿元，净利润 2512.2 亿元，国际收入大幅增加，国际化水平明显提高，国际竞争力明显增强，“走出去”取得新成绩；科技创新水平不断提高，科技创新和软件研发投入明显加大，全年科技活动费用支出总额达 1867.6 亿元，成果显著增加，累计拥有专利 30 万项、专有技术 6 万项；数字化转型有了新发展，网络化建设的投入明显增加，运用移动互联网、云计算、大数据、人工智能取得新进展，运营自动化、管理网络化、决策智能化水平明显提高，数字技术创新应用有了新进步，数字化交付正逐步实施；科学化管理取得新进步，制度创新取得新进展，至 2020 年末，勘察设计企业已基本按现代企业制度的要求实现产权明确，内部治理结构逐步完善，混合制改造正在稳步推进，并取得了明显的效果，中小微企业改制已基本完成，管理制度不断健全，管理能力不断提升；行业社会化管理得到加强，随着“放管服”改革的深入，行业组织的作用得到发挥，服务功能得到拓展，行业自律体制机制逐步建立。

进入新时代，我国经济高速发展，各行业都有重大的技术突破，是技术进步最快的时期。航母下水，大飞机试飞，载人潜水器潜水深度达万米水深并不断刷新纪录，空间站建设和探月工程取得新进展，高铁技术成为国家名片，石油炼化技术取得新突破，1000MW 级和 600MW 级 600℃超临界燃煤机组数量及装机容量均居世界首位，特高压交流 1000kV 和直流 ±800kV 系列成套装备达世界先进水平，大功率电磁轴承主氦风机工程样机属国际首台，世界最灵敏最大单口径的 500 米球面射电望远镜，5G 技术及基站建设世界领先，等等；粤港澳大湾区建设、新型城镇化建设、长江经济带建设、北京城市副中心建设、雄安新区建设、实施京津冀协同发展战略、实施“互联网 +”行动计划；

溪洛渡水电站工程、舟山、大连国家石油储备工程、辽宁红沿河核电站工程、大型商用飞机落户上海工程（飞机工程从西安成都沈阳等地集中）、上海临港新城——世界最大填海造地工程、南水北调——世界最大水利工程、江苏苏南长江大桥——世界最长斜拉桥工程、港珠澳大桥工程、中国文昌航天发射场工程、北京大兴国际机场工程、白鹤滩水电站、航天工程、美济礁填海工程、宁夏现代煤化工基地工程、世界级石化基地工程（大连长兴岛、河北曹妃甸、江苏连云港、浙江宁波、上海漕泾、广东惠州和福建漳州古雷）、国家综合能源基地工程（山西、鄂尔多斯盆地、内蒙古东部地区、西南地区和新疆）和“八纵八横”主通道为骨架、区域连接衔接、城际铁路补充的高速铁路网建设等，一大批震惊世界的特大型建设项目相继建成或正在加紧建设；“一带一路”建设如火如荼，一批大型项目已经建成或正在建设，如巴基斯坦瓜达尔港项目、土耳其卡赞 250 万吨 / 年天然碱项目、塞尔维亚泽蒙—博尔察大桥、中缅油气管道项目、印尼雅万高铁工程、孟加拉帕德玛大桥工程、沙特延布炼厂项目、埃及输电线路项目、白俄罗斯中白工业园、马来西亚马中关丹产业园、柬埔寨西哈努克港经济特区等。无不浸透着全体勘察设计人员的心血，无不展示着全体勘察设计人员付出的艰辛和为行业发展奉献的年华。

中共十五大报告首次提出“两个一百年”奋斗目标，此后，党的十六大、十七大均对两个一百年奋斗目标作了强调和安排。2012 年，中共十八大描绘了全面建成小康社会、加快推进社会主义现代化的宏伟蓝图，向中国人民发出了向实现“两个一百年”奋斗目标进军的时代号召。党的十九大报告清晰擘画全面建成社会主义现代化强国的时间表、路线图，明确指出：从现在到 2020 年，是解决人民温饱问题、全面建成小康社会决胜期。广大勘察设计企业和员工自觉响应中央号召积极投入到这场伟大的攻坚战中，主动参与定点扶贫和扶贫异地搬迁安置点的规划设计建设工作，为实现第一个百年奋斗目标做出了贡献。

总结历史是为了看清楚过去为什么能成功，弄明白未来怎样才能继续成功。实践证明，坚持党的领导是行业发展的根本保障，坚持建设方式转型发展、充分发挥设计的主导作用是尊重工程建设客观规律的具体体现，坚持改革创新是行业发展的强大基石，坚持企业化、市场化、社会化、信息化、法制化是行业发展的前提条件，坚持与国际接轨、参与国际竞争是行业快速成长的有效途径，实现现代化的美好梦想是行业发展的永恒动力。面对新的形势，我国勘察设计行业将进一步加强自律管理、自主发展，在经济社会快速发展过程中始终保持和发挥主导作用，在迈向第二个百年奋斗目标的过程中加速实现几代勘察设计人的伟大梦想，全行业必须保持高度的文化自信，保持广阔的国际视野，坚持与时俱进，坚持改革创新，坚持高质量高水平，坚持履行时代重任，满怀信心地去创造和拥抱光辉灿烂的未来，为我国社会主义建设事业做出新的更大的贡献。

第二章　坚持党的领导

中华人民共和国成立 70 多年来，中央领导始终对勘察设计行业的发展十分关心和高度重视，先后作了一系列的批示、报告、讲话和题词，对指引工程建设和勘察设计行业的发展起到了极为重要的关键作用；国务院始终设有专门的行政管理部门管理勘察设计行业，在各个不同的历史阶段制定了一系列重要方针政策、法律法规、改革方案与实施措施，有效有力地指导了行业的发展；在勘察设计行业成长过程中也一直得到国家主要媒体的关注和支持。中央领导的关怀、主管部门的引导、主要媒体的鞭策，始终坚定不移地坚持党的领导，成就了行业快速、持续、健康发展的辉煌伟业。

一、确立勘察设计的地位和作用

中华人民共和国成立初期，百废待兴，基本建设中的主要矛盾是基本建设任务十分之大，而基本建设力量则十分薄弱。针对这种情况，时任国务院副总理兼中央财经委员会主任的陈云在 1952 年 10 月主持会议讨论加强基本建设工作时提出：“必须迅速建立和充实基本建设机构——设计机构和施工机构，必须下定决心迅速调集人员建立各部专业的设计和施工组织，并充实它。”此后，各有关部门先后调集人员成立或充实各种专业的工程勘察设计机构，为新中国勘察设计行业的建立和发展奠定了基础。

1955 年 6 月，时任国家建设委员会主任的薄一波在中央人民广播电台作的题为《反对铺张浪费现象，保证基本建设工程又好又省又快地完成》的广播讲话中明确指出："设计工作是基本建设工作中一个重要的环节。当国家建设计划确定以后，一项工程的质量是否合乎要求，造价是否经济，建筑得是否合理，设计通常是有着决定性作用的。设计的质量和先进性并将关系到我国今后十几年或几十年整个工业生产的技术水平问题。"这是中央领导第一次明确肯定设计在基本建设中的重要作用。

第一个五年计划完成以后，勘察设计行业进入了动荡曲折、自主发展、激流勇进的阶段。1958 年 12 月，中央基本建设委员会在杭州召开基本建设工程质量现场会议，陈云在会议期间的讲话进一步强调："设计是基本建设的关键部分，当工厂决定建设以后，设计工作就是关键了。设计决定工厂建设的质量好坏、合理与否的命运。施工是按照图纸施工，服从于设计的。"同时指出："没有勘察不能进行设计、没有设计不能进行施工，这仍然应当是基本建设的程序。"这是中央领导第一次明确提出基本建设程序。

1959 年，陈云在《红旗杂志》第 5 期上发表的题为《当前基本建设工作的几个重大问题》的文章，再一次全面阐述了设计在基本建设中的地位和作用，即："在建设项目确定以后，设计就成为基本建设中的关键问题了。企业在建设的时候能不能加快速度、保证质量和节约投资，在建成以后能不能获得最大的经济效果，设计工作起着决定的作用。"同时，他在文章中还写道："我国的设计工作，经过了按照国外设计进行翻版的阶段，参照国外设计进行修改的阶段，现在已经始进入自行设计的阶段。"这是中央领导第一次对我国勘察设计行业从无到有，从学习模仿到独立自主，做出的客观判断。

毛泽东主席一直非常关心设计工作。1964 年下半年，国家经委副主任宋养初 10 月给薄一波和李富春写信，报告了 14 个设计院开展群众性设计工作改革运动的状况。随后，薄一波副总理对宋养初报告作了批语："登《情况简报》。请报送主席、政治局、书记处各同志。我国的设计工作是完全按照苏联的框框办事的，可以说是典型的教条主义。我们准备在明年一、二月间开一次全国设计革命会议，已着手准备一两个月了。准备的办法之一，就是蹲点和在若干设计院中开展一个群众性的改革运动。"毛泽东主席于 11 月初在薄一波报送的《情况简报》上的批示："彭真同志，请转谷牧同志：要在明年 2 月开全国设计会议之前，发动所有的设计院，都投入群众性的设计革命运动中去，充分讨论，畅所欲言。以 3 个月时间，以得到很大成绩。请谷牧同志立即部署，并进行几次检查、督促，总结经验，是为至盼！"不仅如此，毛泽东主席对具体工程项目也曾做过批示，如 1965 年 2 月，对修建北京地下铁路工程批示："希望精心设计、精心施工。在建设过程中，一定会有不少错误失败，随时注意改正。”1970 年 12 月 26 日，就修建葛洲坝水利枢纽工程问题的批示：“赞成兴建此坝，现在文件设想是一回事，兴建过程中将要遇到一些现在想不到的困难问题，那又是一回事。那时，要准备修改设计。”毛泽东主席的批示使广大勘察设计人员深受鼓舞，满怀热情地投身于我国社会主义建设中。

时任全国人民代表大会常务委员会副委员长的彭真也十分关心设计工作，1965 年 4 月专程出席在北京召开的全国设计工作会议的闭幕会议并做了总结讲话，指出：“设计革命不但解决当前任务，还要使我们设计水平赶上世界先进水平。我们有了相当雄厚的物质条件，有可能在不太长的时间内超世界先进水平。为此，一是学、二是闯。就是要善于学习，发挥创造性。我们搞先进技术水平，要放在自力更生的基础上进行。”“设计要革命，就要实行‘三结合’。一是领导干部、专家、群众的三结合；二是设计、施工、使用单位的三结合。大家在实践中，按总路线精神、党的方针、政策，在党的统一领导下搞设计，这样搞的才能快点、好点，同时还要注意实用、经济，适当注意美观。”为当时环境下如何搞好设计工作指明了方向。

1964 年 12 月，时任国家经济委员会副主任谷牧在《关于当前设计工作革命运动几个问题的报告》中提出：“设计工作的革命是社会主义革命的一个重要内容，是设计部门开展社会主义教育运动的一个好的办法。”“设计工作革命既要解决阶级斗争方面的问题，也要解决属于生产斗争和科学实验方面的问题。”“这次设计工作的革命，重点是解决设计思想、设计方法以及设计人员的思想作风问题。”

1965 年 3 月 15 日至 4 月 3 日，谷牧参加了在北京召开的全国设计工作会议，并做了《关于设计革命运动的报告》。他指出：“当前设计革命运动的情况。4 个月来运动发展是健康的，并取得了很大成绩，其标志是群众发动得比较充分，下楼出院，深入现场，调查研究出现了新风气，开始改革了旧的规章制度，做出了一些符合多快好省要求的好设计。”“设计工作中存在的主要问题是贪大求全，脱离实际，不搞专业化协作，没有战备观念，设计方法繁琐、效率低、周期长，影响建设速度。”“要放手发动群众，充分发扬民主，领导带头检查，主动承担责任，启发设计人员自觉革命；并且运用解剖麻雀的方法，总结经验教训；批评资产阶级思想；同时组织设计人员下楼出院，深入现场，联系实际，同工农群众相结合，促进思想革命化，改进工作作风，最后把思想革命落实到设计工作的改革上去。”

谷牧于 1965 年 4 月任国家基本建设委员会主任，长期主管基本建设工作，推动了勘察设计行业的发展。

1978 年 12 月，党的十一届三中全会召开，邓小平副主席在会议闭幕时发表了“解放思想，实事求是，团结一致向前看”的讲话，会议作出了把工作重心转移到经济建设上来的战略决策，提出了“对内改革、对外开放”的政策。

1987 ～ 1993 年，“改革开放”一词先后写入党的基本路线、党章和宪法，在党和国家政策与制度层面得到确认，成为全党共识和国家意志的重要组成部分，标志着我国全面进入改革开放的新时期。1978 年 3 月、4 月、6 月华国锋主席在不同会议上分别提出:“应该看到，我国科学技术落后，科学技术要搞上去，引进外国的先进技术，学习外国的好经验，非常重要。”“西德、日本战败后，10 多年就上去了，要研究他们的经验。我们要经过 20 年实现四个现代化，就要真正动脑筋，想办法，争速度，这就有一个引进的问题。思想再解放一点，胆子再大一点，办法再多一点，步子再快一点。”“我们搞四个现代化，要坚持独立自主、自力更生，同时学习外国的先进经验。”中央领导的这些重要讲话，指引勘察设计行业大胆地走出去，学习国外先进经验，加快与国际接轨，成为行业快速发展的有效途径。

1984 年 6 月，胡耀邦总书记在《国内动态清样》第 1494 期“工程师章继浩对改革设计管理体制的建议”上给胡启立等做了批示:“改革问题需要我们一个领域一个领域地抓一下，把每个领域的改革方向、方针和政策抓准。”根据胡耀邦的批示，胡启立、郝建秀、王兆国等在中南海召开设计改革座谈会，胡启立在会上讲话指出:“设计改革首先要解决指导思想问题。过去把知识分子看成异己力量，轻设计、重施工，轻视智力，重视体力，报酬倒挂等。这就要求我们首先要认真解决重视科学技术，重视知识分子这个重要问题，解决科学技术包括设计技术都属于生产力范畴这个重要的认识问题。把设计人员的积极性调动起来，发挥智力和技术的作用，就可以把科技成果变成现实的生产力，就有巨大的潜力，巨大的经济效益。设计在经济建设中的重要作用，用一句话概括起来说就是，没有现代化的设计，就没有现代化的建设。进行设计改革，要走企业化、社会化这条路。”国家计委根据座谈会的精神起草了《关于工程设计改革的几点意见》。自此，我国的勘察设计体制改革全面启动。

1984 年，全国人大六届二次会议的《政府工作报告》，第一次提出“设计是整个工程的灵魂”的重要论述。同年，国务院在《批转国家计委关于工程设计改革的几点意见的通知》中再次强调:“工程设计是工程建设的首要环节，是整个工程的灵魂。先进合理的设计，对于改建、扩建和新建项目缩短工期、节约投资、提高经济效益，起着关键性的作用。”中央领导和政府表述的这一新的论断，对勘察设计行业的改革发展起到重要的指导作用，有力地调动了勘察设计单位和勘察设计人员的积极性。

1986 年 10 月，李鹏副总理在全国基本建设管理体制改革座谈会上发表了讲话，他指出:“过去，我们搞基本建设的组织机构，一个叫指挥部，一个叫建设单位，各有利弊。但都不是一个固定的、专门的、全面组织建设工作的机构。我觉得，综合地管理基本建设，把设计、施工、拨款、工程进度、设备材料等有机地组织起来，是一项专门的学问，是一个系统工程，需要一批这方面的专门机构和专门人才。过去这个工作分散到很多部门去做，有的在工厂，有的是建设单位组织一个筹建处，有的组成一个指挥部，把党政军民都协调起来，项目大的，总指挥往往就是市长、部长、省长，还有过去的国家建设委员会。工程建设一完，如果没有续建项目，这些人就散了，经验积累不起来。要使今后我们国家基本建设工作走上科学管理的道路，不发展这种专门从事组织建设工作的行业是不行的。”有力地推动了我国基本建设管理体制的改革。

2000 年 2 月，江泽民总书记在广东进行考察工作时强调，要把中国的事情办好，关键取决于我们党，取决于党的思想、作风、组织、纪律状况和战斗力、领导水平。只要我们党始终成为中国先进社会生产力的发展要求、中国先进文化的前进方向、中国最广大人民的根本利益的忠实代表，我们党就能永远立于不败之地，永远得到全国各族人民的衷心拥护并带领人民不断前进。

2006 年 1 月，胡锦涛总书记在全国科技大会上提出了建设创新型国家的要求，并指出：建设创新型国家，核心就是把增强自主创新能力作为发展科学技术的战略基点，走出中国特色自主创新道路，推动科学技术的跨越式发展；就是把增强自主创新能力作为调整产业结构、转变增长方式的中心环节，建设资源节约型、环境友好型社会，推动国民经济又快又好发展；就是把增强自主创新能力作为国家战略，贯穿到现代化建设各个方面，激发全民族创新精神，培养高水平创新人才，形成有利于自主创新的体制机制，大力推进理论创新、制度创新、科技创新，不断巩固和发展中国特色社会主义伟大事业。

2012 年 7 月，温家宝总理在全国科技创新大会上讲话提出：“我国是制造业大国，已经具有很强的制造能力，但仍然不是制造业强国，总体上还处于国际分工和产业链的中低端，根本原因就是企业创新能力不强。如果能在‘中国制造’前面再加上‘中国设计’‘中国创造’，我国的经济和产业格局就会发生根本性变化。企业的创新能力，很大程度上决定我国经济的发展前景。”

随着我国改革开放的深入，勘察设计行业发生了深刻的变化。中央领导发表的重要讲话，对行业发展提出了新要求，更是推动行业取得了高速发展。

党的十八大以来，以习近平同志为核心的党中央勇于进行具有新的历史特点的伟大斗争，推动中国特色社会主义进入新的历史阶段，提出一系列新理念新思想新战略，确立了以史为鉴、开创未来，实现中华民族伟大复兴的发展目标，开启了现代化建设的新征程。2012 年 12 月，习近平同志在广东考察工作时指出：“走创新发展之路，首先要重视集聚创新人才。要充分发挥好现有人才作用，同时敞开大门，招四方之才，招国际上的人才，择天下英才而用之。”2014 年 2 月，习近平同志在北京考察调研时强调：“城市规划在城市发展中起着重要

中石化庆祝建党 100 周年，集体宣誓重温入党誓词

引领作用，考察一个城市首先看规划，规划科学是最大的效益，规划失误是最大的浪费，规划折腾是最大的忌讳。”2014 年 5 月，习近平同志在河南考察时指出：“加快构建以企业为主体、市场为导向、产学研相结合的技术创新体系，加强创新人才队伍建设，搭建创新服务平台，推动科技和经济紧密结合，努力实现优势领域、共性技术、关键技术的重大突破，推动中国制造向中国创造转变、中国速度向中国质量转变、中国产品向中国品牌转变。”2014 年 9 月，习近平同志在新华社《国内动态清样》上批示：“城市建筑贪大、媚洋、求怪等乱象是典型的缺乏文化自信的表现，也折射出一些领导干部扭曲的政绩观，要下决心治理。要树立高厚度的文化自觉和文化自信，强化创新理念，完善决策和评估机制，营造健康的社会氛围。”2015 年 5 月，习近平同志在华东七省市党委主要负责同志座谈会上说：“综合国力竞争说到底是创新的竞争。要深入实施创新驱动发展战略，推动科技创新、产业创新、企业创新、市场创新、产品创新、业态创新、管理创新等，加快形成以创新为主要引领和支撑的经济体系和发展模式。”2015 年 12 月，习近平同志在京召开的中央城市工作会议上的讲话要求：“综合考虑城市功能定位、文化特色、建设管理等多种因素来制定规划。要加强城市设计，提倡城市修补，加强控制性详细规划的公开性和强制性。留住城市特有的地域环境、文化特色、建筑风格等‘基因’。”

习近平同志的这些重要讲话，为新时期勘察设计行业的发展指明了方向，激发了斗志，鼓舞着我国勘察设计人员在朝着第二个百年奋斗目标迈进过程中再立新功。

一直以来，中央领导对勘察设计行业非常关心，在行业发展的关键时期，都给予了高度重视。曾多次主持或参加行业重要会议，发表重要讲话，对勘察设计工作作出重要批示。中央领导的讲话、报告、批示和题词的具体背景详见本书的“历次重要会议”和“发展要事纪实”。

二、确立行业主管机构的设置

勘察设计行业主管机构的沿革简况见表 2-1。

国务院建设行政主管部门沿革　　表 2-1

序号	开始时间（年.月）	建设行政主管部门	委、部主要领导	勘察设计主管领导
1	1949.10	（中央人民政府政务院）财政经济委员会（中财委）	陈　云	
2	1952.11	国家计划委员会	高　岗	
3	1953.11 1956	国家建设委员会（第一届国家建委）	薄一波 王鹤寿	安志文 刘星　李斌
4	1958.3	国家计划委员会 国家经济委员会	李富春 薄一波	
5	1959.9	国家基本建设委员会（第二届国家建委）	陈　云	杨作材
6	1961.1	国家计划委员会	李富春	杨作材
7	1964.3	国家经济委员会	薄一波	宋养初
8	1965.3	国家基本建设委员会（第三届国家建委）	谷　牧	宋养初
9	1970.7	国家基本建设委员会军管会 国家基本建设委员会	李良汉 李良汉	谢朴斋
10	1973	国家基本建设委员会	谷　牧	宋养初
11	1979	国家基本建设委员会	韩　光	赵武成
12	1982.5	国家经济委员会	张劲夫	赵武成
13	1983.3 1987.6	国家计划委员会	宋　平 姚依林	彭　敏 王德瑛
14	1988.3 1991.3 1998.3 2001.12	建设部	林汉雄 侯　捷 俞正声 汪光焘	干志坚 叶如棠 黄　卫
15	2008.3 2014.4 2017.5～	住房和城乡建设部	姜伟新 陈政高 王蒙徽	郭允冲 易　军 张小宏

国家发展和改革委员会大楼

（一）1949 年 10 月 21 日，中华人民共和国政务院财政经济委员会（简称“中财委”）成立，主任：陈云。“中财委”下设计划局，局下设基建处，主管全国基本建设（包括勘察设计工作）、城市建设和地质工作。

（二）1952 年 11 月，成立国家计划委员会，1953 年 5 月初，国家计委成立基本建设联合办公室，下设：设计组、施工组和城建组。其中，设计组主管全国勘察设计工作。8 月底，国家计委在基本建设联合办公室设计组的基础上成立设计工作计划局。该局下设：组织组、计划组、建筑组、地质组、重工组、燃料组和秘书组。后于 1954 年初改“组”为“处”：组织处、计划处、标准定额处、地质处、重工处、燃料处、机械处、秘书处。

（三）1954 年 11 月，在国家计委设计工作计划局、基本建设联合办公室、基建局、城市规划局、厂址局、企业局、技术合作局等部门的基础上，成立国家建设委员会（第一届国家建设委员会）（简称“国家建委”）。主任：薄一波（后因国家经济委员会成立，薄一波任主任，因此 1956 年起，国家建委主任是王鹤寿）。副主任：王世泰、安志文、孔祥祯、刘星、李斌。其中，安志文、刘星、李斌主管勘察设计方面的工作。第一届国家建委下设十五个厅、局，即：科学工作局、设计组织局、标准定额局（后两个局 1956 年改为设计计划局、建筑经济局）、劳动工资局、建筑企业局、建筑材料局、区域规划局、城市建设局、民用建筑局、交通局、重工局、燃料局、机械局、轻工局、办公厅。其中，综合性的局，如设计组织局、标准定额局等，主要抓基本建设、勘察设计等方面规章制度的制订、审查和管理工作；专业性的局，如交通局、重工局等，主要抓基本建设项目的设计审查工作。

（四）1958 年 3 月，撤销国家建委，其中：设计计划局的部分业务并入国家计委基建局，设计年度计划工作并入国家经委，建筑经济局并入国家经委。同年 9 月 19 日，中共中央以中发［58］815 号文件发出《中央关于成立中央基本建设委员会、计划委员会、经济委员会的决定》。基本建设委员会主任：陈云。计划委员会主任：李富春。经济委员会主任：薄一波。

（五）1959 年 9 月 19 日，国家建委党组在给中共中央《关于中央基本建设委员会组织机构、干部调配情况的报告》中，提出了五项具体任务：抓基本建设的进度，尤其抓重点项目和国民经济中薄弱环节项目的建设进度；管理基本建设的成套供应工作；管理有关基本建设的钢材、木材、水泥的调剂工作；管理设计工作，管理设计组织、组织设计审批和总结设计工作经验；管理建筑安装工作，主要检查建筑力量和工程质量。第二届国家建委设置下列机构：主任办公室、办公厅、政策研究室、基建局、设计局、施工局、城建局、重工局、燃料局、机械局、交通局、财贸局等。设计局下设：设计一、设计二、设计三处和秘书组。国家建委副主任杨作材主管勘察设计工作。

（六）1961 年 1 月，撤销中央基本建设委员会（第二届国家建委），保留三个局，即设计局、施工局、城建局，均并入国家计委，其他各个专业局也分别并入国家计委有关局。设计局、施工局合并成立国家计委设计施工局。该局下设：设计处、施工处、组织处、技术处和秘书组。国家计委副主任杨作材主管勘察设计工作。

（七）1964 年 3 月，国家计委设计施工局并入国家经委，并将该局分为设计局和施工局。设计局下设一、二、三处和秘书组。国家经委副主任宋养初主管勘察设计工作。

（八）1965 年 3 月 24 日，中共中央书记处第 395 次会议决定成立国家基本建设委员会（第三届国家建委）。主任：谷牧。副主任：孙敬文、宋养初、刘裕民、谢北一、吕克白、赵北克、顾明（兼秘书长）。委员：范铭。第三届国家建委下设：党组办公室、政策研究室、办公厅、综合局、设计局、施工局、城建局、设备材料局以及一、二、三、四、五、六等专业局。其中，设计局下设一、二、三处和秘书组。宋养初副主任主管勘察设计工作。

（九）1969 年 10 月，国家建委设计局撤销，国家建委内成立业务组，由国家建委副主任吕克白等负责。在业务组内设设计小组，有几人管理全国勘察设计工作。同时，在北京的一批部属勘察设计单位奉林彪“一号命令”开始向外地搬迁。

（十）1970 年 7 月，建筑工程部、建筑材料工业部并入国家建委。李良汉任军管会主任（后为国家建委主任），国家建委副主任有：张国传、李大同、谢朴斋等。谢朴斋主管勘察设计工作。这时的国家建委主管勘察设计工作的机构是设计施工组（下设设计科研小组）。

（十一）1972 年 12 月，恢复成立国家建委设计局。该局下设：综合处、设计审查处、技术处、民用处、勘察处、标准规范处和办公室。国家建委副主任宋养初主管勘察设计工作。1973 年 3 月，谷牧任国家建委主任，1975 年 1 月，任国务院副总理兼国家建委主任。

（十二）1979 ～ 1982 年，国家建委主任：韩光。副主任有：彭敏、谢北一、赵武成等。赵武成主管勘察设计工作。

（十三）1982 年 3 月 8 日，第五届全国人大常委会第二十二次会议通过的《关于国务院机构改革问题的决议》，决定撤销国家建委，将国家建委的综合局、设计局、施工局及重点一、二、三局转到国家经委成立基建办公室。

（十四）1983 年 3 月，把主管工程勘察设计工作的职能转到国家计委。工程勘察设计主管部门改为国家计委（也主管工程咨询）。当时，国家计委主任：宋平；副主任：姚依林、彭敏、王德瑛、干志坚等。干志坚主管工程勘察设计工作。5 月 5 日，国务院《关于国家计划委员会、国家经济委员会、国家科学技术委员会分工的通知》中关于国家计委与国家经委的分工，在基本建设方面明确："国家计委负责确定建设规模、投资的使用方向和大中型建设项目，负责大中型建设项目的论证，有关项目之间的衔接和可行性研究报告及设计任务书的审批，负责组织资源勘探规划、区域规划、流域规划、路网航道规划、农业经济区划的编制工作。国家经委负责组织和审查项目的设计、施工和建设管理、调配建设物资、组织生产准备、竣工验收和基本建设方面的标准规范以及立法等。"

（十五）1988 年 3 月，全国人大七届一次会议批准国务院机构改革方案后，新的建设部成立。1990 年 10 月 30 日，国家机构编制委员会以国机中编〔1990〕14 号文发出《关于印发建设部"三定方案"的通知》。该"三定方案"将原国家计委主管的基本建设方面的勘察设计、建筑施工、标准定额等职能划归建设部，下设"设计管理司"承担指导和管理全国基建勘察设计等职能。而 20 世纪 80 年代发展起来的工程咨询仍然由国家计委主管。

（十六）2001 年 11 月 6 日，建设部根据中央机构编制委员会办公室《关于建设部内设机构调整的批复》，以建人教〔2001〕224 号文公布了建设部内设机构的调整情况：（1）撤销建筑管理司和勘察设计司。（2）建立建筑市场管理司。（3）设立工程质量安全监督与行业发展司。还提出，要把一些不宜由政府承担的职能交给行业协会，要求机关各司局要改变观念，抓大事，提高工作效率和质量。并要求行业协会要为政府提供行业建设和发展的建议和参考意见，为行业和会员服务；协会要加强建设，其发展要与建设事业发展相协调。

（十七）2008 年 7 月 10 日，根据第十一届全国人民代表大会第一次会议批准的国务院机构改革方案和国务院《关于机构设置的通知》（国发〔2008〕

11 号），国务院办公厅《关于印发住房和城乡建设部主要职责内设机构和人员编制规定的通知》（国办发〔2008〕74 号），设立住房和城乡建设部，其主要职责范围：指导全国建筑活动，组织实施房屋和市政工程项目招投标活动的监督执法，拟订勘察设计、施工、建设监理的法规和规章并监督和指导实施，拟订工程建设、建筑业、勘察设计的行业发展战略、中长期规划、改革方案、产业政策、规章制度并监督执行，拟订规范建筑市场各方主体行为的规章制度并监督执行，组织协调建筑企业参与国际工程承包、建筑劳务合作。承担建立科学规范的工程建设标准体系的责任。组织制定工程建设实施阶段的国家标准，制定和发布工程建设全国统一定额和行业标准，拟订建设项目可行性研究评价方法、经济参数、建设标准和工程造价的管理制度，拟订公共服务设施（不含通信设施）建设标准并监督执行，指导监督各类工程建设标准定额的实施和工程造价计价，组织发布工程造价信息。工程咨询主管部门依然是国家发展改革委。

住房城乡建设部大楼

（十八）更好地发挥政府作用。随着政府机构的改革和政府职能的转变逐步深入，中央、国务院要求全国勘察设计行业实行企业化、市场化和社会化改革，实行行政隶属管理向自律管理转变的重大变革，改变数十年来计划经济体制下勘察设计单位的行政管理隶属关系，实行政企分开，行政部门不再直接管理勘察设计企业，由行政管理人、财、物和任务分配，转变为自主经营、自负盈亏、自我发展的自律体制，使勘察设计单位真正成为具有独立的法人资格和市场的主体地位。

1995 年 11 月 9 日，建设部《关于充分发挥中国勘察设计协会在行业管理中作用的通知》（建设字第 650 号）指出：为了加强全国勘察设计行业管理，充分发挥勘察设计协会在行业管理中的作用，经我部研究决定，授予中国勘察设计协会部分职能，下列工作由协会负责组织实施。主要包括：协助政府进行行业各项改革调研并提出建议、行业资格分级标准建议、单位资格复查和年检、制定质量评定标准加强质量管理并提供培训咨询服务、负责“四优”和勘察设计大师评选工作、做好先进技术装备、优秀勘察设计软件的引进和先进技术和方法的推广，以及政府主管部门委托的其他工作。

2000 年 10 月 24 日，国务院办公厅《关于中央所属工程勘察设计单位体制改革实施方案的通知》（国办发〔2000〕71 号）提出：“勘察设计单位要按照建立社会主义市场经济体制的总体要求，在国务院批准改革实施方案后，半年内全部由事业单位改制为科技型企业”和“一律与主管部门解除行政隶属关系”。通知下达后，原来直属部门管理的央企基本都解除了行政隶属关系，初步实现了政企分开，勘察设计企业社会化改革取得了重大成果。

习近平指出：“既要使市场在配置资源中起决定性作用，又要更好发挥政府作用。”发展历史证明，行政部门在勘察设计行业发展中起关键作用，因此在转变职能的过程中，随着勘察设计企业与行政主管部门解除行政隶属关系，在保证市场在资源配置中起决定作用的同时，要进一步加强党对勘察设计企业的领导，更好地发挥政府作用，强化法规制度建设，加强对行业的方针政策、发展规划、市场监管等进行宏观管理，完善对勘察设计、工程咨询统一的市场监管机构，克服目前“碎片化”的监督方式，更有效地促进工程建设高质量发展。

三、媒体宣导促进行业的发展

新中国成立以来，勘察设计行业的发展也一直受到党中央的机关报《人民日报》的关注、支持与鞭策，尤其在国家百废待兴、激流勇进和行业起步与成长阶段。同时，由行业主管部门主办的报刊如《中国建设报》《建筑时报》，以及《中国勘察设计》等，是刊登行业法规、政策、规范、标准，及时报道我国工程建设领域改革发展等权威资讯的主要媒体。媒体的宣导，有力地促进了行业的发展。现仅对《人民日报》针对勘察设计行业所发表的社论等文章的题目进行汇总（表 2-2）。

《人民日报》社论等文章刊载表　　　　**表 2-2**

序号	《人民日报》社论	刊载时间
1	没有工程设计就不可能施工	1951 年 6 月 16 日
2	把基本建设放在首要地位	1952 年 11 月 18 日
3	反对设计中的保守落后思想	1953 年 1 月 25 日
4	为确立正确的设计思想而斗争	1953 年 10 月 14 日
5	积极领导设计人员的思想教育	1953 年 10 月 17 日
6	进一步加强向苏联专家学习	1954 年 10 月 23 日
7	反对建筑中的浪费现象	1955 年 3 月 28 日
8	展开全面节约运动	1955 年 5 月 14 日
9	坚决降低非生产性建筑的标准	1955 年 6 月 19 日
10	努力培养建设干部	1955 年 7 月 30 日
11	做好设计预算是节约资金的重要环节	1955 年 8 月 9 日
12	加强城市规划工作　降低城市建设造价	1955 年 11 月 23 日
13	加快设计进度，提早供给图纸	1956 年 1 月 6 日
14	大力开展标准设计工作	1956 年 3 月 22 日
15	火烧技术设计上的浪费和保守	1958 年 3 月 29 日
16	“大跃进”的产儿	1959 年 9 月 25 日
17	为设计工作的革命化而斗争	1965 年 4 月 10 日
18	正确的设计从实践中来	1965 年 4 月 22 日
序号	《人民日报》短评等文章	刊载时间
1	《人民日报》短评 做一只辛勤的蜜蜂	1965 年 5 月 22 日
2	国家建委写作小组 设计革命胜利的十年	1974 年 11 月 1 日

历史证明，党的领导是勘察设计行业全面发展的根本前提；行政部门的关键作用，是勘察设计行业全面发展的坚实基础；媒体的宣导，给予勘察设计行业全面发展的强大动力。新的征程上，在保证市场在资源配置中起决定作用的同时，要进一步加强党对勘察设计企业的绝对领导，更好地发挥政府作用，自觉地接受媒体的监督和宣导，为我国社会主义现代化建设做出新的更大贡献。

第三章 历次重要会议

在70多年的发展历程中，中央一直高度重视勘察设计工作，在社会主义建设的关键时期，先后共召开了14次全国性勘察设计工作会议，每次都有党和国家重要领导人出席，并作重要指示，对行业的快速健康发展起到了极为重要的关键作用（表3-1）。

一、1957年5月31日至6月7日，国家计委、国家建委、国家经委联合召开第一次全国设计工作会议，贯彻勤俭建国方针。会议动员全国设计人员用整风精神检查和总结第一个五年计划的设计工作，从中汲取经验教训，便于在“二五”期间更好地贯彻勤俭建国方针。中央各经济建设部门负责干部、100多个设计院负责人、著名的建筑专家等900多人参加了会议。会议期间国务院副总理李富春、国家经委主任薄一波作了报告。李富春的报告综述了第一个五年计划的伟大成就和某些缺点、错误，提出了基本建设和设计中的几个政策问题，就企业规模、设计标准、技术装备水平、争取国内设计和国内制造设备、工业布置和协作、城市规划和民用建筑问题等的政策作了详细阐述。提出了厉行节约、降低工程造价问题，初步估计，在保证质量的条件下，“二五”同“一五”比较，工业建设方面建设同等生产能力的工程可以节约20%～30%的投资，民用建筑平均造价可降低30%左右，提出了一些降低工程造价的措施。李富春指出：要结合整风学会勤俭建国的本领。过去基本建设中的一切缺点、错误，有些是没有经验，有些是和我们工作中的官僚主义、宗派主义和主观主义分不开的。动员全体设计人员，揭发领导工作中的缺点和错误，提出改进工作的意见，帮助领导整风。薄一波的报告讲到了对几年来基本建设成绩的估计，还讲了建设方针、城市规划、协作配合、修订各种标准定额问题，勉励大家学会勤俭建国本领，根据中国的特点——穷（经济落后）、多（人口多）、少（耕地少）三个字考虑问题。会议期间，代表们讨论了李富春、薄一波的报告，交流了设计中节约的经验，提出了一些重要的节约建议，大家认为工业、民用建筑造价“二五”比“一五”降低20%～30%是完全可能的。

二、1959年5月中旬，国家建委召开第二次设计工作座谈会。参加会议的有中央工业、交通各部的基本建设司和设计院共20个单位。座谈会开了12天，期间宋养初副主任参加了会议并讲话。会议讨论和分析了1958年“大跃进”以来设计工作的成绩和缺点，以及今后如何继续提高设计质量，进一步贯彻执行社会主义建设总路线，并着重研究了设计任务书的编制、审批制度和工业与

历次全国工程勘察设计工作会议简况 表 3-1

届次	会议日期	会议名称	主持或出席会议讲话的中央和部委领导	会议主要内容
一	1957 年 5 月 31 日～6 月 7 日	全国设计工作会议	李富春、薄一波	总结第一个五年计划中基本建设和设计工作方面的经验教训，提出改进意见，以便在第二个五年计划期间，更好地贯彻勤俭建国的方针
二	1959 年 5 月中旬（共 12 天）	基本建设设计工作座谈会	宋养初	讨论分析“大跃进”以来的成绩和缺点，贯彻“总路线”，提高设计质量等。座谈纪要以（国家建委 1959 年 6 月 13 日以 59 基宋字第 136 号通知发布）
三	1960 年 10 月 20 日～26 日	全国设计工作现场会议	程子华	提出了在设计中进一步深入地贯彻执行总路线的四项要求。会后以（60）基设字 426 号文给党中央、毛主席写了报告
四	1965 年 3 月 15 日～4 月 3 日	全国设计工作会议	彭真、薄一波、谷牧、宋养初	总结开展设计革命运动四个月以来的工作，部署运动下一步的做法
五	1971 年 3 月 29 日～5 月 31 日	全国设计革命会议	李先念、余秋里	批判基本建设方面的“大、洋、全”，推动设计革命深入发展，会议形成了《全国设计革命会议纪要》(1971 年 12 月 26 日国家建委以［71］建革字 100 号文发布）
六	1972 年 11 月 28 日～12 月 5 日	全国设计工作座谈会	宋养初	会议交流了设计单位斗、批、改的经验，座谈了一年多来开展设计革命运动的情况，会议形成了《关于当前设计工作中几个问题的意见》，国家建委于 12 月 26 日以（72）建革施字 573 号文发布
七	1979 年 1 月 6 日～15 日	全国勘察设计工作会议	宋养初	回顾“学大庆”和开展设计革命运动的成绩，交流经验，研究把工作重点转移到社会主义现代化建设上来。1 月 13 日，国家建委以（79）建发字第 46 号文印发了《全国勘察设计工作会议纪要》
八	1981 年 11 月 9 日～14 日	全国优秀设计总结表彰会议	薄一波、姚依林、谷牧、韩光、赵武成、彭敏	表彰优秀设计，交流创优经验，总结设计工作，研究设计体制改革
九	1983 年 3 月 13 日～23 日	全国勘察设计工作会议	姚依林、彭敏	总结交流经验，研究搞好改革，促进技术进步，开创勘察设计工作新局面

续表

届次	会议日期	会议名称	主持或出席会议讲话的中央和部委领导	会议主要内容
十	1985 年 1 月 21 日～ 26 日	全国设计工作和表彰优秀设计会议	李鹏、王德瑛、芮杏文	研究设计工作改革，表彰优秀设计
十一	1987 年 1 月 10 日～ 17 日	全国勘察设计工作会议（和中国勘察设计协会第一届理事会议）	李鹏、宋平、干志坚	总结交流经验，研究改革中的问题，讨论改进勘察设计工作
十二	1990 年 12 月 13 日～ 15 日	全国勘察设计工作暨表彰会议	宋健、林汉雄、李昌安、李世忠、康世恩、张劲夫、韩光、袁宝华、叶如棠	总结十年改革成果，表彰先进、研究和部署治理整顿、深化改革工作
十三	1994 年 11 月 18 日～ 21 日	全国勘察设计工作暨表彰会议	李鹏、朱镕基、李岚清、吴邦国、邹家华、姜春云、宋健、罗干、李锡铭、谷牧、韩光、侯捷、叶如棠	讨论待议文件，交流深化改革、加快发展、开展工程总承包、建立国际工程公司、促进技术进步、提高设计质量、实行注册建筑师制度、私营建筑师事务所试点等方面的经验，表彰先进
十四	2000 年 12 月 18 日～ 19 日	全国勘察设计工作会议	温家宝、俞正声、叶如棠	总结交流“九五”工作经验，研究部署“十五”的目标和任务，推进体制改革，提高依法执业和管理水平，表彰先进，进一步提高勘察设计质量、水平和效益

民用建筑设计审批制度等问题。同时，对于工艺设计、标准设计、工矿企业选用建筑结构和试验研究工作等问题也作了一般性的讨论。根据讨论，整理了以下几个座谈纪要（国家建委 1959 年 6 月 13 日以（59）基宋字第 136 号通知发出）:（1）关于 1958 年“大跃进”以来设计工作的估计，成绩是基本的，是主流；缺点是次要的，是一个指头与九个指头的问题。成绩表现在: 1）经过“反右”“整风”和“双反”运动，设计工作人员在政治思想和工作方法上都有了显著的提高和改进；2）在设计工作中开始贯彻执行了党的洋法生产和土法生产相结合、大型企业和中小型企业相结合的建设方针；3）提高了设计工作效率，编制了大量的企业设计和民用建筑设计；4）各行业设计单位的技术水平有很大的提高，编制了许多质量良好的企业设计；5）从设计上节约了企业建设的投资和器材。缺点表现在: 1）对于设计质量的要求不够严格；2）不合理的规章制度破除了，而新的规章制度则没有及时地建立起来，有些不该破除的规章制度也破除了；有些没有破除规章制度也没有认真地执行。例如: 1958 年基本建设设计任务书的制定和审批工作放松了；设计程序简化过多；设计审批制度有名无实，审批权限层层下放；设计图纸和说明过于简略；设计的修改权限和职责不明确，制度紊乱，施工单位和建设单位任意修改设计，并且在施工中不适当地代用材料；破除了企业的交接验收制度，不按照设计的要求建成，勉强移交生产等等；3）重复使用现成设计和设计图纸的管理方面也存在着混乱现象；4）思想方法存在片面性。（2）关于提高设计质量，进一步贯彻执行社会主义建设总路线的问题。（3）关于设计任务书的编制、审查和批准问题。根据最近国务院主要工交部门 11 个设计院不完全的统计，共设计 905 个项目中，有正式批准设计任务书的 310 个，占 34.2%；编有设计任务书未经批准也未执行的 177 个，占 19.6%；没有设计任务书的 418 个，占 46.2%。可见，大多数建设项目都是没有正式批准的设计任务书的。（4）关于工业和民用建设设计的编制审查和批准制度问题。（5）关于工艺设计问题。（6）关于工矿企业选用建筑结构的问题。（7）关于标准设计问题。（8）关于设计部门进行试验研究工作的问题。

三、1960 年 10 月 20 日至 26 日，国家建委在上海召开第三次全国设计工作现场会议。出席会议的有：各省、市、自治区建委的主任或副主任，中央有关各部主管设计工作的副部长或司（局）长，一部分设计院的党委书记或院长，共计 98 人。会议开始，首先学习了毛泽东的《关于领导方法的若干问题》和《关心群众生活、注意工作方法》，刘少奇在中共八大二次会议的工作报告（重点是总路线部分）三篇文章；在上海组织了中小为主、土洋结合的典型经验报告和现场参观；随后，分成两路：一路到邯郸、石家庄以炼铁为中心，从采矿、烧结、洗煤、炼焦、矿山运输等环节中，选择了大洋的、小洋的、土洋结合的、土法的典型厂矿，组织了现场参观和讨论。另一路到丹阳、石家庄以化肥为中心参观了丹阳化肥厂（年产5000吨）、石家庄化肥厂（年产25000吨）的整个生产过程，并组织了讨论。国家建委副主任程子华作了会议总结，会后以（60）基设字426号文给党中央、毛主席写了报告。这个报告和程子华总结的主要内容是:提出了在设计中进一步深入地贯彻执行总路线的四个要求:第一，设计工作必须体现以农业为基础的方针；第二，更好地贯彻以钢为纲的方针；第三，坚持大中小并举，以中小为主和土洋结合的方针；第四，继续贯彻多种经营和综合利用的方针。在这次会议的报告中提出，“设计部门实行了领导干部、工程师与一般工作人员的内部三结合和设计部门、生产单位和科学研究等部门的外部三结合。”还提出，“设计工作是属于意识形态范畴的，它要反映生产实践，又要为生产实践服务。”10月，国家建委在北京召开全国设计工作“双革”现场会，举办了设计工作“双革”成果展览。

四、1965年3月15日至4月3日，由国家经委副主任谷牧、国家建委副主任宋养初主持在北京召开第四次全国设计工作会议。参加会议的有各省、市、自治区，各有关部主管基本建设的负责同志，部分设计单位和大专院校的负责同志，以及部分设计人员的代表，共430人。主要任务是总结、检查4个月来设计工作革命运动的经验，讨论拟订《关于改进设计工作的若干规定（草案）》，研究下步运动部署。谷牧在会上做了《关于设计革命运动的报告》，主要内容是:（1）当前设计革命运动的情况。4个月来运动发展是健康的，并取得了很大成绩，其标志是群众发动得比较充分，下楼出院，深入现场，调查研究出现了新风气，开始改革了旧的规章制度，做出了一些符合多快好省要求的好设计。（2）设计工作中存在的主要问题是贪大求全，脱离实际，不搞专业化协作，没有战备观念，设计方法繁琐、效率低、周期长，影响建设速度。从领导上看，经验教训有：对设计工作的作用认识不足，长期没有认识到用毛泽东思想占领设计阵地的重要意义，没有认真总结设计工作的经验教训，对设计单位的领导一般化。（3）设计革命应解决的主要问题: 1）用毛泽东思想挂帅，逐步肃清唯心论，形而上学和各种资产阶级思想；2）设计人员下楼出院，深入现场，调查研究。掌握第一手资料，搞现场设计；3）改革不合理的规章制度；4）整顿设计队伍，把坚持反动立场的分子改造过来，把年轻有为的设计人员提拔到领导岗位上来；5）健全领导班子，改变领导班子不齐、不力状况，设计革命的核心是采用发展新技术、设计革命的目的就是做出好设计。（4）设计革命与“四清运动”的关系。解决了设计革命中所要解决的问题，就解决了“四清”运动中所要解决的主要问题，设计革命实质上是设计单位进行“四清”的特殊形式。会议讨论了《关于改进设计工作的若干规定（草案）》。

3月16日，薄一波副总理在这次全国设计工作会议上讲了话。主要内容是：建国15年来设计工作取得了不少成绩，但也存在一些毛病，一是抄袭苏联的东西；二是自己搞了一些错误的东西。对苏联的东西要一分为二，当时我们不会设计，照抄苏联的在所难免。我们自己搞的东西，许多不符合实际情况、工厂定员比苏联的多20%～30%；厂房保险系数比苏联的大；工厂占地比苏联的多；生活设施比苏联的标准高等。这些问题不能责怪设计人员，问题在于工交部、局的领导。当然，设计人员思想上也有毛病，如个人主义、名利思想等，也应注意克服。这次设计革命会议要认真总结经验，搞出一套符合我们实际的办法来。

4月2日，彭真副委员长在人民大会堂做了这次全国设计工作会议的总结报告：（1）设计工作、设计革命不但解决当前任务，还要使我们设计水平赶上世界先进水平。我们有了相当雄厚的物质条件，有可能在不太长的时间内超赶世界先进水平。为此，一是学、二是闯。就是要善于学习，发挥创造性。我们搞先进技术水平，要放在自力更生的基础上进行。（2）总结经验。中华人民共和国成立15年来，我们有丰富的经验，有3年恢复的经验，有“一五”时期的经验，这些经验是很宝贵的，要实事求是地总结一下，并把它上升为理论，只有这样才能成为自觉的思想武器。（3）设计革命。设计要革命，就要实行“三结合”。一是领导干部、专家、群众的三结合；二是设计、施工、使用单位的三结合。大家在实践中，按总路线精神、党的方针、政策，在党的统一领导下搞设计，这样搞的才能快点、好点，同时还要注意实用、经济，适当注意美观。（4）设计队伍的革命化。这里对设计队伍有个基本认识问题，他们大多数是好的，要依靠知识分子中的革命分子，团结教育中间分子，改造提高落后分子，孤立打击极少数反动分子，当然他改造好了又可团结他。搞革命化就是用毛泽东思想做统帅，用辩证唯物论改造世界观。与工农相结合，下楼出院，深入实际，到三大革命斗争中去锻炼。（5）高级知识分子有两大“敌人”，一是个人主义，二是本本主义，要注意克服。（6）设计工作必须注意平战结合，具有战略观念。（7）设计革命与“四清”问题。凡搞设计革命的单位，设计革命搞好了，“四清”任务就算完成了。（8）学习毛主席著作。

五、1971年3月29日至5月31日，经国务院批准，国家建委在北京召开了第五次全国设计革命会议。到会代表660人，其中工人代表97人，设计人员代表110人。会议期间学习了毛主席关于“批修整风”的指示和毛主席同叶海亚·汉谈话和对设计工作的指示，还学习了周总理在计划会议上的讲话和会议纪要。会议主要任务是“进一步贯彻毛主席关于开展群众性设计革命运动的指示，认真贯彻全国计划会议精神，以毛泽东思想为武器狠抓设计领域的两条路线斗争，深入开展革命大批判，推动设计革命深入发展，搞好设计战线的斗、批、改，为多快好省地完成‘四五’计划的基本建设任务创造条件。”会议期间李先念副总理、国家计委主任余秋里听取了会议情况的汇报并讲了话。会议形成了《全国设计革命会议纪要》（1971年12月26日，国家建委以（71）建革字100号文发出），其主要内容是：（1）基本建设战线的大好形势和设计革命的任务。(2)狠批“大、洋、全”,大搞“小、土、群”。(3)改革设计体制和规章制度。我国现行的设计体制、规章制度、标准规范等,基本上是从苏联搬来的,设计工作由设计院“一家独办”,广大工人无权过问;设计、施工、建设“三足鼎立”,设计院内知识分子一统天下,少数资产阶级技术权威把持大权;多数设计院单独设置,和生产、施工单位严重分离;许多设计人员出了校门进院门,很少参加实践,照抄照搬,“闭门造车”,为此必须:1)改革设计机构,坚决地有步骤地把设计院下放到厂矿和施工企业中去。2)坚持“三结合”现场设计,大搞群众运动,实行“三结合”是路线问题;工人参加设计是建设社会主义的创举,领导干部,技术人员要切实依靠工人,绝不能把工人当“陪衬”。3)改革不合理的规章制度,修订保守、落后的设计标准、规范,废除繁琐的东西。(4)建设一支革命化的设计队伍。各级领导要认真贯彻党对知识分子政策,坚持团结、教育、改造的方针,对他们大胆使用热情关怀,耐心帮助,严格要求,使他们在政治上和业务上不断提高。要“走上海机床厂从工人中培养技术人员的道路”。从现在起,各部门、各地区要下决心从工矿企业、施工单位中选拔一批政治觉悟高、有实践经验的工人和工人出身的技术人员,担任设计工作。(5)加强党对设计工作的领导。各级党委一定要把设计革命作为一项重要政治任务,首长负责,亲自抓好,加强政治思想工作。重大项目的建设方案,建设方针、政策,各部门、各省市区党委要认真讨论。

六、1972 年 11 月 28 日至 12 月 5 日,国家建委在北京召开了第六次设计工作座谈会。参加会议的有 11 个省、市,九个部门主管设计工作的负责同志以及部分设计单位的代表。会议首先交流了设计单位搞好斗、批、改的经验,座谈了一年多来开展设计革命运动的情况,讨论了如何加强设计工作的领导,加强设计管理,提高设计质量等当前设计工作中需要解决的几个问题。会议形成了《关于当前设计工作中几个问题的意见》(简称 13 条),国家建委于 12 月 26 日以(72)建革施字 573 号文发出。其主要内容为:(1)继续深入开展“批林整风”。(2)加强设计单位领导班子的建设。(3)充分调动设计人员积极性。(4)有计划培养新生力量。(5)坚持设计程序。设计之前必须把资源、水源,主要工程地质搞清楚,设计一般分初步设计和施工图,初步设计经审批后,才能画施工图。(6)加强设计计划性,提前设计年度。(7)设计单位对设计质量全面负责。设计单位是设计的“主办单位”,对设计质量全面负责,初步设计会同有关单位进行,并负责上报。(8)搞好“三结合”现场设计。从实际出发,讲究实效不搞形式主义。(9)健全管理机构和管理制度。要建立技术责任制,考核考勤制等,较大设计院可设总工程师和主任设计师,使之成为党委技术参谋。(10)搞好设计审查。(11)在设计中积极采用和发展新技术。采用各项新技术必须经过科学试验、不成熟的不能推广。(12)努力提高设计效率。(13)进一步做好体制改革。国务院下放给各省、市、自治区的设计单位,不宜再层层下放。承担几个省和援外任务的设计单位，可由部和地方双重领导，对下放的单位各部门要加强领导，不能撒手不管。

七、1979年1月6日至15日，国家建委在北京召开了第七次全国勘察设计工作会议。参加会议的有各省、市、自治区建委和国务院有关部门基建局和规划院的负责人、设计处长以及部分勘察设计单位的负责人，共130人。会议主要回顾一年来揭批"四人帮"、开展学大庆和"设计革命"的成绩和经验，讨论了设计战线工作重点转移到现代化建设方面的问题。宋养初在会上讲了话。1月10日，国家建委副主任宋养初在会上讲了话。1月30日，国家建委以（79）建发设字第46号文印发了《全国勘察设计工作会议纪要》（以下简称"纪要"）。《纪要》在谈到1979年的任务时首先提出，提高设计技术水平是勘察设计战线的着重点转移到社会主义现代化建设上来的一项重要内容，当前要着重抓好:（1）对引进项目中先进技术的学习、消化和改进、提高工作;（2）吸取技革和科研成果;（3）设计单位要搞些科研工作;（4）进行技术培训;（5）做好技术情报工作;（6）勘察设计单位的装备要现代化;（7）狠抓设计标准化工作。并提出，设计工作要提高管理水平，按客观经济规律办事，为此在1979年要在以下五个方面进行改革或加强:（1）实行企业化;（2）推行合同制;（3）实行奖励制度;（4）建立计划制度;（5）加强经济工作。《纪要》最后提出，要完成1979年的任务，关键在于加强领导。要加强、整顿和充实领导班子；要解放思想，开动机器；要恢复和发扬党的优良传统和作风；要认真学习经济理论、科学技术和管理工作；要完整地、准确地理解党的知识分子政策，充分调动勘察设计人员的积极性；要认真做好后勤工作，为勘察设计人员创造合适的工作和生活条件。

八、1981年11月9日至14日，国家建委在北京召开了第八次"全国优秀设计总结表彰会议"。出席这次会议的，有各省、市、自治区建委和国务院有关部、委、总局主管设计工作的负责人，有全国优秀设计评选委员会委员，有获得国家优秀设计项目奖的设计单位的代表，共280人。这是中华人民共和国成立以来全国设计战线第一次表彰优秀设计的盛会。为了准备召开这次会议，国家建委曾专门发出通知，在全国勘察设计战线开展评选70年代优秀设计的活动，经过一年多时间的层层推荐，反复评选，在数以万计的设计项目中评出国家优秀设计项目121项，表扬项目92项。在11月9日的开幕会上，国家建委副主任、全国优秀设计评委会副主任委员赵武成讲了话，介绍了评选优秀设计的情况和收获，初步总结了做出优秀设计的主要经验，对继续努力创出更多的优秀设计提出了要求。会议交流了一些优秀设计和创优工作的具体经验。这次会议上还对准备1982年召开的全国设计工作会议进行了酝酿。

11月11日，在"全国优秀设计总结表彰会议"期间，在中南海怀仁堂召开了隆重的授奖表彰大会。国务院副总理薄一波、姚依林、谷牧出席了大会。

出席会议的还有国务院有关部、委、总局，国防科委，国防工办和军委后勤部的负责人共三十几位部长、副部长，主任、副主任。会上宣读了所有授奖项目和授奖单位的名单，并发给奖状和奖册。国家建委主任韩光主持了这次大会，国家建委副主任、全国优秀设计评委会主任委员彭敏讲了话，获奖单位代表、北京电力设计院院长沈乙荪代表所有授奖单位讲了话。薄一波在会上作了重要讲话，他提出要认真总结32年来设计工作的经验教训，提高对设计工作重要性的认识，在继续努力完成新建项目设计任务的同时，要积极搞好老企业技术改造的设计任务，要研究体制改革问题，调动广大设计人员的积极性。

九、1983年3月13日至3月23日，第九次全国勘察设计工作会议在北京召开。出席这次会议的，有各省、市、自治区建委和国务院有关部门主管基本建设勘察设计工作的负责同志，还有部分勘察设计单位的代表，共400人。国家计委副主任彭敏在会议开幕式上讲话。主要讲了三个问题：一是勘察设计工作取得的成绩和经验教训，二是努力开创勘察设计工作的新局面，三是加强对勘察设计工作的领导。这次会议的中心议题是：以十二大精神为指针，总结交流勘察设计工作的经验，研究如何搞好改革工作，促进技术进步，开创勘察设计工作新局面。会议着重讨论了改革设计管理、采用先进技术、加强经济分析工作、开创新局面的问题，交流了经验，对《关于勘察设计单位试行技术经济责任制的若干规定》《基本建设设计工作管理条例》等7个待议文件进行了讨论。会上代表们提出了筹建“中国勘察设计协会”的建议。会后，国家计委将筹建中国勘察设计协会一事列入日程。姚依林副总理在会议结束时讲了话，讲了7个问题:（1）形势;（2）为什么要开这次勘察设计工作会议;（3）各级领导同志，特别是党委和政府的领导同志，也包括计划部门、基建部门的负责同志，一定要带头按照基本建设程序办事;（4）国家要求做勘察设计工作的同志，要站在国家的立场上来办事;（5）希望勘察设计人员不断提高业务水平、技术水平;（6）勘察设计人员要研究经济问题;（7）关于改革的问题。他强调:“勘察设计工作是基本建设的关键环节。广大勘察设计人员要树立全局观点，坚持严格的科学态度，实事求是，作风正派，敢于坚持真理。要活跃设计思想，繁荣设计创作。一定要按客观规律办事，按照基本建设程序办事。基本建设应该有个法，我们立法做得很不够，应该抓紧搞起来。”

十、1985年1月21日至1月26日，第十次全国设计工作和表彰优秀设计会议在北京召开。出席这次会议的有各省、自治区、直辖市前和国务院各有关部门以及计划单列城市主管设计工作的负责同志，有优秀设计获奖单位的代表，共300人。会议的主要任务是：根据《中共中央关于经济体制改革的决定》精神，结合设计工作的实际，贯彻落实《国务院关于改革建筑业和基本建设管理体制若干问题的暂行规定》和国务院批转的《国家计委关于工程设计改革的几点意见》，总结交流经验，部署今后工作，研究制定几个具体办法，并表彰全国第二批优秀设计，以加快设计改革步伐，为“四化”建设做出新的贡献。会议学习了胡耀邦总书记关于设计改革的指示、国务院总理关于设计改革问题的讲话、书记处书记胡启立在设计改革座谈会上的讲话，交流了经验，对123项国家级优秀设计项目发了奖。李鹏副总理在会议结束时讲了话，讲话内容包括六个问题：设计工作的重要性；设计改革；招标制；是否允许发展集体和个体设计所;积极采用新技术，提高技术水平;提高设计水平，关键在于人才开发。并着重强调：“工程设计是新建、改扩建和技术改造工程质量好、投资省、工期短、提高经济效益、社会效益、环境效益的关键，设计是把先进技术转化为生产力的纽带。设计改革的重点是企业化和招标制。应该允许发展集体和个体设计。要求各级领导，包括各部委、各省市的领导同志都要重视设计工作、关心设计工作。”“现在国外有这样一种组织形式，就是以设计单位为主体进行项目承包，设计单位不仅搞设计，而且负责整个工程承包，像美国的柏克得公司。我国也开始组建一些这样的公司，这种公司是一种先进的工程总承包组织。以设计为主体进行承包，可以解决设计和施工脱节的矛盾。”国家计委副主任王德瑛在会议开幕式上讲话：一是设计工作取得了新的进展；二是要建立充满生机的设计管理体制；三是实行外引内联，大力促进技术进步；三是尊重知识，尊重人才，不断提高设计队伍素质。国家城乡建设环保部部长芮杏文在会议结束时的讲话：一是在改革中要十分注意设计质量；二是在提高现有设计队伍素质的同时，要逐步扩大设计队伍和充实设计力量；三是发展集体和个体设计要把好资格审查关；四是关于业余设计问题；五是关于工资改革问题；六是关于勘察单位的改革。

十一、1987年1月10日至1月17日，第十一次全国勘察设计工作会议和中国勘察设计协会第一届理事会议在北京召开。参加会议的有各部门、各地区主管基本建设和设计工作的领导，中国勘察设计协会第一届全体理事，共450人。会议的主要任务是：贯彻最近国务院的几次常务会议和全国计划会议精神，总结交流经验，研究设计改革，布置当前的工作。会议闭幕时，国家计委主任宋平到会讲话，内容是:（1）充分认识设计工作的重要地位;（2）坚持正确的设计指导思想;（3）坚持设计改革，搞好设计复查;（4）加强设计工作的领导，搞好设计队伍的建设。李鹏副总理1987年1月17日在会议上讲了话，他强调：“要搞好建设前期工作和项目的可行性研究。设计的好坏和正确与否，就决定了这个工程今后的命运。要结合国情学习国外先进技术和好的管理经验。鼓励与国外开展合作设计。”

宋平国务委员在会上做了总结讲话，指出：“设计是整个工程的灵魂，没有现代化的设计，就没有现代化的建设。”“坚持正确的设计指导思想，做到技术和经济的统一，坚持设计的科学性、客观性。要坚持原则，一切设计工作，都要尊重科学，尊重实际，实事求是，保证设计的科学性。要讲究效益，包括经济效益、社会效益和环境效益。"1月10日，干志坚副主任在会议开幕式上讲话：一是设计改革有效地推动了设计工作的发展，二是设计工作面临的主要任务和当前工作的重点，三是加强设计队伍建设，提高职工素质；1月17日，在会议闭幕会上讲话：一是关于设计复查问题；二是关于设立联络员问题；三是关于提前设计年度、保证设计周期问题；四是关于勘察设计单位院长负责制问题；五是关于改善勘察设计单位工作和生活条件问题；六是关于发挥中国勘察设计协会作用的问题，七是关于会议的传达贯彻问题。

十二、1990年12月13日～12月15日，第十二次全国勘察设计工作暨表彰会议在北京召开。出席会议的代表来自29个行业、30个省、市、自治区14个计划单列城市，共320名，国务委员宋健、国务院副秘书长李昌安、李世忠和康世恩、张劲夫、韩光、袁宝华等老同志参加了会议。这次会议的主要任务是，贯彻中央、国务院召开的经济工作座谈会和全国计划会议的精神，认真总结十年改革成果，表彰先进，研究和部署今后治理整顿、深化改革的工作，进一步提高勘察设计工作的质量、水平和效益，为实现社会主义现代化建设的第二步战略目标做出新的贡献。会议向获得全国第二次优秀勘察和第四次优秀设计的单位，向中华人民共和国成立以来首次评出的100名设计大师、20名勘察大师颁发了奖状、奖牌和证书。会议对建设部草拟的《关于工程勘察设计行业进一步治理整顿和深化改革的若干意见》和其他9个待议文件进行了讨论。会议期间还举办了"全国工程设计高科技展览会"。12月13日，建设部部长林汉雄在全国勘察设计工作暨表彰会议上的讲话：一是关于对勘察设计改革的估价问题，二是关于进一步认识勘察设计的地位和作用问题，三是关于继续搞好治理整顿问题，四是关于进一步深化勘察设计改革问题，五是关于促进技术进步问题，六是关于尊重人才和加强领导问题。12月15日，叶如棠在会议闭幕时的讲话：一是关于收费标准、经济政策和管理体制问题，二是加强自身建设、增强勘察设计单位的发展能力，三是关于当前要抓紧的几件工作（要继续完成资格清理和收费单位的清查工作、搞好技术经济承包责任制试点、抓好勘察设计任务的招标工作、继续抓好评优创优活动、抓紧待议文件的修改工作、把这次会议精神传达好）。

十三、1994年11月18日～21日，第十三次全国勘察设计工作会议暨表彰大会在北京召开。出席会议的代表共220人。第二批全国勘察设计大师120人列席了会议。邹家华副总理、李锡铭副委员长和老领导谷牧、韩光参加了开幕式，邹家华作了重要讲话，向第二批全国勘察设计大师、优秀勘察设计院长以及获得全国最佳工程设计特等奖和勘察设计金奖的单位颁奖。会议代表学习了建设部侯捷部长的报告和国务院《关于工程勘察设计单位改为企业若干问题的意见的批复》，讨论了《建设工程设计法》《工程勘察设计单位改建企业的实施意见》等待议文件，交流了深化改革、加快发展、建立国际工程公司、促进技术进步、提高勘察设计质量、开展工程项目总承包、实行注册建筑师制度，以及私营建筑师事务所试点等方面的经验。11 月 21 日，党和国家领导人李鹏、朱镕基、邹家华、李岚清、吴邦国、姜春云、宋健、罗干等接见了第二批全国勘察设计大师和部分优秀勘察设计院院长的代表，李鹏总理作了重要指示，他指出："勘察设计工作要逐步与社会主义市场经济相适应，这样才能求得自身的发展，才能为国家做出更多的贡献。工程建设的好坏，首先取决于勘察设计，勘察设计是先行。一个设计的好坏，在很大程度上决定了工程建设的好坏，甚至决定了工程投产以后的经济效益和其他的各个方面。工程设计首先要把科学技术转化为生产力，要尽可能地采用先进技术、适用技术，并讲求经济效益。"

邹家华在会议开幕式上的讲话指出："勘察设计工作在我国的经济建设中占有十分重要的地位。建设项目确定以后，设计就成为建设项目的关键环节，起着决定性的作用。设计是科技成果转化为生产力，形成规模性生产能力的关键环节。要逐步建立起适合市场经济发展需要的工程勘察设计体制和运行机制。要向国际型工程公司过渡，努力实现勘察设计、设备采购、工程管理与控制一体化，为提高工程项目的经济效益、社会效益、环境效益提供多功能服务。""要提高技术水平，学习国外同行适用的经验和先进的技术，要在消化吸收引进技术的同时，形成自己的专利和专有技术，坚持先进、合理、经济、安全的原则，民用设计要坚持经济、安全、美观、适用的原则。""主管部门要加强对勘察设计工作的领导，加强市场管理，规范市场行为，建立良好的市场秩序，克服地方封锁、部门垄断，逐步建立一个统一、开放、平等、竞争和规范有序的全国市场。要支持勘察设计单位进入国际市场，努力建成一批国际型的工程公司、工程咨询公司，为进入国际市场开拓道路。"11 月 18 日，侯捷在开幕式上讲话：一是关于勘察设计工作的形势问题，二是关于深化改革、加快企业化步伐问题，三是关于尊重人才、加快现代化步伐问题，四是关于发育和规范勘察设计市场、加快商品化步伐问题，五是关于加强勘察设计单位党组织的建设问题。11 月 21 日，侯捷、叶如棠副部长在闭幕时讲话，叶如棠讲了五个问题：一是要认真把改企业这件事办好，二是要努力提高勘察设计质量和水平，三是要积极推行注册建筑师、工程师制度，四是要进一步开放市场和管好市场，五是要认真贯彻好这次会议精神。

十四、2000 年 12 月 18 日至 19 日，第十四次全国勘察设计工作会议在北京召开。出席这次会议的有各省、自治区、直辖市和国务院各有关部门以及计划单列市主管勘察设计工作的负责同志，有首届"梁思成建筑奖"获得者和第三批全国勘察、设计大师，还有优秀勘察设计院长和优秀勘察设计获奖单位的代表共 300 余人。会议主要任务是：贯彻党的十五届五中全会和中央经济工作会议精神，总结交流"九五"经验，研究部署"十五"目标和任务，推进勘察设计体制改革，表彰做出突出贡献的单位和个人。12 月 18 日，温家宝副总理与评选出的“梁思成建筑奖”获得者、勘察设计大师、优秀勘察设计院院长座谈。他强调:“要认真贯彻党的十五大和十五届五中全会精神，尊重知识，尊重人才，努力提高勘察设计水平，切实加强工程质量管理。要按照建立社会主义市场经济体制的要求和国务院的总体部署，加快推进勘察设计业的改革，进一步推动勘察设计业的健康发展。”“每一个成功的建筑和工程，都是一座丰碑，无不凝聚着建筑设计大师的智慧和心血，它不仅是一个时代物质技术的成果，也是文化艺术的结晶，无愧是人类文明的工程师。要从战略的高度来认识和看待人才的培养和使用问题，要在充分发挥老专家作用的同时，高度重视青年人才的培养和使用。要通过多种渠道，采取多种方式，加速培养一大批急需的专家技术人才和经营管理人才。同时，更新用人观念，大胆使用青年人才，努力创造条件，使年轻的专业技术人才能够脱颖而出；要建立吸引和留住人才的激励机制，努力营造吸引人才、用好人才的良好环境，形成尊重知识、尊重人才、鼓励创业的社会氛围。”“质量是工程建设的生命。我们必须清醒地认识到，当前的工程质量特别是一些小项目、县和乡（镇）建设项目的质量问题仍然令人担忧。我们一定要充分认识当前质量问题的严重性和切实加强质量工作的紧迫性，把加强工程质量管理当作头等大事来抓，避免特大重大工程质量事故的发生。工程质量，百年大计，生命攸关，任何时候都不能有丝毫的麻痹大意。”建设部俞正声部长在会议开幕式上讲话：一是“九五”期间工程勘察设计工作的回顾与总结，二是“十五”时期工程勘察设计工作的主要目标和任务是:（一）加快改企建制，培育合格的市场主体;（二）提供优质服务，发挥设计在工程建设中的主导作用;（三）提高技术创新能力，实现技术跨越式发展;（四）完善质量管理体系，确保勘察设计质量;（五）完善市场管理，规范市场行为;（六）加强抗震防灾工作，提高地下空间开发利用水平;（七）宣传贯彻《条例》，依法实施监督管理。建设部叶如棠副部长在会议结束时讲话：一是会议的基本情况，二是关于明年的六项主要工作。

历史经验证明，每隔两三年召开一次全国性勘察设计工作会议，党和国家领导人亲临会议并讲话，广大勘察设计人员倍受鼓舞，通过会议总结和布置工作，交流深化改革和技术创新经验，奖励优秀勘察设计项目，表彰先进典型和模范人物，对行业健康发展十分有利，这样好的经验应以继承和发扬。

第四章　重大改革溯源

改革开放是当代中国发展进步的必由之路，是实现“中国梦”的必由之路，也是我国工程勘察设计行业高质量发展的必由之路。党的十一届三中全会以来，全国勘察设计行业在各个方面实施了一系列的改革，其中重大改革主要有十项：实行企业化改革、实行市场化改革、实行社会化改革、实行信息化改革、实行现代企业制度改革、实行工程总承包体制改革、实行工程咨询服务改革、实行岩土工程体制改革、实行执业注册制度改革、实行建筑师负责制改革等，取得了历史性突破和丰硕的改革成果，为实现中华民族伟大复兴的中国梦，建成富强民主文明和谐美丽的社会主义现代化强国做出了重要贡献（表 4-1）。

人民日報

RENMIN RIBAO

让我们更加紧密地团结在毛泽东思想的旗帜下，团结在以华国锋同志为首的党中央周围，为根本改变我国的落后面貌，把我国建成现代化的伟大社会主义强国而奋勇前进！

中国共产党第十一届中央委员会第三次全体会议公报

中国共产党第十一届中央委员会
第三次全体会议公报

（一九七八年十二月二十二日通过）

1978 年 12 月 18 日～ 22 日，中国共产党第十一届中央委员会第三次全体会议在北京召开

勘察设计行业十大改革溯源简表 **表 4-1**

序号	改革内容	实施改革的主要文件依据
一	**实行企业化改革：**已经基本完成，正在不断提高水平，完善体制机制，增强企业实力、创新活力和国际竞争能力	1. 中共中央、国务院批转国家建委《关于改进当前基本建设工作的若干意见》（中发〔1979〕33 号） 2. 国家计委、国家建委、财政部《关于勘察设计单位实行企业化取费试点的通知》（〔1979〕财基字第 200 号） 3. 国家建委《关于勘察设计单位逐步实行企业化的规划要求》（建发设字〔1980〕203 号） 4. 国家建委、国家计委、财政部《关于进一步做好勘察设计单位企业化试点工作的通知》（建发设字〔1980〕217 号） 5. 国家建委《关于试行"工程勘察取费标准"的通知》 6. 国家计委、财政部、劳动人事部《关于勘察设计单位试行技术经济责任制的通知》（〔1983〕1022 号） 7. 国家计委、财政部、劳动人事部《关于勘察设计单位实行技术经济责任制若干问题的补充通知》（〔1986〕2562 号） 8. 财政部《关于国营大中型工业企业推行承包经营责任制有关财务问题的暂行规定》的通知（［87］财工字第 407 号） 9. 国务院生产办公室《关于同意成立中国寰球化学工程公司的批复》（国生企〔1991〕45 号），成为全国第一家"事改企"单位 10. 国务院《关于工程勘察设计单位改建为企业问题的批复》（国函〔1994〕100 号） 11. 国务院转发《关于工程勘察设计单位体制改革的若干意见》（国办发〔1999〕101 号） 12. 国务院办公厅《关于中央所属工程勘察设计单位体制改革实施方案的通知》（国办发〔2000〕71 号） 13. 中共中央、国务院《关于分类推进事业单位改革的指导意见》（中发〔2011〕5 号） 14. 中共中央、国务院《关于深化国有企业改革的指导意见》（中发〔2015〕22 号） 15. 国务院《关于国有企业发展混合所有制经济的意见》国发（〔2015〕54 号） 16. 中共中央办公厅、国务院办公厅《关于从事生产经营活动事业单位改革的指导意见的通知》（厅字〔2016〕38 号）
二	**实行市场化改革：**已经基本实现，正在不断完善法规体系和制度建设，使市场在资源配置中起决定性作用的同时，更好地发挥政府作用	1. 中共中央《关于经济体制改革的决定》（十二届三中全会 1984 年 10 月 20 日通过） 2. 中国共产党《关于建立社会主义市场经济体制若干问题的决定》（十四届三中全会 1993 年 11 月 14 日通过） 3. 中共中央《关于完善社会主义市场经济体制若干问题的决定》（十六届三中全会 2003 年 10 月 14 日通过） 4. 住房城乡建设部《关于进一步促进工程勘察设计行业改革与发展若干意见》（建市〔2013〕23 号） 5. 中共中央、国务院《关于深化国有企业改革的指导意见》中发〔2015〕22 号 6. 中共中央、国务院《关于构建更加完善的要素市场化配置体制机制的意见》（2020 年 3 月 30 日发布） 7. 中央深改委《国企改革三年行动方案（2020—2022）》 8. 中共中央、国务院《关于新时代加快完善社会主义市场经济体制的意见》（2020 年 5 月 11 日发布）

续表

序号	改革内容	实施改革的主要文件依据
三	**实行社会化改革**：已经初步实现，正在不断解决存在问题，提高水平，向纵深发展	1. 国务院《批转国家计委关于工程设计改革的几点意见的通知》（国发〔1989〕157 号） 2. 国务院办公厅《关于中央所属工程勘察设计单位体制改革实施方案的通知》（国办发〔2000〕71 号）
四	**实行信息化改革**：信息化改革取得重大成果，信息化建设得到快速持续发展，大大解放了生产力，正在不断创新，加速达到国际先进水平	1. 建设部《关于印发工程设计计算机软件管理暂行办法和工程设计计算机软件开发导则的通知》（［89］建设字第 413 号） 2. 建设部《关于印发工程设计计算机软件转让暂行办法的通知》（［90］建设字第 24 号） 3. 建设部《关于推广应用计算机辅助设计（CAD）技术，大力提高我国工程设计水平的通知》（建设〔1992〕163 号） 4. 建设部《关于总结检查“八五”期间工程勘察设计单位 CAD 技术推广应用情况和组织实施 CAD 技术发展规划的通知》（建设〔1996〕607 号） 5. 建设部印发《全国工程勘察设计行业 2000 年—2005 年计算机应用工程及信息化发展规划纲要》（建设〔1999〕314 号） 6. 建设部《关于建立工程勘察设计咨询业信息系统的通知》（建设技字〔2000〕51 号） 7. 住房城乡建设部《关于进一步促进工程勘察设计行业改革与发展若干意见的通知》（建市〔2013〕23 号） 8. 住房城乡建设部《关于推进建筑信息模型应用指导意见的通知》（建质函〔2015〕159 号） 9. 住房城乡建设部《关于 2016—2020 年建筑业信息发展纲要的通知》（建质函〔2016〕183 号） 10. 住房城乡建设部《关于工程勘察设计行业发展“十三五”规划的通知》（建市〔2017〕102 号）
五	**实行现代企业制度改革**：中小勘察设计企业产权制度改革已基本完成，国有企业正在进行混合所有制改并进一步探索、实践国有经济和市场经济相结合的最佳形式	1. 建设部关于《建设部建立现代企业制度试点工作程序》的通知（建法〔1995〕249 号） 2. 建设部《关于确定 30 个大型勘察设计单位作为现代企业制度试点单位的通知》（建设〔1995〕254 号） 3. 建设部关于印发《工程勘察设计单位建立现代企业制度试点指导意见》的通知（建法〔1996〕39 号） 4. 国务院办公厅转发《关于工程勘察设计单位体制改革的若干意见》（国办发〔1999〕101 号） 5. 建设部《关于进一步推进建设系统国有企业改革和发展的指导意见》（建法〔1999〕317 号） 6. 国务院办公厅《关于转发国家经贸委国有大中型企业建立现代企业制度和加强管理基本规范（试行）的通知》（国办发〔2000〕64 号） 7. 中共中央、国务院《关于深化国有企业改革的指导意见》（中发〔2015〕22 号） 8. 国务院《关于国有企业发展混合所有制经济的意见》（国发〔2015〕54 号）

续表

序号	改革内容	实施改革的主要文件依据
六	**实行工程总承包制改革：**已经基本实现，正在不断完善法规制度，全面加强总承包队伍建设，加速与国际接轨的步伐	1. 化工部《关于改革现行基本建设管理体制，试行以设计为主体的工程总承包制的意见》的通知（〔1982〕化基字第650号） 2. 国务院《关于改革建筑业和基本建设管理体制若干问题的暂行规定》（国发〔1984〕123号） 3. 国家计委、财政部、中国人民建设银行、国家物资局发布《关于设计单位进行工程建设总承包试点有关问题的通知》（计设〔1987〕619号） 4. 建设部《关于推进大型工程设计单位创建国际型工程公司的指导意见的通知》（建设〔1999〕218号） 5. 建设部《关于培育发展工程总承包和工程项目管理企业的指导意见》（建市〔2003〕30号） 6. 中共中央、国务院《关于进一步加强城市规划建设管理工作的若干意见》 7. 住房城乡建设部《关于进一步推进工程总承包发展的若干意见》（建市〔2016〕93号） 8. 国务院《关于促进建筑业持续健康发展的意见》（国办发〔2017〕19号） 9. 国务院办公厅转发住房城乡建设部《关于完善质量保障体系提升建筑工程品质指导意见的通知》（国办函〔2019〕92号） 10. 住房城乡建设部、国家发展改革委《关于印发房屋建筑和市政基础设施项目工程总承包管理办法的通知》（建市规〔2019〕12号）
七	**实行工程咨询服务改革：**实现了工程咨询理念与实践的两大突破，成长了中国工程咨询业，正在进一步加速培育和推进全过程工程咨询服务	1. 国务院《关于加强基本建设计划管理、控制基本建设规模的若干规定》（国发〔1981〕30号） 2. 国家计委令第2号发布《工程咨询业管理暂行办法》、第3号发布《工程咨询单位资格认定暂行办法》《工程咨询业管理暂行办法》。 3. 国务院《关于促进建筑业持续健康发展的意见》（国办发〔2017〕19号） 4. 住房城乡建设部《关于开展全过程工程咨询试点工作的通知》（建市〔2017〕101号） 5. 国家发展改革委、住房城乡建设部《关于推进全过程工程咨询服务发展的指导意见》（发改投资规〔2019〕515号）
八	**实行岩土工程体制改革：**已经基本完成，正在进一步完善岩土工程体制机制，向"大岩土"工程体制转型发展	1. 1980年7月，国家建工总局提出《关于改革现行工程地质勘察体制为岩土工程体制的建议》 2. 国家计委《关于加强工程勘察工作的几点意见的通知》（计设〔1986〕173号） 3. 国家计委设计管理局《关于工程勘察单位进一步推行岩土工程的几点意见》（征求意见稿）（计设发〔1986〕20号） 4. 建设部关于《工程勘察单位承担岩土工程任务有关问题的暂行规定》（建设字〔1992〕第167号） 5. 建设部颁布《岩土工程勘察规范》 6. 建设部发布《岩土工程勘察规范（2009版）》 7. 住房城乡建设部发布《岩土工程勘察安全标准》 8. 住房城乡建设部发布《岩土工程勘察文件技术审查要点（2020版）》

续表

序号	改革内容	实施改革的主要文件依据
九	**实行执业注册制度改革：**已经基本实现，正在进一步完善法规制度建设，为加速与国际接轨、逐步取代企业资质制度创造有利条件	1.《中共中央关于建立社会主义市场经济体制若干问题的决定》，提出要建立职业资格制度 2. 劳动部、人事部印发《关于颁发职业资格证书规定》（劳部发〔1994〕98 号） 3.《劳动法》第六十九条规定："国家确定职业分类，对规定的职业制定职业技能标准，实行职业资格证书制度" 4. 建设部、人事部《关于建立注册建筑师制度及有关工作的通知》（建设〔1994〕598 号） 5. 国务院令第 184 号发布施行《中华人民共和国注册建筑师条例》 6. 人事部、建设部发布《勘察设计注册工程师制度总框架及实施规划》及《全国勘察设计注册工程师管理委员会组成人员名单》（人发〔2001〕5 号） 7. 建设部令第 137 号发布《勘察设计注册工程师管理规定》 8. 住房城乡建设部《关于进一步促进工程勘察设计行业改革与发展若干意见》（建市〔2013〕23 号） 9. 住房城乡建设部令第 32 号《住房城乡建设部关于修改〈勘察设计注册工程师管理规定〉等 11 个部门规章的决定》
十	**实行建筑师负责制改革：**已经逐步有序开展，正在积极组织试点，总结经验，取得了初步成果，为全面推进和不断完善这一改革创造条件	1. 国务院办公厅《关于促进建筑业持续健康发展的意见》（国办发〔2017〕19 号） 2. 住房城乡建设部印发《工程勘察设计行业发展"十三五"规划》（建市〔2017〕102） 3. 住房城乡建设部《关于在民用建筑工程中推进建筑师负责制的指导意见（征求意见稿）》（建市设函〔2017〕62 号） 4. 国务院办公厅转发住房城乡建设部《国务院办公厅转发住房城乡建设部关于完善质量保障体系提升建筑工程品质指导意见的通知》（国办函〔2019〕92 号）

一、实行企业化改革

实行企业化改革，改变勘察设计单位的事业性质，实行收取勘察设计费，独立核算，自负盈亏，成为独立企业法人，使我国工程勘察设计单位体现本来具有的生产属性，是由事业体制向企业体制转型的重大变革。工程勘察设计行业是我国事业单位推行企业化改革起步最早的行业。

1979 年 3 月 27 日，中共中央、国务院在批转国家建委《关于改进当前基本建设工作的若干意见》（中发〔1979〕33 号）中指出：勘察设计单位现在绝大部分是事业费开支，要逐步实行企业化，收取设计费。1979 年 6 月 8 日，国家计委、国家建委、财政部《关于勘察设计单位实行企业化取费试点的通知》（〔1979〕财基字第 200 号），对勘察设计单位实行企业化的意义、试点单位应具备的条件、实行经济合同制、勘察设计取费、设计单位内部经济核算与设计费的使用和上交、奖励等都有明确规定，并附 18 个实行企业化取费试点的勘

勘察设计行业第一家“事改企”单位——中国寰球工程有限公司

察设计单位的名单。1980 年 5 月 5 日，国家建委《关于勘察设计单位逐步实行企业化的规划要求》（建发设字〔1980〕203 号）提出：1979 年至 1980 年为试点时期，1981 年至 1982 逐步推广，1983 年全国有条件的勘察设计单位均改为企业化。1980 年 5 月 16 日，国家建委、国家计委、财政部《关于进一步做好勘察设计单位企业化试点工作的通知》（建发设字〔1980〕217 号），确定增加 16 个试点单位，并随文印发了《关于进一步做好勘察设计单位企业化试点的意见》。同年 12 月 11 日，国家建委发出《关于试行“工程勘察取费标准”的通知》。企业化取费试点点燃了勘察设计行业改革的烽火，拉开了我国基本建设管理体制改革的序幕。

1983 年 7 月 12 日，国家计委、财政部、劳动人事部下发了《关于勘察设计单位试行技术经济责任制的通知》（〔1983〕1022 号），对改革目的和要求、主要内容、收费标准、事业费、盈余分成、内部考核、基础工作等都作了明确规定，在全行业启动了试行技术经济责任制的改革，使企业化改革向深度和广度方向发展，为逐步改为企业准备了条件，打下了基础。

1986 年 12 月 13 日，国家计委、财政部、劳动人事部《关于勘察设计单位实行技术经济责任制若干问题的补充通知》（〔1986〕2562 号），对改革的目的、盈余分成比例、奖金分配、事业费的使用范围与拨付办法、加强基础工作、提高自我装备能力、严格执行各项财务制度、加强财务监督、扩大勘察设计单位的自主权、搞好队伍建设等方面都作了明确规定，为转换经营机制、规范分配行为创造了有利条件，调动了职工的积极性，大大促进和加速了全国勘察设计单位体制改革的步伐。

1989 年、1990 年和 1991 年，化工部的直属事业单位中国寰球工程公司连续三年三次向化工部书面请示，主动请求批准改为企业。后于 1991 年 10 月 29 日，经国家有关部门批准，同意该公司取消事业单位编制、取消事业费拨款，由事业单位改为企业，成为独立法人，实行自主经营，自负盈亏，独立核算，照章纳税。比国务院要求的在 2015 年全国事业单位改制为企业提前了 24 年，开创了我国勘察设计行业“事改企”的先河，实现了勘察设计体制改革的实质性突破。

1992 年 6 月 5 日，经国家经贸部批准，首次给北京钢铁设计研究总院、华北电力设计院、广播电影电视部设计院、中国寰球工程公司四家工程设计单位授予“对外经营权”，同年 11 月 6 日，经外交部批准，在全国设计行业中中国寰球工程公司首获“通知签证权”，为勘察设计单位独立自主进入国际工程市场首开先例，加快了勘察设计单位企业化、国际化、市场化改革的步伐。

1994 年 4 月 11 日，建设部、国家计委、财政部、人事部、中央编委办公室《关于请批转〈关于工程设计单位改为企业若干问题的意见〉的请示》（建设〔1994〕250 号）指出：从 1994 年起条件具备的设计单位可以改为企业，成为自主经营、独立核算、自负盈亏、照章纳税的企业法人。工程设计单位改为企业后，主要任务是：遵照国家经济建设的各项方针政策和标准规范，从事工程设计、工程咨询、工程监理和工程总承包，在国内外建设市场为项目业主提供全方位、多功能的服务，充分发挥自身的优势，进行技术开发、技术咨询、技术服务和技术转让，走技工贸一体化发展的道路，开展多种形式的经营活动，利用专有技术或资金参股，投资兴办第三产业和各种实业。同时指出：今后工程设计企业主要有以下几种模式：一是咨询设计顾问公司模式，二是工程公司模式，三是工业集团模式，四是专业设计所模式。设计单位改为企业后，国家应给予必要的配套政策；逐步建立适应市场经济的经营机制；政企分开，赋予设计企业经营自主权；加快内部机制改革，实现转轨变型；完善市场机制，逐步建立开放、平等、竞争的设计技术和成果市场。

1994 年 9 月 29 日，国务院《关于工程勘察设计单位改建为企业问题的批复》（国函〔1994〕100 号）如下：原则同意实行事业单位企业化管理的勘察设计单位逐步改建为企业。勘察设计单位改建为企业，是勘察设计体制改革的一项重要内容。请你们会同国务院有关部门，按照统一政策、分类指导的原则，抓紧研究制订实施意见和配套办法，使这项工作有领导、有组织、有步骤地进行。勘察设计单位改建为企业，不是简单地更换个名称，要着重经营机制的转换，使之真正成为自主经营、自负盈亏的企业法人。

1999 年 12 月 18 日，国务院转发的《关于工程勘察设计单位体制改革的若干意见》（国办发〔1999〕101号）指出：勘察设计单位体制改革的基本思路是：改企建制、政企分开、调整结构、扶优扶强。改革的目标是：勘察设计单位由现行的事业性质改为科技型企业，使之成为适应市场经济的法人实体和市场主体。并规定从2000年10月1日起，工程勘察设计单位改为科技型企业。

2000年10月24日，国务院办公厅《关于中央所属工程勘察设计单位体制改革实施方案的通知》（国办发〔2000〕71号）指出："勘察设计单位要按照建立社会主义市场经济体制的总体要求，在国务院批准改革实施方案后，半年内全部由事业单位改制为科技型企业。具备条件的，可以依照《中华人民共和国公司法》改制为有限责任公司或股份有限公司。勘察设计单位要参照国际通行的工程公司、工程咨询设计公司、岩土工程公司和设计事务所等模式改造成为适应社会主义市场经济要求的法人实体和市场主体。""一律与主管部门解除行政隶属关系"。通知下达后，原来直属部门管理的勘察设计单位基本都解除了行政隶属关系，实现政企分开，企业化改革取得了重大成果。

2011年3月23日，中共中央、国务院《关于分类推进事业单位改革的指导意见》（中发〔2011〕5号），2015年9月17日，中共中央、国务院《关于深化国有企业改革的指导意见》（中发〔2015〕22号），2015年9月24日，国务院《关于国有企业发展混合所有制经济的意见》国发〔2015〕54号，2016年11月3日，中共中央办公厅、国务院办公厅印发《关于从事生产经营活动事业单位改革的指导意见的通知》（厅字〔2016〕38号），上述文件对深化国有企业改革的总体要求（指导思想、基本原则、主要目标）、分类推进国有企业改革、完善现代企业制度、完善国有资产管理体制、发展混合所有制经济等方面都有明确规定与要求，大大促进了勘察设计行业的进一步深化企业化改革的进程。

为适应市场发展的需要，勘察设计单位在企业化改革工程中，产权结构和性质发生了巨大的变化。据2017年统计，勘察设计企业中，非公有制企业达到2.17万家，占企业总数的84.6%，从业人数325万人，占比75.9%，营业收入达到2.6万亿元，占比60.4%，占据多半壁江山。

目前，我国绝大多数勘察设计单位基本完成了企业化改革，实现了"改企建制"的第一步企业化改革目标，为进一步全面实施现代企业制度的改革创造了前提条件。实行企业化改革，是新中国成立以来勘察设计单位体制上的一次重大变革；是思想观念、经营机制、领导体制的大变革；是生产关系的大调整。实行自主经营、独立核算、自负盈亏、照章纳税，为成为真正的市场竞争主体创造了条件。可以说，没有企业化改革的大变化，就没有勘察设计行业的大发展。

二、实行市场化改革

我国市场经济体制经历了三个发展阶段:

一是建立社会主义市场经济体制阶段。1984年党的十二届三中全会通过了《中共中央关于经济体制改革的决定》，确认了我国社会主义经济是“公有制基础上的有计划的商品经济”。1993年党的十四届三中全会通过了《中国共产党关于建立社会主义市场经济体制若干问题的决定》，是建立社会主义市场经济体制的重大转折点，实现了把市场经济体制融入国家基本制度。1999年全国人大九届二次会议修改宪法，个体私人经济的地位从公有制经济的“补充”上升为“重要组成部分”。随着我国经济体制改革的深入发展，已经初步建立起了社会主义市场经济体制。

二是完善社会主义市场经济体制的基础性作用阶段。2003年党的十六届三中全会通过的《中共中央关于完善社会主义市场经济体制若干问题的决定》，为了实现社会主义市场经济体制的完善，采取了一系列改革措施，鼓励非公有制经济发展，进一步深化国有企业改革，转变政府职能，建立现代产权制度。同时，党明确提出以科学发展观为统领，深化经济体制改革的目标，把以人为本作为改革的主旋律，为发挥市场在资源配置上的基础性作用创造根本条件。

三是实现市场和政府有机统一并在资源配置中其起决定性作用阶段。习近平指出：党的十八届三中全会将市场在资源配置中起基础性作用修改为起决定性作用，虽然只有两字之差，但对市场作用是一个全新的定位，“决定性作用”和“基础性作用”这两个定位是前后衔接、继承发展的。我国社会主义市场经济体制不断发展，仍然存在不少束缚市场主体活力、阻碍市场和价值规律充分发挥作用的弊端。市场在资源配置中的决定性作用实质上是市场主体在资源配置中的决定性作用，只有通过全面深化改革，进一步解放作为社会生产力主体的劳动力，市场在资源配置中的决定性作用才能逐步实现。

我国勘察设计行业随着社会主义市场经济体制的不断发展，进行了一系列市场化改革，取得了前所未有的成功。实行市场化改革改变了在计划经济体制下，勘察设计单位的资源由政府配置和调控，勘察设计任务由上级下达，勘察设计单位只完成指令性任务的封闭状态。推向市场后，只有依靠自身的力量去市场承接任务而求得生存和发展。市场发育与否和勘察设计单位体制机制的改革就成为市场化改革的两大难题。没有市场的繁荣，就没有企业的生存和发展环境，单位内部体制机制不改革，市场竞争力不提升，也难于赢得市场份额，企业同样存在生存和发展问题。

工程勘察设计行业改革开放四十年座谈会 2018 年在武汉召开

2013 年 2 月 6 日，住房和城乡建设部《关于进一步促进工程勘察设计行业改革与发展若干意见》（建市〔2013〕23 号）指出：以加快转变行业发展方式为主线，坚持市场化、国际化的发展方向，完善行业发展体制与机制，推进技术、管理和业态创新，优化行业发展环境，提升行业核心竞争力，不断提高勘察设计质量与技术水平，实现勘察设计行业全面协调可持续的科学发展。以推进工程担保、保险和诚信体系建设为重点，完善勘察设计市场运行体系。

2015 年 8 月 24 日，中共中央、国务院《关于深化国有企业改革的指导意见》指出：坚持社会主义市场经济改革方向，适应市场化、现代化、国际化新形势，完善产权清晰、权责明确、政企分开、管理科学的现代企业制度，促进公共资源配置市场化。

2017 年 10 月 18 日，党的十九大报告指出："经济体制改革必须以完善产权制度和要素市场化配置为重点，要素市场化配置是改革成败的关键。"

2019 年 11 月 26 日，中央、国务院《关于构建更加完善的要素市场化配置体制机制的意见》指出：要进一步加快发展技术要素市场、加快培育数据要素市场、加快要素价格市场化改革。

2020 年 3 月 30 日，中共中央、国务院印发《关于构建更加完善的要素市场化配置体制机制的意见》指出：充分发挥市场配置资源的决定性作用，坚持深化市场化改革、扩大高水平开放，扩大要素市场化配置范围，健全要素市场体系，推进要素市场制度建设，为建设高标准市场体系、推动高质量发展、建设现代化经济体系打下坚实制度基础。中央深改委《国企改革三年行动方案（2020—2022）》指出：坚持深化国企市场化改革不动摇，充分发挥国有经济的制度优势，加快建立健全市场化经营机制。党中央、国务院的一系列文件为新时期进一步深化勘察设计行业的市场化改革指明了方向，提供了政策保障，创造了良好环境，使行业的市场化改革持续快速健康发展。

2020年5月11日，中共中央、国务院《关于新时代加快完善社会主义市场经济体制的意见》指出：坚持扩大高水平开放和深化市场化改革互促共进。以完善产权制度和要素市场化配置为重点，全面深化经济体制改革，加快完善社会主义市场经济体制，建设高标准市场体系，促进更高质量、更有效率、更加公平、更可持续的发展。

勘察设计企业在市场化改革的大潮中，由不适应到适应，在国内外的技术服务、工程承包、投资运作三大市场中得到了磨炼和提升，取得了令人难以置信的发展，意义重大，影响深远：一是实行市场化改革，摆脱了长期以来的计划经济模式，平稳地渡过了向市场经济转轨的困难时期，经受了市场考验，增强了企业活力，促进了企业持续发展。并通过体制机制的创新、经营管理的创新，提升了市场竞争能力；二是实行市场化改革，促进了企业技术进步，保证了工程质量，提高了工程建设的经济效益、环境效益和社会效益；三是实行市场化改革，促进了“走出去”战略的实施，为企业进入国际工程市场创造了条件，提升了国际工程总承包实力和国际知名度；四是实行市场化改革，促进了工程建设市场的不断开放。

勘察设计行业市场化改革一直紧随我国社会主义市场经济体制改革步伐努力推进，但它必须与整个工程建设领域市场化改革相适应。针对目前存在的问题，必须坚定不移地向着既定的方向深化改革，完善法律法规体系和市场机制，才能建立统一开放、平等准入、竞争有序、诚信守法、公正监管的市场秩序，形成高效规范、公平竞争的国内统一市场。

三、实行社会化改革

实行社会化改革，是由行政隶属管理向自律管理转变的重大变革。勘察设计单位实行社会化改革，就是要改变在计划经济体制下，勘察设计单位的隶属关系，实行政企分离，行政部门不再直接管理勘察设计企业；由行政管理勘察设计单位的人、财、物和任务分配，转变为自主经营、自负盈亏、自我发展的自律体制；改变在计划经济体制下那种“大而全”“小而全”“企业办社会”的体系，使之融入社会，服务社会。1984年11月10日，国务院《批转国家计委关于工程设计改革的几点意见的通知》提出：“设计单位要逐步脱离部门领导，政企职责分开，实行社会化。各主管部门要为设计单位实行社会化创造条件，通过试点，取得经验，逐步推广。各地区、各部门要逐步建立勘察设计协会，组织技术交流和行业协作。在体制未改变以前，要进一步扩大设计单位对内对外的自主权，加强对设计质量和财务的监督工作，但不要干预设计单位正常的技术经济活动”。

中国勘察设计协会第六届会员代表大会
暨六届一次理事会议 2016 年在北京召开

勘察设计单位实行社会化改革，是伴随着政府机构的改革和政府职能的转变逐步引向深入的。最具有标志性的一步是 2000 年 10 月 24 日国务院办公厅《关于中央所属工程勘察设计单位体制改革实施方案的通知》（国办发〔2000〕71 号）提出:“勘察设计单位要按照建立社会主义市场经济体制的总体要求，在国务院批准改革实施方案后，半年内全部由事业单位改制为科技型企业”和“一律与主管部门解除行政隶属关系”。通知下达后，各部门、各地方的行政主管部门都制定了实施方案，原来直属部门管理的央企基本都解除了行政隶属关系，初步实现了政企分离，勘察设计企业社会化改革取得了重大成果。

勘察设计单位实行社会化改革，解除了原有行政隶属关系，变为自主经营、自负盈亏的商品生产者和经营者，按照《公司法》的规定，企业自主决定发展规划、经营战略、经营行为和客户关系，履行企业的责任义务，有利于企业坚持独立、科学、公正、诚信的服务宗旨，为企业在市场中快速成长和持续发展创造了条件。

勘察设计单位实行社会化改革，企业融入社会，将企业的经营职能与社会职能分开，有利于从根本上改变长期以来自我封闭的局面。按照企业社会化原则和主辅分离的政策规定，将社会保险、退离休职工服务等职能转给社保机构，使企业集中精力搞经营，加快企业又快又好的发展。但是，我们还要看到，在实行社会化改革进程中，尚有不少问题，随着现代企业制度改革、市场化改革和产权制度改革的不断深化，必将使社会化改革向纵深发展，得到进一步完善。

四、实行信息化改革

信息化是促进企业可持续高质量高水平高效率发展和提高核心竞争力的重要保障。实行信息化改革，是工程勘察设计行业生产要素向创新发展的重大变革，也是勘察设计生产力大解放的过程。

勘察设计行业是我国应用计算机起步早、发展快、效益高的行业之一。从20世纪60年代后期到80年代初期，集中设置主机或主机加终端室，主要用于计算；从80年代中期到90年代中期，用于计算和绘图，甩掉沿用了几十年的图板，彻底改变了手工绘图的生产方式；90年代后期，建立起较完善的公司局域网，开通互联网（Internet），实现内部数据共享和远程通信，异地办公；从90年代末期到现在，建立计算机集成化系统，向多媒体、集成、智能化方向发展。工程勘察设计行业的信息化经历了一个较快的发展过程。

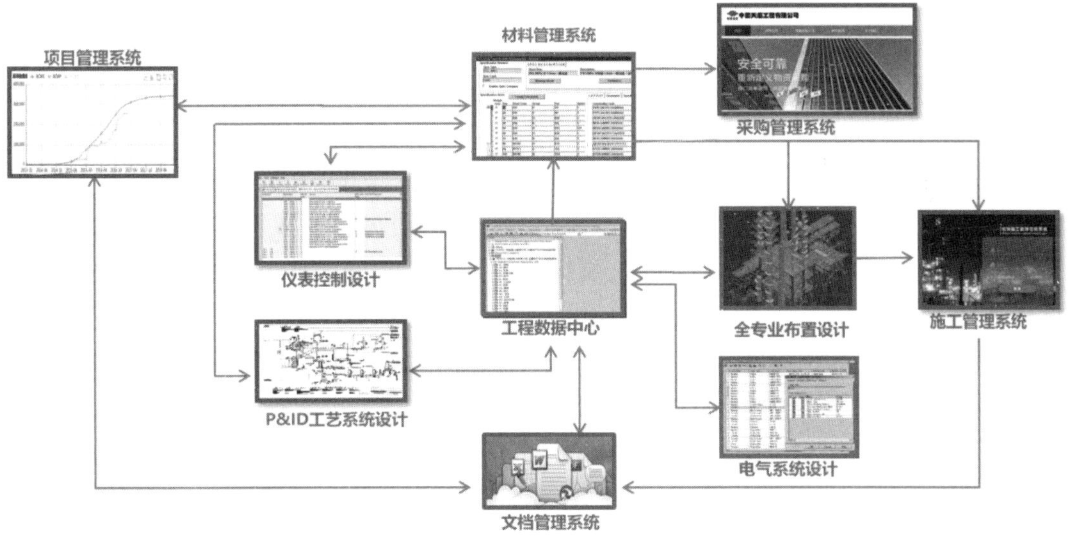

工程公司信息化管理系统图

改革开放以来，勘察设计单位积极发展以计算机辅助设计（CAD）为重点的计算机应用。到20世纪后期，计算机已经普及并实现人手一机，CAD出图率达到100%。在此基础上，许多工程公司和大中型勘察设计单位初步建立起以专业CAD技术应用为基础、以网络为支持、工程信息管理为核心、工程项目管理为主线，使设计与管理初步实现一体化的集成应用系统。一些先进单位在管理信息化的进程中向着“无纸化”的方向发展。那种图板、丁字尺、计算尺、计算器等落后的手工生产方式早已不复存在。

实行信息化改革的初期，采用的装备是国产的计算机，通过培训软硬件技术人员，自主开发应用软件，解决了工程设计复杂计算问题。1985年开始引进国外先进的计算机和大型软件，为大型工程设计的复杂计算和优化设计方案创造了有利条件，初步解决了工程复杂计算和设计方案优化问题。1988年，在"科学技术是第一生产力"的鼓舞下，国务院各部委加大人力、财力的投入，加强推广计算机应用工作，相继开发了各专业的CAD绘图软件。

在普及CAD绘图，实现了甩掉图板的目标之后，开展三维模型设计开发应用，到"八五"末期，我国勘察设计行业已掌握了三维建模技术，完成了多套大型装置的三维模型设计，达到国外同行的先进水平。"九五"期间，由于微机大型化的成果，三维建模软件已在微机上运行，使三维模型设计得到较快的发展。与此同时，建立起了交换快速的以太网和ATM、FDDI为中心的局域网。随着微机技术、网络技术、数据库技术、多媒体技术、中间件技术、集成技术、开发工具的逐步成熟，使勘察设计企业发展信息技术，迈向了一个新的阶段。

历届勘察设计行业的行政主管部门对信息化改革高度重视，在《勘察设计CAD技术发展纲要》，以及至"十三五"的各个五年发展规划中，都对信息化的发展提出了明确要求。

1999年12月24日，建设部《全国工程勘察设计行业2000—2005年计算机应用工程及信息化发展规划纲要》（建设〔1999〕314号），对现状与背景、指导思想、发展目标、发展重点（提出国际接轨型、国内先进型、发展提高型三种发展目标）、保障措施等都有明确要求。2000年10月30日，建设部《关于建立工程勘察设计咨询业信息系统的通知》（建设技字〔2000〕51号），对信息系统的建设目标、建设模式、建设的组织与实施等作了明确规定。

2013年2月6日，住房城乡建设部《关于进一步促进工程勘察设计行业改革与发展若干意见的通知》（建市〔2013〕23号）指出："推进工程勘察设计行业信息化建设，不断提升信息技术应用水平。加快建立勘察设计行业信息化标准。积极推广三维设计、协同设计系统的建设与应用，大型建筑设计企业要积极应用BIM等技术。建立项目管理、综合办公管理、科研管理等相结合的集成化系统。探索发展云计算平台，实现硬件、软件、数据等资源的全面共享，增强企业的规范化、精细化管理能力，全面提高行业生产效率。"为全国勘察设计行业的信息化改革和快速发展指明了方向，明确了目标，提供了政策支持和保障措施。

2015年6月16日，住房城乡建设部《关于推进建筑信息模型应用指导意见的通知》（建质函〔2015〕159号），对BIM在建筑领域应用的重要意义、指导思想与基本原则、发展目标、工作重点等都有明确规定。

2016年8月23日，住房城乡建设部《关于2016—2020年建筑业信息发展纲要的通知》指出：建筑业信息化是建筑业发展战略的重要组成部分，也是建筑业转变发展方式、提质增效、节能减排的必然要求，对建筑业绿色发展、提高人民生活品质具有重要意义。并明确了信息化的指导思想、发展目标和主要任务。要求推进信息技术与企业管理深度融合；加快 BIM 普及应用，实现勘察设计技术升级；强化企业知识管理，支撑智慧企业建设；优化工程总承包项目信息化管理，提升集成应用水平；推进“互联网 +”协同工作模式，实现全过程信息化。

2017 年 5 月 2 日，建设部《关于工程勘察设计行业发展“十三五”规划的通知》（建市〔2017〕102 号）指出：推进行业信息化、“互联网 +”深度融合。持续推动前沿信息技术对现有技术手段的改造和提升，行业信息化取得跨越式发展，基于“互联网 +”深度融合的业态创新呈现崭新局面，实现提质增效，以“互联网 +”和大数据为技术支撑的行业监管新模式逐步完善并发挥效能。

实行信息化改革，勘察设计生产力得到了极大的释放，管理水平有了显著的提高，技术创新能力有了明显的提升，主要体现在：

一是生产要素—生产工具的大变革，带来了生产方式的科学化、现代化和生产效率的大提高，提升了设计质量，降低了工程项目造价和工厂生产成本，解决了大型项目的复杂计算和人力难以做到的设计方案优化。采用 CAD 技术优化设计方案带来了丰硕的经济效益，节省了大量项目投资。也为节能减排，发展低碳经济，做出了贡献。

二是为设计技术和管理方式带来了一次大飞跃，特别是 CAD 二维到三维的应用，在开发新工艺、新技术、新结构和模拟放大技术上的突显成效，已成为推进科技进步、提升勘察设计质量、增强竞争能力的有效途径。采用三维模型设计技术后，由于设计工作规范化，从数据调用、分析计算、碰撞检查、出图、生成设计文件，以及各专业间的配合都由计算机来完成，从而全面提高了设计质量，可将出错率由 5% 降低到 1% 左右。三维模型设计的每根管线都配有管段图和材料单，可以提前预制，施工十分方便，大大缩短了建设周期；配管材料用量准确无误，竣工后材料库存率几乎为零，可以节约大量的钢材和投资。

三是在“建网、建库、工作上网、管理上档”的建设方面，许多大型勘察设计企业开发和整合适合自身特点的企业集成信息管理系统，为创建国际型工程公司提供支撑，为管理的网络化、现代化提供了坚实的基础。同时，向可视化、集成化、智能化方向迈进，促进国产软件发展，积累了经验。“十一五”期间，勘察设计企业的信息化改革向可视化、集成化、智能化方向发展，大力推进使用国产软件、使用正版软件、以国产化促进正版化，国产 CAD 软件得到了较快发展，用户占有率有较大的提升，缩小了与世界先进水平的差距。

进入新发展阶段，加快信息网络化建设，借助移动互联网、云计算、大数据、人工智能、区块链等前沿技术的应用普遍化提供的大好时机，不断提高运营自动化、管理网络化、决策智能化水平，加速促进工程企业数字化转型发展。推进产品创新数字化、生产运营智能化、用户服务敏捷化、产业体系生态化、应用软件国产化，不断提升工程建设项目数字化集成管理水平，推动数字化与建造全业务链的深度融合，实现勘察、设计、采购、建造、投产开车和运行维护全过程的集成应用，为全行业的高质量发展创造必要条件。

经过不懈努力，勘察设计企业的信息化建设和应用得到了快速持续发展，信息技术已经和勘察设计的各个领域、各个阶段、各个层面紧密融合，信息技术已经成为工程勘察、设计、咨询、管理、技术创新的不可缺少的先进生产手段。勘察设计行业实行信息化改革，方向是正确的，成效是显著的，这是工程勘察设计生产要素向创新发展的重大变革，创造了显著的经济和社会效益。

五、实行现代企业制度改革

现代企业制度是以市场经济为基础，以企业法人制度为主体，以公司制度为核心，以产权清晰、权责明确、政企分开、管理科学为条件的新型企业制度，是具有中国特色、适应现代社会化大生产和市场经济体制要求的一种企业制度，并随着商品经济的发展而不断创新和演进。建立现代企业制度的实质是探索国有经济与市场经济相结合的最佳形式。

全国工程勘察设计单位改制重组、机制创新的配套政策
规范操作与经验交流研讨会于 2005 年 7 月在乌鲁木齐市召开

实行混合所有制的产权多元化改革，改变勘察设计单位的资产结构形式，由单一的全民所有制结构，向产权多元化的资产结构形式转变；按照产权多元化的改革原则，对大型国有勘察设计单位实行国有或国有控股资产结构形式转变；中小型勘察设计单位则通过股份合作制、拍卖转让等方式，逐步向非国有企业转变，是传统的国有独资企业制度向现代企业制度转型的重大变革。加快混合所有制改革步伐，加速建立现代企业的产权体制和治理结构，建立真正意义上的现代企业制度，是勘察设计行业在由“事改企”实现企业化第一个目标基础上，继续进行更加深入的改革。

1993 年 11 月，十四届三中全会把现代企业制度的基本特征概括为“产权清晰、权责明确、政企分开、管理科学”十六个字。党的十五、十九届四中全会都强调建立和完善现代企业制度是国有企业改革的方向，并重申了对现代企业制度基本特征“十六字”的总体要求。

1995 年 5 月 4 日，建设部关于印发《建设部建立现代企业制度试点工作程序》的通知（建法〔1995〕249 号）指出：根据《建设事业体制改革总体规划（1994 ～ 2000 年）》，为保证我部建立现代企业制度试点工作规范化进行，特制定《建设部建立现代企业制度试点工作程序》，成立试点工作的组织领导，下设“建设部现代企业制度试点工作领导小组办公室”，负责领导建设系统建立现代企业制度试点工作。

1995 年 5 月 11 日，建设部《关于确定 30 个大型勘察设计单位作为现代企业制度试点单位的通知》（建法〔1995〕254 号），启动了以政府管理职能与资产所有者职能分开、财产组织形式改革、建立企业法人制度、深化内部改革建立内部管理制度体系等为主要内容的现代企业制度改革创新的漫漫长路。

1996 年 1 月 17 日，建设部关于印发《工程勘察设计单位建立现代企业制度试点指导意见》的通知（建法〔1996〕39 号），对试点的目的、试点的原则、试点的主要内容、转变政府职能和试点的配套改革都有明确规定和要求，为开展试点工作创造了条件。

1997 年 7 月 12 日，建设部《关于深化工程勘察设计体制改革和加强管理的几点意见》指出：勘察设计单位要深化改革，建立勘察设计新体制。勘察设计体制改革的目标是：到 2000 年，全国勘察设计单位要基本完成从事业单位改为企业的目标。到 2010 年，基本建立起适应社会主义市场经济要求，符合行业特点，充满生机和活力的勘察设计新体制和运行机制。

1998 年 12 月 17 日，建设部关于《中小型勘察设计单位深化改革指导意见》，要求加快改革步伐，用二至三年时间，基本完成改制。一些省市建设行政主管部门还陆续出台了改制指导意见和优惠政策，积极推进改制工作。

中小型民营勘察设计企业发展很快，从 2000 年开始，通过股份合作制、转让、买断等方式，有上万家中小建筑院已改制为民营企业，占建筑院的 90%

以上。据统计，勘察设计企业中非公有制企业占据多半壁江山。中小型民营企业，人数都在百十人左右，各具专业化、小型化、独立经营、权责明确、业务精专、转型灵活、人员精干等特点。目前，我国已发展成为国有、民营、私有多种所有制形式并存，大、中、小、微相结合的比较合理的产业布局，正在继续完善中小企业体制机制和产权制度改革。

近年来，还出现了部分中央企业旗下的勘察设计单位选择“强强联合”的方式进行整合重组，通过资质、资本、市场、人才等优势资源的整合，实现设计单位的跨越式组合。从各省市自治区的发展情况看，河南、江苏、山东、新疆等省、区工程勘察设计咨询单位的体制改革走在了前面，以河南为例：该省用了 8 年时间，基本完成了省内工程勘察设计单位的产权制度改革，收到了预期效果。

1999 年 12 月 18 日，国务院办公厅国办发〔1999〕101 号文转发的《关于工程勘察设计单位体制改革的若干意见》指出：国有大型勘察设计单位应当逐步建立现代企业制度，依法改制为有限责任公司或股份有限公司，中小型勘察设计单位可以按照法律法规允许的企业制度进行改革。要逐步形成以技术为龙头，以人才为核心，以现代企业制度为模式，以市场竞争机制为导向的新格局。要坚持公有制为主体，有计划、有组织地适当发展多种经济成分的勘察设计单位。勘察设计单位要根据各自的特长，参照国际通行的模式可以逐步发展为咨询设计顾问公司、工程公司、专业设计所（事务所），有条件的还可以进入企业集团。

在资产结构方面，除少数国有独资的勘察设计公司外，通过试点逐步建立资产多元化体制。要合理确定国家股、集体股、职工股和社会单位参股的比例，最大限度地调动广大科技人员的积极性、创造性，不断提高劳动生产率，更好地吸引人才，稳定队伍。

1999 年 12 月 30 日，建设部《关于进一步推进建设系统国有企业改革和发展的指导意见》（建法〔1999〕317 号）明确指出：在国家统一政策指导下，鼓励各种非国有经济在建设系统的发展，允许各种非国有经济成分兴办、合办建设企业，向国有企业参股或兼并、收购国有企业。国有企业要通过改制吸纳其他经济成分或向其他企业参股，也可实行整体或部分有偿转让。

2000 年 9 月 28 日，国务院办公厅《关于转发国家经贸委国有大中型企业建立现代企业制度和加强管理基本规范（试行）的通知》（国办发〔2000〕64 号），对政企分开与法人治理结构、发展战略、技术创新、劳动人事和分配制度、成本核算与成本管理、资金管理与财务会计报表管理、质量管理、营销管理、安全生产与环境保护、职工培训、加强党的建设、组织实施都有明确规定。

2000 年末，使大多数国有大中型骨干企业初步建立现代企业制度，到

2010 年，基本完成对全系统国有经济的战略调整和企业的战略性改组，形成比较合理的布局和结构，建立比较完善的现代企业制度，经济效益明显提高，科技开发能力、市场竞争能力和抗御风险能力明显增强。

加快国有大中型企业公司制改革的步伐，代表行业形象、规模大、效益好、市场信誉度高的企业，要向股份有限公司和上市公司的方向努力，一般国有大中型企业可改制为有限责任公司；进一步放开搞活国有中小企业，要从实际出发，采取改组、联合、兼并、租赁、承包、股份合作制、转让、拍卖等多种形式搞活国有中小企业，有市场竞争力和发展前途的中小企业要按照社会化大生产的要求，向“专、精、特、新”的方向发展。

2007 年 7 月 18 日，东华工程科技股份有限公司（前身化工部第三设计院）在深圳证券交易所成功上市，是工程勘察设计行业首家进行股份制改造并上市的现代工程科技型企业。之后至今已有数十家勘察设计企业进入资本市场，对提高管理水平、增强市场竞争力和培育高质量可持续健康发展能力，对行业解放和发展生产力、切实搞好搞活企业具有重大意义。企业从本质上讲是一种资本联合体，是一个以各类资本或资源为手段追求价值实现和价值增值的利益主体。现代企业的发展除了需要高水平的经营之外，还需要一个发达、健康的金融市场与资本市场的存在，这是由现代经济与金融资本市场的本质特征和功能作用决定的。但并不是所有工程企业必须选择上市融资才能求得发展，只有充分研究企业自身特征、企业发展与金融资本市场发展的相互关系、企业内外部环境的关系，才能使企业和金融资本市场相得益彰、共同繁荣，实现可持续发展目标。

勘察设计单位的改革要按照建立现代企业制度的要求，从实际出发采取多种形式，特别是小型设计单位可以更放开一些。允许注册建筑师、注册工程师个人开办设计咨询公司、设计事务所。允许外资进入勘察设计领域。同时勘察设计单位要拓展经营范围，从为工程建设的阶段性服务转向全过程服务；从为基本建设服务转向为基本建设和企业技术改造双重服务；从为国内市场服务转向为国内、国际两个市场服务。以上“指导意见”大大促进了勘察设计行业实施现代企业制度的改革。

2015 年 9 月 17 日，中共中央、国务院《关于深化国有企业改革的指导意见》（中发〔2015〕22 号）指出：“坚持社会主义市场经济改革方向，适应市场化、现代化、国际化新形势，以解放和发展社会生产力为标准，以提高国有资本效率、增强国有企业活力为中心，完善产权清晰、权责明确、政企分开、管理科学的现代企业制度。”并对推进公司制股份制改革、健全公司法人治理结构、建立国有企业领导人员分类分层管理制度、实行与社会主义市场经济相适应的企业薪酬分配制度、深化企业内部用人制度改革等都作了明确规定。

斯里兰卡总统班达拉奈克·库玛拉通珈 1998 年接见中国寰球工程有限公司代表并听取在斯 M 罐区 EPC 总承包工程情况汇报（我国第一个国家出口混合贷款项目）

2015 年 9 月 24 日，国务院《关于国有企业发展混合所有制经济的意见》国发〔2015〕54 号，对总体要求（改革出发点和落脚点、基本原则）、分类推进国有企业混合所有制改革、分层推进国有企业混合所有制改革、鼓励各类资本参与国有企业混合所有制改革、建立健全混合所有制企业治理机制、建立依法合规的操作规则、营造国有企业混合所有制改革的良好环境、组织实施等都有明确规定。以上文件为进一步深化和健全完善勘察设计咨询业的现代企业制度改革指明了方向，创造了良好的政策环境。

实践证明，实行现代企业制度改革是市场经济发展的必然结果；是从知识密集型企业人才资源向人才资本发展，最大限度调动员工积极性的有效途径；是政企分离的根本措施和实现社会化改革的良方。使长期实行事业体制国有独资传统企业制度的设计院，冲破了束缚生产力发展的体制障碍，实现了多种模式的改制，为全行业的高质量持续健康发展创造了必要条件。

六、实行工程总承包制改革

在我国实行工程总承包体制改革，是从 20 世纪 80 年代初开始，走过了漫长的艰难历程。通过调整产业结构、创新结构、运营结构、管理结构、人才结构，将大型工程设计企业改造为综合型工程公司或将掌握专有技术的设计企业改造为专业工程公司，具备相应的工程总承包的体制机制、专业技术人才和项目管理人才，对工程设计、设备材料采购、施工安装等实行工程总承包，并实行项目经理负责制，能够确保工程项目的进度、费用、质量等得到有效控制。工程总承包模式是国际上普遍采用的工程建设成功实施方式，是工程建设高质量发展的可靠保证。

党的十一届三中全会的召开，实现了新中国历史上具有深远意义的伟大转折，开启了改革开放和社会主义现代化的伟大征程。为了贯彻落实改革开放政策，1979 年 5 月 12 日～6 月 26 日，化工部派出由部局领导参加、部直属设计院院长组成的“化工设计考察组”，赴美国、西欧和日本六家国际知名工程公司进行了为期一个半月的考察，重点了解国际工程公司的组织结构、运行模式、基础工作和工程总承包方面的经验，收集了大量资料，写出了数十万字的考察报告。在此基础上化工部又组织化工部第四和第八设计院举办化工设计体制改革研究班，专题研究国际工程公司的体制和结构、设计程序和方法、实施国际工程总承包的做法、标准和规范，并抽调一百多名专业技术和管理骨干，从翻译、整理国外资料入手，进行消化、吸收、再创新，前后经过近四年时间，结合国情，编辑了十五册、四百多万字与国际接轨的《化工设计手册》。为化工行业进行设计体制、设计程序、设计方法、服务由设计向工程建设全过程延伸、实行工程总承包和创建国际型工程公司等方面，做了扎扎实实的基础工作。随后，先组织试点，再全面推广，成为大力推动化工设计行业体制改革的重要保证，也对全国勘察设计行业的改革起了重要促进作用。

1982 年 6 月 8 日，在上述工作的基础上，化工部印发了《关于改革现行基本建设管理体制，试行以设计为主体的工程总承包制的意见》的通知（〔1982〕化基字第 650 号），附有《工程总承包制要点》，制订了实行工程总承包制的具体办法，包括总则、工程总承包工作程序、用户（建设单位）的责任和权力、工程询价书、工程报价书、工程总承包合同、工程项目的实施和管理、设备材料采购、施工、员工培训、试车和考核、机械保证期等，对开展工程总承包的各个方面都做了具体规定。并确定化工部第四、第八设计院为“设计采购施工 EPC/ 交钥匙”工程总承包试点单位。由化工部第四设计院承担的江西氨厂尿素工程，质量、进度、费用得到了有效控制，一次试车成功。随后化工部第八设计院按总承包模式建设的联碱工程也取得了成功。1983 年 9 月至 1984 年 9 月，化工部先后下文将第四设计院改建为中国武汉化工工程公司（后又改名中国五环化工工程公司）、第八设计院改建为中国成都化工工程公司（后改名中国成达化工工程公司）、化工设计公司改建为中国寰球化学工程公司、第一设计院改建为中国天津化工工程公司（后改名中国天辰化工工程公司），并明确“是实行独立经营、独立核算、自负盈亏的工程承包企业”。之后，又将化工部所属的其他设计单位全部变革为具备工程总承包和项目管理功能的工程公司。这是我国第一批改建为工程公司的设计单位，这些史无前例的重大决策，加快了实行企业化、国际化、市场化和全行业勘察设计单位体制改革的进程，拉开了我国基本建设管理体制改革和设计行业创建国际型工程公司的序幕。

1984 年第六届全国人大第二次会议上的政府工作报告指出："要着手组建多种形式的工程承包公司和综合开发公司。工业、交通等生产性建设项目由专业性工程承包公司投标，从可行性研究、设计、设备配套、工程施工到竣工试车进行全过程的总承包；然后再由工程承包公司向各设计、施工、设备供应单位招标，签订分包经济合同。"1984 年 9 月 18 日，国务院《关于改革建筑业和基本建设管理体制若干问题的暂行规定》（国发〔1984〕123 号）明确指出：各部门各地区都要组建若干具有法人地位、独立经营、自负盈亏的工程承包公司，并使之逐步成为组织项目建设的主要形式。还指出：可以选择部分设计单位或者组织部分设计人员，组建具有法人地位、独立经营、自负盈亏的工程咨询公司和工程承包公司。工程承包公司的主要任务，是受主管部门或建设单位的委托，或投标中标，对项目的可行性研究、勘察设计、设备选购、材料订货、工程施工、生产准备、直到竣工投产实行全过程的总承包，或部分承包。1984 年 11 月 5 日，国家计委、城乡建设环境保护部关于《工程承包公司暂行办法的通知》（计设〔1984〕2301 号），1984 年 11 月 10 日，《国务院批转国家计委关于工程设计改革的几点意见的通知》，1985 年 6 月 14 日，国家计委、城乡建设环境保护部发布《工程设计招标投标暂行办法》，对工程承包公司的组建、任务、责、权、利等都作了明确规定，开启了我国基本建设管理体制改革的漫漫长路。

1987 年 4 月 20 日，国家计委、财政部、建设银行、国家物资局《关于设计单位进行工程建总承包试点有关问题的通知》（计设〔1987〕619 号），确定了第一批 12 个试点单位的名单。1989 年 4 月 1 日，建设部等五部委《关于扩大设计单位进行工程总承包试点及有关问题的补充通知》，确定了第二批 31 个试点单位的名单。1993 ～ 1996 年，建设部先后批准 560 余家设计单位取得甲级工程总承包资质证书，各部门、各地区相继批准 2000 余家设计单位取得乙级工程总承包资质证书。

化工系统实施工程总承包制改革，先行一步，积累了许多经验。从 1978 年后期开始，他们在广泛吸收国际先进工程项目管理知识的同时，结合自身的探索实践，编写出版了若干工程项目管理的书籍、手册，很好地指导了工程总承包和项目管理工作，有效地促进了工程总承包制改革。

1994 年 9 月 20 日，化工部《关于创建国际型工程公司的规划意见》，对推动化工设计行业创建国际型工程公司，加快与国际接轨，具有重要指导作用，对全行业具有引领作用。

1997 年 11 月 1 日颁布的《建筑法》第二十四条规定：提倡对建筑工程实行总承包，禁止将建筑工程肢解发包。建筑工程的发包单位可以将建筑工程的勘察、设计、施工、设备采购一并发包给一个工程总承包单位，也可以将建筑工程勘察、设计、施工、设备采购的一项或者多项发包给一个工程总承包单位。

1999 年 8 月 26 日，建设部《关于推进大型工程设计单位创建国际型工程公司的指导意见》指出："为了贯彻落实《国务院关于工程勘察设计单位改建为企业问题的批复》精神，加快我国勘察设计单位深化体制改革的步伐，推进一批有条件的大型工程设计单位，用五年左右的时间，创建成为具有设计、采购、建设（简称 EPC）总承包能力的国际型工程公司，提高我国工程建设队伍的实力和水平，积极开拓国内、国际工程承包市场。"并对国际型工程公司的主要特征和基本条件、创建国际型工程公司的基本原则、政策措施等做了明确规定，大大加速了我国勘察设计单位创建国际型工程公司改革的步伐，加速促进了工程总承包改革的进一步发展。1999 年 12 月，国务院转发建设部等部门《关于工程勘察设计单位体制改革的若干意见》（国办发〔1999〕101 号）指出："要求勘察设计单位参照国际通行的工程公司、工程咨询设计公司、设计事务所、岩土工程公司等模式进行改造。"

2003 年 2 月 13 日，建设部建市〔2003〕30 号文《关于培育发展工程总承包和工程项目管理企业的指导意见》，2004 年 11 月 16 日，建设部建市〔2004〕200 号文《关于印发建设工程项目管理试行办法的通知》，对推行工程总承包和工程项目管理的重要性和必要性、工程总承包的基本概念和主要方式、工程项目管理的基本概念和主要方式、进一步推行工程总承包和工程项目管理的措施等方面，以及项目管理的企业资质、执业资格、服务范围、服务内容、委托方式、服务收费、禁止行为、监督管理等都做了明确规定，为深化全行业设计单位的体制机制、功能结构性改革和市场化改革提供了有力的政策支持，开辟了广阔前景，为在全国勘察设计行业全面推行工程总承包创造了良好条件。2005 年 5 月，国家标准《建设项目工程总承包管理规范》（GB/T 50358—2005）正式颁布。2011 年 9 月，住房城乡建设部、国家工商行政管理总局联合印发了《建设项目工程总承包合同示范文本（试行）》。

2016 年 2 月 6 日，中共中央、国务院发布《关于进一步加强城市规划建设管理工作的若干意见》指出："深化建设项目组织实施方式改革，推广工程总承包制。" 2016 年 5 月 20 日，住房城乡建设部《关于进一步推进工程总承包发展的若干意见》（建市〔2016〕93 号）指出：要"深化建设项目组织实施方式改革，推广工程总承包制，提升工程建设质量和效益，大力推进工程总承包"。并对推进工程总承包的意义、工程总承包的主要模式、完善工程总承包管理制度、工程总承包项目的发包、建设单位的项目管理、工程总承包企业的选择、工程总承包企业的基本条件、工程总承包项目经理的基本要求、工程总承包项目的分包、工程总承包项目严禁转包和违法分包、工程总承包企业的义务和责任、工程总承包项目的风险管理、工程总承包项目的监管手续、安全生产许可证和质量保修、完善工程总承包企业组织机构、加强工程总承包人才队伍建设、加强工程总承包项目管理体系建设、加强组织领导、加强示范引导、发挥行业组织作用等有关问题都作了明确规定。

2017 年 2 月 21 日，国务院办公厅印发了《关于促进建筑业持续健康发展的意见》(国办发〔2017〕19 号)，提出“加快推行工程总承包”和“培育全过程工程咨询”。2019 年 9 月 15 日，国务院办公厅转发住房城乡建设部《关于完善质量保障体系提升建筑工程品质指导意见的通知》(国办函〔2019〕92 号)指出:“改革工程建设组织模式。推行工程总承包，落实工程总承包单位在工程质量安全、进度控制、成本管理等方面的责任。完善专业分包制度，大力发展专业承包企业”。

2019 年 12 月 23 日，住房城乡建设部、国家发展改革委《关于房屋建筑和市政基础设施项目工程总承包管理办法的通知》(建市规〔2019〕12 号)，对民用工程建筑的总承包和工程咨询服务作了明确规定。

2020 年 6 月 3 日，住房城乡建设部关于发布《房屋建筑和市政基础设施工程勘察文件编制深度规定》(2020 年版)的通知。

工程总承包在我国实施 40 年，并在 20 世纪 90 年代初就已成功地走向国际工程市场，取得了显著成绩。大力推进工程总承包有利于实现设计、采购、施工等各阶段工作的深度融合，提高工程建设水平；有利于发挥工程总承包企业的技术和管理优势，促进企业做优做强，推动产业转型升级，服务于“一带一路”倡议实施；有利于推动我国基本建设管理体制的成功改革。

七、实行工程咨询服务改革

40 年的改革，使我国工交系统的大中型设计企业发生了质的变化，诞生了以设计为主导为工程建设全过程全方位服务的国际型工程公司新型产业。从 20 世纪 80 年代初期，我国化工行业第一批国际型工程公司的诞生，到现在近千家工程公司的兴起，以及其他设计企业转变发展方式，不同程度为工程建设提供全过程多功能服务的现实，完全改变了我国勘察设计行业的原来面貌，使我国勘察设计行业的服务范围产生了质的变化，不再仅仅局限于原来意义上的“工程勘察与设计”，而成为国际上通行的国际工程承包商和工程咨询商，同时具备 EPC 工程总承包、PMC 项目管理承包、全过程工程咨询和投融资等综合功能，在国际国内工程建设市场上显示了强大的生命力。一批大型国际型工程公司逐渐确立了自己在国际市场的地位。以石油、化工、石化、交通、铁道、建材、电力等行业为代表的部分工程公司，进入了世界国际承包商排名，这是我国勘察设计行业解放思想、大胆创新、锐意改革的又一重大成果。

2019 中国全过程工程咨询高峰论坛在北京举办

40 年来的改革，实现了工程咨询理念与实践的两大突破，催生了新兴的中国工程咨询业。目前我国工程咨询业已经发展成为现代服务业的重要组成部分和经济社会发展的先导型支柱产业，在提高投资决策的科学性、保证投资建设质量和效益、促进经济社会可持续发展方面具有重要的地位和作用，其发展程度体现了国家的经济社会发展水平。随着中国工程咨询业的国际地位不断提高，我国工程咨询行业从业人员执业资格国际互认已经取得了可喜进展，中国工程咨询业的国际融合度日益提高，逐步被国内外所重视。

工程建设项目可行性研究自 20 世纪 30 年代，美国已逐步形成一套较为完整的理论、程序和方法。1978 年联合国工业发展组织编制了《工业可行性研究编制手册》。项目建设可行性研究早已被国际普遍采用。1981 年 1 月 21 日，国务院《关于技术引进和设备进口工作暂行条例》（国发〔1981〕12 号）和 1981 年 3 月 3 日，国务院《关于加强基本建设计划管理，控制基本建设规模的若干规定》（国发〔1981〕30 号）明确规定：所有新建、扩建的大中型项目，都要经过反复论证后，提出可行性研究报告。

把可行性研究纳入基本建设程序，标志着我国真正意义上的工程咨询业得以萌生。随着科学技术和建设事业的不断发展，建设项目的规模越来越大，技术性、系统性越来越强，复杂程度越来越高。越来越多的业主，已经没有直接管理建设项目的能力，由专业的咨询商（工程公司、工程咨询公司或工程项目管理公司、设计公司、专业事务所）在建设项目的定义、策划、实施和总结各阶段为业主提供全过程技术咨询和管理咨询，全面提升投资效益，有效地控制工程质量、进度和费用，是现代工程建设高质量发展的客观要求。工业与交通项目的工程咨询已开展多年，要全面深化服务，提升能力；民用建筑与市政项目的工程咨询要在试点的基础上，总结经验，全面展开，不断推进我国工程建设的健康发展。

1981 年 5 月，国家建委发布《关于试办工程咨询公司的通知》，随后各部委在隶属的设计单位和规划单位相继建立了咨询公司，自 1982 年 12 月国家计委以设计局前期工作处为主组建中国国际工程咨询公司后，各省市也先后成立了由计委归口管理的工程咨询公司，使现代工程咨询的理念开始在中国传播。

1992 年 12 月，中国工程咨询协会成立，各省、自治区、直辖市也成立了地区工程咨询协会，形成了全国工程咨询行业组织网络。1996 年协会被接纳为国际咨询工程师联合会（FIDIC）正式会员，是亚太地区工程技术咨询发展计划组织（TCDPAP）正式成员。

1994 年 4 月，国家计委颁布《工程咨询业管理暂行办法》，将工程设计、工程监理纳入了工程咨询业的范畴。随后，经过几年的发展，关于工程咨询，在我国建设行业基本形成了与国际上相一致的共识，即工程咨询业是为工程建设的决策与实施提供规划、选址、可行性研究、融资、建设方案和招投标咨询、基础工程设计、详细工程设计管理、采购管理、施工监理和投产后评价等全过程服务的行业。业主、咨询商、承包商在工程建设过程中是平等的三方主体。

2002 年 4 月，“中国（首届）项目管理国际研讨会”在北京召开，由国家经贸委、中国科学院、国家外国专家局、联合国工业发展组织联合主办，由美国项目管理协会、国际项目管理协会等国际组织为顾问单位，有众多国内外机构和专家等数百人参会，并出版了《中国（首届）项目管理国际研讨会论文集》，对提高我国的项目管理水平并促进其与国际接轨，具有重要意义。

2003 年 2 月，建设部发布《关于培育发展工程总承包和工程项目管理企业指导意见》，对全面推行工程总承包和工程项目管理服务提供了有力的政策支持，开辟了广阔前景。

2007 年 8 月，“全国工程咨询设计行业发展高峰论坛”在北京召开。国家发展改革委、建设部、商务部的领导及工程咨询设计行业的代表近 300 人出席论坛，中央和国务院主要领导为会议题词，国务院领导在会上做了重要讲话。并出版了《全国工程咨询设计行业发展高峰论坛文集》，对促进工程咨询业的发展起了积极推动作用。

2016 年 7 月 5 日，中共中央、国务院《关于深化投融资体制改革的意见》指出：要发挥工程咨询、金融、财务、法律等方面专业机构作用，提高项目决策的科学性、项目管理的专业性和项目实施的有效性。

2017 年 2 月 21 日，国务院办公厅《关于促进建筑业持续健康发展的意见》（国办发〔2017〕19 号）指出：培育全过程工程咨询。鼓励投资咨询、勘察、设计、监理、招标代理、造价等企业采取联合经营、并购重组等方式发展全过程工程咨询，培育一批具有国际水平的全过程工程咨询企业。制定全过程工程咨询服务技术标准和合同范本。政府投资工程应带头推行全过程工程咨询，鼓励非政府投资工程委托全过程工程咨询服务。在民用建筑项目中，充分发挥建筑师的主导作用，鼓励提供全过程工程咨询服务。

还指出：为深化投融资体制改革，提升固定资产投资决策科学化水平，进一步完善工程建设组织模式，提高投资效益、工程建设质量和运营效率，遵循项目周期规律和建设程序的客观要求，在项目决策和建设实施两个阶段，着力破除制度性障碍，重点培育发展投资决策综合性咨询和工程建设全过程咨询，为固定资产投资及工程建设活动提供高质量智力技术服务，全面提升投资效益、工程建设质量和运营效率，推动高质量发展。

2019 年 3 月 15 日，国家发展改革委、住房城乡建设部《关于推进全过程工程咨询服务发展的指导意见》（发改投资规〔2019〕515 号）明确指出：在房屋建筑和市政基础设施领域推进全过程工程咨询服务，为深化投融资体制改革，提升固定资产投资决策科学化水平，进一步完善工程建设组织模式，提高投资效益、工程建设质量和运营效率起到很好的促进作用。并对充分认识推进全过程工程咨询服务发展的意义、以投资决策综合性咨询促进投资决策科学化、以全过程咨询推动完善工程建设组织模式、鼓励多种形式的全过程工程咨询服务市场化发展、优化全过程工程咨询服务市场环境、强化保障措施等方面都提出了明确要求，大大推进了民用工程建设领域实行全过程工程咨询的改革创新发展，也为工交系统进一步深化和提升全过程工程咨询服务能力起到了促进作用。

40 年来的改革实践证明，切实按照工程项目建设的客观规律和国际接轨的要求，建立健全专业化、科学化、市场化、国际化的工程项目管理咨询服务体系，充分发挥咨询服务在工程建设中的重要作用，改造培育提升一批能够适应国内外工程建设市场需要、具有国际竞争力的工程项目管理咨询服务企业，完善工程建设组织模式，高质量发展我国全过程工程项目管理咨询服务，是提高建设工程项目的经济效益和社会效益重要保证。

八、实行岩土工程体制改革

岩土工程是欧美国家于 20 世纪 60 年代在土木工程实践中建立起来的一种新的技术体制，它的工作内容主要包括岩土工程勘察、岩土工程设计、岩土工程施工和岩土工程监测（监测、检测、测试），其核心内涵就是要求充分发挥彼此的关联性，使工程勘察服务于工程建设全过程，以达到有效治理岩土的目的。

化学工业第一勘察设计院有限公司承担的东营原油储备库工程勘察、地基处理现场

20 世纪 80 年代，发达西方国家开始应用岩土工程的观点、技术和方法为治理和保护环境服务，形成了环境岩土工程的概念，它是岩土工程与环境科学密切结合的一门新学科。进入九十年代，地下资源的综合利用、低碳化发展和自然环境与资源保护对岩土工程提出了新的更高要求，可持续岩土工程的理念被普遍接受，使岩土工程服务领域得到了进一步扩展。

我国岩土工程体制改革经历了艰难的发展过程。1979 年 12 月，国家建工总局组团出国考察，开展国际调研。了解到西方工业发达国家的岩土工程技术体制与我国的工程勘察体制相比，有明显的优势。回国后，决定推行与国际接轨的岩土工程体制。1980 年 7 月，国家建工总局提出《关于改革现行工程地质勘察体制为岩土工程体制的建议》，拉开了我国工程勘察体制向岩土工程体制改革的序幕。

1986 年 2 月 15 日，国家计委《关于加强工程勘察工作的几点意见的通知》(计设〔1986〕173 号)，明确工程勘察“可以向岩土工程方向发展”，同年发出《关于工程勘察单位进一步推行岩土工程的几点意见》，实行岩土工程体制改革开始全面启动。

1987 年 4 月 1 日，国家计委印发关于《工程勘察技术政策要点的通知》(计设〔1987〕493 号)，对工程勘察的技术政策，加强岩土力学理论和开展环境工程地质研究，提高工程地质与岩土工程的综合评价和定量评价的质量等都提出了明确要求。

1992 年 3 月 28 日，建设部关于《工程勘察单位承担岩土工程任务有关问题的暂行规定》的通知，明确岩土工程的行业服务能力发展目标包括五大方面：岩土工程勘察、岩土工程设计、岩土工程治理、岩土工程监测和岩土工程监理(顾问咨询)，对行业工程勘察的改革和发展起了很大的推动作用。

1994 年，与国际接轨的国家标准《岩土工程勘察规范》颁布施行，后又经过了几次修订，为开展岩土工程工作提供了标准规范依据。原化工部所属单位分别于 1997 年和 2000 年出版了《岩土工程治理技术与实例》和《岩土工程项目管理与控制实用方法》，对推行岩土工程体制起了积极的促进作用。2002 年 1 月 1 日，建设部发布《岩土工程勘察规范（2009 版）》，同年实施第一次注册土木工程师（岩土）资格考试。2009 年，正式实施注册土木工程师（岩土）执业。实现注册土木工程师（岩土）执业，大大促进传统工程勘察行业的业务发展和综合服务能力的提升，实现了与国际岩土工程技术服务业的全面接轨，它的实施促使传统的勘察企业更充分发挥专业优势、提供广泛的专业化服务，从专业技术人才上有效地促进了岩土工程体制的建立。

2019 年 2 月 13 日，住房城乡建设部批准《岩土工程勘察安全标准》为国家标准。2020 年 6 月 3 日，住房城乡建设部关于发布《房屋建筑和市政基础设施工程勘察文件编制深度规定》（2020 年版）的通知。2020 年 10 月 15 日，住房城乡建设部关于印发《岩土工程勘察文件技术审查要点（2020 版）的通知》，有效地推动了岩土工程体制的进一步完善。

多年来，通过与国际岩土工程界交流与联系，引入了国际岩土工程的理念与经验，把建立岩土工程体制作为工程勘察体制改革的重要内容，在国内外大量工程项目建设的实践基础上，编制了岩土工程技术标准，培养了大批岩土工程师。勘察单位都不同程度地扩展了业务范围，开发了一些新的业务领域，如地基处理和桩基工程的施工，基坑工程的设计、检测与监测等，岩土工程治理水平有了很大的提高。实行岩土工程体制是传统勘察结构性的大变革，是几十年来我国工程勘察体制改革的核心成果，它的实施使传统勘察企业拓展了业务，培养了人才，建立了技术服务体系，提升了治理水平，探索出了一条使岩土工程治理周期短、质量好、造价低、见效快的新路，初步建立起了具有中国特色、适合中国国情的岩土工程服务体系。

改革开放四十年来，我国的工程勘察单位从事业性质改为企业性质，已有一批整体改制为岩土工程公司或岩土工程咨询公司（或事务所），基本实现了由岩土工程勘察单一功能业务向岩土工程勘察、设计、施工、监测（监测、检测、测试）多功能业务领域转变；使仅靠勘探、进尺、凿井等实物工作量生存向为用户提供岩土工程全过程咨询服务转变；使一般性的技术、劳务勘察单位向技术密集型的岩土工程企业转变，建立了专业化、科学化和市场化的岩土工程服务体系，成为智力服务的提供者、治理方案的实施者和建设项目专业的质量管理者，服务延伸到建设工程全过程的多个环节和废弃矿山及污染场地土壤、地下水的修复治理，以及涉及城市安全运行的基础设施地下病害隐患探测、诊断与风险预防等，为我国一大批重大建设项目的复杂岩土工程问题和工程测量难题提供了国际领先和国际先进的成功解决方案。通过岩土工程和环境岩土工程设计与地下工程及施工建造方案的决策、专项问题的技术顾问、岩土环境和地下工程的质量检验监测、地基基础工程的建造和城市基础设施安全运营维护等，为社会提供了更加广泛、深入的专业技术服务，在公共安全、投资效益和环境效益等方面为社会的可持续发展创造了可观丰富和显著的行业新价值，创建了一批规模和实力适应现代工程建设市场的发展和走出去参与“一带一路”建设要求的岩土工程企业。

建立和完善现代企业制度是提高岩土工程企业管理水平、增强岩土工程企业市场竞争力和培育岩土工程企业可持续健康发展能力的前提，是岩土工程企业发展的关键，对岩土工程行业解放和发展生产力、搞好搞活企业具有重大意义，进一步提高科学化管理水平，注重技术研发、人才培养和技术创新是岩土工程企业的生命。

站在新的起点上，面对低碳化工程、绿色城市建设和全球环境岩土工程治理，不断深化改革，使我国岩土工程服务体系建设再向“大岩土”工程体制转型发展，一定能够再创辉煌，为社会主义建设事业和美丽中国的建设谱写新的篇章。

九、实行执业注册制度改革

建设部在20世纪90年代就根据市场经济体制要求，参照国际通行做法，对工程建设行业事关国家利益和公众安全的专业领域逐步建立个人执业资格制度。到目前为止，已基本建立了包括教育评估、职业实践、资格考试、注册管理、继续教育等一套比较完善的管理体系。个人执业资格制度的建立，从本质上讲也是按照公开、公平、公正、高效的原则对现行的行政审批制度的重大改革。

中英结构工程师考试资格互认签字仪式1997年在深圳举行

1993年11月党的十四届三中全会做出的《中共中央关于建立社会主义市场经济体制若干问题的决定》，提出要建立职业资格制度。1994年2月，劳动部、人事部印发《关于颁发职业资格证书规定》，“把职业资格分为从业资格和执业资格。建立个人执业资格制度，通过资格考试保证关键岗位的人员具备必需的专业知识和技能；通过诚信和执业监管，强化执业人员在工程建设中的权力、义务和法律责任，建立行之有效的工程质量终身责任制，对提高工程质量，保障人民群众生命财产安全起到积极作用。个人执业资格制度集中体现了市场经济公平、竞争、法治的原则，符合政府职能转变的要求。”1994 年 7 月 5 日，《劳动法》第六十九条规定：“国家确定职业分类，对规定的职业制定职业技能标准，实行职业资格证书制度。”1995 年 9 月 23 日，国务院发布《中华人民共和国注册建筑师条例》，1996 年 5 月 15 日，《职业教育法》第八条规定：“实行学历证书、培训证书和职业资格证书制度。”1996 年 7 月 1 日 ，建设部颁布《中华人民共和国注册建筑师条例实施细则》，为推行职业资格证书制度提供了法律依据。

目前，建设行业执业资格制度除《注册建筑师条例》外，其他专业执业资格制度都是以部门规章或者人事部、建设部（住房城乡建设部）联合发文形式颁布相应规章。

勘察设计行业是我国实行执业资格制度起步最早的行业之一，至今已经走过了近 30 年的发展历程，实现了专业人士执业注册制度的重大突破。1994 年首次在辽宁省进行一级注册建筑师的考试试点。在实施中实行了“老人”特许、考核、部分考试和“新人”全部考试及特殊地区由政府许可等区别对待的政策后，使举步维艰的执业注册考试制度得以进行。截至 2019 年，已建立注册建筑师、注册工程师、注册结构工程师、注册监理工程师、注册造价工程师、注册建造师、注册咨询工程师（投资）、注册土木工程师、注册土木工程师（岩土）、注册电气工程师、注册建造师、注册土木工程师（水利水电工程）、注册消防工程师、注册测绘师、注册安全工程师、注册城乡规划师等各专业技术人员的注册执业制度；建设领域执业资格制度体系已经基本建立；法规制度进一步健全；培训、评价、管理机制逐步完善；执业注册师国际、地区互认工作已取得明显进展。

勘察设计行业自实施执业注册制度以来，有关行政主管部门相继发布了多次部门规章，以适应形势发展的需要。1994 年 9 月 21 日，建设部、人事部《关于建立注册建筑师制度及有关工作的通知》，并成立了全国注册建筑师管理委员会。1996 年 8 月 26 日，人事部、建设部《关于造价工程师执业资格制度暂行规定》（人发〔1996〕77 号）。1997 年 9 月 1 日，建设部、人事部关于印发《注册结构工程师执业资格制度暂行规定》的通知（建设〔1997〕222 号）。

2001 年 1 月，人事部、建设部发布《勘察设计注册工程师制度总框架及实施规划》及《全国勘察设计注册工程师管理委员会组成人员名单》，2001 年 12 月 12 日，为适应社会主义市场经济和中国加入世界贸易组织的需要，加强工程咨询专业技术人员队伍建设，提高工程咨询专业技术人员素质和业务水平，规范工程咨询行为，保证工程咨询质量，人事部、国家发展计划委员会人发〔2001〕127号文《关于印发注册咨询工程师（投资）执业资格制度暂行规定和注册咨询工程师（投资）执业资格考试实施办法的通知》，为注册咨询工程师（投资）的考试、注册、权利和义务、罚则等做出了明确规定，对推动工程咨询业的发展起了重要作用。

2002年4月，人事部、建设部下发了《关于印发〈注册土木工程师执业资格制度暂行规定〉〈注册土木工程师执业资格制度考试实施办法〉和〈注册土木工程师执业资格考核认定办法〉的通知》（人发〔2002〕35号），决定在我国实行注册土木工程师执业资格制度。2002年，人事部、建设部、《关于申报特许注册土木工程师（岩土）执业资格有关工作的通知》（人发〔2002〕36号）。2003年3月27日，人事部、建设部关于印发《注册电气工程师执业资格制度暂行规定》《注册电气工程师执业资格考试实施办法》和《注册电气工程师执业资格考核认定办法》的通知（人发〔2003〕25号）。

2004年8月24日，建设部令第137号发布《勘察设计注册工程师管理规定》，2005年7月14日，人事部、建设部、水利部关于印发《注册土木工程师（水利水电工程）制度暂行规定》《注册土木工程师（水利水电工程）资格考试实施办法》和《注册土木工程师（水利水电工程）资格考核认定办法》的通知（ 国人部发〔2005〕58号）。2006年12月11日，建设部令第153号发布《注册建造师管理规定》。

2012年9月27日，人力资源社会保障部、公安部关于《注册消防工程师制度暂行规定》《注册消防工程师资格考试实施办法》和《注册消防工程师资格考核认定办法》（人社部发〔2012〕56号）。2013年2月6日，住房城乡建设部《关于进一步促进工程勘察设计行业改革与发展若干意见》（建市〔2013〕23号）指出：进一步完善勘察设计个人执业资格制度框架体系，合理优化专业划分，逐步实现相关、相近类别注册资格的归并整合。完善执业标准，探索拓宽注册建筑师、勘察设计注册工程师的执业范围，强化执业责任，维护执业合法权益。加强执业监管，规范执业行为，加大对人员业绩、从业行为、诚信行为、社保关系的审查力度，防止注册执业人员的人证分离，全面提高执业人员的素质。

2015年12月14日 ，人力资源社会保障部办公厅《关于2015年度注册测绘师、注册安全工程师资格考试合格标准有关问题的通知》（人社厅〔2015〕193号）。 2017年5月31日，人力资源社会保障部、住房城乡建设部关于《注册城乡规划师职业资格制度规定》和《注册城乡规划师职业资格考试实施办法》（人社部规〔2017〕6号）。2017年11月2日，国家安全监管总局、人力资源社会保障部关于《注册安全工程师分类管理办法》（安监总人事〔2017〕118号），等等，有关行政主管部门颁发了一系列各有关专业的执业注册规定和实施办法，加速推进了行业执业注册制度的改革步伐。

我国注册建筑师、注册结构工程师管理机构开展国际合作工作的七项主要成果：一是与美国注册建筑师委员会、美国工程与测量考试委员会合作，1995年5月，签署《中美建筑师国际合作协议和双边合作认同书》，开启了中、美两国注册建筑师制度全面合作和互认工作，2000年3月，中、美双方将具备资格的建筑师——中方24名一级注册建筑师、美方22名建筑师列入《中美建筑师国际合作协议和双边认同名册》，1999年6月，签署《关于工程师考试和注册程序三年合作协议》，两国注册结构工程师管理机构之间多次互派专家代表团观摩注册结构工程师考试和评分，并就教育标准、考试标准、注册结构工程师资格认同开展了广泛合作与交流；二是与英国结构工程师协会合作，开展资格互认工作，1997年9月，签署《关于结构工程师考试资格互认协议》，1998年5月，签署《土木工程师专业（学士学位）评估互认协议》，我国注册结构工程师共有119人获得英国工程师协会会员资格，英方有96人获得中国一级注册结构师资格；三是共同发起建立东亚地区中、日、韩三国建筑师交流合作机制，开展了三国建筑师交流与合作工作，1997年1月，签署《中、日、韩注册建筑师合作交流协议》，分别在三国共举办了23届交流会，促进了中、日、韩三国注册建筑师管理机构与人员之间的合作与发展；四是作为发起国之一，参加了亚洲太平洋经济合作组织（APEC）建筑师项目指导委员会组建与合作工作，2000年，我国参加了在澳大利亚召开的第一届APEC建筑师指导委员会会议，2005年9月，将首批具备资格的77名中国一级注册建筑师列入注册建筑师APEC名册；五是开展内地与香港结构工程师资格互认和执业试点工作，2000年2月，签署《结构专业工程师互认工作框架协议》，2004年8月，签署《结构工程师资格互认协议》，共有314名内地结构工程师取得香港结构工程师会员资格，249名香港结构工程师取得内地注册结构工程师资格；六是开展内地与香港建筑师资格互认和执业试点工作，2000年5月，签署《关于建筑师资格互认工作计划意向书》，2004年2月，签署《建筑师资格互认协议》，共有347名内地一级注册建筑师取得香港建筑师学会会员资格，412名香港建筑师取得内地一级注册建筑师资格；七是组织开展了对台湾地区资深建筑师获取大陆注册建筑师资格的培训测试工作，2008年11月，全国注册建筑师管理委员会在厦门举办了台湾地区资深建筑师一次性评估认证工作。全国注册建筑师管理委员会和台湾地区建筑师协会分别派团多次对台湾地区和大陆进行考察和交流活动。

30年来，勘察设计行业实行专业技术人士执业注册制度改革取得的重要成果，为实现我国工程建设事业的高质量持续健康发展，为我国注册师参与国际竞争，实施“走出去”战略，创造了条件，打下了基础，为工程建设领域和全国执业资格制度的建立、健全和实施，为使我国的执业资格制度与国际接轨，逐步取代企业资格制度创造了必要条件，为促进工程建设领域和全国的人才队伍建设，做出了应有贡献。

十、实行建筑师负责制改革

以担任民用建筑工程项目设计主持人的注册建筑师为核心的设计团队，依托所在的设计企业（设计公司或设计事务所）为实施主体，依据合同约定，对民用建筑工程全过程或部分阶段提供全寿命周期设计咨询管理服务，包括规划、策划、设计、监督施工、指导运维、更新改造、辅助拆除等服务内容，最终将符合建设单位要求的建筑产品和服务交付给建设单位的一种工作模式。建筑师负责制是国际通行的民用建筑项目实施方式，推进建筑师负责制，明确建筑师权利和责任，发挥建筑建师在项目报建过程中的作用，提升建筑设计供给体系质量和建筑设计品质，增强核心竞争力，最大程度激发建筑师活力和创造力，使每座建筑成为新时代高质量发展的作品。

“共享共赢　引领发展　推进建筑师负责制”粤港澳大湾区工程设计联盟筹建典礼暨 2018 粤港澳大湾区工程设计论坛在深圳召开

建筑师负责制历史悠久，是国际上通用模式，1949 年前我国建筑界也普遍采用。20 世纪 90 年代初，建设部组建了一批建筑师事务所，开始推行这一制度，取得明显效果。国务院颁发《中华人民共和国注册建筑师条例》后，建筑界对实施建筑师负责制的呼声增大。2015 年，住房城乡建设部进一步明确建筑师的执业范围和服务内容、责任、权利、义务，逐步确立建筑师在建筑工程中的核心地位，发挥建筑师对工程实施全过程的主导作用。当年 10 月，住房城乡建设部委托上海在自贸区开始正式试点。11 月，《关于浦东新区推进建设项目建筑师负责制试点工作的实施意见》发布。

2016 年 12 月，受住房城乡建设部委托，中国建筑学会组织专家完成了

《建筑师负责制制度研究课题报告》。2017 年 5 月，中国建筑学会起草《关于推行建筑师负责制管理模式的若干意见》，为住房城乡建设部《关于征求在民用建筑工程中推进建筑师负责制指导意见（征求意见稿）意见的函》建市设函〔2017〕62 号文件提供了重要参考。

2017 年 2 月 21 日，《国务院办公厅关于促进建筑业持续健康发展的意见》（国办发〔2017〕19 号）提出："在民用建筑项目中，充分发挥建筑师的主导作用，鼓励提供全过程工程咨询服务。"要求"加快培养建筑人才。积极培育既有国际视野又有民族自信的建筑师队伍。加快培养熟悉国际规则的建筑业高级管理人才"。

2017 年 5 月 2 日，住房城乡建设部印发《工程勘察设计行业发展"十三五"规划》提出：借鉴国际先进经验，兼顾中国特色，改革创新，逐步建立与国际接轨的建筑师负责制，从设计总包开始，由建筑师统筹协调建筑、结构、机电、环境、景观等各专业设计，在此基础上延伸建筑师服务范围，按照权责一致的原则，鼓励建筑师依据合同约定提供项目策划、技术顾问咨询、施工指导监督和后期跟踪等服务，推进工程建设全过程建筑师负责制。提高建筑师地位，保证建筑师权益，使建筑师设计理念完整实施，提高建筑品质。

各省市纷纷响应国家的政策，积极推进建筑师负责制的试点工作。2017 年 8 月，住房城乡建设部同意广西壮族自治区开展建筑师负责制试点；11 月福建自由贸易区试验区厦门片区开展建筑师负责制，此外，深圳前海开展建筑师负责制试点。

2017 年 12 月 11 日，住房城乡建设部《关于在民用建筑工程中推进建筑师负责制的指导意见（征求意见稿）》对于建筑师负责制的推进，提出了下述总体要求。

总体目标：推进民用建筑工程全寿命周期设计咨询管理服务，从设计阶段开始，由建筑师负责统筹协调各专业设计、咨询机构及设备供应商的设计咨询管理服务，在此基础上逐步向规划、策划、施工、运维、改造、拆除等方面拓展建筑师服务内容，发展民用建筑工程全过程建筑师负责制。

组织模式：建筑师负责制是以担任民用建筑工程项目设计主持人或设计总负责人的注册建筑师（以下称为建筑师）为核心的设计团队，依托所在的设计企业为实施主体，依据合同约定，对民用建筑工程全过程或部分阶段提供全寿命周期设计咨询管理服务，最终将符合建设单位要求的建筑产品和服务交付给建设单位的一种工作模式。

服务内容：主要还是根据双方的合同约定提供相应的服务，可提供包括参与规划、提出策划、完成设计、监督施工、指导运维、更新改造、辅助拆除的工程建设全过程或部分服务内容。

建筑师的合法权益：借鉴国际通行成熟经验，探索建立符合建筑师负责制的权益保障机制。实行建筑师负责制的项目，建设单位应在与设计企业、总承包商、分包商、供应商和指定服务商的合同中明确建筑师的权力，并保障建筑师权力的有效实施。

明确相关法律责任和合同义务：建筑师在提供建筑师负责制的项目中，应承担相应法定责任和合同义务，因设计质量造成的经济损失，由设计企业承担赔偿责任，并有权向签章的建筑师进行追偿。建筑师负责制不能免除总承包商、分包商、供应商和指定服务商的法律责任和合同义务。建筑师应自觉遵守国家法律法规，诚信执业，公正处理社会公众利益和建设单位利益，维护社会公共利益，及时向建设单位汇报所有与其利益密切相关的重要信息，保证专业品质和建设单位利益。

2019 年 9 月 15 日，国务院办公厅转发住房城乡建设部《国务院办公厅转发住房城乡建设部关于完善质量保障体系提升建筑工程品质指导意见的通知》（国办函〔2019〕92 号）指出：在民用建筑工程中推进建筑师负责制，依据双方合同约定，赋予建筑师代表建设单位签发指令和认可工程的权利，明确建筑师应承担的责任。建筑设计企业特别是特大型建筑设计企业，应按照国务院《关于促进建筑业持续健康发展的意见》，加快体制机制创新，切实转变发展方式，高质量持续发展，向建筑工程咨询和工程总承包两头延伸，提供建筑工程全过程咨询和总承包服务，在这方面，可以借鉴石化系统设计企业整体改制的成功经验。在创新体制机制的基础上，要全面实行建筑师负责制，这是贯彻“适用、经济、绿色、美观”建筑方针的重要措施，也是培育一批著名建筑师，提升建筑设计水平，带领“中国建筑”走向世界的重大举措。建筑师负责制应当是一个先进的设计团队，建筑师在团队中起到主导、协调、监督的责任。建筑师负责制要求建筑师统筹协调参与项目建设的各方主体及工程承包交钥匙的全过程咨询服务，确保项目建设目标的全面实现，并承担相应的法律责任，以适应新时代高质量发展的要求。

上述文件为推行建筑师负责制明确了方向、目标和改革内容与要求，近几年在民用建筑行业推行建筑师负责制取得了初步效果。目前各地正在抓紧组织建筑师负责制的试点工作。北京市规划和自然资源委员会关于印发《北京市建筑师负责制试点指导意见》的通知，并附《建筑师负责制工程建设项目建筑师服务合同示范文本》《建筑师负责制工程建设项目建筑师服务招标示范文本》《建筑师负责制工程建设项目建筑师服务收费指导意见》，为试点工作的顺利进行创造了良好条件。随着各地试点工作的推进，建筑师负责制改革必将取得更大的成绩。

改革开放 40 年来，我国勘察设计行业实行企业化改革——变革勘察设计单位性质，由事业体制向企业体制转型；实行市场化改革——勘察设计企业在市场化改革的大潮中，在不断完善市场体制机制、以市场主体地位参加招投标竞争；实行社会化改革——由行政隶属管理转变为自主经营、自负盈亏、自我发展的体制；实行信息化改革——将现代信息技术与先进的管理理念相融合，是生产要素向创新发展的重大变革，促进了勘察设计生产力大解放；实行工程总承包、工程咨询、岩土工程体制和民用建筑实行建筑师负责制改革——实现了我国基本建设管理体制改革的历史性突破和工程勘察设计咨询业发展方式的根本性转变；实行现代企业制度改革——为全行业的高质量持续健康发展创造了必要条件；实行执业注册制度改革——使我国的执业资格制度与国际接轨，逐步取代企业资质制度创造了必要条件，为促进工程建设领域和全国的人才队伍建设，做出了应有贡献。

回顾过去，广大勘察设计人员勇于改革，敢为人先，大胆实践，以无私的奉献、执着的追求，用心血绘成张张蓝图，铸就了今天的辉煌。但是，我们也清醒地认识到，我国勘察设计行业与世界一流水平还有很大差距，摆在我们面前的改革任务仍十分艰巨，还面临着必须解决的许多深层次的问题，如充分发挥作用、资源合理配置、完善行业法律法规、优化建设市场环境，以及体制现代化、管理科学化、业务多元化、市场全球化、人才国际化、经营规模化有待提高，企业人才素质、创新能力和自有专利技术、标准规范、融资能力、竞争力和抗风险能力等方面存在的种种问题。要解决这些问题，提高全行业的整体水平，进入国际先进行列，真正“强起来”还有很长的路要走。在这个千帆竞发、百舸争流的时代，我们绝不能有半点骄傲自满、故步自封，也绝不能有丝毫犹豫不决、徘徊彷徨，必须朝着伟大事业、伟大梦想、伟大目标，以史为鉴、开创未来，勇立潮头、奋勇搏击，逢山开路、遇水架桥，将改革进行到底。

第五章　主要发展指标

勘察设计行业从新中国成立时的不足1000人到改革开放开始时的30多万人，靠5亿事业费处在维持生存的局面，再到2020年行业从业人员已达440万人、营业收入72496.7亿元、净利税2512.2亿元，为我国国民经济的持续快速发展作出了历史贡献。自1995年起，根据工程勘察设计统计制度有关规定，勘察设计行政主管部门每年在各单位年报的基础上进行综合统计后，发布年度全国勘察设计单位统计公报，内容包括企业总体情况、从业人员、业务、财务、科技活动等情况。本文汇集了自1995～2020年的公报数据，充分说明，各项技术经济指标随着勘察设计单位的各项重大改革的不断深入发展而得以快速增长。数据表明，是改革创新创造了行业持续高速健康发展的历史。

一、1995～2004年全国勘察设计企业年报统计（表5-1）

1995～2004年全国勘察设计企业年报统计　　表5-1

全国工程勘察设计企业年报统计（1995～2004年）					
序号	统计年度（年）	全国勘察设计单位总数（个）	从业人员总数（人）	全年营业收入（亿元）	
				收入总额	其中境外收入
一	1995	11079	748886	205	
二	1996	11731	782874	230.17	
三	1997	12301	770160	274.17	
四	1998	12418	768576	313.87	
五	1999	12572	786370	360.58	
六	2000	10753	635198	495.01	15.28
七	2001	11338	737184	718.75	10.13
八	2002	11495	761333	930.75	14.64
九	2003	12375	833199	1476.26	20.83
十	2004	13328	912171	2214.34	25.23

二、2005 年全国工程勘察设计企业统计公报

（一）企业总体情况：2005 年，全国勘察设计行业共有企业 14245 个，其中，城市规划 42 个，占企业总数 0.29%，工程勘察企业 1508 个，占企业总数 10.6%；工程设计企业 12688 个，占企业总数的 89.1%。其中内资企业 13927 个，占到 97.77%；港、澳、台商投资企业 152 个，占到全部企业的 1.07%；外商投资企业 166 个，占到全部企业的 1.16%。在内资勘察设计企业当中，国有企业占到 42%，集体企业占到 4.4%，私营企业占到 7.9%，有限责任公司、股份有限公司占到 41.9%。在所有的国有企业当中，中央所属的国有企业占到全部国有企业的 12%。

（二）从业人员情况：2005 年，全行业从业人员 107.78 万人，专业技术人员 79.7 万人。其中，高级职称人员 23.2 万人，比上年增加 7%；注册执业人员 10.26 万人，比上年增长 24%，占到全部从业人员的 9.5%。

（三）业务完成情况：工程勘察完成合同额 207.6 亿元，工程设计完成合同额 974.7 亿元，工程技术管理服务完成合同额 230.2 亿元，其中，工程咨询完成合同额 47.4 亿元，工程监理完成合同额 28.4 亿元，项目管理完成合同额 128.9 亿元，工程造价咨询业完成合同额 2.99 亿元。

（四）财务情况：2005 年全国工程勘察设计企业营业收入总计 2972.6 亿元，境内收入为 2911.3 亿元，境外收入 61.3 亿元，其中的工程勘察收入 216 亿元，工程设计收入 796.6 亿元，工程技术管理服务收入为 99.99 亿元，工程承包收入 1349.4 亿元。2005 年，勘察设计行业实现利润额 216.3 亿元，缴纳营业税及其附加 103.9 亿元，应交所得税 48.6 亿元，实现净利润 148 亿元。

（五）科技活动情况：2005 年，勘察设计行业科技活动费用支出总额达到 66.9 亿元，科技成果转让收入 18 亿元。企业拥有专利 6419 项，企业获国家级、省部级奖 33290 项。

秦山核电站工程（二期 2003 年建成投入运行）

三、2006 年全国工程勘察设计企业统计公报

（一）企业总体情况：2006 年，全国勘察设计行业企业为 14264 个，内资企业 13956 个，占全部企业的 97.8%；港、澳、台商投资企业 140 个，占全部企业的 1%；外商投资企业 168 个，占全部企业的 1.2%。在内资勘察设计企业中，国有企业占 38.8%，集体企业占 3.9%，私营企业占 9.8%，有限责任公司、股份有限公司占 44.4%。中央所属国有企业占全部国有企业的 11%。

（二）从业人员情况：2006 年，全行业企业从业人员 1120719 人，其中，高级职称人员 240919 人，比上年增长 4%；注册执业人员 115464 人，比上年增长 13%。

（三）业务完成情况：工程勘察完成合同额 235.47 亿元，工程设计完成合同额 1187.60 亿元，工程技术管理服务完成合同额 206.02 亿元，其中，工程咨询完成合同额 60.38 亿元，工程监理完成合同额 33.98 亿元，工程咨询造价完成合同额 5.86 亿元，项目管理完成合同额 99.81 亿元。

（四）财务情况：2006 年，勘察设计行业营业收入 3714.42 亿元，境内收入为 3598.66 亿元，境外收入为 115.76 亿元，其中，工程勘察收入 250.23 亿元，工程设计收入 958.84 亿元，工程技术管理服务收入 125.20 亿元，工程承包收入达到 1806.94 亿元。勘察设计行业实现利润总额 291.03 亿元，营业税金及附加 114.44 亿元，应交所得税 64.12 亿元，实现净利润 207.11 亿元。

（五）科技活动情况：2006 年，勘察设计行业科技活动费用支出总额 101.80 亿元，科技成果转让收入总额 31.76 亿元，企业累计拥有专利 9275 项。参加编制国家、行业、地方技术标准 2756 项。

四、2007 年全国工程勘察设计企业统计公报

（一）企业总体情况：2007 年，全国勘察设计行业企业数量为 14151 个，内资勘察设计企业 13849 个，占全部企业的 97.87%；港、澳、台商投资企业 139 个，占全部企业的 0.98%；外商投资企业 163 个，占全部企业的 1.15%。国有企业占 35.75%，集体企业占 3.46%，私营企业占 9.14%，有限责任公司、股份有限公司占 48.42%。

（二）从业人员情况：2007 年，全行业从业人员 117.53 万人，比 2006 年增长 5%，其中，高级职称人员 24.34 万人，比上年增长 1%；注册执业人员 12.81 万人，比上年增长 11%。

（三）业务完成情况：2007 年，工程勘察完成合同额 270.74 亿元，工程设计完成合同额 1398.52 亿元，工程技术管理服务完成合同额 268.8 亿元，其中，

工程咨询完成合同额 72.9 亿元，工程监理完成合同额 37.37 亿元，项目管理完成合同额 140. 78 亿元，工程咨询造价完成合同额 7.04 亿元。

（四）财务情况：勘察设计行业营业收入 4684.33 亿元，境内收入 4504.94 亿元，境外收入为 179.39 亿元，其中，工程勘察收入 276.24 亿元，工程设计收入 1183.02 亿元，工程技术管理服务收入 146.58 亿元，工程承包收入 2363.5 亿元。勘察设计行业利润总额 436.83 亿元，营业税金及附加额 152.58 亿元，应交所得税 94.52 亿元，实现净利润 329.77 亿元。

（五）科技活动情况：2007 年，勘察设计行业科技活动费用支出总额 111.92 亿元。科技成果转让收入总额 33.2 亿元。企业累计拥有专利 9915 项，专有技术 8548 项，企业获国家级、省部级奖 11547 项，参加编制国家、行业、地方技术标准 2518 项。

五、2008 年全国工程勘察设计企业统计公报

（一）企业总体情况：2008 年，全国勘察设计行业企业数量为 14667 个，内资企业 14392 个，占全部企业的 98.13 %；港、澳、台商投资企业 137 个，占 0.93%；外商投资企业 138 个，占 0.94%。在内资勘察设计企业中，国有企业 50354 个，占 35.12%；集体企业 434 个，占 3.02%；私营企业 1422 个，占 9.88%；有限责任公司、股份有限公司 7040 个，占 48.92%。

（二）从业人员情况：2008 年，工程勘察设计行业从业人员 1249062 人，比上年增长 6%。专业技术人员 878570 人，比上年增长 4%，其中，高级职称人员 247795 人，比上年增长 2%，注册执业人员 152287 人，比上年增长 11%。

（三）业务完成情况：2008 年，工程勘察完成合同额 334.18 亿元，工程设计完成合同额 1602.93 元，工程承包完成合同额 3207.74 亿元，工程技术管理服务完成合同额 319.26 亿元，其中，工程咨询完成合同额 93.74 亿元，工程监理完成合同额 45.46 亿元，项目管理完成合同额 138.26 亿元，工程造价咨询完成合同额 6.73 亿元。境外工程完成合同额 409.57 亿元。

（四）财务情况：2008 年，勘察设计行业营业收入 5968.33 亿元，境内收入为 5690.72 亿元，境外收入为 277.61 亿元，其中，工程勘察收入 337.39 亿元，工程设计收入 1399.56 亿元，工程技术管理服务收入 171.48 亿元，工程承包收入 3218.33 亿元。勘察设计行业营业税金及附加 209.22 亿元，利润总额、应交所得税、净利润分别为 312.92 亿元、88.06 亿元和 314.39 亿元。

（五）科技活动情况：2008 年勘察设计行业科技活动费用支出总额 132.72 亿元，科技成果转让收入总额 115.12 亿元，企业累计拥有专利 12367 项，企业累计拥有专有技术 9534 项，参加编制国家、行业、地方技术标准 3546 项，企业获国家级、省部级奖 10960 项。

六、2009 年全国工程勘察设计企业统计公报

（一）企业总体情况：2009 年，全国共有勘察设计企业 14264 个，内资企业 14028 个，国有企业 4439 个，占 32%；私营企业 1743 个，占 12%；集体企业 381 个，占 3%；有限责任公司 6058 个，占 43%；股份有限公司 957 个，占 7%；其他类型企业 450 个，占 3%。

（二）从业人员情况：2009 年，勘察设计行业从业人员 127.30 万人，专业技术人员 83.26 万人，占从业人员总数的 65.4%。其中，具有高级职称 24.35 万人，占从业人员总数的 19.13%；具有中级职称 33.84 万人，占从业人员总数的 26.58%，取得注册执业资格共 151106 人次，占从业人员总数的 11.87%。

（三）业务完成情况：2009 年，勘察设计企业完成合同额合计 6751.5 亿元，工程勘察完成合同额 404.08 亿元，工程设计完成合同额 1881.61 亿元，工程承包完成合同额 3694.88 亿元，工程技术管理服务完成合同额 249.97 亿元，境外工程完成合同额 520.98 亿元。

（四）财务情况：2009 年，勘察设计行业营业收入 6852.88 亿元，全年利润总额 556.80 亿元，企业净利润 455.22 亿元，比上年增长 44.79%。

（五）科技活动情况：2009 年，勘察设计企业科技活动费用支出总额为 144.52 亿元，占营业收入的 2.11%。企业累计拥有专利 17315 项，企业累计拥有专有技术 10994 项。

七、2010 年全国工程勘察设计企业统计公报

汶川地震灾后重建

（一）企业总体情况：2010年全国共有14622个工程勘察设计企业参加了统计，其中，工程勘察企业1715个；工程设计企业9083个；工程设计与施工一体化企业750个。

（二）从业人员情况：2010年工程勘察设计行业年末从业人员142.995万人。年末专业技术人员92.6031万人。其中，具有高级职称人员25.53万人，具有中级职称人员36.34万人。年末取得注册执业资格人员累计174111人次。

（三）业务完成情况：工程勘察完成合同额合计478.75亿元。工程设计完成合同额合计2389.99亿元。工程技术管理服务完成合同额合计319.22亿元，其中，工程咨询完成合同额157.59亿元。工程总承包完成合同额合计5357.15亿元。境外工程完成合同额合计649.25亿元。

（四）财务情况：2010年全国工程勘察设计企业营业收入总计9546.76亿。其中，工程勘察收入530.34亿元；工程设计收入2151.43亿元；工程技术管理服务收入22.69亿元；工程总承包收入5634.02亿元。工程勘察设计企业全年利润总额775.23亿元；应缴所得税145.05亿元；企业净利润631.80亿元。

（五）科技活动情况：2010年工程勘察设计行业科技活动费用支出总额为218.94亿元；企业累计拥有专利24476项；企业累计拥有专有技术15036项。

八、2011年全国工程勘察设计企业统计公报

（一）企业总体情况：2011年全国共有16482个工程勘察设计企业。其中，工程勘察企业1763个，占企业总数10.7%；工程设计企业13028个，占企业总数79%。

（二）从业人员情况：2011年全国工程勘察设计行业从业人员172.8万人，专业技术人员103.7万人。其中，具有高级职称人员27.1万人，占从业人员总数的26.1%；具有中级职称人员40.9万人，占从业人员总数的39.4%。

（三）业务情况：2011年工程勘察合同额合计532亿元，比上年增长11.1%；工程设计合同额合计2948.8亿元，比上年增长23.4%；工程技术管理服务合同额420亿元，比上年增长31.6%；工程总承包合同额8493.3亿元，比上年增长58.5%；境外工程合同额705.7亿元，比上年增长8.7%。

（四）财务情况：2011年全国工程勘察设计企业营业收入总计12914.7亿元，比上年增长35.2%。其中，境内工程勘察收入637.1亿元，占营业收入的4.9%；境内工程设计收入2591.4亿元，占营业收入的20.0%；境内工程技术管理服务收入309.4亿元，占营业收入的2.4%；境内工程总承包收入7535.2亿元，占营业收入58.3%；境内其他收入1354.1亿元，占营业收入的10.5%。工程勘察设计企业全年利润总额1020.4亿元，比上年增长31.6%；企业净利润834.4亿元，比上年增长32.1%。

（五）科技活动情况：2011年全国工程勘察设计行业科技活动费用支出总额为294.7亿元，与上年相比增加25.7%；企业累计拥有专利32310项，与上年相比增加24.2%；企业累计拥有专有技术17202项，与上年相比增加12.6%。

九、2012年全国工程勘察设计企业统计公报

（一）企业总体情况：2012年，全国工程勘察设计行业企业数量达到18280家，比上年增长10.9%，其中，工程勘察企业1837个，占企业总数10.0%；工程设计企业13665个，占企业总数74.8%。

（二）从业人员情况：全国工程勘察设计行业从业人员数量为2123379人，比上年增长22.8%。专业技术人员达到118.0万人，比上年增长13.7%。其中，高级职称人员为29.2万人，比上年增长7.7%。注册执业人员为24.9万人，比上年增加16.8%，占行业从业人员的比重为11.7%。

（三）业务情况：2012年工程勘察合同额合计595.4亿元，比上年增长11.9%；工程设计合同额合计3159.7亿元，比上年增长7.2%；工程技术管理服务合同额516.2亿元，比上年增长31.6%；工程总承包合同额10434.5亿元，比上年增长58.5%；境外工程合同额876.7亿元，比上年增长8.7%。

（四）财务情况：工程勘察设计行业营业收入16171亿元，与上年相比增长25.2%，专项设计、工业工程设计类、工程设计综合资质类企业营业收入占行业营业收入比重较大，分别为28.5%、19.4%、12.2%。工程总承包收入10751.8亿元，占工程勘察设计行业总营业收入比高达66.5%，其中工程总承包境内收入为1022亿元，占行业比重为65.8%；境外收入为647.0亿元，比上年增长32. 7%，占行业境外收入的比重高达83%，设计收入占行业境外收入的比重仅为11%。但仅占行业营业收入总额的4.1%。2012年，工程勘察设计行业实现利润总额1195.9亿元，比上年增长17.2%，实现净利润950.1亿元，比上年增长13.9%。

（五）科技活动情况：2012年，工程勘察设计行业科技活动费用支出总额413.5亿元，比上年增长40.3%；科技成果转让收入总额达423.5亿元，比上年增长13.78%。2012年科技成果转让收入与科技活动费用支出极为接近。企业累计拥有专利41501项，比上年增加28.4%；企业累计拥有专有技术19118项，比上年增加11.1%。

十、2013年全国工程勘察设计企业统计公报

（一）企业总体情况：2013年，全国工程勘察设计行业企业数量达到1.9万家，比上年增长5.2%，其中，工程勘察企业1829个，占企业总数9.5%；工

程设计企业 13888 个，占企业总数 72.2%。建筑设计单位数量最多，占整个行业的比重高达 25.6%。

（二）从业人员情况：2013 年，全国工程勘察设计行业从业人员数量为 244.4 万人，比上年增长 15.1%。工程勘察设计行业专业技术人员达到 130.0 万人，比上年增长 10.2%。工程勘察设计行业注册执业人员为 26.2 万人，比上年增加 5.22%，占行业从业人员的比重为 10.7%，工程勘察类从业人员数量为 16.8 万人，较上年增长 3.3%。

（三）业务情况：2013 年工程勘察合同额合计 714.1 亿元，比上年增长 11.9%；工程设计合同额合计 4047.6 亿元，比上年增长 7.2%；工程技术管理服务合同额 528.2 亿元，比上年增长 31.6%；工程总承包合同额 10645.4 亿元，比上年增长 58.5%；境外工程合同额 870.3 亿元，比上年增长 8.7%。

（四）财务情况：2013 年工程勘察设计行业营业收入 2.14 万亿元，比上年增长 32%，工程技术管理服务业务收入比上年下降 1%，工程设计收入比上年增长了 10%，工业工程设计企业营业收 2190 亿元，比上年增长 10.8%，工程总承包占整个行业收入的 69%，工程勘察收入为 79.9 亿元，工程设计收入 415.3 亿元，工程技术管理服务收入 563.2 亿元，境外收入 295.4 亿元。工程勘察设计行业实现利润总额 1408.5 亿元，比上年增长 17.8%，实现净利润 1145.9 亿元，比上年增长 20.6%。工业设计领域的利润总额在行业内最高，达到 291.6 亿元，其次为建筑设计领域，利润总额达到 174.5 亿元。

（五）科技活动情况：工程勘察设计行业科技活动费用支出总额 513.3 亿元，比上年增长 24.1%；科科技成果转让收入总额达到 519.5 亿元，比上年增长 22.7%，科技成果转让收入与科技活动费用支出极为接近。企业累计拥有专利 58491 项，比上年增加 40.9%；企业累计拥有专有技术 23876 项，比上年增加 24.9%。

南水北调工程（2013 年东线一期工程正式通水运行）

十一、2014 年全国工程勘察设计企业统计公报

（一）企业总体情况：2014 年，全国共有 19262 个工程勘察设计企业参加了统计，与上年相比增长 0.2%。其中，工程勘察企业 1776 个，占企业总数 9.2%；工程设计企业 13915 个，占企业总数 72.2%；工程设计与施工一体化企业 3571 个，占企业总数 18.5%。

（二）从业人员情况：2014 年，工程勘察设计行业年末从业人员 250.28 万人，与上年相比增长 2.4%。年末专业技术人员 128.72 万人，其中，具有高级职称人员 30.33 万人，占从业人员总数的 12.12%；具有中级职称人员 48.49 万人，占从业人员总数的 19.37%。年末取得注册执业资格人员累计 268828 人次，占年末从业人员总数的 10.74%。

（三）业务完成情况：工程勘察完成合同额合计 695.69 亿元，与上年相比减少 2.58%。工程设计完成合同额合计 3555.18 亿元，与上年相比减少 12.2%。工程技术管理服务完成合同额合计 517.37 亿元，与上年相比减少 2.05%。工程咨询完成合同额 180.90 亿元，与上年相比减少 9.98%。工程总承包完成合同额合计 12020.02 亿元，与上年相比增加 12.91%。境外工程完成合同额合计 983.42 亿元，与上年相比增加 13%。

（四）财务情况：2014 年，全国工程勘察设计企业营业收入总计 27151.54 亿元，与上年相比增加 26.82%。其中，工程勘察收入 735.29 亿元，占营业收入的 2.71%；工程设计收入 5398.41 亿元，占营业收入的 19.88%；工程技术管理服务收入 361.05 亿元，占营业收入的 1.33%；工程总承包收入 9381.47 亿元，占营业收入的 34.55%。工程勘察设计企业全年利润总额 2058.69 亿元，与上年相比增加 46.16%；应缴所得税 411.31 亿元，与上年相比增加 55.45%；企业净利润 1646.12 亿元，上年相比增加 43.65%。

（五）科技活动情况：2014 年，工程勘察设计行业科技活动费用支出总额为 677.75 亿元，与上年相比增加 32.04%；企业累计拥有专利 70485 项，与上年相比增加 20.51%；企业累计拥有专有技术 32746 项，与上年相比增加 37.15%。

十二、2015 年全国工程勘察设计企业统计公报

（一）企业总体情况：2015 年，全国共有 20480 个工程勘察设计企业参加了统计，与上年相比增长 6.3%，其中，工程勘察企业 1822 个，占企业总数 8.9%；工程设计企业 14982 个，占企业总数 73.2%；工程设计与施工一体化企业 3676 个，占企业总数 17.9%。

（二）从业人员情况：2015 年，工程勘察设计行业年末从业人员 304.3 万人，与上年相比增长 21.6%。年末专业技术人员 137.1 万人，其中，具有高级职称人员 32.1 万人，占从业人员总数的 10.6%；具有中级职称人员 51.4 万人，占从业人员总数的 16.9%。年末取得注册执业资格人员累计 30.1 万人次，占年末从业人员总数的 9.9%。

（三）业务并完成情况：工程勘察完成合同额合计 648.1 亿元，与上年相比减少 6.8%。工程设计完合同额合计 3058.4 亿元，与上年相比减少 14.0%。工程总承包完成合同额合计 12826.7 亿元，与上年相比增加 6.7%。工程技术管理服务完成合同额合计 483.3 亿元，与上年相比减少 6.6%，其中，工程咨询完成合同额 178.9 亿元，与上年相比减少 1.1%。境外工程完成合同额合计 1255.1 亿元，与上年相比增加 27.6%。

（四）财务情况：2015 年，全国工程勘察设计企业营业收入总计 27089.0 亿元，与上年相比增加 8.6%，其中，工程勘察收入 743.4 亿元，占营业收入的 2.7%；工程设计收入 3365.3 亿元，占营业收入的 12.4%；工程总承包收入 9498.9 亿元，占营业收入的 35.1%；工程技术管理服务收入 377.5 亿元，占营业收入的 1.4%。工程勘察设计企业全年利润总额 1623.9 亿元，与上年相比增加 9.4%；应交所得税 303.4 亿元，与上年相比增加 13.5%；企业净利润 1320.5 亿元，与上年相比增加 8.6%。

（五）科技活动情况：2015 年，工程勘察设计行业科技活动费用支出总额为 526.4 亿元，与上年相比减少 22.3%；企业累计拥有专利 93885 项，与上年相比增加 33.2%；企业累计拥有专有技术 26798 项，与上年相比减少 18.2%。

十三、2016 年全国工程勘察设计企业统计公报

（一）企业总体情况：2016 年，全国共有 21983 个工程勘察设计企业参加了统计，与上年相比增长 7.3 %。其中，工程勘察企业 1903 个，占企业总数 8.7%；工程设计企业 17582 个，占企业总数 80%；工程设计与施工一体化企业 2498 个，占企业总数 11.4%。

（二）从业人员情况：2016 年，工程勘察设计行业年末从业人员 320.2 万人，与上年相比增长 5.2%；年末专业技术人员 154 万人。其中，具有高级职称人员 35.2 万人，占从业人员总数的 11 %；具有中级职称人员 58 万人，占从业人员总数的 18.1%。年末取得注册执业资格人员累计 34.9 万人次，占年末从业人员总数的 10.9%。

（三）业务完成情况：2016 年，工程勘察完成合同额合计 734.2 亿元，与上年相比增加 13.3%；工程设计完成合同额合计 3542.7 亿元，与上年相比增加

15.8%；工程总承包完成合同额合计13856.3亿元；工程技术管理服务完成合同额合计485.9亿元，其中，工程咨询完成合同额190.3亿元；境外工程完成合同额合计1614.6亿元。

（四）财务情况：2016年，全国工程勘察设计企业营业收入总计33337.5亿元，其中，工程勘察收入833.7亿元，工程设计收入3610.5亿元，工程总承包收入10784.6亿元，工程技术管理服务收入432.8亿元。工程勘察设计企业全年利润总额1961.3亿元，企业净利润1617亿元。

（五）科技活动情况：2016年，工程勘察设计行业科技活动费用支出总额为775.2亿元，企业累计拥有专利130208项， 企业累计拥有专有技术42120项。

十四、2017年全国工程勘察设计企业统计公报

（一）企业总体情况：2017年，全国共有24754个工程勘察设计企业参加了统计，与上年相比增长12.6%。其中，工程勘察企业2062个，占企业总数8.3%；工程设计企业21513个，占企业总数86.9%；工程设计与施工一体化企业1179个，占企业总数4.8%。

（二）从业人员情况：2017年，工程勘察设计行业年末从业人员428.6万人，年末专业技术人员181万人，其中，具有高级职称人员38.4万人，占从业人员总数的9%；具有中级职称人员65.1万人，占从业人员总数的15.2%。

（三）业务情况：2017年，工程勘察新签合同额合计1150.7亿元，工程设计新签合同额合计5512.6亿元，其中，房屋建筑工程设计新签合同额1355.5亿元，市政工程设计新签合同额743亿元。工程总承包新签合同额合计34258.3亿元，其中，房屋建筑工程总承包新签合同额8418.3亿元，市政工程总承包新签合同额4020.7亿元。其他工程咨询业务新签合同额合计699.1亿元。

（四）财务情况：2017年，全国工程勘察设计企业营业收入总计43391.3亿元。其中，工程勘察收入837.3亿元，占营业收入的1.9%；工程设计收入4013亿元，占营业收入的9.2%；工程总承包收入20807亿元，占营业收入的48%；其他工程咨询业务收入552.2亿元，占营业收入的1.3%。工程勘察设计企业全年利润总额2189亿元，企业净利润1799.1亿元。

（五）科技活动情况：2017年，全国工程勘察设计行业科技活动费用支出总额为999. 7亿元，企业累计拥有专利17.3万项，企业累计拥有专有技术4.4万项。

上海国际航运中心洋山深水港工程
（2005 年一期工程建成投产，2017 年四期码头开港试运行）

十五、2018 年全国工程勘察设计企业统计公报

（一）企业总体情况：2018 年，全国共有 23183 个工程勘察设计企业参加了统计。其中，工程勘察企业 2057 个，占企业总数 8.9%；工程设计企业 20604 个，占企业总数 88.9%；工程设计与施工一体化企业 522 个，占企业总数 2.2%。

（二）从业人员情况：2018 年，全国工程勘察设计行业年末从业人员 447.3 万人，年末专业技术人员 188.2 万人，其中，具有高级职称人员 40 万人，占从业人员总数的 9%；具有中级职称人员 67.7 万人，占从业人员总数的 15.1%。

（三）业务情况：2018 年，工程勘察新签合同额合计 1290.7 亿元，工程设计新签合同额合计 6616.4 亿元，其中，房屋建筑工程设计新签合同额 1947.6 亿元，市政工程设计新签合同额 888.1 亿元。工程总承包新签合同额合计 41585.9 亿元，其中，房屋建筑工程总承包新签合同额 15530.9 亿元，市政工程总承包新签合同额 5442.6 亿元。其他工程咨询业务新签合同额合计 859.7 亿元。

（四）财务情况：2018 年，全国工程勘察设计企业营业收入总计 51915.2 亿元。其中，工程勘察收入 914.8 亿元，占营业收入的 1.8%；工程设计收入 4609.2 亿元，占营业收入的 8.9%；工程总承包收入 26046.1 亿元，占营业收入的 50.2%；其他工程咨询业务收入 657.3 亿元，占营业收入的 1.3%。工程勘察设计企业全年利润总额 2453.8 亿元，企业净利润 2045.4 亿元。

（五）科技活动情况：2018 年，全国工程勘察设计行业科技活动费用支出总额为 1178 亿元，企业累计拥有专利 20.2 万项，企业累计拥有专有技术 4.7 万项。

十六、2019 年全国工程勘察设计企业统计公报

（一）企业总体情况：2019 年，全国共有 23739 个工程勘察设计企业参加了统计，与上年相比增加了 2.4%。其中，工程勘察企业 2325 个，占企业总数 9.8%；工程设计企业 21327 个，占企业总数 89.8%。

（二）从业人员情况：2019 年，勘察设计企业年末从业人员 463.1 万人。其中，勘察人员 15.8 万人，与上年相比增加了 8.0%；设计人员 102.5 万人，与上年相比增加了 10.7%。年末专业技术人员 219.2 万人，其中，具有高级职称人员 42.8 万人，与上年相比增加了 6.8%；具有中级职称人员 72.0 万人，与上年相比增加了 6.4%。

（三）业务情况：2019 年，勘察设计企业新签合同额合计 8047.2 亿元，与上年相比增加 2.1%。其中，房屋建筑工程设计新签合同额 2477.1 亿元，市政工程设计新签合同额 977.4 亿元。工程总承包新签合同额合计 46071.3 亿元，与上年相比增加 10.8%。其中，房屋建筑工程总承包新签合同额 19538.2 亿元，市政工程总承包新签合同额 6521.1 亿元。其他工程咨询业务新签合同额合计 1048.5 亿元，与上年相比增加 22.0%。

（四）财务情况：2019 年，全国勘察设计企业营业收入总计 64200.9 亿元。其中，工程勘察收入 986.9 亿元，与上年相比增加了 7.9%；工程设计收入 5094.9 亿元，与上年相比增加了 10.5%；工程总承包收入 33638.6 亿元，与上年相比增加了 29.2%；其他工程咨询业务收入 796.0 亿元，与上年相比增加了 21.1%。勘察设计企业全年利润总额 2721.6 亿元，与上年相比增加 10.9%；净利润 2285.2 亿元，与上年相比增加 11.7%。

（五）科技活动情况：2019 年，全国工程勘察设计行业科技活动费用支出总额为 1520.5 亿元，与上年相比增加 29.1%；企业累计拥有专利 24.6 万项，与上年相比增加 21.8%；企业累计拥有专有技术 5.7 万项，与上年相比增加 21.2%。

十七、2020年全国工程勘察设计企业统计公报

（一）企业总体情况：2020年，全国共有23741个工程勘察设计企业参加了统计，与上年相比增加了2家。其中，工程勘察企业2410个，占企业总数10.15%；工程设计企业21331个，占企业总数89.85%。

（二）从业人员情况：2020年，具有勘察设计资质的企业年末从业人员440万人，年末专业技术人员214.5万人。其中，具有高级职称人员46.2万人，与上年相比增加了8.0%；具有中级职称人员76.7万人，与上年相比增加了6.5%。

其中勘察人员16万人，与上年相比增加了1.7%；设计人员105.5万人，与上年相比增加了2.9%。其中建筑专业设计技术人员14.4万人；结构专业设计技术人员9.8万人。

（三）业务情况：2020年，具有勘察设计资质的企业工程勘察新签合同额合计1494.5亿元，与上年相比增加17.6%；工程设计新签合同额合计7044.7亿元，与上年相比增加3.6%。其中，房屋建筑工程设计新签合同额2371.6亿元，市政工程设计新签合同额1043.7亿元。

工程总承包新签合同额合计55068.2亿元，与上年相比增加19.5%。其中，房屋建筑工程总承包新签合同额22084.4亿元，市政工程总承包新签合同额8251.9亿元。

其他工程咨询业务新签合同额合计1108.5亿元，与上年相比增加5.7%。

（四）财务情况：2020年，全国具有勘察设计资质的企业营业收入总计72496.7亿元。其中，工程勘察收入1026.1亿元，与上年相比增加了4.0%；工程设计收入5482.7亿元，与上年相比增加了7.6%；工程总承包收入33056.6亿元，与上年相比减少了1.7%；其他工程咨询业务收入805亿元，与上年相比增加了1.1%。净利润2512.2亿元，与上年相比增长9.9%。

（五）科技活动情况：2020年，全国工程勘察设计行业科技活动费用支出总额为1867.6亿元，与上年相比增加22.8%；企业累计拥有专利30万项，与上年相比增加22.3%；企业累计拥有专有技术6万项，与上年相比增加5.8%。

自2004年开始，美国《工程新闻记录》杂志（Engineering News Record，简称《ENR》）和《建筑时报》合作举办的中国承包商和工程设计企业的排名活动（中国承包商和工程设计企业双60强），以企业自报上年度的总承包和设计业务营业收入数据为排名依据，每年一次，共举办了17届，为行业企业提高知名度、参与市场竞争起到了一定的作用。

中国寰球工程有限公司拥有自主知识产权并总承包建设的兰州石化公司长庆 80 万吨 / 年乙烷制乙烯项目于 2020 年底机械竣工，属国家示范工程。

主管部门每年对勘察设计全行业各单位各项主要技术经济发展指标进行统计，并定期发布统计公报，有利于研究和引导行业的发展。数据存储是一件十分重要的工作，也是重要的历史资料，对了解行业发展的具体情况和优劣，并对国内和国际同行进行对比分析，为国内、国际相互促进起到重要作用。如能在这些数据的基础上，每年统计百强工程总承包企业和百强工程设计企业，与美国《工程新闻纪录（ENR）》相对应，可能更有促进和交流作用。

第六章　主要著作简介

改革开放40年来，我国勘察设计行业在改革创新发展、创建国际型工程企业、实施工程总承包、工程咨询服务、努力提高项目管理水平等方面，勇于汲取国际先进经验，外为中用，进行大胆实践，走出了一条快速发展的道路。在这个过程中，有关行业组织和先行一步改革的单位，不断总结自身实践，探索工程建设客观规律，加强理论研究，组织业内专家编写出版了许多著作。这些著作的出版发行，为工程勘察设计咨询业的改革创新发展、创建国际型工程企业、推行工程总承包体制和岩土工程体制、不断提高工程项目科学化管理水平，提供了积极的理论指导和实用的操作指南，有效地促进了我国基本建设管理体制改革。与此同时，有关单位和专家通过试验研究和科技创新，在勘察设计、专业工程技术、民用建筑设计和建造等方面发表了很多有影响的重要专著。本章重点介绍33本有关行业发展的主要著作（表6-1）。

主要著作简介汇总表　　**表6-1**

序号	书名	撰写组织单位	编著	出版时间（年）
一、行业纵论				
1	《中国建筑业改革与发展研究报告》	住房城乡建设部	编著：住房城乡建设部政策研究中心、建筑市场监管司	2005年开始每年出版
2	《工程勘察设计行业年度发展研究报告》	中国勘察设计协会	工程勘察设计行业年度发展研究报告编写组	2009年开始每年出版
3	《中国工程勘察设计五十年》（共8卷）	中国勘察设计协会	编委会主任：黄卫，总编：吴奕良，各卷编委会主任（主编）王家善、何立山、孟祥恩、姜兴周、曹佑裕、张钟声、陈轸、曲际水、刘桂生、史宁戈、吴竟新、何佩雯	2006
4	《纵论中国工程勘察设计咨询业的发展道路》		编著：吴奕良、何立山、姜兴周、秦景光	2012
5	《新时代工程勘察设计企业高质量发展方式》		主编：吴奕良、何立山	2019

续表

序号	书名	撰写组织单位	编著	出版时间（年）
6	《现代工程建设优化丛书》（共五册）		编委会顾问：袁宝华、于光远、叶如棠、张彦宁、许毅、周道炯、吴明瑜、李早航、吴良镛、王光远、高文学；编委会主任：王宏经；各册主编：和宏明、薄立馨、丛培经、姚梅炎、冯彬	2002
7	《中国勘察设计体制改革十年论文集》	中国勘察设计协会	主编：吴奕良	1990
8	《全国工程咨询设计行业发展高峰论坛文集》	中国工程咨询协会、中国勘察设计协会、中国国际工程咨询协会	主编：姜兴周	2007
9	《深圳勘察设计 25 年》（共四篇）	深圳市勘察设计行业协会	编委会主任：何家琨；各篇编撰主任（主编）：孟建民、陈宜言、朱荣根、何盼、魏万信、张一莉、李国成	2006
10	《全过程工程咨询与建筑师负责制侧论》		主编：王宏海	2019
二、工程管理				
1	《工程项目管理》		主编：丁士昭	2017
2	《创建国际型项目管理公司和工程公司实用指南》	中国勘察设计协会、中国工程咨询协会	编委会名誉主任：余健明；主任：吴奕良；主编：何立山	2003
3	《石化工程整体化管理与实践》		主编：孙丽丽	2019
4	《工程项目管理实用手册》（共 13 分册）	中国化学工程总公司	编委会主任：刘伯才；各分册主编：胡德银、余叔蕲、蔡玉泉、归如渊、黎敬先、赵德新、王华年、康玉桂、李祖信、冯绍鋐、蒋道楠、熊新友、张光裕	1996
5	《国际工程承包实施指南》	国家商务部组织编委会，中国国际工程咨询协会编写	编委会主任：陈健；作者：王冰怀、王守清、王武勤、王雪青、王惠芳、孔晓、毛志兵、尤孩明、田威、刘玉珂、何立山、张传才、张鸿文、邵予工、陈传、范征、林清锦、骆家陇、徐永杰、钱武云、秦骧远、梁志东、黄保东	2007
6	《岩土工程项目管理与控制实用方法》		主编：杨发君	2000

续表

序号	书名	撰写组织单位	编著	出版时间（年）
7	《国际工程咨询设计与总承包企业管理》	商务部《国际工程管理系列丛书》编委会组织，中国寰球工程公司与天津大学等高校合作编著	编委会主任、主编：汪世宏	2010
8	《菲迪克（FIDIC）文献译丛》（共5册）		编译：国际咨询工程师联合会、中国工程咨询协会	2002
9	《项目管理的理论、方法和工具》	国家经贸委、中国科学院、国家外国专家局、联合国工业发展组织	主编：席相霖	2006
10	《工程项目建设总承包项目管理手册》	中国勘察设计协会、中国化工勘察设计协会	主编：吴凤池	1988
11	《工程总承包实施办法》		主编：陈烽英	1992
三、行业专著				
1	《20世纪世界建筑精品1000件》		美国教授K·弗兰姆普敦任总主编，张钦楠任副总主编及中国主编	2002
2	《何镜堂建筑创作》		编著：华南理工大学建筑设计研究院	2010
3	《化工过程强化传热》	“十三五”国家重点出版物规划项目，中国化工学会组织编写	编委会主任：费维扬、舒兴田，主编：孙丽丽	2019
4	《中国工程建设标准化发展研究报告》	住房城乡建设部标准定额司	编著：住房城乡建设部标准定额司和标准定额研究所	2009
5	《建筑设计行业信息化历程 现状 未来》	住房城乡建设部工程质量安全监管司	编著：张桦、高承勇、张鹏、李嘉军、顾景文、张凯、王国俭	2013
6	《地下水与结构抗浮》		著：沈小克、周宏磊、韩煊、王军辉	2013
7	《走向绿色建筑》		编著：林树枝、姚金连	2006
8	《大直径潜孔锤岩土工程施工新技术》		编著：雷斌、尚增弟	2020
9	《国际工程建设项目风险管理与保险》	中国石油天然气集团公司	编委会主任：白玉光；主编：李利民，执行主编：唐燕青	2016
10	《项目工程师基本知识手册》	中国中轻国际工程有限公司	编委会主任：李耀，主编：秦景光	2006
11	《华南地区中心城镇基础设施建设技术指引》		编著：隋军、吴坚如、宁平华、胡勇有、吴纯德	2009
12	《苏州园林》（第二版）	苏州园林设计院有限公司	编委会主任：张树多，主编：匡振鶠、张慰人、贺风春	2010

一、行业纵论

（一）《中国建筑业改革与发展研究报告》

本《报告》由住房城乡建设部建筑市场监管司、住房城乡建设部政策研究中心编著（住房城乡建设部成立前由建设部工程质量安全监督与行业发展司、建设部政策研究中心编著），编委会自 2003 年成立，编委会主任由历任主管副部长担任，自 2005 年起每年发布一期，由中国建筑工业出版社正式出版发行。

每期都围绕一个既定主题编写，以广义的工程建设活动为对象，以既有课题成果为基础，充分吸收最新的研究成果。可以说，《报告》的内容是全行业研究、探索、实践的结果，是各级建设行政主管部门、企业、研究单位、高等院校及众多关心行业发展的人士的作品汇聚。是全面、系统分析建筑业最新发展进展和未来发展趋势的权威报告。时效性强，信息量大，政策性强，注重方向性、指导性和实践总结，对指导行业改革与发展发挥了很好的作用。研究报告对于建筑企业制定战略规划，各级建设及相关政府部门指导行业发展，加强建设工程质量、安全、市场监管，研究单位及大专院校进行建筑业改革和发展的相关研究，社会各界了解建筑业发展状况具有重要的参考价值。

（二）《工程勘察设计行业年度发展研究报告》

该《报告》由中国勘察设计协会组织编写，其目的是为更好地把握勘察设计行业的发展现状及未来发展趋势，为行业的发展提供相关对策与参考建议。《报告》以国家统计局统计数据、住房城乡建设部建筑市场监管司《全国工程勘察设计企业统计资料汇编》的数据，以及在课题研究前期开展的问卷调研、企业走访、知名企业领导座谈、有关行业协会提供的信息等活动中获取的大量一手资料为基础，由“工程勘察设计行业年度发展研究报告编写组”编写，经中国勘察设计协会组织业内专家进行系统分析、深稽博考，编撰而成。是全面、系统分析勘察设计行业最新发展进展和未来发展趋势的研究报告，时效性强，信息量大，对指导行业改革与发展发挥了很好的作用。研究报告对于勘察设计企业制定战略规划，各级建设及相关政府部门指导行业发展，社会各界了解和研究勘察设计行业发展状况具有重要的参考价值。自 2009 年以来，每年发布一期，得到了全国勘察设计行业和社会有关方面的普遍关注。

（三）《中国工程勘察设计五十年》

本书由中国勘察设计协会组织编写，于 2006 年 10 月由中国建筑工业出版社出版发行。全书共分 8 卷，编委会主任：黄卫，副主任：吴奕良、孟祥恩，总编：吴奕良，副总编：孟祥恩、郑春源、吴凤池、王家善、何立山、黄芝。

这三部著作集中记录了新中国成立以来行业发展历程，真实反映了行业辉煌成就，客观总结了行业经验教训，大胆探索了行业未来趋势，具有代表性、实践性和操作性，是促进行业改革发展的重要文献

第一卷　工程勘察设计综合卷，王家善、何立山主编。采取记事体裁，以纵横结合的方法，一方面把全行业 50 多年的历史按时间顺序，分为学习起步、锻炼队伍，独立自主、曲折前进，改革创新、全面发展三个阶段，综合记述各阶段的发展史实和主要特征；另一方面按照工程勘察设计的若干重要专题，分别记述它们的演变过程和辉煌成就；最后以继往开来、任重道远作为全卷的终结，既总结了发人深思的历史经验，又体现了与时俱进的时代精神。该卷还收录了“工程勘察设计五十年大事记”，它涉及 300 多个重要文件、60 多次重要会议、40 多件重要媒体信息和活动记载。

第二卷　工业交通工程设计发展卷，编辑委员会主任：孟祥恩，副主任：刘毅、姜兴周、汪星槎、吴毅强，主编：姜兴周。分别记述了我国工业、交通、农业、林业、通信、传媒、商贸等所属 29 个行业的工程设计 50 年发展史，显示了专业工程设计在工程建设中的主导地位和决定性作用，从专业工程设计角度，透视出我国国民经济各行业的发展历程，是相关行业50年发展的缩影。

第三卷　工程勘察与岩土工程发展卷，编辑委员会主任：曹佑裕，副主任：严金森、陈润生、陆濂泉、张富根、张家麟，主编：曹佑裕。以工程勘察与岩土工程的发展轨迹和技术创新为主线，记述了长年战斗在荒山野岭、风餐露宿、严寒酷暑的艰苦条件下，我国勘察战线数十万无名英雄为祖国和人民默默奉献的史实，显示了工程勘察和岩土工程的辉煌业绩及在工程建设中的重要地位。

第四卷　建筑工程设计发展卷，编辑委员会主任：张钟声，副主任：樊小卿、张文成、冯晓明、张桦、杨晓波、樊宏康、冯明才，主编：陈轸。以大量的资料、图表和实物照片，展现了我国50多年来建筑工程在建筑门类、建筑技术、建筑科研、建筑创新方面的巨大成就，描述了建筑设计、结构设计、设备设计及建筑经济的显著进步和快速发展，介绍了“人才与成就”和历届“获奖作品”，图文并茂，史料珍贵。

第五卷　市政工程设计发展卷，编辑委员会主任：曲际水，主编：刘桂生。记述了我国城市道路与桥梁、轨道交通、给水、排水、燃气、供热、环境卫生等市政工程设计的50年发展史，反映了市政工程设计技术进步和改革创新所取得的辉煌业绩，以及在我国城市基础设施建设旧貌换新颜的巨大变化中所发挥的重要作用。

第六卷　工业交通工程设计专题卷，编辑委员会主任：孟祥恩，副主任：刘毅、姜兴周、汪星槎、吴毅强，主编：史宁戈。收录了石油和天然气、钢铁、有色金属、电力、水利水电、铁路、航天、化工、石化、医药、机械、电子、轻工、纺织、通信、核工业、航空、兵器、建材、公路、水运、民航等工交系统共40余篇专著，分别记述了这些行业的工程设计单位在技术创新、体制创新和管理创新等方面的杰出贡献和辉煌业绩。

第七卷　工程勘察设计文献史料卷，编辑委员会主任：孟祥恩，副主任：刘毅、姜兴周、汪星槎、吴毅强，主编：吴竞新。收录整理了50多年来与工程勘察设计有关的中央领导批示和重要讲话、党和政府的方针政策和重要文件、法律法规、重要的报刊社论、历次全国勘察设计工作会议文件、建设行政主管部门的沿革及各级工程勘察设计协会组织、获得荣誉称号的人物、获得国家奖的项目和单位等近200份历史文件。可谓工程勘察设计的史料大全，是极为难得的珍贵历史文献。

第八卷　工程勘察设计精品卷，编辑委员会主任：孟祥恩，副主任：刘毅、姜兴周、汪星槎、吴毅强，主编：何佩雯。收录了不同历史时期工程勘察设计单位数百项优秀成果和获奖作品，内容涵盖工交、建筑、市政、勘察与岩土工程，全卷以精美的实物照片和简要的文字说明，展现了一幅幅珍贵的代表国家或世界先进水平的工程画卷，是极具参考和珍藏价值的精品荟萃。

《中国工程勘察设计五十年》真实地记述了半个多世纪以来，我国工业、交通、建筑、市政、园林以及文体卫、农林商等30多个工程勘察设计行业的创建、成长、改革、创新、壮大的发展进程；描绘了我国工程勘察设计事业从无到有、从小到大、从弱到强的历史画面；总结了在中华人民共和国成立以来的历史征程中的挫折教训与成功经验；展现了50多年特别是改革开放以来的巨大变化和辉煌业绩，以及对国民经济和社会发展的卓越贡献。令亲历者重温当年火热的建设场面和艰辛的战斗岁月而无比感慨；令年轻的勘察设计工作者面对振兴中华的宏伟目标和改革开放的大好机遇而备受鼓舞；令广大读者深知创业艰难，丰硕成果来之不易，从而更加坚定自己的历史使命和为之奋斗的信念。

（四）《纵论中国工程勘察设计咨询业的发展道路》

本书由吴奕良、何立山、姜兴周、秦景光编著，于2012年9月由中国轻工业出版社出版发行。全书共分7篇。

第1篇　发展篇，分析了工程勘察设计咨询业在国民经济中定位于六大作用、面临机遇与挑战并存的行业发展形势和实现现代化的历史重任，提出了2020年、2030年、2050年行业发展的长远方向，“十二五”期间关于技术经济、科学管理、人才队伍、安全质量、绿色建筑、标准化建设、“走出去”发展、企业文化建设八项近期发展目标和五项发展原则与要求。

第2篇　企改篇，总结实行企业化、市场化、社会化、功能多样化、产权多元化、信息化改革的成果和六大效应及其三条基本经验，深刻分析企业改革面临的深层次问题和危机，提出深化工程勘察设计咨询企业转型升级改革、加快建立现代企业制度、调整结构、转变企业发展方式和加强企业文化建设的建议。

第3篇　管理篇，从行政管理、行业管理和企业管理三个层面，分析了行业行政管理存在的四个方面的问题，提出理顺行业行政管理关系，规范行业名称，加快转变政府职能，重组行业社团组织，实行全行业统一管理，充分发挥行业协会重要作用的具体建议；分析了行业市场化改革中存在的七个问题，提出继续进行市场化改革的四点建议；分析了企业管理存在的主要问题，提出加强企业制度建设、信息化、标准化和项目管理，实现企业管理创新和可持续发展的若干意见和对策。

第4篇　创新篇，分析了影响工程技术创新的五个主要问题，提出工程技术创新的目标要求、创新体制、战略重点和客观规律，分析了建立“产学研设”科技创新体制的重要意义和五条主要理由，提出工程技术创新的主要途径和保证机制，以及加强知识产权保护的四条主要对策。

第5篇　人才篇，强调人才是企业第一资源，由人才资源向人才资本转化，创新人才资源管理，加强人才培训，健全激励机制，充分发挥执业注册专业人士的中坚作用，全面提升人才队伍素质。

第6篇　法规篇，分析了基本建设领域法规建设中迫切需要解决的认识、体制、体系、机构、监管五个问题和加强法规建设的紧迫性，提出制订《基本建设法规体系建设纲要》与《工程建设法》《工程投资法》《工程咨询法》《注册工程师法》《工程承包商法》五项核心法律及其相关配套法规，以及关于出台深化企业改革的五项政策性指导文件的建议。

第7篇　撷英篇，为了便于读者阅读，特归纳了前六篇的亮点和精华，集中在理顺工程勘察设计咨询行政管理关系、编制工程勘察设计咨询业中长期发展规划、改革工程建设市场准入制度、推进工程勘察设计咨询企业转变发展方式、加强工程建设立法工作、建立工程建设“产学研设”科技创新体制、加强工程勘察设计咨询标准规范建设工作、扶持我国工程公司实施“走出去”发展战略、自主开发工程勘察设计咨询信息化三维平台共九个问题进行简明扼要的专题论述，提出建言献策良方，与全书互相呼应。

《纵论》从发展、改革、管理、创新、人才、法规六个方面论述了我国工程勘察设计咨询业在工业化、信息化、城镇化、市场化、国际化深入发展的新形势下肩负的时代责任和历史使命，国民经济中的地位与作用、改革发展中的经验与教训、实现行业现代化的目标与对策，以及深化行业改革、转变发展方式、调整企业结构、创新科技体制、实施人才战略、完善法规建设和企业文化建设等主要课题进行了深入分析和研究，在充分肯定了行业改革的成绩的基础上，深刻分析了行业面临的危机与机遇，提出了把握机遇、化解危机、继续深化改革的建议，规划了行业发展的近期目标与长远方向，将有效地促进行业和企业深化改革和加快发展。

（五）《新时代工程勘察设计企业高质量发展方式》

本书主编：吴奕良、何立山，副主编：杨发君、李武英、姜兴周、秦景光，由业界一些资深专家组成的编写团队，站在回顾历史、总结经验、承前启后、开创未来的高度合力撰写，于2019年9月由中国建筑工业出版社出版发行。

全书共9篇，每一篇都围绕一个主题，按照中央和国务院的要求，结合行业实际和问题、国内外发展现状与需求等进行综合分析，提出改革创新发展的具体实施意见。特别是还精心选取了有代表性典型企业的成功经验和极具标志性的工程案例进行对应分析，融合理论与实践于一体，以论述和纪实相结合、点和面相结合的方法，加以充分表述，进而提出具有针对性的建议。

本书基本内容是贯彻落实党的十八大、十九大精神，面对新时代、新征程、新使命，总结了新中国成立70年特别是改革开放40年来工程勘察设计咨询业发展的成就、问题、基本经验和今后的发展方向；提出了工程勘察设计咨询企业高质量发展的理念、方式、内涵与目标；论述了工程勘察设计咨询企业改革的三大任务和三种发展方式即：全过程工程咨询服务发展方式、EPC/LSTK 工程总承包发展方式、岩土工程体制发展方式；叙述了发展方式与建筑师负责制的关系，建筑师负责制的历程和发展以及在民用建筑工程中的主导作用；强调了发展方式与项目管理、业主、产学研设、集约化、资本市场等关系；阐述了完善法规政策是发展方式的根本、完善标准规范是发展方式的基础、完善市场机制是发展方式的保障、完善“放管服”改革是发展方式的关键等问题；对工程勘察设计咨询业长期发展的几个问题进行了探讨；展示了为实现新时代勘察设计咨询人士现代化的梦想而奋斗的决心；对工程勘察设计行业 70 年发展和 35 年来中国勘察设计协会工作进行了回顾与展望；还编制了“中国工程勘察设计 70 年（1949—2019）大事记”。

本书具有时代性、创新性、政策性、逻辑性、前瞻性及全覆盖等特点。对促进工程勘察设计咨询企业深化改革，实现高质量发展，打好全过程工程咨询服务改革的攻坚战，实现工程建设项目组织实施方式的改革；打好工程总承包体制改革的攻坚战，实现工程建设管理体制的变革；打好岩土工程体制改革的攻坚战，实现传统工程勘察企业结构性的转型，具有引导作用。

（六）《现代工程建设优化丛书》

本书由《投资项目可行性研究工作手册》《施工项目管理工作手册》《投资项目审计工作手册》《投资建筑合同范本应用手册》和《投资项目管理法规应用手册》组成，编委会顾问：袁宝华、于光远、叶如棠、张彦宁、许毅、周道炯、吴明瑜、李早航、吴良镛、王光远、高文学，编委会主任：王宏经，主编：和宏明，副主编：顾孟潮、张婀娜、王兆钰、方月映、徐惠，于 2002 年 9 月由中国物价出版社出版发行。

《投资项目可行性研究工作手册》由和宏明、薄立馨主编，根据国家计委审定出版的《投资项目可行性研究指南》[计办投资（2002）15 号]

要求编写。是我国第一部与国际接轨的、在业务层次上用以指导投资项目可行性研究工作的手册。本书全面系统地介绍了投资项目可行性研究工作的基本内容、程序和方法，集理论、方法与业务于一体，是一部全面系统的投资项目决策工作指导书。全书共分4篇，第一篇 总论，从全方位、总体上介绍投资项目可行性研究的基础知识、业务程序和可行性研究报告编写方法；第二篇 可行性研究的内容与方法，主要是对可行性研究十几个方面所包括的内容与方法展开论述分析；第三篇 各行业项目可行性研究的特点及可行性研究报告编制大纲，包括一般工业项目以及城市基研设施、水利水电、铁路、公路、港口、民航机场、城市轨道交通、农业综合开发、种植业、畜牧养殖及畜产品加工业、房地产、公共建筑等；第四篇 汇编了部分有关投资项目可行性研究与评价的规定，以供读者随时查阅。本书可作为各行业可行性研究与投融资决策工作、项目管理与计划规划工作、工程建设与咨询工作、金融信贷与项目评审工作的业务指南，也可供有关部门领导干部、专业人员和高等院校相应专业师生学习参考。

《施工项目管理工作手册》由丛培经、和宏明主编，根据建设部最新颁发的《建筑工程项目管理规范》编写，全书对项目管理业务工作的内容、程序、方法作了全面系统的阐述，其内容囊括了施工项目管理所涉及的各个方面。从施工项目经济业务到技术业务、管理业务；从基本理论的介绍到具体业务、操作方法的阐述；从施工项目的各个环节到各专业管理。可以说，本书是一部名副其实的施工项目经理必备的百科全书。全书共分5篇，分别为：第一篇 施工项目管理的基本原理；第二篇 施工项目过程管理及要素管理；第三篇 施工组织设计与施工项目进度控制；第四篇 施工项目成本控制；第五篇 施工项目质量安全控制。本书可作为建筑施工企业、市政工程公司、房地产开发公司、建筑咨询管理单位的项目管理人员的业务工作手册，也可供建设行政干部、相关专业高等院校师生参考使用。

《投资项目审计工作手册》由姚梅炎、冯彬主编。对投资项目审计的基本理论、具体方法和业务做了系统的介绍，不仅全面阐述了投资单位的项目资金来源审计、资金使用和投资完成审计、预决算和投资效益审计，而且向前延伸到可行性研究、设计任务书等前期审计，同时书后附有投资项目审计案例。全书内容主要包括：投资项目前期审计；投资项目概预算审计；投资项目资金来源和资金使用审计；投资工程成本和期间费用审计；投资完成审计；投资财务会计报告审计；施工财务审计；建设施工经营管理审计；投资项目竣工决算审计；投资效益审计；财政投资评审；审计报告和审计档案；内部审计。本书内容丰富，具有全面性、实用性、可读性的特点。可供审计、监察、计划、财政、税务、银行、金融机构、财会部门、建设单位、施工企业、房地产开发企业的干部和业务人员学习参考。

《投资建筑合同范本应用手册》由丛培经主编。在投资建筑活动中，采用规范的合同文本具有非常重要的作用：一是可以规范当事人的签约行为，增强法律意识，减少合同纠纷；二是可以避免合同出现漏洞，杜绝在签约中存在的显失公平和违法现象；三是可以减轻撰写合同条款的负担，简便易行；四是可以明确当事人各自的权利、义务，即使发生纠纷，也容易举证，请求法律保护。因此，有必要全面总结我国投资建筑合同丰富的实践经验，系统整理相关的规范合同文本，为投资建筑合同实践活动和相应的司法活动提供业务指导。本书就是为着这一目的而编写。本书主要有三方面的作用：一是订立各类投资建筑合同最快捷、简便的手册；二是处理投资建筑合同执行纠纷的指南；三是最新、最全面合同范本的汇编。这是一部专门解释、研究、介绍投资建筑合同范本的应用性工具书。

《投资项目管理法规应用手册》由冯彬主编，依据近年来国务院、国家发展改革委、财政部、建设部以及各大金融机构相继颁布或修订的一系列投资法律、法规，从应用的角度编写而成。全书系统地介绍了投资项目管理方面的法律、法规，包括 9 部分。第一部分，项目法人责任制和投资综合管理；第二部分，财政投资评审、基础设施建设与国债专项资金管理；第三部分，投资建设财务审计与概预算；第四部分，招标投标与政府采购；第五部分，勘察设计与工程施工；第六部分，工程质量监控与建设监理；第七部分，投资项目环境影响评价与建设环境保护；第八部分，城市规划、房地产开发与土地管理；第九部分，利用外资。本书力求全面、系统、实用，每部分首先是总述，全面介绍各类投资项目法规制定的背景、应用条件和主要内容，力求系统地反映投资项目法规的历史发展全貌，包括各个时期主要立法情况。可作为政府、广大企事业单位和个人进行投资项目管理活动的指南，也可供各级司法部门及投资咨询服务等行业从事相关业务参考使用。

（七）《工程勘察设计体制改革十年论文集》

1989 年 11 月中旬，中国勘察设计协会在山东省泰安市召开我国工程勘察设计体制改革十周年理论研讨会。全国各省、自治区、直辖市和国务院各部委勘察设计主管部门的负责同志，及部分论文作者共 144 人出席会议，研讨会收到论文 184 篇。与会同志在回顾十年改革实践的基础上，充分论述了勘察设计体制改革的必要性和迫切性，对勘察设计体制改革的目标模式，对所有制问题，对引入竞争机制和实现商品化、企业化、社会化等主要问题，进行了深入的探索。内容广泛，观点鲜明，论据充分，说服力强。是一次很重要、有影响的行业改革理论研讨会。

《工程勘察设计体制改革十年论文集》由中国勘察设计协会组织编写，经编委会评审，选出具有代表性的52篇论文，汇编成册。主编:吴奕良，副主编:游与继、卢延玲、安吉臣，于 1990 年 5 月，由济南出版社出版发行。

（八）《全国工程咨询设计行业发展高峰论坛文集》

为了贯彻落实科学发展观和中央领导关于做好工程咨询工作、创新工程咨询理论和方法的重要批示精神，中国工程咨询协会、中国勘察设计协会、中国国际工程咨询协会，于2007年8月20日至21日，在北京联合举办了全国工程咨询设计行业发展高峰论坛。国家发展改革委、建设部、商务部的领导和工程咨询设计行业与新闻媒体的代表共273人出席了高峰论坛。中央政治局委员、国务院副总理曾培炎作重要讲话。论坛围绕"咨询发展、设计未来"的主题，包括"改革开放""科学决策""创新发展"三个板块的专题演讲。《全国工程咨询设计行业发展高峰论坛文集》由编审委员会组织，主编：姜兴周，副主编：何立山、史宁戈，内容包括主席致开幕词、主题演讲和18篇专题演讲、36篇论文、论坛《北京宣言》等。《文集》于2007年8月出版。《文集》是对工程咨询设计行业和企业发展具有指导借鉴意义的珍贵文献资料。

（九）《深圳勘察设计25年》

《深圳勘察设计25年》由建筑设计篇、市政交通工程篇、风景园林篇、勘察与岩土工程篇组成，编撰委员会主任：何家琨，副主任：陶美泉、李荣强、张旷成、孟建民、陈宜言、王庆扬、何昉、陈燕萍、杨仁明、田玉山，总编辑：张一莉，《建筑设计篇》由孟建民任编撰主任、张一莉任主编，《市政交通工程篇》由陈宜言任编撰主任、李国成任主编，《岩土工程勘察篇》由朱荣根任编撰主任、魏万信任主编，《风景园林篇》由何昉任编撰主任及主编。通过查阅文献、档案、典籍，摘录有关史料，调查采访及座谈，搜集汇编数十万字的文字资料以及大量的图纸、照片，使该书的编撰有了坚实的资料基础。本书由中国建筑工业出版社于2006年2月出版发行。

《深圳勘察设计25年》真实地再现了深圳勘察设计工作者筚路蓝缕，在草棚烛光中绘制蓝图的艰苦创业历程，展示了他们的辉煌业绩，令人对当年的创业者肃然起敬，更加珍惜来之不易的现在。专辑图文并茂，内容丰富，汇集了数百项优秀勘察设计作品，堪称25年深圳勘察设计的集大成之书，不仅对勘察设计工作者和从事相关专业的科研、教学人员有很高的参考价值，也为广大市民和海内外朋友了解深圳、熟悉深圳提供了一条极好的途径，是一部具有较高收藏价值的优秀图书。

《深圳市勘察设计25年》既强调设计理论的提升与创新，又记载历史、突出成就。以设计理念的创新为主线，概括论述和提升深圳各个时期设计的理论和风格，以工程实例为主体，实事求是地记述了各勘察设计专业在不同历史时期所完成的勘察设计任务，也反映了各个时期的设计标准、规模、技术水平和随着时代步伐及科学技术进步而发展的轨迹。本书主要反映了深圳勘察设计人员为深圳市和外地所做出的主要业绩，也部分地包含了外地和国外勘察设计机构在深圳市完成的若干代表作品。

希望借本书的出版，激励广大勘察设计工作者更加积极地投身于伟大时代的伟大事业之中，为全面建设小康社会的宏伟工程，为创造深圳经济特区的新辉煌，为实现中外文化的借鉴融合做出更大的贡献。

（十）《全过程工程咨询与建筑师负责制侧论》

本书是研究全过程工程咨询、建筑师负责制的专门文集，由王宏海主编，于 2019 年 3 月由中国建筑工业出版社出版发行。该书运用组织学和管理学的经典理论，揭示了工程咨询的专业化分工演变为“碎片化”咨询的历史逻辑，分析了工程定义文件“碎片化”导致的错漏碰缺及“清单定额化”的问题，并由此造成的干系方互不信任、投资失控、变更较多和过程扯皮等体制机制弊端。

全书收录了北京筑信筑衡工程设计顾问有限公司依托自身建筑全产业链优势及转型发展经验和能力，以及从事设计与造价融合、造价市场化、全过程工程咨询方面的部分理论、技术和应用研究成果，提出了工程项目价值创造理论，强调基于设计主导的全过程工程咨询模式，在业主和各专业咨询以及设计和各专业咨询之间，构建并深化分工与一体化的关系体系，并使这个体系具有价值创造的能力，从而实现一体化前提下的分工，基于这种有组织的分工，可实现基于流程的纵向协同，解决专业咨询之间横向协同的难题，从而保证高质量、合理成本、合理工期地完成项目目标。

本书收录的筑信筑衡科研团队撰写的 20 余篇专业论文，从不同侧面介绍了该公司在建筑师负责制及全过程工程咨询等方面的认知，既有原理分析，又有实操性，还介绍了筑信筑衡在全过程工程咨询项目实践、企业标准方面的一些探索。本书内容文笔流畅，通俗易懂，逻辑清晰，可供投资咨询、建筑设计、造价咨询、工程监理、招标代理等各咨询单位拓展全过程工程咨询和建筑师负责制业务，以及培养复合型人才参考。建设业主可参考该书提出的工程项目价值创造理论及全过程工程咨询整体解决方案，委托设计咨询企业为其提供全过程工程咨询服务，也可供政府管理部门、施工企业、建材厂商、建筑院校研究人员和师生参考。

二、工程管理

（一）《工程项目管理》

丁士昭主编，于 2017 年 4 月由高等教育出版社出版发行。“工程项目管理”MOOC 课程是同济大学工程管理研究所在多年培育的国家精品课程“工程

项目管理”的基础上发展而成的。旨在实现同济大学优势学科的资源共同促进工程管理专业理论传播，推动学科的普及发展和提升我国工程项目管理从业人员的知识和能力水平。

本书主要内容与“工程项目管理”MOOC课程相对应，包括工程项目管理的基本理论、工作任务、工作方法以及工程管理信息化的概念、理论和方法，共12章，即：第一章工程项目管理概述，第二章组织理论，第三章目标控制基本原理，第四章项目前期策划，第五章投资控制，第六章进度管理，第七章质量和安全管理，第八章工程项目管理信息化，第九章设计阶段的项目管理，第十章项目采购管理，第十一章项目施工管理，第十二章项目运营管理。本书各章的编写人：第1、2章，丁士昭；第3章，何清华；第4、5章，陈建国；第6章，高欣；第7章，贾广社；第8章，王广斌；第9章，乐云；第10章，孙继德；第11、12章，曹吉鸣。丁士昭和陈建国负责全书的统稿。

本书理论性强、内容新颖、紧密联系工程管理实践，突出其应用，基础理论知识和工程案例有机结合，融知识传播、能力培养、素质教育于一体。除作为国家精品资源共享课教材外，还可供政府管理部门、建设单位、设计单位、工程管理咨询单位、科研单位和施工单位参考。

这六部著作是创建国际型工程公司并实施国内外工程管理、工程总承包和国际工程咨询与总承包企业管理的有效指南，具有广泛代表性、实践性和操作性，是勘察设计咨询企业不可或缺的重要工作手册

（二）《创建国际型项目管理公司和工程公司实用指南》

本书由中国勘察设计协会和中国工程咨询协会组织编写，编委会名誉主任委员：余健明，主任委员：吴奕良，副主任委员：何立山（常务）、刘国冬、郑春源、李洪勋、袁纽，主编：何立山，副主编：唐礼民、杨发君，于2003年12月由化学工业出版社出版发行。全书共有19章，内容翔实，第一章　我国基本建设管理体制的发展历程；第二章　创建国际型项目管理公司和工程公司的必要性；第三章　工程公司的基本特征和基本功能；第四章　工程

公司的组织结构和矩阵管理；第五章　工程公司的商务管理体系；第六章　工程公司的报价体系；第七章　工程公司的项目管理体系；第八章　工程公司的项目控制体系；第九章　工程公司的设计体系；第十章　工程公司的采购体系；第十一章　工程公司的施工管理体系；第十二章　工程公司的开车管理体系；第十三章　工程公司的技术管理体系；第十四章　工程公司的质量管理体系；第十五章　工程公司的财务管理体系；第十六章　工程公司的信息管理体系；第十七章　工程公司的人力资源管理体系；第十八章　项目管理公司；第十九章　创建国际型项目管理公司和工程公司的措施和步骤。《实用指南》本着先进性、实用性和通用性相统一的原则，从理论与实践两方面，对如何创建国际型项目管理公司和工程公司进行了比较全面、深入的阐述，是我国第一部从工程公司和项目管理公司的角度论述其企业特征、功能、机构设置、工作程序和管理体系的专著。

（三）《石化工程整体化管理与实践》

本书由中国工程院院士、全国工程设计大师孙丽丽牵头主编。本书基于数十年石化工程技术研发、规划、设计和建设管理实践经验，贯穿工程项目与生态环境、社会利益“融合共生”的管理思想，按照石化工程整体性管理理念，全面论述了工程规划、工程转化、工程设计、工程建设和工程交付的石化工程全生命周期的管理过程，系统阐述了集约化、协同化、集成化、过程化和数字化“五位一体”整体化管理的逻辑架构、管理内涵、管理方法和发展趋势。一是确立工程规划集约化，实现了建设方案与安全环保及资源配置等协同治理的集约化目标；二是确立工程转化及项目执行协同化，体现了在工程研发、设计、制造和施工的全过程效能的整体优化能力；三是工程项目管理集成化，打破专业的局限和领域的壁垒，呈现出项目管理从繁杂到有序、从分散到集中、从局部到全局的整体化高效管理；四是风险管控过程化，基于风险过程识别、实时监测与源头治理，不断化解风险叠加矛盾，保障工程安全高效建设；五是项目实施数字化，构建以数字化为支撑的工程平台，将工程的技术与管理信息转变为结构化和非结构化数据，经由信息流表达、传输和处理，为项目工程管理赋能，实现工程的精益管理。本书共七章，第 1 章　绪论；第 2 章　石化工程项目方案规划集约化；第 3 章　石化工程项目协同化；第 4 章　石化工程项目集成化；第 5 章　石化工程项目管控过程化；第 6 章　石化工程项目数字化；第 7 章　石化工程项目整体化管理实践案例。

本书系统性强，对工程规划、工程转化、工程设计、工程建设和工程交付的石化工程全生命周期的管理进行了全面系统的阐述。创新性强，所提出的“融合共生”管理思想和整体化管理模式新颖鲜活，反映了成功实施重大科研成果的工程转化和国内外重大工程项目建设的逻辑规律，提出了许多独具创新性的管理方法。实践性强，在大量工程实践中从不同角度精选出鲜活生动的典型案例，既有利于更好地理解理论方法，又具有很强的示范效应。时代感强，将数字化作为“融合共生”管理的基础和支撑，并为整体化管理赋能，彰显了以云计算、大数据、物联网、人工智能为代表的信息化时代的鲜明特征。对于整个产业链从业者提高整体协作水平具有重要指导意义，对石油化工及其他流程工业的工程项目建设具有普遍的指导作用，可供工程咨询、工程设计和工程建设管理人员学习参考，对工程项目管理学科研究和高等院校工程管理学科教学也具有较好的参考价值。本书 2019 年 3 月由化学工业出版社基金资助出版。

（四）《工程项目管理实用手册》

本书由中国化学工程总公司组织编写，编委会主任：刘伯才，副主任：陈烽英、胡德银，于 1996 年 5 月由化学工业出版社出版发行。为了提高工程项目管理水平，在项目管理和项目控制的模式、程序和方法上实现与国际接轨，加快我国建设行业走向国际市场的步伐，在建设部和化工部的领导与支持下，中国化学工程总公司组织化工建设行业的专家，自主开发完成了“工程项目综合管理系统 IPMS”。该系统由“工程项目管理实用手册 PMM”“工程项目管理基础数据 PMD”和“工程项目管理软件 PMS”三部分组成，其特点是以系统工程学、控制论和信息论为理论基础，采用国际上已普遍应用的赢得值原理，将项目控制的四个要素（即进度、费用、质量和数据）综合起来，对工程项目设计、采购、施工和开车全过程实行动态、量化、系统的管理。IPMS 是符合国际通行模式，聚集国内工程建设领域宝贵经验的项目管理系统。《工程项目管理实用手册》是“工程项目综合管理系统 IPMS”三个组成部分之一，共分 3 卷 13 个分册。第一卷第一分册工程项目管理概论，胡德银主编；第二分册项目经理，余叔蕲主编；第三分册工程项目计算机管理，蔡玉泉主编；第四分册工程项目管理常用词语，归如渊主编；第二卷第五分册进度管理与控制，黎敬先主编；第六分册估算与费用控制，赵德新、王华年主编；第七分册项目财务管理和会计核算，赵德新主编；第八分册质量管理和控制，胡德银主编；第九分册费用 / 进度综合检测，冯绍铉主编；第三卷第十分册设计管理和控制，蒋道楠主编；第十一分册采购管理和材料控制，康玉桂、李祖信主编；第十二分册施工管理和控制，熊新友主编；第十三分册开车管理和控制，张光裕主编。本手册坚持先进性和实用性的统一，从项目的设计、采购、施工、开车管理和项目的费用、进度、质量、数据控制出发，系统地阐述了国际通行的项目管理的模式、程序和方法，列举了大量国际通行的有实用价值的图、表和参考数据，为承担国内和国外工程项目提供了通行的国际模式和实用的操作指南。

（五）《国际工程承包实施指南》

本书由商务部组织编委会，由中国国际工程咨询协会编写，编委会主任：陈健，副主任：施何求、陈英成，作者：王冰怀、王守清、王武勤、王雪青、王惠芳、孔晓、毛志兵、尤孩明、田威、刘玉珂、何立山、张传才、张鸿文、邵予工、陈传、范征、林清锦、骆家耽、徐永杰、钱武云、秦骧远、梁志东、黄保东，于 2007 年 8 月由机械工业出版社出版发行。本书与实际工作紧密结合，为从事国际工程总承包业务的高中层管理人员和专业人士提供相关的知识和借鉴，具有实施指南的意义。本书突出三个方面的特点：一、本位性，即本书是为中国承包工程公司服务的，是根据中国公司自身的特点进行编写的，有其特殊性。二、国际性，即是专门为国际工程承包业务服务的，适用于国际市场上的工程项目。三、实务性，即以实际工作中必需的工作程序、操作流程、实施办法和规则为主，同时结合 20 多年来的实践经验教训，提出相应的意见和看法，力争为读者的实际工作提供有益的指导或启示。考虑到开展国际工程总承包项目管理的需要，在编写中既关注每个工作环节的独特内容，又特别注意了相关知识的配备以及整体链条上的衔接，以保证全书的完整性、实用性。本书第一章　项目的设定；第二章　项目的组织；第三章　融资与保险；第四章　财务管理；第五章　合同管理；第六章　招标和投标管理；第七章　勘察设计；第八章　项目管理；第九章　索赔条件与案例分；第十章　争端的解决与国际仲裁；第十一章　做一个合格的国际工程承包商；第十二章　信息技术在国际承包工程项目中的应用。

（六）《岩土工程项目管理与控制实用方法》

本书由中国化学工程总公司组织编写，编委会主任：路德扬，副主任：崔存喜、刘安宁，主编：杨发君，副主编：王建树、曹建国，于 2000 年 8 月由化学工业出版社出版发行。编写《实用方法》的目的是提高我国岩土工程项目管理和控制水平，实现岩土工程项目管理和项目控制在模式、程序和方法上与国际接轨，促进岩土工程企业走向国际市场。全书共分 15 篇，第 1 篇　岩土工程项目管理概论；第 2 篇　项目经理；第 3 篇　工程项目计算机管理；第 4 篇　进度管理与控制；第 5 篇　估算与费用控制；第 6 篇　项目财务管理和会计核算；第 7 篇　质量管理与控制；第 8 篇　费用 / 进度综合控制；第 9 篇　勘察管理和控制；第 10 篇　设计管理和控制；第 11 篇　施工管理和控制；第 12 篇　监测管理和控制；第 13 篇　材料管理和控制；第 14 篇　项目安全管理；第 15 篇　报价管理。《实用方法》本着先进性和实用性统一的原则，在项目的实施中，推行项目经理负责制和岩土工程师负责制，对岩土工程勘察、设计、施工、监测采取系统管理和动态管理，对项目费用、进度和质量进行综合控制，对项目计划和实际进展进行定量管理，彻底改变了传统的经验管理做法。本书的适用对象主要是岩土工程公司、勘察单位和施工单位，对建设管理部门、业主、建设监理单位及其他建设单位也有一定的实用价值和参考价值。

（七）《国际工程咨询设计与总承包企业管理》

本书由商务部组织的《国际工程管理系列丛书》编委会组织，由中国寰球工程公司与天津大学等高校合作编著，编委会主任：汪世宏，编委会副主任：陈勇强、方晶、刘亚平，主编：汪世宏、陈勇强，于 2010 年 5 月由中国建筑工业出版社出版发行。本书在设计咨询企业改革发展实践的基础上，结合国内外工程咨询设计与总承包企业的先进管理理念和方法，将经典理论与实践案例有机结合，为中国工程咨询设计与总承包事业的发展，具有重要实用价值。本书由 18 章组成。第 1 章　对国际工程咨询设计与总承包企业和国际工程市场的总体描述，主要包括国际工程咨询设计与总承包企业的概念及特征、国际工程市场的发展现状和特点，以及中国工程咨询设计与总承包企业的成长历程、现状及趋势。第 2 章　全面阐述国际工程咨询设计与总承包企业战略管理的内涵、意义及其主要内容，并结合实例分析说明此类企业在当前国际工程市场发展状况下的具体战略管理实践。第 3 章～第 11 章　分别从组织管理、人力资源管理、财务和融资管理、合同和法务管理、风险管理、信息化、技术创新管理、知识管理、文化与公共关系管理等方面详细介绍了企业职能层面的管理理论与实践。第 12 章～第 17 章　分别从市场营销管理、QHSE 管理、生产管理、项目控制、采购管理、施工分包管理等方面，对企业业务层面的管理与创新展开分析。最后一章给出了国内外工程公司的四个成功案例。本书对中国工程咨询设计与总承包事业的发展具有重要实用价值。

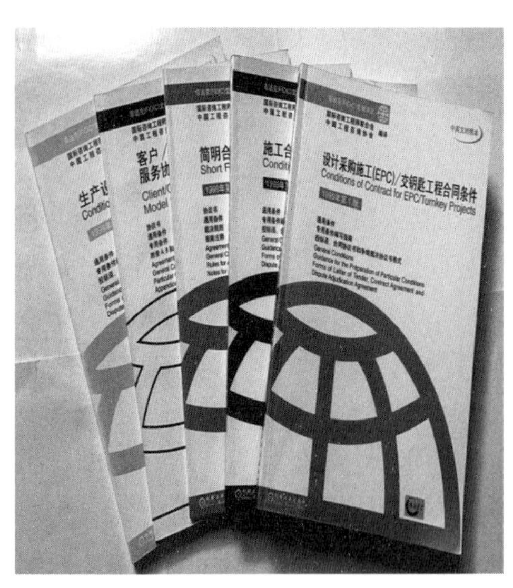

（八）《菲迪克（FIDIC）文献译丛》

《菲迪克（FIDIC）文献译丛》（中英文对照本），由国际工程师联合会、中国工程咨询协会编译，是对照国际咨询工程师联合会（FIDIC 即菲迪克）编写的最新英文版本，由 FIDIC 在中国的成员协会—中国工程咨询协会依据授权组织专家编译定稿，于 2002 年 5 月由机械工业出版社出版发行。

本书不是在菲迪克以往合同基础上修改，而是进行了重新编写。它继承了菲迪克原有合同条件的优点，并根据多年来在实践中取得的经验，以及专家、学者和相关各方的意见和建议，作了重大调整。

本译丛内容共五册，第一册：设计采购施工（EPC）/ 交钥匙合同条件，第二册：施工合同条件，第三册：生产设备和设计—施工合同条件，第四册：客户 / 咨询工程师单位版务协议书范本，第五册：简明合同格式。

第一册：包括设计采购施工（EPC）/ 交钥匙工程合同的通用条件，附争端裁决协议书一般条件、专用条件编写指南，附各担保函格式，以及投标函、合同协议书和争端裁决协议书格式。本书推荐用于以交钥匙方式提供加工或动力设备、工厂或类似设施、基础设施项目或其他类型发展项目，这种方式：（1）项目的最终价格和要求的工期具有更大程度的确定性；（2）由承包商承担项目的设计和实施的全部职责，雇主介入很少。交钥匙工程的通常情况是由承包商进行全部设计、采购和施工（EPC），提供一个配备完善的设施，（“转动钥匙”时）即可运行。

第二册：包括施工合同的通用条件和专用条件，附有争端裁决协议书一般条件、各担保函格式以及投标函、合同协议书和争端裁决协议书格式。本书推荐用于雇主或其代表工程师设计的建筑或工程项目。这种合同的通常情况是，由承包商按照雇主提供的设计进行施工。但该工程可以包含由承包商设计的土木、机械、电气和（或）构筑物的某些部分。

第三册：包括生产设备和设计—施工合同的通用条件，附有争端裁决协议书一般条件、专用条件、编写指南附各担保函格式以及投标函、合同协议书和争端裁决协议书格式。本书推荐用于由电气和（或）机械生产设备供货和建筑或工程的设计与施工。这种合同的通常情况是，由承包商按照雇主要求，设计和提供生产设备和（或）其他工程；可以包括土木、机械、电气和（或）构筑物的任何组合。

第四册：客户 / 咨询工程师（单位）服务协议书范本，就是通常所说的白皮书。其条款由国际咨询工程师联合会（FIDIC）编写，推荐用于投资前的调查和可行性研究、施工设计和管理及项目管理等咨询服务。虽然条款的拟定是基于国际范围内的服务，但同时适用于国内项目。

第五册：包括所有主要的商务条款，可用于多种管理方式的各类工程项目和建筑工程。本书内容包括简明合同的通用条件和专用条件，附有裁决规则、指南注释。本书推荐用于资本金额较小的建筑或工程项目。根据项目的类型和具体情况，这种格式也可用于较大资本金额的合同，特别是适用于简单或重复性的工程或工期较短的工程。这种合同的通常情况是，由承包商按照雇主或其代表（如有时）提供的设计进行工程施工，但这种格式也可适用于包括或全部是，由承包商设计的土木、机械、电气和（或）建筑物的合同。

这套译丛是我国工程勘察设计咨询企业进入国际工程市场的必修读物和必

须遵守的国际通用条件。对帮助行业与国际接轨、进入国际工程市场、参加"一带一路"建设起了重要作用。读者对象：工程勘察设计咨询单位，从事投资、金融和工程项目管理的部门和组织、各类项目业主、建筑施工企业、监理企业、工程承包企业、环保企业、会计/律师事务所、保险公司以及有关高等院校等单位和人员。

（九）《项目管理的理论、方法和工具》

本书是国家经贸委、中国科学院、国家外国专家局、联合国工业发展组织共同主办的《中国（首届）项目管理国际研讨会—项目管理与中国经济发展》出版的论文集的理论篇，由北京中科项目管理研究所所长席相霖主编，副主编：许成绩、吴之明，于2006年9月正式出版。这次大会吸引了众多国内外同仁的关注，收到国内外专家论文120余篇。经大会学术委员会评审，将主题突出，内容涉及多个领域的100篇论文收入《中国（首届）项目管理国际研讨会论文集》。论文集按内容分为理论篇—《项目管理的理论、方法和工具》，案例篇—《项目管理的应用与经验》，有很强的针对性和实用性，对提高中国的项目管理水平并促进其与国际接轨，有重要意义。

（十）《工程项目建设总承包项目管理手册》

本书由中国勘察设计协会和中国化工勘察设计协会共同组织编写，编审委员会主任：吴凤池，副主任：唐礼民、杨光、胡德银，主编：吴凤池，于1988年12月出版。《手册》借鉴国外工程项目管理经验，结合国内工程承包管理实践，内容较为丰富、全面，共分五大部分，包括66个独立文件和附录。主要内容概括为两大方面：一是项目组织机构及职责，包括项目经理的工作原则和内容、阶段工作要点、职责范围和权限等；二是以项目费用控制为中心的工作制度、程序、方法和注意事项，对相应的计划和质量控制等作了具体规定和阐述，并附有示例。其中，对工程项目如何组织招标、投标、费用估算、项目合同管理的实施步骤与内容要求、项目计划的编制、费用控制的具体程序以及基本质量保证等方面尤为详细。

（十一）《工程总承包实施办法》

本书由中国化学工程总公司组织编写，编写委员会主任：陈烽英，副主任：梅安华、赵德新，于1992年2月出版。《实施办法》的编写，依据国家有关部委文件精神，总结了化工设计单位十年来完成的近30个工程建设总承包项目的实践经验，并借鉴了国外一些有益资料，内容翔实、全面且具体，共分4篇24章，对工程建设总承包的范围，工作内容及程序，合同的准备、谈判、签约，项目管理组织及职责，工程项目的具体实施全过程，进行了详尽的阐述和明确规定。另外，针对各项分包任务，如何进行协调管理和监督工作也作了具体说明。《实施办法》反映了工程建设总承包必须进行科学管理的客观规律，具有较强的科学性、技术性、适应性和通用效力，对国内各行各业在基本建设方面，均有广泛的使用价值。可供各级建设行政主管部门、监督部门、工程公司、建设单位、勘察、设计、施工、高等院校、厂矿企业等单位的管理人员、科研和工程技术人员结合具体情况，参照实施。

三、行业专著

（一）《20世纪世界建筑精品1000件》

这是一套20世纪世界建筑的断代史诗，建筑界里程碑式的巨著。该书中文版主编张钦楠，2002年由中国建筑工业出版社出版中文版，奥地利斯普林格出版英文版，全球发行。2020年由中国三联书店出版中文普及版。这套10卷本大型丛书得到国际建筑师协会的大力支持。丛书特邀美国哥伦比亚大学建筑、规划与文物保护研究生院威尔讲座教授K·弗兰姆普敦担任总主编，并聘请熟悉世界各地区建筑发展的80余名建筑评论家担任评论员。中文版特邀中国建筑学会原秘书长张钦楠任副总主编，并授权张钦楠负责中文版全部出版事宜。

丛书通过分别提名及投票方式按五个历史时期选出1000件20世纪有代表性的建筑并对其进行评介，同时各卷载有回顾并分析

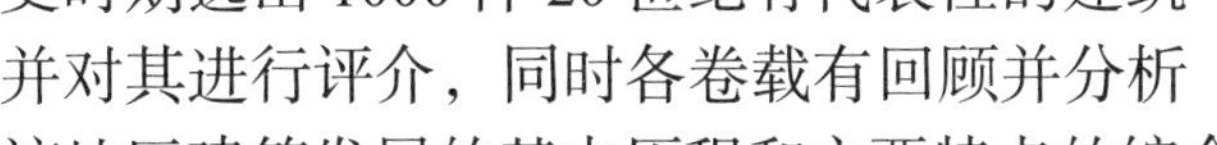

该地区建筑发展的基本历程和主要特点的综合评论。

丛书展示了世界各国的建筑师为推进全球文明和人类文化发展所做出的贡献。

丛书首版面世后，曾获得国际建筑师协会（UIA）屈米建筑理论和教育荣誉奖、国际建筑评论家协会（ICICA）荣誉奖以及中国全国科技一等奖和中国出版政府奖提名奖。

（二）《何镜堂建筑创作》

本书由华南理工大学建筑设计研究院编，华南理工大学出版社于2010年

4月出版。本书收录了中国工程院院士、全国工程设计大师何镜堂2010年以前相关学术理论文章、设计作品简介以及创作团队介绍，系统地阐述了他创立的“两观三性”建筑论的来源、内涵及其对设计创作的指导，是何镜堂从事建筑创作、建筑研究和教学的一个缩影。所选的绝大部分作品，都是2010年前由何镜堂主持和创作团队共同完成的设计项目，包括2010年上海世博会中国馆以及侵华日军南京大屠杀遇难同胞纪念馆扩建工程（国家公祭主场所）、广州城市规划展览中心、天津博物馆等为代表的一大批具有国际影响力的纪念、博览、校园规划与设计等文化建筑以及其他大型公共建筑如办公、酒店、公共区域规划与设计、旧城改造等作品。他及团队多次在国际建筑设计竞赛中中标，打破了国家标志建筑设计由外国建筑师垄断的局面，提振了中国文化自信，见证了近百年来中国历史进程的重大事件，体现了国家和民族的记忆与时代的精神，对走中国特色的建筑创作道路具有引领作用。

（三）《化工过程强化传热》

本书是“十三五”国家重点出版物出版规划项目《化工过程强化关键技术丛书》分册之一，中国化工学会组织编写，编委会主任：费维扬、舒兴田，副主任：陈建峰、张锁江、刘有智、杨元一、周伟斌，由中国工程院院士、全国工程设计大师孙丽丽牵头主编，于2019年7月，由化学工业出版社出版。本书从鲜活生动的案例剖析角度出发，从强化传热的基本原理剖析入手，对该技术的理论与方法进行梳理，并对典型用能设备的强化传热方法进行简述；在此基础上，重点围绕石油化工行业中具有代表性的炼油、芳烃、乙烯等三大内容，从设备元件、工艺过程、工厂全局等三个应用层次，对强化传热在石化工业中的全面实践应用进行了

系统总结。第一层次的设备元件强化，其中作为石油化工等领域通用设备的换热器，半个世纪内，从第一代实现传热功能的光管管壳式换热器发展到第四代复合强化传热技术以及微通道强化传热，通过采用强化传热元件、改进换热器结构等方式，达到了用最经济设备传递热量实现高效利用能源的目的。第二层次的工艺过程强化，将"夹点"技术应用于工艺流程，从装置级角度分析生产过程热能特点，找到系统用能瓶颈，施以针对性措施，实现过程强化与用能集成。第三层次的工厂全局强化，基于上述两个层次的设备元件和工艺过程强化传热，从全厂流程优化、工艺装置集成联合、公用工程和辅助设施匹配适应、低温余热综合利用等对企业系统用能进行宏观的架构和设计，构建工厂优质的用能基因。本书共九章，第一章　绪论；第二章　强化传热基本原理；第三章　污垢热阻及其抑制方法；第四章　换热网络合成技术；第五章　常用强化传热元件及设备；第六章　典型炼油装置中的强化传热；第七章　芳烃联合装置中的强化传热；第八章　典型乙烯及下游装置中的强化传热；第九章　强化传热与全厂节能。

本书是第一本将过程工艺和换热设备两个方面结合起来进行强化传热研究的专著，对于过程工艺技术的进步和强化传热型换热设备的应用具有引导作用。本书力求理论与实践紧密结合，对于科研成果具有应用指导性；工艺技术与过程强化紧密结合、局部与全局紧密结合，对于强化工艺流程具有指导性；工艺与设备紧密结合，指出适用于不同工艺的强化传热技术。本书凝结了作者在过程强化领域多年的理论研究和实践经验，涵盖了炼油装置、芳烃装置和乙烯及下游装置，所举的应用案例生动鲜活，均不同程度获得过国家和省部级科技进步奖、优秀工程设计奖等奖项；所述的方法程序逻辑性和实用性较强，对于解决实际问题具有很好的指导意义，可供石油化工等流程工业的研究人员、工程技术人员、生产管理人员以及高等院校相关专业研究生、本科生学习参考。

（四）《中国工程建设标准化发展研究报告》

本书由住房城乡建设部标准定额司和标准定额研究所编著，2009 年 11 月由中国建筑工业出版社出版发行。报告主题以我国工程建设标准化发展的数据、事件以及相关研究成果为基础，系统全面地反映工程建设标准化的发展历程、所取得的成就以及对经济社会的影响。全书分为发展改革篇、专题研究篇共八章，发展改革篇包括第一章至第七章，专题研究篇为第八章。第一章　工程建设标准在国家经济社会中地位突出、作用显著。第二章　工程建设标准化管理体制逐步建立，管理制度逐步健全，运行机制逐步完善。第三章　适应国际化与国内发展的工程建设标准体制改革不断推进。第四章　适应我国经济社会发展需要的工程建设标准体系不断完善。第五章　保障工程建设标准引导约束作用的发挥，实施与监督工作不断强化。第六章　行业与地方结合实际，勇于探索，创新经验。第七章　认清形势，明确方向，探求工程建设标准化新发展。第八章　工程建设标准化专题研究。

（五）《建筑设计行业信息化 历程 现状 未来》

本书由张桦、高承勇、张鹏、李嘉军、顾景文、张凯、王国俭编著，于2013年1月由中国建筑工业出版社出版。本书是在2010年住房城乡建设部工程质量安全监管司下达的《我国勘察设计行业信息化历程和发展研究》课题报告基础上汇编而成的。分上下篇共十二章。上篇通过梳理半个世纪以来建筑设计行业信息化进程，总结了行业信息化建设的思想方法和管理机制的变迁，分析了信息技术对行业生产模式革命性的影响，论证了信息化发展与建筑设计行业发展的关系。对近三十年来我国建筑设计行业的信息化历程进行了总结和反思，分析建筑设计行业信息化发展的特点，寻找促进和制约行业信息化发展的主要因素；结合建筑设计行业自身的特点及信息化的实践，探索符合建筑设计企业信息化的发展道路及内在规律；分析了未来发展趋势及关键技术，提出了我国建筑设计行业信息化全面推进的政策建议和推动新一轮发展的新思路。下篇介绍了上海现代建筑设计集团信息化发展征程，为我们提供了一个大型集团型企业信息化发展的成功范例。附录中有很丰富的信息资料。本书资料翔实，具有很强的实证性、现实性、学术性和创造性，是一部蕴含编者真知灼见、充满时代精神的著作，对于我国建设领域加快信息化建设，提升信息化应用水平具有重要意义。

（六）《地下水与结构抗浮》

本书由沈小克、周宏磊、韩煊、王军辉著，2013年中国建筑工业出版社出版。本书考虑到设防水位标准是一个非常复杂的问题，而各地岩土工程环境（水文地质条件）不同，研究基础普遍薄弱和缺乏对地区地下水动态监测研究，近年来，因地下水位上升或暴雨积水导致地下室上浮和机构破坏案子增多。作者在负责对北京各地区地下水动态监测几十年数据的基础上，总结了对北京地区地下水动态变化及其对工程设计影响的研究成果，包括北京市工程地质、水文地质条件、北京市水资源现状和发展趋势、地下水位回升对工程的影响、地下工程抗浮设计分析预测的两代模型研究成果、抗浮设计方法、上浮案例、抗浮设计技术和国内外城市地下水位回升致灾的典型案例等，对其他地区的研究具有重要参考价值和借鉴意义。

（七）《走向绿色建筑》

本书由林树枝、姚金连编著，于2006年9月由中国文化出版社出版。本书定位为供房地产开发、设计、施工、监理企业相关人员借鉴的专业性书籍，具有一定的理论性、技术性和推广性。全书分为上、下两部分，第一部分介绍绿色建筑的项目定位、开发理念、开发目标、规划特点、园林设计等，突出人居环境理念对绿色建筑项目的指引，通过科技创新引领人居未来方向。第二部分是技术应用篇，结合夏热冬暖地区的气候特点以及与厦门市城市地域文化相融合的特色，着重介绍厦门市绿色建筑示范项目——蓝湾国际：（1）国内外住宅科技发展新趋势及在蓝湾国际的应用概况；（2）蓝湾国际建筑节能技术应用；（3）高层建筑地基基础在蓝湾国际中的应用与创新；（4）蓝湾国际地基基础监测与检测；（5）蓝湾国际智能化系统应用；（6）蓝湾国际高层建筑结构转换层设计；（7）蓝湾国际大型地下室设计与施工等，突出各项技术的原理、特点、作用、目的、预期效果等。另外，还有一个附录篇，内容是绿色建筑项目的技术要点、建设过程中的重要节点及开发序时安排，便于读者对绿色建筑项目的开发理念、建设过程有全面的了解。

（八）《大直径潜孔锤岩土工程施工新技术》

本书依托于深圳市工勘岩土集团有限公司所完成的工程项目实践、研发、制造、应用等方面的归纳总结，由该公司组织编著，于 2020 年 12 月由中国建筑工业出版社出版发行，作者雷斌、尚增弟。鉴于目前缺乏潜孔锤工艺方面的专著，为更好地总结潜孔锤在岩土工程中的应用，大力推广潜孔锤施工新技术，作者整理了近十年来的研究、应用以及最新的创新成果，编著成书，供同行借鉴和参考。全书共 7 章，每章的每一节均为一项新技术，对每一项新技术从背景现状、工艺特点、适用范围、工艺原理、工艺流程、工序操作要点、设备配套、质量控制、安全措施等方面予以综合阐述，第一章介绍潜孔锤预应力管桩引孔新技术，包括针对不同桩径的预应力管桩，采取优化的综合引孔工艺，拓宽了预应力管桩的使用范围；第二章介绍大直径潜孔锤灌注桩施工新技术，包括灌注桩跟管钻进、旋挖潜孔锤钻进、集束潜孔锤钻进等；第三章介绍大直径潜孔锤基坑支护施工新技术，包括深厚硬岩基坑支护桩、锥形潜孔坑支护桩、基坑支护咬合桩、方形潜孔锤硬岩钻进等；第四章介绍地下连续墙大直径潜孔锤成槽新技术，包括地下连续墙大直径潜孔锤成槽、超深硬岩成槽，以及咬合跟管一次性引孔成槽等综合施工技术；第五章介绍潜孔锤地基处理、锚固施工新技术，包括潜孔锤咬合止水帷幕、潜孔冲击高压旋喷水泥土桩及复合预制桩施工、抗浮锚杆潜孔锤双钻头顶幕钻进、海上平台斜桩潜孔锤锚固等新技术；第六章介绍潜孔锤绿色施工新技术，包括潜孔锤钻进孔口防护降尘罩、气液钻进降尘等新技术；第七章介绍潜孔锤施工事故处理技术，包括潜孔锤钻具活动式卡销打捞、潜孔锤预应力管桩吊脚桩处理等施工新技术。

（九）《国际工程建设项目风险管理与保险》

本书为中国石油天然气集团公司统编培训教材，编委会主任：白玉光，副主任：杨庆前、李崇杰、杨时榜，主编：李利民，执行主编：唐燕青，副主编：周磊，于2016年12月由石油工业出版社出版发行。本书主要从承包商的角度，详细探讨了风险管理理论基础、风险识别、风险分析、风险应对、决策和监控等内容，并通过案例将风险管理方法应用于工程实践中。本书还从风险与保险关系的角度，详细阐述了国际工程建设项目中的可保风险，所涉及的各项保险险种及其保险安排方式，保险索赔流程、所需文件及相关案例分析，并对全球多个国家的保险相关法律法规进行了简要介绍。本书主要适用于从事国际工程建设项目的高级管理人员、风险管理人员，特别是从事市场开发、投标报价、保险管理等专业人员的学习，也可作为相关人员的专业参考书。

（十）《项目工程师基本知识手册》

本书由中国中轻国际工程有限公司组织，编辑委员会主任委员：李耀，主编：秦景光，于2006年9月出版。于2006年9月出版。本书汇集了我国工程咨询设计工作方面及项目工程师从事工程设计的一些基本知识和经验而编撰，资料翔实，覆盖面宽，内容丰富，是一本实用性、指导性很强的工具书。不仅是项目工程师必须掌握的基本知识，也是工程建设企业各级领导及所有设计人员应该熟悉的基础知识和有价值的参考资料。本书内容分名词释义、工程咨询设计的特点和作用、八项质量管理原则、企业质量方针、企业质量目标、PDCA循环及其应用、影响质量的4MIE、策划时应明确的5WIH、项目工程师的资格条件、项目工程师的作用、项目工程师的职责、项目工程师的任务、项目工程师的工作守则、项目工程师的职业道德、基本建设程序、投资体制改革后的项目审批、目标管理、工程项目规模的划分、建厂选址的主要原则、工程咨询设计项目的创优、工程总承包和项目管理、建设工程监理、质量信息反馈、工程项目设计回访、发展循环经济、大力提升技术创新能力、工程设计原则和设计理念、工程设计企业的诚信体系建设、抵制商业贿赂、设计文件中文字和计量单位的“常见病”、《建设工程勘察设计管理条例》节选及释义、企业规章制度简目等。

（十一）《华南地区中心城镇基础设施建设技术指引》

本书由时任广州市市政工程设计研究院院长隋军及吴坚如、宁平华和华南理工大学胡勇有、吴纯德等编著，于2009年11月由广东科技出版社出版发行。本书是遵照广东省委、省政府《关于加快城乡建设、推进城市化进程的若干意见》和《关于推进小城镇健康发展的意见》的文件精神，按照广东省建设厅下达的有关城镇化研究要求和在广州市建设委员会委托开展城镇化研究课题的基础上，根据华南地区的城镇具有类似性的特点，对华南地区中心城镇进行研究的结果。全书从规划，基础设施配备、建设及管理，以及法律、法规和政策制定等诸方面给出一个较为系统的城镇基础设施建设技术指引，期望能为国家的城镇化提供具有广泛交流作用的材料，能对华南地区乃至全国中心城镇的基础设施建设起到借鉴的作用。

随着中央关于积极稳妥推进城镇化进程，促进小城镇健康发展的战略部署逐步落实，以及我国城市化水平的提高和城镇经济社会的全面发展，完善小城镇，特别是中心城镇的基础设施，提高其基础设施的水平与功能质量，优化小城镇发展布局，扩大重点小城镇的发展规模已成为我国未来城镇发展的一项重要内容。本书考虑到当时中心城镇基础设施规划、建设和管理维护过程中仍存在十分突出的问题，诸如规划滞后、标准偏低、建设随心所欲、程序操作性不强、管理弱化等技术措施不能真正指引城镇建设，也与中心城镇发展定位和建设目标存在较大差距，迫切需要相关技术指引对华南地区中心城镇基础设施建设进行政策和技术引导，以确保其中心城镇建设顺利进行。通过推进中心城镇建设技术水平提高，最大限度地保护耕地、保护资源、保护生态，促进政府观念更新、职能转变和管理服务水平的提高。

本书可供政府管理城市建设的有关部门及参与、关心城镇基础设施建设的各有关单位和人士参阅。

（十二）《苏州园林》

本书（第二版）由苏州园林设计院有限公司组织编著，编委会主任：张树多，主编：匡振鸥、张慰人、贺风春，副主编：徐阳、谢爱华、屠伟军，2010年由中国建筑工业出版社出版发行。

苏州园林是中国文人写意山水园的典型代表，它的造园理论涵盖了自然科学和社会科学的诸多领域，一直是学者、专业人员的研究课题。

本书有重点地选择苏州园林的发展文脉、景观塑造、意境创作、空间经营和造园思想等方面的内容，包括苏州园林概论、拙政园、留园、网师园、环秀山庄、狮子林、艺圃、藕园、沧浪亭、退思园、怡园等。力图阐述、总结苏州园林艺术的基本特征和规律。

由于本书的著者是园林规划设计人员，他们从园林创作的视角来研究苏州园林，一定程度上凝聚了造园的时间经验，一些见解颇有新意，对广大读者和专业人员会有所启示。书中插图十分精美，系用现代电脑绘画技术绘制，较好地表现出苏州古典园林的艺术神韵，很有观赏性。本书既可供专业技术人员参考使用又可作游览者的品赏读物。

还有很多有关行业改革创新和发展的著作，由于未能广泛收集而未列入，深表歉意。

第七章　发展要事纪实

新中国成立以来，社会发展突飞猛进，经济生活日新月异。在70年的奋斗历程中，党和政府直接领导和指引着勘察设计咨询业的发展，留下了无数光辉的历史瞬间。记录历史，展现勘察设计咨询业从无到有、从小到大、从大到强的一幅幅历史画面和取得的快速发展和辉煌成就。温故知新，启迪行业在面对振兴中华的现代化宏伟目标时将更加坚定历史使命和为之奋斗的信念。

一、1949年

10月1日，中华人民共和国成立。

10月21日，中华人民共和国政务院财政经济委员会（简称中财委）成立。主任：陈云；副主任：薄一波、马寅初、李富春。中财委下设计划局，局下设基建处，主管全国基本建设（包括勘察设计工作）、城市建设和地质工作。

二、1950年

12月1日，政务院61次政务会议通过《关于决算制度、预算审核、投资的施工计划和货币管理的决定》，12月18日发布。这个决定中关于设计工作有以下内容：为防止基本建设的盲目性，减少国家在经济、文化建设中的浪费，中央决定：中央人民政府或地方人民政府批准的一切企业投资或文化事业的投资，在请领款项以前，必须审慎设计，做出施工计划、施工图案和财务支拨计划，并须经过各该级人民政府或其财经、文化机关的批准。未经设计，未做施工计划、施工图案和财务支拨计划，或已作而未经批准者，财政部门应拒绝拨款。

三、1951年

1月27日，中财委发出《关于做1951年基本建设计划的指示》。这个指示中关于设计工作有以下内容：基本建设必须按照先设计后施工的步骤进行，要先有设计，并据此编制施工计划，经批准后，方予拨款施工。

1月，东北工业部颁发《基本建设工程设计暂行管理条例》。这是中华人民共和国成立后的第一个地方性设计管理条例。

3月28日，中财委颁发《基本建设工作程序暂行办法》。这是中华人民共和国成立后第一个全国性的基本建设管理办法。

6月16日，《人民日报》发表社论《没有工程设计就不可能施工》。

6月19日，中财委发布《关于严格检查基本建设工程设计的通知》，其主要内容是：为了防止和克服基本建设中的盲目性，政务院于1950年12月做出决定，1951年3月中财委亦曾发出通知，坚决反对不经过周密的工程设计即行施工的现象，但违反决定的现象仍然严重地存在。为此通令全国，对各部门的基本建设工程状况加以深入的检查，并在7月底以前完成。检查中发现不合基本建设程序者应设法纠正，重要者应报告中财委，主要负责人应做检查。

8月10日，中财委发布《关于改进与加强基本建设计划工作的指示》，其中针对当时基本建设未经认真的设计、盲目施工、严重浪费国家资财的情况，重申决定，一切新建工程，设计未经主管机关批准以前一律不得施工。一切新建单位，因设计资料不足或不正确者，应继续搜集所需资料，不得草率进行设计。设计未经批准而已经施工者，一律按6月19日中财委发布的《关于严格检查基本建设工程设计的通知》进行检查，并将检查报告中财委。各部凡有基本建设者都要在8月30日前召开一次基本建设检查会议。

四、1952年

1月9日，中财委以财经计建字第24号文颁发《基本建设工作暂行办法》。内容包括总则、组织机构、设计工作、施工工作、监督拨款与检查工作、验收交接与工程决算、计划的编制与批准及附则等八节。

2月4日，陈云副总理兼中财委主任代中财委党组起草了审查工厂初步设计议定书给党中央的报告。

10月22日至23日，中财委由陈云主任主持会议讨论加强基本建设工作。陈云指出：1953年将是大规模经济建设的一年，其任务较以往任何一年都要复杂、繁重，目前我们基本建设中的主要矛盾是基本建设任务十分之大，而基本建设力量则十分薄弱，因此必须迅速使这方面的力量增长起来，迅速建立和充实基本建设机构——设计机构和施工机构。必须下定决心迅速调集人员建立各部专业的设计和施工组织，并充实它。此后，各有关部门先后调集人员成立或充实各种专业的工程勘察设计机构。

11月18日，《人民日报》发表社论《把基本建设放在首要地位》。社论指出："把基本建设放在首要地位，这必须成为今后全国共同执行的方针"。

五、1953年

当年起至1957年，我国实行发展国民经济的第一个五年计划，其基任务是：集中主要力量进行以苏联帮助设计的156个建设项目为中心的工业建设等。工程勘察设计面临繁重任务。

1月25日，《人民日报》发表社论《反对设计中的保守落后思想》。社论指出:“在为我国工业化而进行的大规模基本建设的艰巨任务面前，我们必须及时地注意到目前在设计工作方面的落后状况，必须把提高设计工作的思想水平、增强设计能力，当作目前一项迫切而重要的工作。在国家制订了正确的建设计划，有了必需的建设资源之后，如果没有设计能力，我们就不可能付诸实现;如果设计不正确，就会造成国家资财的严重浪费和工业建设极不合理的现象，甚至可能把我们的工业建设引到错误的道路上去。因此，设计工作者对于国家的基本建设负有重大的任务”。

3 月 7 日，中共中央发给中央财经各部《同意中财委关于简化设计文件批准顺序的报告》，主要内容是：按现行基本建设顺序规定，凡限额以上工程的计划任务书及初步设计须经中财委审核，其他工程委托各部部长负责审查定案，报国家计委及中财委备案。

10 月 14 日，《人民日报》发表社论《为确立正确的设计思想而斗争》。社论指出:“要提高设计水平，改进设计质量，克服设计中的错误，就必须批判和克服资本主义的设计思想，学习社会主义的设计思想，特别是向苏联专家学习，向苏联帮助我国所做的设计文件学习。”

12 月 7 日～9 日，国家计委召开全国勘察设计计划会议，布置 1954 年设计工作计划的编制工作，这是我国首次编制全国范围的设计计划。李富春副主任参加会议并讲话。会议由国家计委负责同志报告编制设计工作计划的意义。苏联顾问报告了关于苏联编制设计工作计划的方法和经验。会议印发了《关于编制 1954 年度勘察设计工作计划的通知》及其编制说明，阐述了勘察设计是实现基本建设的先决条件，随着五年计划的开始，勘察设计任务将日趋繁重与复杂，为了克服勘察设计工作经常处于“赶工、窝工、返工”被动状态，必须立即建立勘察设计计划工作，并在设计部门中着手实行计划管理。从 1954 年度起，各主要经济部门应立即开始编制统一的勘察设计工作计划。对于编制勘察设计计划的范围与程序、设计项目的确定、勘察设计工作量的计算、计划表格、编制工作进度和若干具体规定等均作了详细的阐述。

六、1954 年

当年，国家计委印发《关于各级勘察设计机构编制及预算报送办法的规定》草稿。其主要内容是:(1)各级勘察设计机构均为事业单位，定员由中央主管部核定。(2)勘察设计机构为国营建设单位及国家管理机关进行勘察设计工作，一律不收勘察设计费。(3)勘察设计机构为私营、公私合营的建设单位进行勘察设计要收勘察设计费。(4)收费标准按国家计委《关于勘察设计收费办法》(征求意见稿)。根据此规定，工程勘察设计机构对国家投资的建设项目，实际实行的是一律不收勘察设计费。

当年春，国家计委为了逐步建立和健全国家基本建设的设计预算制度，制订了《1954 年度建设工程设计预算定额（草案）》，发至中央各部、各大区财委征求意见，并由各单位自行决定试用。这是我国第一本全国统一的建筑工程设计预算定额。

8 月 3 日，中财委批准建工部、一机部、二机部直属勘察设计机构的《1954 年度勘察设计收费暂行办法》。主要内容包括收费标准和各设计阶段收费比例。

8 月，国家计委颁发《工业及民用建筑设计及预算编制条例》。内容包括：总则、设计基础资料、设计阶段、设计文件的编制、设计协议、设计及预算文件的批准、设计与预算的登记等。

9 月，周恩来总理在第一届全国人大第一次会议上的所做的《政府工作报告》中指出：要把我国建设成为一个具有现代农业、现代工业、现代国防和现代科学技术的社会主义强国，关键在于实现科学技术现代化。

11 月，在国家计委设计工作计划局、基本建设联合办公室、基建局、城市规划局、厂址局、企业局、技术合作局等部门的基础上，成立国家建设委员会（第一届国家建设委员会）（简称“国家建委”）。（详见“主管机构沿革”）。

川藏、青藏公路（1954 年通路）

七、1955 年

3 月 23 日，国家建委主任薄一波在中国共产党全国代表大会的发言，重点讲了“当前基本建设中的几个问题”。

3 月 28 日，《人民日报》发表社论《反对建筑中的浪费现象》。社论指出：建筑的原则是“一切建筑都应该做到适用、经济并在可能条件下注意美”。当前建筑中的主要错误倾向是:“不重视建筑的经济原则”。“目前建筑中浪费的表现之一，就是有些机关和企业，不分轻重缓急，盲目建筑，……结果占用了国家大批资金，浪费了许多人力物力。”“建筑中浪费的另一种表现，就是追求所谓‘七十年近代化、一百年远景’，毫无限制地提高建筑标准，提高建筑造价”。“建筑中浪费的一个来源是我们某些建筑师中间的形式主义和复古主义的建筑思想”。建筑中忽视经济原则的倾向必须迅速克服，使建筑事业真正符合国家的计划，用有限的财力、物力最合理地、最有效地为经建设和人民的物质、文化生活服务。

4 月，国家建委颁发《工业与民用建设预算编制细则》。《细则》是根据《工业及民用建设设计及预算编制暂行办法》制订的；是说明工业及民用建设预算的详细编制办法，借以建立统一的基本建设预算制度。

6 月 30 日，国家建委主任薄一波在中央人民广播电台做了题为《反对铺张浪费现象，保证基本建设工程又好又省又快地完成》的广播讲话。在有关设计方面，讲到了树立正确的设计思想和提高设计质量的问题，他指出:(1)设计工作是基本建设工作中一个重要的环节。当国家建设计划确定以后，一项工程的质量是否合乎要求，造价是否经济，建筑得是否合理，设计通常是有着决定性作用的。设计的质量和先进性并将关系到我国今后十几年或几十年整个工业生产的技术水平问题。(2)不注意建设中经济问题的偏向，在工业设计方面也同样严重地存在着。在设计中应当尽可能地吸取一切科学技术的先进成就，但必须结合当时当地的实际情况，当前建筑材料的生产水平，施工的技术水平，特别是原有的设备基础以及其他各种具体条件等。(3)要消灭设计中的浪费现象，保证在设计工作中节俭地、合理地使用国家的建设资金，首先必须在设计人员中树立正确的设计思想，有必要在设计部门中展开一次深刻的思想批判运动，揭发设计中的浪费现象，分析产生这些现象的原因，并规定纠正错误的办法。

7 月 8 日，国务院常务会议通过，10 月 11 日以(55)国秘字第 139 号文正发布《基本建设工程设计和预算文件审核批准暂行办法》。《办法》规定：凡国家投资和公私合营企业的基本建设工程的设计及预算文件，均须按该办法办理审核和批准。

9 月 27 日，国家建委颁发《工业与民用建设设计和预算编制暂行行办法》。《办法》规定，基本建设项目应由国家的设计机构进行设计，阐述了该《办法》的适用范围，对设计委托方式，设计单位的责任，设计任务书的内容，设计基础资料内容，设计阶段的划分，各阶段设计文件应包括的内容及深度，标准设计任务书的编制、范围、批准权限，总概算及总预算的内容，设计图纸签署范围、装订规格、报批规定，审批机关的审批期限，设计应取得有关机关协议，设计人应对施工进行监督等均作了详细的规定。

12月2日，中共中央发出《关于如何进行建筑学术思想批判的通知》。《通知》就近几月来我国某些报刊展开“反对建筑学中的形式主义、复古主义等”的“批判”，并点名批评建筑学家梁思成的问题，做出了指示。对于梁思成，指出：“梁在政治态度上是拥护政府，热心工作的。在建筑学方面的问题是属于统一战线内部人士的一种学术思想方面的问题。应着重教育，着重正面阐明党对建筑事业的方针。”

八、1956年

1月14日，周恩来总理在中共中央召开的关于知识分子问题会议上作了《关于知识分子问题的报告》，指出：科学是关系我们的国防、经济和文化各方面的有决定性的因素。在社会主义时代，比以往任何时代都更加需要充分地提高生产技术，更加需要充分地发展科学和利用科学。现代科学技术正在一日千里地突飞猛进，使人类面临着一个新的科学技术和工业革命的前夕。我们必须急起直追，力求尽可能迅速地扩大和提高我国的科学文化力量，而在不太长的时间里赶上世界先进水平，这是我们党和全国知识界、全国人民的一个伟大的战斗任务。

2月22日至3月4日，国家建委召开了全国第一次基本建设工作会议，着重讨论了设计工作、建筑工作、城市建设工作在今后若干年的规划，以及实现这些规划和改进当前基本建设工作的基本措施。国家建委主任薄一波在会上做了题为《为提前完成第一个五年计划的基本建设任务而努力》的报告，他强调：“我国的设计工作，特别是工业建设方面的设计工作，仍然是落后的。一方面是，大型的技术复杂的冶金工厂和化学工厂、重型和精密的机器制造工厂、大容量高温高压的火力发电厂等，我们都还不能设计。有些设计，如大型水力枢纽、电气化铁路、微波及大型电台等，我们也还不会编制。另一方面，我们能够进行的设计，也往往在进度方面赶不上建设的需要，质量也不够高。”“今后要大力加强标准设计工作；壮大设计力量；改善对设计机构的管理制度和工作制度，提高工时利用率；加强资源勘探和水文地质、工程地质等勘测工作；迅速制定有关编制设计文件的技术规范、标准、定额、产品目录、建材目录；按照专业化原则调整和建立设计机构”。会议就国家建委起草的《关于改善建筑工业工作的决议》《关于加强设计工作的决议》《关心加强新工业区和新工业城市规划和建设工作几个问题的决定》三个草案进行了讨论。

3月22日，《人民日报》发表社论《大力开展标准设计工作》。社论指出，“各设计机构现在面临的情况是：一方面设计力量不足，设计赶不上建设的需要，另一方面设计任务又不断增加，设计进度也必须提前。”“最基本的和见效最快的措施之一是广泛地编制和采用标准设计，大量地重复使用比较经济合理的单独设计。”社论提出了三条措施：积极制定近二三年编制和采用标准设计的规划；根据标准设计工作任务的大小，管理和审批任务的繁简，迅速建立、健全或调整现有的设计机构和管理机构；积极地为编制标准设计创造条件。

5 月 8 日，国务院常务会议通过《关于加强设计工作的决定》。内容分六个部分：第一部分，肯定了三四年来设计工作的成绩，指出了还存在许多严重问题，要求我国的设计力量能够在五年左右时间内基本上独立地担负起各部门设计任务，并争取在第三个五年计划期末使我国设计工作接近世界先进水平。第二部分，加速编制并广泛地采用标准设计，大力开展建筑结构和配件的标准化工作，大量地重复使用比较经济合理的单独设计。第三部分，要求设计机构按照专业化的原则作进一步分工，迅速调整现有的设计组织，积极建立新的必需的设计机构，特别是专业工程的设计机构。第四部分，加强勘察设计计划工作，建立和健全勘察设计机构的管理制度，提高勘察设计人员的劳动生产率。第五部分，提高设计人员的政治和业务水平，有计划地培养补充设计机构的技术干部。第六部分，加强地质勘探、计划等部门对设计的密切协作，为设计创造便利条件。

6 月，国家建委颁发《勘察设计机构计划编制及统计规程》。《规程》吸收了当时苏联设计机构的经验，把设计机构的计划、统计工作，从年度计划起，至各个设计人员的作业计划，都做了具体规定，使设计机构的工作能够均衡地进行。

10 月，国家建委颁发《标准设计的编制、审批、使用暂行办法》。

10 月 31 日，国家建委颁发《勘察设计工作委托与承包暂行办法》。《暂行办法》是贯彻国务院关于加强设计工作的决定，建立勘察设计工作的委托与承包制度，以利于基本建设计划的准确执行。

11 月，国家建委颁发《建筑工程预算定额》第一、第二册，自 1957 年 1 月 1 日开始实行。

12 月 13 日，国家建委、国家经委联合颁发《关于 1957 年民用建筑经济指标的规定》，对面积定额和平面系数、每平方米建筑面积的造价、住宅与单身宿舍建造数量的比例、建筑楼房与平房的比例、高级住宅适用范围、城市利用率及室外工程费用等问题作了规定。

九、1957 年

1 月，国家建委颁发《关于编制工业与民用建设预算的若干规定》。该《规定》是在总结《工业及民用建设设计及预算编制暂行办法》和《工业与民用建设预算编制细则》实行以来的经验教训基础上制订的。

5 月 31 日至 6 月 7 日，国家计委、国家建委、国家经委联合召开全国设计工作会议（详见“行业重要会议”）。

十、1958年

3月2至3日，周恩来总理主持三峡水利工程讨论会，并讲话，指出：葛洲坝水利工程要综合考虑，不要光把重点放在发电上，要保证通航、发电和泄洪的安全。不能坝一做，船也过不去。长江是一条大河流，葛洲坝是个大工程，很复杂，要不断修改设计。

3月，撤销国家建委，其中：设计计划局的部分业务并入国家计委基建局，设计年度计划工作并入国家经委，建筑经济局并入国家经委。

3月29日，《人民日报》发表社论《火烧技术设计上的浪费和保守》。

6月18日，国家计委、国家经委以（58）经筑孙字第0927号文发出《关于基本建设预算编制办法、预算定额、建筑安装间接费用定额等交由各省、区、市人委，各部管理的通知》。

6月25日，国务院发布《关于改进基本建设财务管理制度的几项规定》。

9月，国家经委建筑经济局并入建筑工程部，局内设预算制度处、定额处和秘书组。

9月，在北戴河召开的中央工作会议上，决定成立第二届国家基本建设委员会（简称“国家建委”）。

9月19日，中共中央以中发［58］815号文件发出《中央关于成立中央基本建设委员会、计划委员会、经济委员会的决定》。中央基本建设委员会主任：陈云。

9月至10月间，先后召开了华北、东北、西北、华东、华南协作区基本建设工作会议。陈云在华北会议上对于设计工作，主要强调了如下几点：（1）设计工作是基本建设能否实现多快好省方针的主要关键，基本建设工作中必须紧紧抓住这一关键。（2）设计工作几年来是有很大成绩的，一是，有了一支勘察设计队伍；二是，积累了大量的资料，取得了正反两方面的经验；三是，设计赶不上施工的局面已经基本扭转，同样企业或同样建筑物的设计速度比去提高了几倍以至十几倍，主要原因是：简化了设计阶段，一般项目都按两阶段，即初步设计（或设计方案、草图）、施工图进行设计；简化了设计文件和图纸的内容；设计定型化标准化的推广；某些项目采用了现场踏勘、现场设计、当时出图的方法；简化了设计的工作程序和审批手续，改变了设计院内部专业分工过细的缺点，成立综合设计室，在设计人员中推广培养多面手的运行，在计算和制图上的一些技术改革。以上这些措施在全国大部分设计部门中已得到推广。（3）“双反”运动和共产主义思想解放运动，在设计部门中引起了深刻的思想变化，创造了许多比较适合我国情况的设计方法，一些不适合我国情况的规章制度和设计标准、定额（如防空、防火、防震的标准定额，卫生标准等）被冲破了。（4）设计必须经过审查和不断修改，特别要经过生产部门和施工部门职工群众的讨论，并且吸收他们的意见。在修改设计中，建设、施工、设计各方面有不同意见时，由地方党委做出决定（中央部门所管企业的建筑结构问题和工艺问题的争论由中央部门决定）。

9月18日，苏联援建的兰州炼油厂一期工程正式建成投产（1956年4月28日兰炼一期工程破土动工）。

苏联援建的兰州炼油厂一期工程（1958年正式建成投产）

9月24日，中共中央、国务院颁布《关于改进限额以上基本建设项目设计任务书审批办法的规定》（字议73号）。

12月23日至26日，中央基本建设委员会在建筑工程部于杭州半山钢厂现场会议（针对该厂拱形屋架发生质量事故）的基础上，继续在杭州召开全国基本建设工程质量现场会议。23日，陈云副总理在会上作了讲话。讲话中指出，造成严重工程质量事故和工伤事故的原因，有设计方面的、有施工面的、有材料方面的以及由于放松了若干管理制度。概括起来说，有如下五点：（1）注意了“多快省”，注意“好”不够；（2）出现了片面节约材料和不适当地使用代用材料的倾向；（3）有些地方把必要的规章制度打掉了；（4）业务机关放松了必要的管理工作，特别是技术管理工作；（5）不少省、市、自治区的施工力量同其担负的基本建设任务是不能适应的，力量小、任务大，技术工人不够，某些必要的施工设备不足。

他强调：（1）设计是基本建设的关键部分。当工厂决定建设以后，设计工作就是关键了。设计决定工厂建设的质量好坏、合理与否的命运。施工是按照图纸施工，服从于设计的。（2）必须继续提倡设计中的创造性，同时又要提倡实事求是的精神。（3）没有勘察不能进行设计、没有设计不能进行施工，这仍然应当是基本建设的程序。（4）套用设计必须经过切实的计算，必须切合实际。（5）设计图纸不能过分地简化。现在图纸简化得又有些过分了，有些使施工人员看不懂，说是“无字天书”。（6）应当坚持两阶段设计。（7）设计必须经过适当部门的批准。（8）要使设计工作人员能够进步，必须采取三结合的办法，即党委、设计人员、工人群众（包括施工和生产的职工）三者相结合。（9）设计必须与生产相结合。（10）设计工作必须交流经验、总结经验。

12 月 29 日，建筑工程部党组给中共中央提交《关于工程质量事故和伤亡事故问题的报告》。

十一、1959 年

1 月 8 日，中共中央文件中发［59］21 号，批转陈云在全国基本建设工程质量杭州现场会议上的两个讲话纪要和建筑工程部党组关于工程质量事故伤亡事故问题的报告。在批语中说：“两个文件很重要，解决了目前基本建设中急需解决的问题，望地区党委，各部门党组讨论后转发到所属基层设计单位、施工单位、大中型厂矿和交通运输企业的党组织，依照执行”。

3 月 20 日，周恩来总理特意为“共和国长子”兰州化学工业公司开工投产题词：“依靠党的领导，发挥广大职工群众的积极性和创造性，学习苏联先进经验，加强组织工作和具体措施，鼓足干劲，力争石油生产的量多、质好和品种齐全，以逐步满足国家和人民的需要”。

3 月，陈云在《红旗杂志》1959 年第 5 期上发表题为《当前基本建设工作中的几个重大问题》的文章。文章第三个部分“企业设计”，主要强调了以下几点：（1）在建设项目确定以后，设计就成为基本建设中的关键问题了。企业在建设的时候能不能加快速度、保证质量和节约投资，在建成以后能不能获得最大的经济效果，设计工作起着决定的作用。（2）要使我们的设计工作提高一步，目前需着重解决的，一是贯彻执行洋土并举方针的问题，二是创造精神和实事求是相结合的问题。（3）我国的设计工作，经过了按照国外设计进行翻版的阶段，参照国外设计进行修改的阶段，现在已经始进入自行设计的阶段。（4）新的设计人员和老的设计人员互相学习，互相帮助，团结一致，共同努力，完成党和国家的任务。

4 月 7 日，国家建委以（59）基办刘字第 96 号文发出《全国基本建设工作会议纪要》。会议对于有关的几个问题提出如下意见：（1）在初步设计中必须明确地规定建设项目的主要内容，并且不得轻易变动；（2）根据总体设计审查工艺设计；（3）建设单位根据设计文件提出设备清单，并且应经过设计部门签字;（4）关于设计文件的审查和清理问题，标准设计必须经过国务院有关主管部门进行审查、试用、鉴定和批准，才能推广使用。（5）某些建设项目如果需要大量的进口材料和设备，对于这些材料和设备的品种、规格、数量，应当在设计文件中加以说明。（6）在审查设计文件的时候，认为某些建设项目在地区布局上不合理的，应当尽可能重新安排，建设项目的协作关系应当尽可能一一落实。（7）设计审查工作，应当采取专业审查和群众审查相结合的办法进行。（8）各省、市、自治区在审查设计文件的工作中，如果由于技术力量不足，要求国务院主管部帮助时，各主管部应负责帮助审查。

5月中旬，国家建委召开基本建设设计工作座谈会（详见“行业重要会议”）。

8月1日，国家建委、财政部联合颁发《关于勘察设计收费问题的规定》（[59]基设杨字第182号，[59]财经字第238号），自1959年9月1日起开始执行。《规定》中说，关于勘计收费问题，由于几年来客观情况的变化，国家计委和前国家建委所颁布的有关规定，已与我国目前情况不尽相符。规定凡是由国家预算或地方预算开支的勘察设计机构进行的勘察设计工作，一律不再收勘察设计费。

10月14日，周恩来总理视察兰州化学工业公司。

十二、1960年

1月30日，中央发出关于立即掀起一个以大搞半机械化和机械化为中心的技术革新和技术革命运动的指示。

3月22日，毛泽东在中共鞍山市委《关于工业战线上的技术革新和技革命运动开展情况的报告》的批语中，高度赞扬了鞍钢的管理经验，主要是：大搞技术革新和技术革命，实行“两参一改三结合”，开展群众运动，实行党委领导下的厂长负责制，坚持政治挂帅等，称之为“鞍钢宪法”。“两参”是指干部参加集体生产劳动、工人参加企业管理;“一改”是指改革不合理的规章制度;“三结合”是指领导干部、技术人员（管理人员）和工人群众相结合，共同解决企业生产中出现的技术、经济问题。

4月29日，大庆石油大会战万人誓师大会在萨尔图广场（原大庆第二十三中学校址）召开。

7月16日，苏联政府突然照会我国政府决定撤走全部在华苏联专家，撕毁几百个协定和合同，停止供应重要设备。

10月20日至26日，国家建委在上海召开了全国设计工作现场会议（详见“行业重要会议”）。

大庆石油大会战万人誓师大会（1960 年）

十三、1961 年

1 月，中共八届九中全会决定对国民经济实行“调整、巩固、充实、提高”的八字方针。

1 月，撤销国家基本建设委员会（第二届国家建委），保留三个局，即设计局、施工局、城建局，并入国家计委，其他各个专业局也分别并入国家计委有关局。设计局、施工局合并成立国家计委设计施工局。该局下设：设计处、施工处、组织处、技术处和秘书组。国家计委副主任杨作材主管勘察设计工作。

4 月 27 日，国务院发布《工农业产品和工程建设技术标准暂行管理办法》。这是我国第一次颁发关于工农业产品和工程建设技术标准管理办法。

9 月，中央颁布试行《国营工业企业工作条例（草案）》（即“工业七十条”）。“工业七十条”确定国家对企业实行“五定”，企业对国家实行“五保”；详细规定了党委领导下的厂长负责制、职工代表大会制和以厂长为首的全厂统一的生产行政指挥系统的运行和职责。它的颁布施行，对于恢复和建立企业正常的生产秩序，对于工业的调整、巩固、充实、提高发挥了积极作用，对于国营企业管理也有长远的指导意义。

10 月，建筑工程部根据“工业七十条”拟定颁发了《设计工作条例》。条例规定：“设计工作必须按照基本建设程序进行，没有勘察不能设计，没有设计不能施工。”“要使每一个技术人员都有明确的职责和相应的权利，真正做到有责有权，充分发挥技术人员的积极作用。”党和行政的领导人员“不要包办代替他们的工作，不要轻易否定他们的意见，更不要在技术上瞎指挥”。条例确定了院长领导下的总工程师全面负责制。条例提出，设计单位不搞群众运动，努力创造建筑的新风格，并提出较大的建筑要在适当的地方标明设计单位等。

十四、1962 年

5 月，国务院批准颁发基本建设和设计工作的三个文件：(1)《关于加强基本建设计划管理的几项规定（草案）》。附件：《基本建设大中型（限额以上）项目划分标准的规定》。(2)《关于编制和审批基本建设设计任务书的规定（草案）》。(3)《关于基本建设设计文件编制和审批办法的几项规定（草案）》。

6 月 22 日，我国第一台万吨水压机诞生。

12 月 4 日，国务院（直秘齐字 574 号）《关于发布工农业产品和工程建设技术标准管理办法的通知》。

我国第一台万吨水压机制造成功（1962 年）

12 月 10 日，中共中央、国务院发出《关于严格执行基本建设程序、严格执行经济合同的通知》（中共中央文件中发［62］669 号）。《通知》强调，“1963 年起，各部门、各地区进行的基本建设，一律都要按照基本建设程序办事。设计任务书未经批准的，不准正式列入年度计划，设计文件未经批准的，一律不准动工”。

十五、1963 年

1 月 8 日，国家计委发出《关于设计、施工技术标准规范的幅面与格式的统一规定的通知》[（63）计设杨字 84 号]，决定从 1963 年 2 月 1 日起实行这一统一规定。

1 月，周恩来总理在上海市科技工作会议上讲话时强调：我们要实现农业现代化、工业现代化、国防现代化和科学技术现代化，把我国建设成为一个社会主义强国，关键在于实现科学技术的现代化。

1 月 31 日，国家计委发出《关于认真地编审基本建设设计任务书的通知》（［63］计基李字 299 号）。《通知》中说：“关于严格执行基本建设程序问题，中共中央和国务院已先后于 1962 年 5 月 31 日和 12 月 10 日作了两次指示。但在执行中，对于基本建设设计任务书的编制和审批工作，还存在着一些问题，主要是设计任务书的编制还未能严格按照指示中所规定的要求进行编制，任务书的审批程序也还不够严格。这是关系国家建设的重大问题，必须作好。”接着，《通知》对编制设计任务书的重要性、设计任务书的基本内容以及严格审查等问题作了规定和提出了要求。

2月14日，国家计委、财政部以（63）计联安字第398号、（63）财建综曾字第404号文发出《关于执行基建程序问题的说明》。

3月11日，国家计委以（63）计设杨字第753号文发出《关于设计、施工规范中文字符号的采用和做好有关标准规范之间“对口”工作的通知》。

3月28日，国家计委以（63）计基李字914号文发出《关于编制和审批设计任务书和设计文件的通知》。

6月11日，国家计委办公厅以（63）计设杨字1883号文发布《关于设计、施工规范统一用词和用语的几点意见》。

6月19日，国家计委以（63）计设杨字1943号文发出《关于设计、施工规范审批等问题的通知》。

1961年至1963年，国家计委先后下达制订和修订国家和部设计、施工及验收标准规范45本。其中，设计规范28本（国家标准19本，部标准9本），施工及验收规范17本。

十六、1964年

1月15日，周恩来总理在访问加纳共和国答加纳通讯社记者提问时，提出了我国对外经济技术援助的八项原则。其基本内容是:（1）平等互利;（2）严格尊重受援国的主权;（3）以无息或低息贷款的方式提供经济援助;（4）帮助受援国逐步走上自力更生、经济上独立发展的道路;（5）帮助受援国建设的项目，力求投资少，收效快;（6）提供自己所能生产的、质量最好的设备和物质，并且根据国际市场的价格议价;（7）保证受援国的人员充分掌握提供的任何一种技术援助;（8）派到受援国的专家，同受援国自己的专家享受同样的物质待遇。

3月，国家计委设计施工局并入国家经委，并将该局分为设计局和施工局。设计局下设一、二、三处和秘书组。国家经委副主任宋养初主管勘察设计工作。

5月，中共中央在北京召开的工作会议上提出了建设“三线”的方针。广大勘察设计人员开始纷纷投入大规模“三线建设”，实行“三结合”现场设计。

5月7日，国务院发出《关于严格禁止楼馆堂所建设的规定》。7月24，国务院又发出《关于严格禁止楼馆堂所建设的补充规定》。

6月，中共中央在北京召开的工作会议，提出了一、二、三线的战略布局及建设大三线的方针。从而开始了“三线”建设和部分沿海企业向内地搬迁。

下半年，国家经委副主任宋养初率领工作组到冶金部北京有色冶金设计院蹲点，同时对北京地区有关设计院开展群众性的设计工作的改革运动进行了调查和座谈。宋养初10月24日给薄一波和李富春写信，报告了14个设计院开展群众性设计工作改革运动的状况。

10月16日，我国自行研制的第一颗原子弹在新疆罗布泊爆炸成功，成为美国、苏联、英国、法国之后，世界第五个拥有核武器的国家。

10月25日，薄一波副总理对宋养初报告作了批语："登《情况简报》"。"请报送主席、政治局、书记处各同志。我们有几十个设计院，但它们的工作长期无人过问。我国的设计工作是完全按照苏联的框框办事的，可以说是典型的教条主义。我们准备在明年1、2月间开一次全国设计革命会议，已着手准备1、2个月了。准备的办法之一，就是蹲点和在若干设计院中开展一个群众性的改革运动。这一简报送上，请阅"。

11月1日，毛泽东在薄一波报送的《情况简报》上批示："彭真同志，请转谷牧同志：要在明年2月开全国设计会议之前，发动所有的设计院，都投入群众性的设计革命运动中去，充分讨论，畅所欲言。以3个月时间，可以得到很大成绩。请谷牧同志立即部署，并进行几次检查、督促，总结经验，是为至盼！"

11月2日，谷牧召集"工交口"和"国防口"19个部的负责同志传达毛泽东主席关于开展群众性的设计革命运动的批示。并对如何贯彻执行毛主席的这一指示，进行具体部署。谷牧于当天将这个具体部署书面报告彭真转报毛主席。11月8日，彭真办公室来电话转告了毛主席的批示："退彭真同志：请告谷牧，他的这个部署很好"。

11月16日，谷牧召集工交、国防和财贸各口有关部门的负责同志开会，检查了设计革命运动开展的情况。18日，以全国设计会议筹备小组的名义，发出了《设计革命运动情况简报》。19日，谷牧将此《简报》批示："印送主席、少奇、总理、小平、彭真、富春、先念、一波、伯达、瑞卿等。"这份《简报》的主要内容是：反映毛主席关于开展群众性的设计革命运动的批示传达以后，各部门和各地区迅速行动的情况。

12月7日开始，《人民日报》配合全国的设计革命运动，组织了一次"用革命精神改进设计工作"的讨论。当天的"编者按"说："最近，全国许多设计单位，正在以革命精神，总结设计经验，改进设计工作。这是我国社会主义建设中的一件大事。""从第一个五年计划开始，我们有计划地进行社会主义建设已经12年了。这期间，我们进行了巨大的建设工作，也作了大量的设计工作。我们既有很多成功的经验，又有不少失败的经验，既有正面的经验，又有反面的经验，这就具备了总结我们自己的设计经验的条件，也到了总结我们自己的设计经验的时候了。"

12月12日，谷牧主持召开了设计革命运动第三次领导小组会议，发出了《设计工作革命运动领导小组第三次会议纪要》。主要内容是：指出一个多月来，群众揭发出设计工作中存在的主要问题；提出随着运动的深入发展，必须解决好领导决心等五个问题；提出在 3 个月内要实现三个要求:（1）“彻底揭发和批判设计队伍中的资产阶级思想作风和设计工作中的重大问题”;（2）“审查正在和尚未施工的项目，对确实不合理的部分，及时进行修改”;（3）“总结经验，抓出突出问题，提出改革措施”。

12 月 20 日，谷牧提出《关于当前设计工作革命运动几个问题的报告》，“送一波、彭真并报主席”。《报告》的主要内容是:（1）关于设计工作革命运动的方针和要求。指出，“设计工作的革命是社会主义革命的一个重要内容，也是设计部门开展社会主义教育运动的一个好的入手办法。”“设计工作革命既要解决阶级斗争方面的问题，也要解决属于生产斗争和科学实验方面的问题。”“这次设计工作的革命，重点是解决设计思想、设计方法以及设计人员的思想作风问题。”（2）关于对待设计人员的若干政策。指出，“一部分技术骨干和旧的设计人员的资产阶级思想很严重，他们中间的一些人，实际上已经成为‘技术把头’‘技术恶霸’”“对待设计人员的思想改造，一般应当采取批评和自我批评的方法。只有对于极少数思想作风十分恶劣的设计人员，才需要采取组织群众进行批判斗争的方法。也有个别设计人员攻击社会主义，攻击党和散布修正主义言论，对于这些人，要进行严肃的批判。”（3）“关于解剖麻雀的方法”。（4）“设计单位不要关门闹革命”。（5）“加强对设计工作革命运动的领导”。

十七、1965 年

2 月 4 日，毛泽东在北京地铁筹建领导小组组长杨勇、副组长万里、武竞天联名给彭真、李富春转中央并军委的报告上批示:“杨勇同志，你是委员会的统帅。希望你精心设计、精心施工。在建设过程中，一定会有不少错误失败，随时注意改正，是为至盼。”自此，北京地铁正式上马。（编者注：经过 4 年又 7 个月的艰苦奋战，第一期工程于 1969 年 9 月 20 日正式通车。）

3 月 15 日至 4 月 3 日，由谷牧、宋养初主持在北京召开全国设计工作会议（详见“行业重要会议”）。

4 月初,《人民日报》组织的“用革命精神改进设计工作”的讨论结束。讨论共进行了 4 个月，出版了 28 期讨论专栏，发表了 120 多篇来信文章和评论。《人民日报》出版社于 1965 年，从已发表的文章中选用了一部分，又选了一些还没有发表过的来稿，整理出版了《正确的设计从哪里来？》专辑。

4 月 10 日,《人民日报》发表社论《为设计工作的革命化而斗争》。要点是：设计工作革命化。就是在设计领域中坚持政治挂帅，肃清各种唯心论和形而上学，创立以毛泽东思想为指导的符合总路线要求的设计思想、作风、方法和规章制度。实现设计工作的革命化，首先是培养出革命化的设计队伍。现在绝大多数设计人员是好的，但是他们存在“个人主义”“本本主义”两个“敌人”。要实现思想革命化，必须打倒这两个“敌人”。实现设计工作革命化，另一个重要问题是领导工作革命化。设计部门领导机关，领导干部，要首先在革命化方面起带头作用，学好毛主席著作，做好政治思想工作，带头打破各种框框的束缚，改进设计工作。设计工作革命化的目的是要做出先进的设计，为此要树雄心、立壮志，赶超世界先进水平，积极采用和发展新技术，广泛实行两个“三结合”。

4月22日，《人民日报》发表了社论——正确的设计从实践中来，总结了“用革命精神改进设计工作”的讨论。其要点是：正确设计必须符合党的方针政策，切合实际，技术上先进，经济上合理。一个正确设计，必须是实践、认识，再实践、再认识反复多次才能完成。要解决一个正确设计从实践中来，设计人员必须到生产、施工、科学试验中去，下楼出院，深入实际，搞现场设计，逐步树立无产阶级世界观，全心全意为人民服务，为社会主义建设服务。

5月21日，国家建委以（65）基设字34号文发出了《关于试行编制基本建设工程竣工图的几项规定的通知》。主要内容为:（1）各项工程都应编制竣工图;（2）编制竣工图，应根据不同情况区别对待;（3）竣工图应在施工过程中及时编制;（4）竣工图应由建设单位组织施工单位和设计单位进行编制;（5）交验竣工图作为验收条件之一;（6）竣工图一般应编制两套;（7）已经竣工但尚未编制的应补做竣工图。

5月28日，国家建委、对外经委以（65）外经技常字第460号文联合颁发《关于援外设计工作若干问题的规定（草案）》。

6月14日，中共中央文件中发（65）375号批转谷牧《关于设计革命运动的报告》并加了批语。主要内容是：全国各设计单位根据毛泽东同志指示，开展群众性设计革命运动，设计人员下楼出院，深入现场，调查研究，解决问题，这是设计工作重大改革，并已取得成效。中央认为，在知识分子集中的部门，采用设计革命做法搞“四清”运动，是好的成功经验，可供文化、教育、卫生、科研等单位参用。设计是基本建设一个决定性环节，只有搞好设计工作的革命化才能更好地完成基本建设任务。要求各部门、各地方党委对这一运动加强领导。

8月28日，国务院以（65）国经字317号文颁发试行《关于改进设计工作的若干规定（草案）》的通知。其附件《关于改进设计工作的若干规定（草案）》的主要内容有:（1）坚持政治挂帅。设计工作必须以毛泽东思想为指导，认真贯彻党的路线、方针、政策；必须为无产阶级服务，为社会主义建设服务。（2）加强党的领导。各级领导必须把设计工作列入议事日程，以阶级斗争为纲，做好政治思想工作，执行党的团结、教育、改造知识分子，积极培养和提拔新生力量。（3）要走又红又专的道路。（4）树立全局观点。要有战备观念，注意综合利用，实行专业化协作。（5）积极采用和发展新技术。（6）坚持节约原则。对非生产性建设要同我国现有人民生活相适应，坚持适用、经济、在可能条件下注意美观的原则，因地制宜，力求俭朴。（7）大力协同，促进设计革命化。（8）改进工作方法。下楼出院、调查研究，推行现场设计，坚持群众路线，把好设计审批关，推广标准设计，开展设计工具改革。（9）改革不合理的规章制度。设计阶段一般项目可按初步设计、施工图两个阶段设计；设计单位要认真编好概算，不再编施工图预算，施工组织设计由施工单位编制，设计单位给以必要的协助。

10月12日，毛泽东在《关于第三个五年计划的谈话》中提出了“备战、备荒、为人民”的号召，1966年8月14日《人民日报》传达了这一号召。

11月15日，国家建委以（65）基设字183号文发出《关于解决当前现场设计工作中几个问题的意见》。

十八、1966年

2月1日，国家建委以（66）基设字21号文转发建筑工程部《关于住宅、宿舍建筑标准的意见》。《意见》提出，住宅、宿舍的建设必须执行勤俭建国方针，发扬延安作风，贯彻“干打垒”精神，做到因地制宜，就地取材等原则。

3月1日，国家建委以（66）基设字49号文发出征求对《建筑设计防火的若干规定》意见的通知。《规定》对1960年《关于建筑设计防火的原则规定》做了修改。

5月，全国进入“文化大革命”时期，各级工程勘察设计管理部门和工程勘察设计单位受到极大冲击，从此工程勘察设计工作的领导和管理在相当一段时期内处于瘫痪半瘫痪的状态。

十九、1967年

6月17日，我国在西部地区上空成功地试爆第一颗氢弹。

7月1日，国家建委颁发《1967年京津地区抗震工作规划要点》。要求国家建委组织有关单位，在近期内提出各种建筑物通用的抗震性能的鉴定方法，对现有建筑采取必要的措施，所需财、物分别纳入各部门和京津两市年度计划，各级抗震组织，要加强抗震工作的宣传，各单位把有关抗震科研、试验项目，纳入本单位科研计划。

二十、1968年

8月25日，中共中央、国务院、中央军委发出《关于派工人宣传队进学校的通知》。《人民日报》发表《工人阶级必须领导一切》的文章，传达了毛泽东的指示："凡是知识分子成堆的地方，不论是学校，还是别的单位，都应有工人、解放军开进去……"。于是，一批"工宣队""军宣队""军管会"进驻到了许多工程勘察设计单位。

南京长江大桥（1968 年建成通车）

9 月，南京长江大桥铁路通车，12 月公路通车。这是长江上第一座由中国自行设计和建造的双层式铁路、公路两用桥梁，在中国桥梁史和世界桥梁史上具有重要意义，是中国经济建设的重要成就、中国桥梁建设的重要里程碑。

二十一、1969 年

7 月，红旗渠支渠配套工程全面完成，工程于 1960 年 2 月动工，至 1969 年 7 月支渠配套工程全面完成，历时近十年。该工程共削平了 1250 座山头，架设 151 座渡槽，开凿 211 个隧洞，修建各种建筑物 12408 座，挖砌土石达 2225 万立方米，红旗渠总干渠全长 70.6 千米（山西石城镇——河南任村镇），干渠支渠分布全市乡镇。

10 月，大批干部下放"五七"干校。国家建委设计局撤销，国家建委内成立业务组，由国家建委副主任吕克白等负责。在业务组内设设计小组，有几人管理全国勘察设计工作。同时，在北京的一批部属勘察设计单位奉林彪"一号命令"开始向外地搬迁。

河南林县红旗渠（1969 年建成）

二十二、1970 年

1 月 22 日至 29 日，经国务院批准，国家建委军管会会同武汉军区、铁道部、五机部、一机部，在鄂西北召开了全国基本建设现场会，出席会议的军、干、群代表 246 人。主要是学习和推广焦枝铁路、江山机械厂、第二汽车厂（简称“两厂一线”）等单位高举毛泽东思想，走政治建厂道路，大打人民战争，加快三线建设经验。会议形成了《全国基本建设现场会议纪要》（70）基军业字 12 号文发出。

4 月 24 日，我国自主研发设计的第一颗人造卫星东方红一号发射成功，开创了中国航天史的新纪元，使中国成为继苏、美、法、日之后世界上第五个独立研制并发射人造地球卫星的国家。

5 月 5 日，国家建委军管会发出印发《关于组织审查和修改设计的几点意见》的通知。

8 月 18 日，国家建委印发《关于设计工作中厉行节约的几点意见》。

12 月 26 日，我国自主研发设计制造的首艘核潜艇成功下水。1974 年 8 月 1 日，中国第一艘核潜艇正式列入海军战斗序列。1988 年 9 月，中国海军核潜艇水下发射运载火箭试验圆满成功，中国成为继美、苏、英、法之后，世界上第五个拥有核潜艇，并具备核潜艇水下发射运载火箭能力的国家。

12 月 26 日，毛泽东就修建葛洲坝水利枢纽工程问题批示：“赞成兴建此，现在文件设想是一回事，兴建过程中将要遇到一些现在想不到的困难问题，那又是一回事。那时，要准备修改设计。”

12 月 28 日，国家建委以（70）基革字 236 号文下达《关于建筑标准设计工作下放的通知》。有关标准设计的具体工作，由原建工部各大区设计院及北京市建筑设计院负责办理。

二十三、1971 年

3 月 29 日至 5 月 31 日，经国务院批准，国家建委在北京召开了全国设计革命会议（详见“行业重要会议”）。

9 月 9 日，国家建委以（71）建革字 73 号文发出经国务院同意的《关于试行设计工作的两个文件的通知》。附:（1）《关于加强设计管理工作的几点意见》、（2）《关于解决现场设计人员粮食补助、劳保用品等问题的意见》。

12 月，国家建委以（71）建革函字 305 号文发出《关于修订全国通用的设计标准和技术规范所需经费问题的通知》。主要内容为:（1）参加人员的工资、福利、差旅费一律回原单位报销;（2）所需会议费、办公费、资料印刷费、科研及调研费，由主编单位报预算送国家建委审核拨款。

二十四、1972 年

4 月，国家建委在北京召开了全国设计标准规范工作座谈会。会后，国家建委于 5 月 25 日以（72）建革施字 183 号文颁发《关于进一步搞好设计标准、规范修订工作的几点意见》。

5 月 15 日至 23 日，经国务院批准国家建委在湖北省襄阳地区召开了基本建设工程质量和安全施工现场会议。会议形成了《基本建设工程质量和安全施工现场会议纪要》（6 月 29 日以国家建委（72）建革施字 241 号文发出）。

5 月 30 日，国务院以国发〔1972〕40 号文批转国家计委、国家建委、财政部《关于加强基本建设管理的几项意见》。《意见》中有关设计工作的部分是: 大中型项目一般应按初步设计、施工图两个阶段进行设计，设计必须有概算，施工必须有预算。没有编好初步设计和工程概算的项目，不能列入年度基建计划。建设项目的初步设计、按隶属关系，由省、市、自治区和国务院各主管部门组织审查，并报国家建委备案。其中少数大型或特殊建设项目，由国家建委同有关部门组织审批。认真做好勘察设计工作，要坚持三结合现场设计，认真贯彻党的方针、政策、反对“贪大、求洋、求全”；建设项目厂址选择要贯彻“靠山、近水，扎大营”和“搞小城镇”的方针，要认真进行调查研究，进行多方案比选；要积极采用经过实践检验，并证明是行之有效的新技术，新工艺，不能把建设厂当作试验厂来建设；非生产性建设要发扬延安精神，不搞高标准；建设项目的初步设计和施工图要发动群众审查。

9 月 15 日，国家建委以（72）建革施字 387 号发出《关于设计、施工技术标准规范的统一格式与符号的通知》。

11月28日至12月5日，国家建委在北京召开了设计工作座谈会（详见“行业重要会议”）。

二十五、1973年

4月28日，国家建委以（73）建革工字233号文发出《印发关于加强建筑标准设计工作的几点意见的通知》。附《关于加强建筑标准设计工作的几点意见》，其主要内容为:（1）进一步发挥两个积极性。建筑标准设计工作，应在统一领导、全面规划的原则下，实行两级管理。（2）研究制订发展规划，落实工作计划。（3）提高设计质量，全面贯彻多快好省的方针。（4）加强标准设计的专业力量，搞好协作。（5）关于出版发行和试验经费。

6月22日，国家建委以（73）建革设字380号文发布《关于加强勘察工作的几点意见（征求意见稿）》。主要内容为:（1）大力加强勘察队伍的建设。（2）坚持勘察工作程序，提高勘察质量。（3）加强管理工作，提高勘察效率。（4）抓好维修保养，提高机具设备的完好率。（5）勘察和打井工作必须统筹兼顾。（6）大力开展技术革新和科学研究工作。（7）加强党对勘察工作的领导。

11月13日，国务院以国发〔1973〕158号批转《国家计委关于全国环境保护会议情况的报告》。附件有:（1）《关于全国环境保护会议情况的报告》；（2）《关于保护和改善环境的若干规定（试行草案）》。首次提出：一切新建、扩建和改建的企业，防治污染项目，必须和主体工程同时设计，同时施工，同时投产。

11月17日，国家计委、国家建委、卫生部发布《工业“三废”排放试行标准》。

11月30日，国家建委以（73）建发设字第748号文印发《对修订职工住宅、宿舍建筑标准的几项意见》（试行稿）。主要内容为:（1）修订职工住宅、宿舍建筑标准应遵循的精神原则。（2）职工住宅、宿舍建筑的主要指标。（3）各部门所属单位一律执行所在地区标准。

二十六、1974年

1月10日，国务院以国发〔1974〕8号文转发国家计委、国家建委、财政部《关于做好进口成套设备项目建设工作的报告》。《报告》中有关设计工作的内容包括:“所有进口成套设备的建设项目，应严格按基本建设程序办事。计划任务书由国家计委审查报国务院批准。总体设计由国家建委负责审批。单项工程的设计文件，由有关省、市、自治区或国务院归口部门负责审批”。“设计部门负责按照建设进度的要求及时提供设计图纸”。

4月20日，国家建委以（74）建发设字189号文发出《关于编制和审批进口成套设备项目总体设计的通知》。

9月5日至16日，经国家建委批准，由中国建筑科学研究院主持，在北京召开了全国住宅建筑设计经验交流会。通过认真讨论形成《全国住宅建筑设计经验交流会会议纪要》。

11月1日，《人民日报》发表了国家建委写作小组《设计革命胜利的十年》一文。文章列述了自1964年11月1日毛主席发表关于"开展群众性设计革命运动"以来设计工作取得的成就：设计人员的精神面貌发生了重大变化，在设计工作中认真贯彻了党的路线、方针、政策，坚持社会主义方向；他们克服重重困难，完成了上千个项目的设计，为社会主义建设做出了贡献；设计人员深入实际，调查研究，密切联系群众，走出了一条符合我国国情的设计道路；培养了一支又红又专的设计大军。

12月，中国建筑工业出版社对设计战线10年来设计革命的总结材料选编了35篇出版了《设计革命胜利的十年 1964—1974》一书，共23万字。

二十七、1975年

4月至8月，国家建委在北京建筑展览馆举办了设计上采用新技术成果展览。

7月5日至12日，国家建委召开了设计标准规范管理工作座谈会。

11月26日，我国成功发射一颗返回式遥感人造地球卫星，并按计划顺利回收，成为继美国、苏联之后第三个掌握卫星回收技术的国家。

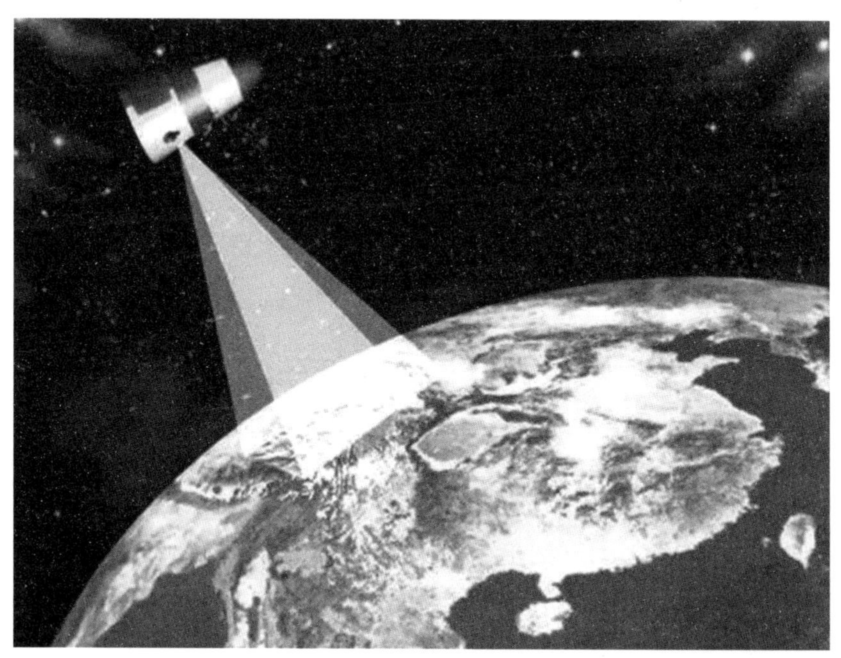

我国成功发射一颗返回式遥感人造地球卫星（1975年）

11 月 1 日至 11 月 30 日，国家建委在大庆油田召开了全国设计革命大庆现场会议。国家建委宋养初副主任在会议开始及会议结束时讲了话。会议形成《全国设计革命大庆现场会议综合简报》。

二十八、1976 年

2 月 6 日，国家计委、国家建委以（76）建发综字 13 号文发出《关于集中力量保投产、保重点项目建设的通知》。

中国对外援建的第一条铁路——坦赞铁路通车（1976 年建成通车）

2 月 28 日，全国人民防空领导小组、国家计委、国家建委、财政部以（76）人防字第 1 号、（76）建发设字第 50 号、（76）财预字第 4 号文联合发出《关于在基本建设和城市建设中加强人防战备工程建设的几点意见》，自 1976 年 3 月 1 日起试行。

7 月 28 日，唐山发生 7.8 级大地震。勘察设计单位立即投入了抗震救灾、防震加固和抗震科研的工作。

二十九、1977 年

1 月 22 日至 29 日，国家建委在济南市召开了设计革命经验交流会。国家建委宋养初副主任在会议开幕时讲了话，闭幕时作了会议总结发言。

2 月 8 日，国家建委以（77）建发设字 41 号文印发《设计革命经验交流会议纪要》，主要内容是:（1）继续深入揭批“四人帮”的反革命滔天罪行。（2）加强党的建设，搞好领导班子和队伍革命化。领导班子要按三项基本原则认真解决路线、干劲、作风和团结问题；全面贯彻对知识分子团结、教育、改造的政策；要继续选派优秀工人到设计单位“掺沙子”。（3）努力学大庆，为普及大庆式勘察设计单位而奋斗。要加强领导，全面规划，做好经常性的检查、总结、评比工作；1977 年要力争有 10% 的单位达到大庆式企业标准。（4）做好勘察设计工作，迎接社会主义建设新高潮。要争取做到提前设计年度；要总结经验，批判“大、洋、全”和因循守旧；建立分级审查制度；采用和发展新技术，建立和健全合理的规章制度，有计划的编制标准设计，为普及大寨县做贡献。（5）掀起学习马、列著作和毛主席著作群众运动的新高潮。

4 月 10 日，国家建委以（77）建发设字 88 号文印发《关于厂矿企业职工住宅、宿舍建筑标准的几项意见》。

4 月 14 日，国家计委、国家建委、财政部、国务院环境保护领导小组发布《关于治理工业“三废”，开展综合利用的几项规定》。

7 月 25 日至 8 月 1 日，国家建委设计局在上海召开了老企业挖潜、革新、改造设计经验交流会。

12 月 14 日至 23 日，国家建委在北京召开设计处长汇报会，会议形成了《关于勘察设计战线 1978 年几项工作的意见》。

三十、1978 年

3 月 13 日，华国锋总理在国务院会议上指出：应该看到，我国科学技术落后，科学技术要搞上去，引进外国的先进技术，学习外国的好经验，非常重要。

3 月 18 日，中共中央在北京召开有 6000 多人参加的全国科学技术大会。邓小平在开幕式上讲了话，提出了“科学技术是生产力”的重要论断。会上隆重奖励了 7657 项科技成果，其中包括一批工程勘察设计的科技成果。

4 月 19 日，华国锋主席在政治局听取国家计委等五个部门关于《今后八年发展对外贸易、增加外汇收入的规划要点》的汇报后，指出：西德、日本战败后，10 多年就上去了，要研究他们的经验。我们要经过 20 年实现四个现代化，就要真正动脑筋，想办法，争速度，这就有一个引进的问题。思想再解放一点，胆子再大一点，办法再多一点，步子再快一点。

4 月 22 日，国家计委、国家建委、财政部以计基〔1978〕234 号文发出《关于试行加强基本建设管理几个规定的通知》，并附 5 个附件：（一）《关于加强基本建设管理的几项意见》。（二）《关于基本建设程序的若干规定》。（三）《关于基本建设项目和大中型划分标准的规定》。（四）《关于加强自筹基本建设管理的规定》。（五）《关于基本建设投资与各项费用划分规定》。

6 月 3 日，华国锋主席在听取中国经济代表团访日工作汇报和赴港澳经济贸易考察组的汇报后指出：我们搞四个现代化，要坚持独立自主、自力更生，同时学习外国的先进经验。要学习外国，就得出去考察了解，看来很需要，可以解放思想，看看国外有什么好东西，看看资本主义的弱点，联系自己作为借鉴。

7月29日，国家建委以（78）建发设字第410号文发出《关于颁发试行设计文件的编制和审批办法的通知》。

9月29日，国家计委、国家建委、财政部联合以（78）建发设字第386号、（78）财基字第534号文下达《关于试行关于加强基本建设概、预、决算管理工作的几项规定的通知》。

10月6日至12日，国家建委设计局在秦皇岛召开设计单位使用电子计算机经验交流会议。10月17日，国家建委以（78）建发设字第473号文发布了这次会议的综合简报。会议回顾了粉碎“四人帮”后取得的成绩，指出，“目前全国设计单位计算机已有93台，它对加快建设速度，提高设计质量，促进设计技术的提高起了一定的作用，由于它是多功能的，应用范围还有待逐步扩大。”会议还对电子计算机的使用时间和协作问题作了相应的规定。

12月18日至22日，中国共产党第十一届中央委员会第三次全体会议在北京举行，会议的中心议题是讨论把全党的工作重点转移到社会主义现代化建设上来。标志着中国从此进入了改革开放和社会主义现代化建设的历史新时期。

12月28日，国务院发布《中华人民共和国发明奖励条例》。

我国20世纪70年代引进的13套大化肥项目之一——贵州赤水河天然气化肥厂年产30万吨合成氨48万吨尿素装置（1978年建成投产）

三十一、1979 年

1 月 6 日至 15 日，国家建委在北京召开全国勘察设计工作会议（详见“行业重要会议”）。

1 月 8 日，化学工业部以（79）化基字第 0018 号文发出关于试行《设计工作岗位责任制、设计计划管理制度、设计技术管理制度、设计工作基本程序等四个制度》的通知，同时发布了设计任务书、选厂报告、设计原始资料收集、总体规划设计、设计开工及完工报告等的编制提纲，这是自“文革”以后，勘察设计行业中最早发布整顿和恢复设计工作正常秩序，重新启航的若干明确规定，对化工设计行业产生了重大影响。

2 月 2 日，国家建委以（79）建发科字第 55 号文发出《批转 1978 年到 1985 年建筑设计标准化工作规划要点》。附件:《关于编制建筑构配件统一产品目录的意见》。

2 月 5 日，国家建委以（79）建发设字第 67 号文发出《关于编制建筑结构设计统一标准的通知》。附件:（1）建筑科学研究院《关于开展建筑结构安全度的研究情况及建议编制建筑结构设计的报告》。（2）编制《建筑结构设计统一标准》计划表。

4 月 13 日，中共中央、国务院中发〔1979〕33 号文批转国家建委党组《关于改进当前基本建设工作的若干意见》。该文件指出：今后新开工的项目，都要按照国家计委、国家建委、财政部 1978 年 4 月 22 日发布的《关于基本建设程序的若干规定》（计计〔1978〕234 号），认真做好前期工作。今后新建、改建、扩建的大中型项目的设计，都要尽可能采用国内外的新技术，切实做到技术先进、经济合理、安全可靠。勘察设计单位，要有计划地引进一些先进的仪器、设备，采用电算技术，提高勘察设计的技术水平和工作效率。“意见”明确指出，“勘察设计单位现在绝大部分是由事业费开支，要逐步实行企业化，收取设计费。”首次以中共中央、国务院文件明确了勘察设计改革的方向。

4 月 20 日，国家建委以（79）建发综字第 249 号文下达《关于试行基本建设合同制的通知》。附件:（1）《建筑安装工程合同试行条例》。（2）《勘察设计合同试行条例》。

5 月 10 日，国家计委、国家建委以（79）建发设字 280 号文发出《关于做好基本建设前期工作的通知》。主要内容为:（1）开展前期工作必须以国家的长远计划作为依据。（2）认真编制并及时审批建设项目的计划任务书。（3）认真选择厂址。（4）认真做好工矿区规划，重视环境保护工作。（5）保证设计周期，提高设计质量。（6）搞好设备预安排。（7）做好施工准备。（8）建立好基本建设前期工作计划制度。（9）加强责任制。（10）对于小型基建项目，各省、市、自治区和有关主管部门，也要根据本通知精神认真做好前期工作。

6月8日，国家计委、国家建委、财政部以（79）建发设字315号及（79）财基字200号文发出《关于勘察设计单位实行企业化取费试点的通知》。这个文件与国家建委《关于试行基本建设合同制的通知》一起，启动了勘察设计改革的实际步骤，试点单位开始了勘察设计取费试点，一些非试点单位也陆续开始实行勘察设计取费。

7月31日，国务院以国发〔1979〕89号发出《颁发中华人民共和国标准化管理条例的通知》。本条例取代1962年12月4日国务院直秘齐字574号颁布的《工农业产品和工程建设技术标准管理办法》。

9月13日，第五届全国人大常委会第十一次会议原则通过《中华人民共和国环境保护法（试行）》。

9月23日，国家建委以（79）建发施字第316号发出《关于保证基本建设工程质量的若干规定》。该规定要求:“勘察设计工作必须坚持设计程序，严格执行审批制度。……未经必要的勘察，不准设计。没有经过主管部门批准的初步设计，不能出施工图。没有施工图，不准施工。”“改建和扩建项目，必须首先搞清原有工程的设计详图、技术条件、基础资料、施工质量、运营和使用情况，并经主管部门批准，才能进行设计和施工”。

10月8日，国务院以国发〔1979〕237号印发《中华人民共和国环境保护法（试行）》。明确规定，在进行新建、改建和扩建工程时，防止污染和其他公害的设施，必须与主体工程同时设计、同时施工、同时投产。

10月28日至10月30日，经国家建委党组批准，在武昌召开了中国工程建设标准化委员会第一次全国代表大会。会议的主要内容为：讨论和修改并原则通过《中国工程建设标准化组织条例（草案）》。

蛇口工业区轰然响起填海建港的开山炮——“改革开放第一炮”（1979年）

11 月 21 日，国务院发布《中华人民共和国自然科学奖励条例》。

12 月 19 日至 12 月 26 日，国家建委在北京召开了全国勘察设计单位企业化试点工作会议。会议以中共十一届三中全会精神为指导，交流了一年来设计单位试行企业化工作的经验，共同讨论修改了《关于进一步做好勘察设计单位企业化取费试点的意见》，对企业化后的计划定额管理、财务管理、收费工作均作了研究，交换了搞好 1980 年设计工作的意见。

三十二、1980 年

1 月 3 日，国家建委以（80）建发设字第 8 号通知颁发《工程建设标准规范管理办法》。主要内容为：第一章，总则；第二章，标准的制订或修订；第三章，标准的分级及审批颁发；第四章，标准的贯彻执行；第五章，工程质量的监督和检查；第六章，标准的管理机构及其职责；第七章，附则。

3 月 16 日，国家建委以（80）建发设字 100 号文发出了《关于印发对全国勘察设计单位进行登记和颁发证书的暂行办法的通知》。这是中华人民共和国成立后第一次在全国范围内对勘察设计单位进行资格认证。

5 月 5 日，国家建委以（80）建发设字 203 号文印发《关于勘察设计单位逐步实行企业化的规划要求》。主要内容为：根据中发〔1980〕1 号文及中发〔1980〕6 号文关于事业及科研设计单位积极改为企业经营的要求，在总结 35 个勘察设计单位企业化试点初步经验基础上，提出全国勘察设计单位逐步企业化的规划要点。初步设想：1979 年至 1980 年为试点时期，1981 年至 1982 年逐步推广，1983 年全国有条件的勘察设计单位均改为企业化。未试点单位可采用事业费包干，收入留成的办法。对已发现的问题提出如下解决办法：在经费上可以“以丰补歉”，改进收费制度，在完成上级下达任务后，可以参加一定范围的竞争，并要注意设计体制的改革，勘察单位逐步实行地方化，设计单位要不断扩大设计业务范围。

5 月 16 日，国家建委、国家计委、财政部以（80）建发设字 217 号文发出《关于进一步做好勘察设计单位企业化试点工作的通知》，确定增加 16 个试点单位，并随文印发《关于进一步做好勘察设计单位企业化试点的意见》。

5 月 19 日至 5 月 21 日，国家建委设计局和中国技术经济研究学会联合举办可行性研究报告会。会上有北京钢铁设计研究总院，有色设计研究总院，一机部第二、第九设计院等单位介绍了各自开展可行性研究的试点情况、存在问题及对开展这项工作的建议。

7 月，国家建工总局提出《关于改革现行工程地质勘察体制为岩土工程体制的建议》，拉开了我国工程勘察体制向岩土工程体制改革的序幕。

8 月 26 日，国务院批准设立深圳特区。

10 月 26 日至 10 月 31 日，国家建委在成都召开了全国工程建设标准设计工作会议，共 152 人参加。会议的主要任务是：交流工程建设标准设计工作的经验；讨论《工程建设标准设计管理办法》，研究在国民经济调整时期一步搞好标准设计工作的意见。

12 月 11 日，国家建委发出《关于试行工程勘察取费标准的通知》。对工程勘察取费作了统一规定，从 1981 年 1 月起执行。工程勘察取费标准分六个部分：第一，勘察工程费用估算指标。第二，工程勘察取费的几项规定。第三，工程测量取费标准。第四，工程地质取费标准。第五，水文地质取费标准。第六，工程物探取费标准。

1976 年至 1980 年，国家建委为了解决勘察机具陈旧落后和短缺问题，组织勘察设备新产品试制 58 项，下拨勘察设备新产品试制费 529 万元。

三十三、1981 年

1 月 2 日，国家建委以（81）建发设字第 4 号通知印发《全国工程建设标准设计工作会议纪要》。主要内容为：首先回顾了 31 年来的标准设计工作，当前要着重抓好以下工作:（1）进一步提高对标准设计重要作用的认识。（2）编制标准设计，必须贯彻“通用性强、安全适用、技术先进、经济合理、便于工业化生产”的原则。（3）妥善处理标准设计工作中的几个关系问题。（4）加强领导，抓五个环节。（5）健全标准设计管理机构，沟通经费渠道。

1 月 2 日，国家建委以（81）建发设字第 3 号通知颁发《全国工程建设标准设计管理办法》。

1 月 21 日，国务院以国发〔1981〕12 号文发出《关于颁发技术引进和设备进口工作暂行条例的通知》。《条例》规定了技术引进和设备进口项目可行性研究的内容和有关问题。

1 月 30 日，国家建委以（81）建发设字 34 号文发出了《关于印发对全国勘察设计单位进行登记和颁发证书的补充办法的通知》。

3 月 25 日，国家计委、国家建委、财政部以（81）建发综字 100 号文发出《印发关于制止盲目建设、重复建设的几项规定的通知》。《几项规定》的内容包括:（1）不准搞资源不清的项目;（2）不准搞工程地质、水文地质不清的项目;（3）不准搞工艺不过关的项目;（4）不准搞工艺技术十分落后、消耗过高的项目;（5）不准搞协作配套条件不落实的项目;（6）不准搞污染环境而无治理方案的项目;（7）不准搞“长线”产品项目;（8）不准搞重复建设的项目;（9）不准搞“大而全”“小而全”项目;（10）不准搞同现有生产企业争原料的项目;（11）不准盲目引进项目;（12）不准搞“楼堂馆所”。

5 月 8 日，国家建委以（81）建发设字 208 号文发出《关于试办工程咨询公司的通知》。《通知》指出：为贯彻国务院《关于加强基本建设管理、控制基本建设规模的若干规定》，为了提出质量好的可行性研究报告及项目的经济评价意见，需要成立工程咨询业务单位以适应此项工作，请各部选一、两个单位建立咨询公司，隶属关系不变，归国家建委归口指导。

5月11日，国家计委、国家建委、国家经委、国务院环境保护领导小组以（81）国环字12号文发出《关于颁发基本建设项目环境保护管理办法的通知》。《管理办法》规定：防止污染和其他公害的设施，必须与主体工程同时设计、同时施工、同时投产；基本建设项目的初步设计，必须有环境保护篇章，保证环境影响报告书及其审批意见所规定的各项措施得到落实。

7月28日，国家建委、国家经委以（81）建发施字329号文发出《关于颁发国家优质工程奖励暂行条例的通知》。《条例》规定：国家优质工程奖以工程项目和施工企业为奖励对象，分别称："国家优质工程项目奖"和"国家优质工程企业奖"。9月3日，国家建委以（81）建发设字384号文印发了《对职工住宅设计标准的几项补充规定》。"补充规定"是设计、建设标准，而不是普遍的分配标准。

11月9日至14日，国家建委在北京召开"全国优秀设计总结表彰会议"（详见"行业重要会议"）。

11月11日，在"全国优秀设计总结表彰会议"期间，在中南海怀仁堂召开了隆重的授奖表彰大会。国务院副总理薄一波、姚依林、谷牧出席了大会。出席会议的还有国务院有关部、委、总局，国防科委，国防工办和军委后勤部的负责人共三十几位部长、副部长，主任、副主任。薄一波在会上指出：设计工作是基本建设战线最重要的一个环节，要进行设计体制改革，要实行合同制，打破"大锅饭"，把"一条虫"变成"一条龙"。会上宣读了所有授奖项目和授奖单位的名单，并发给奖状和奖册。

三十四、1982年

1月2日，中共中央、国务院以中发〔1982〕2号文件发布《关于国营工业企业进行全面整顿的决定》。根据这个文件的精神，各勘察设计单位也随后进行了全面整顿。

2月26日，国家建委、国家计委以（82）建发综字76号文发布《关于缩短建设工期，提高投资效益的若干规定》。该规定提出，坚决改变边勘察边设计、边施工的错误做法，适当提前设计年度；努力提高设计质量；恢复和健全设计责任制，实行设计总负责人、审核人等制度；由于设计质量事故而引起工程返工、拖期、概算超支、工程报废，设计单位必须承担经济责任，视所造成损失、浪费的大小，按设计费的一定比例索赔；广泛开展创优秀设计活动，由国家建委每隔一定时期组织一次全国性的设计评奖；加强概、预算管理；逐步恢复由设计单位编制施工图预算及联合会审的制度。

3月16日，国务院颁布《中华人民共和国合理化建议和技术改进奖励条例》，废止了1963年发布的《技术改进奖励条例》。

6月8日，为探索我国基本建设管理体制改革的途径，化工部以（82）化基字第650号印发《关于改革现行基本建设管理体制，试行以设计为主体的工程总承包制的意见》，同时发布了《工程总承包制要点》，确定化工部第四设计院和第八设计院为工程总承包试点单位，是全国最早试行工程总承包的单位，成为全行业实行工程总承包的领头羊。推动了工程勘察设计行业体制改革的进程，促进了我国基本建设管理体制改革的步伐。

11月17日，国家计委、国家经委以计固〔1982〕983号文发出《关于加强基本建设经济定额、标准、规范等基础工作的通知》。

12月24日，国务院以国发〔1982〕153号文发布《关于严格控制固定资产投资规模的补充规定》。

当年，中国国际工程咨询公司成立。

三十五、1983年

2月2日，国家计委以计资〔1983〕116号文发出《关于颁发建设项目进行可行性研究的试行管理办法的通知》，指出：可行性研究是建设前期工作的重要内容，是基本建设程序中的组成部分。《试行管理办法》对可行性研究报告的编制程序、编制内容、预审与复审等作了规定。

2月2日，国家计委以计资〔1983〕117号文发出《关于编制建设前期工作计划的补充通知》。《通知》指出：建设前期工作的内容，包括项目的可行性研究报告、设计任务书和初步设计。

3月13日至3月23日，全国勘察设计工作会议在北京召开（详见“行业重要会议”）。

3月24日，国家计委以计资〔1983〕373号文发出《关于建立建设前期工作项目经理的通知》，附发了《建立建设前期工作项目经理的规定》。规定了项目经理的主要权力、必须遵循的原则等。

3月25日，国家计委、国家经委以计施〔1983〕387号文发布《关于国家优质工程奖励暂行条例补充规定》，“规定”指出：凡是申请“国家优质工程金质奖”的项目，设计必须是国家级优秀设计；凡是申请“国家优质工程银质奖”的项目，设计必须是部或省、市、自治区级优秀设计。

6月20日，国家计委、国家经委、国家统计局以计资〔1983〕869号文发出《关于更新改造措施与基本建设划分的暂行规定》。

6月30日，国家计委以计设〔1983〕930号文发出《关于开展创优秀设计活动的几项规定》。“规定”对在全面改善设计工作的基础上开展创优秀设计活动、优秀设计的标准、优秀设计的评选、优秀设计的奖励、加强对开展创优秀设计活动的领导等做出了规定。

7 月 12 日，国家计委、财政部、劳动人事部以计设〔1983〕1022 号文发出《关于勘察设计单位试行技术经济责任制的通知》，附《关于勘察设计单位试行技术经济多责任制的若干规定》。《通知》指出：勘察设计单位试行技术经济责任制，全面改为收费的办法，是勘察设计体制改革的重要内容，是一项政策性强又复杂细致的工作。《若干规定》指出：当前的改革工作，主要是试行技术经济责任制，全面推行低收费办法。本规定自 1983 年下半年开始实行。该文件对推动勘察设计改革发挥了重要作用。

7 月 19 日，国家计委、建设银行以计标〔1983〕1038 号文发出《试行关于改进工程建设概预算工作的若干规定的通知》。《通知》提到，根据《中华人民共和国经济合同法》关于设计单位编制施工图预算的要求，结合实际情况，拟有计划、有步骤地在各设计单位推行。

8 月 8 日，国务院以国发〔1983〕122 号文发出《关于颁发建设工程勘察设计合同条例和建筑安装工程承包合同条例的通知》。《建设工程勘察设计合同条例》对勘察设计合同应具备的主要条款、定金、合同双方的责任、应承担的违约责任等作了规定。

8 月 27 日，国家计委设计管理局召开了国务院 27 个部门勘察设计单位整顿工作汇报会。9 月 16 日，印发《国务院各部门所属勘察设计单位整顿工作情况简报》，并指出，国务院各部门，贯彻执行中发〔1982〕2 号及中办发〔1983〕47 号文件。所属勘察设计单位的整顿工作方面起步晚，发展很不平衡，要求在 1985 年底以前整顿完毕，各部各地要抓紧拟订整顿工作的验收标准和验收细则，要加强对这一工作的领导。

9 月至 10 月，化工部第四设计院、第八设计院先后改建为工程公司，并更名为中国武汉化工工程公司（后改名为中国五环化工工程公司）、中国成都化工工程公司（后改名为中国成达化工工程公司）。1984 年 9 月，又将化工部化工设计公司、化工部第一设计院分别改建为中国寰球化工工程公司、中国天津化工工程公司（后改名为中国天辰化工工程公司）。这是我国最早改建为工程公司的几个工程设计单位。

10 月 4 日，国家计委以计设〔1983〕1477 号文发出《关于印发基本建设设计工作管理暂行办法、基本建设勘察工作管理暂行办法的通知》。《基本建设设计工作管理暂行办法》对设计工作的地位与作用作了如下阐述：基本建设设计工作是工程建设的关键环节，在建设项目确定以前，为项目决策提供科学依据；在建设项目确定以后，为工程建设提供设计文件。做好设计工作，对工程项目建设过程中节约投资和建成后取得好的经济效益，起着决定性的作用。

《基本建设勘察工作管理暂行办法》对勘察工作的地位和作用作了如下阐述：基本建设勘察工作在工程建设各重要环节中居先行地位。勘察成果资料是进行规划、设计、施工必不可少的基本依据，对工程建设的经济效益有着直接影响。两个《暂行办法》规定，设计单位和勘察单位都要建立技术经济责任制。对勘察设计资格认证，两个《暂行办法》规定，设计单位和勘察单位都必须按隶属关系向主管部和省、市、自治区主管基建的综合部门申请，经审查批准，颁发设计证书或勘察证书后，才具有勘察或设计资格。没有证书的单位，不得承揽任务。

三十六、1984 年

1 月 5 日，国务院发布了《城市规划条例》。

3 月 12 日，中华人民共和国主席令第 11 号发布《中华人民共和国专利法》。

4 月 6 日，国家计委以计设〔1984〕，596 号文发出《关于颁发试行工程设计收费标准的通知》。该《收费标准》是在 1979 年国家计委、国家建委、财政部《关于勘察设计单位实行企业化取费试点的通知》中关于收费规定的基础上制定的。在收费方法上对不同工程项目规定了不同的收费方式。在全部 31 个行业中，大部分工程项目采用了以实物工程量或生产能力为单位的定额收费办法。有 7 个行业的全部项目和 12 个行业的部分项目，仍然采用概算投资额百分比收费办法。

4 月 25 日，国务院修订发布了《中华人民共和国发明奖励条例》。

4 月 25 日，国务院修订发布了《中华人民共和国自然科学奖励条例》。

4 月 25 日，国家计委、城乡建设环境保护部以计标〔1984〕774 号文发布了《关于贯彻执行国务院关于严格控制城镇住宅标准的规定的若干意见》。

5 月，中共中央、国务院决定开放大连、秦皇岛、天津、烟台、青岛、连云港、南通、上海、宁波、温州、福州、广州、湛江、北海 14 个沿海城市。

天津滨海新区（1984 年 5 月，中共中央、国务院决定天津市为沿海开放城市）

5月8日，国务院以国发〔1984〕64号文发布《关于环境保护工作的决定》。指出:“新建、扩建、改建项目（包括小型建设项目）和技术改造项，以及一切可能对环境造成污染和破坏的工程建设和自然开发项目，都必须严格执行防治污染和生态破坏的措施与主体工程同时设计、施工、投产的规定。”

5月8日，国务院以国发〔1984〕65号发出《批转国家计委关于建设项目超概算检查情况的报告的通知》，指出:（1）认真做好建设项目的决策工作。编报设计任务书要实事求是，对地质不清、资源不明、建设条件不具备的，不能批准建设；对建设项目投资控制数要认真核定，不得有意压低投资、留缺口、搞“钓鱼”，或有意加大投资、宽打窄用。（2）切实搞好设计和概算工作，把好设计审查关。初步设计及总概算，必须严格按批准的设计任务书进行编制，不得任意增加建设内容，扩大规模，提高标准。设计概算超过设计任务书投资限额10%以上的，要重报设计任务书，或者重新补充资料，重做初步设计。

5月11日，国家计委以计设〔1984〕863号文发出《关于颁发试行工程勘察收费标准（修订本）的通知》。该《收费标准》是对原国家建委1980年12月颁发的《工程勘察收费标准》（试行本）的修订。

5月15日，全国人大六届二次会议《政府工作报告》中提出:“设计是整个工程的灵魂。要改革设计工作，积极采用先进的科技成果，修改不合理的设计规范，制订新的标准、定额。设计单位要逐步向企业化、社会化方向发展。”

6月11日，胡耀邦在《国内动态清样》第1494期“工程师章继浩对改革设计管理体制的建议”上给胡启立、王兆国作了批示:“建议印成书记处参阅文件，改革问题需要我们一个领域一个领域的抓一下，把每个领域的改革方向、方针和政策抓准。”并建议书记处召开座谈会进行研究并提出一个报告。

6月19日，根据胡耀邦的批示，胡启立、郝建秀、王兆国等在中南海召开设计改革座谈会，会议结束前书记处书记胡启立讲话指出：设计改革首先要解决指导思想问题。过去把知识分子看成异己力量，轻设计、重施工，轻视智力，重视体力，报酬倒挂等。这就要求我们首先要认真解决重视科学技术，重视知识分子这个重要问题，解决科学技术包括设计技术都属于生产力范畴这个重要的认识问题。把设计人员的积极性调动起来，发挥智力和技术的作用，就可以把科技成果变成现实的生产力，就有巨大的潜力，巨大的经济效益。设计在经济建设中的重要作用，用一句话概括起来说就是，没有现代化的设计，就没有现代化的建设。进行设计改革，要走企业化、社会化这条路。

国家计委根据座谈会的精神起草了《关于工程设计改革的几点意见》。

7月3日下午，国务院主要领导主持召开国务院常务会议，听取了会议汇报，出席会议的有田纪云、谷牧、姬鹏飞、张劲夫、宋平、杜星垣等。国务院主要领导讲话时讲到了关于设计改革问题，指出设计工作很重要，基本建设项目能不能节约投资、缩短工期、采用先进技术、取得显著的经济效益，设计起着关键的作用；设计改革要抓好，要逐步走企业化的道路；设计单位要实行招标投标的办法，鼓励竞争。

8月18日，国家计委以计资〔1984〕1684号文发出《关于简化基本建设项目审批手续的通知》。

9月12日，国务院以国发〔1984〕118号发布《中华人民共和国科学技术进步奖励条例》。

9月18日，国务院以国发〔1984〕123号发出《关于改革建筑业和基本建设管理体制若干问题的暂行规定》。其中，对勘察设计的规定有：勘察设计要向企业化、社会化方向发展，全面推行技术经济承包责任制。勘察设计单位承担任务一律要签订承包合同，按国家规定的收费标准，收取勘察设计费，实行企业化经营，独立核算，自负盈亏。勘察设计单位内部可按项目或专业实行承包。设计人员的奖金要与贡献大小挂钩，上不封顶，下不保底。鼓励勘察设计单位积极采用和开发先进技术，对设计质量高、降低工程造价、缩短建设周期、提高经济效益有显著成绩的，可以适当增收设计费或实行节约投资分成，对贡献大的人员，要给予特殊奖励；对延误设计进度和造成设计质量事故的单位和个人，应扣罚设计费、奖金或给予其他处分。勘察设计单位要优先保证完成重点项目的勘察设计任务。勘察设计单位要打破部门、地区界限，开展设计投标竞争。凡是经过审查，发给勘察设计证书的国营、集体设计单位和个体设计者，都可参加投标竞争。现有的设计事业费，主要用于建设项目的前期工作和开发新技术。

11月5日，国家计委、城乡建设环境保护部以计设〔1984〕2301号文发出《关于印发工程承包公司暂行办法的通知》。《暂行办法》分为总则，工程承包公司的组建，工程承包公司的任务，工程承包公司的责、权、利，附则五章。这一文件调动了设计单位组建工程承包公司的积极性。

11月10日，国务院以国发〔1984〕157号文发出《批转国家计委关于工程设计改革的几点意见的通知》。阐述了工程设计的地位和作用：设计是工程建设的灵魂，在建设中起着主导作用。设计方案是否先进合理，极大地影响着建设项目的经济效益，决定着一大批新老企业能不能走上现代化的轨道。先进的设计，可为建设事业赢得时间、节省资金、节约能源。没有现代化水平的设计，就不会有现代化的建设。设计改革的方向，是走企业化、社会化的道路；改革的目的是调动广大设计人员的积极性，做出技术水平高、经济效益好、具有现代化水平的设计。

11月20日，国家计委、城乡建设环境保护部以计施〔1984〕2410号文发出《关于印发建设工程招标投标暂行规定的通知》。《暂行规定》规定，建设工程招标形式包括:（1）全过程招标;（2）勘察设计招标;（3）材料、设备供应招标;（4）工程施工招标。招标采取的方式有:（1）公开招标;（2）邀请招标。

当年起，各勘察设计单位按照试行技术经济责任制、试行勘察设计合同制、企业化取费试点的要求，开始了事业单位企业化管理。

11 月，国务院批转国家计委《关于工程设计改革的几点意见》中明确指出：设计单位要逐步脱离部门领导，政企职责分开，实行社会化。各地区、各部门要逐步成立勘察设计协会，组织技术交流和行业协作。国家计委以计设〔1984〕2620 号文件向国家体制改革委员会提出《关于申请成立中国勘察设计协会的报告》，国家体改委与劳动人事部研究同意后报国务院审批。

当年，我国已经拥有工程勘察设计队伍 36 万人。

三十七、1985 年

1 月 10 日，国务院发布《关于技术转让的暂行规定》。

1 月 21 日至 1 月 26 日，全国设计工作和表彰优秀设计会议在北京召开（详见“行业重要会议”）。

2 月，中共中央、国务院发出通知，批准将长江三角洲、珠江三角洲和闽南厦漳泉三角地区划为沿海经济开放区。

3 月 5 日，国家计委、城乡建设环境保护部以计设〔1985〕422 号文颁发《集体和个体设计单位管理暂行办法》，对集体和个体设计单位的资格审查、经营管理、质量管理等作了规定。

5 月 4 日，国家计委以计设发〔1985〕6 号文发出《关于转发镇海石油化工厂尿素装置合作设计总结的通知》。指出，这种合作设计是成功的。合作设计是利用国内外设计技术力量共同完成我国工程项目设计的一种重要形式，也是我国设计单位进行国际合作，打入国际市场，由封闭型转变为开放型的有效途径。

厦门城市风光（1984 年 5 月，中共中央、国务院决定厦门市为沿海开放城市）

6月14日，国家计委、城乡建设环境保护部以计设〔1985〕92号文颁发《工程设计招标投标暂行规定》。规定：大中型建设项目的工程建设，都要创造条件，进行设计招标；确定中标的依据是设计方案的优劣，投入产出、经济效益好坏，设计进度快慢，设计资历和社会声誉。

6月28日，国家计委以计设〔1985〕1000号文发出《关于保证勘察设计质量和重点建设项目勘察设计进度的通知》。

7月7日，国家计委以计人〔1985〕1047号文发出《关于成立中国勘察设计协会的通知》，正式批准成立中国勘察设计协会。随后，各地区、各部门也相继成立了勘察设计协会。中国勘察设计协会第一届理事长是时任国家计委副主任干志坚，常务副理事长为时任国家计委设计管理局局长吴奕良，秘书长由吴凤池兼任。

8月28日，邓小平会见津巴布韦非洲民族联盟主席 、政府总理穆加贝时说：改革是中国发展生产力的必由之路。

9月30日，国务院以国发〔1985〕117号批转国家经委《关于开展资源综合利用若干问题的暂行规定》。明确规定，对于“确有经济效益的综合利用项目，应当同治理环境污染一样，与主体工程同时设计、同时施工、同时投产。”

11月28日，国家计委以计设〔1985〕1904号文发出《关于加强工程勘察设计收费管理工作的通知》，针对随意提高或修改收费标准、擅自收取勘察设计费、收受“回扣”、套取现金进行私分等问题，做出了有关规定。

三十八、1986年

1月12日，国务院发布《节约能源管理暂行条例》。

2月15日，国家计委以计设〔1986〕173号文发出《印发关于加强工程勘察工作的几点意见的通知》。《几点意见》指出，工程勘察是基本建设的重要环节。勘察成果是项目决策、设计和施工的重要依据。勘察质量的高低，直接关系到工程建设项目的经济效益、环境效益和社会效益。

3月，国家计委《关于加强工程勘察工作的几点意见》，明确工程勘察“可以向岩土工程方向发展”，同年又发出《关于工程勘察单位进一步推行岩土工程的几点意见》，推行岩土工程体制的工作开始全面正式启动。

3月27日经国务院批准，国家计委、对外经贸部于5月26日以计设〔1986〕840号文发出《关于印发中外合作设计工程项目暂行规定的通知》规定：“中国投资或中外合资、外国贷款项目的设计，需要委托外国设计机构承担时，应有中国设计机构参加，进行合作设计”。“中国投资的工程项目，中国设计机构能够设计的，不得委托外国设计机构承担设计，但可以引进与工程项目有关的部分设计技术或向外国设计机构进行技术经济咨询”。“外国在我国境内投资的工程项目，原则上也应由中国设计机构承担设计；如果投资方要求由外国设计机构承担设计，应有中国设计机构参加，进行合作设计。”

4 月 5 日和 5 月 27 日，国务院主要领导就我国高层建筑建设应以我为主进行总承包、由地方担任项目经理问题，作了两次批示。4 月 5 日，就《吴光汉：探索我国高层建筑建设道路》一文批示：“干志坚同志：此件请你组织有关方面了解一下实际情况，并提出看法。如果高层建筑都能走这条路，是很大节约，而且将大大提高我国建筑业的技术水平。”5 月 27 日，就国家计委（于志坚时任副主任）上报的调查报告批示：“同意。虽然完全有条件做到，要真正抓才能成功。此点至关重要。谈一下了事，将不会有什么结果。请上海、广州两地党政大力支持，并要有真正负责而有能力的人去干这件事才行。”

5 月 15 日，全国科学技术奖励大会在北京举行。大会奖励了荣获首次国家级科技进步奖的 1761 个项目、荣获“八五”国家发明奖的 185 个项目和荣获“六五”攻关成果奖的 115 个项目和 37 个个人。

6 月 4 日，国务院修订发布《中华人民共和国合理化建议和技术改进奖励条例》。

6 月 25 日，国家计委以计设〔1986〕1085 号文颁发《关于加强工程设计招标投标工作的通知》规定：设计招标一般采取可行性研究招标为好，不宜搞初步设计招标；设计单位中标后，可以连续承担初步设计和施工图设计；强调不能将设计费作为评标的依据；对非中标单位的费用应当给予补偿；设计招标应事先资格审查，邀请参加投标的单位以三至四个为宜，中小型项目不宜搞全国性招标。

6 月 30 日，国家计委以计设〔1986〕1137 号文颁布《全国工程勘察、设计单位资格认证管理暂行办法》。这是在全国范围内对勘察设计单位进行的第二次资格认证。《暂行办法》规定，我国的工程勘察、设计单位，必须经过资格认证，获得工程勘察证书或工程设计证书，才能承担工程勘察任务或工程设计任务。证书等级分为甲、乙、丙、丁四级。

7 月 9 日，国务院以国发〔1986〕73 号发出《关于促进科技人员合理流动的通知》。

7 月 17 日，国家计委、劳动人事部、财政部、城乡建设环境保护部以计设〔1986〕1275 号文发出《关于印发工程勘察设计单位组织业余设计有关问题的规定的通知》。《规定》要求：业余设计的时间，每周掌握在六小时以内；勘察设计单位组织业余设计的收入，百分之八十纳入单位的正常收入，百分之二十由单位统筹安排分配给个人；直接参加业余设计的人员个人所得每人每月在 30 元以内的免征奖金税，超过 30 元的部分计入单位的奖金总额。

7 月 20 日，国家计委以计设〔1986〕1276 号文印发《优秀工程设计评选办法》。

8 月 7 日，国计委以计设〔1986〕1463 号文发出《关于勘察设计单位推行全面质量管理的通知》。《通知》要求：先用两年左右时间，在300人以上的勘察设计单位推行全面质量管理；然后再用两三年时间在全国勘察设计单位普及。

8月9日，国家计委以计设〔1986〕1423号文发出《关于印发优秀工程勘察奖评选办法的通知》规定：全国优秀工程勘察奖设金质奖和银质奖；评选工作每两年进行一次。

10月8日，李鹏副总理在全国基本建设管理体制改革座谈会上讲话指出：过去，我们搞基本建设的组织机构，一个叫指挥部，一个叫建设单位，各有利弊。但都不是一个固定的、专门的、全面组织建设工作的机构。我觉得，综合地管理基本建设，把设计、施工、拨款、工程进度、设备材料等有机地组织起来，是一项专门的学问，是一个系统工程，需要一批这方面的专门机构和专门人才。过去这个工作分散到很多部门去做，有的在工厂，有的是建设单位组织一个筹建处，有的组成一个指挥部，把党政军民都协调起来，项目大的，总指挥往往就是市长、部长、省长，还有过去的国家建设委员会。工程建设一完，如果没有续建项目，这些人就散了，经验积累不起来。要使今后我们国家基本建设工作走上科学管理的道路，不发展这种专门从事组织建设工作的行业是不行的。

12月13日，国家计委、财政部、劳动人事部以计设〔1986〕2562号文发出《关于勘察设计单位实行技术经济责任制若干问题的补充通知》。

12月15日，国家科学技术进步奖评审委员会发布《中华人民共和国科学技术进步奖励条例实施细则》。

三十九、1987年

1月10日至1月17日，全国勘察设计工作会议和中国勘察设计协会第一届理事会议在北京召开（详见“行业重要会议”）。

1月20日，国务院发布《关于进一步推进科技体制改革的若干规定》。

1月20日，国务院以国发〔1987〕8号发布《关于推进科研设计单位进入大中型工业企业的规定》。

2月16日，国家计委以计设〔1987〕258号文发出《关于对国家重点建设项目进行设计复查的通知》。

3月5日，国家经委、中华全国总工会发布《合理化建议和技术改进奖励条例实施细则》。

3月20日，国家计委、国务院环境保护委员会发出《关于颁发建设项目环境保护设计规定的通知》。

4月1日，国家计委以计设〔1987〕493号文发出《关于印发工程勘察技术政策要点的通知》。《技术政策要点》共14条，对测量、工程地质与岩土工程、水文地质与钻井工程、工程物探专业分别提出了技术发展方向，还提出了9条主要措施。

4月20日，国家计委、财政部、中国人民建设银行、国家物资局以计设〔1987〕619号文发布《关于设计单位进行工程建设总承包试点有关问题的通知》，批准了广东建设承包公司（广东省建筑设计院）、中国武汉化工工程公司等12家设计单位为总承包试点单位。

青岛城市风光（1984年5月，中共中央、国务院决定青岛市为沿海开放城市）

7月23日，国家计委以计设〔1987〕1231号文发出《关于勘察设计单位推行全面质量管理有关问题的补充通知》。要求第一批试点的勘察设计单位要在1988年8月底以前，未列入第一批试点单位的其他甲级单位要在1989年6月底以前，乙、丙、丁级单位一般要在1990年底以前，达到推行全面质量管理的基本标志。规定了评比检查所按照的8条基本标志。规定了评选优良质量管理奖和优良质量管理小组奖的条件。

12月7日，国家计委以计标〔1987〕2323号文发出《印发关于制订工程项目建设标准的几点意见的通知》。

12月19日，国家计委以计设〔1987〕2410号文发布《城市规划设计收费标准（试行）》。

四十、1988年

1月18日，城乡建设环境保护部以（88）城设字第45号文颁布《民用建筑工程设计质量评定标准（试行）》和《建筑工程设计质量保证体系评定标准（试行）》。

3月24日，国家计委以计设〔1988〕458号文发出《印发工程设计计算机优秀软件评选办法的通知》，决定1988年进行第一次评选，以后每两年评选一次。

3月，全国人大七届一次会议批准国务院机构改革方案后，新的建设部成立。1990年10月30日，国家机构编制委员会以国机中编〔1990〕14号文发出《关于印发建设部"三定方案"的通知》。该"三定方案"将原国家计委主管的基本建设方面的勘察设计、建筑施工、标准定额等职能划归建设部，下设"设计管理司"承担指导和管理全国基建勘察设计等职能。

5月3日，国务院发布《关于深化科技体制改革若干问题的决定》。7月22日，建设部设计管理司以（88）建设资字第10号文发出《关于进一步抓好勘察设计单位全面质量管理达标验收工作的通知》，要求各部门、各地区提出分期、分批进行达标验收的计划。达标验收工作应按隶属关系进行。

7月25日，建设部以（88）建建字第142号文发出《关于开展建设监理工作的通知》，对建立建设监理制度、开展建设监理工作提出了初步意见，启动了我国建设监理制度的建设。

9月5日，邓小平在会见捷克斯洛伐克总统胡萨克时第一次提出：科学技术是第一生产力。

11月12日，建设部以（88）建建字第366号文发出《印发关于开展建设监理试点工作的若干意见的通知》。《若干意见》确定北京、上海、天津、南京、宁波、沈阳、哈尔滨、深圳八市和能源、交通两部的水电和公路系统作为全国开展建设监理工作的试点单位。

11月18日，建设部、财政部以（88）建设字第337号文发布《工程勘察设计人员业余兼职有关问题的规定》。指出，任何单位和个人，不得将工程勘察设计作为"业余技术咨询"或"业余技术服务"等对待，组织人员承担、收取现金发给个人。任何勘察设计单位（包括集体和个体设计单位）不得以"业余兼职"或"业余设计"的名义，私下拉其他单位的工程勘察设计人员搞工程勘察设计。

12月，国家技术监督局颁布GB/T 10300《质量管理和质量保证》系列标准，等效采用ISO 9000系列标准87版。一些勘察设计单位开始学习研究并探索贯彻该标准。

四十一、1989年

3月8日，国家计委、建设部以（89）建设字第91号文发出《关于印发促进工程设计技术进步若干问题的规定的通知》。内容包括：（1）要严格控制重复引进，努力提高国产化水平；（2）设计软件实行有偿转让，加快商品化步伐；（3）要大力运用电算技术，提高装备水平；（4）坚持正确设计思想，继续开展创优秀设计活动;（5）要强化培训，提高设计人员的素质;（6）创造条件，开展国际交流与合作。

4 月 1 日，建设部、国家计委、财政部、建设银行、物资部以（89）建设字第 122 号文联合发出《关于扩大设计单位进行工程总承包试点及有关问题的补充通知》，批准了北京钢铁设计研究总院等 31 家工程建设总承包第二批试点单位。

5 月 6 日，建设部以（89）建设资字第 25 号文发出《关于进一步推动全面质量管理工作的通知》。

5 月 19 日，建设部以（89）建设字第 253 号文发出《关于印发对集体、个体设计单位进行清理整顿的几点意见的通知》指出，1984 年以后，不少地区相继成立了一批集体和个体设计单位。几年来，他们完成了一批城乡民用建筑和村镇小型工业项目的设计任务，对我国工程建设起到了积极的辅助作用。但是也存在不少问题，主要是:（1）全民与集体、个体单位界限不分;（2）没有起到与国营设计单位在技术上展开竞争的积极作用;（3）管理混乱，设计水平低、质量差。为此要在今年内抓紧进行一次清理整顿，并提出了清理整顿的要求。

6 月 1 日，建设部以（69）建设字第 271 号文发出《关于第二批工程承包试点的设计集团公司所属成员单位名单的通知》。对（89）建设字第 122 号文批准为第二批试点单位的“中国华西工程设计建设（集团）公司”“中国远东国际工程承包公司”和“中国华龙工程咨询设计（集团）公司”中属于第二批试点单位的铁道部第二勘测设计院等 24 个单位的名单，作了补充通知。

7 月 28 日，建设部以（89）建建字第 367 号文发出《关于印发建设监理试行规定的通知》明确，“符合监理条件的工程设计、科学研究、工程建设咨询等单位，可以兼承监理业务，但必须经政府建设主管部门批准，取得资格证书。”关于监理单位负责人和监理工程师不得在受监工程的设计单位任职的规定，不再列入条款。

9 月 25 日，建设部以（89）建设字第 413 号文发出《关于印发工程设计计算机软件管理暂行办法和工程设计计算机软件开发导则的通知》。《暂行办法》对工程设计计算机软件的审定和登录做出了规定。

9 月 30 日，建设部令第 3 号发布《工程建设重大事故和调查程序规定》。

11 月 8 日，国家计委以计资源〔1989〕1411 号文发布《关于资源利用项目与新建和扩建工程实行“三同时”的若干规定》。《若干规定》附有《资源综合利用项目“三同时”目录》。

12 月 24 日，建设部、财政部以（89）建设字第 608 号文发出《关于国营勘察设计单位征收国营企业所得税后若干问题的通知》。内容包括：一、调整盈余上缴比例；二、内部分配；三、技术开发费；四、严格执行财务制度；五、加强对勘察设计单位的管理。

12月26日，中华人民共和国主席令第22号公布《中华人民共和国环境保护法》。

四十二、1990年

1月8日，薄一波副总理给《工程勘察设计体制改革十年论文集》题词：深化勘察设计改革，提高投资效益。

1月，中共十三届五中全会做出《关于进一步治理整顿和深化改革的决定》。

3月，在全国人大七届三次会议上，林元坤等32位代表提出了339号议案：《建议尽快拟定颁发我国的工程设计法》。10月8日，全国人大财经委员会第37次全体会议审议并同意了339号提案。1991年建设部开始着手《建设工程勘察设计法》的起草工作，成立了起草领导小组和工作小组，形成了《建设工程勘察设计法（送审稿）》。

4月1日，中华人民共和国主席令第23号公布《中华人民共和国城市规划法》。

4月14日，建设部以（90）建设字第162号文发出《关于认真开展资质大检查，坚决清理不合格勘察设计单位的通知》。

5月3日，建设部以（90）建设字第204号文发出《关于印发关于工程建设标准设计编制与管理的若干规定的通知》。

6月2日，建设部以（90）建设字第268号文发出《关于勘察设计单位推行全面质量管理工作有关问题的通知》。《通知》附《关于勘察设计单位巩固深化全面质量管理的意见》。

8月25日，建设部以（90）建设字第433号发出《关于公布全国勘察设计大师名单的通知》。公布的名单有设计大师100名，勘察大师20名。

11月14日，建设部以（90）建设字第24号文发出《关于印发工程设计计算机软件转让暂行办法的通知》。《暂行办法》共12条。

11月17日，建设部以（90）建设字第610号文发出《关于试行建筑工程装饰设计单位资格分级标准和确保建筑工程设计整体性的通知》。

11月22日，建设部以（90）建设字第593号文发出《关于全国勘察设计单位开展创“四优”活动的通知》，附《优秀工程设计奖评选办法》《优秀工程勘察奖评选办法》《工程设计计算机优秀软件评选办法》《工程建设优秀标准设计评选办法》。

12月13日至12月15日，第十二次全国勘察设计工作暨表彰会议在北京召开（详见“行业重要会议”）。

四十三、1991年

2月2日，建设部以建设〔1991〕64号文发出《关于建筑工程设计施工图审查问题的通知》。《通知》强调，必须严格执行国家规定的建筑工程设计审批制度，初步设计由建设主管部门或项目主管部门组织审查批准，施工图设计由单位自行负责。

3月13日，建设部以建设〔1991〕150号文发出《关于改进和调整部分勘察设计不合理收费办法和标准的通知》。

5月13日，建设部以建设〔1991〕316号文发出《关于改进和调整工程勘察不合理收费办法和标准的通知》。

5月28日，国家档案局、国家科技委、建设部以国档发〔1991〕16号文发出《关于印发科学技术事业单位档案管理升级办法的通知》。

6月21日，建设部以建设〔1991〕408号文发出《关于印发工程勘察设计单位实行收费资格证书的规定的通知》。

7月1日，建设部以建设〔1991〕452号文发出《关于改进和调整部分民用建筑和市政工程设计不合理收费办法和标准的通知》。

7月3日，建设部以建建〔1991〕449号文发出《关于加强工程建设设计、施工招标投标管理工作的通知》。

7月16日，建设部、公安部以建设〔1991〕486号文发出《关于在住宅建筑设计中加强安全防范措施的暂行规定》。

7月22日，建设部以建设〔1991〕504号文发出《关于印发工程勘察和工程设计单位资格管理办法的通知》，决定按新的资格管理办法，在全国范围内重新换发资格证书。

7月，在化工部、人事部支持下，经国务院生产办公室正式批准，工商局注册登记，中国寰球化学工程公司由事业单位改为企业，成为全国第一个“事改企”的设计单位。1992年11月6日，经外交部批准，中国寰球化学工程公司在全国勘察设计行业中，首家也是唯一一家获得“通知签证权”的单位，即授予寰球化学工程公司派遣人员临时出国（境）和邀请外国经贸人员来华事项的审批权，为勘察设计单位“走出去”“引进来”创造了十分有利的条件。

8月17日，国家计委以计外资〔1991〕1271号文发布《关于编制、审批境外投资项目的项目建议书和可行性研究报告的规定》。

11月21日，建设部、国家工商行政管理局以建法〔1991〕798号文发出《关于印发建筑市场管理规定的通知》。

杭州城市建筑（1985 年 2 月，中共中央、国务院批准将包括杭州市在内的长江三角洲地区划为沿海经济开放区）

四十四、1992 年

1 月 18 日，建设部令第 16 号发布《工程建设监理单位资质管理试行办法》。

1 月 18 日至 2 月 21 日，邓小平同志南方谈话指出：发展才是硬道理。这个问题要搞清楚。如果分析不当，造成误解，就会变得谨小慎微，不敢解放思想，不敢放开手脚，结果是丧失时机，犹如逆水行舟，不进则退。改革开放的胆子要大一些，敢于试验，看准了的，就大胆地试，大胆地闯。没有一点闯的精神，没有一点"冒"的精神，没有一股气呀，劲呀，就走不出一条好路，一条新路，就干不出新事业。

3 月 2 日，建设部以建设〔1992〕102 号文发出《关于批准建筑工程设计文件编制深度的规定的通知》，自 1992 年 10 月 1 日起执行。

3 月 16 日，建设部以建设〔1992〕135 号文发出《关于继续开展工程勘察设计创"四优"活动的通知》，从今年起恢复国家及省部级优秀设计奖评审工作。

3 月 27 日，建设部以建设〔1992〕163 号文发出《关于推广应用计算机辅助设计（CAD）技术，大力提高我国工程设计水平的通知》，对工程设计单位普及和发展 CAD 技术提出了要求。

3 月 28 日，建设部以建设〔1992〕167 号文发出《关于印发工程勘察单位承担岩土工程任务有关问题的暂行规定的通知》。《暂行规定》共 12 条，明确了岩土工程的工作内容，主要包括：（1）岩土工程勘察；（2）岩土工程设计；

（3）岩土工程治理;（4）岩土工程监测;（5）岩土工程监理。

4月3日，建设部以建设〔1992〕186号文发出《关于印发民用建筑工程设计质量评定标准的通知》。《评定标准》规定的设计质量等级的评定采用百分制；工程项目综合设计质量等级评定分优、良、合格、不合格四个等级。

4月16日，建设部、外经贸部以建设〔1992〕180号文发出《关于印发成立中外合营工程设计机构审批管理的规定的通知》。《规定》就有关外国设计机构在中国境内与中国设计机构共同举办合营设计机构的有关事项做出了规定。

6月4日，建设部以第18号令发布《监理工程师资格考试和注册试行办法》。

6月5日，外经贸部首次给北京钢铁设计研究总院、华北电力设计院、广播电影电视部设计院、中国寰球工程公司等四家工程设计单位授予了对外经营权，为工程勘察设计咨询单位独立自主进入国际工程市场首开先河，进一步加快了勘察设计单位国际化改革的步伐。

6月11日至12日，建设部组织召开了关于建立建筑师、工程师注册制度研讨会。建设部侯捷部长、叶如棠副部长、许溶烈总工程师和人事部张汉夫副部长出席了会议。会议认为，当前，积极稳妥地推行建筑师、工程师注册制度的时机已经成熟。

7月21日，国家物价局、建设部以〔1992〕价费字375号文发出《关于发布工程勘察和工程设计收费标准的通知》，自1992年8月10日起执行。《通知》指出，《工程勘察收费标准》（1992年修订本）和《工程设计收费标准》（第一册）（1992年修订本）是各有关部门在原国家计委1984年、1985年颁发的收费标准基础上，考虑到物价上涨等因素调整修订的。原国家计委1984、1985年先后颁发的《工程勘察取费标准》（修订本）和《工程设计收费标准》第一册、第三册同时废止。

7月27日，建设部以建规〔1992〕494号文发出《关于印发城市规划设计单位资格管理办法的通知》。

8月15日，建设部以建设〔1992〕528号文发出《关于印发关于工程勘察设计单位资格管理的补充规定的通知》。

8月28日，建设部以〔1992〕建建监字第21号文发布《关于工程建设监理单位资质管理试行办法和监理工程师资格考试和注册试行办法的实施意见》。

9月18日，国家物价局、建设部以〔1992〕价费字479号文发出《关于发布工程建设监理费有关规定的通知》。

10月5日，建设部以建设〔1992〕683号文印发《建筑师、工程师注册制度研讨会纪要》。建设部建筑师、工程师注册工作领导小组由叶如棠（建设部副部长、中国建筑学会理事长）任组长，由许溶烈（建设部总工程师、中国建筑学会副理事长）、吴奕良（建设部设计管理司司长、中国勘察设计协会常务副理事长）任副组长。

10 月，国家技术监督局颁布 GB/T 19000《质量管理和质量保证》系列标准，等同采用 ISO 9000 系列标准 87 版。

11 月 12 日，民政部批准登记，成立中国国际工程咨询协会。该协会是由外经贸部决定成立，经中国海外工程公司、中土公司、华西设计集团公司、中国寰球化工工程公司、广电部设计院、北京有色金属设计研究总院、北京钢铁设计研究总院、航空工业规划设计院、上海建筑设计院等获有对外经营权的 32 家设计院和公司，于 1992 年 4 月联合发起成立的。1993 年 2 月 9 日，中国国际工程咨询协会成立大会在北京召开。

11 月 17 日，建设部以建设〔1992〕805 号文发出《关于印发设计单位进行工程总承包资格管理的有关规定的通知》。《有关规定》对设计单位申请《工程总承包资格证书》的条件和程序等作了规定。先后有 560 家设计单位领取了甲级工程总承包资格证书，2000 余家设计单位领取了乙级工程总承包资格证书。

12 月，经国家计委批准，民政部注册登记，成立中国工程咨询协会。该协会是由独立从事工程咨询业务的单位以及在工程技术经济界富有咨询和管理经验的专家、学者、咨询工程师自愿组成的具有社团法人资格的全国性社会团体，是跨地区、跨部门的行业组织，是对外代表中国工程咨询业的行业协会。

四十五、1993 年

1 月，中国建设监理协会筹备组向建设部正式提出成立中国建设监理协会的申请，3 月 18 日，建设部以建人〔1993〕213 号文发出《关于同意成立中国建设监理协会的通知》。

1 月 25 日，李岚清副总理为中国寰球工程公司题词：发挥技术优势，开拓国际市场。

3 月 3 日，第八届全国人大田纪云副委员长为中国寰球工程公司题词：服务国内建设，拓展国际市场。

4 月 9 日，江泽民总书记为机械工业部第二设计研究院建院四十周年题词："振奋精神，深化改革，努力建设一个社会主义现代化的设计企业。"

4 月 15 日，民政部准予中国建设监理协会登记注册。该协会是由从事工程项目建设监理的各类企事业单位，自愿组成的全国性行业社会团体。协会的业务主管部门是建设部。

4 月 23 日，国家物价局、建设部以〔1993〕价费字 168 号文发出《关于发布城市规划设计收费标准的通知》。《通知》附以《城市规划收费工日定额（试行）》。

5月8日，建设部以建设〔1993〕349号文发出《关于进一步发挥勘察设计大师作用的通知》。

7月，公布1992年中国勘察设计单位综合实力百强评选结果。国家建设部、国家统计局、中国建设企业评价中心共同组织了中国勘察设计单位综合实力百强评比活动，对勘察设计单位1992年的人员结构情况、固定资产（总额、人均）、年度完成工程投资额、年度实现收入和获优工程奖项等内容进行了评比，由专家组评出了中国勘察设计单位综合实力百强单位，对评选结果予以公布并进行了表彰，陈锦华副总理在钓鱼台接见百强单位代表，评选结果见报，在业内产生了积极影响。

7月27日，中国建设监理协会成立暨第一届理事大会召开，正式成立中国建设监理协会。

7月30日，建设部以建设〔1993〕566号文发出《关于勘察设计单位巩固深化全面质量管理，贯彻GB/T 19000-ISO9000“系列标准”的通知》。要求，甲级勘察设计单位，要继续在巩固深化全面质量管理方面下功夫，对行之有效的措施要坚持落实，有条件的单位要积极开展贯彻GB/T19000系列国标活动，健全完善质量体系。要提高认识，正确理解深化全面质量管理与贯彻系列标准之间的关系。

9月10日，建设部以建设〔1993〕678号文发出《关于进一步开放和完善工程勘察设计市场的通知》。

10月1日，中华人民共和国主席令第14号公布《中华人民共和国科技进步法》。

11月4日，建设部以建设〔1993〕794号文向上海、广州、深圳市建委发出了《关于印发私营设计事务所试点办法的通知》。

12月29日，中华人民共和国主席令第16号公布《中华人民共和国公司法》。

四十六、1994年

1月20日，建设部公布第一批137位全国优秀勘察设计院院长名单。

4月4日，国家计委令第2号发布《工程咨询业管理暂行办法》、第3号发布了《工程咨询单位资格认定暂行办法》。

4月11日，建设部、国家计委、财政部、人事部、中央编委办公室以建设〔1994〕250号文向国务院报送《关于请批转关于工程设计单位改为企业若干问题的意见的请示》提出：从1994年起条件具备的工程设计单位可以改为企业。工程设计企业的主要模式有：咨询设计顾问公司，工程公司，工业集团，专业设计所。工程勘察单位，有的可向岩土工程、工程测量、工程地质勘察、水文地质勘察工程公司发展，有的可与设计企业合并或参加工业集团，相应成立勘察机具租赁公司和机修厂。

8月12日，建设部以建设〔1994〕497号文公布全国工程勘察设计大师（第二批）名单，共有全国工程设计大师100名和全国工程勘察大师20名。

8月12日，建设部以建设〔1994〕57号文公布授予138名同志优秀勘察、设计院长荣誉称号。

9月20日，化工部化建设发（94）197号文《关于创建国际型工程公司的规划意见》，这一项重要决策，对推动化工设计行业创建国际型工程公司，加快与国际接轨，具有十分重要的指导作用，也是在全国最先提出的改革方略，对行业具有引领作用。

9月21日，建设部、人事部以建设〔1994〕第598号文发出《关于建立注册建筑师制度及有关工作的通知》。当年，在辽宁省进行了一级注册建筑师试点考试工作。

9月29日，国务院以国函〔1994〕100号《关于工程勘察设计单位改建为企业问题的批复》，对1994年4月11日建设部、国家计委、财政部、人事部、中央编委办公室《关于请批转关于工程设计单位改为企业若干问题的意见的请示》（建设〔1994〕250号）作了批复:（1）原则同意实行事业单位企业化管理的工程勘察设计单位逐步改建为企业。（2）工程勘察设计单位改建为企业，是工程勘察设计体制改革的一项重要内容。（3）工程勘察设计单位改建为企业，不是简单地更换个名称，要着重经营机制的转换，使之真正成为自主经营、自负盈亏的企业。1995年2月8日，建设部以建设〔1995〕43号通知转发了该批复。

11月4日，建设部以建设〔1994〕661号文发布《关于勘察设计单位开展“转机制、练内功、抓管理、上水平”活动的通知》。要求通过“活动”，在三年内达到以下目标：三年内基本完成事业改企业的任务，并按照建立现代企业制度的要求，改革和完善企业领导体制和管理体制；强化项目管理及经营、技术、质量和财务管理，使企业素质显著提高；勘察设计能力、技术、质量水平，技术装备现代化程度及企业效益明显提高和改善。

11月18日至21日，第十三次全国勘察设计工作会议暨表彰大会在北京召开（详见“行业重要会议”）。

11月20日，建设部、人事部以建设〔1994〕707号文发出《关于印发全国注册建筑师管理委员会人员名单的通知》。全国注册建筑师管理委员会主任：吴奕良；副主任：刘宝英，张钦楠，窦以德。

12月24日，国家技术监督局颁布GB/T 19000《质量管理和质量保证》系列标准94版，等同采用ISO 9000系列标准94版，等同采用ISO 9000系列标准94版。1995年6月30日起正式实施。1995年6月30日起正式实施。

大连城市一隅（1984 年 5 月，中共中央、国务院决定大连市为沿海开放城市）

四十七、1995 年

2 月 11 日，建设部向财政部、国家税务总局以建设〔1995〕44 号文发出《关于工程勘察设计单位改为企业后税收政策的函》。希望财政部、国家税务总局继续对工程勘察设计事业的改革与发展给予支持，实行与科技企业一致的税收政策，以保证勘察设计行业改企建制的顺利进行，为我国事业单位的改革闯出一条新路子，为“四化”建设做出新贡献。

3 月 10 日，建设部以建设〔1995〕111 号发出《关于印发工程设计文件质量特性和质量评定指南的通知》，要求各有关部门根据本行业的特点制定实施细则。

4 月 26 日，建设部以建设〔1995〕230 号文发出《关于印发城市建筑方案设计竞选管理试行办法的通知》。《试行办法》附有《城市建筑方案设计文件编制深度规定》，对参加竞选的建筑设计方案的内容和深度作了具体规定。

5 月 4 日，建设部以建法〔1995〕249 号文发出《关于印发建设部建立现代企业制度试点工作程序的通知》。

5 月 11 日，建设部以建设〔1995〕254 号文发出《关于确定 30 个大型勘察设计单位作为现代企业制度试点单位的通知》。确定了机械部第七设计研究院等 30 个大型勘察设计单位，作为建设部勘察设计行业建立现代企制度的试点单位。

5 月 15 日，建设部以建设〔1995〕282 号文发出《关于印发私营设计事务所试点办法的通知》。

5月30日，建设部召开全国工程设计CAD技术应用经验交流会，国务委员宋健发来贺信。有73个单位获得表彰。这次会议旨在促进工程设计行业在20世纪末甩掉图板，实现设计手段、设计方法现代化，推动工程设计CAD技术进一步向深度和广度发展，缩小我国工程设计技术与国际先进水平的差距。

6月8日，建设部以建规〔1995〕333号文发出《关于印发城市规划编制办法实施细则的通知》。

7月，中国勘察设计协会在太原、西安、成都、北京分四片召开了第三届第一次理事会议，选举产生了第三届常务理事会。吴奕良同志任理事长、郑春源同志任副理事长兼秘书长的新一届协会领导班子成立。

9月23日，国务院令第184号发布施行《中华人民共和国注册建筑师条例》。同年进行了一级注册建筑师全国统一考试。

10月24日，财政部、国家税务总局以财税字〔1995〕100号文发出《关于工程勘察设计单位改为企业后有关税收问题的函》，函复建设部。

11月9日，建设部以建设〔1995〕650号文发出《关于充分发挥中国勘察设计协会在行业管理中作用的通知》，授予协会“组织会员单位对勘察设计行业各项改革工作和收费标准进行调查研究”等七项职能。

11月27日，国内贸易部以内贸成字〔1995〕第186号文发布《建设工程设备招标投标管理试行办法》。

12月15日，建设部、国家计委以建监〔1995〕737号文发出《关于印发工程建设监理规定的通知》。

四十八、1996年

1月17日，建设部以建法〔1996〕39号文发出《关于印发工程勘察设计单位建立现代企业制度试点指导意见的通知》。《指导意见》对试点的目的、试点的原则、试点主要内容、转变政府职能、认真抓好试点的配套改革等问题提出了指导意见。

7月1日，建设部令第52号文发布了《中华人民共和国注册建筑师条例实施细则》，自1996年10月1日起施行。该《细则》共有五章，包括：总则，考试，注册，执业，附则。

7月25日，建设部、国家工商行政管理局以建设〔1996〕444号文发出《关于印发建设工程勘察设计合同管理办法和建设工程勘察合同、建设工程设计合同文本的通知》。

8月26日，人事部、建设部以人发〔1996〕77号文发出《关于印发造价工程师执业资格制度暂行规定的通知》。

9月5日，建设部以建设〔1996〕504号文发出《关于对工程勘察设计单位进行质量检查工作的通知》。要求，每年下半年在全国进行工程勘察设计质量检查，并对质量检查标准和内容、质量检查的组织与分工、质量检查方法、质量检查后的处理、质量检查情况的汇总与通报作了规定。

10月，中国工程咨询协会被接纳为国际咨询工程师联合会（FIDIC）的正式会员。

11月30日，建设部以建设〔1996〕607号文发出《关于总结检查“八五”期间工程勘察设计单位CAD技术推广应用情况和组织实施CAD技术发展规划的通知》。《通知》附发了《全国工程勘察设计行业“九五”期间CAD技术发展纲要》。

四十九、1997年

3月31日，国家计委以计政研〔1997〕506号文发出《关于印发工程咨询单位持证执业管理暂行办法的通知》。《通知》对持证和执业范围、验证、监督检查、罚则作了规定，自1997年5月1日起施行。

7月12日，建设部以建设〔1997〕172号文向国务院报送《请国务院批转关于深化工程勘察设计体制改革和加强管理的几点意见的请示》。内容包括:（1）树立正确的勘察设计指导思想;（2）深化改革，建立勘察设计新体制;（3）加快立法步伐，加大工程勘察设计市场管理力度;（4）促进技术进步，强化质量管理，提高勘察设计水平;（5）加强领导，狠抓队伍建设，创建文明单位。

8月18日，国家计委以计建设〔1997〕1466号文发布《国家基本建设大中型项目实行招标投标的暂行规定》。文件明确规定，建设项目主体工程的设计、工程承包等单位，除保密上有特殊要求或国务院另有规定外，必须通过招标确定。并对招标、投标、开标、评标、定标作了规定。

8月19日，建设部以建设〔1997〕203号文发布《关于1996年度对工程勘察设计单位进行质量检查情况的通报》。《通报》指出，截至1997年7月25日，有41个地区和部门完成了1996年度的质量检查工作，并检查了3049个勘察设计单位，抽查了6413个项目，其中合格5973项，占93.14%，不合格440项，占6.86%。

8月29日，建设部以建设〔1997〕220号文发布《关于工程勘察和设计单位实行工资总额同经济效益挂钩有关问题的通知》。《通知》指出，凡符合人计发〔1995〕51号文件（人事部、财政部《关于印发有条件的事业单位实行工资总额同经济效益挂钩暂行办法的通知》）规定的工效挂钩范围及条件的勘察设计单位，都应当实行工效挂钩，使勘察设计单位的工资总额和职工的个人收入随本单位创造的经济效益和社会效益的增长逐步提高。

9月1日，建设部、人事部以建设〔1997〕222号文发布《关于印发注册结构工程师执业资格制度暂行规定的通知》。《暂行规定》共有五章，包括：总则，考试和注册，执业，权利和义务，附则。随后，注册结构工程师执业资格的考试注册工作，继注册建筑师之后逐步展开。

9 月 6 日，全国注册工程师管理委员会（结构）与英国结构工程师学会签订《关于结构工程师执业能力考试资格互认协议书》，从 1998 年 1 月 1 日起生效，有效期为五年。

9 月 15 日，建设部、人事部以建设〔1997〕234 号文发出《关于印发全国注册工程师管理委员会（结构）人员名单的通知》。全国注册工程师（结构）管理委员会主任：吴奕良；副主任：刘宝英，王德楼，王素卿，张钦楠，李先逵。9 月 15 日，建设部、人事部以建设〔1997〕235 号文发出《关于调整全国注册建筑师管理委员会人员的通知》。调整后的全国注册建筑师管理委员会主任：吴奕良；副主任：刘宝英，王德楼，王素卿，李先逵，张钦楠。

10 月 20 日，建设部以建设〔1997〕290 号文发布《关于发布建筑智能化系统工程设计管理暂行规定的通知》。《通知》指出，建筑智能化系统工程的设计应由该建筑物或建筑群的工程设计单位总体负责。鉴于智能系统的先进性、复杂性，此类工程的设计工作，必须由具有甲级设计资格或专项设计资格的设计机构承担，系统集成商在工程设计单位指导下作深化系统设计。

11 月 1 日，中华人民共和国主席令第 90 号公布《中华人民共和国节约能源法》，自 1998 年 1 月 1 日起施行。

11 月 1 日，中华人民共和国主席令第 91 号公布《中华人民共和国建筑法》，自 1998 年 3 月 1 日起施行。

11 月 23 日，建设部以建设〔1997〕321 号文发布《关于提高住宅设计质量和加强住宅设计管理的若干意见》，包括住宅设计应当贯彻的建设方针和指导思想等 21 条意见。

11 月 23 日，公安部、建设部以公通字〔1997〕60 号文发出《关于印发消防设施专项工程设计证书管理办法和消防设施专项工程设计资格分级标准的通知》。消防设施专项工程设计证书分为甲、乙两级。

12 月 19 日，国家计委、国家经贸委、建设部以计交能〔1997〕2542 号文发布《关于固定资产投资工程项目可行性研究报告"节能篇（章）"编制及评估的规定》，自 1998 年 1 月 1 日起施行。《规定》明确，固定资产投资工程项目可行性研究报告中必须包括"节能篇（章）"。附件：《可行性研究报告节能篇（章）的主要内容》。

12 月 23 日，建设部令第 60 号颁布《建设工程勘察和设计单位资质管理规定》，自 1998 年 1 月 1 日起施行。建设部建设〔1991〕504 号文《工程勘察和工程设计单位资格管理办法》同时废止。

12 月 29 日，中华人民共和国主席令第 94 号公布《中华人民共和国防震减灾法》，自 1998 年 3 月 1 日起施行。

12 月，《建筑时报》创刊首发面向设计行业的（人与空间）专刊，共发行 100 多版次。2001 年更名《设计专刊》，以客观中立，面向基层，有观察、有观点、有深度的独家新闻和评论力，为推进行业的改革与发展做出了积极的贡献。

合肥城市建筑（1985 年 2 月，中共中央、国务院批准将包括合肥市在内的长江三角洲地区划为沿海经济开放区）

五十、1998 年

2 月 6 日，建设部以建设〔1998〕22 号文发出《关于举办“迈向 21 世纪的中国住宅”设计方案竞赛活动的通知》。附有《“迈向 21 世纪的中国住宅”设计方案竞赛组织与参赛办法（城市部分）》《“迈向 21 世纪的中国住宅”设计方案竞赛组织与参赛办法（村镇部分）》。

8 月 6 日，建设部以建建〔1998〕162 号文发布《关于进一步加强工程招标投标管理的规定》。内容包括:（1）招标发包工程的范围、方式和招标公告的发布;（2）进一步加快有形建筑市场的建设;（3）落实项目法人责任，规范招标投标程序，推进工程造价管理的改革;（4）改进和完善对工程招标投标的监督管理;（5）工程招标投标的统计考核;（6）禁止工程转包和违法分包;（7）积极推进社会中介组织的发展;（8）继续加强与纪检监察等部门的密切合作。

9 月 5 日，建设部以建设〔1998〕165 号文发布《建筑工程项目施工图设计文件审查试行办法》。指出，建筑工程项目施工图设计文件审查是指各级建设行政主管部门依据国家和地方的法律、法规、技术标准和规范，对建筑工程项目施工图设计文件中涉及国家、人民和社会公众利益，以及生命财产安全等内容进行监督和审查。按建筑工程分级标准四级或四级以上的新建（含改、扩建）建筑工程项目的施工图设计文件均属审查范围。

9月29日，国务院办公厅以国办法明电〔1998〕15号文发出《关于加强建设项目管理确保工程建设质量的通知》。

10月19日，建设部以建设〔1998〕194号文发出《关于建立建筑智能化系统工程设计和系统集成专项资质及开展试点工作的通知》。决定建立建筑智能化专项资质管理制度，设立建筑智能化设计和系统集成专项工程设计资质。《通知》附有《建筑智能化系统工程设计和系统集成专项工程设计资质》（附件一）和《建筑智能化系统工程设计和系统集成执业资质标准（试行）》（附件二）。

11月29日，国务院令第253号发布《建设项目环境保护管理条例》。

12月7日，江泽民总书记在中央经济工作会议上讲话强调：要以对国家和人民高度负责的精神，对投资项目统筹规划，科学论证，做好前期各项准备工作，提高招标投标的透明度，决不能搞“三边工程”“胡子工程”“豆腐渣工程”。尤其是重点水利工程，这是百年大计，一定要坚持质量第一。

12月7日，朱镕基总理在中央经济工作会议上讲话时强调：要高度重视和确保项目建设质量，现在一些工程存在严重工程隐患，有的项目刚建成就出现了重大质量问题，这是极大的犯罪，一定要坚决从严查处。

12月17日，建设部以建设〔1998〕257号文发布《关于印发中小勘察设计咨询单位深化改革指导意见的通知》。《通知》对中小型勘察设计咨询单位深化改革的目标、基本原则、政策措施和改企建制的基本程序提出了指导意见。

12月24日，国务院参事室王丙辰、吴学敏给温家宝副总理写了一封信《关于将建设工程勘察设计法尽快列入国家立法计划项目的建议》。温家宝同志于1999年1月20日批示：“加快建设勘察设计的立法工作很有必要。请正声、如棠、景宇同志研处。”建设部在原《建设工程勘察设计法（送审稿）》的基础上进一步修改完善，草拟了《建设工程勘察设计条例（送审稿）》，于1999年12月10日上报国务院。在广泛征求意见，经国务院法制办会同建设部反复研究修改后，形成了《建设工程勘察设计管理条例（草案）》，报国务院审议。

五十一、1999年

1月4日，重庆市綦江县城内一座长140米、宽7.6米的跨江人行桥突然整体垮塌。事故发生后，党中央、国务院领导同志非常重视，多次询问人员伤亡和事故的原因，并对加强工程质量管理做了重要指示。要求必须高度重视工程建设质量，确保人民生命和国家财产的安全；对已建成交付使用的工程项目及其设施，也要加强维护保养和检查。对这起事故，必须查明原因，举一反三，抓住不放，严肃处理。1 月 8 日，建设部向各地建委（建设厅）和国务院有关部门建设司（局）发出紧急通知，要求重庆市建委抓紧对事故的调查处理，各地区、各部门建设行政主管部门立即组织全面的质量和安全检查。1 月 6 日，建设部以建设〔1999〕4 号文发布了《工程建设标准设计管理规定》。

1 月 20 日，温家宝副总理对国务院参事室王丙辰、吴学敏《关于将（建设工程勘察设计法）尽快列入国家立法计划项目的建议》的来信批示：加快建设勘察设计的立法工作很有必要。

1 月 21 日，建设部令第 65 号发布《建设工程勘察设计市场管理规定》，自 1999 年 2 月 1 日起施行。《规定》对勘察设计业务的委托、勘察设计业务的承接、合同、监督管理、罚则作了规定。

2 月 1 日，国务院在北京召开了全国基础设施建设工程质量工作会议，研究和部署全面加强基础设施工程质量工作。朱镕基总理同与会代表进行座谈并在闭幕会上做了重要讲话，指出：抓好工程质量管理，是当前经济工作中一项关系全局的重大任务，各地方、各部门必须高度重视，严格要求、严格制度、严格管理、严格责任，要以对国家、对人民、对历史极端负责的精神和一丝不苟的认真态度，扎扎实实地把工程建设质量工作提高到一个新水平。抓好工程质量，首先必须提高认识，加强领导。提高工程质量，必须改革、整顿和规范建设市场。特别要建立健全和严格执行项目法人责任制、招标投标制、工程监理制和合同管理制。抓好工程质量管理，必须强化法治，依法惩治腐败。提高工程质量，关键要狠抓落实。

为贯彻落实这次会议的精神，建设部发出《关于 1999 年整顿和规范建设市场的意见》。成立了整顿和规范建设市场领导小组，由俞正声部长任组长，郑一军副部长、中纪委驻建设部纪检组组长郑坤生任副组长。《意见》附有《关于若干违法违规行为的判定》。据统计，在当年集中开展的整顿和规范建设市场秩序中，全国共查处各类违法违规行为 21224 项，有 5959 家违法违规的企业被责令整改，1111 家企业被降低资质等级，3392 家企业被吊销资质证书。

2 月 23 日，国务院办公厅以国办发〔1999〕16 号文发布《关于加强基础设施工程质量管理的通知》。规定:（1）建立和落实工程质量领导责任制;（2）严格执行建设程序，确保建设前期工作质量;（3）健全工程管理制度，整顿建设市场;（4）精心勘察设计，强化施工管理。设计单位要严格依据批准的可行性研究报告，按照国家规定的设计规范、规程和标准进行工程设计;（5）加大执法和监督力度，把好工程质量关。

3 月 3 日，建设部、监察部令第 68 号发布《工程建设若干违法违纪行为处罚办法》。

3 月 9 日，建设部以建设函〔1999〕62 号文发出《关于对重庆市市政勘察设计研究院处理决定的通报》。《通报》说，1999年1月4日，重庆市綦江县发生的虹桥垮塌事故，造成40人死亡，14人受伤，直接经济损失621万元。在这次事故中，重庆市市政勘察设计研究院对下属重庆华庆设计工程公司管理不善，对本院设计更改图章管理不严负有管理责任。决定对重庆市市政勘察设计研究院的道路、桥隧设计资质等级由甲级降为乙级，并通报全国。

3月15日，中华人民共和国主席令第15号公布《中华人民共和国合同法》，1999年10月1日起施行。

4月19日，建设部以建监〔1999〕16号文发出《关于加强工程监理工作的通知》。《通知》就加强对工程监理工作的管理，提高监理单位素质和监理工作水平，确保工程质量和投资效益的有关问题，提出了意见。

4月19日，建设部以建设〔1999〕117号文印发《关于建设部设计院等单位建筑智能化专项工程设计资质（试点）及有关问题意见的通知》，公布了审查通过的建设部设计院等200家试点单位的名单。

6月11日，国务院各部门、行业勘察设计协会秘书长联席会议（含21个部门协会）给国务院秘书长王忠禹并请转朱镕基总理的《关于勘察设计行业存在问题和对策建议的一封信》，对勘察设计的地位作用等问题反映了意见并提出了建议。此信经温家宝、吴邦国等阅后，朱总理于7月1日批示："请计委、建设部、财政部等有关部门组织起草一个加强勘察设计行业的文件，报国务院（计委牵头）。"

6月23日至26日，第20届世界建筑师大会和国际建协第21次大会在北京举行，来自世界100多个国家和地区的注册报名6681人，其中境外代表2185人，国内代表4496人（包括在校学生2328人）。会议出版论文集四卷共计16232册；32670人次参加了大会报告和学术讨论；会上，由吴良镛先生起草的《北京宪章》获得与会代表一致通过，这也是国际建协迄今为止仅有的一份宪章，以"21世纪的建筑学"为主题的本届大会承担着回顾总结20世纪、规划21世纪的历史使命，其广泛的议题和深刻的内涵受到关注；会议期间还举办了《UIA/UNESCO大学生建筑设计国际竞争获奖作品展》等12个展览，接待观众92000人次。

7月11日，建设部以建设〔1999〕176号文发出《关于加强勘察设计质量工作的通知》。要求勘察设计单位确保其勘察、设计成果符合国家标准、规范、规程，特别是不得违反国家强制性标准、规范、规程，以保证建设工程的安全、经济、环保等方面的要求。建设工程勘察、设计单位要对建设工程的勘察、设计质量承担相应的经济责任和法律责任。《通知》还对勘察、设计单位的内部质量保证、工作程序的控制、后期服务工作、技术档案管理、勘察设计市场行为的规范、技术培训和咨询工作以及质量事故报告制度等提出了明确要求。

7月12日至13日，朱镕基总理视察长江防汛工作并主持召开五省一市座谈会。在会上朱总理对保证工程质量提出了明确要求。第一，要落实堤防建设终身责任制；第二科学设计；第三，要严格执行招投标制度；第四，严格实行工程监理制度；第五，严格项目和资金管理。

7 月 29 日，国家计委以计投资〔1999〕693 号文发出《关于重申严格执行基本建设程序和审批规定的通知》。要求：（1）严格执行基本建设程序；（2）严禁越权审批建设项目；（3）严禁擅自对外签约；（4）今后对违反基本建设程序的建设项目，国家计委不予审批；（5）今后对违反基本建设程序、越权审批或擅自对外签约等造成的不良后果及善后处理，国家计委将不予受理，一概由违反规定的有关部门、地区或企业自行负责。

8 月 13 日，建设部以建设〔1999〕208 号文发出《关于开展建设项目设计咨询试点工作的通知》。《通知》对设计咨询的主要内容、设计咨询单位应当具备的条件、设计咨询单位和建设单位应当遵循的原则、设计咨询单位与被咨询的设计单位应当遵循的原则、设计咨询的收费、设计咨询与设计审查的关系等做出了规定。《通知》还规定，对重大或地质状况复杂的建设项目勘察纲要和勘察成果报告的咨询，参照本通知试行。

8 月 26 日，建设部以建设〔1999〕218 号文发出《关于印发关于推进大型工程设计单位创建国际型工程公司的指导意见的通知》。提出，推进一批有条件的大型工程设计单位，用五年左右时间，创建成为具有设计、采购、建设（简称 EPC）总承包能力的国际型工程公司。

8 月 30 日，中华人民共和国主席令第 21 号公布《中华人民共和国招标投标法》，自 2000 年 1 月 1 日起施行。该法第三条规定，在中华人民共和国境内进行下列工程建设项目包括项目的勘察、设计、施工、监理以及与工程建设有关的重要设备、材料等的采购，必须进行招标：（1）大型基础设施、公用事业等关系社会公共利益、公众安全的项目；（2）全部或者部分使用国有资金投资或者国家融资的项目；（3）使用国际组织或者外国政府贷款、援助资金的项目。

9 月，党的十五届四中全会做出实施西部大开发战略的决定，要求通过优先安排基础设施建设、增加财政转移支付等措施，支持中西部地区和少数民族地区加快发展。

10 月 19 日，建设部以建设〔1999〕1254 号文发出《关于工程设计与工程监理有关问题的通知》。规定，允许取得监理资质的设计单位对自己设计的工程进行施工监理，设计单位可以按照有关规定申请取得工程监理资格。

12 月 18 日，国务院办公厅以国办发〔1999〕101 号文转发建设部、国家计委、国家经贸委、财政部、劳动保障部和中编办《关于工程勘察设计单位体制改革的若干意见》。《若干意见》明确，勘察设计单位体制改革的思路是：改企建制、政企分开、调整结构、扶优扶强。改革的目标是：勘察设计单位由现行的事业性质改为科技性企业，使之成为适应市场经济要求的法人实体。要参照国际通行的工程公司、工程咨询设计公司、设计事务所、岩土工程公司等模式进行改造，国有大型勘察设计单位应当逐步建立现代企业制度，依法改制为有限责任公司或股份有限公司，中小型勘察设计单位可以按照法律法规允许的企业制度进行改革。中央所属勘察设计单位改为企业时，要同时进行管理体制的改革。勘察设计单位应当从实际情况出发，自主选择管理体制改革方式，包括移交地方管理、进入国家大型企业集团，少数具备条件的大型骨干勘察设计单位也可以改为中央管理的企业。

12 月 24 日，建设部以建设〔1999〕314 号文印发《全国工程勘察设计行业 2000 年～ 2005 年计算机应用工程及信息化发展规划纲要》，提出的发展目标为：以发达国家相应行业现有的水平为参照，加快与国际先进技术接轨的步伐，示范试点单位于 2002 年，其他勘察设计单位于 2005 年建成以网络为支撑，专业 CAD 技术应用为基础，工程信息管理为核心，工程项目管理为主线，使设计与管理初步实现一体化的集成应用系统。提出了三种发展水平的具体目标：国际接轨型，国内先进型，发展提高型。分别对工程勘察类、专业工程设计类、建筑工程设计类的企业集成应用系统的基本功能提出了要求。

12 月 25 日，第九届全国人民代表大会常务委员会第十三次会议通过《关于修改中华人民共和国公司法的决定》（第一次修正）。

12 月 30 日，建设部以建法〔1999〕317 号文发出《关于进一步推进建设系统国有企业改革和发展的指导意见》。

重庆城市一隅（1999 年 9 月，党的十五届四中全会做出实施西部大开发战略的决定）

五十二、2000 年

1 月 3 日，建设部以建设〔2000〕1 号文发出《关于认真贯彻落实国务院办公厅转发建设部等关于工程勘察设计单位体制改革的若干意见的通知》。《通知》指出，《关于工程勘察设计单位体制改革的若干意见》是当前我国勘察设计改革中非常重要的政策文件，要求各地、各部门认真贯彻执行文件精神，抓紧制定具体实施方案，全面推进我国勘察设计行业的改革与发展。

1 月 11 日，建设部以建设〔2000〕17 号文发出《关于加强勘察设计市场准入管理的补充通知》。内容包括：（1）严格对勘察设计市场准入的管理；（2）境外注册人员和境外办事机构市场准入管理规定；（3）注册建筑师、注册结构工程师执业及管理的补充规定；（4）加强市场准入管理，认真落实年检制度；（5）加强合同备案管理。

1 月 25 日，建设部令第 74 号发布《工程造价咨询单位管理办法》。指出，本办法所称工程造价咨询单位，是指接受委托，对建设项目工程造价的确定与控制提供专业服务，出具工程造价成果文件的中介组织或咨询服务机构。

1 月 27 日，建设部令第 75 号发布《造价工程师注册管理办法》。《办法》所称造价工程师，是指经全国造价工程师执业资格统一考试合格，并注册取得《造价工程师注册证》，从事建设工程造价活动的人员。

1 月 30 日，国务院令第 279 号发布实施《建设工程质量管理条例》。该条例是《中华人民共和国建筑法》（以下简称《建筑法》）颁布实施后制定的第一部配套的行政法规，也是我国第一部建设工程质量条例。条例的制定，是实施《建筑法》的需要，也是加强工程质量监督管理的需要。

2 月 17 日，建设部以建设〔2000〕41 号文发布《建筑工程施工图设计文件审查暂行办法》。施工图审查的主要内容是：（1）建筑物的稳定性、安全性审查，包括地基基础和主体结构体系是否安全、可靠；（2）是否符合消防、节能、环保、抗震、卫生、人防等有关强制性标准；（3）施工图是否达到规定的深度要求；（4）是否损害公共利益。

3 月 1 日，建设部、国家工商行政管理局以建设〔2000〕50 号文发出《关于印发建筑工程勘察设计合同管理办法和建筑工程勘察合同、建筑工程设计合同文本的通知》。《通知》发布的合同文本是对 1996 年 7 月 25 日发布的文本的修订。

3 月 5 日，全国人大九届三次会议上，朱镕基总理在《政府工作报告》中明确提出：“严格执行《建筑法》《招标投标法》，建立健全和严格执行项目法人责任制、招标投标制、工程监理制和合同管理制，严肃查处建设单位规避招标或搞假招标的行为，禁止勘察、设计、施工、监理等单位转包和违法分包的做法”。

3月24日，财政部、国家税务总局以财税字〔2000〕38号文发出《关于工程勘察设计单位体制改革若干税收政策的通知》。明确，勘察设计企业进行技术转让，以及在技术转让过程中发生的与技术转让有关的技术咨询、技术服务、技术培训的所得，年净收入在30万元以下的，暂免征收企业所得税；超过30万元的部分，依法缴纳企业所得税。勘察设计单位改为企业的，自2000年1月1日起至2004年12月31日止，5年内减半征收企业所得税。

3月29日，建设部以建设〔2000〕67号发出《关于国外独资工程设计咨询企业或机构申报专项工程设计资质有关问题的通知》。明确，允许国外独资工程设计咨询企业或机构（包括香港、澳门特区或台湾地区）在我国境内从事部分专项工程设计咨询工作。允许的专项工程设计专业有：建筑智能化系统集成化专项设计、建筑装饰专项设计和环境专项工程设计（建筑智能化系统集成化专项设计中暂不包括通信、信息网络系统，安防系统应按公安部有关规定执行）。《通知》对申报材料和申报程序作了规定。

4月17日，建设部以建建〔2000〕80号文发出《关于认真贯彻落实九届全国人大三次会议精神进一步抓好整顿规范建筑市场工作的通知》。

4月20日，建设部以建标〔2000〕85号文发出《关于发布工程建设标准强制性条文（房屋建筑部分）的通知》。强制性条文包括城乡规划、城市建设、房屋建筑、工业建筑、水利工程、电力工程、信息工程、水运工程、公路工程、铁道工程、石油和化工建设工程、矿山工程、人防工程、广播电影电视工程和民航机场工程等部分。

4月20日，中国工程咨询协会以协办字〔2000〕15号文发出《关于印发工程咨询服务协议书试行本的通知》。附件有:《工程咨询服务协议书通用条件》《工程咨询服务协议书专用条件》。

5月1日，国家发展计划委员会令第3号，发布《工程建设项目招标范围和规模标准规定》。

5月11日，建设部以建建〔2000〕107号文印发《1999年全国工程质量检查情况通报》。指出，根据建设部建建〔1999〕107号文印发的《关于开展全国工程质量检查的通知》，这次检查，企业共自查工程项目197028个，建筑面积7.9亿平方米。各地区共抽查工程项目75802个，建筑面积4.49亿平方米，发现存在质量问题的工程5041个，占受检工程总数的6.65%。建设部组织10个检查组，共抽查了301个工程，建筑面积338.4万平方米，发现存在较严重质量问题的工程15个，占受检工程总数的5%。从抽查情况看，当时全国工程质量的总体水平保持稳定并有了一定的提高。

5月15日，建设部以建设〔2000〕109号文向国务院呈报《关于申请设立（梁思成基金）的请示》。该项基金的资金来源为1999年在北京召开的国际建筑师协会第20届大会的经费结余700万元人民币。基金设立后，先对前五十年中评出的十名杰出建筑师给予重奖，每人 10 万元，共计 100 万元。余下的 600 万元，作为永久性基金，计划从 2001 年开始，每年评选一次，用基金利息（10 万元）重奖一名当年的杰出建筑师。《请示》得到了国务院领导的批准。

6 月 2 日，建设部以建设技〔2000〕21 号文发出《关于印发建筑工程施工图设计文件审查有关问题的指导意见的通知》。《指导意见》要求全面推进施工图审查工作，并对施工图审查有关各方的责任、审查机构的设置及其审查范围、审查的内容、审查程序规范化、审查人员的认定和培训、审查机构的申报和批准，提出了指导意见。

6 月 7 日，建设部、人事部以建设〔2000〕129 号文发出《关于印发第二届全国注册工程师管理委员会（结构）成员名单的通知》。调整后的第二届全国注册工程师管理委员会（结构）顾问：吴奕良；主任：林选才；副主任：范勇，钟秉林，李竹成，陈肇元。

6 月 30 日，建设部令第 79 号发布《工程建设项目招标代理机构资格认定办法》。

6 月 30 日，建设部以建设〔2000〕126 号文发出《关于印发轻型钢结构工程设计专项资质管理暂行办法和建筑幕墙工程设计专项资质管理暂行办法的通知》。

7 月 1 日，国家发展计划委员会令第 5 号发布《工程建设项目自行招标试行办法》。该《办法》适用于经国家计委审批（含国家计委初审后报国务院审批）的工程建设项目的自行招标活动。

7 月 1 日，中国全国注册建筑师管理委员会（NABAR）与美国全国注册建筑师管理委员会（NCARB）签署了《促进国际实践的双方认同书》，作为导致双方相互承认注册资格的第一个步骤，同意采取本认同书来管理中国大陆与美国之间的建筑实践。

8 月 1 日，建设部以建设〔2000〕167 号文印发《建设工程勘察质量管理办法》。

8 月上旬起，深圳市根据 1999 年建设部《关于同意北京市、上海市、深圳市开展工程设计保险试点的通知》，全面实施工程设计责任保险。对未按要求签订设计合同和购买设计责任保险的工程不予办理设计合同备案和施工许可证。保险种类分为年保和单项工程投保。

8 月 25 日，建设部令第 81 号发布《实施工程建设强制性标准监督规定》。为了便于执行，建设部开始由有关部门继续编制《工程建设标准强制性条文》。
9 月，国际咨询工程师联合会（FIDIC）年会一致同意中国工程咨询协会申办 2005 年 FIDIC 年会。

9 月，中国勘察设计协会在天津召开了第四届会员代表大会暨第四届第一次理事会议，选出了第四届新的领导机构，推选叶如棠同志为名誉理事长、吴奕良同志为理事长、郑春源同志为副理事长兼秘书长。

9月25日，国务院令第293号发布实施《建设工程勘察设计管理条例》。该条例的公布与施行，对于加强建设工程勘察设计活动的管理，保证建设工程勘察设计质量，保护人民生命和财产安全，具有重要的意义，是建设工程勘察设计立法的重要成果。

10月18日，建设部令第82号颁发《建筑工程设计招标投标管理办法》，首次规定，建筑工程设计招标可以采取建筑方案设计招标方式，也可以采取概念设计招标方式。

10月24日，国务院办公厅以国办发〔2000〕71号文转发建设部、国家计委、国家经贸委、财政部、劳动保障部、中编办、中央企业工委、人事部、税务总局、国家工商行政管理局《关于中央所属工程勘察设计单位体制改革实施方案》。《实施方案》对中央所属工程勘察设计单位体制改革的基本原则、体制改革方案、配套政策、组织领导，作了具体规定。

10月30日，建设部以建设技字〔2000〕51号文发出《关于建立"工程勘察设计咨询业信息系统"的通知》。附件有《建立全国工程勘察设计咨询业信息系统初步方案概述》。

10月30日，建设部、财政部以建设〔2000〕246号文发出《关于印勘察设计行业专项事业经费管理办法的通知》。

11月6日，劳动和社会保障部以劳社部发〔2000〕21号文发出《关于进一步深化企业内部分配制度改革指导意见的通知》。

12月6日，建设部以建设〔2000〕272号文公布了全国第三批勘察设计大师名单，其中勘察大师5名、设计大师55名。同日，以建设〔2000〕273号文授予142名同志全国优秀勘察设计院长荣誉称号。

12月7日，建设部以建标〔2000〕277号文批准《建设工程监理规范》GB 50319—2000为国家标准，自2001年5月1日起施行。

12月7日，建设部以建设〔2000〕278号文公布了首届"梁思成建筑奖"九名获得者名单：齐康、莫伯治、赵冬日、关肇邺、魏敦山、张锦秋、何镜堂、张开济、吴良镛。同日，以建设〔2000〕279号文印发《梁思成基金管理办法》。

12月7日，上海市建委根据1999年建设部《关于同意北京市、上海市、深圳市开展工程设计保险试点的通知》，以沪建建（2000）第0809号文发出《关于本市试行建设工程设计责任保险的通知》，决定在上海市试行建设工程设计责任保险，各有关设计单位应根据各自承担的设计业务情况，自愿、合理地进行投保。险种分为年保和单项工程投保。

12月13日，建设部以建设〔2000〕285号文发布《建筑工程设计事务所管理办法》。《办法》附有《建筑工程专业设计事务所资质标准》及《建筑工程设计事务所名额分配表》（名额总数为 170 个，其中综合事务所不得超过 46 个）。

12 月 18 日至 19 日，第十四次全国勘察设计工作会议在北京召开（详见“行业重要会议”）。

12 月 28 日，国家质量技术监督局发布 2000 版 GB/T 19000—ISO9000 族标准。已通过质量体系认证的勘察设计单位逐步开始进行转换工作。

五十三、2001 年

1 月 4 日，人事部、建设部以人发〔2001〕4 号文发出《关于成立全国注册工程师工作领导小组的通知》。领导小组组长由人事部徐颂陶副部长担任，执行组长由建设部叶如棠副部长担任，副组长为朱高峰、容柏生。

1 月 4 日，人事部、建设部以人发〔2001〕5 号文发出《关于发布勘察设计注册工程师制度总体框架及全国勘察设计注册工程师管理委员会组成人员名单的通知》。全国勘察设计注册工程师管理委员会主任由建设部叶如棠副部长担任（2005 年调整为建设部黄卫副部长）。此后，全国勘察设计注册工程师管理委员会陆续批准成立了公用设备、机械、环保、采矿／矿物、冶金等业的注册工程师管理委员会。

1 月 7 日，中国工程咨询协会协政字〔2001〕003 号文发出《关于印发了中国工程咨询协会全国优秀工程咨询成果奖奖励条例及中国工程咨询协会学术委员会章程的通知》。《奖励条例》规定，全国优秀工程咨询成果奖设置一、二、三等奖，中国工程咨询协会每年组织评选一次。

1 月 9 日，建设部以建设〔2001〕9 号文印发《关于加强建筑装饰设计市场管理的意见》和《建筑装饰设计资质分级标准》。

1 月 17 日，建设部令第 86 号发布《建设工程监理范围和规模标准规定》。其中第二条规定，下列建设工程必须实行监理:（1）国家重点建设工程;（2）大中型公用事业工程;（3）成片开发建设的住宅小区工程;（4）利用外国政府或者国际组织贷款、援助资金的工程;（5）国家规定必须实行监理的其他工程。

2 月 16 日，建设部以建设〔2001〕22 号文发布《关于颁发工程勘察资质分级标准和工程设计资质分级标准的通知》。

4 月 3 日至 4 日，国务院召开了全国整顿和规范市场经济秩序工作会议。朱镕基总理、李岚清副总理在会上做了重要讲话，明确提出大力整顿和规范市场经济秩序是整个“十五”期间的一项重要任务，要求各地方、各部门下最大的决心，用最大的力气，迅速在全国范围内大张旗鼓地开展整顿和规范市场经济秩序的工作，严厉打击各种破坏市场经济秩序的违法犯罪活动，尽快从根本上扭转市场经济秩序比较混乱的局面。

4月6日，建设部召开了全国整顿和规范建筑市场秩序工作会议。俞正声部长讲了话。建设部确定今年整顿规范建筑市场的重点是：依法查处规避招标和在招标投标活动中弄虚作假的问题；依法严厉打击勘察、设计、施工单位转包、违法分包和监理单位违法转让监理业务以及无证、越级承接工程业务包括挂靠、卖图签等问题；依法查处不执行强制性技术标准、偷工减料等问题。

4月后，按照建设部整顿和规范建筑市场秩序的工作部署，据统计，在全国整顿和规范建筑市场秩序工作的第一阶段，即自查自纠阶段，全国31个省、自治区、直辖市的建设行政主管部门共组织51302家建设单位和71696家勘察、设计、施工、监理、招标代理单位，对430063个工程项目进了自查，发现有16410个工程项目存在着违法违规行为，占自查工程项目总数的3.82%，多数进行了自纠。从7月1日起转入第二阶段，截至9月，28个省、自治区、直辖市的建设行政主管部门共对124433个工程进行了检查，发现有违法违规行为的工程项目15510个，占受检工程项目的12. 46%，责令有关单位进行整改，并对1454家企业分别给予了停业整顿、降低资质等级或吊销资质证书的处罚。9月5日至30日，建设部、监察部组织了全国建筑市场稽查特派员及19个省市的100余人，分十组对除西藏外的30个省、市、自治区、56个地级以上城市进行了检查，共检查工程项目274个。从检查情况看，有136项工程不执行工程建设强制性标准，占49.6%，其中有结构安全隐患工程14项，占5.1%，可能存在结构隐患的工程51个，占18.6%。存在的问题是：勘察单位不认真落实质量责任制、不严格执行强制性标准的现象十分严重。设计单位质量责任制不落实、不严格执行强制性标准的问题不容忽视。施工单位的问题大量存在，尤其是质量通病大量存在。监理单位行为不规范的问题突出。

4月27日，国务院发布《关于整顿和规范市场经济秩序的决定》。

5月，中国工程咨询协会发布《中国工程咨询业质量管理导则》，规定了工程咨询业如何建立和完善质量管理体系以及工程咨询成果质量评价的标准和办法。

5月16日，建设部、财政部、劳动和社会保障部、国土资源部以建设〔2001〕102号文发布《关于工程勘察设计单位体制改革中有关问题的通知》。对改企中的有关问题（包括国有资本核定、国有资产产权登记、工商登记、清产核资以及勘察设计单位社会保险统筹等问题）、建立现代企业制度中的有关问题（包括国有资产管理、改制后的收入分配制度改革、勘察设计资质变更、改制的程序等问题）作了规定。

5月25日，建设部以建设〔2001〕105号文发出《关于进一步加强勘察设计质量管理的紧急通知》。要求采取七个方面的措施切实解决这些问题。

7 月 1 日，国务院令第 306 号发布《中华人民共和国专利法实施细则》。

7 月 25 日，建设部令第 93 号颁布《建设工程勘察设计企业资质管理规定》。建设部建设〔1991〕1504 号文《工程勘察和工程设计单位资格管理办法》同时废止。

8 月 22 日，建设部以建设〔2001〕22 号文发出《关于印发工程勘察、工程设计资质分级标准补充规定的通知》对《工程勘察资质分级标准》《工程设计资质分级标准》作了补充规定。同日，以建设〔2001〕178 号文发出《关于工程勘察、工程设计资质换证工作的补充通知》。

8 月 29 日，建设部令第 102 号颁布《工程监理企业资质管理规定》。

10 月，国家住宅与居住环境工程中心在国际建筑中心联盟大会首次发布《健康住宅技术要点》(2001 年版)。

10 月 31 日，国务院办公厅以国办发〔2001〕81 号发出《关于进一步整顿和规范建筑市场秩序的通知》。

10 月 31 日，建设部以建设〔2001〕218 号文颁发《梁思成建筑奖评选办法》。

12 月 11 日，世界贸易组织正式通过我国加入 WTO。我国勘察设计咨询业加入 WTO 后的对外承诺是:(1)允许外国企业在中国成立合资、合作企业;(2)进入中国从事设计的建筑师、工程师及企业必须是在本国从事设计工作的注册建筑师、工程师及注册企业。加入 WTO 后五年内开始允许外商成立独资企业。

建设部 2001 年重点实施技术——锦江绿色能源项目(垃圾焚烧供热发电综合利用)，该项目是国家环保高技术产业化示范工程

12 月 12 日，人事部、国家发展计划委员会以人发〔2001〕127 号文发出《关于印发注册咨询工程师（投资）执业资格制度暂行规定和注册咨询工程师（投资）执业资格考试实施办法的通知》。《暂行规定》对注册咨询工程师（投资）的考试、注册、权和义务、罚则等做出了规定。

经过两年开展工程咨询行业治理整顿，中国工程咨询协会对 156 家存在各种问题的工程咨询单位做了不同程度的处理，取消资格 76 家（其中甲级 7 家，乙级 18 家，丙级 51 家），予以警告 35 家，通报批评 27 家，停业整顿 17 家，降低等级 1 家。

五十四、2002 年

1 月 7 日，国家计委、建设部以计价格〔2002〕10 号文批准发布《工程勘察设计收费管理规定》《工程勘察收费标准》《工程设计收费标准》，2002 年 3 月 1 日起实施。

1 月 23 日，第二届“梁思成建筑奖”揭晓。获奖者：马国馨，彭一刚；获提名奖者：唐葆亨，程泰宁，胡绍学。

1 月 30 日，建设部、国家计委、监察部发布《关于健全和规范有形建筑市场的若干意见》指出，有形建筑市场（即建设工程交易中心）是经政府主管部门批准，为建设工程交易活动提供服务的场所。

2 月 6 日，劳动和社会保障部、人事部、财政部、科技部、建设部以劳社部发〔2002〕5 号文发出《关于转制科研机构和工程勘察设计单位转制前离退休人员待遇调整等问题的通知》。

2 月 10 日，建设部以建市〔2002〕40 号文发布《对工程勘察、设计、施工、监理和招标代理企业资质申报中弄虚作假行为的处理办法》。

4 月 8 日，人事部、建设部以人发〔2002〕35 号文发布《注册土木工程师（岩土）执业资格制度暂行规定》《注册土木工程师（岩土）执业资格考试实施办法》和《注册土木工程师（岩土）执业资格考核认定办法》，分别对注册土木工程师（岩土）执业资格的考试注册执业、考试实施办法、考核认定办法作了规定。同日，人事部、建设部以人发〔2002〕36 号文发布了《关于申报特许注册土木工程师（岩土）执业资格有关工作的通知》。

5 月 31 日，中国勘察设计协会提出《关于保护勘察设计知识产权的建议》。内容包括：（1）勘察设计行业的知识产权保护范围；（2）勘察设计行业知识产权保护的现状与差距；（3）勘察设计行业知识产权保护的对策。

6 月 1 日，中国勘察设计协会第四届第一次常务理事会通过《关于撰写中国工程勘察设计五十年纪事的决议》。

6 月 4 日，建设部以建市〔2002〕155 号文发出了《关于加快建立建筑市场有关企业和专业技术人员信用档案的通知》。

6 月 12 日，中国勘察设计协会以中设协字（2002）第 24 号文发出《关于公布全国勘察设计行约和全国勘察设计行业职业道德准则的通知》，要求所有从业单位和执业人员严格遵守。

6 月 13 日，建设部以建质〔2002〕174 号文发布《关于印发全国统一民用建筑设计周期定额（试行）的通知》。

7 月 17 日，建设部以建市〔2002〕第 189 号文印发《房屋建筑工程施工旁站监理管理办法（试行）》。

9 月 6 日，建设部以建科〔2002〕222 号文发布《建设部推广应用新技术管理细则》。内容包括：第一章，总则；第二章，重点实施领域；第三章，技术公告；第四章，推广项目；第五章，示范工程；第六章，产业化基地；第七章，附则。

9 月 10 日，协会以中设协字〔2002〕第 41 号文印发《关于撰写中国工程勘察设计五十年纪事的决议》和《关于组织撰写中国工程勘察设计五十年纪事的建议》。

9 月 14 日，中国勘察设计协会、中国工程咨询协会以中设协字〔2002〕第 42 号文发出《关于表彰优秀工程项目管理和优秀工程总承包项目的通知》。决定对“斯里兰卡锡兰石油公司石油储存设施紧急修复工程”“上海石油化工股份有限公司 20 万吨 / 年丙烯装置”“四川南桠河梯级电站配套送出工程”等 59 个获奖工程项目以及有关项目经理进行表彰。其中:工程项目管理优秀奖 10 项;工程总承包金钥匙奖 5 项;工程总承包银钥匙奖 13 项;工程总承包优秀奖 31 项;获奖项目项目经理 63 名。

9 月 27 日，建设部、对外贸易经济合作部令第 114 号发布《外商投资建设工程设计企业管理规定》，自 2002 年 12 月 1 日起施行。自此，外商投资的工程设计企业开始享受“国民待遇”。

10 月 28 日，中华人民共和国主席令第 77 号发布《中华人民共和国环境影响评价法》。

11 月 11 日至 14 日，中国勘察设计协会和中国工程咨询协会共同组织召开了建设项目管理和工程总承包经验交流暨表彰大会。

11 月 21 日，建设部公布了第二批提出申请的建筑工程设计事务所的审查结果，46 家建筑工程设计事务所获得批准，我国建筑工程设计事务所达到 70 家。

12 月 4 日，建设部令第 115 号颁布《建设工程勘察质量管理办法》。内容包括：第一章，总则；第二章，质量责任和义务；第三章，监督管理；第四章，罚则；第五章，附则。自 2003 年 2 月 1 日起施行。

12 月 5 日，人事部、建设部以人发〔2002〕111 号发布《建造师执业资格制度暂行规定》。该《规定》适用于从事建设工程项目总承包及施工管理专业技术人员。建造师经注册后，有权以建造师名义担任建设工程项目施工的项目经理及从事其他施工活动的管理。《规定》还对建造师的考试、注册、职责等作了规定。

宝钢一隅（国有重要骨干中央企业）

五十五、2003 年

1 月 2 日，建设部发出《关于发布全国民用建筑工程设计技术措施的通知》。

2 月 26 日，建设部在北京召开《全国民用建筑工程设计技术措施》首发式暨技术交流会。《技术措施》包括《规划·建筑》《结构》《给水排水》《暖通空调·动力》《电气》和《建筑产品选用技术》（技术条件）6 个分册，是一套大型的以指导民用建筑工程设计为主的技术文件，基本涵盖了民用建筑工程设计的全部技术内容。自 2003 年 3 月 1 日起执行。

2 月 13 日，建设部以建市〔2003〕30 号文发出《关于培育发展工程总承包和工程项目管理企业的指导意见》，对工程总承包和工程项目管理的重要性和必要性、基本概念和主要方式、推行的方式，提出了指导意见。

3 月 27 日，人事部、建设部以人发〔2003〕24 号文发布《注册公用设备工程师执业资格制度暂行规定》《注册公用设备工程师执业资格考试实施办法》和《注册公用设备工程师执业资格考核认定办法》，分别对注册公用设备工程师执业资格的考试注册执业、考试实施办法、考核认定办法作了规定。

3 月 27 日，人事部、建设部以人发〔2003〕25 号文发布《注册电气工程师执业资格制度暂行规定》《注册电气工程师执业资格考试实施办法》和《注册电气工程师执业资格考核认定办法》，分别对注册电气工程师执业资格的考试注册执业、考试实施办法、考核认定办法作了规定。

3 月 27 日，人事部、建设部以人发〔2003〕26 号文发布《注册化工工程师执业资格制度暂行规定》《注册化工工程师执业资格考试实施办法》和《注册化工工程师执业资格考核认定办法》，分别对注册化工工程师执业资格的考试注册执业、考试实施办法、考核认定办法作了规定。

3 月 27 日，人事部、建设部以人发〔2003〕27 号文发布《注册土木工程师（港口与航道工程）执业资格制度暂行规定》《注册土木工程师（港口与航道工程）执业资格考试实施办法》和《注册土木工程师（港口与航道工程）执业资格考核认定办法》，分别对注册土木工程师（港口与航道工程）执业资格的考试注册执业、考试实施办法、考核认定办法作了规定。

3 月 28 日，第十届全国人大常委会顾秀莲副委员长为中国寰球工程公司实施改革创新发展一书《我们的路》作序指出：中国寰球工程公司从设计院转变成为从事建设项目全过程服务的国际工程公司，有了长足的进步和很大的发展，坚持“立足国内，走向世界”的发展战略，不断深化改革，调整企业结构，提高队伍素质，在开拓国际工程市场方面取得了可喜的成绩。《我们的路》的出版，对促进设计体制改革，探索设计单位与国际接轨，创建国际工程公司，推行项目管理和工程总承包等方面，将产生积极的作用。

4 月 1 日，江泽民总书记为机械工业部第二设计研究院建院五十周年题词：“继往开来，不断进取，为发展我国工程建设事业做出更大贡献。”

4 月 21 日，建设部以建质〔2003〕84 号文颁布《建筑工程设计文件编制深度规定》（2003 年版），自 2003 年 6 月 1 日起施行。原《建筑工程设计文件编制深度规定》，（1992 年版）和建设部《关于印发（城市建筑方案设计竞选管理试行办法）》（建设〔1995〕230 号）所附的《城市建筑方案设计文件编制深度规定》同时废止。

4 月中下旬，我国突然发生非典病疫。在紧急情况下，4 月 23 日至 29 日，北京用 7 天时间在小汤山建成救治非典病人的专科医院，总建筑面积 5 万平方米，病房 508 间，病床 1000 张。4 月 29 日通过验收，30 日交付使用。中元国际工程设计研究院的设计人员冒着生命危险，应北京市的紧急要求，到现场突击完成了设计任务。

4 月 23 日，建设部以建市〔2003〕86 号文发出《关于建筑业企业项目经理资质管理制度向建造师执业资格制度过渡有关问题的通知》。其中规定：“符合考核认定条件的一级项目经理，可通过考核认定取得一级建造师资格。二级建造师考核认定工作由省级建设行政主管部门负责。”

4 月，根据人事部、国家发展改革委有关文件的规定，完成了对长期从事工程咨询工作、具有较高知识水平和丰富实践经验、符合有关条件的人员，采取一次性认定，取得注册咨询工程师（投资）执业资格的工作。全国有3943人通过认定取得注册咨询工程师（投资）执业资格。

6月4日，建设部以建质〔2003〕113号文印发《建设工程质量责任主体和有关机构不良记录管理办法（试行）》，自2003年7月1日起施行。

6月12日，国家发展改革委、建设部、铁道部、交通部、信息产业部、水利部、民航总局、广播电影电视总局以第2号令发布了《工程建设项目勘察设计招标投标办法》。

7月4日，国资委、财政部、劳动保障部、税务总局以国资分配〔2003〕21号文发出《关于进一步明确国有大中型企业主辅分离辅业改制有关问题的通知》。

7月13日，建设部办公厅以建市函〔2003〕161号文向江苏省建设厅、上海市建委发出《关于工程总承包市场准入问题说明的函》。指出：具有工程勘察、设计或施工总承包资质的企业可以在其资质等级许可的工程项目范围内开展工程总承包业务。

7月18日，建设部以建质〔2003〕144号文颁布《建筑工程勘察文件编制深度规定（试行）》，自2003年9月1日起试行。

8月5日，建设部以建质〔2003〕162号文发出《关于印发工程质量监督工作导则的通知》。《导则》对基本规定、责任主体和有关机构质量行为的监督、工程实体质量监督、工程竣工验收监督、工程质量监督报告、工程质量监督档案和信息管理作了规定。

8月27日，建设部以建质函〔2003〕197号文发出《关于印发工程勘察设计大师评选办法和做好评选工程勘察设计大师工作的通知》。《评选办法》指出，全国工程勘察设计大师是勘察设计行业的国家级荣誉奖。工程勘察设计大师每两年评选一次。每次评选名额一般不超过30名。评选工程勘察设计大师的组织领导机构是工程勘察设计大师评选领导小组和工程勘察设计大师评选委员会。

9月12日，建设部以建质函〔2003〕202号发出《关于印发工程勘察技术进步与技术政策要点的通知》。对岩土工程专业、工程测量专业、水文地质专业、工程物探专业、工程勘察企业信息化及完成要点应采取的主要措施，提出了今后五年至十年技术进步与技术政策的要点。

10月15日，中国自行研制的“神舟”五号载人飞船在酒泉卫星发射中心发射升空，这是中国首次进行载人航天飞行。乘坐“神舟”五号载人飞船执行任务的航天员是38岁的杨利伟。他是中国自己培养的第一代航天员。“神舟”五号载人飞船在太空中围绕地球飞行14圈，经过21小时23分、60万公里的安全飞行后，于16日6时23分，在内蒙古主着陆场成功着陆返回。中国首次载人航天飞行圆满成功。

10月22日，建设部、国家知识产权局以建质〔2003〕210号文发出《关于印发工程勘察设计咨询业知识产权保护与管理导则的通知》。

11月12日，国务院第28次常务会议通过，11月24日以国务院令第393号颁发《建设工程安全生产管理条例》。要求2004年2月1日起施行。

11月14日，建设部以建质〔2003〕218号文发布《关于积极推进工程设计责任保险的指导意见》。指出，“我国自1999年开始进行工程设计责任保险试点以来，目前已有北京、上海、深圳、贵州等7个省（市）推行了此项保险制度，并取得了一些经验”。为了适应加入WTO与国际惯例接轨的需要，积极推进工程设计责任保险制度的建立与开展，提出了指导意见。

12月19日，建设部、商务部令第122号发布《外商投资建设工程设计企业管理规定》的补充规定，共5条。鼓励香港服务提供者和澳门服务提供者，根据国务院批准的《内地与香港关于建立更紧密经济关系的安排》和《内地与澳门关于建立更紧密经济关系的安排》，在内地设立建设工程设计企业。

12月20日，国务院令第396号公布《国务院关于修改国家科学技术奖励条例的决定》。

12月27日，科技部令第9号发布《国家科学技术奖励条例实施细则》。

12月31日，国资委、财政部令第3号公布《企业国有产权转让管理暂行办法》。《暂行办法》的内容包括：第一章，总则；第二章，企业国有产权转让的监督管理；第三章，企业国有产权转让的程序；第四章，企业国有产权转让的批准程序；第五章，法律责任；第六章，附则。

五十六、2004年

1月16日，国务院各部门行业勘察设计协会秘书长第30次联席会议讨论通过《关于我国工程设计规范、技术标准制（修）订工作急待解决的问题与对策建议》，报送国务院秘书长华建敏并请转送温家宝总理。3月25日，国务院副秘书长张勇约见了联席会议三位代表，进一步听取意见，商谈对策措施，并将建议批转给建设部等部门，使该问题的解决有了实际推进，财政部拨付专项经费，建设部成立工作协调委员会，开展了一系列清理、编（修）订工程设计规范标准工作，使停滞多年的工程设计标准化工作有了新的起色，取得了阶段性成果。

1月29日，建设部以建质〔2004〕16号文发出《关于颁布市政公用工程设计文件编制深度规定的通知》，2004年4月1日起施行。

1月，由中国勘察设计协会、中国工程咨询协会编，由吴奕良任编委会主任、何立山主编的《创建国际型项目管理公司和工程公司实用指南》一书出版发行。

2月5日，全国勘察设计注册工程师管理委员会发出《关于批准成立全国勘察设计注册工程师机械、环保专业管理委员会及执业资格考试专家组的通知》。

2月16日，人事部以国人部发〔2004〕13号文发布《环境影响评价工程师职业资格考试实施办法》，共14条。

2月16日，全国勘察设计注册工程师管理委员会以注工秘〔2004〕1号文发出《关于组织注册电气工程师、公用设备工程师、化工工程师、土木工程师（港口与航道工程）执业资格考核认定测试工作的通知》。根据这个《通知》，一批经初审和公示合格的有关专业工程技术人员，于统一时间在各地参加了测试。

2月17日，全国注册建筑师管理委员会和香港建筑师学会经过协商，在北京正式签署了《全国注册建筑师管理委员会和香港建筑师学会建筑师资格互认协议》。双方定于上半年进行首批内地一级注册建筑师与香港建筑师学会法定会员资格互认。为此，4月3日，建设部以建市函〔2004〕58号发出了《关于组织好内地一级注册建筑师申请香港建筑师学会法定会员资格申报工作的通知》。

2月19日，人事部以国人部发〔2004〕16号文印发《建造师执业资格考试实施办法》和《建造师执业资格考核认定办法》。

2月23日，国务院国有资产监督管理委员会以国资发产权〔2004〕18号文发出《关于中央企业加强产权管理工作的意见》。对认真学习《中共中央关于完善社会主义市场经济体制若干问题的决定》、深刻领会建立现代产权制度的重要意义，高度重视产权管理基础工作，规范国有产权转让行，加强上市公司国有股权管理，做好主辅分离、辅业改制、分流安置富余人员中的资产处理工作，加强投资和资本运作的管理，大力发展股份制、优化企业产权结构，做好资产划转工作，加强境外国有资产管理等，提出了要求。此《意见》在勘察设计企业改制工作中广受重视。

3月1日，建设部以建市函〔2004〕56号文印发《建造师执业资格考核认定实施细则》。

4月15日，最高人民检察院、建设部、交通部、水利部以高检会〔2004〕号文发出《关于在工程建设领域开展行贿犯罪档案查询试点工作的通知》。

4月22日，《健康住宅建设技术要点》（2004年版）在“中国健康住宅理论与实践论坛”上发布。

4月23日至25日，我国首次举行注册咨询工程师（投资）执业资格全国统一考试。全国共有11.68万人报考。

4月24日至26日，《中国（首届）项目管理国际研讨会——项目管理与中国经济发展》在北京召开，会议由国家经贸委、中国科学院、国家外国专家局、联合国工业发展组织共同主办，国家经贸委主任李荣融为大会主席，有国际、国内的大中型企业、设计咨询单位、高等院校、研究单位踊跃参加。这次会议收到国内外专家论文120余篇，内容包括项目管理的理论、方法和工具，项目管理的应用与经验两个方面，并出版了《中国（首届）项目管理国际研讨会论文集》，有很强的针对性和实用性，对项目管理理论的研究和应用，特别是对提高中国的项目管理水平并促进其与国际接轨，有着重要意义，促进了工程勘察设计咨询行业深化改革的进程。

4月26日，建设部发布第234号公告，公布了全国第四批勘察设计大师名单，其中全国工程勘察大师6名、全国工程设计大师54名。

5月10日，建设部以建市〔2004〕78号文发布《关于外国企业在中华人民共和国境内从事建设工程设计活动的管理暂行规定》。该《暂行规定》与1986年的《暂行规定》相比，取消了对合作设计建设项目的限制；取消了由项目主管部门对外国设计机构进行资格审查；对合作设计协议内容进行了补充和完善。最大的突破是：政府对合作设计的管理不再是一种行政许可，而是设计活动的市场监管，有关工程设计合同等材料只需报送建设行政主管部门备案即可。

7月16日，国务院发布《关于投资体制改革的决定》明确规定，彻底改革现行不分投资主体、不分资金来源、不分项目性质，一律按投资规模大小分别由各级政府及有关部门审批的企业投资管理办法。对于企业不使用政府投资建设的项目，一律不再实行审批制，区别不同情况实行核准制和备案制。

8月23日，建设部令第134号文发布《房屋建筑和市政基础设施工程施工图设计文件审查管理办法》。

8月27日，全国注册工程师管理委员会（结构）与香港工程师学会签署了《结构工程师资格互认协议》，双方同意就内地一级注册结构工程师执业资格与香港工程师学会法定会员资格开展资格互认，自签字之日起生效，有效期为五年。

8月28日，第九届全国人民代表大会常务委员会第十一次会议通过，中华人民共和国主席令第20号公布《关于修改中华人民共和国公司法的决定》（第二次修正）。

8月28日，中华人民共和国主席令第28号公布《中华人民共和国电子签名法》。

8月30日，国有资产监督管理委员会以国资研究〔2004〕834号文发布《行业协会工作暂行办法》，对国资委联系行业协会工作的主要职责和义务、国资委联系行业协会工作的内部分工、直管协会的代管职责等做出了规定。

8月30日，国务院各部门行业勘察设计协会秘书长第31次联席会议讨论通过了《关于整合组建中国工程咨询设计联合会的建议》，报送国务院秘书长华建敏并请转送温家宝总理。9 月 22 日，国务院秘书局陆俊华副局长约见了中国勘察设计协会、中国工程咨询协会和中国国际工程咨询协会负责人，听取了意见。

9 月 19 日，中国工程咨询协会以协业字〔2004〕027 号文发出《关于申请国家发展改革委委托投资咨询评估资格的通知》。《通知》附件《国家发展改革委委托投资咨询评估管理办法》。

9 月，国务院各部门行业勘察设计协会秘书长联席会向国务院报送《关于整合组建中国工程咨询设计联合会》的报告，反映行业管理存在问题，提出理顺行业行政管理关系，改变勘察设计咨询行业由两个行政主管部门分管和“三家协会”分立的现状，要求实行联合重组为一家协会的建议，引起国务院领导的重视，有关部门将相关代表请到中南海听取意见后，做出了加强联合协商议事，逐步实现联合重组的批示。为了落实批示要求，三家协会领导进行了多次商讨，建立了三家协会理事长联席会议协商制度，开始了联合协商议事、联合开展行业活动。

10 月 12 日，建设部以建科〔2004〕174 号文发出《关于加强民用建筑工程项目建筑节能审查工作的通知》。

10 月 18 日，建设部公告第 278 号《关于建设部机关直接实施的行政许可事项有关规定和内容的公告》，规定了建设部机关直接实施的行政许可事项。

11 月 8 日，人事部令第 3 号发布《专业技术人员资格考试违纪违规行为处理规定》。

11 月 16 日，建设部以建市〔2004〕200 号文发出《关于印发建设工程项目管理试行办法的通知》。《试行办法》对企业资质、执业资格、服务范围、服务内容、委托方式、服务收费、禁止行为、监督管理、行业指导等做出了规定。

11 月 23 日，建设部以建质〔2004〕203 号文发出《关于实施房屋建筑和市政基础设施工程施工图设计文件审查管理办法的通知》。《管理办法》对审查机构的认定、审查任务的委托和承接、审查合格书、审查合格后的备案、不良记录的报送、存档、签字盖章等做出了规定。

12 月 8 日，国家发展改革委发布 2004 年第 72 号公告，根据国务院《关于投资体制改革的决定》精神和国家发展改革委《委托投资咨询评估管理办法》的有关规定，将经国家发展改革委确认的承担国家发展改革委委托投资咨询评估任务的 35 家咨询机构予以公告。

至 2004 年底，中国勘察设计协会已历经四届理事会，经批准协会设有 10 个分会和 6 个专业委员会，团体、单位及个人会员覆盖了全国（未含港澳台）的勘察设计咨询单位。

西气东输工程（2004年全线建成并正式运营）

五十七、2005年

5月4日举行的“2010年中法建筑与城市发展论坛”开幕式上，同济大学历史文化名城保护研究中心教授阮仪三、同济大学建筑设计研究院院长周俭、中国城市规划研究院顾问王景慧被法国文化部授予“法兰西共和国艺术与文学骑士勋章”，以表彰他们为中法文化交流所做出的贡献。

5月11日至12日，中国勘察设计协会和中国工程咨询协会共同举办的全国首届工程咨询与勘察设计发展高峰论坛在杭州举行。会议代表围绕当前国内工程咨询与勘察设计存在的一些问题，以及在新的形势下，面对挑战和机遇，针对代建制、工程总承包、项目管理服务等有关问题展开讨论，并就整合工程咨询与勘察设计资源，结成战略同盟、合作发展达成共识。

7月1日，我国首部《公共建筑节能设计标准》强制实施。该标准标志着我国建筑节能工作在民用建筑领域全面铺开，是大力发展节能省地型住宅和公共建筑、制定并强制执行更加严格的节能、节材、节水标准的一项举措。

9月1日，由上海市勘察设计行业协会与建筑时报社共同主办的“第二届上海青年建筑师、结构工程师新秀奖”决出金、银、铜奖。同济大学建筑设计研究院的曾群与华东建筑设计研究院有限公司的周建龙分获建筑、结构金奖。

9月7日，“150位中国建筑师在法国”项目最后一批15名青年建筑师完成了在法国的学业。至此，历时8年的“150位中国建筑师在法国”项目圆满结束。该项目是法国总统希拉克1997年访华时提出的，由法国政府提供奖学金，邀请150名中国建筑师到法国学习深造。

9月23日，总奖金额为22万美元的Holcim可持续建筑大奖赛亚太地区各奖项在北京隆重揭晓。中国的设计师获得了包括亚太赛区金奖以及两项纪念奖、两项鼓励奖的优异成绩，占亚太赛区总奖项的三分之一强。此次大奖赛是由瑞士Holcim可持续建筑基金会与全球五所知名理工院校合作举办的，是目前全球奖金额度最高的支持建筑可持续发展的奖项。

11月16日，八年前就破土动工的“世界第一高楼”上海环球金融中心大厦敲定最新设计后，对外宣布全面开工。美国K P F建筑师事务所设计的该大厦，地上101层，地下3层，建筑主体净高492米，在“楼顶高度”和“人可到达高度”两方面都是世界第一。

11月30日，全国勘察设计大师表彰大会暨新时期设计指导思想研讨会在北京召开。会议表彰了全国第四批勘察设计大师和第三届梁思成建筑奖获奖者，以及全国优秀勘察设计奖获奖单位。会议提出用科学发展观统领勘察设计工作，动员全国勘察设计工作者认清形势、明确方向、振奋精神、开拓进取，努力开创工程建设新局面，为全面建设小康社会做出新的贡献。

12月6日，建设部根据国务院批准的《内地与香港关于建立更紧密经贸关系的安排补充协议二》和《内地与澳门关于建立更紧密经贸关系的安排补充协议二》，放宽香港、澳门服务提供者根据《外商投资建设工程设计企业管理规定》申请建设工程设计企业资质的有关条件。

12月10日，由著名建筑师张永和作为独立策展人，由深圳市人民政府主办的题为“城市，开门！”的“2005首届深圳城市/建筑双年展”举行盛大的开幕式。这个国际化、多学科的展览，囊括了中国几乎所有前沿建筑师的前沿作品。此展览强调中国正在发生的有关城市和建筑的文化现象，向观众揭示了当代城市发展的现状。

五十八、2006年

3月21日，建设部在京举行“建设社会主义新农村——农房建设送图下乡暨试点村庄签约”仪式，向全国1887个重点乡镇赠送“系列小城镇住宅国标图集”，拉开了设计行业支援农村建设的活动序幕。

5月23日，亚洲建筑师协会第12届亚洲建筑师大会在北京隆重举行。成为继1999年UIA大会之后建筑界的又一次盛会。

5月24日，建设部等九部委联合下发《关于调整住房供应结构稳定住房价格的意见》规定，自2006年6月1日起，凡新审批、新开工的经济适用住房面积所占比重，必须达到开发建设总面积的70%以上。这条规定对开发商和建筑设计都有重大影响。

青藏铁路工程（2006 年建成通车）

8 月 8 日，第十届全国人大顾秀莲副委员长为《中国工程勘察设计五十年》一书题词：勘察是设计的先导，设计是工程的灵魂。五十年来，中国工程勘察设计广大员工坚决贯彻执行党和国家的方针政策，艰辛创业、顽强拼搏、勇于创新、甘于奉献、精心设计、持续改进，完成了成千上万的工程项目勘察设计，建成了质量优、水平高、效益好的工程，为我国社会主义经济建设作出了不可磨灭的贡献。

10 月，由中国勘察设计设计协会编，由原住房城乡建设部副部长黄卫任编委会主任、吴奕良任总编的《中国工程勘察设计五十年》出版发行。

11 月 4 日，在中国勘察设计协会成立二十周年庆典大会上，由协会会长吴奕良发起并主编，业界百多位专家参与历时三载完成的《中国工程勘察设计五十年》（全书共 8 卷约 400 万字）正式发行。全国人大常委会原副委员长顾秀莲、原国家建委主任、中纪委副书记韩光为《中国勘察设计五十年》题词。《中国工程勘察设计五十年》既是催人奋进的优秀读物，又是可供查阅和借鉴的珍贵历史文献；既是具有现实指导意义的专业丛书，又是史料价值很高的珍藏典籍。

《外商投资建设工程设计企业管理规定》于 12 月 11 日正式实施。内、外设计企业将同享“国民待遇”，接受统一的市场、资质管理。

12 月 7 日国家人事部、建设部、台湾事务办联合发文《台湾地区居民取得注册建筑师资格的具体办法》，允许台湾地区居民通过参加大陆考试取得注册建筑师资格。

三峡大坝工程（2006 年建成）

五十九、2007 年

1 月 5 日，建设部、发改委、财政部、监察部、审计署联合发文《关于加强大型公共建筑工程建设管理的若干意见》。提出当前一些大型公共建筑工程建设中存在着一些亟待解决的问题，主要是一些地方不顾国情和财力，热衷于搞不切实际的“政绩工程”“形象工程”；不注重节约资源能源，占用土地过多；一些建筑片面追求外形，忽视使用功能、内在品质与经济合理等内涵要求，忽视城市地方特色和历史文化，忽视与自然环境的协调，甚至存在安全隐患，对存在的这些问题从各个角度提出了监管措施。

1 月 5 日，建设部和商务部制定的《外商投资建设工程设计企业管理规定实施细则》正式出台。《细则》相比原来的《规定》（114 号令），提出“取得中国注册资格的外国服务提供者”可以聘用中国注册建筑师、注册工程师来代替，大大降低了资质申请的难度。

3 月 29 日，建设部颁布新的《工程设计资质标准》，第三次修订资质标准最大的变化是设立了跨行业跨部门的工程设计综合资质。

3 月 31 日，胡锦涛总书记为中国国际工程咨询公司成立二十周年题词：工程咨询理论和方法的创新关系到科学发展观在投资领域的贯彻落实，需加强这一研究的指导和协调。

4 月 3 日，温家宝总理为中国国际工程咨询公司成立二十周年题词：贯彻科学发展观，做好工程咨询工作，对于调整经济结构，提高工程质量和效益具有重要意义。

5月30日，建设部正式对社会发布《宜居城市科学评价标准》，至此，我国宜居城市的规划、建设、管理有了一个导向性的科学评价标准一。

7月6日，国务院各部门勘察设计协会秘书长联席会议给全国人大常务委员会副委员长顾秀莲、国务院法制办和建设部写信，提出了《建筑法修订草案送审稿存在问题和修改建议》，顾秀莲副委员长很重视，听取了秘书长联席会议代表的汇报后，做了重要批示。

7月18日，东华工程科技股份有限公司在深圳证券交易所成功上市，是工程勘察设计行业首家进行股份制改造并上市的现代工程科技型企业。

7月26日，国务院下发《关于编制全国主体功能区规划的意见》，按"十一五"规划纲要所确定的全国国土空间最新布局办法，将全国国土空间统一划分为优化开发、重点开发、限制开发和禁止开发四大类主体功能区。全国主体功能区规划是战略性、基础性、约束性的规划，也是国民经济和社会发展总体规划、区域规划、城市规划等的基本依据。

8月20日，全国工程咨询设计行业发展高峰论坛在北京举行，胡锦涛、温家宝为会议题词，中共中央政治局委员、国务院副总理曾培炎会见与会代表并发表讲话，他指出：在做咨询设计工作的时候，要把项目的建设和区域经济协调发展、城乡协调发展很好地结合起来，在讲究经济效益的同时，注重社会效益和生态效益，把引进消化吸收与自主创新很好地结合起来，做到科学、客观、公正地为经济社会的发展提供服务。要推进经济结构的调整，大力促进节能减排，进一步提高服务质量和服务水平，扩大国际合作，加强自身队伍建设。

这是由中国工程咨询协会、中国勘察设计协会和中国国际工程咨询协会三大协会首次联合举办的，是工程设计咨询行业将统一管理的标志。论坛围绕"咨询发展、设计未来"的主题，设立了主题演讲和包括"改革开放""科学决策""创新发展"三个板块的专题演讲，编辑出版了40万字的《全国工程咨询设计行业发展高峰论坛文集》，发表了《北京宣言》，向国务院和主管部门报送了《综合简报》，是一次"层次高、影响大、振奋人心、鼓舞斗志、促进行业发展"的盛会。

11月8日，由《建筑时报》根据多年对民营建筑设计市场的关注，首次隆重推出了"2007中国十大民营建筑设计企业"。浙江城建设计集团股份有限公司、中建国际工程顾问有限公司、深圳华森建筑与工程设计顾问有限公司、厦门合道工程设计集团有限公司、深圳市筑博工程设计有限公司、上海联创建筑设计有限公司、上海天华建筑设计有限公司、天津华汇工程建筑设计有限公司、华汇工程设计集团有限公司、济南同圆建筑设计研究院有限公司以其年设计营业额在1亿以上，200人以上的规模、人才、业绩以及品牌效应和作品的市场认可度获得该项荣誉。

12 月 16 日，深圳城脉正式加盟美国 AECOM 集团，成为首个外商独资甲级建筑设计公司。此前的 1 月 30 日，AECOM 技术集团收购中国市政工程西北设计研究院部分股权，成为境外大公司并购大型国企的一个先例。外资以并购的方式又一次进入中国市场在业内引起了较大的反响。

六十、2008 年

1 月 1 日，《中华人民共和国城乡规划法》正式实施。中国勘察设计协会工程设计评优办法出台。

1 月，建设部发布《中华人民共和国注册建筑师条例实施细则》。新修订的《实施细则》其中最大的变化在于延长了建筑师考试合格的有效期。将一级注册考试合格有效期由 5 年延长至 8 年，二级由 2 年延长至 4 年。

5 月 12 日 14 时 28 分，四川汶川发生里氏 8.0 级特大地震，数万同胞在灾害中不幸遇难，许多建筑在地震中倒塌。面对突如其来的巨大灾难，各工程勘察设计单位积极参与四川地震灾区建设“爱心重建工程”，认真做好对口支援工作，随时待命接受工程勘察设计任务，做到又好又快完成所承担的工程勘察设计任务。汶川地震共计倒塌房屋 778.91 万间，损坏房屋 2459 万间，数百万人无家可归。灾后重建在时间和规模上都是复杂的系统工程，灾后重建主要属于政府行为，6 月 8 日《汶川地震灾后恢复重建条例》公布并施行，6 月 11 日对口援建方案提出，9 月 24 日《汶川地震灾后恢复重建总体规划》出台。

中国人首次太空行走（2008 年）

8 月 29 日，全国人大常委会表决通过《中华人民共和国循环经济促进法》，于 2009 年 1 月 1 日起施行。

9 月 25 日，神舟七号发射升空，9 月 27 日进行出舱活动，完成中国人首次太空行走。于 2008 年 9 月 28 日进入返回程序，返回舱安全着陆于内蒙古预定区域，完成载人航天飞行任务。神舟七号载人航天飞行实现了航天员出舱活动和小卫星伴飞，成功完成了多项技术试验，开启了中华复兴之路的新篇章。

10 月 31 日，李克强副总理在国务院南水北调工程建设委员会第三次全体会议上强调：必须坚持质量第一、安全第一，坚持进度服从质量、服从安全，把质量和安全作为南水北调工程建设管理的核心任务，抓好关键技术、工艺的攻关，健全并严格落实质量管理和安全生产责任制。要精心设计、精心施工、精心管理，团结共建，密切配合，努力把南水北调工程建设成为质量一流的工程，成为节俭高效的工程，成为廉洁安全的工程，经得起当代的考验，经得起历史的检验。

六十一、2009 年

8 月 28 日，中国勘察设计协会在北京召开《中国勘察设计协会庆祝新中国成立 60 周年表彰大会》，会上对获全行业十佳感动中国工程设计、十佳工程承包企业、十佳自主技术创新企业、十佳民营勘察设计企业、十佳具有行业影响力人物、十佳现代管理企业家大奖的名单进行表彰。同时对业绩显著协会、突出贡献协会工作者、作用显著标准设计项目等进行表彰。中国建筑学会评出 300 项“建国 60 周年建筑创作大奖”。表彰了中国工程和建筑设计行业 60 年来的重大项目成就。

9 月 24 日，北京当代十大建筑评选揭晓，最后评出首都机场 3 号航站楼、国家体育场（鸟巢）、国家大剧院、北京南站、国家图书馆二期、国家游泳馆（水立方）、首都博物馆、北京电视中心、新保利大厦、国家体育馆受封“北京当代十大建筑”。

10 月 11 日，李克强副总理在中国招标投标高层论坛上致辞强调：安全和质量是一切工程项目的生命线，高效廉洁对于投资建设至关重要。无论是支撑发展、增强后劲的重点项目，还是面向基层、惠及群众的民生工程，都要遵循客观规律和建设程序，推进决策科学化民主化，提高信息公开性透明度，严格监督管理，严肃法规纲纪，预防和惩治腐败，保证施工安全，保证工程质量，保证投资效益，保证廉洁透明，服务于现代化建设，服务于人民群众。

10 月 20 日，首批资源枯竭型城市编制完成了转型规划。我国先后两批共确定了 44 个资源枯竭型城市，据国家发展改革委（资源型城市经济结构转型）课题组统计，我国共有资源型城市 118 个，约占全国城市数量的 18%，总人口 1.54 亿人。目前，20 世纪中期建设的国有矿山有 2/3 已进入“老年期”，440 座矿山即将闭坑，390座矿城中有50座城市资源衰竭，300万下岗职工、1000万职工家属的生活受到影响。2001年12月28日，国务院批准辽宁省阜新市为资源枯竭型城市经济转型的第一个试点市，之后又将黑龙江省的大庆、伊春和吉林省的辽源、白山等城市增列为试点。

六十二、2010年

4月14日7时49分，青海省玉树地区发生7.1级强烈地震。2010年6月9日，国务院发布《玉树地震灾后恢复重建总体规划》，指出，灾后恢复重建工作要切实把灾后恢复重建与加强三江源保护相结合、与促进民族地区经济社会发展相结合、与扶贫开发和改善群众生产生活条件相结合、与保持民族特色和地域风貌相结合。

5月1日，中国2010年上海世博会隆重开幕。其中，世博建筑更是刮起了一股绿色低碳之风。一座座造型各异、巧夺天工的世博建筑，成为引领世界建筑发展潮流的“先锋”。以独具特色的中国馆为代表的本土建筑设计机构的作品，展示了我国建筑设计的新水平。

5月6日至8日，第五届中国国际设计艺术博览会在北京展览馆举行，中国国际贸易促进会建筑行业分会、国际建筑师协会、国际设计艺术院校联盟、法国室内设计协会等十几个行业协会联合颁发了国际设计艺术终身成就奖、2010年度国际设计艺术成就奖、年度室内设计十大新锐人物等多项奖项。作为当代最为活跃和具有影响力的建筑大师之一，华南理工大学教授、中国工程院院士、上海世博会中国馆的总设计师何镜堂获得国际设计艺术终身成就奖。

5月10日，中国勘察设计协会发出《关于在全国建筑设计行业开展诚信评估工作的通知》。通知指出，为加快信用体系建设，促进建筑设计行业诚信建设持续健康发展，对获得荣誉称号的诚信单位给予相应的优惠鼓励：招投标时予以优先；为评选先进企业和优秀企业家的重要条件；评选优秀建筑设计项目，在同等条件下优先考虑；行业培训时给予适当优惠。

5月20日，联合国教科文组织“创意城市网络”上海“设计之都”授牌仪式在上海尚街创意产业园区举行。目前，上海市创意产业已形成研发设计、建筑设计、文化传媒、咨询策划和时尚消费五大门类，形成建筑面积达260多万平方米的80家创意产业集聚区，入驻企业超过6110家，吸引来自世界30多个国家和地区的从业人员11.74万人，累计吸引了近百亿元设计资本参与。

5月25日，广联达软件股份有限公司成功登陆深交所中小企业板，成为国内建筑软件行业首家上市公司。

7月6日，中国勘察设计协会第五届会员代表大会在北京召开。大会总结了第四届理事会工作，选举产生了协会新一届理事会、常务理事会及领导班子。王素卿任新一届理事会理事长并做了题为《继往开来，改革创新，促进发展》的讲话，指出协会工作要努力做到“三个做好、一个加强”。“三个做好”：一是做好政府参谋助手工作，二是做好行业代表工作，三是做好为企业的服务工作；“一个加强”：即，加强行业自律和协会自身建设。

8 月 13 日，住房和城乡建设部出台《关于加强建筑市场资质资格动态监管完善企业和人员准入清出制度的指导意见》（建市〔2010〕128 号），以进一步开展建设领域突出问题专项治理工作，引导、规范、监督建筑市场主体行为，建立和维护公平竞争、规范有序的建筑市场秩序。

10 月 18 日，党的十七届五中全会闭幕，会议审议通过有关“十二五”规划的建议。建议提出了转变经济发展方式、调整以投资和出口为主要经济增长方式等新要求。“转型发展”对工程设计企业提出的新挑战，也是摆在工程设计企业面前的新课题。

11 月，住房和城乡建设部向各地发出《关于报送城镇保障性安居工程任务的通知》提出，2011 年计划建设保障性安居工程任务是 1000 万套，并要求各地方政府调整之前上报的“2009 ～ 2012 年三年保障性住房建设规划”和地方“十二五”保障性住房建设规划，12 月 10 日为最后上报的截止日期。

11 月 12 日至 27 日，广州亚运会举行。共使用 70 个场馆，其中新建场馆 12 个，改造、扩建 58 个，成为建筑设计行业又一次技术大比拼的舞台。

西电东送工程（2010 年全线建成并投入使用）

六十三、2011 年

1 月 23 日，中国武汉工程设计产业联盟成立，标志着“武汉设计”联合舰队正式起航。联盟由武汉地区的建筑、市政、铁路、公路、水利、电力、冶金、机械等勘察设计行业龙头企业，以及国内著名的勘察设计科研院所、高等院校、咨询机构、建筑业制造业企业、投资公司等 32 家单位组成，拥有工程院院士和勘察设计大师 30 多名，高级技术人才近万名，注册工程师 5000 名。作为推进工程设计产业发展的主体力量，产业联盟将以“创新＋合作”的方式实现优势互补，整合产业链，拓展产业空间，以提供策划－设计－咨询全过程咨询服务的“武汉设计”为核心，深度参与工程建设，创新建设专有（利）技术产业化基地，同时大力拓展海外工程市场，力争在“十二五”时期将工程设计培育成千亿产业。

3 月 16 日，住房和城乡建设部重新制定《全国绿色建筑创新奖实施细则》和《全国绿色建筑创新奖评审标准》。根据新的评审标准，申报全国绿色建筑创新奖的项目应在建筑全寿命周期内，在节能、节地、节水、节材、减少环境污染等方面符合绿色建筑相关标准的要求，并取得绿色建筑评价标识。

5 月 24 日，住房和城乡建设部发布《关于第七批全国工程勘察设计大师名单的公告》，傅学怡等 29 人被授予全国工程勘察设计大师称号。全国工程勘察设计大师是勘察设计行业的国家级荣誉称号，每两年评选一次。

6 月 15 日，由中国勘察设计协会主办的主题为“创新设计、低碳发展”的 2011 全国工程设计科技创新大会在北京国际会议中心隆重举行，近千名业内同仁欢聚京城，一起分享展现勘察设计行业科技创新丰硕成果的饕餮盛宴。作为知识、技术和人才密集型行业，科技创新和技术进步无疑是勘察设计行业健康发展的重要支撑。

10 月 9 日，住房和城乡建设部发布《工程勘察设计行业 2011 ～ 2015 年发展纲要》。《纲要》确定了未来五年我国工程勘察设计行业发展的指导思想、基本原则、发展目标和主要任务，进一步明确行业定位和作用，规范行业管理，引导企业转型升级，构建与优化适应我国国民经济和社会发展需要的工程勘察设计行业发展的新格局。《纲要》为明确工程勘察设计行业发展目标和任务，推动行业科学发展指明了道路。

10 月 19 日，由建筑时报与《时代建筑》两大行业媒体联手主办的中国民营建筑设计企业发展论坛暨“2011 十大民营建筑设计企业”及“个性化发展”领跑企业颁奖活动在上海举行。与 2007 首次评选相比，三年来民营建筑设计经济指标翻番，公司人员最多的有近 3700 人，设计营业额近 10 亿，表示民营设计机构已迅速成长为市场中的高端企业、主导力量。

12 月 7 日，福建省建筑设计研究院、河南省水利勘测设计院、湖南省建筑设计院、华汇工程设计集团、吉林省建筑设计院、内蒙古建筑勘察设计院、山东省建筑设计院、新疆建筑设计院、云南省设计院等九家工程设计企业在上海联合倡议成立“中国工程设计云服务联盟”，旨在借鉴互联网模式，实现资源共享，合作共赢。其设想是：由境内外具有区域优势、专业优势的工程设计机构共同组建，面向客户的“开放、共享、协作、创新”的集整服务平台。

六十四、2012 年

1 月 28 日，援非盟会议中心落成典礼仪式在非盟总部所在地埃塞俄比亚首都亚的斯亚贝巴举行，全国政协主席贾庆林出席仪式。非盟会议中心占地面积 13.2 万平方米，总建筑面积超过 5 万平方米，总投资额 8 亿元，是中国规模和投资最大、最重要的援外建筑项目，由同济大学建筑设计院（集团）有限公司设计。

2 月 14 日，在北京举行的国家科学技术奖励大会上，中国科学院院士、中国工程院院士、清华大学建筑与城市研究所所长吴良镛成为两位 2011 年度国家最高科学技术奖获奖者之一，是该项国家最高科技奖首位建筑界获奖人。

国家最高科学技术奖获奖者吴良镛院士代表作——孔子研究院

2 月 28 日，普利兹克建筑奖暨凯悦基金会主席汤姆士・普利兹克在美国洛杉矶正式宣布，49 岁的中国建筑师王澍荣获 2012 年普利兹克建筑奖，成为获得这项殊荣的第一位中国建筑师。普利兹克建筑奖是最具国际影响力和权威性的一项建筑奖项。王澍是中国美院建筑学院院长，其建筑作品风格独特，在中国属于“非主流建筑师”。

5 月 1 日起，根据《内地与香港关于建立更紧密经贸关系的安排》（CEPA）补充协议八，已考取内地一级注册的香港建筑师，可在广东省开设建筑事务所，无须再受聘于内地具资质的设计单位。

5 月 28 日，首届中国（北京）国际服务贸易交易会在国家会议中心隆重开幕。6 月 1 日国务院副总理李克强参观了由中国勘察设计协会组织行业代表性“走出去”企业的展位，并对建筑咨询服务业的发展提出了希望。作为区域经济发展的亮点，去年成立的中国武汉工程设计产业联盟在北京首届“京交会”

期间宣告成立“中国武汉工程设计产业海外联盟”。由联盟旗下的中冶南方工程技术有限公司等 11 家核心企业联合发起成立，旨在组成“联合舰队”进军国际市场。

7 月 6 日，温家宝总理在全国科技创新大会上讲话指出:我国是制造业大国，已经具有很强的制造能力，但仍然不是制造业强国，总体上还处于国际分工和产业链的中低端，根本原因就是企业创新能力不强。如果能在“中国制造”前面再加上“中国设计”“中国创造”，我国的经济和产业格局就会发生根本性变化。企业的创新能力，很大程度上决定我国经济的发展前景。

7 月 6 日，第十届全国人大顾秀莲副委员长为《纵论中国工程勘察设计咨询业的发展道路》一书题词：工程勘察设计咨询业是我国现代服务业的重要组成部分和经济社会发展的先导产业，在提高投资决策的科学性、保证投资建设质量和效益、促进经济社会可持续发展方面具有重要的地位和作用，其发展程度体现了国家的经济社会发展水平。设计是工程建设的灵魂，没有现代化的设计，就没有现代化的建设。中央和国务院历来十分重视和关心工程勘察设计咨询工作。

《纵论中国工程勘察设计咨询业的发展道路》一书，全面回顾和认真总结 30 多年来行业改革开放取得的巨大成就和基本经验，正确认识和深入分析行业发展面临的新形势和深层次问题，慎重提出继续深化行业改革和早日实现现代化的建言献策，必将对行业的快速持续发展起到促进作用。

7 月 23 日，胡锦涛总书记在省部级主要领导干部专题研讨班开班式上讲话指出：以经济建设为中心是兴国之要，发展仍是解决我国所有问题的关键。在当代中国，坚持发展是硬道理的本质要求就是坚持科学发展。以科学发展为主题、以加快转变经济发展方式为主线，是关系我国发展全局的战略抉择。全党同志一定要统一思想、提高认识，坚决执行中央加快转变经济发展方式的重大决策部署，把推动发展的立足点转到提高质量和效益上来，扎扎实实抓好实施创新驱动发展战略、推进经济结构战略性调整、推动城乡发展一体化、全面提高开放型经济水平等战略任务的贯彻落实，着力激发各类市场主体发展新活力，推动工业化、信息化、城镇化、农业现代化同步发展，全面深化经济体制改革，不断增强长期发展后劲。

8 月 1 日起，新版《住宅设计规范》正式实施。为落实国家建设节能省地型住宅的要求，贯彻高度重视民生与住房保障问题的精神，新规范从具体实践出发，在旧规范基础上在诸多方面进行了完善，更具灵活性和人性化，将对相关产业产生影响。

9 月，由原中国勘察设计协会理事长吴奕良、何立山、姜兴周、秦景光编著的《纵论中国工程勘察设计咨询业的发展道路》一书出版发行。

10 月 16 日至 18 日，中国建筑学会 2012 年会在北京国际会议中心隆重举行，为“当代中国建筑设计百家名院”“当代中国百名建筑师”颁奖。“双百”以及“建筑设计奖”是中国建筑学会换届之后为繁荣建筑创作新增加的评选活动。

10 月 21 日，中国勘察设计协会名誉理事长吴奕良等业内 30 多位老同志、老专家，历时两载，数易其稿，撰写了《纵论中国工程勘察设计咨询业的发展道路》一书。在北京举行了首发式，该书从改革开放 30 多年来行业发展、改革、管理、创新、人才、法规六个方面论述了我国工程勘察设计咨询行业在国民经济中的地位与作用、改革发展中的经验教训与深层次矛盾、实现现代化的目标与对策等问题，对未来行业改革发展具有启示意义。

12 月 7 日至 11 日，习近平总书记在广东考察工作时强调:走创新发展之路，首先要重视集聚创新人才。要充分发挥好现有人才作用，同时敞开大门，招四方之才，招国际上的人才，择天下英才而用之。各级党委和政府要积极探索集聚人才、发挥人才作用的体制机制，完善相关政策，进一步创造人尽其才的政策环境，充分发挥优秀人才的主观能动性。

六十五、2013 年

1 月 5 日，上海市规划国土资源局印发《上海市建设工程三维审批规划管理试行意见》的通知，在全国率先使用三维模式审批规划建筑设计方案。

1 月 24 日，中国勘察设计协会发出《关于成立中国勘察设计协会行业宣传指导委员会的通知》。这是建设行业相关协会中首个有关宣传工作的委员会，同时还建立起了一支由会员企业及同业协会代表组成的 100 多人的通讯员队伍。中国勘察设计行业的相关报纸、杂志作为协会的宣传载体，包括《中国建设报》《建筑时报》《中国勘察设计》《智能建筑与城市信息》《工程建设与设计》等。

2 月 4 日，住房城乡建设部下发《关于做好 2013 年全国村庄规划试点工作的通知》，就全国村庄规划试点工作提出具体要求。此次开展全国村庄规划试点，每个省选择一个村庄作为试点。规划内容包括村域发展与控制规划、村庄整治规划、田园风光及特色风貌保护规划、村民住宅设计及规划指引。

2 月 6 日，住房城乡建设部公布《关于进一步促进工程勘察设计行业改革与发展若干意见》，从明确思路、优化行业发展环境、提升行业服务水平、强化行业组织作用四个方面提出了方向性和指导性的意见，成为指导未来勘察设计行业改革与发展的纲领性文件。

3 月 18 日，美国建筑师学会（American Institute of Architects，简称 AIA）主席米奇 - 雅各伯致信同济大学副校长吴志强教授，祝贺他被遴选为 2013 年度美国建筑师学会荣誉院士（Hon.FAIA，全称为 Honorary Fellow，College of Fellows，The American Institute of Architects）。荣誉院士称号是其对在建筑和城

市设计领域取得巨大成就和广泛国际影响的外国建筑师最高的认可和荣誉。吴志强教授是瑞典皇家工程科学院院士，中国2010年上海世博会园区总规划师。他长期从事城乡可持续规划和生态设计及其理论研究，目前担任世界规划院校大会指导委员会联席主席、联合国教科文组织-国际建协建筑教育委员会终身委员等荣誉。

3月29日,2013年度全国工程建设标准设计专家委员会年会在京召开。"国标电子书库"平台上线发布仪式也同期举行，计算机技术与信息技术的迅猛发展，纸质国标图集已经无法满足设计单位与日俱增的信息化与企业升级转型的需求。在此情况下，中国建筑标准设计研究院精心研发的国标电子书库应运而生。

4月18日，住房和城乡建设部制订的《"十二五"绿色建筑和绿色生态城区发展规划》公布。按照《规划》提出的具体目标，"十二五"时期，将选择100个城市新建区域（规划新区、经济技术开发区、高新技术产业开发区、生态工业示范园区等）按照绿色生态城区标准规划、建设和运行。

4月18日，美国《时代》周刊公布2013年度全球百位影响力人物榜，和彭丽媛、李开复、李娜等人一起上榜的，还有中国美院建筑学院院长、2012年普利兹克建筑学奖获得者王澍。

4月27日，由住房城乡建设部制定的《房屋建筑和市政基础设施工程施工图设计文件审查管理办法》发布，自8月1日起施行。该管理办法针对多年来开展的施工图审查工作中出现的一些问题进行了纠偏。

5月18日，"第九届中国国际园林博览会"在北京开幕，这是一次全面展示世界园林艺术的盛会。三大标志性建筑中国园林博物馆、"生命之源"主展馆和中国园林传统象征的永定塔，中国传统的苏州园林、江南园林、岭南园林、巴蜀园林，欧式、伊斯兰式展园，大师园、设计师园，以及企业投资的古民居、航天园、玉石、砚石、奇石等特色展园精彩纷呈，各展千秋。

6月7日，住房城乡建设部组织制定《工程勘察资质标准实施办法》，这是对上年颁布的勘察资质新标准的进一步细化。实施办法对资质申请条件和审批程序、专业技术人员要求、企业业绩及升级等各方面提出了具体操作办法。

7月16日，全国建筑设计劳动定额（2014年版）修编方案会议在济南召开。民用建筑设计劳动定额，是建筑设计单位的生产劳动管理标准和设计劳动量的行业标准。建筑设计劳动定额自1985年首次发布以来，共进行过三次修编，分别是1993年版、1996年版和目前执行的2000年版。第四次修编的建筑设计劳动定额由中国勘察设计协会建筑设计分会主持和组织。

8月11日，中国政府网发布了国务院又一批76项被取消的评比达标表彰评估项目，包括一直被称为中国建筑界最高奖项的"梁思成建筑奖"。梁思成建筑奖创始于2001年。1999年，国际建筑师协会第20届大会在中国举行，当时的建设部决定利用此次大会经费的结余，建立梁思成建筑奖专项奖励基金，同时设立“梁思成建筑奖”。至2012年共评选过6届，有吴良镛、何镜堂、张锦秋，魏敦山、齐康、关肇邺、马国馨、彭一刚、程泰宁、王小东、崔愷、柴裴义、黄星元、莫伯治、张开济、赵冬日等18名杰出建筑师获得该奖。

11月12日，中共中央《关于全面深化改革若干重大问题的决定》发表，《决定》中提出坚持和完善基本经济制度，加快完善现代市场体系，加快转变政府职能，深化财税体制改革，健全城乡发展一体化体制机制，构建开放型经济新体制等重大问题的决定。

11月18日，张高丽副总理在国务院南水北调工程建设委员会第七次全体会议上讲话指出：质量、环保、安全是工程成败的关键，要始终坚持高标准、严要求。要严格执行质量标准，加强全过程、全方位监管；坚持预防为主，确保施工、运行安全，建设精品工程、放心工程和安全工程。

六十六、2014年

1月24日，上海陆道工程设计管理股份有限公司和上海易城工程顾问股份有限公司两家民营建筑设计企业在扩容后的全国中小企业股份转让系统（俗称“新三板”）挂牌，成为首批上“新三板”的设计公司，之后还有上海鸿图建筑设计股份有限公司、江苏华源建筑设计研究院股份有限公司等陆续挂牌，为设计企业与资本市场连接找到新途径。

2月25日，习近平就全面深化改革、推动首都北京更好发展特别是破解特大城市发展难题进行考察调研。他说，城市规划在城市发展中起着重要引领作用，考察一个城市首先看规划，规划科学是最大的效益，规划失误是最大的浪费，规划折腾是最大的忌讳。

2月26日，国务院《关于推进文化创意和设计服务与相关产业融合发展的若干意见》发布。提出要进一步提高城乡规划、建筑设计、园林设计和装饰设计水平。完善建筑、园林、城市设计、城乡规划等设计方案竞选制度，重视对文化内涵的审查。

3月16日，《国家新型城镇化规划（2014—2020）》对外正式发布。《规划》提出了从城镇化发展目标、建立健全农业转移人口市民化推进机制、建立城市群发展机制、强化城市产业支撑、完善城乡发展一体化体制机制等方面，绘制了中国城镇化的蓝图，是今后一个时期指导全国城镇化健康发展的宏观性、战略性、基础性规划。

5月9日至10日，习近平总书记在河南考察时指出：加快构建以企业为主体、市场为导向、产学研相结合的技术创新体系，加强创新人才队伍建设，搭建创新服务平台，推动科技和经济紧密结合，努力实现优势领域、共性技术、关键技术的重大突破，推动中国制造向中国创造转变、中国速度向中国质量转变、中国产品向中国品牌转变。

7月2日，住房和城乡建设部出台《关于推进建筑业发展和改革的若干意见》，对市场准入、招投标管理等重大问题全面实行市场化改革，坚持淡化企业资质、强化个人执业资格的改革方向。探索放开建筑工程方案设计资质准入限制，鼓励相关专业人员和机构积极参与建筑设计方案竞选。非国有资金投资项目建设单位自主决定是否进行招标发包。

7月10日，国家发展改革委发出《关于放开部分建设项目服务收费标准有关问题的通知》，提出，放开除政府投资项目及政府委托服务以外的建设项目前期工作咨询、工程勘察设计、招标代理、工程监理等4项服务收费标准，实行市场调节价，由委托双方依据服务成本、服务质量和市场供求状况等协商确定。

8月25日，住房城乡建设部发布《建筑工程五方责任主体项目负责人质量终身责任追究暂行办法》。指出了建筑工程五方责任主体，对建设工程中各种可能发生的违法违规情形所对应的责任人进行了明确，工程质量终身责任实行书面承诺和竣工后永久性标牌等制度。

9月9日，习近平在新华社《国内动态清样》上批示，城市建筑贪大、媚洋、求怪等乱象是典型的缺乏文化自信的表现，也折射出一些领导干部扭曲的政绩观，要下决心治理。要树立高度的文化自觉和文化自信，强化创新理念，完善决策和评估机制，营造健康的社会氛围。

国家会展中心（上海）（2014年竣工）

9月18日，国务院副总理刘延东宣布法国让·努维尔事务所与北京市建筑设计院联合中标新的中国国家美术馆建筑设计项目。2010年10月，“国家美术馆概念性建筑设计方案征集”活动，20家来自全球著名设计机构参与，引发了极大的关注。2013年2月，基本确定法国著名建筑设计师让·努维尔以中国传统书法为灵感设计的中国国家美术馆中标方案。经过了漫长的项目细化和方案修订，刘延东在法国外交部宣布了这一消息，标志着此项目的启动。

10月16日，人民日报官微发表文章《习近平在文艺座谈会上讲了什么》。文章最后说，“北京市今后不太可能再出现如同‘大裤衩’一样奇形怪状的建筑了。习近平说，不要搞奇奇怪怪的建筑”引发诸多猜想。各地多个“奇奇怪怪建筑”被曝光。

10月，国务院决定将全国注册建筑师的审批权授予全国建筑师管理委员会，进一步与国际接轨，更有利于国际建筑师的互认工作。

11月17日，中国国家主席习近平出席G20峰会，在澳大利亚联邦议会发表题为《携手追寻中澳发展梦想并肩实现地区繁荣稳定》的重要演讲。其中三次提到“水立方”：“2008年北京奥运会主场馆之一水立方国家游泳中心，就是中澳建筑师合作智慧的结晶。几天前，我们在水立方为参加亚太经合组织第二十二次领导人非正式会议的来宾举行了欢迎晚宴，水立方的匠心独具、巧妙构思依然让大家赞叹不已。”

11月24日，国务院取消和下放58项行政审批项目，包括一级注册建筑师执业资格认定外商投资企业从事城市规划服务资格证书核发审批项目。住房城乡建设部表示，今后将由全国注册建筑师管理委员会负责一级注册建筑师注册的具体工作，核发一级注册建筑师证书。住房城乡建设部实施指导和监督，并对相关部门规章和规范性文件进行清理。

12月，住房城乡建设部决定在北京、山东、江苏、四川4个地区开展工程勘察设计资质网上申报和审批系统试点。2015年1月15日起，试点地区企业申报住房城乡建设部审批的工程勘察、工程设计资质的，均须通过新系统申报。2015年2月15日起，住房城乡建设部将按通知要求受理试点地区上报审批的工程勘察、工程设计资质的申报，不再受理通知要求提供申报材料以外的纸质材料。

12月15日至16日，国务院副总理张高丽在杭州调研城市规划建设工作，主持召开全国城市规划建设工作座谈会。张高丽指出：要统筹兼顾、突出重点，采取有针对性的措施，大力提升城市规划建设水平。要提高城市规划的科学性、权威性、严肃性，更好地发挥对城市建设的调控、引领和约束作用；要加强城市设计、完善决策评估机制、规范建筑市场和鼓励创新，提高城市建筑整体水平；要加大投入，加快完善城市基础设施，增强城市综合承载能力；要强化监督管理和落实质量责任，扭住关键环节，着力提高建筑工程质量；要注重保护历史文化建筑，牢牢把握地域、民族和时代三个核心要素，为城市打造靓丽名片，留住城市的人文特色和历史记忆。

12 月 22 日，全国住房城乡建设工作会议在京召开，陈政高部长在讲话中提出要加强城市设计工作；未来建筑设计和项目审批都必须符合城市设计要求；总结国内成功做法，吸收国外有益经验，制定城市设计技术导则；从城市整体层面到重点区域和地段，都应当进行城市设计，提出建筑风格、色彩、材质等要求。

六十七、2015 年

1 月 6 日，由中国工程院院士、东南大学教授程泰宁领衔编撰的《当代中国建筑设计现状与发展》新书发布会在东南大学举行。书中披露了国内建筑设计领域的种种乱象，研究成果引发了中央高层对城市建筑的深度关注。

2 月 4 日，国家发展改革委公布《新型城镇化综合试点方案》，为中国城镇化建设寻找模式。试点的主要任务包括建立农业转移人口市民化成本分担机制，建立多元化可持续的城镇化投融资机制，改革完善农村宅基地制度，探索建立行政管理创新和行政成本降低的新型管理模式，综合推进体制机制改革创新。

2 月 11 日，国家发展改革委发出《关于进一步放开建设项目专业服务价格的通知》，在已放开非政府投资及非政府委托的建设项目专业服务价格的基础上，全面放开勘察设计、前期咨询、监理、招标代理、环评等实行政府指导价管理的建设项目专业服务价格，实行市场调节价，并于 3 月 1 日开始实施。至此，设计等服务价格开始全面市场化。

3 月 4 日，住房和城乡建设部、工商总局制定《建设工程设计合同示范文本（房屋建筑工程）》《建设工程设计合同示范文本（专业建设工程）》，自 2015 年 7 月 1 日起执行。在行业管理全面市场化的背景下，合约管理的重要性日渐突出。

5 月 8 日，在陕西西安大明宫遗址公园举办“张锦秋星”命名仪式举行。一颗国际编号为 210232 号的小行星以中国工程院院士、建筑大师张锦秋的名字正式命名，张锦秋院士成为真正的“明星”建筑师。由中国科学院紫金山天文台于 2007 年 9 月 11 日发现的、国际编号为 210232 小行星，2015 年 1 月 5 日荣获国际小行星命名委员会批准，被正式命名为“张锦秋星”，并刊入《国际小行星历表》，成为该天体的永久星名，为世界各国所公认。

5 月 27 日，习近平总书记在华东七省市党委主要负责同志座谈会上指出：综合国力竞争说到底是创新的竞争。要深入实施创新驱动发展战略，推动科技创新、产业创新、企业创新、市场创新、产品创新、业态创新、管理创新等，加快形成以创新为主要引领和支撑的经济体系和发展模式。

6 月 12 日，国务院总理李克强签署《国务院关于修改〈建设工程勘察设计管理条例〉的决定》。

7 月 8 日，中共中央办公厅、国务院办公厅印发《行业协会商会与行政机关脱钩总体方案》中，对脱钩的总体要求和基本原则、脱钩主体与范围、脱钩任务与措施、配套政策、组织实施等作了规定。

9 月 24 日，中共中央办公厅、国务院办公厅印发《深化科技体制改革实施方案》中，提出建立技术创新市场导向机制，构建更加高效的科研制系，改革人才培养、评价和激励机制，健全促进科研成果转化机制，建立健全科技和金融合作机制等措施。

10 月 21 日，住房和城乡建设部发出通知，表示不再对各地各机构审定的绿色建筑标识项目进行公示、公告和统一颁发证书、标识，逐步推行绿色建筑标识实施第三方评价。新修订的《绿色建筑评价标准》已于 2015 年 1 月 1 日起实施，各评价机构在具体评价工作中，应严格按新国标进行评价。

11 月 25 日，全国城市设计现场会暨全国城乡规划改革工作座谈会在深圳召开。住房和城乡建设部副部长倪虹在讲话中提出要全力推进城市设计工作全面推进规划改革。

12 月 20 日至 21 日，中央城市工作会议在京召开，这是时隔 37 年后，“城市工作”再次上升到中央层面进行专门研究部署。习近平提出：要综合考虑城市功能定位、文化特色、建设管理等多种因素来制定规划。规划编制要接地气，可邀请被规划企事业单位、建设方、管理方参与其中，还应该邀请市民共同参与。要加强城市设计，提倡城市修补，加强控制性详细规划的公开性和强制性。留住城市特有的地域环境、文化特色、建筑风格等“基因”。规划经过批准后要严格执行，防止出现换一届领导、改一次规划的现象。李克强总理在总结讲话中论述了当前城市工作的重点，提出了做好城市工作的具体部署。

新疆哈密风电基地二期 200MW 工程（实施西部大开发战略的重要清洁能源项目，2015 年建成运行）

12月30日，中共中央政治局召开会议，审议通过《关于全面振兴东北地区等老工业基地的若干意见》。

六十八、2016年

2月6日，中共中央 国务院《关于进一步加强城市规划建设管理工作的若干意见》印发，作为加强城市规划建设管理工作的纲领性文件，提出了“创新、协调、绿色、开放、共享”的发展理念，确立“适用、经济、绿色、美观”的新建筑方针，并提出要“加强城市设计工作”。

3月，住房城乡建设部市场监管司在2016年工作要点中提出试行建筑工程项目建筑师负责制。进一步明确建筑师权利和责任，鼓励建筑师提供从前期咨询、设计服务、现场指导直至运营管理的全过程服务。

3月召开的全国两会上，建筑师专业出身的全国政协委员、广东省副省长许瑞生，提出《提升建筑创作水平，保障建筑师权益，促进建筑设计行业健康发展的若干建议》提案，鼓励发展合伙人制的设计事务所，减少建筑师“挂靠”现象等。

4月26日，中国勘察设计协会第五届会员代表大会在北京召开，选举产生了第六届理事会，中冶京诚工程技术有限公司董事长、党委书记施设当选第六届理事会理事长。这是首次由企业领导担任协会理事长。

5月20日，住房城乡建设部印发《关于进一步推进工程总承包发展的若干意见》，落实中央城市工作会议提出的“深化建设项目组织实施方式改革，推广工程总承包制”的意见。《意见》从四个方面提出了20条政策和制度措施，以提升工程建设质量和效益，提高工程总承包供给能力。

7月，住房城乡建设部将新修订的《工程设计资质标准》（征求意见稿）发到各地征求意见。此版标准是在2007年颁发的《工程设计资质标准》的基础上进行修订后出台的。将原来21个行业155个专业资质，修订后取消了40%，解决了原标准资质划分过细的问题。

7月27日，山东省住房和城乡建设厅、山东省财政厅、山东省机构编制委员会办公室和山东省物价局联合发布《关于取消施工图审查收费有关问题的通知》，自2016年7月15日起，山东省将施工图审查作为政府向社会力量购买服务项目管理，由各级财政部门列入预算。成为首个取消施工图审查收费的省。

7月，上海市住建委会同规划国土资源局共同制定《上海市工程设计、施工及竣工图数字化和白图交付实施要点》，至此，上海设计、施工及竣工图纸数字化和白图交付全面推行。上海市房屋建筑和市政基础设施工程设计图纸全部采用数字化和白图交付。

8月，住房城乡建设部印发《深化工程建设标准化工作改革的意见》，明确要对工程建设标准进行改革。即取消强制性条文、推行强制性标准、网站公开标准全文。

9 月 7 日，人力资源社会保障部和住房城乡建设部联合发文《关于注册建筑师执业资格考试有关问题的通知》，明确 2017 年 5 月将恢复注册建筑师资格考试。通知中说，由全国注册建筑师管理委员会负责一级注册建筑师执业资格考试、注册等具体实施工作。考试大纲、科目和成绩有效期保持不变，暂停考试的年份不计入成绩有效期。

9 月 29 日，由中国文物学会、中国建筑学会联合发布了首届中国 20 世纪建筑遗产项目。人民大会堂、民族文化宫、人民英雄纪念碑、中国美术馆、中山陵、重庆人民大礼堂、北京火车站、清华大学早期建筑、天津劝业场、上海外滩建筑群、广州市中山纪念堂等 98 处优秀的 20 世纪经典建筑入选“首届中国 20 世纪建筑遗产项目”。

9 月，住房城乡建设部发布部令第 32 号，修改《勘察设计注册工程师管理规定》等 11 个部门规章。将个人注册执业资格和企业资质申请由原来各地建设主管部门初审、住房城乡建设部审批的程序更改为各地收取资料后直接上报住房城乡建设部。规定自 2016 年 10 月 20 日起施行。

11 月 24 日住房城乡建设部发文，对取消建筑装饰工程、建筑智能化系统、建筑幕墙工程、轻型钢结构工程、照明工程、消防设施工程、风景园林工程和环境工程等 8 项专项资质征求意见。这是在新版《工程设计资质标准》（征求意见稿）的基础上进行的再次强力“瘦身”。

12 月，住房城乡建设部发布《关于促进建筑工程设计事务所发展有关事项的通知》，以附件形式出台《工程设计事务所资质标准》，一名一级注册建筑师可以成立合伙制建筑事务所。

12 月，住房城乡建设部印发《建筑工程设计文件编制深度规定（2016 年版）》。自 2017 年 1 月 1 日起施行。

六十九、2017 年

1 月 1 日，中共中央、国务院决定设立国家级新区——雄安新区。这是党中央做出的一项重大的历史性战略选择，是继深圳经济特区和上海浦东新区之后又一具有全国意义的新区。据悉，雄安新区启动区规划面积 39 平方千米，起步区规划面积 198 平方千米，已由顶层设计转入实质性建设阶段。

1 月 12 日，国务院《关于第三批取消中央指定地方实施行政许可事项的决定》（国发〔2017〕7 号），水行政主管部门审批的“水利施工图设计文件审批”被取消。水利主管部门随即发文不再强制要求各类水利工程的施工图进行审查和备案。

1 月 24 日，住房城乡建设部签发了修订后的《建筑工程设计招标投标管理办法》，自 5 月 1 日起实施。

中国天辰工程有限公司在土耳其 EPC 总承包建设的 250 万吨 / 年纯碱项目
2017 年建成投产，投产前埃尔多安总统会见中国驻土大使和天辰公司代表
（该项目入选“一带一路”国际合作典型项目）

2 月 21 日，国务院印发《关于促进建筑业持续健康发展的意见》（19 号文），提出强化个人执业资格管理，有序发展个人执业事务所；加快推行工程总承包，培育全过程工程咨询，在民用建筑项目中，充分发挥建筑师的主导作用，鼓励提供全过程工程咨询服务。

3 月 1 日起，新版《建筑工程设计事务所资质标准》开始实施，一名一级注册建筑师即可开设合伙制设计事务所，这是建筑设计行业管理的重大突破。

3 月 1 日，国务院《关于修改和废止部分行政法规的决定》（国务院第 676 号令），将《对外承包工程管理条例》第二章对外承包工程资格全部予以删除，即正式取消了“对外承包工程资格审批”，为更多建设企业“走出去”承包工程打开门户。商务部随即发文要求初次从事对外承包工程业务的企业，需登录“走出去”公共服务平台或商务部业务系统统一平台上传递企业基本信息。

3 月 10 日，住房城乡建设部和民航局联合签发《关于进一步开放民航工程设计市场的通知》，针对机场设计建设需求巨大、数量快速增长、改扩建任务繁重的背景，对 2007 版《工程设计资质标准》中民航行业工程设计资质标准指标进行了简化，取消全部 4 项民航专业资质，只保留民航行业甲级、乙级资质；下调民航行业工程设计主要专业技术人员配备原标准。

3 月，《建筑工程设计信息模型交付标准》通过审查。这是第一批立项的有关建筑信息模型（BIM）国家标准之一，于 2012 年开始正式编制，由中国建筑标准设计研究院担任主编单位，其他 47 家参编参加单位来自国内有影响力的业主单位、设计单位、施工总承包单位、科研院所和软件企业。

3 月 21 日，国务院将《中华人民共和国招投标法实施条例》第十二条修改为：招投标代理机构应当拥有一定数量的具备编制招投标文件，组织评标等相应能力的专业人员。

4 月，人社部印发《关于集中治理职业资格证书挂靠行为的通知》，部署打击住建、环评、药品流通、专利代理、消防等领域职业资格证书挂靠问题。

5 月 2 日，住房城乡建设部印发《工程勘察设计行业发展“十三五”规划》，提出六项基本原则、九大发展目标、八项主要任务和政策措施。

5 月 6、7、12、13 日，停考两年的一级注册建筑师资格考试按照 2016 年 8 月人社部和住房城乡建设部联合发文《关于注册建筑师执业资格有关问题的通知》的安排，如期举行。

6 月 1 日，《城市设计管理办法》施行。未来城市设计需贯穿于城市规划建设管理全过程。通过城市设计，从整体平面和立体空间上统筹城市建筑布局、协调城市景观风貌，体现地域特征、民族特色和时代风貌。

7 月 25 日，住房城乡建设部决定将上海市等 37 个城市列为第二批城市设计试点城市。

9 月 4 日，国家发展改革委会同工业和信息化部、住房城乡建设部、交通运输部、水利部、商务部、国家新闻出版广电总局、国家铁路局、中国民用航空局，编制了《标准设备采购招标文件》《标准材料采购招标文件》《标准勘察招标文件》《标准设计招标文件》《标准监理招标文件》，明确设备采购 / 材料采购 / 勘察 / 设计 / 监理五大标准文件条款，提高招标文件编制质量，促进招标投标活动的公开、公平和公正。

9 月 12 日，中共中央国务院《关于开展质量提升行动的指导意见》中指出，要全面落实工程参建各方主体质量责任，强化建设单位首要责任和勘察、设计、施工单位主体责任，推行工程质量管理标准化，提高工程项目管理水平。

9 月 12 日，人社部《国家职业资格目录》发布，建设行业共有注册建筑师、监理工程师、房地产估价师、注册城乡规划师、建造师、造价工程师、勘察设计注册工程师等列入准入类执业资格。《目录》接受社会监督，保持相对稳定，实行动态调整。

9 月 22 日，国务院《关于取消一批行政许可事项的决定》（国发〔2017〕46 号），正式取消了工程咨询单位资格认定，放开工程咨询市场准入，为更多工程设计企业开展工程咨询以及全过程工程咨询服务清障。

10 月 23 日，国务院修改《建设工程质量管理条例》《建设工程勘察设计管理条例》，对其中有关施工图审查的内容做了修改：“施工图设计文件审查的具体办法，由国务院建设行政主管部门，或国务院其他主管部门制定”，进一步明确了建设工程施工图审查的市场定位。同年，青海省发改委取消了施工图文件审查费，上海取消房屋建筑工程施工图审查抽取选定，改回由业主自选审图单位。浙江省 8 个省级部门联手推进施工图联合审查，“多审合一”，由政府买单。

10 月 30 日，经联合国教科文组织评选批准，中国武汉市正式入选 2017 年全球创意城市网络“设计之都”。成为继深圳、上海、北京之后的中国第四个“设计之都”。武汉现有工程设计企业数量 497 家，从业人数 7.28 万人。工程设计已走入“一带一路”沿线 30 多个国家和城市，总产值突破 1000 亿元，在桥梁工程、高速铁路、城市规划等领域的创新设计能力处于世界前沿水平。

11 月 6 日，国家发展改革委出台《工程咨询行业管理办法》，对工程咨询单位实行告知性备案管理。要求工程咨询单位通过全国投资项目在线审批监管平台备案相关信息。

11 月 21 日，国家发展改革委、民政部、财政部、国资委联合发文《关于进一步规范行业协会商会收费管理的意见》，加强行业协会商会会费及经营服务性收费管理，规范行业协会商会评比达标表彰活动。

12 月 11 日，住房城乡建设部签发《在民用建筑工程中推进建筑师负责制指导意见》（征求意见稿），提出了“建筑师负责制”的定义，设定建筑师七项服务内容。同年，住房城乡建设部还批复了福建自贸试验区厦门片区、广西壮族自治区、大连保税区等试点建筑师负责制。

七十、2018 年

1 月 17 日，国务院常务会议关于进一步改善营商环境，决定由上海市在浦东新区对 10 个领域 47 项审批事项进行改革试点，推进“照后减证”。对港口经营许可、建设工程设计单位资质许可、外商投资建筑业企业资质许可等 16 项审批事项改为“告知承诺制”。这是工程设计资质改革迈出的重要的“一小步”。

2 月 25 日，张高丽副总理在京津冀协同发展工作推进会议上讲话指出：要按照高质量发展要求，高起点规划、高标准建设雄安新区，深化规划内容、完善规划体系，把新区每一寸土地都规划清楚再开始建设。要适时启动一批基础性重大项目建设，加快推进前期工作，为新区规划建设开好局、起好步打好基础。要增强“四个意识”，坚定“四个自信”，强化责任担当，加强协调配合，抓铁有痕、踏石留印，把雄安新区规划建设各项工作抓实抓好抓出成效。

4 月 7 日，中共中央办公厅国务院办公厅印发《关于促进中小企业健康发展的指导意见》中指出：营造良好的发展环境，破解融资难融资贵的问题，完善财税支持政策，提升创新发展能力，改进服务保障工作，强化组织领导和统筹协调等措施。

4 月 26 日，发改委发布《工程咨询单位资信评价标准》，从资质管理过渡到资信管理。2017 年 10 月《国务院关于取消一批行政许可事项的决定》（国发〔2017〕46 号）正式取消了工程咨询单位资格认定，发改委随即出台《工程咨询行业管理办法》，提出对工程咨询单位实行告知性备案管理，推进资信管理体系建设。但行业自律性质的资信评价等级不得作为各类咨询单位从业和执业的限制条件。

5 月 18 日，国务院办公厅《关于开展工程建设项目审批制度改革试点的通知》中，确定了北京市、天津市、上海市、重庆市和浙江省等 16 个省市进行试点，其内容是改革覆盖工程建设项目审批全过程，主要是房屋建筑工程和城市基础设施，尽快形成可复制可推广的经验。

8 月 5 日，国务院办公厅《关于印发全国深化“放管服”改革转变政府职能电视电话会议重点任务分工方案的通知》，提出“推进投资项目综合性咨询和工程全过程咨询改革，优化整合审批前的评价评估环节”。

8 月 7 日，广东省住房和城乡建设厅正式出台《关于繁荣建筑创作的若干意见》，对建筑创作和建筑设计相关的一些关键问题提出了积极的意见和措施。这是全国近年来第一个（唯一）再提繁荣建筑创作，出台促进支持政策的省份。

9 月 12 日在日本东京召开的“亚洲建筑师协会第 39 届理事会”上，上海市建筑学会竞选“2020 年亚洲建筑师协会第 19 届亚洲建筑师大会”，并成功取得了举办权。大会将于 2020 年在上海举办。这将是自北京 1999 年举办 UIA 国际建协大会之后又一次建筑师的国际性会议。

9 月 20 日，住房城乡建设部发出通知，引导和支持规划、建筑、景观、市政、艺术设计、文化策划等领域设计人员下乡服务，大幅提升乡村规划建设水平。同年 1 月，中共中央国务院《关于实施乡村振兴战略的意见》提出要充分认识设计下乡在实施乡村振兴战略、推动乡村高质量发展和促进城乡融合发展等方面的重要意义，成为设计力量从城市转向农村的一个标志点。

10 月 11 日，国务院办公厅《关于保持基础设施领域补短板力度的指导意见》，提出“加快投资项目综合性咨询和工程全过程咨询改革，切实压减审批前的评价评估环节”。提出深化投资领域“放管服”改革，依托全国投资项目在线审批监管平台，对各类投资审批事项实行“一码运转、一口受理、一网通办”，切实压缩审批时间一半以上。

10 月 23 日，港珠澳大桥开通仪式在广东珠海举行，中共中央总书记、国家主席、中央军委主席习近平出席仪式并宣布大桥正式开通；港珠澳大桥集桥梁、隧道和人工岛于一体，全长 55 千米，是世界总体跨度最长、钢结构桥体最长、海底沉管隧道最长的跨海大桥，它是中国向世界展示中国的建桥技术的里程碑。

11 月 8 日，国务院办公厅《关于聚焦企业关切进一步推动优化营商环境政策落实的通知》明确提出推动将消防设计审核、人防设计审查等纳入施工图联审。今年以来，提升营商环境是各级政府和管理部门首屈一指的工作，建设领域大幅压缩事前审批时限，其中施工图审查是改革的重要抓手，各省对施工图审查市场再次进行全面改革。

11 月 30 日，韩正副总理出席三北工程建设 40 周年总结表彰大会讲话时强调：创新工程建设机制，推动三北工程高质量发展，构筑更加稳固的生态安全屏障。各地区、各有关部门要大力弘扬“三北精神”，自觉践行绿水青山就是金山银山的理念，切实加强组织领导，狠抓改革任务落地，大力提升支撑保障水平，全面加强自然生态系统保护，推动全国林业草原工作迈上新台阶。

12 月 18 日，庆祝改革开放 40 周年大会在京举行。对 100 名改革开放杰出贡献人员授予改革先锋称号，两院院士、人居环境科学的创建者、清华大学建筑学院教授吴良镛入选，是唯一工程设计行业代表。

12 月 18 日，由中国武汉工程设计产业联盟、天强管理顾问、澎湃新闻联合主办的“工程勘察设计行业纪念改革开放 40 周年座谈会”在武汉设计之都举行。中国勘察设计协会原理事长吴奕良作了“总结经验，将行业的改革开放进行到底”的主旨发言，10 位见证者回顾工程勘察设计改革开放 40 年，进行了“工程勘察设计行业改革开放 40 周年见证者”授牌仪式，宣读了《工程勘察设计行业发展——武汉倡议》。

12 月 26 日，恒力 2000 万吨 / 年炼化一体化项目在大连市长兴岛正式投料开车。这是国家炼油行业对民营企业放开的第一个重大炼化项目，也成为全国首个开车的全资民营大型炼厂。从 2017 年 4 月开始破土动工，历经 20 个月后正式投料开车，堪称国内一次性建设规模最大、加工流程最长、上下游装置关联度最高、配套最齐全、技术最复杂的炼化项目，创造了全球多项行业之最，也刷新了同行业同体量项目最快建设纪录。

恒力 2000 万吨 / 年炼化一体化项目（振兴东北老工业基地重点推进项目）

七十一、2019年

3月12日，中国土木工程詹天佑奖二十周年庆典暨第十六届颁奖典礼在北京举行。深圳平安金融中心、上海自然博物馆、杭州国际博览中心等30个项目获奖。

3月13日，国务院办公厅下发《关于全面开展工程建设项目审批制度改革的实施意见》,《实施意见》就总体要求、统一审批流程、统一信息数据平台、统一审批管理体系、统一监管方式、加强组织实施等提出了明确的意见。《实施意见》同时提出要进一步精简审批环节，要求“试点地区在加快探索取消施工图审查（或缩小审查范围）、实行告知承诺制和设计人员终身负责制等方面，尽快形成可复制可推广的经验。”这是近年来国务院首次明确提出要取消施工图审查制度，而且对取消施审之后的责任落地提出了解决办法，即告知承诺制以及设计师终身负责制。

3月15日，国家发展改革委、住房城乡建设部《关于推进全过程工程咨询服务发展的指导意见》，要求在房屋建筑和市政基础设施领域推进全过程工程咨询服务发展，充分认识推进全过程咨询服务发展的意义，以投资决策综合性咨询促进投资决策科学化，以全过程咨询推动完善工程建设组织模式，鼓励多种形式的全过程咨询服务市场化发展，优化全过程工程咨询服务市场环境，强化保障措施等内容，是今后房屋建筑和市政基础设施领域的指导性文件。

3月28日，国务院副总理韩正出席全国工程建设项目审批制度改革工作电视电话会议并讲话，他强调：工程建设项目审批制度改革是党中央、国务院做出的重大决策，是政府刀刃向内的一次改革。各地要按照改革实施意见的要求和部署，切实承担主体责任，结合本地区实际推进改革。

4月14日，中华人民共和国国务院令，《政府投资条例》自2019年7月1日起实施。《条例》对政府投资决策、政府投资年度计划、政府投资项目实施、监督管理、法律责任有了明确规定。与此同时，国家发展改革委下发通知，要求全面清理不符合《政府投资条例》的现行制度，更不准由施工单位垫资建设。

4月19日，国务院《关于印发改革国有资本授权经营体制方案的通知》中规定，优化出资人代表机构履职方式，分类开展授权放权，加强企业行政能力建设，完善监督监管体系，坚持和加强党的全面领导，周密组织科学实施。

4月23日，全国人大常委会对《中华人民共和国建筑法》《中华人民共和国城乡规划法》作了局部修改。

4月25日至27日，主题为“共建‘一带一路’，开创美好未来”的第二届“一带一路”国际合作高峰论坛在北京举行。中国国家主席习近平出席开幕式发表主题演讲，30多个国家元首或政府首脑出席会议。“一带一路”源于中国，属于世界。这次论坛意义重大，成果累累。

4 月 28 日，2019 年中国北京世界园艺博览会盛大开幕，习近平发展重要讲话强调各方要共同建设美丽地球家园。“绿色生活 美丽家园”是本次世园会的主题，来自 110 个国家和国际组织、我国各省区市和港澳台地区的展园同台亮相，展期 162 天。

4 月 29 日，《中华人民共和国注册建筑师条例》第八条作了修改。

4 月 29 日，国务院将《建设工程质量管理条例》第十三条修改为“建设单位在开工前，应当按照国家有关规定办理工程质量监管手续，工程质量监管手续可以与施工许可证或开工报告合并办理”。

5 月 8 日至 9 日，2019 年对外承包工程行业发展论坛在京召开，这次论坛是在第二届“一带一路”国际合作高峰论坛后召开的，是深度解析峰会新政策、新动向、新举措的会议。会上公布，2018 年行业全年新签合同 2418 亿美元，同比下降 8.8%，完成营业额 1690.4 亿美元，同比增长 0.3%，2019 年一季度触底回升，同比增长 13.5%。会上还公布了 80 个国别的《境外国别税收、会计外汇制度汇编》，为对外承包工程财务管控提供了支撑。

5 月，国务院办公厅发布《转发国家发展改革委关于 深化公共资源交易平台整合共享指导意见的通知》（国办函〔2019〕41 号），明确提出：精简管理事项和环节。系统梳理公共资源交易流程，取消没有法律法规依据的投标报名、招标文件审查、原件核对等事项以及能够采用告知承诺制和事中事后监管解决的前置审批或审核环节。2019 年很多地方发文明确取消“投标报名”。

5 月 12 日，中共中央办公厅、国务院办公厅印发了《国家生态文明试验区（海南）实施方案》，分别从总体要求、重点任务、保障措施三个大方面的建设提出要求，目标明确，内容详细具体，为“生态中国”发展模式先行先试立标杆。

5 月 16 日至 17 日，2019 年（第八届）国际桥梁与隧道技术大会在沪召开。这次会议聚焦“国家重大工程建设与技术创新”，云集顶级专家智慧，打造高质量学术论坛，是本届论坛的一大亮点。会议透露，港珠澳大桥后又一超级工程渤海湾跨海通道呼之欲出，目前已完成战略性规划研究。

5 月 18 日，国务院《关于推进国家经济技术开发区创新提升打造改革开放新高地的意见》中提出了提升开放型经济质量、赋予更大改革自主权、完善对内对外合作平台功能、加强要素保障和资源集约作用的规定。

5 月 19 日，国务院办公厅转发《国家发展改革委关于深化公共资源交易平台整合共享指导意见》的通知中明确指出：精简管理事项和环节，系统梳理公共资源交易流程，取消没有法律法规依据的招标报名、招标文件审查、原件核对等事项以及事中事后监管的前置审批或审核环节。

5 月 23 日，中共中央国务院《关于建立国土空间规划体系并监督实施的若干意见》中提出了总体要求、总体框架、编制要求、实施监督、法规政策与技术保障等工作要求。到2020年，我国将基本建立国土空间规划体系，逐步实现“多规合一”，初步形成全国国土空间开发保护“一张图”。

6月12日，我国首条智能高铁京张高铁全线贯通。100年前，京张铁路打破了中国人不能自建铁路的断言，被誉为“中国人的光荣”，是一条自力更生的“争气路”。100年后，京张高铁开启了世界智能高铁的先河，成为中国铁路从“落后”走向“引领”的见证。

7月，住房城乡建设部发布《关于部分建设工程企业资质延续审批实行告知承诺制的通知》：自2019年9月1日起，住房城乡建设部负责的工程勘察、工程设计、建筑业企业、工程监理企业资质延续审批实行告知承诺制，不再委托各省级住房和城乡建设主管部门实施资质延续审查工作。公路、铁路、水运、水利、信息产业、民航、航空航天等专业建设工程企业资质延续审批仍按《住房城乡建设部办公厅关于建设工程企业资质统一实行电子化申报和审批的通知》（建办市函〔2018〕493号）规定办理。

7月住房城乡建设部、发改委等六部门联合发布《加快推进房屋建筑和市政基础设施工程实行工程担保制度》（建市〔2019〕68号），明确提出：推行工程保函替代保证金。对于投标保证金、履约保证金、工程质量保证金、农民工工资保证金，建筑业企业可以保函的方式缴纳。

北京大兴国际机场，被英国《卫报》评为新世界七大奇迹！早在2016年，英国《卫报》举行了一个名为“新世界七大奇迹”的评选，其中港珠澳大桥入选了其中之一，而北京的大兴国际机场建筑当选第一！它背后的设计师是前不久刚刚过世的伊拉克裔建筑师，有着建筑界女魔头之称的扎哈·哈迪德。她的核心设计理念就是——曲线应运而生的大兴国际机场，化身为了一个“永恒流动”的建筑，不断流动的势能给柔弱的曲线注入了生命与力量，让大兴国际机场奇迹般的创造了多项世界纪录，并一举在众多建筑中脱颖而出拿下“新世界七大奇迹”榜首。

北京大兴国际机场的世界纪录：每年飞机起降量80万架次，年客流吞吐量一亿人次，投资800亿人民币，占地140万平方米，约等于63个天安门的大小，可以容纳25个足球场。是世界上施工技术难度最高的航站楼，世界最大的屋顶面积，是世界上施工难度最高的屋顶，世界第一个高铁上盖的航站楼，全球最大的单体隔震建筑，综合了多项世界级技术，还打破了多项世界纪录，大兴机场可谓是中国最梦幻的超级机场。它将最富灵感和创意的设计与施工速度、规模和先进的技术相结合，造就了让全世界媒体惊叹的“新世界奇迹”。于2019年9月30日正式投入使用！

8月8日，第十届全国人大顾秀莲副委员长为《新时代工程勘察设计企业高质量发展方式》一书的题词：工程建设是国民经济的重要支柱产业，是发展经济、改善民生、增强国力的全局性、基础性、战略性事业。工程勘察设计咨询业是为工程建设的决策与实施提供全过程技术经济咨询服务的智力型服务行业，是工程建设的灵魂和关键。《新时代工程勘察设计企业高质量发展方式》一书，为勘察设计咨询行业继续深化改革、转变发展方式、实现高质量发展建言献策，必将对行业的持续发展起到促进作用。

9月，由吴奕良（中国勘察设计协会原理事长）、何立山（中国寰球工程有限公司原总经理）为主编、有近30位专家学者参与撰写的《新时代工程勘察设计企业高质量发展方式》一书出版发行，向新中国成立70周年献礼。本书系统地阐述了我国勘察设计咨询业的发展方式，具有时代性、创新性、政策性、逻辑性、前瞻性及全覆盖等特点，对我国工程勘察设计行业的发展具有积极促进作用。

11月住房城乡建设部印发《住房和城乡建设领域自由贸易试验区“证照分离”改革全覆盖试点实施方案 》：方案涵盖“试点取消工程造价咨询企业资质”“部分建设工程企业资质审批实行告知承诺制”“建筑施工企业安全生产许可证核发实行告知承诺制”“房地产开发企业资质优化审批服务”“部分建设工程企业资质优化审批服务”“建设工程质量检测机构资质优化审批服务”等8项内容。

12月3日，国家发展改革委正式发布《中华人民共和国招标投标法（修订草案公开征求意见稿）》。此次对《招标投标法》的修改，重点针对排斥限制潜在投标人、围标串标、低质低价中标、评标质量不高、随意废标等。旨在切实转变政府职能，减少对市场主体，特别是民营企业，招投标活动的干预。

12月22日，中共中央 国务院《关于营造更好发展环境支持民营企业改革发展的意见》全文公布，《意见》明确改革开放40多年来，民营企业在推动发展、促进创新、增加就业、改善民生和扩大开放等方面发挥了不可替代的作用。其中《意见》明确提出：破除招投标隐性壁垒。对具备相应资质条件的企业，不得设置与业务能力无关的企业规模门槛和明显超过招标项目要求的业绩门槛等。完善招投标程序监督与信息公示制度，对依法依规完成的招标，不得以中标企业性质为由对招标责任人进行追责。

12月24日，住房城乡建设部发布《关于进一步加强房屋建筑和市政基础设施工程招标投标监管的指导意见》，包括夯实招标人权责、优化评标方法、加强招投标监管等五方面的17项措施。

12月31日，住房城乡建设部、国家发展改革委联合印发《房屋建筑和市政基础设施项目工程总承包管理办法》，自2020年3月1日起正式施行。文件要求：工程发包前须完成项目审批、核准或备案程序，政府投资项目原则上应在初步设计审批完成后进行发包；鼓励设计单位申请取得施工资质，已取得工程设计综合资质、行业甲级资质、建筑工程专业甲级资质的单位，可以直接申请相应类别施工总承包一级资质；鼓励施工单位申请取得工程设计资质，具有一级及以上施工总承包资质的单位可以直接申请相应类别的工程设计甲级资质；建设单位和总承包单位应合理分担风险，同时明确了建设单位承担的风险范围；工程总承包单位、工程总承包项目经理依法承担质量终身责任；政府投资项目不得由工程总承包单位或者分包单位垫资建设，原则上不得超过经核定的投资概算。

第二届“一带一路”企业家大会（2019 年）

七十二、2020 年

1 月至 2 月，为防疫抗疫贡献行业力量。以火神山、雷神山为代表的医院仅用时 10 天左右完成设计到施工、交付使用以及诸多勘察设计企业参与防疫设施建设，展现了勘察设计行业的厚积薄发及社会责任；设计企业通过网上办公和远程设计协同，促进行业信息化建设和数字化应用；中国勘察设计协会及各地方协会发挥行业组织作用，为防疫抗疫及企业复工复产等做出了积极努力。

3 月，工程总承包实施“双资质”。2019 年 12 月 23 日，住房城乡建设部、国家发展改革委联合印发的《房屋建筑和市政基础设施项目工程总承包管理办法》自 2020 年 3 月 1 日起施行。要做工程总承包项目须同时具有设计、施工“双资质”，或由具有相应资质的设计单位和施工单位组成联合体。

3 月 24 日，住房城乡建设部等四部委发文，《监理工程师职业资格制度规定》《监理工程师职业资格考试实施办法》正式印发，自印发之日起施行。工程 / 水利 / 公路水运监理证书合为一本，已取得证书继续有效。

3 月 26 日，韩正副总理在推进重大项目建设积极做好稳投资工作电视电话会议上讲话时指出：要高度重视项目前期工作，提早谋划，不断充实项目储备库。要以需求为导向，大力推进5G等新型基础设施建设，支撑数字经济等新业态发展。强化重大项目建设用地用海等要素保障，畅通审批绿色通道。抓好重大外资项目落地，加快出台进一步扩大开放的政策举措，不断优化营商环境。要加强组织领导，严格项目管理，确保工程质量安全。

4月27日，住房城乡建设部和国家发展改革委联合发文《关于进一步加强城市与建筑风貌管理的通知》，要治理“贪大、媚洋、求怪”等建筑乱象，坚定文化自信，彰显中国特色，对超大体量公共建筑、超高层地标建筑、重点地段建筑作为城市重大建筑项目进行管理。规定一般不得新建500米以上超高层建筑，严格限制新建250米以上建筑；探索建立城市总建筑师制度；严禁建筑抄袭、模仿、山寨行为；加强历史文化遗存、景观风貌保护，严格管控新建建筑，不拆除历史建筑、不拆传统民居、不破坏地形地貌、不砍老树。

5月底，湖南全面实施施工图BIM审查遇阻。湖南省住房城乡建设厅提出，计划从6月1日起分阶段实施房屋建筑工程项目施工图BIM审查，到2021年1月1日，所有项目全部实施BIM审查。在征求意见过程中遭到设计单位很大的阻抗。7月底，该省住房城乡建设厅再发文，从8月1日起仅在全省建筑甲级勘察设计企业中选取工程项目总数的10%进行试点。试点计划执行到2025年底。根据住房城乡建设部计划，到2020年年底，建筑行业甲级勘察、设计单位以及特、一级房建施工企业中普及BIM技术，作为BIM技术应用“走在全国前列”的湖南，此举表明行业BIM技术应用未达预期目标。

6月，建筑师负责制继续试点。住房城乡建设部批复北京试点开展建筑师负责制，要求拓宽建筑师服务范围，完善与建筑师负责制相配套的建设管理模式和管理制度，培养一批既有国际视野又有民族自信的建筑师队伍。12月份，北京对实施方案征求意见。意见称，截至目前，全国试点地区有5个，项目仅30余项，其中上海浦东有25项，其他地区试点项目较少，尚未形成可复制可推广的试点经验。

6月，人工智能审图开始试点。住房城乡建设部同意深圳市开展建设工程人工智能审图试点，10月又同意北京市开展建设工程人工智能审图试点。旨在利用人工智能和大数据等技术，研发智能化施工图审查系统，形成可靠的智能审图能力，减少人工审查工作量，提升审查效率和质量，推动勘察设计行业的数字化转型和高质量发展。11月，北京宣布启动AI审图试点。

7月28日，住房城乡建设部、改革委、工信部等13个部门印发《关于推动智能建造与建筑工业化协同发展的指导意见》，提出“大力发展建筑工业化为载体，以数字化、智能化升级为动力，创新突破相关核心技术，加大智能建造在工程建设各环节应用，形成涵盖科研、设计、生产加工、施工装配、运营等全产业链融合一体的智能建造产业体系，提升工程质量安全、效益和品质，有效拉动内需，培育国民经济新的增长点”。

7 月 29 日，住房城乡建设部网站发布《工程造价改革工作方案》，决定在全国房地产开发项目，以及北京市、浙江省、湖北省、广东省、广西壮族自治区有条件的国有资金投资的房屋建筑、市政公用工程项目进行工程造价改革试点。

8 月 28 日，住房城乡建设部、教育部、科技部等九部门联合发文《关于加快新型建筑工业化发展的若干意见》，大力推动以工程全寿命期系统化集成设计为主导，整合工程全产业链，实现工程建设高效益、高质量、低消耗、低排放的建筑工业化。大力促进行业数字化设计体系、一体化集成设计和 BIM 技术的应用。

12 月 2 日，住房城乡建设部发布《关于印发建设工程企业资质管理制度改革方案的通知》，并印发《建设工程企业资质管理制度改革方案》。将企业资质审批条件进一步大幅精简。

根据 2019 年国务院提出“加快探索取消施工图审查（或缩小审查范围）、实行告知承诺制和设计人员终身负责制”的意见，在山西、南京、青岛率先试点取消图审之后，2020 年有更多的省市进行试点：湖北、山东、浙江、深圳、广州、长春等探索部分或全部取消施工图审查，代之以专家评审制。如有需要，建设单位可自主委托审图机构或勘察设计单位自行审查。

2020 年多家上市设计公司控股权变更，引发行业对企业上市的再思考。

1 月底，山鼎设计名称由“山鼎设计股份有限公司”变更为“华图山鼎设计股份有限公司”。以公务员考试等为主营业务的培训机构华图教育，收购山鼎设计 30% 的股权，山鼎设计通过“卖壳”完成转型和持续增长。

8 月，苏交科集团股份有限公司宣称，公司控股股东将由符冠华、王军华变更为珠江实业集团，实际控制人变更为广州市国资委。这意味着苏交科或将从民企变回国企。

8 月，江苏中设集团股份有限公司公告称筹划通过发行股份及支付现金方式购买上海悉地工程设计顾问股份有限公司股权以取得其控股权。

历年行业要事纪实，是宝贵的行业发展重要历史资料，对了解行业发展历史经验教训，以及交流、促进行业发展、启迪美好未来起着重要作用。注重和加强这项工作，意义重大，十分必要，希望有关部门和组织高度重视。

第八章　协会工作回顾

在庆祝中国共产党建党 100 周年之际，对中国勘察设计协会成立 36 年来的工作进行回顾与展望，总结经验，继往开来，深化改革，砥砺奋进，具有十分重要的现实意义。

1980 年前后，伴随着国家对外开放政策的实施，技术引进、合资经营、对外谈判、交流合作日益活跃，国外同业行会、社团组织频频出现，启发了国内组建行业协会的思路，呼唤着我国工程勘察设计行业社团组织的诞生。创建中国勘察设计协会是工程勘察设计改革的需要，是加强行业管理的需要，是促进国外同业交流合作的需要，也是广大工程勘察设计单位的愿望和迫切要求。

1984年11月10日，国务院《关于工程设计改革的几点意见》中明确指出："设计单位要逐步脱离部门领导，政企职责分开，实行社会化"。

1985 年 7 月 6 日，国家计委以计设发〔1985〕13 号文批复同意成立中国化工勘察设计协会，同年 11 月 1 日在成都召开会员大会，通过了协会章程和第一届理事会，这是同业协会中最早成立的行业协会。1985 年 7 月 7 日，国家计委以计人〔1985〕1047 号文发出《关于成立中国勘察设计协会的通知》，1987 年 1 月 10 日至 1 月 17 日，全国勘察设计工作会议和中国勘察设计协会第一届理事会在北京召开。随后，各地区、各部门也相继成立了勘察设计协会。

中国勘察设计协会至今已召开七届会员代表大会暨理事会议，其历届主要领导成员如下：第一届（1987 年 1 月）：理事长是时任国家计委副主任干志坚，常务副理事长为时任国家计委设计管理局局长吴奕良，秘书长由吴凤池担任。第二届（1990 年 7 月）：干志坚任理事长，吴奕良任常务副理事长，吴凤池任副理事长兼秘书长。第三届（1995 年 9 月）：吴奕良任理事长，卢延龄任副理事长兼秘书长。第四届（2000 年 9 月）：叶如棠为名誉理事长，吴奕良为理事长，郑春源为副理事长兼秘书长。第五届（2010 年 7 月）：吴奕良为名誉理事长，王素卿为理事长，王子牛为秘书长。第六届（2016 年 4 月）：施设为理事长，王子牛为副理事长兼秘书长。第七届（2021 年 12 月）：朱长喜为理事长，周文连为秘书长。

中国勘察设计协会的成立标志着中国工程勘察设计行业管理由传统的单一行政管理，开始朝向政府部门依法主导与行业协会自律管理相结合、进而向行业协会管理与自律运行的目标变革；中国工程勘察设计单位走向行业管理的协调与联合，开始了行业协会艰难奋进的历程。目前，参加协会的团体会员共有71家，包括32个省、自治区、直辖市勘察设计协会，13个中心城市勘察设计协会，26个国家专业部门勘察设计协会，767家大中型工程勘察设计单位作为理事单位，设立的分会和工作委员会共有24个，形成了代表我国工程勘察设计全行业的社团组织架构。

2007年5月，《国务院办公厅关于加快推进行业协会商会改革和发展的若干意见》明确指出：要“按照完善社会主义市场经济体制的总体要求，采取理顺关系、优化结构、改进监管、强化自律、完善政策、加强建设等措施，加快推进行业协会的改革和发展，逐步建立体制完善、结构合理、行为规范、法制健全的行业协会体系，充分发挥行业协会在经济建设和社会发展中的重要用”“发挥各类社会组织提供服务、反映诉求、规范行为的作用，积极拓展行业协会的职能，充分发挥桥梁和纽带作用，为经济社会发展服务”。

2013年3月《国务院机构改革和职能转变方案》明确指出，要“改革社会组织管理制度。加快形成政社分开、权责明确、依法自治的现代社会组织，逐步推进行业协会商会与行政机关脱钩，强化行业自律，使其真正成为提供服务、反映诉求、规范行为的主体”。

2015年7月，中央办公厅 国务院办公厅关于《行业协会商会与行政机关脱钩总体方案》明确指出：“行业协会商会是我国经济建设社会发展的重要力量。在为政府提供咨询、服务企业发展、优化资源配置、加强行业自律、创新社会治理、履行社会责任等方面发挥了积极作用”。提出了“加快形成政社分开、权责明确、依法自治的现代社会组织体制，促进行业协会商会成为依法设立、自主办会、服务为本、治理规范、行为自律的社会组织。创新行业协会商会管理体制和运行机制，激发内在活力和发展动力，提升行业服务功能，充分发挥行业协会商会在经济发展新常态中的独特优势和应有作用”的总体要求。

2019年6月14日，国家发展改革委等10个部、委、局《关于全面推开行业协会商会与行政机关脱钩改革的实施意见》(发改体改〔2019〕1063号)，对脱钩的总体要求、改革主体和范围、改革具体任务、全面加强行业协会商会党建工作、完善综合监管体制、组织实施等都做了明确具体的规定，为全面推开行业协会商会与行政机关脱钩改革的深入进行创造了有利条件。全国勘察设计行业协会现状见表8-1。

全国工程勘察设计协会简况 **表 8-1**

<table>
<tr><th colspan="5">一、中国勘察设计协会</th></tr>
<tr><td colspan="5">1. 历届理事会成立时间和理事长、秘书长</td></tr>
<tr><td>届次</td><td>成立时间</td><td>名誉理事长</td><td>理 事 长</td><td>秘 书 长</td></tr>
<tr><td>一</td><td>1987.1</td><td></td><td>干志坚</td><td>吴凤池</td></tr>
<tr><td>二</td><td>1990.7</td><td></td><td>干志坚</td><td>吴凤池</td></tr>
<tr><td>三</td><td>1995.9</td><td></td><td>吴奕良</td><td>卢延玲</td></tr>
<tr><td>四</td><td>2000.9</td><td>叶如棠</td><td>吴奕良</td><td>郑春源</td></tr>
<tr><td>五</td><td>2010.7</td><td>吴奕良</td><td>王素卿</td><td>王子牛</td></tr>
<tr><td>六</td><td>2016.4</td><td></td><td>施　设</td><td>王子牛</td></tr>
<tr><td>七</td><td>2021.12</td><td></td><td>朱长喜</td><td>周文连</td></tr>
<tr><td colspan="5">2. 中国勘察设计协会分支机构（共 24 个）</td></tr>
<tr><td>1</td><td colspan="2">中国勘察设计协会建筑分会</td><td>13</td><td>中国勘察设计协会民营企业分会</td></tr>
<tr><td>2</td><td colspan="2">中国勘察设计协会工岩土工程与工程测量分会</td><td>14</td><td>中国勘察设计协会施工图审查分会</td></tr>
<tr><td>3</td><td colspan="2">中国勘察设计协会市政分会</td><td>15</td><td>中国勘察设计协会农业农村分会</td></tr>
<tr><td>4</td><td colspan="2">中国勘察设计协会建设项目管理和工程总承包分会</td><td>16</td><td>中国勘察设计协会建筑产业化分会</td></tr>
<tr><td>5</td><td colspan="2">中国勘察设计协会风景园林与生态环境分会</td><td>17</td><td>中国勘察设计协会传统建筑分会</td></tr>
<tr><td>6</td><td colspan="2">中国勘察设计协会建筑环境与能源应用分会</td><td>18</td><td>中国勘察设计协会水系统分会</td></tr>
<tr><td>7</td><td colspan="2">中国勘察设计协会智能分会</td><td>19</td><td>中国勘察设计协会信息化工作委员会</td></tr>
<tr><td>8</td><td colspan="2">中国勘察设计协会高校分会</td><td>20</td><td>中国勘察设计协会经营创新与体制改革工作委员会</td></tr>
<tr><td>9</td><td colspan="2">中国勘察设计协会电气分会</td><td>21</td><td>中国勘察设计协会标准化工作委员会</td></tr>
<tr><td>10</td><td colspan="2">中国勘察设计协会结构分会</td><td>22</td><td>中国勘察设计协会质量和职业健康安全环保工作委员会</td></tr>
<tr><td>11</td><td colspan="2">中国勘察设计协会抗震防灾分会</td><td>23</td><td>中国勘察设计协会科技创新工作委员会</td></tr>
<tr><td>12</td><td colspan="2">中国勘察设计协会人民防空与地下空间分会</td><td>24</td><td>中国勘察设计协会工程造价工作委员会</td></tr>
<tr><th colspan="5">二、各行业勘察设计协会（共 22 个）</th></tr>
<tr><td>1</td><td colspan="2">中国机械工业勘察设计协会</td><td>12</td><td>中国冶金建设协会</td></tr>
<tr><td>2</td><td colspan="2">中国电力规划设计协会</td><td>13</td><td>中国有色金属建设协会</td></tr>
<tr><td>3</td><td colspan="2">中国石油和化工勘察设计协会</td><td>14</td><td>中国建材工程建设协会</td></tr>
<tr><td>4</td><td colspan="2">中国公路勘察设计协会</td><td>15</td><td>中国煤炭建设协会</td></tr>
<tr><td>5</td><td colspan="2">中国水利水电勘测设计协会</td><td>16</td><td>中国铁道工程建设协会勘测设计部</td></tr>
<tr><td>6</td><td colspan="2">中国核工业勘察设计协会</td><td>17</td><td>中国通信企业协会通信工程建设分会</td></tr>
<tr><td>7</td><td colspan="2">中国纺织勘察设计协会</td><td>18</td><td>中国水运建设行业协会</td></tr>
<tr><td>8</td><td colspan="2">中国轻工业勘察设计协会</td><td>19</td><td>中国航空工业建设协会</td></tr>
<tr><td>9</td><td colspan="2">中国石油工程建设协会</td><td>20</td><td>中国林业工程建设协会</td></tr>
<tr><td>10</td><td colspan="2">中国兵器工业建设协会</td><td>21</td><td>中国医药工程设计协会</td></tr>
<tr><td>11</td><td colspan="2">中国建筑业协会石化工程建设分会</td><td>22</td><td>中国商业设计协会</td></tr>
</table>

续表

三、各地方勘察设计协会（共 44 个）			
1	北京工程勘察设计协会	23	广西壮族自治区勘察设计协会
2	天津市勘察设计协会	24	海南省勘察设计协会
3	河北省工程勘察设计咨询协会	25	重庆市勘察设计协会
4	山西省勘察设计协会	26	四川省勘察设计协会
5	内蒙古自治区勘察设计协会	27	贵州省工程勘察设计协会
6	辽宁省勘察设计协会	28	云南省勘察设计协会
7	吉林省勘察设计协会	29	陕西省勘察设计协会
8	黑龙江省勘察设计协会	30	甘肃省勘察设计协会
9	上海市勘察设计行业协会	31	青海省勘察设计协会
10	江苏省勘察设计行业协会	32	宁夏规划勘察设计协会
11	浙江省勘察设计行业协会	33	新疆维吾尔自治区勘察设计协会
12	安徽省工程勘察设计协会	34	太原市勘察设计协会
13	福建省勘察设计协会	35	大连市工程勘察设计行业协会
14	江西省建设工程勘察设计协会	36	南京市勘察设计行业协会
15	山东省勘察设计协会	37	宁波市勘察设计协会
16	河南省勘察设计协会	38	青岛市勘察设计协会
17	河南省工程勘察设计行业协会	49	武汉勘察设计协会
18	湖北省勘察设计协会	40	珠海市规划勘察设计行业协会
19	湖南省勘察设计协会	41	江门市勘察设计协会
20	广东省工程勘察设计行业协会	42	成都市勘察设计协会
21	广州市工程勘察设计行业协会	43	绵阳市勘察设计协会
22	深圳市勘察设计行业协会	44	西安市勘察设计协会

协会成立 36 年来，按照中央和国务院的要求，在促进勘察设计企业改革开放和推动行业持续快速高质量发展等方面做了大量工作，开展了一系列重要活动，充分说明我国勘察设计行业协会工作的重要性和新时代赋予我们的重要历史使命，有力地证明了行业协会在促进我国国民经济的发展和行业改革创新方面所起的不可替代的重要作用。对中国勘察设计协会的若干主要工作回顾如下。

一、大力推进企业改革创新

自协会成立以来，始终把企业的改革创新，促进行业持续发展作为协会的首要任务，特别是在勘察设计单位实行企业化、市场化、社会化、信息化、现代企业制度、工程咨询服务、工程总承包体制、岩土工程体制、执业注册制度、建筑师负责制等改革方面，做了大量调查研究、提出报告和建议、总结典型经验、开展学习交流、组织协调和推广等工作，起了重要促进作用。早在1992年1月就成立了中国勘察设计协会建设项目管理和工程总承包分会，为企业提供服务，积极推动工程总承包和项目管理向专业化、规范化、国际化方向发展，建立了优秀工程项目管理和优秀工程总承包项目评价体系，组织编制了国家标准《建设项目工程总承包管理规范》和《建设项目工程总承包合同示范文本（试行）》，积极推进工程总承包项目经理的职业化，通过国际、国内经验交流，积极推动设计企业向国际工程公司转型等一系列工作。对指导企业建立工程总承包和全过程项目管理体系、科学实施项目建设具有里程碑意义。

第二届全国勘察设计行业科技创新大会2012年在北京召开

协会的培训工作始终秉持“为行业服务”的宗旨，面向全行业开展各类培训（包括：培训班，具有培训性质的交流、研讨、研修班等），以“提高行业从业人员素质、推动行业改革与发展、促进行业创新与技术进步、保障建设工程质量与安全”为出发点。

培养优秀的人才队伍是企业改革创新和持续发展的关键。据2021年6月统计，1986～2010年，协会发布培训课题文件380余组，培训21万余人次；2011～2020年，发布培训课题文件430余组，培训13万余人次。培训课题内容主要有：体制机制改革研讨会、经营模式创新研修班（勘察设计行业工程总承包项目经理培训、总承包、全过程工程咨询、建筑师负责制培训班和研讨会）、评优培训班、经营管理、质量管理、财、法、税培训班和研修班、注册工程师、岩土工程与勘察、建筑、结构、市政、道路、桥、隧、信息化与人工智能、给排水、消防、暖通、结构、抗震、规划、城市设计、村镇建设、人防与地下空间、施工图、其他工业部门等各种项目的培训班和研讨班。为推进企业改革创新，转型发展培养各类专业技术及管理人才发挥了重要作用。

2007 年 3 月，中国勘察设计协会印发了“关于在全国工程勘察设计行业开展工程项目经理资格考评工作的通知”（中设协字〔2007〕第 12 号），随后印发了《全国勘察设计行业工程项目经理资格考评办法》，制定了“首批工程项目经理资格考评工作实施意见”，截至 2013 年，共开展了 4 批，累计获得工程项目经理资格的设计人员 6177 人，获得高级项目经理资格的设计人员 1921 人。

1994 年，中国勘察设计协会设立“国务院各部门、行业勘察设计协会秘书长联席会”，它是交流各部门、行业改革信息、共商行业改革发展大计、反映诉求的一种议事平台，历时 20 多年，召开了 40 多次会议，多次向国务院、行业主管部门书面反映行业改革遇到的困难、问题，提出诉求和建言，引起主管部门的重视，对推动行业的改革发展，发挥了重要作用。

2002 年 11 月 11 ～ 14 日，中国勘察设计协会和中国工程咨询协会共同组织召开了建设项目管理和工程总承包经验交流暨表彰大会。会议交流了经验，表彰了一批建设项目管理和工程总承包的优秀成果，对获奖项目进行了展览展示，邀请了有关专家作专题报告，进一步促进了行业建设项目管理和工程总承包的开展。

自 2007 年开始，中国勘察设计协会连续多年组织编写、发布《中国勘察设计行业年度发展研究报告》，对勘察设计企业、行业的改革创新发展，发挥了积极作用。

2007 年 8 月 20 ～ 21 日，为了贯彻落实科学发展观和中央领导关于做好工程咨询工作、创新工程咨询理论和方法的重要批示精神，中国工程咨询协会、中国勘察设计协会、中国国际工程咨询协会，在北京联合举办了全国工程咨询设计行业发展高峰论坛。国家发展改革委、建设部、商务部的领导以及工程咨询设计行业与新闻媒体的代表共273人出席了高峰论坛。中共中央政治局委员、国务院副总理曾培炎会见了与会代表并作重要讲话。论坛围绕“咨询发展、设计未来”的主题，设立了主题演讲和包括“改革开放”“科学决策”“创新发展”三个板块的专题演讲。从不同角度，围绕行业发展，理论联系实际，发表了具有前瞻性的认识、思考与建议，是一次贯彻落实科学发展观、共商行业发展大计、具有里程碑意义的高端盛会，将对行业发展产生积极影响。为了使行业发展从高峰论坛中得到启发，特编印了《全国工程咨询设计行业发展高峰论坛文集》约 40 万字，是对工程咨询设计行业和企业发展具有指导借鉴意义的珍贵文献资料。

自协会成立以来，在历届全国工程勘察设计大师、全国优秀勘察设计企业家（院长）、优秀计算机软件奖、优秀工程建设标准设计奖、优秀工程勘察设计项目奖、优秀工程总承包和项目管理项目奖、诚信企业名单等的评奖活动中做了大量组织工作，发挥了重要作用。

2009 年 10 月 28 日，中国勘察设计协会召开《中国勘察设计协会庆祝新中国成立 60 周年表彰大会》。会上，住房城乡建设部姜伟新部长发来贺信；住房城乡建设部副部长郭允冲，全国人大环境与资源委员会副主任委员叶如棠等领导出席了会议，并为获得全国工程勘察设计行业国庆 60 周年六个十佳大奖的企业和个人颁奖。对获全行业十佳感动中国工程设计、十佳工程承包企业、十佳自主技术创新企业、十佳民营勘察设计企业、十佳具有行业影响力人物、十佳现代管理企业家大奖的名单进行表彰。同时对业绩显著协会、突出贡献协会工作者、作用显著标准设计项目等进行表彰。

2019 年 5 月 28 日，中国勘察设计协会《关于开展全国勘察设计行业建国七十周年系到活动的通知》（中设协字〔2019〕第 62 号），12 月 11 日，召开全国勘察设计同业协会共庆新中国成立 70 周年大会，会议由中国勘察设计协会主办，颁发了国庆 70 周年“我和祖国共成长”优秀勘察设计项目 538 项、优秀勘察设计企业 214 家、优秀企业家 185 位、科技创新带头人 168 位、杰出人物 118 位、优秀协会 52 家、优秀协会工作者 83 位名单。激励广大从业人员更加紧密地团结在以习近平同志为核心的党中央周围，不忘初心、牢记使命，把爱国奋斗精神转化为实际行动，为实现勘察设计行业高质量发展、实现中华民族伟大复兴的中国梦而不懈奋斗。

改革开放以来，中国勘察设计协会先后负责组织编写或支持出版了许多著作。这些著作的出版发行，为工程勘察设计咨询业创建国际型工程企业、推行工程总承包体制和岩土工程体制、不断提高工程项目科学化管理水平，提供了积极的理论指导和实用的操作指南，有效地促进了我国基本建设管理体制改革。主要有:《工程项目建设总承包项目管理手册》，由中国勘察设计协会和中国化工勘察设计协会共同组织编写，于 1988 年 12 月出版;《工程勘察设计体制改革十年论文集》，由中国勘察设计协会组织编写，于 1990 年 5 月出版;《国外工程项目管理》，由中国勘察设计协会和中国化工勘察设计协会共同组织编写，于 1992 年 3 月出版;《创建国际型项目管理公司和工程公司实用指南》，由中国勘察设计协会和中国工程咨询协会组织编写，于 2003 年 12 月出版;《中国工程勘察设计五十年》共八卷，由中国勘察设计协会组织编写，于 2006 年 10 月出版;《全国工程咨询设计行业发展高峰论坛文集》，由中国工程咨询协会、中国勘察设计协会、中国国际工程咨询协会联合组织编写，于 2007 年 8 月 28 日出版;《纵论中国工程勘察设计咨询业的发展道路》，在中国勘察设计协会支持下，于 2012 年 9 月出版;《新时代工程勘察设计企业高质量发展方式》，在中国勘察设计协会支持下，于 2019 年 9 月出版。

二、狠抓行业全面质量管理

1978 年改革开放伊始，我国开始推行全面质量管理和开展质量管理小组（简称“QC 小组”）活动。同时期，工程勘察设计行业中的电力、交通、石化、铁路等大型勘察设计企业陆续开始开展此项活动。

《建筑工程质量潜在缺陷保险技术风险管理服务规程》（征求意见稿）审查会 2019 年在海南召开

1990 年，建设部关于《勘察设计单位巩固深化全面质量管理的意见》，同年，建设部关于《开展宣传贯彻 GB/T 19000—ISO9000 质量管理和质量保证系列标准》（[90] 建设字第 268 号）。

1993 年 4 月，建设部组织制订了《工程设计行业 GB/T 19004—ISO9004 的实施导则》。同年 7 月 30 日，建设部关于《勘察设计单位巩固深化全面质量管理，贯彻 GB/T 19000—ISO9000“系列标准”的通知》建设〔1993〕566 号。

1995 年 4 月 4 日，建设部印发了关于《全国工程建设质量管理小组管理和评选办法》的通知（建建〔1995〕83 号）。

1997 年，由国家经贸委、财政部、中华全国总工会、共青团中央、中国科协、中国质量管理协会联合颁发了关于《推进企业质量管理小组活动意见的通知》（国经贸〔1997〕147 号）。此后，工程勘察设计领域的 QC 小组活动得到了蓬勃发展。

1999 年 7 月 11 日，建设部关于《加强勘察设计质量工作的通知》（建设〔1999〕176 号）指出：勘察设计单位的内部质量保证是勘察设计质量的关键，勘察设计单位要在继续推行全面质量管理的基础上，认真学习贯彻 GB/T 19000 系列标准，建立一套科学有效的质量体系，实施质量策划、质量控制、质量保证和质量改进，并应在认真落实质量保证制度的同时不断提出巩固、完善和提高的新目标，以不断完善本单位的质量体系。

2000 年 9 月 25 日，国务院公布《建设工程勘察设计管理条例》(国务院令第 293 号)。

2017 年，中共中央、国务院发布的《开展质量提升行动的指导意见》指出：要求加强全面质量管理，推广应用先进质量管理方法，提高全员、全过程、全方位质量控制水平，要达到企业质量管理水平大幅提升的目标。

2018 年 1 月，国务院发布关于《加强质量认证体系建设促进全面质量管理的意见》，提出要通过质量管理体系认证的系统性升级，带动企业质量管理的全面升级；开展行业特色认证、分级认证、管理体系整合、质量诊断增值服务，推动质量管理向全供应链、全产业链、产品全生命周期延伸。

2019 年 9 月 15 日，国务院办公厅《转发住房城乡建设部关于完善质量保障体系提升建筑工程品质指导意见的通知》(国办函〔2019〕92 号)。

上述一系列文件，对勘察设计行业的质量管理提出了明确的方向、目标、要求和强有力的政策支持，为行业协会和企业推行全面质量管理创造了有利条件。

受住房城乡建设部委托，中国勘察设计协会质量和职业健康安全环保工作委员会（以下简称“质量委”）负责勘察设计行业 QC 小组活动的推广和组织工作。

为进一步加强勘察设计行业 QC 小组活动骨干队伍建设，培养具有理论知识和实践指导能力的 QC 活动人才，不断提高小组活动和管理水平，质量委于 2015 年组织编写了《勘察设计质量管理小组基础教程》，并定期举办培训。“教程”结合勘察设计行业特色，指导 QC 小组活动如何运用质量管理的理论，利用 PDCA 循环的过程方法，统计方法和质量管理控制图表等多种方法开展活动；指导 QC 小组活动按照规定的程序和步骤，发现企业生产经营中的质量问题，分析问题，从而有效解决问题。引导员工带着实际问题边干边学，快速掌握有关知识和技能，通过提高职工的素质，发挥广大职工的积极性和创造性，从而实现改进质量、降低消耗、提高服务水平、提高工作效率和经济效益。

通过不断培训，培育壮大了勘察设计行业 QC 小组活动评价和指导队伍。目前，质量委已经建立起成熟的 QC 小组活动专家库，这些专家不仅能为 QC 小组活动提出很好地指导意见，还能公平公正高质量的选拔出 QC 小组活动的优秀成果，为行业 QC 小组活动的开展提供了组织保障。

在各同业协会的大力支持下，QC 小组活动在全行业广泛普及，活动规模越来越大，目前参与大赛活动的推荐机构已经由 2012 年的 8 个省、3 个行业勘察设计同业协会，快速发展到了 2021 年的 22 个省、9 个行业勘察设计同业协会，推荐的 QC 小组成果，也由 12 年的不足 100 个，快速发展到了 2021 年的近 600 个。截至 2021 年，已有近百个小组通过大赛选拔并推荐荣获了中国质量协会、中华全国总工会等五部委联合颁发的“全国优秀 QC 小组”荣誉证书。近年来，协会推荐的全国优秀 QC 小组又积极参加国际质量大赛（ICQCC），多项成果荣获 ICQCC 最高奖项“铂金奖”。

在协会的不断努力推动下，目前，勘察设计行业每年有数以千计的 QC 小组在开展活动。质量委每年组织召开“工程勘察设计质量管理小组成果发表交流会”，总结回顾一年来行业 QC 小组活动的经验成效，深入探索在新时代创新推进质量管理小组活动的工作思路与方法。

多年来，协会始终把建立健全企业的全面质量管理体系，向高质量发展转变作为重要服务内容，积极推行企业 HSE 体系和质量品牌建设，促进企业质量管理能力和品牌价值提升。一方面加强咨询服务，搭建交流合作平台，用成功的经验和案例，引导企业创新发展、转型升级、资源共享，提供高质量服务和增值服务；另一方面，树立优秀企业形象，为优秀企业及其所拥有的高新技术、突出业绩和人才队伍进行鉴审评选，加强宣传报道，提高市场认知度；2017 年，中国勘察设计协会与中国质量协会合作编制的《卓越绩效评价准则勘察设计》团体标准发布，为推进质量管理体系分级认证工作提供了依据；为了使行业推进 QHSE 管理体系更广、更深地发展，激励先进企业做得更好、后进企业有追赶的目标，树立 QHSE 标杆活动，取得了明显成效，2017 年，受到中国质量协会、中华全国总工会、中华全国妇女联合会和中国科学技术协会的联合表彰；先后召开了团体标准《卓越绩效评价准则 勘察设计》宣贯交流会和《质量管理小组活动准则》案例分析研讨会，达到了预期的效果；为贯彻实施《中共中央国务院关于开展质量提升行动的指导意见》和住房城乡建设部《工程质量安全提升行动方案》等文件精神，促进行业质量提升和质量变革，2017 年 5 月 10 日，协会发布了《精心勘察设计确保质量安全倡议书》，完成了政府部门委托的《工程勘察质量管理制度研究》和《工程勘察质量管理标准化研究》等多项专题研究，以加速促进工程勘察设计行业持续健康发展。

2020 年，中国质量协会推出新版《质量管理小组活动准则》，质量委在学习、借鉴的基础上及时编制勘察设计行业团体标准《工程勘察设计质量管理小组活动导则》，进一步规范行业 QC 小组活动。

QC 小组活动是工程勘察设计行业内开展时间最长、投入精力最大、培养人才最多、收到效果最显著、生命力最强的一项群众性有效质量管理活动，是广大勘察设计人员参与企业管理、改进质量、开展技术革新、开发员工智慧和创造力的重要手段，是引领行业质量改进的方法，推进行业技术进步的助推器。QC 小组活动作为落实全面质量管理理念、开展群众性质量提升行动的有效形式，对增强员工质量意识，激发员工自主创新，培育员工工匠精神，促进企业提质增效发挥了重要作用。

三、推动行业信息技术变革

为促进设计方法革命，中国勘察设计协会在加速实现行业信息化方面做了大量组织指导工作。从 20 世纪 80 年代中期到 90 年代中期，开展甩图板电脑化活动，用于计算和绘图，甩掉沿用了几十年的图板；90 年代后期，建立起较完善的公司局域网，开通互联网（Internet），实现内部数据共享和远程通信，异地办公；从 20 世纪 90 年代末期到现在，建立计算机集成化系统，向多媒体、集成、智能化方向发展。工程勘察设计咨询行业的信息化经历了一个较快的发展过程，也是勘察设计咨询生产力大解放的过程。许多工程公司和大中型工程设计单位初步建立起以专业 CAD 技术应用为基础、以网络为支持、工程信息管理为核心、工程项目管理为主线，使设计与管理初步实现一体化的集成应用系统。

全国工程勘察设计行业信息化建设交流大会
暨中国勘察设计协会五届三次理事会会议 2012 年在北京召开

目前，正在借助移动互联网、云计算、大数据、人工智能、区块链等前沿技术的应用普遍化提供的大好时机，不断提高运营自动化、管理网络化、决策智能化水平，加速促进工程企业数字化转型发展。推进产品创新数字化、生产运营智能化、用户服务敏捷化、产业体系生态化、应用软件国产化，不断提升工程建设项目数字化集成管理水平，推动数字化与建造全业务链的深度融合，实现勘察、设计、采购、建造、投产开车和运行维护全过程的集成应用。使设计与管理实现一体化的集成应用系统，取得了丰硕的经济效益和社会效益，是工程勘察设计咨询生产要素向数字化创新发展的重大变革，是设计技术和管理方式的一次飞跃。

2016 年，受政府部门委托，协会组织专家调研组完成了勘察设计行业“十三五”中期信息化发展现状调研报告，对于了解和把握全国勘察设计行业贯彻落实协会制定的《十三五工程勘察设计行业信息化工作指导意见》的现状和问题，具有重要的现实意义；组织起草了适用于工程勘察设计行业的 BIM 标准编制大纲，为开展 BIM 标准编制工作奠定了坚实的基础；为了引导企业积极开发应用信息化新技术，推进行业信息化建设，协会先后举办了研讨会、技术交流会和现场观摩等一系列形式多样的信息技术推广活动，还举办了新形势下工程勘察设计企业信息化发展战略、图纸数字化生产系统、推进知识管理与智慧型企业建设、数字化技术创新应用、BIM 向协同设计等多项专题研讨交流活动，起到了重要促进作用。

中国勘察设计协会信息化工作委员会成立近 36 年来，积极推动我国勘察设计行业的“以计算机为工具的甩图板的设计革命”建网建库、工作上网和管理上档、计算机系统集成和全面应用、协同设计等几个阶段，先后召开了十届 CIO 高峰论坛暨新常态下工程勘察设计企业信息化发展战略研讨会，组织开发了多项具有先进水平的工程设计与管理应用软件，并引入多种国际一流应用软件，积极提倡传统设计理念革新，为提升全行业的信息化水平起到了积极作用。

30 多年来，在主任委员王彦梅的精心主持下，敢于创新变革、不断总结经验、努力寻求最科学的方法，组织行业专家制定各阶段的行业信息化工作规划，努力推动实施且富有成效。如在编制行业信息化发展规划、开展信息化专题调研工作、促进国产软件的发展、组织国外先进软硬件的引进、对本土软件的研发、攻关以及国外软件的汉化和本地化、组织“创新杯”建筑信息模型设计大赛活动、推动行业的 BIM 技术普及和深化应用等方面做了大量有效的工作，为全行业计算机的快速推广应用打下良好基础、创造了有利环境，起到了显著的作用。

四、促进中小院所体制改革

协会始终重视和关心勘察设计企业的产权结构变革，按照中央和国务院有关工程勘察设计行业体制改革的要求，由单一的全民营所有制结构，向产权多元化的资产结构形式转变，使传统的国有独资企业制度向产权多元化现代企业制度转制的重大变革，做了大量促进、转化与交流工作。对大型国有勘察设计单位实行国有或国有控股资产结构形式转变，对中小院所进行股份化改革，通过股份合作制、拍卖转让等方式，逐步向非国有企业转变。在 2000 ～ 2005 年之间，有上万个中小建筑设计院改制为民营企业，占建筑设计行业百分之九十，取得了重大进展。通过改制，建筑设计行业已经发展成为国有、民营、私有多种所有制形式并存，大、中、小、微相结合的比较合理的产业布局。

中国勘察设计协会建筑设计分会 2019 年工作会议
暨体制改革经验交流会在深圳召开

1998 年 12 月 17 日，建设部下发了《中小型勘察设计单位深化改革指导意见》，要求加快改革步伐，用 2 ～ 3 年时间，基本完成改制。一些省市建设行政主管部门还陆续出台了改制指导意见和优惠政策，积极推进改制工作。有的以买断国有资产的方式，采用合伙人制、全员持股、管理者技术骨干持大股等模式；有的通过承包、租赁、委托经营、合并、兼并、出售等形式，进行资产存量调整和人力资源重组，改制成有限责任公司或股份有限公司。在改制中，摸索创造出了清产核资、资产评估、产权界定、剥离非经营性资产、核算改制成本、争取优惠政策妥善安置退休人员等一整套成功做法，使一大批中、小、微型建筑院，通过改制成为民营企业，进而成为行业和地区最好最快发展的排头兵。从目前改制情况看，中小型建筑设计单位改制比例大，大型建筑设计单位的产权多元化改革相对滞后。

据 2018 年建筑设计行业统计数据，目前全国 31 个省（市、区）级建筑设计单位中，有 10 家是民营企业（占比 32.3%）、国有控股（职工参股）1 家、国有独资 16 家、全民事业体制 4 家；32 个省会城市和计划单列城市设计单位中，民营企业 15 家（占比 46.9%）、国有控股 2 家、国有独资 6 家、全民事业单位仍有 9 家。从以上省、市两级 63 个设计单位的数据看，民营企业占比 39.7%，国有控股企业占比 4.8%，国有独资企业占比 34.9%，全民事业单位占比 20.6%。这些数据表明，这些地方的大、中型设计单位体制改革进程存在较大的差异，还有两成的设计院仍保留着全民事业单位体制。

2019 年 4 月 7 日，中央办公厅、国务院办公厅印发《关于促进中小企业健康发展的指导意见》，2019 年 12 月 4 日，中共中央 国务院发布《关于营造更好发展环境支持民营企业改革发展的意见》，2020 年 10 月 14 日，发改委、科技部、工业和信息化部、财政部、人力资源社会保障部、人民银行联合发布《关于支持民营企业加快改革发展与转型升级的实施意见》（发改体改〔2020〕1566号）。这些文件对总体要求、指导思想、基本原则、强化科技创新、支撑完善资源要素保障、着力解决融资难题、引导扩大转型升级投资、深入挖掘市场需求潜力、鼓励引导民营企业改革创新等都做了明确规定，为民营企业和中小微型企业的改革创新发展提供了政策支持和保障措施。

我国勘察设计行业的中小型企业，人员都在百十人左右，各具专业化、小型化、独立经营、责权明确、业务精专、转型灵活、人员精干的特点。要对中小微企业加大支持力度，优化发展环境，调整产业结构，加强鼓励引导，加快从要素驱动向创新驱动转变，走“专精特新”和与大企业协作配套发展的道路。我国民营和中小微型工程设计企业、特别是建筑设计企业是城镇化和新农村建设的主力军，在推动城乡生态文明建设和绿色建筑上起着重要的技术支撑作用，其兴衰与城乡建设好坏有着密切关系。

实践证明，已实现民营化改制的绝大部分企业改制后有了长足发展，为国家与地方的建设事业继续做出重要贡献，对行业的发展起到十分重要的作用，为建立现现代企业制度迈出了坚实的一步，是从知识密集型企业人才资源向人才资本发展，最大限度调动员工积极性的有效途径。

五、协助政府进行行业管理

36年来，中国勘察设计协会及各地方、部门勘察设计协会协助政府进行了大量的行业管理工作，在提供政策咨询、加强行业自律、促进行业发展、维护企业合法权益等方面发挥了重要作用，取得了显著成效。

中国勘察设计协会《工程勘察设计行业发展“十四五”规划》研讨会2020年在上海召开

1995 年 11 月 9 日，建设部《关于充分发挥中国勘察设计协会在行业管理中作用的通知》（建设〔1995〕650 号）明确授予中国勘察设计协会七项职能，并将相应工作转移到中国勘察设计协会负责组织实施。

1999 年 9 月，建设部《关于有关司局职能转移的意见》，明确了一些不宜政府直接承担的职能移交给行业协会管理。国务院其他有关专业部门和各省市也都相继出台了《关于行业协会协助政府进行行业管理的规定》。行业协会通过反映诉求、参与决策咨询，促进政府规范行政行为，政府依法监督行业协会履行职能，逐步形成政府与行业协会的新型关系。

2002 年 6 月 10 日，在原建设部工程质量安全监督与行业发展司的领导下，有建设部司、处领导和有关专家代表参加的 8 人专题调研组在全国范围内开展“行政审批施工图调研”，并委托中国勘察设计协会负责专题调研的组织工作。

调研组在上海、沈阳、北京三地召开了华东、东北、北京三个地区共 32 个有代表性的专业设计院院长、专家参加的调查会议；还召开了国务院 22 个行业、部门勘察设计协会秘书长联席会议，各行业、部门勘察设计协会对本次调查非重视，会后通过各种形式对所属的几百家设计单位开展了调查工作，提出了调查报告；为了解外国政府设计审查的情况，调研组又在北京召开了有多位美国、西欧和日本等国际知名大公司代表出席的专题调查会议。调研组对调查的情况及大量材料进行了综合汇集和分析研讨后，提出了近万字的“行政审批专业工程施工图问题专题调查报告”，并附有 7 个附件共数万字。列举种种理由，得出的明确调查结论是：行政主管部门审批施工图不可行也没有必要。建设行政主管部门采纳了上述意见，决定先不在全国 20 多个行业中的数千家工交等专业工程设计单位实行“行政审批施工图制度”，先在“房屋建筑工程、市政基础设施施工图设计文件进行审查”。多年来的实践证明，逐步取消行政审批施工图制度是正确的。

为了加强协会组织建设，还着重加强完善规章制度，规范协会和分支机构管理，推进协会岗位薪酬设计，完善绩效考核机制，加强对分支机构的工作指导；加强行业发展咨询专家委员会及其所属专业委员会建设，充分发挥专家队伍和智库的作用，为行业政策咨询、技术发展提供支持；加强行业宣传力度和媒体管理，推进行业文化建设，不断提升行业地位和社会影响力；加强内部管理和党建工作及党风廉政建设，更好地履行协会职责；加强会员联络与管理工作，推进协会综合信息管理与服务平台建设等。

协会以《中国勘察设计》杂志和其他分会相关刊物，以及《建筑时报》增设“设计专刊”版的相关内容，为协助政府进行行业管理，加强协会组织建设，推进行业创新发展、促进行业资讯交流与服务的重要平台，在政策性、前瞻性、服务性、指导性、学术性和专业性方面，发挥了很好的作用，为政府、为行业、为企业提供了更好的服务。

六、充分发挥行业自律作用

中国勘察设计协会及其分会在改革进程中，为建立具有中国特色行业协会的自律管理机制，做出了不懈的努力。以协会章程规范行业行为，对协会自律、行业自律、会员单位自律做出明确规定；以行业评优进行行业激励，树立优秀典型，发挥示范引领作用；以行业公约探索约束机制，1991 年 2 月公布了《全国工程勘察设计行业公约》和《全国勘察设计行业职业道德准则的通知》，要求所有从业单位和执业人员严格遵守，2002 年 6 月公布了《全国勘察设计行业从业公约》，以同行共议、行规共守的形式，号召全行业树立良好风气，起到一定的行业约束作用；以职业道德准则加强自律，还公布了《全国勘察设计行业职业道德准则》，要求对模范遵守者给予表彰，对违规者给予批评或相应处罚；以开展诚信评估试点，推动行业诚信体系建设，探索建立和完善信用体系。2004 年，组织制订了《中国勘察设计单位信用评价试行办法》及《实施细则》，并向全社会发布了中国勘察设计协会《诚信宣言》，要求每一个会员单位，每一位从业人员都要把诚信作为我们行业的准则，成为诚信的倡导者、宣传者、实践者和捍卫者。通过实践，诚信建设取得了经验，达到了预期效果。

全国勘察设计同业协会工作会议 2017 年在成都召开

2007 年，根据中国勘察设计协会《关于全国工程勘察设计单位诚信评估办法的通知》（中设协字〔2007〕第 5 号）共评出 316 家诚信单位。

2010 年 5 月 10 日，中国勘察设计协会发出《关于在全国建筑设计行业开展诚信评估工作的通知》。通知指出，为加快信用体系建设，促进建筑设计行业诚信建设持续健康发展，对获得荣誉称号的诚信单位给予相应的优惠鼓励，招投标时予以优先；为评选先进企业和优秀企业家的重要条件；评选优秀建筑设计项目，在同等条件下优先考虑；行业培训时给予适当优惠。

2011 年 10 月 27 日，中国勘察设计协会公布建筑设计行业共 222 家诚信单位名单。

2017 年 5 月 15 日，中国勘察设计协会公布“第一批”271 家复评符合“全国勘察设计行业诚信单位”条件单位名单，“第二批”74 家复审符合“全国勘察设计行业诚信单位”条件单位名单。

2018 年，协会制定或修订完成《全国工程勘察设计单位诚信评估管理办法》和《全国勘察设计行业从业公约》《全国勘察设计行业职业道德准则》《中国勘察设计协会诚信宣言》《全国工程勘察设计单位诚信评估实施细则》等文件，从执行机构设置及岗位职责、行业诚信信息管理平台的设置、工作流程、信用评分方法、信息管理、行业信用代码说明和成果应用的建议等八个方面做了详细规定，为诚信管理的落地实施做了全面策划，正在全行业组织试行。

2019 年 5 月 20 日，发布《全国工程勘察设计单位诚信评估管理办法（试行）》的通知（中设协字〔2019〕50 号），决定在全面总结工程勘察与岩土行业、建筑设计行业诚信评估试点经验的基础上启动面向全国工程勘察设计企业的诚信评估扩大试点工作。

七、组织编制行业标准规范

随着国家有关专业部门撤销后，中国勘察设计协会主动承担起标准规范的编审组织和发布工作，组织编制、修订、出版了各个行业的设计标准和设计标准规范，为工程勘察设计的标准化做了大量工作，做出了积极贡献。

《成片海绵城市区域验收评估技术指南》《城市黑臭水体整治技术方案编制技术手册》编制工作启动会 2018 年在北京召开

2004年1月，协会向国务院和建设部提出《关于我国工程设计规范、技术标准制（修）订工作亟待解决的问题与对策建议》，有关领导做了重要批示。

2015年3月，国务院下发了《关于印发深化标准化工作改革方案的通知》，为积极落实《改革方案》提出的任务，中国勘察设计协会在2016年4月召开的第六届会员代表大会期间向全行业承诺："中国勘察设计协会要积极发挥标准制定主体作用，在开展行业标准体系建设研究的基础上，制定行业标准化建设发展规划，逐步建立符合行业改革发展需求的标准体系，牵头制定满足行业市场和创新需要的团体标准，供市场自愿选用，为行业的技术进步和质量安全、转型升级和创新发展等提供更为有效的支撑"，从而开启了中国勘察设计协会团体标准化的研究工作。

2016年11月，住房城乡建设部印发了《关于培育和发展工程建设团体标准的意见》，以"坚持市场主导，政府引导""坚持诚信自律，公平公开""坚持创新驱动，国际接轨"为工程建设团体标准化工作所应遵循的原则；以"放开团体标准制定主体""扩大团体标准制定范围""推进政府推荐性标准向团体标准转化"为政策导向。按照文件精神，协会积极开始有关工作，完成了中设协团体标准化工作顶层设计；开展了团体标准项目编制研究和具体编制试点工作；开展了由国家认监委批准立项的行业标准《工程勘察设计行业质量管理体系分级认证要求和评价准则》的制订工作。

近年来，建立和完善中国勘察设计协会团体标准体系，增强行业标准的市场供给，在广泛调查研究基础上，为开展团体标准作出部署，组织编制《中国勘察设计协会工程建设团体标准管理办法》等基础性文件，制定编写规划，将原工程设计标准设计工作委员会更名为标准化工作委员会，为下一步开展这项工作打好基础。

2018年9月11日，发布《中国勘察设计协会团体标准管理办法（试行）》，对标准分类、制定内容、制定计划、审批发布等都做了明确规定；编制了《中国勘察设计协会工程建设团体标准编写规定》；在中国标准的国际化方面进行了有益尝试，在发挥标准主体作用方面开展了有益探索，并完成了《建设项目工程总承包管理规范》（住房城乡建设部于2017年5月4日发布）、《工程建设勘察企业质量管理规范》（住房城乡建设部于2006年11月1日发布）、《中国市政设计行业BIM指南》（2017年7月1日发布）等多项国家及行业标准规范的编制、修订工作，为不断提高设计技术水平，高质量完成工程项目建设创造了有利条件。

八、积极开展专题调查研究

华北联席会议 2005 年年会暨建筑设计单位项目管理改制与发展研讨会在大同召开

多年来，协会积极主动进行行业发展战略研究，协助政府完善行业管理体制和政策，助力法规政策制订，更好发挥行业在工程建设中的引领作用，提升行业价值等方面做了大量工作。从 2004 ～ 2012 年，协会曾先后 5 次对《建筑法》存在的问题以及《建筑法》的《修订征求意见稿》和《修订草案送审稿》提出了修改意见和建议，2019 ～ 2020 年，应住房城乡建设部要求，再次提出了对《建筑法》的修订意见和建议，得到有关行政主管部门领导的重视；协会受住房城乡建设部委托参与了由国家发展改革委牵头的“重点领域服务业高质量发展调研”活动，编制了《服务业重点领域高质量发展专题调研报告》和《服务业重点领域高质量发展行动纲要》中的勘察设计章节；对国家发展改革委和住房城乡建设部《关于推进全过程工程咨询服务发展的指导意见（征求意见稿）的函》提出了详细的修改意见和建议，并全过程参与住房城乡建设部《全过程工程咨询服务技术标准》的编制（已于 2020 年 10 月 15 日发布）；参与编制《建筑业“十三五”发展规划》《工程勘察设计行业“十三五”发展纲要》《关于建筑设计单位深化体制改革的指导意见》《房屋建筑和市政基础设施项目工程总承包管理办法》的编制（住房城乡建设部已于 2019 年 12 月发布）；协助住房城乡建设部编制了《工程勘察质量管理办法》修订草案、《工程勘察与岩土工程企业安全生产管理指引》《工程勘察行业 BIM 技术应用指导意见》等文件；参与了《国家质量兴农战略规划（2018—2022 年）》前期调研与起草工作，开展了“现代农业工程项目建设标准体系框架”研究，受农业部委托开展了“第一产业投资景气指数”课题研究；协会受住房城乡建设部委托，于 2020 年 3 月 15 日，成立工程勘察设计行业“十四五”发展规划研究课题组，并完成了《住房城乡建设部关于建筑业和勘察设计行业发展“十四五”规划（讨论稿）》等多项专题调查研究工作，为我国工程建设领域的法规政策的制订起到了重要作用。

九、认真反映会员单位诉求

多年来，中国勘察设计协会及各地方、各部门勘察设计协会在法规规建设政策制定、行政管理等方面，及时向政府反映行业合理诉求，维护行业的合法权益，做行业与政府间的桥梁与纽带。在政府各项政策出台、管理法规制定以及管理执法过程中，凡涉及从业单位利益时，行业协会都及时召开座谈会，认真倾听会员单位和从业人员的具体意见，组织专家分析评估，或向各级政府管理部门递送报告，或利用我国现有的渠道向政府建言，始终不渝地反映行业意见和呼声，从而维护了行业的合法权益。

中国勘察设计协会、中国工程咨询协会、中国国际工程咨询协会
第二次协调会议 2006 年在北京召开

2002 年 5 月 31 日，中国勘察设计协会提出了《关于保护勘察设计知识产权的建议》。内容包括:（1）勘察设计行业的知识产权保护范围;（2）勘察设计行业知识产权保护的现状与差距;（3）勘察设计行业知识产权保护的对策。

长期以来，为促进加速行业改革，中国勘察设计协会以国务院各部门、行业勘察设计协会秘书长联席会执行主席、副主席以及国务院 21 个部门勘察设计协会秘书长 25 位同志联合签名的形式，多次向全国人大常委会、国务院及各有关主管部门主要领导充分反映诉求：

1999 年 6 月 11 日，上报国务院王忠禹秘书长并请转朱镕基总理《关于勘察设计行业存在问题和对策建议》的信，对勘察设计的地位作用等问题反映了意见并提出了建议。此信经温家宝、吴邦国等阅后，朱镕基总理于 7 月 1 日批示："请计委、建设部、财政部等有关部门组织起草一个加强勘察设计行业的文件，报国务院（计委牵头）"。

2000 年 7 月 1 日，给王忠禹国务委员转朱镕基总理《关于要求将中国寰球工程公司交由中央企业工委管理》的信，使寰球公司的问题得以解决。

2000 年 7 月 18 日，给国务院朱镕基总理《关于对设计体制改革的意见和建议》的信。

2004 年 1 月 16 日，《关于我国工程设计规范、技术标准制（修）订工作急待解决的问题与对策建议》，报送国务院秘书长华建敏并请转送温家宝总理。3 月 25 日，国务院副秘书长张勇约见了联席会议三位代表，进一步听取意见，商谈对策措施，并将建议批转给建设部等部门，使该问题的解决有了实际推进。

2004 年 8 月 30 日，《关于整合组建中国工程咨询设计联合会的建议》报送国务院秘书长华建敏并请转送温家宝总理。9 月 22 日，国务院秘书局陆俊华副局长约见了中国勘察设计协会、中国工程咨询协会和中国国际工程咨询协会负责人，进一步听取了意见。

2007 年 11 月 6 日，报送全国人大常务委员会副委员长顾秀莲、国务院法制办、建设部汪光焘部长《关于对〈中华人民共和国建筑法（修订草案送审稿）〉的意见和建议》的信，顾秀莲副委员长很重视，听取了秘书长联席会议代表的汇报后，做了重要批示。

2012 年 3 月 2 日，给住房城乡建设部和发改委领导《关于改革勘察设计咨询业市场准入制度的建议》的信。同日，给住房城乡建设部和发改委领导《关于推进勘察设计咨询企业转变发展方式的建议》的信。

2012 年 5 月 10 日，给国务院法制办和住房城乡建设部领导《关于加强工程建设立法工作的建议》的信。

2012 年 6 月 2 日，给住房城乡建设部和科技部领导《关于建立工程建设"产学研设"科技创新体制的建议》的信。

2012 年 8 月 10 日，给住房城乡建设部和外经贸部领导《关于扶持我国工程公司实施"走出去"发展战略的建议》的信。

2013 年 1 月 6 日，给李克强副总理《关于对我国工程勘察设计咨询业深化改革的建议》的信等。

这些信件，得到了各级领导的重视，有许多建议和要求，都在中央、国务院及其主管部门的有关方针政策、法律法规、规章制度、指导意见中得以采纳。

行业协会努力为会员单位排忧解难、创建行业和谐环境，体现"以人为本"的服务，把协会建成"行业之家""企业之家"，增加了行业协会的凝聚力、向心力，赢得行业的信赖和支持。中国勘察设计协会以及各地方、部门勘察设计协会从行业的整体利益出发，根据会员单位的要求，协调行业的业务、优化资源配置、协调行业内外的各种关系，推动会员单位间的相互协作等方面，做了大量服务工作，先后组织或促成会员单位之间、省际行业之间、区域之间、专业行业协会之间的各种技术业务协作、课题攻关协作、工程项目协作、管理研讨协作、经验交流协作等工作。

协会在广泛调查研究的基础上，通过组织编制指导性文件，如从2007年开始，已连续13年编制《工程勘察设计行业年度发展研究报告》《勘察设计行业专题调研报告》《中国民营工程设计企业年度发展报告》《工程勘察与岩土行业体制改革专题调研分析报告》等，报送有关行政主管部门，并进行宣传报道，充分反映会员单位诉求，维护会员合法权益，做了大量工作，取得了明显成效。

十、组织行业对外交流合作

为增强设计单位开拓国际工程建设市场和国际竞争能力，中国勘察设计协会及其同业协会有组织、有目标、有计划地积极开展多层次的对外交流考察等活动，对发达国家的工程咨询设计行业的管理概况和关于工程总承包、项目管理、技术装备、技术水平、国际通行惯例等进行调查研究，考察学习国际工程公司的模式和运行机制；考察国外工程公司的设计程序、设计方法和运作方式、考察岩土工程公司等；参加国际工程项目及信息管理培训；考察若干专业方面的新技术和管理经验。对这些重要的出国考察活动，协会都要安排在会议上和刊物上予以宣传，介绍考察情况和国外先进经验，找出自己的差距，提出改进建议，由协会组织翻译出国考察的资料发给会员单位，以供各单位学习参考。这些活动开阔了国内行业的眼界，促进了国内同行技术、装备及管理的进步，对勘察设计单位学习借鉴国外先进经验和深化体制改革，起到很好的推动作用。

早在2000年8月，中国勘察设计协会组织专家起草了《加入WTO对我国勘察设计咨询行业的影响和对策的研究报告》，进行了中外情况的对照分析，研究了加入WTO对我国勘察设计咨询行业的机遇和挑战，提出了面临的主要问题和建议采取的对策，并在全国20余个省市组织了专题报告会。中国勘察设计协会协助建设部举办了北京“世界建筑师大会”。

2012年5月29日，协会受住房城乡建设部委托承办了首届中国（北京）国际服务贸易交易会的“建筑及相关工程服务”板块，举办了国际工程市场环境与风险管理专业大会；与中非经济技术合作委员会共同举办、委托武汉工程设计联盟承办的交流酒会，为实施“走出去”战略创造了对外宣传和交流的机会；以“走向世界的中国工程服务业”为主题的特装展台展示了勘察设计行业创建国际型工程公司所取得的辉煌业绩，以及行业的综合实力和水平。

国际工程服务发展大会 2012 年在北京召开

2019 年 5 月 21 日，中国勘察设计协会和国际咨询工程师联合会签署了合作备忘录，就信息交流、活动访问、培训认证、助力“一带一路”建设等议题开展合作奠定了基础。通过开展对外交流与合作，引进国外先进技术与管理方法，了解和学习了国外先进的设计理念和方法，促进了我国工程勘察设计队伍整体技术水平和管理水平的提高，为工程勘察设计行业与国际接轨创造了有利条件。随着创建国际型工程公司的大力推行，通过开展项目管理和工程总承包的实际工作锻炼，加速了与国际接轨的步伐，为实施“走出去”和共建“一带一路”的发展战略创造了良好条件。

多年来的实践证明，行业协会是我国经济建设社会发展的重要力量，是行政部门的助手、横向联系的桥梁、理论探讨的讲坛、技术咨询的中心、经验交流的场所、人才培训的基地、会员单位的参谋、对外活动的窗口。为适应新形势发展的需要，要进一步深化改革，完善功能，提供服务，反映诉求，规范行为，发挥作用。培育一支熟悉行业情况、具备全局观念、富有创新活力、服务意识强的协会工作者队伍。牢固树立“为会员为行业服务、为政府为社会服务”的理念，创新思路，努力建设成会员信赖、政府认可、社会尊重的行业组织。进一步完善体制机制、提升服务功能、加强自律管理，不断提高行业代表性和社会影响力。

总结过去，满怀信心；展望未来，任重道远。新时代工程勘察设计行业肩负着更加艰巨、更加繁重的历史重任。随着“放管服”改革的深入发展和协会“脱钩”改革的全面实施，行业协会的工作比以往任何时候都更加重要。面临新形势新起点，中国勘察设计协会带领全行业砥砺奋进，为我国现代化建设谱写新篇章。

第九章　历次表彰名录

“历史烛照时代，榜样传承精神”。先进典型是有形的正能量，也是鲜活的价值观。榜样是旗帜，代表着方向；榜样是资源，凝聚着力量；榜样是标杆，指示着目标。新时期的勘察设计人要以先进典型为镜，检验自己、激励自己，扬帆起航，追逐梦想；勘察设计行业要以榜样为引领，带动全行业学先进、树典型，构筑中国精神、中国价值、中国力量，不断创造更多的中国建筑、中国设计和各种优秀勘察设计项目、勘察设计大师、优秀企业家、优秀企业和优秀协会，为行业的高速持续健康发展做出新贡献。

自 1978 年以来，开展全国性的创优评优活动，表彰优秀勘察设计成果和具有影响力的典型模范人物，在 3 月 18 日召开的全国科学大会上，隆重奖励了 7657 项科技成果。其中许多勘察设计单位多年来完成的优秀科技成果获得了表彰。据统计，历年来全国勘察设计行业获国家发明奖、国家科学技术进步奖和全国科学大会奖共计 1391 项。

1980 年，国家建委组织全国勘察设计战线开展评选 20 世纪 70 年代优秀设计的活动。在数以万计的设计项目中，评出国家优秀设计项目 121 项，表扬项目 92 项。1981 年 11 月，国家建委在北京召开了“全国优秀设计总结表彰会议”，这是中华人民共和国成立以来全国设计战线第一次表彰优秀设计的盛会。

1983 年，国家计委《关于开展创优秀设计活动的几项规定》指出，为了推动和鼓励全国各设计单位和广大设计人员努力做出大批优秀设计，为社会主义建设事业做出更大的贡献，有必要在全国范围内广泛深入地开展创优秀设计活动。

1986 年，国家计委印发了《优秀工程勘察奖评选办法》。自 1987 年起，开始了优秀工程勘察奖的评选工作。1988 年公布了全国第一次优秀工程勘察奖。

1988 年，国家计委印发了《工程设计计算机优秀软件评选办法》，决定 1988 年进行第一次评选，以后每两年评选一次。

为推动全国工程勘察设计单位技术进步，提高工程建设项目的设计水平与质量，鼓励工程技术人员在工程勘察设计中采用“四新”技术，创名牌，出精品，更好地为国家工程建设服务，1990 年 11 月 22 日，建设部发布《关于全国勘察设计单位开展创“四优”活动的通知》（建设字第 593 号）指出：“全国优秀工程勘察设计奖是我国工程勘察设计行业的国家级最高奖项，包括优秀工程勘察、优秀工程设计、优秀工程建设标准设计、优秀工程勘察设计计算机软件，分设金质奖、银质奖、铜质奖”。2006 年 12 月 13 日，建设部关于印发《全国优秀工程勘察设计奖评选办法》的通知（建质〔2006〕302 号）指出：“建设部负责全国优秀工程勘察设计奖的评选工作。全国优秀工程勘察设计奖评选的各项具体事务工作，委托中国勘察设计协会等相关协会办理”。2011 年 7 月 19 日，住房城乡建设部关于印发《全国优秀工程勘察设计奖评选办法》的通知（建质〔2011〕103 号），修订为分设金质奖和银质奖。

2000 年 8 月 24 日，建设部以建设函〔2000〕278 号发出了《关于评选勘察大师、设计大师并同时对优秀勘察设计院长进行表彰的通知》。2019 年 5 月 13 日，住房城乡建设部依据中共中央办公厅 国务院办公厅《关于评比达标表彰活动管理办法（试行）的通知》精神，为进一步规范全国工程勘察设计大师评选管理工作，组织修订了《全国工程勘察设计大师评选与管理办法》（建质函〔2015〕282 号），并指出：全国工程勘察设计大师是工程勘察设计行业的最高荣誉称号，每两年评选一次。

2009 年 10 月 28 日，中国勘察设计协会《关于国庆 60 周年表彰全国工程勘察设计行业“六个十佳”的通知》（中设协字〔2009〕第 54 号）。2019 年 5 月 28 日，中国勘察设计协会《关于开展全国勘察设计行业建国七十周年系列活动的通知》（中设协字〔2019〕第 62 号）决定。

在行业行政主管部门的领导下，在中国勘察设计协会的具体组织下，在整个勘察设计咨询业的发展进程中，进行了历届评优表彰活动，其中，由住房城乡建设部等主管部门发布的有全国工程勘察设计大师（从 1990 年开始）、梁思成建筑奖（从 2000 年开始）、全国优秀勘察设计企业家（院长）（从 1994 年开始），全国最佳工程设计特奖、优秀工程勘察奖、优秀工程设计奖（从 1981～2010 年，）、优秀计算机软件奖（从 1988 年开始）、优秀标准设计奖（从 1992 年开始），其他有关奖项由中国勘察设计协会发布。

本章收录了国家发明奖、国家科学技术进步奖、全国科学大会奖获奖行业和项目统计，由住房城乡建设部等主管部门发布的全国勘察设计大师、梁思成建筑奖、全国优秀勘察设计企业家（院长）、全国最佳工程设计特奖、优秀工程勘察金质奖、优秀工程设计金质奖、优秀计算机软件金奖、优秀标准设计金奖，由中国勘察设计协会发布的国庆60周年全国工程勘察设计行业“六个十佳”，国庆70周年优秀勘察设计企业、优秀企业家、科技创新带头人、杰出人物、优秀协会、优秀协会工作者，优秀项目管理金奖和总承包项目金钥匙奖，以上十二项获奖名单如下（表9-1）。

历次获奖人物及项目简况汇总表　　　　**表9-1**

序号	届次	获奖人物及项目名称	数量
一		国家发明奖、国家科学技术进步奖、全国科学大会奖获奖行业和项目统计（共30个行业193个获奖单位）	获国家发明奖81项、国家科技进步奖696项、全国科学大会奖614项，以上“三大奖”总计1391项
二	共九批	**全国工程勘察设计大师** 第一批（1990年） 第二批（1994年） 第三批（2000年） 第四批（2004年） 第五批（2006年） 第六批（2008年） 第七批（2011年） 第八批（2015年） 第九批（2020年）	120人 120人 60人 60人 21人 26人 29人 70人 60人 合计566人
三	共九届	**梁思成建筑奖** 第一届（2003年） 第二届（2005年） 提名奖 第三届（2007年） 提名奖 第四届（2009年） 提名奖 第五届（2011年） 提名奖 第六届（2013年） 提名奖 第七届（2015年） 提名奖 第八届（2017年） 第九届（2019年）	9名 2名 3名 1名 2名 2名 2名 2名 1名 2名 3名 1名 2名 2名 2名 合计36名（含提名奖13人）

续表

序号	届次	获奖人物及项目名称	数量
四	共三批	**全国优秀勘察设计企业家（院长）** 第一批（1994 年） 第二批（2000 年） 第三批（2007 年）	138 位 142 位 199 位 合计 479 位
五	共一批	全国最佳工程设计特奖（1994 年）	共 20 项
六	共十二届	**全国优秀工程勘察金质奖** 第一届（1988 年） 第二届（1989 年） 第三届（1991 年） 第四届（1994 年） 第五届（1996 年） 第六届（1999 年） 第七届（2000 年） 第八届（2003 年） 第九届（2005 年） 第十届（2006 年） 第十一届（2008 年） 第十二届（2010 年）	共 22 项 共 9 项 共 5 项 共 6 项 共 5 项 共 5 项 共 5 项 共 9 项 共 9 项 共 6 项 共 7 项 共 8 项 合计 96 项
七	共十四届	**全国优秀工程设计金质奖** 第一届（1981 年） 第二届（1985 年） 第三届（1988 年） 第四届（1989 年） 第五届（1991 年） 第六届（1994 年） 第七届（1996 年） 第八届（1999 年） 第九届（2000 年） 第十届（2003 年） 第十一届（2005 年） 第十二届（2006 年） 第十三届（2008 年） 第十四届（2010 年）	共 121 项 共 123 项 共 41 项 共 35 项 共 51 项 共 42 项 共 52 项 共 46 项 共 54 项 共 60 项 共 37 项 共 30 项 共 40 项 共 41 项 合计 773 项
八	共八届	**全国优秀计算机软件金奖** 第一届（1989 年） 第二届（1991 年） 第三届（1993 年） 第四届（1997 年） 第五届（1999 年） 第六届（2000 年） 第七届（2003 年） 第八届（2005 年）	共 7 项 共 7 项 共 5 项 共 5 项 共 7 项 共 4 项 共 5 项 共 5 项 合计 45 项

续表

序号	届次	获奖人物及项目名称	数量
八	共八次	**全国优秀计算机软件一等奖** 2007 年 2008 年 2009 年 2011 年 2013 年 2015 年 2017 年 2019 年	 共 1 项 共 2 项 共 3 项 共 3 项 共 4 项 共 3 项 共 4 项 共 6 项 合计 26 项
九	共十届	**全国优秀工程建设标准设计金奖** 第一届（1992 年） 第二届（1994 年） 第三届（1996 年） 第四届（1999 年） 第五届（2000 年） 第六届（2003 年） 第七届（2005 年） 第八届（2006 年） 第九届（2008 年） 第十届（2010 年）	 共 9 项 共 6 项 共 5 项 共 4 项 共 6 项 共 4 项 共 4 项 共 4 项 共 1 项 共 2 项 合计 45 项
十	共六项	**国庆 60 周年全国工程勘察设计行业“六个十佳”** （一）十佳感动中国工程设计 （二）十佳工程承包企业 （三）十佳自主技术创新企业 （四）十佳民营勘察设计企业 （五）十佳具有行业影响力人物 （六）十佳现代管理企业	 10 项 13 家 12 家 10 家 10 位 10 家
十一	共六项	**国庆 70 周年全国工程勘察设计行业“我和祖国共成长”活动的获奖** （一）杰出人物 （二）科技创新带头人 （三）优秀企业家（院长） （四）优秀勘察设计企业 （五）优秀协会 （六）优秀协会工作者	 118 位 168 位 185 位 214 家 52 家 83 位
十二	共六届	**全国优秀项目管理金奖和总承包项目金钥匙奖** （一）历届工程项目管理金奖（自第三届开始授予金奖） 第三届（2006 年） 第四届（2008 年） 第五届（2010 年） 第六届（2012 年） 第七届（2014 年） 第八届（2016 年）	 1 项 1 项 1 项 0 项 1 项 1 项 合计 5 项

续表

序号	届次	获奖人物及项目名称	数量
十二	共八届	（二）历届工程总承包金钥匙奖 第一届（2002 年） 第二届（2004 年） 第三届（2006 年） 第四届（2008 年） 第五届（2010 年） 第六届（2012 年） 第七届（2014 年） 第八届（2016 年）	5 项 5 项 7 项 8 项 9 项 5 项 7 项 6 项 合计 52 项

一、国家发明奖、国家科学技术进步奖、全国科学大会奖获奖行业和项目统计（表 9-2）

国家奖项汇总表 表 9-2

序号	行业名称	获奖单位数（个）	国家发明奖（项）				国家科学技术进步奖（项）				全国科学大会奖（项）
			一等	二等	三等	四等	特等	一等	二等	三等	
1	煤炭	8			1		2	1	15	7	18
2	石油	5	1		3				13	13	17
3	电力	10			2		1	2	24	21	21
4	水利水电	5						5	8	7	13
5	核工业	7			11	6	4	2	8	12	7
6	铁道	10			1		9	10	15	20	82
7	公路	11						3	7	3	12
8	水运	3					1		3		
9	民航	1							1	1	
10	冶金	16	2	5	5	1	4	6	27	38	58
11	有色金属	7					1	8	25	12	27
12	石油化工	20			4	3	3	12	33	23	42
13	石化	10	1	1	3		2	14	29	33	30
14	医药	1			2			1		4	4
15	建材	14		2	3			2	18	29	59
16	林业	4							6	5	5
17	机械	15			4			2	9	20	42
18	电子	2		1	1			1	4	5	12
19	轻工	4							9	6	1

续表

序号	行业名称	获奖单位数（个）	国家发明奖（项）				国家科学技术进步奖（项）				全国科学大会奖（项）
			一等	二等	三等	四等	特等	一等	二等	三等	
20	纺织	2							4	6	
21	船舶	1			1	1		2	4	7	10
22	兵器	2		2	6	2			2	2	35
23	航空	1				2	1		8	5	17
24	航天	1						1			6
25	通信	2								3	14
26	农业	3						1		4	
27	内贸	1							1	1	4
28	建筑设计	8				1			8	9	41
29	市政工程	9		1	2			2	8		14
30	工程勘察与岩土	10						1	4	3	23
	合计：	193	4	12	49	16	28	76	293	299	614

注：国家发明奖合计 81 项、国家科学技术进步奖合计 696 项、全国科学大会奖合计 614 项，以上“三大奖”总计 1391 项。

二、全国工程勘察设计大师

党和国家领导人 1994 年在北京接见全国勘察设计大师、全国优秀勘察设计院代表合影

第一批工程勘察设计大师 120 人（1990 年）

工程勘察 20 人

王步云　王钟琦　刘渭滨　吴自迪　陈雨孙　陈德基　林在贯
林宗元　林杰勋　周亮臣　陆学智　袁浩清　徐介民　黄志仑
张苏民　张旷成　张国霞　常士骠　蒋荣生　熊大阅

工程设计 100 人

丁大中　王麟旬　叶德灿　纪金连　李学纪　杨育之　吴名驹
何国纬　欧阳予　袁世春　郭均生　曾恒一　潘玉琦　潘家铮
王唯国　李　湘　周瑞明　赵安仁　洪圣善　郭重庆　聂运新
钱振中　黄乃良　潘耆芬　刘正急　钟思广　钱孝虹　崔　宽
何本文　陆冠伟　林　兴　郭天祥　谢逸农　伍宏业　吴健生
陈鉴远　黄鸿宁　王序森　王昌邦　陈应先　邵厚坤　刘济源
杨仲谋　顾民权　廖权懋　周君亮　曹楚生　曹乐安　刘克非
李全熙　陈俊武　徐承思　杨瑞祥　肖传俊　夏　伟　喇华佩
王业俊　朱　有　任震英　林元培　林治远　王广鎏　李志方
戴行洲　谢临深　孙孝孺　苏　更　金效先　邓听聪　张　农
徐松茂　杨宝德　韩师休　朱祖培　吴俊生　邹思久　张　镔
祝仲芬　王成武　金孟申　齐　康　孙芳垂　孙国城　严星华
杨先健　余浚南　陈　植　陈浩荣　陈登鳌　陈民三　张　镈
张开济　张锦秋　赵冬日　徐尚志　容柏生　黄耀莘　龚德顺
熊　明　戴念慈

第二批工程勘察设计大师 120 人（1994 年）

工程勘察 20 人

卞昭庆　方鸿琪　庄明骏　刘克远　刘兴辰　李国新　张文龙
张遵葆　林凤桐　范士凯　卓宝熙　胡海涛　赵永骅　姜　涛
袁炳麟　翁鹿年　莫群欢　崔政权　彭念诅　廖道伦

工程设计 100 人

王三一　许忠卿　汤蕴琳　吴奠清　周以国　贺辉亚　曹克明
蔡世泉　曾宪康　李庚午　吴文彬　郭　健　戴少康　柯友之
潘思霖　冯家潮　曲慎扬　耿福东　卫行熙　刘巽璋　李文军
陈绍元　高作揖　韩云岭　包锦明　顾尔矿　孙亨元　施立成
刘树屯　沈荫泰　胡丽雯　吴扎运　邹孝叔　唐先觉　梁立群
陈以楹　杨勤盛　章荣林　潘行高　史玉新　陈　新　胡惠泉
谢世华　王用中　李守善　林雄威　曹右元　谢世楞　孙贻让
林　昭　洪庆余　马思华　汪景砺　吴协恭　张显林　郭志推
王世纯　王德润　陈登文　李锦莲　罗　玲　黄大健　雀健球

付文德 荣季明 徐 炽 余国俊 龚恐仁 郭孝礼 张志正
裘祖聿 田维良 胡宏泰 张启锡 周国材 冯克鑫 齐 诚
张泽明 马国馨 刘纯翰 刘克良 吴学敏 何镜堂 陈世民
沈希明 李娥飞 周方中 林 桐 金问鲁 胡庆昌 侥维纯
袁培煌 徐庆廷 莫伯治 益德清 郭怡昌 黄克武 黄存汉
蔡镇钰 魏敦山

第三批工程勘察设计大师 60 人（2000 年）

工程勘察 5 人

顾宝和 张在明 黄经秋 萧汉英 严伯铎

工程设计 55 人

孟 融 邓晓阳 叶杏园 余学恒 陈德华 李大尚 张良杰
华 峰 陈祖茂 林可冀 严城一 石瑞芳 陶益新 吴启常
张文海 蒋继穆 赵祖望 韩光宗 张庆檖 蒋作舟 于建平
康来明 胡彤茂 高秀理 耿其瑞 马 一 黄三荣 邓雪明
骆学聪 罗文德 黄运基 刘志江 宋士诚 杨 进 王建瑶
王树森 牛恩宗 李猷嘉 羊寿生 许百立 何玉如 程泰宁
关肇邺 胡绍学 彭一刚 崔 愷 赵冠谦 黄星元 刘景樑
李高岚 黎佗芬 黄锡璆 林立岩 汪大绥 陈宗弼

第四批工程勘察设计大师 60 人（2004 年）

工程勘察 6 人

徐瑞春 袁雅康 李九鸣 项 勃 沈小克 王秉忱

工程设计 54 人

刘 力 柴斐义 郭明卓 沈济黄 吴庐生 张家臣 唐葆亨
郑国英 时 匡 唐玉恩 程懋堃 江欢成 张维岳 黄汉炎
罗继杰 曾纪龙 李志强 叶学礼 冉天寿 康忠佳 李明武
王柏乐 谢国恩 熊显彬 项钟庸 李龙珍 高振文 张仁清
胡远涵 郁泉兴 董 元 夏祖讽 马志文 韩志刚 郑秉孝
华中令 李明良 郭大生 蔡玉良 马庭林 梁文灏 谢邦珠
车宇琳 廖朝华 杨高中 王汝凯 高士国 俞加康 朱兆芳
高安泽 徐麟祥 王宏斌 耿福明 肖小兵

第五批工程勘察设计大师名单 21 人（2006 年）

工程勘察 6 人

王争鸣 李文纲 杨志雄 张 炜 徐恭义 顾国荣

工程设计 15 人

田 会 艾 抗 刘 宁 刘 涛 刘放来 刘桂生 孙 锐
杨富强 孟凡超 孟建民 柯长华 胡 越 郝希仁 彭 寿

韩国瑞

第六批工程勘察设计大师名单 26 人（2008 年）

工程勘察 8 人

王玉泽　王俊峰　刘培硕　许再良　张宗亮　钮新强　徐张建
霍　明

工程设计 18 人

于长顺　于兴敏　马汝成　冯永训　包琦玮　任庆英　刘厚健
孙铭绪　庄惟敏　吴　澎　邵长宇　周　恺　耿建平　梅洪元
谢　卫　谢秋野　裴　红　潘国友

第七批工程勘察设计大师名单 29 人（2011 年）

工程勘察 9 人

王　丹　王长进　冉　理　杨启贵　汪双杰　胡建华　高宗余
梁金国　蒋先国

工程设计 20 人

王亚勇　史　航　朱华兴　张同须　张　宇　张　辰　李明辉
汪孝安　沈又幸　陆国杰　陈仁杰　周凤广　郁银泉　姚素平
娄　宇　钦明畅　倪　阳　曹文宏　傅学怡　戴一鸣

第八批工程勘察设计大师名单 70 人（2015 年）

工程勘察 16 人

化建新　景来红　李国良　丘建金　孙树礼　王仁坤　王卫东
王小毛　武　威　肖明清　徐杨青　许丽萍　杨伯钢　张　敏
郑建国　周宏磊

工程设计 54 人

陈　矛　陈　雄　陈宜言　陈志龙　崔　彤　丁洁民　段　进
范　重　方小丹　冯冠学　冯　远　郭晓克　韩振勇　何　昉
蒋树屏　蒋中贵　靳福明　孔　力　李　霆　李晓江　李兴钢
李　艺　李忠平　梁政平　廖江南　刘旭锴　刘　昱　马　骉
齐五辉　山秀丽　邵韦平　沈　迪　舒世安　隋明洁　孙丽丽
谭可可　唐尊球　陶　郅　王立军　王毅勃　王宗林　吴志强
肖从真　徐升桥　杨保军　杨秀仁　杨　瑛　杨泽艳　张福明
张文伟　张喜刚　赵元超　朱　军　朱　颖

第九批工程勘察设计大师名单 60 人（2020 年）

工程勘察 12 人

王笃礼　冯树荣　刘文连　汤友富　杜雷功　李耀刚　杨爱明
易伦雄　孟祥连　翁永红　高玉生　蒋建良

工程设计 48 人

丁永君　万网胜　王士林　王冠军　申作伟　史海欧　冯正功
吕振通　朱祥明　刘小力　孙一民　李玉春　李树苑　李晓江
李　浩　李喜来　杨　林　吴德兴　邹忠平　张玉胜　张　杰
张瑞龙　张鹏举　张　韵　张煜星　陈　炯　罗必雄　周孝文
周　良　周建龙　周　俭　郑明光　项明武　赵拥军　侯兆新
姜昌山　桂学文　钱　方　徐　伟　郭建祥　郭晓岩　黄　忠
黄晓家　曹　景　崔　冰　葛家琪　潘越峰　薛新功

三、历届梁思成建筑奖

梁思成建筑奖也称“梁思成奖”，是经国务院批准，由原建设部和中国建筑学会于 2000 年创立，以中国近代著名的建筑家和教育家梁思成先生命名的中国建筑设计国家奖，为了激励中国建筑师的创新精神，繁荣建筑设计创作，提高中国建筑设计水平，以表彰、奖励在建筑界做出重大成绩和卓越贡献的杰出建筑师、建筑理论家和建筑教育家。2014 年起，住房城乡建设部将梁思成建筑奖转交中国建筑学会主办。2016 年开始，梁思成建筑奖在世界范围内展开评选活动，每两年评选一次，每次设梁思成建筑奖获奖者两名。至今已评选九届，历届评选结果见表 9-3。

历届梁思成建筑奖评选结果　　**表 9-3**

届次	时间	获奖人	获奖人工作单位
第一届（9 名）	2003 年	齐康	东南大学建筑研究所
		莫伯治	广州市城市规划局
		赵冬日	北京市建筑设计研究院
		关肇邺	清华大学建筑设计研究院
		魏敦山	上海现代建筑设计（集团）有限公司
		张锦秋	中国建筑西北设计研究院
		何镜堂	华南理工大学建筑设计研究院
		张开济	北京市建筑设计研究院
		吴良镛	清华大学建筑设计研究院
第二届（2 名）	2005 年	马国馨	北京市建筑设计研究院
		彭一刚	天津大学建筑学院
提名奖获奖人员（3 名）		唐葆亨	浙江省建筑设计研究院
		程泰宁	中国联合工程公司
		胡绍学	清华大学建筑设计研究院

续表

届次	时间	获奖人	获奖人工作单位
第三届（1名）	2007年	程泰宁	中国联合工程公司
提名奖获奖人员（2名）		刘克良	中国建筑东北设计研究院
		刘力	北京市建筑设计研究院
第四届（2名）	2009年	王小东	新疆建筑设计研究院
		崔愷	中国建筑设计研究院
提名奖获奖人员（2名）		柴裴义	北京市建筑设计研究院
		黄星元	中国电子工程设计院
第五届（2名）	2011年	柴裴义	北京市建筑设计研究院
		黄星元	中国电子工程设计院
提名奖获奖人员（1名）		黄锡璆	中国中元国际工程公司
第六届（2名）	2013年	刘力	北京市建筑设计研究院
		黄锡璆	中国中元国际工程公司
提名奖获奖人员（3名）		孟建民	深圳市建筑设计研究总院有限公司
		陶郅	华南理工大学建筑设计研究院
		唐玉恩	上海现代建筑设计（集团）有限公司
第七届（1名）	2015年	孟建民	深圳市建筑设计研究总院有限公司
提名奖获奖人员（2名）		郭明卓	广州市设计院
		梅洪元	哈尔滨工业大学建筑学院
第八届（2名）	2016年	杨经文	马来西亚建筑师
		周恺	中国建筑师
第九届（2名）	2019年	庄惟敏	清华大学建筑学院院长
		冯·格康	德国建筑师

四、全国优秀勘察设计企业家（院长）

第一批（1994年）138位全国优秀勘察设计企业家（院长）

曲际水　北京市市政设计研究院
熊　明　北京市建筑设计研究院
刘延恺　北京市水利规划设计研究院
曹佑裕　北京市勘察院
任义庄　天津市勘察院

范玉琢　天津市房屋鉴定勘测设计院
马文翰　天津市市政工程勘测设计院
韩学远　天津市建筑设计院
张守成　唐山钢铁公司设计研究院
魏本胜　邯郸市建筑设计研究院
周立强　河北省交通规划设计院
罗　馄　山西省建筑设计研究院
仝立功　山西省水利勘测设计院
郑大成　内蒙古自治区呼伦贝尔盟建筑勘察设计研究院
刘兆松　包钢地质勘察院
张耀仁　内蒙古大兴安岭林业设计院
吕传永　辽宁省建筑设计研究院
翁昌年　辽宁省交通勘测设计院
孙　勇　抚顺市建筑设计研究院
赵　申　吉林省建筑设计院
徐福君　吉林省公路勘测设计院
孙宗仁　黑龙江省建筑设计院
郭大本　黑龙江农垦勘测设计院
吴之光　上海市城市建设设计院
徐彬士　上海市政工程设计院
华可乐　上海市机电设计研究院
项祖荃　华东建筑设计院
姚念亮　上海市民用建筑设计院
周鹤岐　江阴市建筑设计院
石开云　南京市市政设计院
刘天鹏　江苏省水利勘测设计研究院
刘华星　芜湖市建筑设计研究院
谢心佳　淮北市建筑设计院
方正华　安徽省公路勘测设计院
李良楷　浙江省电力设计院
董孝伦　浙江省建筑设计研究院
徐在民　福建省水利水电勘测设计院
魏庆绵　福建省建筑设计院
李金瑞　江西省水利规划设计院
戴义春　景德镇陶瓷工业设计院
崔荣平　潍坊市建筑设计院

薛一琴　山东省建筑计研究院
黄克玉　青岛市建筑设研究院
周达人　济宁市建筑设计院
潘群寿　洛阳市规划建筑设计研究院
许揆均　洛阳水利勘测设计院
樊小卿　中南建筑设计院
明锦郎　武汉市建筑设计院
周祖勋　黄石市建筑设计研究院
李　仁　湖南省交通规划勘察设计院
程世陵　湖南省建筑设计院
梁昆浩　顺德建筑设计院
吴照荣　深圳市勘察测量公司
黄良然　广东省公路勘察规划设计院
李茂深　广东省林业勘测设计院
陈振华　广东省鹤山县建筑设计院
孙礼恭　桂林市建筑设计院
夏华良　广西壮族自治区交通规划勘察设计院
徐学洪　广西壮族自治区建设委员会综合设计院
羊国荣　海口市规划建筑勘测设计院
黄志忠　四川省交通厅公路规划勘察设计院
雷均天　四川省内江市建筑勘测设计院
杨天海　四川省建筑设计院
彭发虎　重庆市勘测院
范绍家　云南省公路规划勘察设计院
陈国志　云南省设计院
罗德启　贵州省建筑设计院
席长宁　遵义市建筑设计院
许同天　陕西省建筑设计研究院
李俊杰　陕西省公路勘察设计院
刘勋章　甘肃省城乡规划设计研究院
李福林　甘肃省林业勘察设计研究院
郭一凡　青海省电力设计院
李芹初　青海省土木建筑设计院
王小东　新疆维吾尔自治区建筑勘察设计院
叶毓仁　乌鲁木齐煤炭设计研究院
孙光初　东南大学建筑设计研究院

马申达　浙江省工程勘察院
陈千汉　武汉地质工程勘察院
吴玉龙　广东省地质矿产局湛江工程勘察院
牧一征　中国建筑东北设计研究院
方鸿琪　建设部综合勘察研究院
陈伟生　中国市政工程中南设计院
董槐三　电力工业部水利部昆明勘测设计研究院
杨培柏　电力工业部水利部成都勘测设计研究院
李传清　电力工业部东北电力设计院
陈戍生　电力工业部西北电力设计院
袁保平　电力工业部水利部中南勘测设计院
曹士杰　电力工业部水利部上海勘测设计研究院
王永荣　水利部电力工业部东北勘测设计研究院
刘国明　核工业第二研究设计院
耿其瑞　上海核工程研究设计院
邢英明　大庆石油管理局油田建设设计研究院
杨启万　华北石油勘察设计研究院
卓凤池　江汉石油管理局勘察设计研究院
王从均　煤炭工业部兖州煤矿设计研究院
张连栋　煤炭工业部西安煤矿设计研究院
申昌明　机械工业部第四设计研究院
朱兴梓　机械工业部第二设计研究院
曹祖恩　中国航天工业总公司第七设计研究院
聂玉华　中国航空工业规划设计研究院
单玉清　中国航空工业勘察设计研究院
赵克斌　冶金工业部重庆钢铁设计研究院
周茂国　冶金工业部沈阳勘察研究院
缪大为　中国成达化学工程公司
吴耀梓　中国天辰化学工程公司
何立山　中国寰球化学工程公司
邓泽洪　化学工业部第一勘察设计院
郑定绸　轻工业部上海轻工业设计院
万平陔　轻工业部武汉设计院
张之平　山东省纺织设计院
刘铁军　湖北纺织设计院
赵暑生　铁道部第二勘测设计院

张　有　铁道部第四勘测设计院
张光禄　铁道部第三勘测设计院
顾子刚　交通部第二公路勘察设计院
葛起华　交通部第一公路勘察设计院
阳至忠　交通部第四航务工程勘察设计院
程庆阳　交通部第三航务工程勘察设计院
杨崇昌　浙江省邮电勘察设计院
周月楼　邮电部设计院
孟崇春　国内贸易部设计研究院
袁文博　广播电影电视部设计院
蒋剑雄　中国有色金属工业长沙勘察院
余明顺　北京有色冶金设计研究院
陆濂泉　中国船舶工业总公司勘察研究院
程松光　中国兵器工业第五设计研究院
宋国福　中国兵器工业第六设计研究院
侯宝荣　国家建筑材料工业局天津水泥工业设计研究院
钱士英　国家建筑材料工业局南京水泥工业设计研究院
黄泳雪　国家医药管理局上海医药设计院
王　迁　电子工业部第十设计研究院
王世均　中国石化洛阳石油化工工程公司
张振亚　大庆石油化工设计院
余学礼　中国海洋石油总公司海洋石油开发工程设计公司
汪正瑶　中国人民民解放军总后勤部建筑设计研究院
刘启川　中国人民解放军空军工程设计研究局
韩季忠　中国人民解放军海军工程设计研究院

第二批（2000 年）142 位全国优秀勘察设计企业家（院长）

吴德绳　北京市建筑设计研究院
曲际水　北京市市政工程设计研究总院
柯焕章　北京市城市规划设计研究院
曹佑裕　北京市勘察设计研究院
严定中　天津市建筑设计院
蔡骥利　河北省水利水电第二勘测设计研究院
郭凤武　山西省勘察设计研究院
颜纪臣　山西省建筑设计研究院
曹世华　太原市建筑设计研究院
王　堂　包钢（集团）勘察测绘研究院有限公司

董　斌　通辽市建筑规划设计研究院
杨永胜　内蒙古自治区城市规划市政设计研究院
董文彩　大连市建筑设计研究院
陆晓川　沈阳市市政工程设计研究院
姜庆君　辽宁省建筑设计研究院
秦文军　沈阳市规划设计研究院
焦洪军　吉林省建筑设计院
王　琦　长春市市政工程设计研究院
王骏骥　哈尔滨市勘察测绘研究院
孙宗仁　黑龙江省建筑设计研究院
张富根　上海岩土工程勘察设计研究院
曹嘉明　上海建筑设计研究院有限公司
盛昭俊　华东建筑设计研究院有限公司
沈秀芳　上海市隧道工程轨道交通设计研究院
张明生　江苏省建筑设计研究院
汪　杰　南京市民用建筑设计研究院
王　勇　盐城市建筑设计研究院
沈和荣　无锡市建筑设计研究院
孙　昕　安徽省电力设计院
李　彪　安徽省建筑工程勘察院
景政治　浙江省建筑设计研究院
袁建华　绍兴市建筑设计研究院有限公司
杨尚海　福建省交通规划设计院
李小榕　福建省水利水电勘测设计研究院
邵曾泽　江西省环球建筑设计院
李海泉　山东省化工规划设计院
于　刚　山东电力工程咨询院
吕建平　济南市建筑设计研究院
周达人　济宁市建筑设计研究院
黄裕陵　河南省交通规划勘察设计院
孙家林　河南省电力勘测设计院
韩洪安　武汉市勘察设计研究院
范新发　仙桃市建筑勘察设计院
倪子明　湖南省农林工业勘察设计研究总院
刘智新　湘潭市勘测设计院
杨仁明　深圳市勘察研究院

李萍萍　广州市城市规划勘测设计研究院
廖竞欧　广东省水利电力勘测设计研究院
张晓柳　南宁市勘测院
杨献彪　海南有色地质工程勘察院
罗华依　海南省建筑设计院
陈中义　四川省建筑设计院
姚　菲　成都市勘察测绘研究院
潘凯云　云南省设计院
辛　勇　云南地质工程勘察院
陈　龙　贵州省交通规划勘察设计研究院
周建国　贵州省水利水电勘测设计研究院
陈　锦　西藏自治区建筑勘察设计院
樊宏康　中国建筑西北设计研究院
尚鹏玉　陕西宏基建筑勘察设计工程有限公司
李建宁　宁夏回族自治区公路勘测设计院
潘多俊　宁夏建筑设计研究院
王卫民　重庆市设计院
张　远　重庆市勘测院
马庆伦　青海石油管理局勘察设计研究院
朱一凡　青海省建筑勘察设计研究院
谢志廉　新疆电力设计院
张晓白　乌鲁木齐市建筑设计院
王景春　甘肃省交通规划勘察设计院
何洪建　重庆建筑大学建筑设计研究院
罗宏杰　长安大学建筑设计研究院
丁洁民　同济大学建筑设计研究院
姜玉池　青岛海洋地质工程勘察院
刘洵蕃　建设部建筑设计院
张文成　华森建筑与工程顾问有限公司
曹开朗　中国市政工程华北设计研究院
贾万新　中国市政工程西北设计研究院
邢　凯　中国建筑东北设计研究院
冯明才　中国建筑西南设计研究院
刘腾达　华东电力设计院
张庆堂　国家电力公司西北勘测设计研究院
朱兴楚　国家电力公司华北电力设计院有限责任公司

廖家凯 国家电力公司中南勘测设计研究院
吕伟业 电力规划设计总院
杨 彬 煤炭工业部郑州设计研究院
王燕宾 煤炭工业部西安设计研究院
焦奉平 广东省重工建筑设计院
周德荣 煤炭工业部南京设计研究院
范振启 煤炭工业部邯郸设计研究院
廖文坚 机械工业部第七设计研究院
刘元昌 机械工业部深圳设计研究院
周子范 机械工业部第二设计研究院
陈润生 机械工业部勘察研究院
熊昆麟 广东省邮电规划设计院
顾显贵 江苏省邮电规划设计院
胡 萍 中国电子工程设计院
冯孝康 信息产业部电子第十一设计研究院
顾德章 中国冶金建设集团武汉钢铁设计研究总院
王桂英 中国冶金建设集团沈阳勘察研究总院
李国忠 中国冶金建设集团包头钢铁设计研究总院
马其祥 北京电铁通信信号勘察设计院
张俊书 铁道部第一勘察设计院
解绍璋 华杰工程咨询有限公司
霍 明 中交第一公路勘察设计研究院
王志民 中交第四航务工程勘察设计院
王陈水 交通部第三航务工程勘察设计院
郑仁义 水利部珠江水利委员会勘测设计研究院
王世民 水利部上海勘测设计研究院
王江生 农业部新疆勘察设计院
于建亚 国家林业局林产工业规划设计院
杨开才 国家林业局昆明勘察设计院
潘秋生 国内贸易工程设计研究院
赵小津 国贸工程设计院
辛德明 中广国际广播电视工程设计所
郑定绸 中国轻工业上海设计院
金维新 中国轻工业长沙设计院
李 电 中国轻工业广州设计院
郭开宇 中国纺织化纤工程总公司

单玉清　中航勘察设计研究院
周　凯　中国航空工业规划设计研究
薛增湘　中国船舶工业第九设计研究院
陆镰泉　中国船舶工业勘察设计研究院
张仁清　中国兵器工业第五设计研究院
戴志良　国家建材工业局蚌埠玻璃工业设计研究院
谢雪涓　南京玻璃纤维研究设计院
戴德富　国家建材工业局成都建筑材料工业设计研究院
杨明仁　国家医药监督管理局重庆医药设计院
康南京　北京有色冶金设计研究总院
杨　德　中国有色金属工业长沙勘察设计研究院
刘洪科　贵阳铝镁设计研究院
王立昕　长庆石油勘探局勘察设计研究院
李明义　辽宁辽河石油工程有限公司
王　海　核工业第四研究设计院
皇甫岷　核工业第二研究设计院
张钦志　核工业第五研究设计院
张旭之　中国石化集团北京石化工程公司
何立山　中国寰球化学工程公司
刘英烈　中国石化集团北京设计院
丁　叮　化学工业部第三设计院
杨　斌　中国石化集团江汉石油管理局勘察设计研究院
陈廷宪　总后勤部建筑设计研究院
徐茂禄　中国科学院北京建筑设计研究院

第三批（2007 年）199 位全国优秀勘察设计企业家（院长）

朱小地　北京市建筑设计研究院
刘桂生　北京市市政工程设计研究总院
沈小克　北京市勘察设计研究院院
宋敏华　北京城建设计研究总院有限责任公司
张文成　中国建筑设计研究院
单　昶　建设综合勘察研究设计院
刘景樑　天津市建筑设计院
周　恺　天津华汇工程建筑设计有限公司
李文春　天津市勘察院
陆　峰　保定市建筑设计院
郝卫东　河北北方绿野建筑设计有限公司

焦永顺 河北省交通规划设计院
席占军 河北建设勘察研究院有限公司
赵友亭 山西省建筑设计研究院
赵队家 山西交科公路勘察设计院
蒲　静 太原市建筑设计研究院
聂承凯 山西省交通规划勘察设计院
程林生 山西省化工设计院
张鹏举 内蒙古工大建筑设计有限责任公司
李　清 内蒙古建校建筑勘察设计有限责任公司
任宝东 内蒙古万和工程勘察有限责任公司
李龙珍 鞍钢设计研究院
杨　晔 辽宁省建筑设计研究院
乐维宁 沈阳铝镁设计研究院
刘向东 辽宁电力勘测设计院
张世良 大连市建筑设计研究院有限责任公司
牧一征 中国建筑东北设计研究院
胡　咏 机械工业第九设计研究院
卜义惠 中国市政工程东北设计研究院
张晓艳 吉林省规划设计研究院
孙宗仁 黑龙江省建筑设计研究院
梅洪元 哈尔滨工业大学建筑设计研究院
寇胜平 大庆高新技术产业开发区规划建筑设计院
张　桦 上海现代建筑设计（集团）有限公司
张富根 上海岩土工程勘察设计研究院有限公司
王　炯 上海市城市建设设计研究院
朱祥明 上海市园林设计院
陈志坚 上海邮电设计院有限公司
仓慧勤 江苏省建筑设计研究院有限公司
符冠华 江苏省交通科学研究院
童利忠 江苏省水利勘测设计研究院有限公司
陈柏林 连云港市建筑设计研究院有限责任公司
袁　昶 江苏省地质工程勘察院
朱瑞燕 浙江省电力设计院
施国栋 杭州市城建设计研究院
舒绍虎 浙江省工程勘察院
刘自勉 宁波市建筑设计研究院

李　钢　华信邮电咨询设计研究院有限公司
王吉双　安徽省公路勘测设计院
金问荣　安徽省水利水电勘察设计研究院
杨成斌　合肥工业大学建筑设计研究院
王祖元　安徽省化工设计院
冯　卫　合肥市建筑设计研究院
唐世华　马鞍山汇华建筑设计有限公司
陈肖强　江西省电力设计院
詹龙和　江西省勘察设计研究院
孙德仁　江西省赣州市建筑设计研究院
李小榕　福建省水利水电勘测设计研究院
杨尚海　福建省交通规划设计院
陈　轸　福建省建筑设计研究院
张惠莲　厦门市建筑设计院有限公司
王宝金　厦门地质工程勘察院
姜振亭　山东省交通规划设计院
李海泉　山东省化工规划设计院
吕建平　济南同圆建筑设计研究院有限公司
赵新华　青岛市建筑设计研究院股份有限公司
江卫东　威海市建筑设计院有限公司
韩志刚　中讯邮电咨询设计院
赵景孔　机械工业第六设计研究院
杨　彬　煤炭工业部郑州设计研究院
杨志敏　河南省化工设计院有限公司
翟渊军　河南省水利勘测设计研究有限公司
姚金山　洛阳规划建筑设计有限公司
申国朝　郑州市市政工程勘测设计研究院
姜友生　湖北省交通规划设计院
刘厚炎　武汉市政工程设计研究院有限责任公司
张怀庆　湖北中南勘察基础工程有限公司
陈枝江　荆门市建筑设计研究院
吴顺红　湖北弘毅建筑装饰工程有限公司
彭建国　湖南省交通规划勘察设计院
秦奇武　长沙有色冶金设计研究院
刘颖炯　长沙市勘测设计研究院
何锦超　广东省建筑设计研究院

赵　路　广州市设计院
孟建民　深圳市建筑设计研究总院
隋　军　广州市市政工程设计研究院
陈建华　广州市城市规划勘测设计研究院
张健康　深圳市勘察研究院有限公司
彭红圃　广西建筑科学研究设计院
黄　晨　广西城乡规划设计院
叶建平　广西水利电力勘测设计研究院
罗华依　海南省建筑设计院
张新平　中元国际工程设计研究院海南分院
施耀忠　海南省公路勘察设计院
李秉奇　重庆市设计院
肖学文　中冶赛迪工程技术股份有限公司
刘　奇　重庆博鼎建筑设计有限公司
曹　光　中国成达工程公司
官　庆　中国建筑西南设计研究院
张　琪　四川省交通厅公路规划勘察设计研究院
郑声安　中国水电顾问集团成都勘测设计研究院
陈开培　四川省建筑设计院
郭五代　云南省设计院
刘文荣　铁道第二勘察设计院昆明勘测设计研究院
李鸿芳　西南有色昆明勘测设计（院）股份有限公司
钱海民　云南地质工程勘察设计研究院有限公司
兰春杰　中国水电顾问集团贵阳勘测设计研究院
赵爱平　贵州省水利水电勘测设计研究院
周宏文　贵州省建筑设计研究院
樊宏康　中国建筑西北设计研究院
葛　雄　华陆工程科技有限责任公司
何宗平　西安长庆科技工程有限责任公司
花恒久　陕西恒瑞建筑设计工程有限公司
罗长胜　咸阳市建筑设计研究院
刘青云　长安大学工程设计研究院
张　威　兰州交通大学勘察设计院
李海明　甘肃省轻纺工业设计院有限责任公司
张建新　兰州市城市建设设计院
潘多俊　宁夏建筑设计研究院有限公司

王力明　青海省建筑勘察设计研究院有限公司
徐　旭　青海九〇六工程勘察设计院
文中新　新疆时代石油工程有限公司
邹宗宪　新疆电力设计院
陈发明　新疆公路规划勘察设计研究院
席建立　新疆建筑设计研究院
汪建平　中国电力工程顾问集团公司
张文斌　中国电力工程顾问集团西北电力设计院
方勇灵　福建省电力勘测设计院
李朝顺　沈阳电力勘测设计院
刘风秋　广西电力工业勘察设计研究院
丁　建　中国中元兴华工程公司
宋文学　机械工业第三设计研究院
许志安　中联西北工程设计研究院
赵振元　信息产业电子第十一设计研究院有限公司
黄　岗　中船第九设计研究院
张建新　中国中轻国际工程有限公司
冯健生　中国轻工业广州设计工程有限公司
卢向豹　新疆轻工业设计研究院有限公司
王耀荣　四川省纺织工业设计院
姚根庆　上海纺织建筑设计研究院
孙祥恕　北京维拓时代建筑设计有限公司
徐　力　核工业第四研究设计院
刘　滨　核工业第七研究设计院
孙汉虹　上海核工程研究设计院
李　伟　辽宁省交通勘测设计院
霍　明　中交第一公路勘察设计研究院
方贤平　浙江省交通规划设计研究院
杨　延　云南省公路规划勘察设计院
朱利翔　中交第四航务工程勘察设计院
宋海良　中交水运规划设计院
徐国祥　中交第一航务工程勘察设计院
丁　叮　东华工程科技股份有限公司
黄　耕　中国五环化学工程公司
王志远　中国天辰化学工程公司
褚世仙　中国化学工程南京岩土工程公司

魏蜀刚　四川省化工设计院
蔡绍宽　中国水电工程顾问集团昆明勘测设计研究院
杨明仁　中国医药集团重庆医药设计院
张　奇　中国医药集团武汉医药设计院
刘家明　中国石化工程建设公司
汪镇安　中国石化集团上海工程有限公司
闫少春　中国石化集团洛阳石油化工工程公司
刘宪新　中国石化集团宁波工程有限公司
陈德兴　中国石化集团南京设计院
喻忠桥　总后建筑设计研究院院
窦万和　总参第四工程设计研究院
赵汝斌　二炮工程设计研究院
周少雷　中煤国际工程集团北京华宇工程有限公司
孔祥国　中煤国际工程集团南京设计研究院
雷鸣远　中煤西安设计工程有限责任公司
吴嘉林　中煤国际工程集团武汉设计研究院
杨裕官　煤炭工业合肥设计研究院
施　设　中冶京诚工程技术有限公司
赵克斌　中冶赛迪工程技术股份有限公司
姚朝胜　山东省冶金设计院
王桂英　中冶沈勘工程技术有限公司
刘俊卿　中勘冶金勘察设计研究院有限责任公司
戴长冰　辽宁有色勘察研究院
刘尚礼　兰州有色冶金设计研究院有限公司
陈俊卿　南昌有色冶金设计研究院
漆宝瑞　铁道第二勘察设计院
李明申　铁道第四勘察设计院
李寿兵　中铁工程设计咨询集团有限公司
张　敏　中铁大桥勘测设计院有限公司
张海丰　北京全路通信信号研究设计院
汪世宏　中国寰球工程公司
迟尚忠　中国石油集团工程设计有限责任公司
李利民　中国石油天然气华东勘察设计研究院
张忠良　中国航空工业第三设计研究院
陈昌富　中航勘察设计研究院
周　凯　中国航空工业规划设计研究院

杨开才　国家林业局昆明勘察设计院
陈连英　河北承德林业勘察设计院
熊卫国　湖南省农林工业勘察设计研究总院
王心力　五洲工程设计研究院
王振家　中国兵器工业北方勘察设计研究院
庄惟敏　清华大学建筑设计研究院
葛爱荣　东南大学建筑设计研究院
李玉堂　武汉华中科大建筑设计研究院

五、全国最佳工程设计特奖项目（共二十项）（表 9-4）

全国最佳工程设计特奖项目　表 9-4

	项目名称	设计单位
1	邹县电厂（4300MW 机组）工程	电力部西北电力设计院
2	葛洲坝水利枢纽工程	长江水利委员会设计局
3	秦山核电站（300MW 机组）工程	上海核工程研究设计院
4	大庆油田稳产 5000 万吨工程	大庆油田建设设计研究院
5	兖州矿区工程	煤炭部兖州设计研究院 煤炭部济南设计研究院
6	大秦铁路一期工程	铁道部第三勘测设计院 电化局电气化勘测设计研究院 电化局通信信号勘测设计院 隧道局勘测设计院、专业设计院
7	中国西昌卫星发射中心工程	国防科工委工程设计研究院
8	上海宝山钢铁总厂二期工程	冶金部重庆钢铁设计研究院 冶金部长沙黑色冶金矿山设计研究院 冶金部鞍山焦化耐火材料设计研究院
9	金川有色金属公司采、选、冶工程	中国有色金属工业总公司北京有色冶金设计研究总院
10	上海杨浦大桥工程	上海市政工程设计研究院
11	陕西彩色显像管总厂彩管工程	电子部第十设计研究院
12	福建炼油厂炼油工程	中国石化总公司北京设计院
13	四川化工总厂 20 万吨 / 年合成氨装置工程	中国成达化学工程公司
14	哈尔滨锅炉厂发电设备制造技术改造工程	机械部第二设计研究院
15	洛阳玻璃厂浮法二线工程	中国新型建筑材料工业杭州设计研究院
16	嵩洛航空光电发展中心工程	中国航空工业规划设计研究院

续表

	项目名称	设计单位
17	京、津、塘高速公路工程	交通部第一公路勘察设计院 交通部第二公路勘察设计院 交通部公路科学研究所 交通部公路规划设计院 交通部重庆公路科学研究所
18	仪征化纤工业联合公司化纤工程	中国纺织工业设计院
19	北京十万门程控电话工程	邮电部设计院 邮电部北京设计院 北京市电信规划设计院
20	奥林匹克体育中心及亚运村工程	北京市建筑设计研究院
注	1994 年发布	

六、全国优秀工程勘察金质奖（共十二届）（表 9-5）

历届全国优秀工程勘察金质奖项目　　表 9-5

第一届（共 22 项）　1988 年公布		
	项目名称	勘察单位
1	葛洲坝工程一、二期工程地质勘察	水电部长江流域规划办公室三峡区勘测大队
2	贵州乌江渡水电站技施阶段工程地质勘察	水电部中南勘测设计院
3	小龙潭第二发电厂工程地质及岩土工程	水电部西南设计院勘测处
4	武汉钢铁公司一米七轧机主体工程地质勘察	冶金部武汉勘察研究院
5	黄岛地下水封石洞油库工程地质勘察	石油部华东勘察设计研究院
6	仪征化纤工业联合公司填土地基勘察	纺织部设计院
7	兖石线沂沭断裂带地震工程地质勘测及综合选线	铁道部第三勘测设计院一总队
8	常德沅水大桥工程地质勘察	湖南省交通规划勘察设计院地质勘探队
9	昆仑饭店工程地质勘察	北京市勘察院
10	潘家口水利枢纽工程勘察	水电部天津勘测设计院地质勘探总队
11	上海宝山钢铁总厂 A 阶段勘察	冶金部武汉勘察研究院等 11 个单位
12	江西德兴铜矿一号尾矿坝尾矿勘察试验工程	有色总公司长沙勘察院
13	陕西彩色显像管总厂工程地质勘察	电子部综合勘察院
14	唐山市供水水文地质勘察	河北省城乡勘察院
15	济源 531 水源工程地下水资源勘测	机械委综合勘察研究院、机械委北方勘察研究院
16	元宝山发电厂水文地质勘察	水电部东北电力设计院

续表

第一届（共 22 项） 1988 年公布		
	项目名称	勘察单位
17	乌鲁木齐石油化工厂米泉水源地凿井工程	化工部勘察公司
18	引滦入津工程测量	天津市测绘处
19	宁波市二等测边网测量	冶金部成都勘察研究院
20	宝鸡市 1 ： 1000 航测成图	有色总公司西安勘察院
21	平武 50 万伏超高压输电线路湖北段测量	水电部中南电力设计院勘测处
22	信江全流（贵溪流口～星子）航道测量	江西省交通规划勘察设计院
第二届（共 9 项） 1989 年公布		
	项目名称	勘察单位
1	本钢南芬铁矿边坡稳定性工程勘察	冶金部勘察技术研究所
2	上海华亭馆宾馆岩土工程勘察	能源部华东电力设计院
3	引滦入津隧洞工程地质勘察	水利部天津勘测设计院
4	贵州饭店工程地质勘察	贵州省建筑设计院
5	深圳市上海宾馆工程地质勘察	航空航天部综合勘察院
6	金堆城钼矿木子沟尾矿坝工程地质勘察	中国有色金属总公司西安勘察院
7	仪征化纤工业联合公司涤纶一厂竣工图测量	纺织工业部设计院
8	郑州黄河公路大桥工程测量	河南省交通规划勘察设计院
9	沈阳市城市航测区域网加密	铁道部专业设计院
第三届（共 5 项） 1991 年公布		
	项目名称	勘察单位
1	鲁布革工程地质勘察	能源部水利部昆明勘测设计院
2	青藏公路格尔木一唐古拉段	交通部第一公路勘察设计院
3	河北省迁安县西里铺水源地供水水文地质勘察	冶金工业部勘察研究总院
4	通辽发电总厂水源地二期供水管井工程	中国有色金属工业总公司吉林勘察工程公司
5	香港宝莲寺天坛大佛建造中的控制与测绘工程	建设部综合勘察研究院
第四届（共 6 项） 1994 年公布		
	项目名称	勘察单位
1	秦山核电厂（一期）工程地质勘察	船舶总公司勘察研究院
2	大秦铁路（一期）工程桑干河峡谷区工程地质选线勘察	铁道部第三勘测设计院
3	天津广播电视发射塔岩土工程勘察	天津市勘察院
4	东江水电站工程勘察	电力部水利部中南勘测设计院
5	山西大同矿区航测（1 ： 1000）工程	中煤航测遥感局航测队 大同矿务局地测处测量队
6	张家口市腰站堡水源地供水水文地质勘察	河北省城乡勘察院 建设部综合勘察研究院

续表

	第五届（共5项）　1996年公布	
	项目名称	勘察单位
1	广东核电站（一期）选址勘察	广东省电力设计研究院
2	深圳妈湾电厂一期施工图岩土工程勘测	华北电力设计院
3	铜街子水电站复杂地基工程地质勘察	电力部成都勘测设计研究院
4	攀钢弄弄沟溢洪隧道地质灾害治理	中国有色昆明勘察院
5	上海宝山钢铁总厂第二期工程现状图测量数字化成图	冶金部武汉勘察研究院
	第六届（共5项）　1999年公布	
	项目名称	勘察单位
1	湖北清江隔河岩水利枢纽工程勘察	水利部长江水利委员会综合勘测局
2	上海外高桥电厂岩土工程勘测	华东电力设计院
3	攀枝花钢铁公司冷轧薄板厂场区工程地质勘察	中国有色金属工业总公司昆明勘察院
4	中国沿海RBN/D海GPS基准站精密位置及定位精度测量	天津、上海、广州海上安全监督局海测大队
5	郑州市北郊水源地供水水文地质勘探工程	河南省郑州地质工程勘察院
	第七届（共5项）　2000年公布	
	项目名称	勘察单位
1	乌江东风水电站地质勘察	国家电力公司贵阳勘测设计研究院
2	湖南沅水五强溪水电站工程勘察	国家电力公司中南勘测设计研究院
3	平果铝厂区岩溶岩土工程勘察	中国有色金属工业长沙勘察设计研究院
4	云南澜沧江漫湾水电站工程勘察	国家电力公司昆明勘测设计研究院
5	威海市规划区域城市基础信息工程	山东省淄博市勘察测绘研究院
	第八届（共9项）　2003年公布	
	项目名称	勘察单位
1	二滩水电站工程勘测	国家电力公司成都勘测设计研究院
2	双辽发电厂（4×300MW）新建工程地质勘察	国家电力公司东北电力设计院
3	天生桥一级水电站工程地质勘察	国家电力公司昆明勘测设计研究院
4	攀钢（集团）矿业公司马家田尾矿库坝体稳定性研究堆积坝岩土工程勘察	中国有色金属工业昆明勘察设计研究院
5	深圳市赛格广场大厦岩土工程勘察及基坑支护设计	深圳市勘察研究院 深圳市工勘岩土工程有限公司
6	长江三峡工程高边坡变形监测	长江岩土工程总公司
7	阳城电厂500kV送出工程（河南薄壁—江苏淮阴段）测量项目	国家电力公司华东电力设计院 河南省电力勘测设计院 山东电力工程咨询院 江苏省电力设计院

续表

第八届（共 9 项） 2003 年公布		
	项目名称	勘察单位
8	山西省阳城电厂延河泉水源地供水水文地质勘测工程	北京国电华北电力工程有限公司
9	北京国际竹藤网络中心岩土工程	北京市勘察设计研究院
第九届（共 9 项） 2005 年公布		
	项目名称	勘察单位
1	西安安康铁路秦岭隧道工程地质勘察	铁道第一勘察设计院 西南交通大学 铁道部专业设计院
2	广东岭澳核电站工程勘察	广东省电力设计研究院
3	中关村科技大厦岩土工程勘察、设防水位分析与基础设计分析	北京市勘察设计研究院
4	杭州萧山国际机场岩土工程勘察	浙江省工程勘察院
5	广州新白云国际机场航站楼地基稳定性评估	广西壮族自治区桂林水文工程地质勘察院 中国地质大学工程学院
6	张家口发电厂二期岩土工程勘测	北京国电华北电力工程有限公司
7	天荒坪抽水蓄能电站工程地质勘察	国家电力公司华东勘测设计研究院 江西华东岩土工程有限公司 福建华东岩土工程有限公司
8	龙羊峡水电站工程勘测	国家电力公司西北勘测设计研究院
9	黄河小浪底水利枢纽大坝外部变形测量	黄河勘测规划设计有限公司
第十届（共 6 项） 2006 年公布		
	项目名称	勘察单位
1	国家大剧院岩土工程勘察、水文地质勘察、场地渗流场及建筑设防水位分析与基础设计分析	北京市勘察设计研究院
2	润扬长江公路大桥南汊悬索桥锚碇基础及基坑围护结构设计与施工监测	上海申元岩土工程有限公司 上海岩土工程勘察设计研究院有限公司
3	中国航天科技集团六院一六五所抱龙峪火箭发动机试验基地岩土工程勘察及高边坡治理设计	西北综合勘察设计研究院 中铁西北科学研究院有限公司
4	胶州至新沂新建铁路工程跨沂沭断裂带工程地质选线勘察	铁道第三勘察设计院集团有限公司 铁道部工程设计鉴定中心
5	四川岷江紫坪铺水利枢纽工程勘察	中国水电顾问集团成都勘测设计研究院
6	北京市东城区地理信息资源数据库建设	建设综合勘察研究设计院

续表

第十一届（共 7 项）　2008 年公布		
	项目名称	勘察单位
1	青藏铁路多年冻土区工程地质勘察	中铁第一勘察设计院集团有限公司
2	西气东输管道工程岩土工程勘察	中国石油天然气管道工程有限公司 中国石油集团工程设计有限责任公司西南分公司 中国石油集团工程设计有限责任公司北京分公司 大庆油田工程有限公司 新疆时代石油工程有限公司 中油辽河工程有限公司 西安长庆科技工程有限公司
3	北京银泰中心	北京市勘察设计研究院有限公司
4	上海浦东国际机场二期飞行区工程勘察、监测、检测	上海岩土工程勘察设计研究院有限公司
5	四川省华能小天都水电站工程勘察	中国水电顾问集团成都勘测设计研究院
6	京津城际高速铁路精密工程控制测量	铁道第三勘察设计院集团有限公司
7	国家体育场（鸟巢）精密施工测量技术研究与实践	北京城建勘测设计研究院有限责任公司 北京城建集团有限责任公司 北京建筑工程学院
第十二届（共 8 项）　2010 年公布		
	项目名称	勘察单位
1	国家体育场岩土工程勘察、水文地质勘察及基础设计分析咨询	北京市勘察设计研究院有限公司
2	上海环球金融中心岩土工程勘察、监测及基坑降水设计施工	上海岩土工程勘察设计研究院有限公司
3	石太客运专线太行山越岭地区工程地质勘察	铁道第三勘察设计院集团有限公司
4	1000kV 晋东南—南阳—荆门特高压交流试验示范工程输电线路岩土工程勘测	中国电力工程顾问集团公司 华北电力设计院工程有限公司 中南电力设计院 华东电力设计院 东北电力设计院 西北电力设计院 西南电力设计院
5	西安财经学院新校区一期工程岩土工程勘察、试坑浸水试验及复合载体夯扩桩静载试验	机械工业勘察设计研究院
6	深圳港铜鼓航道、西部港区公共航道工程及大铲湾港区（一期）工程	深圳市勘察测绘院有限公司
7	黄河小浪底水利枢纽工程地质勘测	黄河勘测规划设计有限公司
8	南水北调中线干线工程施工控制网测量	长江勘测规划设计研究有限责任公司

七、全国优秀工程设计金质奖（共十四届）（表 9-6）

历届全国优秀工程设计金质奖项目 **表 9-6**

第一届（共 121 项） 1981 年公布		
	项目名称	设计单位
1	攀枝花钢铁联合企业一期工程设计	冶金部重庆钢铁设计研究院 冶金部长沙黑色矿山设计研究院 冶金部鞍山焦化耐火材料设计研究院
2	本溪钢铁公司扩建工程设计	冶金部北京钢铁设计研究总院
3	西宁特殊钢厂迁建新建工程设计	冶金部包头钢铁设计研究院
4	武钢活性石灰车间设计	冶金部鞍山焦化耐火材料设计研究院
5	鞍钢铁矿石磁化焙烧还原竖炉革新设计和烧结厂第三烧结车间机尾电除尘工程设计	冶金部鞍山黑色冶金矿山设计研究院 鞍山钢铁公司设计院
6	上海第三钢铁厂老车间技术改造设计	上海冶金设计研究院
7	马鞍山钢铁公司第二烧结厂三号烧结机车间设计	马鞍山钢铁公司设计研究所
8	江西省德兴铜矿采选厂设计	冶金部长沙有色冶金设计研究院
9	郑州铝厂联合法生产氧化铝二期工程设计	冶金部贵阳铝镁设计研究院 冶金部沈阳铝镁设计研究院
10	金川有色金属公司采、选、冶联合企业设计	冶金部北京有色冶金设计研究总院
11	西南铝加工厂一步工程设计	冶金部洛阳有色金属加工设计研究院
12	山东兖州矿区南屯煤矿设计	山东省煤炭设计院
13	山西大同矿区云冈煤矿设计	山西煤矿设计院
14	湖南煤炭坝煤矿五亩冲矿井设计	湖南省煤矿设计院
15	河南平顶山矿区大庄煤矿设计	煤炭部武汉煤矿设计研究院
16	四川渡口矿务局巴关河选煤厂设计	煤炭部重庆煤矿设计研究院
17	年产 180 万吨选煤厂通用设计	煤炭部选煤设计研究院
18	大连石油七厂多金属重整装置设计	石油部北京石油设计院
19	大庆葡萄花油田油气集输系统工程设计	大庆石油管理局科学研究设计院
20	任丘油田南部油气集输及任一站工程设计	华北石油勘探开发设计研究院
21	格尔木至拉萨输油管线设计	总后勤部营房部设计院 石油部第二炼油设计研究院
22	743 工程（四川火炬化工厂）设计	化工部第六设计院
23	齐鲁石油化学工业总公司第一化肥厂设计	化工部化工设计公司
24	天津化工厂电石车间设计	化工部第一设计院
25	四川自贡鸿鹤化工总厂联碱工程设计	化工部第八设计院

续表

第一届（共 121 项）　1981 年公布		
	项目名称	设计单位
26	（援）缅甸第一胶球厂设计	化工部桂林橡胶设计研究院
27	淮南化肥厂联醇装置设计	化工部第三设计院
28	北京燕山石油化学总公司胜利化工厂顺丁橡胶聚合装置设计	燕山石化总公司设计院
29	北京燕山石油化学总公司前进化工厂对二甲苯装置设计	燕山石化总公司设计院
30	吉化公司全区污水处理工程综合污水处理场设计	吉林化学工业公司设计院
31	徐州电厂第一、二期工程设计	电力部华东电力设计院
32	荆门热电厂第一期工程设计	电力部中南电力设计院
33	浑江电厂第一、二期工程设计	电力部东北电力设计院
34	天生港电厂第五期工程设计	江苏省电力设计院
35	十里泉电厂第三期工程设计	山东省电力设计院
36	陡河电站第一、二期工程设计	北京电力设计院
37	330kV 刘天关输变电工程设计	电力部西北电力设计院
38	220kV 南京长江大跨越输电线路工程设计	电力部华东电力设计院
39	天津上古林 220kV 变电所工程设计	北京电力设计院
40	刘家峡水电站设计	原水电部北京勘测设计院
41	池潭水电站设计	电力部华东勘测设计院
42	以礼河四级小江水电站设计	电力部昆明勘测设计院
43	丰满泄水洞工程设计	电力部东北勘测设计院
44	（援）朝鲜良策轴承厂设计	一机部第十设计研究院
45	（援）巴基斯坦重型机器厂设计	一机部第一设计研究院 一机部设计研究总院设计处
46	（援）罗马尼亚人造宝石轴承项目设计	一机部第二设计研究院
47	上海内燃机厂设计	农机部第一设计研究院
48	（援）坦桑尼亚乌本戈农具厂设计	农机部第二设计研究院
49	上海石油化工总厂一期工程总体设计、自备热电厂、腈纶厂、塑料厂设计	医药总局上海医药设计院 上海纺织设计院 轻工部上海轻工业设计院 电力部华东电力设计院 上海工业建筑设计院
50	福建青州造纸厂设计	轻工业部设计院
51	广东平沙农场亚硫酸法甘蔗糖厂设计	轻工业部广州设计院
52	青岛晶华（东风）玻璃厂设计	轻工业部设计院

续表

第一届（共 121 项） 1981 年公布		
	项目名称	设计单位
53	（援）马里第二糖厂设计	轻工业部广州设计院
54	（援）马耳他巧克力有限公司设计	轻工业部上海轻工业设计院
55	（援）苏丹友谊厅工程设计	上海市民用建筑设计院
56	广州矿泉别墅设计	广州市城市规划局设计组
57	南京五台山体育馆设计	江苏省建筑设计院
58	杭州机场候机楼设计	浙江省建筑设计院
59	北京 325 米气象观测塔设计	中国建筑科学研究院标准设计所
60	成都城北体育馆设计	建工总局西南建筑设计院
61	北京动物园爬行馆设计	北京市建筑设计院
62	江西第二人民医院总体设计	江西省建筑设计院
63	洛阳玻璃厂浮法玻璃生产线扩建工程设计	建材部杭州新型建筑材料设计院
64	常熟砖瓦厂黏土空心砖车间设计	建工总局西北建筑设计院
65	贵州水城水泥厂设计	建材部天津水泥工业设计院
66	（援）马耳他混凝土制品厂设计	建工总局东北建筑设计院
67	金州石棉矿一期工程设计	建材部苏州非金属矿山设计院
68	上海长桥水厂扩建工程设计	上海市政工程设计院
69	武钢二号水源泵站工程设计	城建总局武汉给水排水设计院
70	白银地区饮用水深度净化工程设计	城建总局兰州市政工程设计院
71	四川维尼纶厂污水处理厂设计	城建总局成都市政工程设计院
72	辽阳石油化学纤维总厂污水处理厂设计（国内设计部分）	城建总局长春给排水设计院
73	重庆长江大桥设计	上海市政工程设计院
74	北京市二环路及立体交叉工程设计	北京市市政设计院
75	北京市煤气厂扩建工程设计	城建总局天津市政工程设计院
76	京通铁路选线设计	铁道部第三勘测设计院
77	郑州枢纽扩建三期续建工程设计	铁道部第四勘测设计院
78	九江长江大桥双壁钢围堰大直径钻孔基础设计	铁道部大桥工程局
79	桂林站站房设计	柳州铁路局勘测设计所
80	钢丝网水泥水柜倒锥壳水塔设计	铁道部第一勘测设计院
81	兰宜公路工程陕西段设计	陕西省公路勘察设计院
82	拉僧庙—查汗淖公路设计	内蒙古自治区交通勘测设计科研所
83	宜宾马鸣溪金沙江公路大桥设计	四川省交通厅勘察设计院

续表

第一届（共 121 项）　1981 年公布		
	项目名称	设计单位
84	湖南长沙湘江大桥设计	湖南省交通规划勘察设计院
85	济南黄河公路大桥设计	山东省交通规划设计院
86	河北滦县新滦河大桥设计	交通部公路规划设计院
87	浙江嵊县清风大桥设计	浙江省交通设计院
88	葛洲坝三江公路大桥设计	交通部第二公路勘察设计院
89	云南怒江红旗桥设计	云南省公路规划设计院
90	文冲船舶修造厂第二期工程设计	交通部水运规划设计院 交通部第四航务工程勘察设计院
91	大连鲇鱼湾油码头工程设计	大连工学院
92	（援）马耳他 30 万载重吨干船坞工程设计	交通部第一航务工程勘察设计院
93	北京长途通信枢纽工程工艺设计	邮电部设计院 北京长途电信局
94	京沪杭中同轴电缆载波干线工程设计	邮电部设计院
95	湖南省沅水、潇水钢筋混凝土吊排船设计	湖南省林业勘察设计院
96	福建省永定县林产化工厂松香车间设计	林业部林产工业设计研究院
97	长江葛洲坝大江截流工程设计	水利部长江流域规划办公室
98	江苏江都抽水站设计	江苏省水利勘测设计院
99	湖南欧阳海灌区工程设计	湖南省水利水电设计院
100	陕西宝鸡峡引渭灌溉工程设计	陕西省水利水电勘测设计院
101	广东泉水水电站双曲薄拱坝设计	广东省水利电力勘测设计院
102	吉林星星哨水库设计	吉林省水利勘测设计院
103	四川三岔水库设计	四川省水利水电设计院
104	浙江里石门水库拱坝设计	浙江省水利水电勘测设计院
105	湖北高潭口电力排灌站设计	湖北省水利勘测设计院
106	青海水电站前池虹吸式进水口设计	青海省水利局设计院
107	重庆肉联厂一期扩建 9000 吨冷藏库设计	商业部设计院
108	“冷 88 型”500 吨冷藏库标准设计	商业部设计院
109	武汉市第六冷冻厂 5000 吨冷藏库工程设计	湖北工业建筑设计院
110	（援）马里共和国第一、二米厂设计	粮食部科学研究设计院
111	821 工程一分厂设计	二机部第二研究设计院
112	745—8 工程设计	二机部第四设计研究院
113	四三〇厂斯贝发动机试车台设计	三机部第四规划设计研究院

续表

第一届（共 121 项） 1981 年公布		
	项目名称	设计单位
114	一〇二九研究所微波暗室设计	四机部第十一设计研究院
115	（援）朝三九项目设计	四机部第十设计研究院
116	（援）罗 R701、R7010 项目设计	五机部第五设计院
117	四三一厂总体工程设计	六机部第九设计研究院
118	上海航道局草镇船厂桩基浮箱式干船坞设计	六机部第九设计研究院
119	七一〇二洞室工程设计	七机部第七设计研究院 七一〇二厂
120	三二〇一项目 7 号工程设计	国防科委工程设计所
121	中国科学院云南天文台设计	中国科学院北京建筑设计院
第二届（共 123 项） 1985 年公布		
	项目名称	设计单位
1	上海吴泾 2.6 万吨冷库工程	上海第二商业局设计室
2	吉林通化地区冷库	吉林省商业厅设计室
3	河南洛阳冷库	河南省商业设计室
4	广东省南海县大岗鸡场（华海牧工商联合公司）	机械部第五设计研究院
5	雅砻江牛坪子原木收漂工程	四川省雅砻江木材水运局工程勘察设计队
6	吉林省白河林业局兴隆林场	吉林省林业勘察设计院白河林业局设计室
7	广西梧州松脂厂歧化松香皂工程（国内部分）	林业部林产工业设计院
8	乌江渡水电站	水电部中南勘测设计院
9	葛洲坝二江工程（二江泄水闸、二江电站）	长江流域规划办公室
10	湖南省镇水电站	水电部华东勘测设计院
11	潘家口水利枢纽（一期工程）	水电部天津勘测设计院
12	湖北省凡口抽水站	湖北省水利勘测设计院
13	镇江谏壁抽水站工程	江苏省镇江市水利勘测设计室
14	江西省赣抚联圩红旗大型电排站	江西省水利规划设计院
15	湖南省铁山灌区大坝工程	湖南省水利水电勘测设计院
16	荆门热电厂二期工程	水电部中南电力设计院
17	山东黄岛电厂一期工程	水电部西北电力设计院
18	牡丹江发电厂新建工程	水电部东北电力设计院
19	陕西秦岭电厂二期工程	水电部西北电力设计院
20	台州发电厂新建工程	浙江省电力设计院
21	益阳石煤发电厂工程	湖南省电力勘测设计院

续表

第二届（共 123 项）　1985 年公布		
	项目名称	设计单位
22	西藏羊八井地热试验电站 2×3000kW 机组扩建工程	水电部西南电力设计院
23	平武五十万伏输变电工程	水电部中南电力设计院 河南省电力勘测设计院
24	上海市嘉定县城厢镇规划	上海市城市规划设计院 嘉定县建设局规划室
25	辽阳石化总公司居住区总体规划	中国建筑东北设计院
26	水上水厂	中国市政工程西北设计院
27	杭州赤山埠水厂	上海市政工程设计院
28	武汉市武昌余家头水厂	中国给水排水中南设计院
29	引滦入津工程设计	水电部天津勘测设计院 中国市政工程华北设计院 中国市政工程西南设计院 中国市政工程西北设计院 中国给水排水东北设计院 天津市水利勘测设计院
30	上海泖港大桥	上海市政工程设计院
31	天津市海河公园总体规划及秋景园设计	天津市园林局设计室
32	无锡鹃园（云锦园）	无锡园林局规划设计室
33	南京市园林药物花园蔓园与药用花径区	南京园林设计研究所
34	白天鹅宾馆	广州市设计院
35	扬州市鉴真纪念堂	扬州市建筑设计室 清华大学建筑系
36	大模住宅建筑体系标准化设计	北京市建筑设计院
37	龙柏饭店	上海工业建筑设计院
38	武夷山庄	福建省建筑设计院 南京工学院建筑研究所
39	3262 工程—长波发射台	中国建筑西北设计院
40	某宾馆改扩建工程	广东省建筑设计研究院
41	苏州刺绣研究所接待馆	苏州市建筑设计院
42	四川乐山大佛寺楠楼宾馆	中国建筑西南设计院
43	上海电影技术厂强吸声录音技术楼	上海市民用建筑设计院
44	上海宾馆	上海市民用建筑设计院
45	上海温水游泳馆	上海市民用建筑设计院
46	吉林赤卫沟金矿全泥氰化工艺及含氰尾矿浆处理工程设计	长春黄金设计院

续表

第二届（共 123 项）　1985 年公布		
	项目名称	设计单位
47	邯郸钢铁总厂小方坯连铸工程设计	冶金部北京钢铁设计研究总院
48	鞍钢化工总厂五炼焦一号焦炉扩容改造工程设计	鞍山焦化耐火材料设计研究院
49	徐州钢铁厂镀锌焊管工程设计	包头钢铁设计研究院
50	上钢五厂二车间电炉技术改造工程设计	上海冶金设计研究院
51	首钢炼铁厂四高炉改建性大修工程	首钢设计院
52	马钢第一烧结厂石灰回转窑工程设计	马鞍山钢铁设计研究院
53	鞍钢九高炉热风炉改造工程设计	鞍钢设计院
54	首钢烧结厂一烧车间大修改造环保治理工程	首钢设计院
55	南京电瓷厂火花塞分厂	机械部第七设计研究院
56	辽宁铁法矿务局小南矿井设计	东北内蒙古煤炭工业联合公司 沈阳煤矿设计院
57	山东兖州矿区兴隆矿井	山东省煤炭设计院
58	河南省义马矿务局耿村矿井	河南省煤矿设计研究院
59	大庆油田北三区产能建设一期工程	大庆油田科学研究设计院
60	欢喜岭油田地面建设工程	辽河油田设计院
61	佛荫至两路口输气管线工程	四川石油管理局勘察规划设计院
62	王场油田轻油回收站	江汉石油管理局设计院
63	辛一污水处理站改造工程	胜利油田设计规划研究院
64	濮城油田油气集输工程	中原油田规划设计院
65	吉化公司有机合成厂乙烯、芳烃抽提装置设计	吉化公司设计院
66	南京油脂化工厂年产 1000 吨化纤钛白工程	化工部第三设计院
67	北京化工二厂聚氯乙烯汽提装置	化工部第八设计院
68	吉化公司肥料厂合成气装置	吉化公司设计院
69	上海吴淞化肥厂变压吸附法回收氨厂弛放气中氢装置工程	化工部西南化工研究院
70	联碱由九万吨挖潜改造到十三万五千吨	鸿鹤化工总厂设计研究所
71	平顶山锦纶帘子布厂总体设计、土建和公用工程设计	纺织部设计院
72	北京第二印染厂印染车间	纺织部设计院
73	上海市第十织布厂工程	上海市纺织建筑工程公司设计室
74	天津市华欣毛纺织厂	天津市纺织工业设计院
75	上海第八棉纺厂第三纺纱工场	上海纺织工业设计院
76	湖南省益阳苎麻纺织印染厂	湖南省轻工设计院

续表

第二届（共 123 项） 1985 年公布		
	项目名称	设计单位
77	青岛啤酒厂糖化车间	轻工部设计院
78	上海手表二厂扩建工程	轻工部上海轻工业设计院
79	上海感光胶片厂片基车间扩建工程	轻工部上海轻工业设计院
80	沅江造纸厂扩建工程	轻工部长沙设计院 湖南省轻工业设计院
81	汉江斜腿刚构薄壁箱形刚构桥工程设计（1983 年已评为金质奖）	铁道部专业设计院 铁道部第二勘测设计公司
82	预应力混凝土岔枕	铁道部专业设计院
83	津浦线南京东至滁县段自动闭塞变更间隔时分工程设计	铁道部通号公司研究设计处
84	南口机车车辆机械厂轴承生产系统	铁道部建厂工程局设计处
85	石太线阳泉至太原段铁路电气化工程设计	铁道部电气化工程局电气化勘测设计处
86	小夹角斜框架立交桥工程设计	铁道部第一勘测设计院
87	天津新港第三港池集装箱泊位	交通部第一航务工程勘察设计院
88	宁波港北仑矿石中转码头工程	交通部第三航务工程勘察设计院
89	冶金部第一冶金建设公司八大家码头工程	交通部第二航务工程勘察设计院
90	江西省樟树港四码头工程	江西省交通规划勘察设计院
91	天山（独山子——库车）公路	交通部第一、二公路勘察设计院
92	四川省泸州长江大桥	四川省交通厅公路规划勘察设计院
93	葛洲坝水利枢纽工程黄柏河公路大桥	湖北省公路局勘测设计处
94	广西华兰至扶隆公路	广西壮族自治区交通勘测设计院
95	上海市台播音室改建工程	广播电视部设计院
96	河北省冀东水泥厂国内配套工程设计	天津水泥工业设计院
97	佳木斯市化学制药厂 100 吨 / 年维生素丙车间	黑龙江省化工设计院
98	上海醋酸纤维素厂年产 2500 吨裂化法酸酐生产装置	国家医药管理局上海医药设计院
99	兰州炼油厂 50 万吨 / 年同轴式提升管催化裂化装置	中国石化总公司洛阳设计研究院
100	吉化公司有机合成厂丁二烯抽提装置	兰化公司化工设计院
101	茂名石油公司高含硫含氨污水处理装置	中国石化总公司洛阳设计研究院
102	齐鲁石化公司胜利炼油厂 2 万标立米 / 时制氢装置	齐鲁石化公司设计院
103	磐石镍矿扩建工程	北京有色冶金设计研究总院
104	天津市铝合金厂铝型材工程	洛阳有色金属加工设计研究院

续表

第二届（共 123 项） 1985 年公布		
	项目名称	设计单位
105	云南锡业公司第一冶炼厂烟化炉处理富锡中矿措施工程	昆明有色冶金设计研究院
106	空军 36 厂 1 号装配厂房	航空部第四设计院
107	陕西彩色显像管厂（四四〇〇厂）厂区设计（国内部分）	电子部第十设计研究院
108	七四二厂引进工程国内设计部分	电子部第十一设计研究院
109	电子部雷达工业管理局机关人防综合建筑设计	雷达工业管理局设计室
110	八〇五厂 218 酸性废水处理工程	兵器部第五设计研究院
111	深圳穿坝输水工程	船舶总公司第九设计研究院
112	江南造船厂三号船坞改扩建工程	船舶总公司第九设计研究院
113	上海石化总厂腈纶厂余热发电站	船舶总公司第九设计研究院
114	北京 450 天线场	航天部第七设计研究院
115	三〇七厂巨浪总装车间	航天部第七设计研究院
116	七二〇一工程三号试验发射阵地	国防科工委工程设计研究所
117	七二〇一工程五号技术阵地	国防科工委工程设计研究所
118	二四〇二船坞工程	海军工程设计研究局
119	一九七（一期）主体工程	海军工程设计研究局
120	四九八〇工程	沈阳军区后勤部营房勘测设计所
121	现代生物中心发育生物所工程	中国科学院建筑设计院 中国科学院生物发育研究所
122	高能物理所高能加速器预制研究和建造工程	中国科学院建筑设计院 中国科学院高能物理研究所
123	国家植物标本馆工程	中国科学院建筑设计院 中国科学院植物研究所
第三届（共 41 项） 1988 年公布		
	项目名称	设计单位
1	武钢大冶铁矿东露天二期扩帮延深工程	长沙黑色冶金矿山设计研究院
2	抚顺钢厂精块锻工程设计	北京钢铁设计研究总院
3	上海第三钢铁厂 15/30 吨真空吹氧脱碳（VOD）精炉工程设计	北京钢铁设计研究总院
4	鞍钢第三炼钢厂三号转炉工程	鞍钢设计研究院
5	云南锡业公司 100t/ 日难选锡中矿高温氯化工程设计	昆明有色冶金设计研究院
6	东北轻合金加工厂 2000mm 铝板可逆四重热轧机组技术改造工程设计	洛阳有色金属加工设计研究院

续表

第三届（共 41 项） 1988 年公布		
	项目名称	设计单位
7	西山矿务局西曲矿井	煤炭部太原煤矿设计研究院
8	魏荆输油管线汉江跨越复线工程	石油部四川设计院
9	东营压气站深冷装置分离工程设计	石油部胜利油田设计院
10	大连石油七厂催化裂装置技术改造工程设计	北京设计院
11	吉林电石厂 PVC 真空气提装置设计	北京石油化工工程公司
12	镇海石油化工总厂年产 52 万吨尿素装置设计	化工部第四设计院
13	天津化工厂聚氯乙烯汽提干燥装置设计	化工部第八设计院
14	上海石油化工总厂塑料分厂 EVA 工程设计	化工部化工设计公司
15	邹县电厂一期（2×300MW）新建工程设计	西北电力设计院
16	500 千伏元宝山一锦州一辽阳送变电线新建工程	东北电力设计院
17	三门峡特种深水围堰设计	水利电力部天津勘测设计院
18	白山水电站地下厂房工程设计	水利电力部东北勘测设计院
19	红水河大化水电站枢纽工程设计	广西电力工业局勘测设计院
20	上海石化总厂涤纶二厂工程设计（除 PTA 装置外）	上海纺织工业设计院
21	浙江涤纶厂	浙江轻纺工业设计院
22	山西涤纶厂	山西纺织工业设计院
23	上海自行车三厂技改工程	轻工业部上海轻工业设计院
24	福建省漳浦鹿溪糖厂	轻工业部广州设计院
25	青岛啤酒厂扩建工程（总体设计）	轻工业部设计院
26	京包线丰台一大同段铁路电气化工程设计	铁道部电气化工程局电气化勘测设计处 通号公司研究设计处 电气化工程局通号设计处
27	沈阳铁路枢纽沈阳西编组站	铁道部第三助测设计院
28	湖南常德源水大桥	湖南省交通规划勘测设计院
29	秦皇岛港码头二期工程设计	交通部第一航务工程勘察设计院
30	上海张华滨集装箱装卸公司一、二泊位集装箱码头设计	交通部第三航务工程勘察设计院
31	西藏拉萨饭店	江苏省建筑设计院
32	中国国际展览中心（2 号～ 5 号馆）	北京市建筑设计院
33	上海宝山钢铁总厂长江引水工程	上海市政工程设计院 中国船舶总公司第九设计院
34	天津市中环线道路工程	天津市市政工程设计院
35	泾阳县水泥厂立筒预热器回转窑烧成生产线	天津水泥工业设计研究院

续表

第三届（共 41 项） 1988 年公布		
	项目名称	设计单位
36	广西黎塘水泥厂石灰石破碎工程	南京水泥工业设计研究院
37	天津中国大塚制药有限公司输液工厂工程	上海医药设计院
38	佳木斯联合收割机技术引进工厂技改项目	机械委第五设计研究院
39	07 Ⅱ工程水弹道学综合实验室	中国船舶总公司第九设计研究院
40	海军 1204 工程港区工程	北海舰队工程设计处
41	第二炮兵三一九工程	第二炮兵设计处
第四届（共 35 项） 1989 年公布		
	项目名称	设计单位
1	洛河电厂（2×300MW）	能源部华东电力设计院
2	淮繁送变电工程（500kV）	能源部华东电力设计院
3	秦北庄线路工程（330kV）	能源部西北电力设计院
4	白山水电站工程设计	水电部东北勘测设计院
5	紧水滩水电站工程设计	水电部华东勘测设计院
6	兖州矿务局鲍店矿井	兖州煤炭设计研究院
7	西山矿务局镇城底矿井选煤厂	太原煤矿设计研究院
8	上海汽轮机厂 200 吨高速动平衡试验室整套工程项目	机电部第二设计研究院
9	七七三厂 300 万只黑白显像管玻壳生产线技改工程	机电部第十设计研究院
10	哈尔滨电机厂重型汽轮机发电机试验站工程	机电部中国电工设备总公司设计研究院 机电部第八设计研究院
11	气象卫星资料接收处理系统	航空航天部第七设计研究院
12	太钢焦化厂上海浦东煤气厂 JN43-80 型焦炉工程设计	鞍山焦化耐火材料设计研究院
13	韶关钢铁厂 CB 型 R6 米方坯连铸机工程设计	北京钢铁设计研究总院 韶关钢铁厂设计处
14	攀枝花冶金矿山公司五万吨选钛厂工程设计	长沙黑色冶金矿山设计研究院
15	河南辉县化肥厂 4 万吨 / 年尿素工程	化工部第四设计院
16	新都县氮肥厂 4 万吨 / 年联碱工程	化工部第八设计院
17	上海石棉制品厂湿纺车间	轻工部上海轻工设计院
18	仪征化纤工业联合公司一期工程总体及涤纶一厂设计	纺织工业部设计院
19	保定化学纤维联合厂粘胶长丝扩建工程	纺织工业部设计院
20	北京至秦皇岛铁路电气化工程	铁道部电气化工程局电气化勘测设计院 通信信号勘测设计院

续表

第四届（共 35 项）　1989 年公布		
	项目名称	设计单位
21	石臼港煤码头工程	交通部第一航务工程勘察设计院
22	京福公路沧州至吴桥德州界段汽车专用二级公路	石家庄地区交通勘察设计处 河北省沧州地区公路管理处设计室
23	江苏省皂河第一抽水站	江苏省水利勘测设计院
24	洛阳玻璃厂浮法三线改扩工程	蚌埠玻璃工业设计研究院
25	北京图书馆新馆	建设部建筑设计院 中国建筑西北设计院
26	自贡恐龙博物馆	中国建筑西南设计院
27	陶然亭公园华夏名亭园景区	北京市园林设计研究院
28	上海恒丰北路斜拉立交桥	上海市政工程设计院
29	扬子乙烯工程年产十四万吨聚丙烯装置设计	中国石化总公司北京石油化工工程公司
30	盐锅峡化工厂离子膜法制碱工程	中国石化总公司兰州石油化工设计院
31	韶关冶炼厂 75000 吨 / 年技术改造工程	长沙有色冶金设计研究院 韶关冶炼厂设计室
32	贵州铝厂氧化铝厂砂状氧化铝改造工程设计	贵阳铝镁设计研究院
33	370 人造山工程	南京军区司令部工程设计研究所
34	长河二号南海地面发射台组工程	海军工程设计研究局
35	浪头机场扩建工程	沈阳军区空军勘察设计所

第五届（共 51 项）　1991 年公布		
	项目名称	设计单位
1	上海石洞口发电厂（4 × 30 万千瓦）	能源部华东电力设计院
2	50 万伏平繁送电线路工程	安徽省电力设计院
3	鲁布革水电站工程设计	能源部、水利部昆明水电勘测设计院
4	东江水电站工程设计	能源部、水利部中南水电勘测设计院
5	潘一矿选煤厂	中国统配煤矿总公司选煤设计研究院
6	太西矿选煤厂	中国统配煤矿总公司西安煤炭设计研究院
7	阿尔善油田 100 × 10 吨 / 年地面建设	中国石油天然气总公司华北设计院
8	沈阳高凝油田地面建设工程	中国石油天然气总公司辽河设计院
9	BZ28-1 油田开发工程设计	海洋石油总公司渤海石油公司工程设计公司
10	30 万千瓦核电站燃料元件工程	核工业总公司第五研究设计院
11	潍坊柴油机厂斯太尔发动机引进技术改造工程设计	机电部第九设计研究院 潍坊柴油机厂（协作）
12	洛阳拖拉机研究所噪声高低温试验室设计	机电部第四设计研究院 洛阳拖拉机研究所

续表

第五届（共 51 项） 1991 年公布		
	项目名称	设计单位
13	广州白云机场 80 米跨维修机库工程设计	航空航天部航空规划设计研究院
14	宝钢二期热轧、冷轧、连铸主厂房及国内配套部分工程设计	冶金部重庆钢铁设计研究院 冶金部武汉钢铁设计研究院 冶金部北京钢铁设计研究总院
15	武钢第二炼钢厂 4 号板坯连铸机工程设计	冶金部武汉钢铁设计研究院
16	湘潭钢铁厂 3 号焦炉移地大修工程 JNX43-83 型焦炉设计	冶金部鞍山焦化耐火材料设计研究院
17	天津碱厂年产 6 万吨纯碱扩建工程	天津市天津碱厂设计所
18	扬子乙二醇工程	化工部寰球化工设计院
19	齐鲁乙烯项目国内工程设计	化工部第八设计院
20	绍兴酿酒总厂年产 1 万吨黄酒机械化及灌装车间设计	轻工部上海轻工设计院
21	昆明三聚磷酸钠厂一、二期总体工程	轻工部规划设计院
22	河南平顶山锦纶帘子布厂扩建工程	纺织工业部设计院
23	克山亚麻纺纱厂	黑龙江省纺织工业设计院
24	大秦铁路一期工程设计	铁道部第三勘测设计院 铁道部电化局电化设计研究院 铁道部隧道局勘测设计院 铁道部电化局通号勘测设计院 铁道部专业设计院
25	北京地铁复兴门底层站折返线工程设计	铁道部隧道局勘测设计院 北京市地铁公司（协作）
26	秦皇岛港煤码头三期工程设计	交通部第一航务工程勘察设计院
27	105 国道番禺洛溪大桥设计	广东省公路勘察规划设计院 交通部公路规划设计院
28	引进程控交换机、扩改建北京电话网工程设计	邮电部设计院 邮电部北京设计院 北京电信规划设计院
29	山东引黄济青工程	山东省水利勘测设计院
30	四川升钟水利枢纽工程	四川省水利水电勘测设计院
31	四川省沐川县速生丰产用材林总体设计	四川省林业勘察设计研究院
32	长辛店油库扩改建工程	商业部设计院
33	中央彩电中心工程	广播电影电视部设计院
34	西安卫星测控中心	国防科工委设计研究所
35	重庆江北机场	中国民航总局民航机场设计院 重庆市建筑设计研究院（协作） 建设部重庆建工学院设计研究院（协作）

续表

第五届（共 51 项）　1991 年公布		
	项目名称	设计单位
36	江西水泥厂扩建工程	国家建材局天津水泥工业设计研究院
37	北京市平板玻璃工业公司浮法玻璃生产线工程设计	国家建材局秦皇岛玻璃工业设计研究院
38	东北制药总厂年产 1000 吨维生素 C 车间工程设计	国家医药管理局上海医药设计院 东北制药总厂（协作）
39	大庆乙烯工程总体设计	中国石化总公司大庆石化设计院
40	大庆乙烯工程年产 5 万吨丙烯腈装置设计	中国石化总公司兰州石化设计院
41	80 式坦克技术改造工程设计	中国兵器工业总公司第六设计研究院 中国兵器工业总公司 617 厂
42	845 厂八号工程设计	中国兵器工业总公司第五设计研究院
43	包头铝厂二期扩建工程	有色总公司沈阳铝镁设计研究院
44	洛阳铜加工厂铜板带技术改造扩建工程	有色总公司洛阳有色加工设计研究院
45	奥林匹克体育中心及亚运村	北京市建筑设计研究院
46	梅园周恩来纪念馆	国家教委东南大学建筑研究所 南京市建筑设计院
47	西汉南越王墓博物馆	国家教委华南理工大学建筑设计研究院
48	北京市东厢道路工程	北京市市政设计研究院
49	重庆市嘉陵江石门大桥	上海市政工程设计院
50	上海市延安东路越江隧道	上海市隧道工程设计院
51	十一届亚运会总体工程规划	北京市城市规划设计研究院 北京市城市规划管理局 北京市建筑设计研究院（协作）
第六届（共 42 项）　1994 年公布		
	项目名称	设计单位
1	鹤壁电厂新建工程 2×200MW 机组	中南电力设计院
2	±500 千伏葛上直流输变电工程	中南、华东电力设计院
3	平圩电厂新建工程 1×600MW 机组	华东电力设计院
4	葛洲坝大江工程	长江水利委员会设计局
5	四川铜街子水电站	成都勘测设计研究院
6	铁法矿务局三台子一井	沈阳煤炭设计研究院
7	潞安矿务局王庄矿井改扩建	太原煤矿设计研究院
8	东营—黄岛输油管道复线工程	石油天然气总公司管道设计院
9	上海浦江缆索厂工厂设计	机械部上海电缆研究所工程设计研究处 上海市政工程设计院（协作）
10	上海大众汽车有限公司一期工程	上海机电设计研究院

续表

第六届（共 42 项） 1994 年公布		
	项目名称	设计单位
11	哈尔滨锅炉厂“七五”发电设备制造基建改造工程	机械部第二设计研究院
12	上海永新公司彩管一期工程	电子部第十设计研究院
13	8102—140 号	中国航天建筑设计院
14	上海宝钢二期锅炉、焦化、烧结工程设计	重庆钢铁设计研究院 鞍山焦化耐火材料设计研究院 长沙冶金设计研究院
15	上海第三钢铁厂 3300mm 中厚板工程设计	北京钢铁设计研究总院
16	鞍钢烧结总厂球团车间技改工程设计	鞍山黑色冶金矿山设计研究院
17	四川化工总厂 20 万吨 / 年合成氨技术改造工程设计	中国成达化学工程公司
18	中原化肥厂	中国寰球化学工程公司
19	新疆博斯腾湖造纸厂	轻工业部规划设计院
20	泰安市大麻纺织实验厂	山东省纺织设计院
21	徐州枢纽扩建工程编组站及相关工程	铁道部第四勘测设计院
22	上海港关港作业区工程	第三航务工程勘察设计院
23	沈阳至大连高速公路	辽宁省交通设计院
24	长沙湘江北大桥	湖南省交通设计院
25	第十一届亚运会通信工程	邮电部北京设计院 北京市电信规划设计院 北京邮政设计所
26	凤凰颈排灌站	安徽省水利水电勘测设计院
27	宁波栎社机场	民航机场设计院
28	淮海水泥厂技改工程	南京水泥工业设计研究院
29	西安杨森制药有限公司	上海医药设计院
30	巴陵石化公司合成橡胶厂 1 万吨 / 年 SBS 装置	巴陵石化设计院
31	四川维尼纶厂 1 万吨 / 年 / 聚乙烯醇 1788 装置	四川维尼纶厂设计所
32	扬子石化公司 30 万吨乙烯工程总体设计	南京化学工业（集团）公司设计院 化工部第六设计院 扬子石化公司设计院
33	三七五厂梯恩梯生产线安全技术改造	中国兵器工业第五设计研究院
34	凡口铅锌矿技改工程	长沙有色冶金设计研究院
35	西南铝加工厂 2800 热轧生产线技改工程	洛阳有色金属加工厂设计研究院
36	沪东造船厂总体技术改造工程	船舶总公司第九设计研究院
37	西沙机场工程	海军工程设计研究局

续表

第六届（共 42 项）　1994 年公布		
	项目名称	设计单位
38	清华大学图书馆新馆	清华大学建筑设计研究院 清华大学建筑学院（协作）
39	深圳华侨城“华夏艺术中心”	建设部建筑设计院 华森建筑与工程设计顾问有限公司 龚李建筑设计有限公司（协作）
40	广东国际大厦	广东省建筑设计研究院
41	上海黄浦江南浦主桥工程	上海市政工程设计研究院
42	北京市二环路新建、改建工程	北京市市政设计研究院
第七届（共 52 项）　1996 年公布		
	项目名称	设计单位
1	吴泾热电厂六期工程 2×300MW	西北电力设计院 华东电力设计院
2	500 千伏天广送变电工程	中南电力设计院
3	潍坊电厂一期工程 2×300MW	山东省电力设计院
4	阳逻电厂一期工程 2×300MW	中南电力设计院
5	安康水电站	电力部北京勘测设计研究院
6	普定水电站碾压混凝土拱坝设计	电力部贵阳勘测设计研究院
7	广东省广州抽水蓄能电站一期工程	广东省水利电力勘测设计研究院
8	晋城矿务局凤凰山矿井（改扩建）	北京煤炭设计研究院
9	七台河矿务局铁东煤矿选煤厂	煤炭部选煤设计研究院
10	安塞油田 70×10^4 吨 / 年产能建设	长庆石油勘探局勘测设计研究院
11	第七砂轮厂“七五”棕刚玉扩建项目	机械部第六设计研究院 第七砂轮厂（协作）
12	D3.0-88 型连续鼓风两段炉煤气站工程设计	机械部设计研究院 山东济南黄台工业煤气公司（协作） 上海矽钢片二分厂（协作）
13	东方电机厂“七五”扩大生产 1800MW 汽轮发电机技术改造工厂设计	中机中电设计研究院 东方电机厂（协作）
14	中国华录电子有限公司录像机关键件工程	电子部第十设计研究院
15	青海石油管理局“敦煌—冷湖—花土沟”数字微波通信线路工程	中国电子系统工程总公司
16	国家重点项目十号工程 611 所科研小区	中国航空工业规划设计研究院
17	航机陆用军转民项目燃气—蒸汽联合循环热电厂	中国航空工业规划设计研究院
18	天津钢管公司无缝钢管工程设计（国内部分）	冶金部北京钢铁设计研究总院
19	攀枝花钢铁（集团）公司 1350mm 板坯连铸工程设计	冶金部重庆钢铁设计研究院

续表

第七届（共 52 项） 1996 年公布		
	项目名称	设计单位
20	马钢股份有限公司 2500m^3 高炉系统工程设计	冶金部马鞍山钢铁设计研究总院
21	石家庄焦化厂焦炉大修技改和备煤系统改造工程设计	冶金部鞍山焦化耐火材料设计研究院
22	铜陵磷铵厂 20 万吨 / 年硫酸国产化装置	化工部第三设计院
23	哈尔滨煤气厂煤气工程	化工部第二设计院
24	30 万套全钢子午线载重轮胎工程	化工部北京橡胶工业设计院
25	抚顺洗涤剂化学厂工程	中国轻工业北京设计院
26	武威纺织厂五千锭胡麻湿纺建设工程	黑龙江省纺织工业设计院
27	济南涤纶工程	上海纺织建筑设计研究院
28	北京秦皇岛线北京铁路枢纽有关工程丰西编组站下行系统站场	铁道部第三勘测设计院
29	杭州钱塘江第二大桥	铁道部大桥局勘测设计院
30	青岛港前湾港区一期工程	交通部第一航务工程勘察设计院
31	大连港大窑湾一期前四个泊位工程	中交水运规划设计院
32	宁汉光缆通信工程	邮电部设计院
33	北京十九万七千门程控电话扩网工程	北京市电信规划设计院
34	沈阳市大伙房水源供水工程	辽宁省水利水电勘测设计院
35	塔河地区老风口工程（造林工程）设计	新疆维吾尔自治区林业勘察设计院
36	江苏省兴化市食品专用粉厂	国内贸易部北京设计院
37	天津广播电视塔	广播电影电视设计研究院
38	三亚凤凰国际机场工程	民航中南机场设计研究院
39	通辽玻璃厂技改工程	秦皇岛玻璃工业设计研究院 中国新型建材杭州设计研究院 蚌埠玻璃工业设计研究院
40	鲁南水泥厂	天津水泥工业设计研究院
41	华北制药厂青霉素分装车间	国家医药管理局上海医药设计院
42	昆明制药厂蒿甲醚工程	国家医药管理局上海医药设计院
43	北京燕山石化总公司 30 万吨乙烯改扩建工程总体设计	中国石化北京石化工程公司
44	洛阳石化总厂 500 万吨 / 年炼油工程	中国石化洛阳石化工程公司
45	镇海炼油化工股份有限公司炼油二期工程 80 万吨 / 年加氢裂化装置	中国石化洛阳石化工程公司
46	8148 工程	中国兵器工业第五设计研究院
47	西南铝加工厂改扩建工程大堂工程厂区第一期工程	洛阳有色金属加工设计研究院

续表

第七届（共 52 项）　1996 年公布		
	项目名称	设计单位
48	金川有色金属公司二期工程镍闪速熔炼系统	北京有色冶金设计研究总院
49	中国舰船及工业用燃气轮机研究发展中心科研性试验站工程设计	中船第九设计研究院 中船七院七零三所
50	4789 工程	沈阳军区建筑设计院
51	天津体育馆	天津市建筑设计院
52	上海市黄浦江杨浦大桥主桥工程	上海市市政工程设计研究院
第八届（共 46 项）　1999 年公布		
	项目名称	设计单位
1	彭城电厂新建工程	中南电力设计院 江苏省电力设计院
2	常熟电厂新建工程	西北电力设计院
3	铁岭电厂新建工程	东北电力设计院
4	500kV 岩滩—柳州送电线路工程	西北电力设计院 广西电力工业勘察设计研究院
5	500kV 草铺变电所工程	西南电力设计院
6	隔河岩水利枢纽新型重力拱坝工程	水利部长江勘察设计研究院
7	三峡工程大江截流工程设计	长江水利委员会设计院
8	湖南沅水五强溪水电站工程	中南勘测设计研究院
9	岩滩水电站工程设计	广西电力工业勘察设计研究院
10	大柳塔矿井一期工程平硐	煤炭部西安设计研究院
11	开滦矿务局马家沟矿选煤厂技改工程	煤炭部选煤设计研究院
12	八二一厂 06/2 高效废液储存厂房	核工业第二研究设计院
13	大庆油田聚合物配制和注入工程设计	大庆油田建设设计研究院
14	安庆石化总厂 40 万吨 / 年催化裂解联合装置	中国石化北京设计院
15	盘锦乙烯工业公司 16 万吨 / 年乙烯改造	中国寰球化学工程公司
16	上海高桥石化总厂 1 号催化裂化掺炼渣油改造工程	中国石化洛阳设计院
17	湖南临湘农药厂 2000 吨 / 年叶蝉散	湖南化工设计院
18	（新疆）彩南油田地面建设工程	新疆石油管理局勘察设计研究院
19	上海焦化总厂 20 万吨 / 年甲醇	中国成达化学工程公司 上海化工设计院
20	武汉石油化工厂 60 万吨 / 年重油催化裂化装置	中国石化北京设计院
21	京九铁路（黄村—深圳）总体设计	铁道部第四、三、一勘测设计院 铁道部大桥局设计院（参加） 隧道工程局设计院（参加）

续表

第八届（共 46 项）　1999 年公布		
	项目名称	设计单位
22	济南至青岛高速公路	山东省交通规划设计院 交通部公路规划设计院 交通部第一公路勘察设计院
23	深圳市盐田港一期港口工程	中交水运规划设计院
24	首都机场（153+153）m 四机位维修机库	中国航空工业规划设计研究院
25	7067 工程 206 号建筑物	中国航天建筑设计研究院
26	上海宝山钢铁集团公司第三号高炉（4530m^3）工程设计（喷煤系统）	重庆钢铁设计研究院 北京钢铁设计研究院
27	张家港润忠钢铁有限公司电炉—连铸—线材工程设计（国内部分）	北京钢铁设计研究院
28	太钢（集团）有限公司 1549mm 热轧带钢工程设计	北京钢铁设计研究院
29	福建省三明钢铁厂棒材轧钢车间工程设计	马鞍山钢铁设计研究院
30	平果铝业公司年产氧化铝 30 万吨，年产电解铝 10 万吨工程设计	贵阳铝镁设计研究院
31	铜陵金隆铜冶炼工程设计	南昌有色冶金设计研究院
32	仪征化纤股份有限公司聚酯装置增容技术改造工程	中国纺织工业设计院
33	双阳水泥厂	天津水泥设计研究院
34	安庆石油化工总厂腈纶厂（5 万吨 / 年）腈纶工程设计	上海纺织建筑设计研究院
35	沈阳星光九改浮工程	秦皇岛玻璃工业设计研究院
36	京沈哈光缆通讯干线系统工程设计	邮电部设计院
37	中国长城计算机深圳公司扩建工程	中国电子工程设计院
38	广东省公用数字移动电话网（GSM 深圳地区首期扩容无线单项工程）	广东省邮电规划设计院
39	一汽大众汽车有限公司 15 万辆轿车项目	机械部第九设计研究院
40	江南造船厂西区装焊工场	中国船舶工业总公司第九设计研究院
41	上海图书馆	上海建筑设计研究院
42	重庆长江李家沱大桥斜拉桥	上海市政工程设计研究院
43	八达岭高速公路一期工程（马甸—昌平）	北京市政工程设计研究院
44	深圳万科城市花园住宅区	华森建筑设计顾问有限公司
45	青岛市东海路环境规划设计	青岛市园林规划设计院
46	兆峰陶瓷（重庆兆陶）有限公司技改工程	中国轻工总会长沙设计院

续表

第九届（共 54 项）　2000 年公布		
	项目名称	设计单位
1	威海电厂二期工程（2×300MW）	山东电力工程咨询院
2	邹县电厂三期工程（2×600MW）	国家电力公司西北电力设计院
3	湛江电厂一期工程（2×300MW）	广东省电力设计研究院
4	外高桥电厂一期工程（4×300MW）	国家电力公司华东电力设计院
5	二滩至自贡 I 回 500kV 送电工程	国家电力公司西南电力设计院
6	500kV 东善桥变电所工程	国家电力公司华东电力设计院 江苏省电力设计院
7	500kV 大庆至哈南输变电工程	国家电力公司东北电力设计院 黑龙江省电力勘察设计研究院
8	水口水电站工程设计	国家电力公司华东勘测设计研究院
9	贵州乌江东风水电站工程设计	国家电力公司贵阳勘测设计研究院 国家电力公司中南勘测设计研究院
10	石漫滩水库复建工程	水利部天津水利水电勘测设计研究院
11	补连塔矿井	煤炭工业部邯郸设计研究院
12	常村矿井	煤炭工业部太原设计研究院
13	济宁二号矿井	煤炭工业部南京设计研究院
14	白杨河发电厂改烧水煤浆工程	北京煤炭设计研究院（集团）
15	年分离功 500 吨离心厂供取料装置工艺设计	核工业第七研究设计院
16	茂名 30 万吨乙烯工程总体设计	中国石化集团北京石化工程公司
17	镇江化工厂 921 工程	上海化工设计院 上海索普化工设计工程有限公司
18	北京燕山石化有限公司 200 万吨 / 年重油催化裂化装置	中国石化集团北京设计院
19	塔中 4 油田产能建设工程	大庆油田建设设计研究院
20	胜利海上埕岛油田 200 万吨 / 年产能建设工程	胜利石油管理局勘察设计研究院
21	贵州开磷（集团）马路坪矿段延深开采工程	化工部长沙设计研究院
22	上海轮胎橡胶（集团）股份有限公司年产 140 万条子午线轮胎项目	化学工业部桂林橡胶工业设计研究院
23	长春至吉林高速公路	吉林省公路勘测设计院
24	虎门大桥（主航道桥、辅航道桥）	中交公路规划设计院
25	秦皇岛港煤码头四期工程	中交第一航务工程勘察设计院
26	广州东至深圳段准高速技改和增建第二线续建工程	铁道部第四勘测设计院 中国铁路通信信号总公司研究设计院 铁道部电气化工程局电气化勘测设计研究院

续表

第九届（共54项）　2000年公布		
	项目名称	设计单位
27	贵阳龙洞堡机场工程	中国民航机场建设总公司
28	高精度火箭撬滑轨试验场工程设计	中国航空工业规划设计研究院
29	宝钢一高炉大修工程	北京钢铁设计研究总院
30	宝钢三期1580mm热轧带钢工程	重庆钢铁设计研究总院
31	宝钢三期炼焦工程	鞍山焦化耐火材料设计研究总院
32	大冶冶炼厂技改工程	北京有色冶金设计研究总院
33	贵州铝厂70000吨/年·A1环境治理技改工程	贵阳铝镁设计研究院
34	泰安万吨无碱玻璃纤维池窑拉丝工程	南京玻璃纤维研究设计院
35	仪征化纤股份有限公司250千吨/年PTA增容改造工程	中国纺织工业设计院
36	江西盐矿300千吨/年精制盐扩建工程	中国轻工业北京设计院
37	辽阳石油化纤公司聚酯厂聚酯装置增容改造工程	中国纺织工业设计院
38	茂名石化矿业公司50千吨/年高岭土采选工程	苏州非金属矿工业设计研究院
39	京九广光缆通信干线工程	信息产业部北京邮电设计院
40	中韩海底光缆通信系统工程	信息产业部邮电设计院
41	大连造船厂20万吨级造船坞工程设计	中国船舶工业第九设计研究院
42	上海通用汽车公司工厂设计	上海市机电设计研究院
43	常州东芝大型变压器厂工程设计	国家机械局第七设计研究院
44	中国载人航天发射场工程设计	总装备部工程设计研究总院
45	北京国际金融大厦	北京市建筑设计院
46	上海体育馆	上海市建筑设计研究院有限公司
47	朱海机场航站楼	华南理工大学建筑设计研究院
48	湖州东白鱼潭小区	中国建筑技术研究院
49	八达岭高速路二期工程	北京市市政设计研究总院 北京市公路局公路设计研究院
50	上海市黄浦江曲浦大桥（主桥）	上海市市政设计研究院
51	深圳市总体规划	深圳市城市规划设计研究院
52	昆明世界园艺博览会场馆规划设计	昆明市规划设计研究院
53	王府井商业街整治城市设计以及王府井商业街中心区交通规划暨一、二期实施规划	北京市城市规划设计研究院 中国城市规划设计研究院
54	南京路步行商业街详细规划	上海市城市规划设计研究院

续表

第十届（共 60 项）　2003 年公布		
	项目名称	设计单位
1	兰州—西宁—拉萨光缆通信干线工程	中讯邮电咨询设计院
2	长飞光纤光缆有限公司第六期扩容工程	信息产业部电子第十一设计研究院有限公司
3	北京西站邮件处理中心工程	中讯邮电咨询设计院
4	塔里木牙哈凝析气田地面建设工程	辽宁辽河石油工程有限公司
5	中石化茂名分公司 200×10^4 吨 / 年渣油加氢脱硫装置	中国石化集团洛阳石化工程公司
6	齐鲁石化公司丙烯腈厂应用新技术扩能改造	中国石化集团兰州设计院 齐鲁石油化工工程公司
7	上海焦化总厂三联供煤气化工程德士古气化装置	中国天辰化学工程公司
8	潍坊亚星集团有限公司 50000 吨 / 年 CPE 技改工程	山东省化工规划设计院 潍坊未来化工工程技术有限公司
9	年产 1500 吨青霉素生产线	华北制药集团规划设计院有限公司 中国石化集团上海医药工业设计院
10	上海石化股份有限公司 100 万吨 / 年延迟焦化装置	中国石化工程建设公司
11	扬子石化股份有限公司 60 万吨 / 年精对苯二甲酸（PTA）装置改造工程	中国石化集团上海医药工业设计院
12	扬子 20 万吨 / 年乙二醇装置改扩建工程	中国寰球化学工程公司
13	南通中远川崎船舶工程	中国船舶工业第九设计研究院
14	上海大众帕萨特轿车配套工程	上海市机电设计研究院
15	北方国家级林木种苗示范基地工程	国家林业局调查规划设计院
16	杭州玻璃集团公司年产 7500 吨无碱玻璃纤维池窑拉丝技改项目	南京玻璃纤维研究设计院
17	仪征化纤股份有限公司年产 10 万吨聚酯装置	中国纺织工业设计院
18	宝钢（集团）公司三期二炼钢工程	中冶集团北京钢铁设计研究总院
19	宝钢集团上海第一钢铁有限公司 $2500m^3$ 高炉工程	中冶集团重庆钢铁设计研究总院
20	上海宝山钢铁集团公司三期 1550mm 冷轧薄板工程	武汉钢铁设计研究总院
21	江西铜业公司德兴铜矿三期工程	中国有色工程设计研究总院
22	南京长江第二公路大桥（南汉桥）	中交公路规划设计院
23	京沈高速公路宝坻—沈阳段	辽宁省交通勘测设计院 中交公路规划设计院 河北省交通规划设计院
24	岳阳洞庭湖大桥	湖南省交通规划勘察设计院
25	万县长江公路大桥	四川省交通厅公路规划勘察设计研究院
26	京沪高速公路新沂—江都段	江苏省交通规划设计院

续表

第十届（共 60 项） 2003 年公布		
	项目名称	设计单位
27	青岛港前湾港区 20 万吨级专用码头	中交水运规划设计院
28	芜湖长江大桥	中铁大桥勘测设计院
29	上海浦东国际机场工程（详细设计）	中国民航机场建设总公司 华东建筑设计研究院有限公司
30	沈阳飞机公司 X 工程	中国航空工业规划设计研究院
31	清江高坝洲水利枢纽	长江水利委员会勘测设计研究院
32	广东北江飞来峡水利枢纽工程	水利部珠江水利委员会勘测设计研究院
33	新疆乌鲁瓦提水利枢纽工程	新疆水利水电勘测设计研究院
34	哈尔滨第三发电厂二期（2×600MW）工程	国家电力公司东北电力设计院
35	苏州工业园区华能发电厂一期（2×300MW）工程	江苏省电力设计院
36	江西丰城电厂（4×300MW）工程	国家电力公司中南电力设计院 江西省电力设计院
37	太原第一热电厂六期（2×300MW）扩建工程	山西省电力勘测设计院
38	昌平—房山 500kV 紧凑型送电工程	北京国电华北电力工程有限公司
39	山东 500kV 东线送变电工程（青岛变及临—青—潍线路）	山东电力工程咨询院
40	天生桥—广州 ±500kV 直流输电线路工程	国家电力公司中南电力设计院
41	洛阳—郑州 500kV 送变电工程	河南省电力勘测设计院
42	兖州矿业集团济宁三号矿井	煤炭工业部济南设计研究院
43	神华集团神东煤炭公司榆家梁矿井及筛选厂	煤炭工业部西安设计研究院
44	活鸡免煤矿	中煤国际工程集团北京华宇工程有限公司
45	许厂矿井	中煤国际工程集团南京设计研究院
46	二滩水电站工程	国家电力公司成都勘测设计研究院
47	龙羊峡水电站工程	国家电力公司西北勘测设计研究院
48	清华大学设计中心楼（伍舜德楼）	清华大学建筑设计研究院
49	北京首都国际机场扩建工程新航站楼	北京市建筑设计研究院
50	国家电力调度中心工程	华东建筑设计研究院有限公司
51	天津市第二南开中学	天津市建筑设计院
52	西藏博物馆主馆	中国建筑西南设计研究院
53	北京市四环路工程	北京市市政工程设计研究总院
54	重庆长江鹅公岩大桥工程	上海市政工程设计研究院
55	北京市第九水厂三期工程	北京市市政工程设计研究总院

续表

第十届（共 60 项）　2003 年公布		
	项目名称	设计单位
56	北京市植物园展览温室工程设计	北京市建筑设计研究院 北京市园林古建设计研究院
57	上海地铁二号线一期工程（总体）	上海市隧道工程轨道交通设计研究院
58	北京空间技术研制实验中心工程	中国航天建筑设计研究院
59	广东奥林匹克中心详细规划	广州市城市规划勘测设计研究院
60	上海市城市总体规划	上海市城市规划设计研究院
第十一届（共 37 项）　2005 年公布		
	项目名称	设计单位
1	鞍钢 1700mm 中薄板坯连铸连轧（ASP）工程设计	鞍钢集团设计研究院
2	氧气底吹熔炼—鼓风炉还原铅新工艺工业化成套装置	中国有色工程设计研究总院
3	江阴长江公路大桥主跨 1385m 悬索桥	中交公路规划设计院
4	北京至珠海国道主干线湖南省湘潭至耒阳高速公路	湖南省交通规划勘察设计院
5	长江口深水航道治理工程一期工程设计	上海航道勘察设计研究院 中交第三航务勘察设计院 中交第一航务勘察设计院
6	宁波栎社机场航站区及配套设施扩建工程	上海民航新时代机场设计研究院有限公司 宁波市建筑设计研究院
7	全国移动汇接网扩容改造一期工程	中讯邮电咨询设计院
8	中国联通数据通信用工程（一期工程）	中京邮电通信设计院
9	人民大会堂万人大礼堂扩声系统改建工程	中广电广播电影电视设计研究院
10	贵州瓮福磷矿	化学工业部连云港设计研究院
11	镇海炼化 300 万吨 / 年柴油加氢及 180 万吨 / 年蜡油加氢联合装置	中国石化集团洛阳石油化工工程公司 镇海炼化工程公司
12	大天池构造带地面集输工程	中国石油集团工程设计有限责任公司西南分公司
13	烟台万华聚氨酯股份有限公司 MDI 技术改造工程	山东省化工规划设计院
14	山东日照森博浆纸有限责任公司浆纸工程	中国中轻国际工程有限公司
15	华润日熔化 700 吨级优质浮法玻璃生产线	秦皇岛玻璃工业研究设计院
16	上海“三枪”高档面料生产基地工程	上海纺织建筑设计研究院
17	新疆天业（集团）有限公司年产 2 万吨农用节水滴灌材料工程	新疆轻工业设计研究院有限责任公司
18	黄河万家寨水利枢纽工程设计	中水北方勘测设计研究有限责任公司
19	天荒坪抽水蓄能电站工程设计	华东勘测设计研究院

续表

第十一届（共 37 项）　2005 年公布		
	项目名称	设计单位
20	黄河李家峡水电站工程设计	西北勘测设计研究院
21	天津盘山发电厂二期工程	北京国电华北电力工程有限公司
22	吴泾电厂八期 1 号、2 号机组工程	华东电力设计院
23	开封 500kV 变电所工程	河南省电力勘测设计院
24	侯村—侯马输变电工程	山西省电力勘测设计院
25	淮南张集矿井	煤炭工业部合肥设计研究院
26	沪东重机柴油机总装试验技改工程设计	中船第九设计研究院
27	上海大众汽车一厂技改工程设计	上海市机电设计研究院
28	清华大学附小新校舍	北京清华安地建筑设计顾问有限责任公司
29	中国科学院图书馆	中科建筑设计研究院有限责任公司
30	三亚喜来登酒店	北京市建筑设计研究院
31	浙江平湖梅兰苑规划设计及住宅	北京市建筑设计研究院
32	群贤庄小区	中国建筑西北设计研究院
33	北京市双榆树供热厂	中机中电设计研究院
34	30 工程建设项目设计	中国兵器工业第六设计研究院
35	秦山核电二期工程安全壳结构设计	核工业第二设计研究院
36	X 型号动力系统基本建设项目	中国航空工业规划设计研究院
37	珠海市城市总体规划（2001—2020）	中国城市规划设计研究院 珠海市规划设计院
第十二届（共 30 项）　2006 年公布		
	项目名称	设计单位
1	大朝山水电站工程设计	中国水电顾问集团北京勘测设计研究院
2	江阴长江大跨越工程	华东电力设计院
3	神华集团神东公司上湾矿井	中煤邯郸设计工程有限责任公司
4	台山发电厂 1 号、2 号机组工程	广东省电力设计研究院
5	华能沁北电厂一期工程	西北电力设计院 河南省电力勘测设计院
6	淮河入海水道近期工程河道工程、滨海及海口枢纽工程	江苏省水利勘测设计研究院有限公司 中水淮河工程有限责任公司
7	65-70 万吨 / 年乙烯装置改造联合工程	中国石化集团上海工程有限公司
8	山东华鲁恒升化工股份有限公司大型氮肥装置工程	中国寰球工程公司 华陆工程科技有限责任公司
9	兰州 - 成都 - 重庆输油管道工程	中国石油天然气管道工程有限公司

续表

第十二届（共 30 项）　2006 年公布		
	项目名称	设计单位
10	广州白云国际机场迁建工程	中国民航机场建设集团公司 广东省建筑设计研究院 上海民航新时代机场设计研究院有限公司 北京中航油工程建设有限公司
11	胶州至新沂线新建铁路工程	铁道第三勘察设计院 铁道部工程设计鉴定中心
12	长江口深水航道治理二期工程设计	中交上海航道勘察设计研究院有限公司 中交第一航务工程勘察设计院有限公司 中交第二航务工程勘察设计院有限公司
13	三峡双线五级船闸	长江水利委员会长江勘测规划设计研究院
14	厦门海沧大桥三跨连续全漂浮悬索桥	中交公路规划设计院有限公司
15	浙江华联三鑫石化有限公司年产 60 万吨 EPTA 项目	中国纺织工业设计院
16	上海广电 NEC 液晶显示器有限公司第五代薄膜晶体管显示器项目	中国电子工程设计院 上海电子工程设计研究院有限公司
17	上海先进半导体制造有限公司 8 英寸 0.25 微米集成电路芯片项目	信息产业部电子第十一设计研究院有限公司
18	中国移动一级业务运营支撑中心工程	中讯邮电咨询设计院
19	中国美术学院	北京市建筑设计研究院
20	华南理工大学“逸夫人文馆”	华南理工大学建筑设计研究院
21	中国美术馆改造装修工程	清华大学建筑设计研究院
22	重庆袁家岗体育中心体育场	中国建筑西南设计研究院
23	北京优山美地·东韵生态住宅小区	山东大卫国际建筑设计有限公司
24	北京市五环路工程 [一期、二期、三期（首都机场高速公路～广渠路）四期]	北京市市政工程设计研究总院　中铁工程设计咨询集团有限公司
25	合肥市天然气利用工程	中国市政工程华北设计研究院
26	北京城市总体规划（2004 年～ 2020 年）	北京市规划委员会 中国城市规划设计研究院 清华大学建筑学院 北京市城市规划设计研究院
27	珠江三角洲城镇群协调发展规划	中国城市规划设计研究院 深圳市城市规划设计研究院 广东省城乡规划设计研究院
28	广州新白云国际机场南航基地货运站	中国中元国际工程公司
29	上海宝钢集团一钢公司不锈钢及碳钢热轧板卷技术改造工程设计	上海宝钢工程技术有限公司 中冶赛迪工程技术股份有限公司
30	河南中孚实业股份有限公司电解铝工程	贵阳铝镁设计研究院

续表

第十三届（共 40 项）　2008 年公布		
	项目名称	项目名称
1	华能玉环电厂 2×1000MW 燃煤工程	华东电力设计院 浙江省电力设计院
2	750kV 官亭～兰州东输变电工程	西北电力设计院
3	贵州乌江洪家渡水电站工程设计	中国水电顾问集团贵阳勘测设计研究院
4	华电国际邹县电厂四期扩建工程	西北电力设计院 山东电力工程咨询院
5	黄河沙坡头水利枢纽工程	中水北方勘测设计研究有限责任公司 宁夏水利水电勘测设计研究院有限公司
6	山西霍州煤电（集团）有限责任公司方山选煤厂	中煤国际工程集团北京华宇工程有限公司
7	黄河公伯峡水电站工程设计	中国水电顾问集团西北勘测设计研究院
8	西气东输管道工程	中国石油天然气管道工程有限公司 中国石油工程设计有限责任公司西南分公司
9	烟台万华聚氨酯股份有限公司 16 万吨 / 年 MDI 工程	华陆工程科技有限责任公司
10	中国石化股份有限公司洛阳分公司连续重整装置技术改造工程 70 万吨 / 年连续重整装置改造	中国石化集团洛阳石油化工工程公司
11	大庆敖南油田产能建设工程	大庆油田工程有限公司
12	青藏铁路格尔木至拉萨段工程总体设计	中铁第一勘察设计院集团有限公司
13	南京长江第三大桥	中交公路规划设计院有限公司
14	湖南省常德至张家界高速公路	湖南省交通规划勘察设计院
15	西藏林芝民用机场工程	中国民航机场建设集团公司
16	宁波康鑫化纤股份有限公司年产 20 万吨四釜聚酯工程	中国纺织工业设计院
17	东莞南玻超白光伏电子太阳能玻璃生产线工程	中国建材国际工程有限公司
18	中芯国际（上海）公司技改项目 12 英寸芯片生产线工程	信息产业电子第十一设计研究院有限公司
19	中国移动长途汇接网五期工程	中国移动通信集团设计院有限公司 中讯邮电咨询设计院
20	中国电信 CN2 网络工程	广东省电信规划设计院有限公司 华信邮电咨询设计研究院有限公司
21	苏州博物馆新馆	苏州市建筑设计研究院有限责任公司 贝聿铭建筑师及贝氏事务所
22	黄帝陵祭祀大院（殿）工程	中国建筑西北设计研究院有限公司
23	上海旗忠森林体育城网球中心	上海建筑设计研究院有限公司　总装备部工程设计研究总院　株式会社环境设计研究所（日本）

续表

第十三届（共 40 项）　2008 年公布		
	项目名称	项目名称
24	乐山大佛博物馆	华南理工大学建筑设计研究院
25	青藏铁路拉萨站站房	中国建筑设计研究院 中铁第一勘察设计院集团有限公司
26	中国电影博物馆	北京市建筑设计研究院 美国 RTKL 国际有限公司
27	清华大学医学院	清华大学建筑设计研究院
28	东海大桥工程	上海市政工程设计研究总院　中铁大桥勘测设计院有限公司　中交第三航务工程勘察设计院有限公司
29	国家体育场	中国建筑设计研究院 赫尔佐格与德梅隆建筑师事务所（瑞士） 奥雅纳工程顾问（香港）有限公司
30	国家游泳中心	中建国际（深圳）设计顾问有限公司 中建总公司 PTW 建筑设计 - 培特维建筑设计咨询(上海）有限公司 奥雅纳工程咨询（上海）有限公司
31	国家体育馆	北京市建筑设计研究院 北京城建设计研究总院有限公司
32	五棵松体育馆	北京市建筑设计研究院
33	西安高压电器研究所大容量试验室三期工程	中国新时代国际工程公司　西安高压电器研究所有限责任公司
34	成都飞机设计研究所歼十飞机研制保障条件建设项目	中国航空工业规划设计研究院
35	马钢股份公司“十一五”技术改造和结构调整 500 万 t/a 钢铁联合工程设计	中冶华天工程技术有限公司 马钢设计研究院有限责任公司 中冶南方工程技术有限公司 中冶京诚工程技术有限公司
36	武汉钢铁集团公司第二硅钢片厂工程设计	中冶南方工程技术有限公司
37	太原钢铁（集团）有限公司三号高炉易地大修工程设计	中冶赛迪工程技术股份有限公司
38	山东阳谷祥光铜业 400kt/a 阴极铜（一期 200kt/a）工程	中国瑞林工程技术有限公司
39	北京市限建区规划	北京市城市规划设计研究院
40	1112 工程	海军工程设计研究局

续表

第十四届（共 41 项） 2010 年公布		
	项目名称	项目名称
1	平朔煤炭工业公司安家岭露天煤矿	中煤国际工程集团沈阳设计研究院
2	上海外高桥第三发电厂工程	华东电力设计院
3	1000kV 晋东南—南阳—荆门特高压交流试验示范工程	中国电力工程顾问集团公司 华北电力设计院工程有限公司 中南电力设计院 华东电力设计院 东北电力设计院 西北电力设计院 西南电力设计院
4	通辽发电厂三期工程	东北电力设计院
5	岭澳核电站一期工程设计	中国核电工程有限公司 广东省电力设计研究院
6	黄河小浪底水利枢纽设计	黄河勘测规划设计有限公司
7	贵州北盘江光照水电站工程设计	中国水电顾问集团贵阳勘测设计研究院
8	沧州大化年产 5 万吨 TDI 项目	赛鼎工程有限公司
9	青海盐湖工业集团股份有限公司 100 万吨 / 年氯化钾项目	中蓝连海设计研究院（原化工部连云港设计研究院） 化工部长沙设计研究院 青海盐湖工业集团股份有限公司
10	中国石化海南炼油化工有限公司 800 万吨 / 年炼油工程	中国石化工程建设公司
11	苏里格气田苏 10 井区 $10 \times 10^8 m^3/a$ 天然气田地面建设工程	中油辽河工程有限公司
12	京津城际铁路总体设计	铁道第三勘察设计院集团有限公司 中铁电气化勘测设计研究院有限公司 北京全路通信信号研究设计院有限公司
13	铜陵至黄山高速公路	安徽省交通规划设计研究院
14	苏通长江公路大桥工程设计	中交公路规划设计院有限公司 江苏省交通规划设计院有限公司 同济大学建筑设计研究院（集团）有限公司
15	浙江省仙居至缙云高速公路苍岭隧道工程	浙江省交通规划设计研究院
16	上海国际航运中心洋山深水港区三期工程	中交第三航务工程勘察设计院有限公司
17	安徽华茂纺织股份有限公司精品紧密纺技术改造项目	安徽省纺织工业设计院
18	滁州安邦聚合高科有限公司聚酯工程	中国纺织工业设计院
19	河北燕赵水泥有限公司 4000t/d 级新型干法熟料生产线	天津水泥工业设计研究院有限公司

续表

第十四届（共 41 项）　2010 年公布		
	项目名称	项目名称
20	成都京东方光电科技有限公司第 4、5 代薄膜晶体管液晶显示器件（TFT—LCD）项目	世源科技工程有限公司
21	中国联通 GSM 网 2G\3G 互操作升级工程	中讯邮电咨询设计院有限公司
22	上海环球金融中心	华东建筑设计研究院有限公司
23	常州市体育会展中心	中国建筑西南设计研究院有限公司
24	浦东国际机场二期工程 T2 航站楼	华东建筑设计研究院有限公司
25	侵华日军南京大屠杀遇难同胞纪念馆扩建工程	华南理工大学建筑设计研究院
26	广东科学中心	中南建筑设计院股份有限公司
27	国家大剧院	北京市建筑设计研究院
28	重庆市主城区天然气系统改扩建工程头塘天然气储配站工程	中国市政工程华北设计研究总院
29	北京地铁 5 号线工程	北京城建设计研究总院有限责任公司 中铁电气化勘测设计研究院 北京全路通信信号研究设计院 北京市市政工程设计研究总院 中铁大桥勘测设计院有限公司 中铁第一勘察设计院集团有限公司 铁道部第二勘测设计院 铁道部第三勘测设计院 中铁（洛阳）隧道勘测设计院有限公司 总参工程兵第四设计研究院 第二炮兵工程设计研究院
30	上海白龙港城市污水处理厂升级改造及扩建工程	上海市政工程设计研究总院（集团）有限公司
31	北京市轨道交通首都机场线工程	北京市市政工程设计研究总院 北京城建设计研究总院有限责任公司 北京电铁通信信号勘测设计院有限公司 中铁电气化勘测设计研究院有限公司 中铁工程设计咨询集团有限公司 中铁隧道勘测设计院有限公司
32	新江湾城公共绿地（一期）工程	上海市园林设计院有限公司
33	汶川地震灾后恢复重建城镇体系规划、汶川地震灾后恢复重建农村建设规划	中国城市规划设计研究院 中国建筑设计研究院 四川省城乡规划设计研究院 甘肃省城乡规划设计研究院 陕西省城乡规划设计研究院
34	中国 2010 年上海世博会规划（总体规划、控制性详细规划、专项规划研究）	上海市城市规划设计研究院 上海同济城市规划设计研究院 上海现代建筑设计（集团）有限公司

续表

第十四届（共 41 项） 2010 年公布		
	项目名称	项目名称
35	8561 工程	第二炮兵工程设计研究院
36	9034 工程	总后建筑设计研究院
37	沈阳鼓风机（集团）股份有限公司战略重组易地改造项目	机械工业第二设计研究院
38	中船长兴岛造船基地一期工程	中船第九设计研究院工程有限公司
39	首钢京唐 1#5500m^3 高炉工程设计	北京首钢国际工程技术有限公司
40	首钢冷轧薄板生产线工程设计	中冶南方工程技术有限公司
41	宝钢集团上海浦东钢铁厂有限公司搬迁工程宽厚板轧机工程设计	中冶京诚工程技术有限公司

八、全国优秀计算机软件金奖（共八届）（表 9-7）

历届全国优秀计算机软件金奖项目　　表 9-7

第一届（共 7 项） 1989 年公布		
	项目名称	开发单位
1	高层框架剪力墙通用程序	机械电子部设计研究院
2	三维建筑造型软件	北京市建筑设计院 北京航空航天大学
3	工厂软模型设计（CAD）二次开发软件	中石化北京石油化工工程公司
4	管道自动设计软件包	东北电力设计院
5	ASPEN PLUS 的二次开发	中石化北京设计院
6	IBM—PC 兼容机压力容器设计计算程序软件包	化工部设备设计技术中心站等九个单位联合开发
7	PDCAD 选煤绘图软件	平顶山选煤设计研究院
第二届（共 7 项） 1991 年公布		
	项目名称	开发单位
1	1989 年规范抗震设计软件	中国建筑科学研究院工程抗震研究所 中国建筑科学研究院电子计算中心
2	化工装置工艺系统、管道、工程设计 CAD 系统	化工部第八设计院 CAD 工作组
3	井底车场运输系统模拟及绘图	邯郸煤炭设计研究院 北京煤炭设计研究院

续表

第二届（共 7 项） 1991 年公布		
	项目名称	开发单位
4	石油化工自控专业计算机辅助设计软件包	大庆石油化工设计院 兰州石油化工设计院 中国石化总公司北京设计院 北京石油化工工程公司 洛阳石油化工工程公司 扬子石油化工公司设计院 金陵石油化工公司设计院 上海石油化工总厂设计院
5	化工自控计算机辅助设计软件包	化工部第四设计院 化工部第三设计院 化工部第六设计院 化工部第八设计院 中国寰球化学工程公司 化工部第九设计院 化工部第一设计院 化工部自控设计技术中心站
6	火电厂总图 CAD 软件包（U1.0）	能源部华东电力设计院
7	地下模型软件包	能源部中南电力设计院
第三届（共 5 项） 1993 年公布		
	项目名称	开发单位
1	固定管板换热 CAD 系统	中石化北京石油化工工程公司
2	石油炼制工艺流程模拟系统	中石化北京设计院
3	化学除盐系统优化设计计算和 CAD 一体化软件	华北电力设计院 河南省电力勘测设计院
4	电力勘察设计 MIS 物资管理子系统	东北、华北、西北、中南、华东和西南电力设计院联合开发
5	铁路线路计算机辅助设计软件系统	济南铁路局勘测设计院 铁道部专业设计院 长沙铁道学院
第四届（共 7 项） 1997 年公布		
	项目名称	开发单位
1	工程设计 CAD 图形支撑系统 ECAD、工程设计数据库管理系统 EDDBMS	中京工程设计软件技术公司
2	电力系统电力电量平衡计算软件包	西北电力设计院
3	物流系统计算机动态仿真通用软件	机械部设计研究院

续表

第四届（共 7 项） 1997 年公布		
	项目名称	开发单位
4	石油化工静设备计算机辅助设计系统	中国石化洛阳石油化工工程公司 中国石化北京设计院 巴陵石油化工公司设计院 大庆石油化工设计院 石化高桥石油化工设计院 中国石化兰州设计院 巴陵石化长炼设计院 中国石化北京石油化工工程公司
5	石化总图计算机辅助设计及管理系统	中国石化北京设计院 中国石化北京石化工程公司 金陵石化设计院 茂名石化设计院 石家庄炼油厂设计所
6	催化反应—再生系统模拟优化软件（CCSOS）	中国石化北京设计院
7	PDA 微机系统配管工程设计软件包	上海化工设计院
第五届（共 7 项） 1999 年公布		
	项目名称	开发单位
1	广联达工程概预算软件包	北京设科技术开发中心 北京勘察设计协会技术经济委员会 北京广联达技术开发有限责任公司
2	大地（勘测）MIS 软件	电力规划设计总院 东北电力设计院 西北电力设计院 华北电力设计院 西南电力设计院 中南电力设计院 华东电力设计院 河北省电力勘测设计院
3	工厂设计系统（AutoPDS Verl.0）	电力规划设计总院 东大阿尔派软件股份有限公司 河北省电力勘测设计院 东北电力设计院 西北电力设计院 山西省电力勘测设计院
4	电厂电气一次系统设计软件包	华北电力设计院 山西省电力勘测设计院
5	数字同步网集中监控管理系统	邮电部设计院
6	港口工程总平面 CAD	中交水运规划设计院
7	煤炭采矿设计软件包	煤炭部南京、北京、邯郸、沈阳、武汉、合肥、太原、西安、重庆、济南设计院

续表

第六届（共 4 项）　2000 年公布		
	项目名称	开发单位
1	大庆油田工程勘察及地面建设信息系统	大庆油田建设设计研究院
2	BDI 办公自动化与信息化系统	中国石化集团北京设计院
3	项目物资管理与控制系统（PMCS）	中国石化集团北京工程公司
4	新建单双线铁路线路机助设计系统	长沙铁道学院 铁道部第二勘察设计院
第七届（共 5 项）　2003 年公布		
	项目名称	开发单位
1	863/CIMS 应用示范工程	中国石化工程建设公司
2	胜利油田地面建设地理信息系统	胜利油田勘察设计研究院
3	三维电力工程设计软件	北京国电华北电力工程有限公司
4	压水堆核电厂换料方案整数排列规划方法和程序的开发应用	上海核工程研究设计院
5	三峡二期工程大坝混凝土浇筑模拟分析系统	国家电力公司成都勘测设计研究院
第八届（共 5 项）　2005 年公布		
	项目名称	开发单位
1	新建铁路线路数字化设计平台的设计及应用	铁道第四勘察设计院
2	铜闪速冶金 NCC 软件	南昌有色冶金设计研究院
3	重庆城市基础地理信息系统	重庆市勘测院
4	烟草网建可视化管理信息系统	中兵勘察设计研究院
5	控制棒在事故工况下的落棒时间分析程序 SCRAM	上海核工程研究设计院
获全国优秀计算机软件一等奖项目		
2007 年公布的（共 1 项）		
1	计算机辅助选线设计（新线）	铁道第四勘察设计院
2008 年公布的（共 2 项）		
	项目名称	开发单位
1	北京奥运会残奥会开闭幕式表演设备控制软件研究	总装备部工程设计研究总院
2	西部地区公路地质灾害监测预报系统软件	贵州省交通规划勘察设计研究院
2009 年公布的（共 3 项）		
	项目名称	开发单位
1	金路隧道监控系统软件 V2.0	中交第一公路勘察设计研究院有限公司
2	广东省公路工程水文设计检算系统	广东省公路勘察规划设计院有限公司
3	电力设计智能化协同管理系统（基于规范化设计的流程在线管理系统）	内蒙古电力勘测设计院

续表

2011 年公布的（共 3 项）		
	项目名称	开发单位
1	交通运输部公路院参数化桥梁设计系统	北京交科公路勘察设计研究院有限公司
2	中冶赛迪不锈钢加热炉控制系统软件	中冶赛迪工程技术股份有限公司
3	铁路电气化接触网工程智能设计集成系统	中铁第四勘察设计院集团有限公司
2013 年公布的（共 4 项）		
	项目名称	开发单位
1	区间自动闭塞室外工程辅助设计系统	中铁第四勘察设计院集团有限公司
2	水利水电工程安全监测智能化数据管理分析及决策支持系统	中水东北勘测设计研究有限责任公司
3	桥梁设计系统（桥梁智能设计专家系统）	中交第二公路勘察设计研究院有限公司
4	基于 SOA 的协同设计平台	机械工业第六设计研究院有限公司，郑州大学综合设计研究院
2015 年公布（共 3 项）		
	项目名称	开发单位
1	CGB 交互式工程勘察设计云平台	重庆市勘测院、重庆市岩土工程技术研究中心，重庆智慧城市发展有限公司
2	沉管隧道结构 - 基础设计集成系统	中交公路规划设计院有限公司、中交公路长大桥建设国家工程研究中心有限公司
3	高速接触网悬挂安装智能模拟工艺设计系统	中铁第四勘察设计院集团有限公司、中国铁建电气化局集团有限公司，中铁电气化局集团有限公司
2017 年公布的（共 4 项）		
	项目名称	开发单位
1	智慧园区时空信息服务平台	北京市测绘设计研究院 城市空间信息工程北京市重点实验室
2	列车 - 结构相互作用分布式仿真平台 V1.0	中铁二院集团有限责任公司 西南交通大学
3	基于 BIM 的一体化设计协同管理系统	福建省建筑设计研究院 北京鸿业同行科技有限公司
4	工程建设材料编码与三维设计支持系统	中国石油工程建设有限公司
2019 年公布的（共 6 项）		
	项目名称	开发单位
1	面向 BIM 的铁路线路三维设计系统关键技术	中铁第四勘察设计研究院集团有限公司
2	市政规划设计云平台	重庆市勘测院
3	集成化设计和数字化工厂建设	中国石化工程建设有限公司 中国石油化工股份有限公司西南油气分公司

续表

2019 年公布的（共 6 项）		
	项目名称	开发单位
4	水利水电工程勘测三维可视化信息系统	长江岩土工程公司（武汉）
5	数字化设计及全生命周期管理技术在浙江仙居抽水蓄能电站中的应用	中国电建集团华东勘测设计研究院有限公司
6	运营轨道交通结构安全立体感知信息服务平台	上海勘察设计研究院（集团）有限公司

九、全国优秀工程建设标准设计金奖（共十届）（表 9-8）

历届全国优秀工程建设标准设计金奖项目　　**表 9-8**

第一届（共 9 项）　1992 年公布			
	图集号	图集名称	主编单位
1		华北、西北地区建筑构造通用图集	华北地区建筑标准设计协作办公室
2	87SG440	预应力混凝土马鞍形壳板	中国建筑标准设计研究所
3	CG329（一）	建筑物抗震构造详图	中国建筑西北设计院
4	89S842	钢筋混凝土倒锥壳保温水塔	铁道部专业设计院
5	87R412（一）	低温设备及管道保冷（岩棉制品）	南京玻璃纤维研究院
6	86D566	利用建筑物金属体做防雷及接地装置安装	机电部设计研究总院
7		TJ 型进罐推车机	兖州煤炭设计研究院
8		60kg/m 钢轨 12 号单开道岔	铁道部专业设计院
9		低净空隧道接触网单悬挂	铁道部第一勘察设计院
第二届（共 6 项）　1994 年公布			
	图集号	图集名称	主编单位
1	92SJ704（一）	硬聚氯乙烯塑钢门窗（一般型、全防腐型）	上海玻路塑料建材有限公司
2	机电 92G401（一）～（六）	单层灵活车间屋盖标准图	机电部设计研究院
3	91SG362	钢筋混凝土结构预埋件	机电部设计研究院
4	92T913	蒸汽喷射两级加热器	山西省忻州地区建筑设计院
5	专桥 2091	超低高度后张法部分预应力混凝土梁（跨度 32m、24m）	铁道部专业设计院
6	电化 1036 叁化 1121 等 40 册	电气化铁道接触网安装图	第一、二、三、四勘测设计院、电化局电气化研究设计院、郑州局西安设计院

续表

第三届（共 5 项） 1996 年公布			
	图集号	图集名称	主编单位
1	93SJ007（1-8）	道路	北京有色冶金设计研究总院
2	94G329（一）	建筑物抗震构造详图	北京市建筑设计研究院
3	91SB1-9	建筑设备施工安装通用图集	华北地区建筑设计标准化办公室
4	专桥 0153	铁路桥梁抢修通用图集	铁道部专业设计院
5	通号 6566 通号 6567	微机 - 组匣式集中连锁原理电路图册 微机 - 组匣式集中连锁匣内部电路图册	中国铁路通信信号总公司
第四届（共 4 项） 1999 年公布			
	图集号	图集名称	主编单位
1	96G101	混凝土结构施工图平面整体表示方法制图规则和构造详图	山东省建筑设计研究院 中国建筑标准设计研究所
2	96SJ101 96SG612	多孔砖墙体建筑构造、结构构造	中国建筑标准设计研究所 国家建材局科技司空心砖建筑体系推广组（参加）
3	97D374	低压母线分段断路器二次连接	中国纺织工业设计院
4	专线 4237 ～ 4244 4232 3014 3015 通号 9142 —9144 9147—9148	60kg/m 钢轨 12 号单开道岔、混凝土岔枕及 12、18 号单开道岔转换设备安装图集	铁道部专业设计院 北京全路通信信号研究设计院
第五届（共 6 项） 2000 年公布			
	图集号	图集名称	主编单位
1	88JX4-1 88JX4-2	居住建筑	华北地区建筑设计标准化办公室
2	97X700（上）（下）	智能建筑弱电工程设计施工图集	中国建筑标准设计研究所 工程建设标准设计分会弱电专业委员会
3	99SJ201	平屋面建筑构造	中国建筑标准设计研究所
4	97G329(二)~(九)	建筑物抗震构造详图	中国建筑西北设计院
5	专线 4223 ～ 4227	60kg/m 钢轨 18 号可动心轨辙叉单开道岔	铁道部专业设计院
6	95G335 97G336	单层工业厂房钢筋混凝土柱柱间支撑	中国建筑东北设计院

续表

第六届（共4项）　2003年公布			
	图集号	图集名称	主编单位
1	99R500	燃煤锅炉房工程设计施工图集	中国建筑标准设计研究所 全国工程建设标准设计动力专业专家委员会
2		农村电网工程典型设计 第一分册—10kV及以下工程	吉林省电力勘测设计院
3		火力发电厂600MW引进型机组主厂房参考设计	国家电力公司东北电力设计院
4	肆路（01）2034	浸水地区衡重式路肩挡土墙	铁道第四勘测设计院
第七届（共4项）　2005年公布			
	图集号	图集名称	主编单位
1	02R110	燃气（油）锅炉房工程设计施工图集	中元国际工程设计研究院
2	03D103	10kV及以下架空线路安装	铁道专业设计院
3	专桥（01）2051	后张法预应力混凝土梁	铁道专业设计院
4		2001年200亿斤国家储备粮库通用图	国贸工程设计院、 国家粮食储备局郑州科学研究设计院、 国家粮食储备局无锡科学研究设计院、 郑州粮油食品工程建筑设计院
第八届（共4项）　2006年公布			
	图集号	图集名称	主编单位
1	03G101-1，2，2s 04G101-3，4	混凝土结构施工图平面整体表示方法制图规则和构造详图	中国建筑标准设计研究院
2	04J801、05J804、04G103、04S901、04K601、04DX003	民用建筑工程施工图设计深度图样	中国中元国际工程公司 中国中南建筑设计研究院 中国建筑设计研究院机电专业设计研究院 中国建筑标准设计研究院 中国建筑设计研究院
3	通桥（2005）2322	时速350公里客运专线铁路无砟轨道后张法预应力混凝土双线简支箱梁（双线）	中铁工程设计咨询集团有限公司 铁道部经济规划研究院
4		计算机辅助选线设计（新线）	铁道第四勘察设计院

续表

第九届（共 1 项） 2008 年公布			
	图集号	图集名称	主编单位
1		国家电网公司输变电工程典型设计	国家电网公司 中国电力工程顾问集团公司 江苏省电力设计院 四川电力设计咨询有限责任公司 北京电力设计院 华东电力设计院 辽宁电力勘测设计院 陕西省电力设计院 上海电力设计院有限公司 北京国电华北电力工程有限公司 河南省电力勘测设计院 中南电力设计院 西北电力设计院
第十届（共 2 项） 2010 年公布			
	图集号	图集名称	主编单位
1		《民用建筑电气设计与施工》上、中、下三册	中国建筑设计研究院 中国建筑标准设计研究院 中铁工程设计咨询集团有限公司 中国航空规划建设发展有限公司 机械工业第一设计研究院 五洲工程设计研究院 全国工程建设标准设计强电专业专家委员会 中国纺织工业设计院
2		基于规范化设计的流程在线管理系统	内蒙古电力勘测设计院

十、国庆 60 周年全国工程勘察设计行业“六个十佳”

（一）“十佳感动中国工程设计”大奖名单

1. 大庆油田稳产 50 年产能工程设计，同时授予：大庆油田工程有限公司十佳自主技术创新企业大奖、总经理谢中立十佳现代管理企业家大奖。

2. 人民大会堂建筑设计，同时授予：北京市建筑设计研究院十佳自主技术创新企业大奖、院长朱小地十佳现代管理企业家大奖。

3. 三峡工程勘察设计，同时授予：长江水利委员会长江勘测规划设计研究院十佳自主技术创新企业大奖、院长钮新强十佳现代管理企业家大奖。

4. 青藏铁路工程勘察设计，同时授予：中铁第一勘察设计院集团有限公司十佳自主技术创新企业大奖、董事长兼院长王争鸣十佳现代管理企业家大奖。

5. 载人航天发射场工程设计，同时授予：总装备部工程设计研究总院十佳自主技术创新企业大奖、院长周凤广十佳现代管理企业家大奖。

6. 秦山核电站工程设计，同时授予：上海核工业研究设计院十佳自主技术创新企业大奖、院长郑明光十佳现代管理企业家大奖。

7. 宝钢工程勘察设计，同时授予：中冶赛迪工程技术股份有限公司十佳自主技术创新企业大奖、董事长肖学文十佳现代管理企业家大奖。

8. 西气东输管道工程设计，同时授予：中国石油天然气管道工程有限公司十佳自主技术创新企业大奖、总经理董旭十佳现代管理企业家大奖。

9. 苏通长江公路大桥工程勘察设计，同时授予：中交公路规划设计院有限公司十佳自主技术创新企业大奖、董事长兼总经理张喜刚十佳现代管理企业家大奖。

10. 国家体育场（鸟巢国内部分）工程设计，同时授予：中国建筑设计研究院十佳自主技术创新企业大奖、总经理修龙十佳现代管理企业家大奖。

（二）“十佳工程承包企业”大奖名单

1. 中国寰球工程公司，同时授予：总经理汪世宏十佳现代管理企业家大奖。

2. 中国成达工程有限公司，同时授予：董事长曹光十佳现代管理企业家大奖。

3. 五环科技股份有限公司，同时授予：董事长兼总经理程腊春十佳现代管理企业家大奖。

4. 中国石化工程建设公司，同时授予：总经理刘家明十佳现代管理企业家大奖。

5. 中冶京诚工程技术有限公司，同时授予：董事长施设十佳现代管理企业家大奖。

6. 天津水泥工业设计研究院有限公司，同时授予：董事长兼总经理于兴敏十佳现代管理企业家大奖。

7. 中国核电工程有限公司，同时授予：总经理李晓明十佳现代管理企业家大奖。

8. 中国机械工业集团公司，同时授予：总经理徐建十佳现代管理企业家大奖。

9. 中国联合工程公司，同时授予：总经理郭伟华十佳现代管理企业家大奖。

10. 中船第九设计研究院工程有限公司，同时授予：董事长黄岗十佳现代管理企业家大奖。

11. 中国电力工程顾问集团西北电力设计院，同时授予：院长张文斌十佳现代管理企业家大奖。

12. 广东省电力设计研究院，同时授予：院长唐红键十佳现代管理企业家大奖。

13. 中国纺织工业设计院，同时授予：院长周华堂十佳现代管理企业家大奖。

（三）“十佳自主技术创新企业”大奖名单

1. 中国中元国际工程公司，同时授予：总经理丁建十佳现代管理企业家大奖。

2. 中国石化集团洛阳石油化工工程公司，同时授予：总经理阎少春十佳现代管理企业家大奖。

3. 贵阳铝镁设计研究院，同时授予：院长黄粮成十佳现代管理企业家大奖。

4. 铁道第三勘察设计院集团有限公司，同时授予：总经理王洪宇十佳现代管理企业家大奖。

5. 中铁第四勘察设计院集团有限公司，同时授予：董事长蒋再秋十佳现代管理企业家大奖。

6. 中煤国际工程集团北京华宇工程有限公司，同时授予：总经理李明辉十佳现代管理企业家大奖。

7. 中煤国际工程集团南京设计研究院，同时授予：院长孔祥国十佳现代管理企业家大奖。

8. 中国航空规划建设发展有限公司（中国航空工业规划设计研究院），同时授予：总经理廉大为十佳现代管理企业家大奖。

9. 上海现代建筑设计（集团）有限公司，同时授予：总经理张桦十佳现代管理企业家大奖。

10. 上海市政工程设计研究总院，同时授予院长汤伟十佳现代管理企业家大奖。

11. 辽宁省交通规划设计院，同时授予：院长曲向进十佳现代管理企业家大奖。

12. 中广电广播电影电视设计研究院，同时授予：院长许家奇十佳现代管理企业家大奖。

（四）“十佳民营勘察设计企业”大奖名单

1. 上海岩土工程勘察设计研究院有限公司
同时授予：董事长张富根十佳现代管理企业家大奖

2. 华汇工程设计集团有限公司
同时授予：董事长袁建华十佳现代管理企业家大奖

3. 苏州市市政工程设计院有限责任公司
同时授予：董事长史佩杰十佳现代管理企业家大奖

4. 河北建设勘察研究院有限公司

同时授予：董事长韩立君十佳现代管理企业家大奖
5. 山东同圆设计集团有限公司
同时授予：董事长吕建平十佳现代管理企业家大奖
6. 天津华汇工程建筑设计有限公司
同时授予：董事长周凯十佳现代管理企业家大奖
7. 河南省水利勘测设计有限公司
同时授予：董事长兼总经理瞿渊军十佳现代管理企业家大奖
8. 新疆轻工业设计研究院有限责任公司
同时授予：董事长卢向豹十佳现代管理企业家大奖
9. 杭州市园林设计院有限公司
同时授予：董事长何韦十佳现代管理企业家大奖
10. 深圳陈世民建筑师事务所有限公司
同时授予：董事长兼总建筑师陈世民十佳现代管理企业家大奖

（五）“十佳具有行业影响力人物”大奖名单

吴凤池　协会工作和工程咨询开创人之一，原国家计委设计局副局长、中国勘察设计协会顾问组组长。

张钦楠　行业执业考试注册制度主要创建人之一，原城乡建设与环境保护部设计局局长，原注册建筑师管委会副主任、中国建筑学会副理事长。

赵俊林　推行行业技术经济责任制和执业注册制度代表人物之一，辽宁省建委原主任、辽宁省勘察设计协会理事长、中国勘察设计协会副理事长。

何镜堂　中国建筑文化创新人物之一，中国工程院院士、华南理工大学建筑设计研究院院长。

唐礼民　化工设计体制改革带头人之一，全国工程设计评选专家委员会主任、原化工部基建局设计管理处处长。

王彦梅　推动行业信息化建设代表人物之一，中国勘察设计协会信息化工作指导委员会秘书长，计算机应用工作委员会主任。

赵俊生　建筑设计行业改制倡导人之一，黑龙江省建筑设计研究院顾问总工程师，中国勘察设计协会原副秘书长。

萧汉英　为勘察行业服务业绩显著，中国勘察设计协会工程勘察与岩土分会秘书长，建设部建筑工程技术专家委员会委员。

林效森　地方行业协会创建、推动会员单位改革发展业绩显著，河南省勘察设计协会秘书长。

祖维中　开创军队设计领域和协会工作业绩显著，中国人民解放军工程建设协会规划与设计委员会副主任委员。

（六）“十佳现代管理企业家”大奖名单

汪建平 中国电力工程顾问集团公司总经理
吴嘉林 中煤国际工程集团武汉设计院院长
韩志刚 中讯邮电咨询设计院有限公司董事长兼总经理
宋海良 中交水运规划设计院有限公司董事长兼总经理
沈小克 北京勘察设计研究院有限公司董事长
彭　寿 中国建材国际工程股份有限公司董事长兼总经理
晏志勇 中国水电工程顾问集团公司总经理
胡　萍 中国电子工程设计院院长
刘桂生 北京市市政工程设计研究总院院长
杨志敏 上海惠生河南化工设计院院长

十一、国庆 70 周年全国工程勘察设计行业“我和祖国共成长”活动

（一）杰出人物（共 118 位）（表 9-9）

“我和祖国共成长”杰出人物　　表 9-9

序号	姓名	所属单位	职务
1	吴奕良	中国勘察设计协会	第一届、第二届副理事长， 第三、四届理事长， 第五届名誉理事长
2	吴凤池	中国勘察设计协会	第一届副理事长
3	杨启后	中国勘察设计协会	第二届副理事长
4	何立山	中国勘察设计协会	第二届副理事长
5	郑春源	中国勘察设计协会	第三、四届副理事长
6	赵俊林	中国勘察设计协会	第三、四、五届副理事长
7	王　玉	中国勘察设计协会	第三届副理事长
8	孟祥恩	中国勘察设计协会	第三届副理事长
9	袁　纽	中国勘察设计协会 中国石油和化工勘察设计协会	第三届副理事长 第三、四、五届理事会理事长
10	曲际水	中国勘察设计协会	第五届副理事长
11	白丽亚	中国勘察设计协会	第五届副理事长
12	吕伟业	电力规划设计总院 （中国电力工程顾问公司）	党组书记、院长（总经理）

续表

序号	姓名	所属单位	职务
13	姚　强	中国电力建设集团公司	副总经理
14	李爱民	中国电力规划设计协会	副理事长、秘书长
15	黄锡璆	中国中元国际工程有限公司	首席顾问、总建筑师
16	申昌明	中国汽车工业工程有限公司	院长
17	李孝振	中水北方勘测设计研究有限责任公司	董事长
18	朱闻博	深圳市水务规划设计院股份有限公司	党委书记、董事长
19	张喜刚	中国交通建设股份有限公司	总工程师、技术中心主任
20	胡建华	湖南省交通规划勘察设计院有限公司	党委书记、副院长
21	汪双杰	中交第一公路勘察设计研究院有限公司	总经理
22	周光耀	中国成达工程有限公司	副总工程师
23	肖学文	中冶赛迪集团有限公司	董事长、党委书记
24	冯冠学	中煤邯郸设计工程有限责任公司	原执行董事、总工程师
25	周少雷	大地工程开发（集团）有限公司	总经理
26	肖明清	中铁第四勘察设计院集团有限公司	副总工程师
27	董　勇	中铁第一勘察设计院集团有限公司	院长
28	张海波	中铁二院工程集团有限责任公司	副总工程师
29	杨志海	中国轻工业勘察设计协会	理事长
30	徐平佳	中国轻工业武汉设计工程有限责任公司	总经理、董事长
31	韩景宽	中国石油天然气股份有限公司规划总院	院长
32	宋少光	中国寰球工程有限公司	副总经理、总工程师
33	黄经秋	中国有色金属工业昆明勘察设计研究院有限公司	总工程师
34	严大洲	中国恩菲工程技术有限公司	副总工程师
35	唐尊球	中国瑞林工程技术股份有限公司	总工程师
36	张　建	昆明有色冶金设计研究院股份公司	副总工程师
37	何醒民	长沙有色冶金设计研究院有限公司	副总工程师
38	张栋材	中国有色金属长沙勘察设计研究院有限公司	顾问总工程师
39	何小龙	天津水泥工业设计研究院有限公司	董事长、总经理
40	张传武	河南省纺织建筑设计院有限公司	董事长
41	蔡小平	山东省纺织设计院	党委书记、院长
42	邢　继	中国核电工程有限公司	总工程师
43	秦　敏	河北中核岩土工程有限责任公司	副总经理
44	景　益	上海核工程研究设计院有限公司	院级专家
45	徐承恩	中国石化工程建设有限公司	中国工程院院士

续表

序号	姓名	所属单位	职务
46	陈俊武	中石化洛阳工程有限公司	中国科学院（化学部）学部委员、经理、技术委员会名誉主任
47	张庆燧	中国五洲工程设计集团有限公司	副总工程师
48	化建新	中兵勘察设计研究院有限公司	总工、副总经理
49	张亚秋	中讯邮电咨询设计院有限公司	公司副总经理（副院长）
50	高　鹏	中国移动通信集团设计院有限公司	副院长、总工程师
51	沈顺高	中国航空规划设计研究总院有限公司	总经理
52	周　凯	中国航空规划设计研究总院有限公司	院长
53	唐芳林	国家林业和草原局昆明勘察设计院	院长
54	金　敏	中石化上海工程有限公司 中国医药工程设计协会	原副总经理 会长
55	秦学礼	世源科技工程有限公司	副总工程师
56	王毅勃	电子第十一设计研究院科技工程股份有限公司	高级副院长
57	朱　明	农业农村部规划设计研究院	原院长、二级研究员
58	崔　愷	中国建筑设计研究院有限公司	总建筑师
59	施仲衡	北京城建设计发展集团股份有限公司	首席顾问
60	邵韦平	北京市建筑设计研究院有限公司	总建筑师
61	沈小克	北京市勘察设计研究院有限公司	董事长
62	顾宝和	建设综合勘察研究设计院有限公司	顾问总工程师
63	刘景樑	天津市建筑设计院	名誉院长
64	朱兆芳	天津市市政工程设计研究院	原院副总工
65	周　恺	天津华汇工程建筑设计有限公司	总建筑师
66	彭一刚	天津大学建筑设计研究院	名誉院长
67	梁金国	河北省工程勘察设计咨询协会	会长
68	孙兆杰	北方工程设计研究院有限公司	总经理、首席总建筑师
69	赵友亭	山西省发展和改革委员会	副主任
70	于　泽	包钢勘察测绘研究院	专业总工（原总工程师）
71	任炳文	中国建筑东北设计研究院有限公司	总建筑师
72	王凯峰	辽宁省建筑设计研究院有限责任公司 （辽宁省人防建筑设计研究院有限责任公司）	党委书记、董事长
73	王玉芝	吉林省嘉源建筑工程咨询有限公司	董事长
74	王　欣	吉林省建苑设计集团有限公司	董事长
75	魏洪林	哈尔滨工业大学建筑设计研究院	常务副院长
76	陈剑飞	哈尔滨工业大学建筑设计研究院	总院副院长、总建筑师

续表

序号	姓名	所属单位	职务
77	唐玉恩	华建集团上海建筑设计研究院有限公司	总建筑师
78	黄向明	上海天华建筑设计有限公司	总建筑师
79	王　云	上海亦境建筑景观有限公司 上海交通大学设计学院风景园林系	董事长、首席设计师、系主任
80	王延华	上海山南勘测设计有限公司	董事长
81	杜　勤	上海林同炎李国豪土建工程咨询有限公司	董事长、总经理
82	郭　嘉	上海民防建筑研究设计院有限公司	董事长
83	冯正功	中衡设计集团股份有限公司	董事长、总建筑师
84	符冠华	苏交科集团股份有限公司	董事长
85	益德清	浙江省建筑设计研究院	顾问总工程师
86	程泰宁	杭州中联筑境建筑设计有限公司	董事长
87	李　彪	安徽省城建设计研究总院股份有限公司	董事长
88	徐　勤	合肥工业大学设计院（集团）有限公司	原总工程师
89	黄汉民	福建省建筑设计研究院有限公司	顾问总建筑师
90	陈汉民	福建省建筑设计研究院有限公司	顾问总工程师
91	车宇琳	江西省交通设计研究院有限责任公司	原院长、党委书记
92	张建华	江西省水利规划设计研究院	副院长
93	李天世	烟台市建筑设计研究股份有限公司	董事长
94	申作伟	山东大卫国际建筑设计有限公司	董事长
95	杨　彬	中赟国际工程有限公司	董事长
96	关　罡	郑州大学综合设计研究院有限公司	总经理
97	钮新强	长江勘测规划设计研究院	党委副书记、院长
98	盛　晖	中铁第四勘察设计院集团有限公司	集团公司副总工程师
99	杨　瑛	湖南省建筑设计院有限公司	总建筑师
100	魏春雨	湖南大学设计研究院有限公司	首席总建筑师
101	何镜堂	华南理工大学建筑设计研究院有限公司	董事长
102	孟建民	深圳市建筑设计研究总院有限公司	总建筑师
103	郭明卓	广州市设计院	原副院长、总建筑师，现任顾问总建筑师
104	陈　雄	广东省建筑设计研究院	副院长、总建筑师
105	王金华	海南泓景建筑设计有限公司	总经理
106	顾　涛	广西壮族自治区建筑科学研究设计院	副院长
107	张　中	玉林市城乡规划设计院	副院长
108	杨　弘	重庆市市政设计研究院	院长

续表

序号	姓名	所属单位	职务
109	龙卫国	中国建筑西南设计研究院有限公司	党委书记、董事长
110	陈中义	四川省建筑设计研究院	经理、原党委书记
111	漆贵荣	贵州省交通规划勘察设计研究院股份有限公司	总经理
112	徐张建	西北综合勘察设计研究院	总工程师
113	赵元超	中国建筑西北设计研究院有限公司	院总建筑师
114	宁崇瑞	兰州有色冶金设计研究院有限公司	副总经理、总建筑师
115	王亚峰	青海东亚工程建设管理咨询有限公司	总经理
116	哈岸英	宁夏水利水电勘测设计研究院有限公司	董事长
117	孙国城	新疆维吾尔自治区建筑设计研究院	院总工程师、名誉总工程师
118	郭梦莹	航天建筑设计研究院有限公司	分院总工程师

（二）科技创新带头人（共168位）（表9–10）

"我和祖国共成长"科技创新带头人　　表9-10

序号	姓名	所属单位	职务
1	谢秋野	电力规划总院有限公司	党委书记、董事长
2	陈仁杰	中国电力工程顾问集团华东电力设计院有限公司	原总工程师
3	张宗亮	中国电建集团昆明勘测设计研究院有限公司	副总经理、总工程师
4	王仁坤	中国电建集团成都勘测设计研究院有限公司	副总经理、总工程师
5	梁言桥	中国电力工程顾问集团中南电力设计院有限公司	副总工程师
6	杨启贵	长江勘测规划设计研究院	副院长、总工程师
7	杜雷功	中水北方勘测设计研究有限责任公司	副总经理、总工程师
8	彭　立	湖南省交通规划勘察设计院有限公司	总工程师
9	吴德兴	浙江省交通规划设计研究院有限公司	党委书记、董事长
10	上官甦	中国公路工程咨询集团有限公司	党委书记、董事长
11	牟廷敏	四川省公路规划勘察设计研究院有限公司	总工程师
12	杨克俭	中国天辰工程有限公司	副总工、研发首席技术总监
13	黄泽茂	中国成达工程有限公司	工艺技术开发领导、总工程师
14	闫少伟	赛鼎工程有限公司	总工程师、总经理
15	余维江	中冶赛迪集团有限公司	科技工作主管领导
16	耿建平	煤炭工业太原设计研究院集团有限公司	副总经理、总工程师
17	闫红新	煤炭工业合肥设计研究院有限责任公司	院长、董事长
18	宫守才	中煤西安设计工程有限责任公司	总工程师

续表

序号	姓名	所属单位	职务
19	李德春	中煤邯郸设计工程有限责任公司	总经理、总工程师
20	朱　丹	中铁第四勘察设计院集团有限公司	集团公司总工程师
21	王争鸣	轨道交通工程信息化国家重点实验室（中铁第一勘察设计院集团有限公司）	主任
22	许佑顶	中铁二院工程集团有限责任公司	总工程师、副总经理
23	徐升桥	中铁工程设计咨询集团有限公司	公司副总工程师、桥梁院总工程师
24	孙树礼	中国铁路设计集团有限公司	副总经理、总工程师
25	彭　军	中国轻工业南宁设计工程有限公司	总工程师
26	赵笑萍	山东省轻工业设计院	总工程师
27	林　卫	中国轻工业长沙工程有限公司	副总、总经理
28	陈荣荣	中国轻工业广州工程有限公司	董事长
29	张来勇	中国寰球工程有限公司	副总经理、总工程师、公司技术委员会主任
30	赵雪峰	大庆油田工程有限公司	总规划师
31	汤晓勇	中国石油工程建设有限公司西南分公司	总工程师
32	杜年春	中国有色金属长沙勘察设计研究院有限公司	副总经理、总工程师、科研中心主任
33	刘文连	中国有色金属工业昆明勘察设计研究院有限公司	副总经理、总工程师、党委委员
34	周　伟	昆明有色冶金设计研究院股份公司	总建筑师
35	谭荣和	长沙有色冶金设计研究院有限公司	总经理、总工程师
36	邓爱民	中国瑞林工程技术股份有限公司	装备公司总经理、总工程师
37	刘海威	中国恩菲工程技术有限公司	副总工程师、首席专家
38	彭学平	天津水泥工业设计研究院有限公司	副院长、副总工程师
39	吴　澎	中交水运规划设计院有限公司	副院长、总工程师
40	李洪求	北京维拓时代建筑设计股份有限公司	结构总工程师
41	郭书勤	河南省纺织建筑设计院有限公司	技术总监（总工程师）
42	高　峰	深圳中广核工程设计有限公司	副院长
43	武中地	中核新能核工业工程有限责任公司	总工程师、科技委主任
44	杨红义	中国原子能科学研究院	反应堆工程技术研究部主任
45	倪玉辉	中核第四研究设计工程有限公司	副总工程师（原）
46	李　浩	中国石化工程建设有限公司	副总经理
47	朱华兴	中石化洛阳工程有限公司	副总经理、总工程师
48	王金波	中国五洲工程设计集团有限公司	常务副总工程师

续表

序号	姓名	所属单位	职务
49	赵术强	中兵勘察设计研究院有限公司	副总工程师
50	姜　鑫	北京北方节能环保有限公司	总工程师、中国兵器科技带头人
51	孔　力	中讯邮电咨询设计院有限公司	公司总工程师
52	葛家琪	中国航空规划设计研究总院有限公司	首席专家、总结构师
53	王笃礼	中航勘察设计研究院有限公司	总经理、党委副书记、总工程师
54	张立峰	中国航空规划设计研究总院有限公司	执行总工艺师、航空业务部副部长
55	张煜星	国家林业和草原局调查规划设计院	副院长、书记
56	彭长清	国家林业和草原局中南调查规划设计院	院长
57	娄　宇	中国电子工程设计院有限公司	董事、党委委员、总经理、总工程师
58	齐　飞	农业农村部规划设计研究院	总工程师
59	杨秀仁	北京城建设计发展集团股份有限公司	总工程师、国家工程实验室主任
60	朱忠义	北京市建筑设计研究院有限公司	副总工程师
61	周宏磊	北京市勘察设计研究院有限公司	总工程师
62	包琦玮	北京市市政工程设计研究总院有限公司	公司总工程师
63	赵　锂	中国建筑设计研究院有限公司	副院长、总工程师
64	贾光军	北京市测绘设计研究院	总工程师
65	钱嘉宏	北京市住宅建筑设计研究院有限公司	总经理，副总建筑师
66	陈　刚	北京市地质工程勘察院	副总工程师
67	高文新	北京城建勘测设计研究院有限责任公司	副院长
68	傅志斌	建设综合勘察研究设计院有限公司	院副总工程师
69	伍小亭	天津市建筑设计院	院总工程师
70	刘旭锴	天津市市政工程设计研究院	院总工程师
71	郑兴灿	中国市政工程华北设计研究总院有限公司	总工程师
72	贺维国	中铁第六勘察设计院集团有限公司隧道设计分公司	总工程师
73	范建国	中铁第六勘察设计院集团有限公司	总工程师
74	于敬海	天津大学建筑设计研究院	总工程师
75	聂庆科	河北建设勘察研究院有限公司	总工程师
76	习朝位	河北建筑设计研究院有限责任公司	总工程师
77	赵士永	河北省建筑科学研究院有限公司	总工程师
78	杨国红	中国能源建设集团山西省电力勘测设计院有限公司	总工程师

续表

序号	姓名	所属单位	职务
79	严　平	太原市建筑设计研究院	总建筑师
80	赵学军	内蒙古自治区林业监测规划院	副院长
81	刘　丰	内蒙古电力勘测设计院有限责任公司	总工程师
82	张伶伶	沈阳建筑大学规划建筑设计研究院	总建筑师
83	王立长	大连市建筑设计研究院有限公司	首席总工程师
84	李庆钢	辽宁省建筑设计研究院有限责任公司	副院长、总工程师
85	陈　勇	中国建筑东北设计研究院有限公司	技术中心主任、专业总工程师
86	宋　刚	长春市市政工程设计研究院	院长
87	纪　强	长春黄金设计院有限公司	党委书记
88	姚　飞	中国电建集团吉林省电力勘测设计院有限公司	党委书记
89	王金国	大庆油田工程有限公司	副总工程师
90	张小冬	哈尔滨工业大学建筑设计研究院	技术副院长、总工程师
91	姚天宇	哈尔滨市市政工程设计院	院总工程师
92	丁洁民	同济大学建筑设计研究院（集团）有限公司	总工程师
93	顾国荣	上海勘察设计研究院（集团）有限公司	副总裁（分管技术）
94	李亚明	华建集团上海建筑设计研究院有限公司	总工程师
95	徐一峰	上海市城市建设设计研究总院（集团）有限公司	总工程师
96	缪俊发	上海广联环境岩土工程股份有限公司	总工程师
97	王　洁	上海刘杰建筑设计有限公司	总经理
98	陈众励	华建集团上海建筑设计研究院有限公司	电气总工程师
99	汪　杰	南京长江都市建筑设计股份有限公司	董事长
100	王维锋	中设设计集团股份有限公司	副总工、研发中心主任
101	张宇峰	苏交科集团股份有限公司	交通科学研究院副院长
102	孙国超	中石化南京工程有限公司	公司首席专家
103	程寒飞	中冶华天南京工程技术有限公司	公司首席专家、水环境技术研究院院长
104	杨学林	浙江省建筑设计研究院	副院长
105	单玉川	浙江工业大学工程设计集团有限公司	董事长、总工程师
106	蒋建良	浙江省工程勘察院	副院长、首席专家
107	徐一鸣	华汇工程设计集团股份有限公司	总裁、法人代表
108	郭晓晖	宁波市建筑设计研究院有限公司	副总建筑师
109	曾　伟	安徽省建筑科学研究设计院	总工程师
110	刘复友	安徽省城乡规划设计研究院	总规划师（副院长）

续表

序号	姓名	所属单位	职务
111	吴东彪	安徽省城建设计研究总院股份有限公司	技术副总经理
112	戴一鸣	福建省建筑设计研究院有限公司	总工程师
113	许思龙	中国电建集团江西省电力设计院有限公司	董事长、党委书记
114	贾益纲	南昌大学设计研究院	院长
115	陈　国	江西省交通设计研究院有限责任公司	主任
116	谭现锋	山东省鲁南地质工程勘察院	院长
117	张志华	青岛市勘察测绘研究院	院长
118	陈　峰	山东省城建设计院	设计院副院长、设计院党总支副书记
119	张维汇	山东省建筑设计研究院有限公司	总工程师
120	银永明	中石化中原石油工程设计有限公司	执行董事、总经理
121	高　英	河南省水利勘测设计研究有限公司	总经理助理、数字工程院院长
122	周同和	郑州大学综合设计研究院有限公司	所长
123	崔国游	河南五方合创建筑设计有限公司	董事长、总经理
124	潘国友	中冶南方工程技术有限公司	副总经理、总工程师
125	高宗余	中铁大桥勘测设计院集团有限公司	总工程师
126	李树苑	中国市政工程中南设计研究总院有限公司	总工程师
127	桂学文	中南建筑设计院股份有限公司	公司首席总建筑师
128	郭　健	湖南大学设计研究院有限公司	副总经理 总工程师
129	谭广文	广州普邦园林股份有限公司	集团副总裁、首席专家
130	孙占琦	中建科技有限公司	中建科技装配式设计研究院副院长、总工程师、深圳分公司院长、设计总监
131	范跃虹	广州市城市规划勘测设计研究院	党委副书记、纪委书记
132	宁平华	广州市市政工程设计研究总院有限公司	总工程师
133	史海欧	广州地铁设计研究院股份有限公司	总工程师
134	张良平	深圳华森建筑与工程设计顾问有限公司	总工程师
135	孙立德	广东勘设建筑技术服务中心	总工程师
136	徐其功	广东省建科建筑设计院有限公司	总工程师
137	任学斌	海南省建筑设计院	院长
138	徐忠胜	海南地质综合勘察设计院	总工程师
139	朱惠英	广西壮族自治区建筑科学研究设计院	副院长
140	卢玉南	广西华蓝岩土工程有限公司	董事长、技术总监

续表

序号	姓名	所属单位	职务
141	黄展业	广西建工集团第五建筑工程有限责任公司设计研究院	党委书记、院长
142	钟明全	重庆市交通规划勘察设计院	总工程师
143	吕　波	重庆市市政设计研究院	城市环境分院院长
144	向泽君	重庆市勘测院	副院长
145	丁小猷	重庆市绿色建筑技术促进中心	主任
146	王福敏	招商局重庆交通科研设计院有限公司	党委书记、董事长、前总工
147	冯　远	中国建筑西南设计研究院有限公司	总工程师
148	章一萍	四川省建筑设计研究院	院总工程师
149	湛正刚	中国电建集团贵阳勘测设计研究院有限公司	副总工程师、设计总工程师
150	杜　镔	贵州省交通规划勘察设计研究院股份有限公司	科技事业部总经理
151	申献平	贵州省水利水电勘测设计研究院	院长
152	吴　琨	中国建筑西北设计研究院有限公司	总工程师
153	杨　琦	中国建筑西北设计研究院有限公司	总工程师
154	张　耀	西部建筑抗震勘察设计研究院有限公司	董事长、院长
155	赵治海	西北综合勘察设计研究院	副总工程师
156	周　敏	中国建筑西北设计研究院有限公司	院副总工程师
157	李晓民	甘肃省交通规划勘察设计院股份有限公司	副总经理
158	陈天镭	兰州有色冶金设计研究院有限公司	科技管理部部长，副总工程师
159	胡东祥	青海省建筑勘察设计研究院有限公司	总建筑师
160	陈向东	新疆建筑科学研究院（有限责任公司）	党委副书记、纪委书记、工会主席、科技工作主管领导
161	杨文泽	新疆兵团勘测设计院（集团）有限责任公司	党委副书记、副总经理
162	杨新龙	新疆交通规划勘察设计研究院	副院长
163	李文新	水利部新疆维吾尔自治区水利水电勘测设计研究院	院党委委员、技术副院长
164	郭晓光	航天建筑设计研究院有限公司	分院院长
165	黄晓家	中国中元国际工程有限公司	副总工程师
166	王永超	中机中联工程有限公司	建筑创作与技术研究院院长
167	郑建国	机械工业勘察设计研究院有限公司	总工程师
168	阮　兵	中国汽车工业工程有限公司	总工程师、副总经理

（三）优秀企业家（院长）（共计185位）（表9–11）

"我和祖国共成长"优秀企业家（院长）　　表9-11

序号	姓名	所属单位	职务
1	罗必雄	中国能源建设集团广东省电力设计研究院有限公司	院长
2	张满平	中国电力工程顾问集团西北电力设计院有限公司 中国能源建设集团规划设计有限公司	党委书记、董事长
3	侯　磊	四川电力设计咨询有限责任公司	党委书记、董事长
4	林一文	福建永福电力设计股份有限公司	董事长、总经理
5	郭伟华	中国联合工程有限公司	党委书记、董事长
6	丁　建	中国中元国际工程有限公司	董事长、总建筑师
7	黄　岗	中船第九设计研究院工程有限公司	董事长、总经理
8	杨永林	机械工业勘察设计研究院有限公司	总经理
9	陈有权	中国汽车工业工程有限公司	董事长
10	易　凡	中机国际工程设计研究院有限责任公司	党委副书记、总经理
11	金正浩	中水东北勘测设计研究有限责任公司	院长
12	张金良	黄河勘测规划设计研究院有限公司	党委书记、董事长
13	冯树荣	中国电建集团中南勘测设计研究院有限公司	党委书记、董事长
14	石小强	上海勘测设计研究院有限公司	党委书记、董事长
15	唐巨山	浙江省水利水电勘测设计院	党委副书记、院长
16	裴岷山	中交公路规划设计院有限公司	党委书记、董事长
17	徐　君	北京国道通公路设计研究院股份有限公司	总经理
18	吴明先	中交第一公路勘察设计研究院有限公司	党委书记、董事长
19	李怀峰	山东省交通规划设计院	院长
20	袁学民	中国天辰工程有限公司	党委书记、董事长、总经理
21	缪大为	中国成达工程有限公司	院长
22	程腊春	中国五环工程有限公司	党委书记、董事长
23	韩国瑞	中冶京诚工程技术有限公司	党委书记、董事长
24	余朝晖	中冶赛迪工程技术有限公司	党委副书记、董事、总经理
25	杨勇翔	中煤科工集团重庆设计研究院有限公司	董事长、院长
26	徐忠和	煤炭工业太原设计研究院集团有限公司	党委书记、董事长
27	马培忠	中煤科工集团沈阳设计研究院有限公司	董事长、院长
28	申斌学	中煤西安设计工程有限责任公司	执行董事、总经理

续表

序号	姓名	所属单位	职务
29	刘为民	中铁第一勘察设计院集团有限公司	党委书记、董事长
30	朱　颖	中铁二院工程集团有限责任公司	总经理
31	刘为群	中国铁路设计集团有限公司	党委书记、董事长
32	李寿兵	中铁工程设计咨询集团有限公司	党委书记、董事长
33	汤友富	中铁第五勘察设计院集团有限公司	党委书记、董事长
34	徐大同	中国海诚工程科技股份有限公司	党委书记、董事长
35	张建新	中国中轻国际工程有限公司	董事长
36	陈志明	中国轻工业长沙工程公司	董事长、总经理
37	白晓明	黑龙江省轻工设计院	党委书记、院长
38	王新革	中国寰球工程有限公司	党委书记、执行董事、总经理
39	夏　政	西安长庆科技工程有限责任公司（长庆勘察设计研究院）	董事长、总经理
40	刘中民	中国石油工程建设有限公司 北京设计分公司	总经理
41	陆志方	中国恩菲工程技术有限公司	党委书记、董事长
42	廖江南	长沙有色冶金设计研究院有限公司	党委书记、执行董事
43	赵志锐	中国有色金属工业昆明勘察设计研究院有限公司	党委副书记、执行董事、总经理
44	廖从荣	中国有色金属长沙勘察设计研究院有限公司	执行董事、总经理
45	宋寿顺	天津水泥工业设计研究院有限公司	董事长
46	彭　寿	中国建材国际工程集团有限公司	党委书记、董事长
47	李伟仪	中交第四航务工程勘察设计院有限公司	党委副书记、副董事长、总经理
48	李　健	上海纺织建筑设计研究院有限公司	院长
49	高　乐	陕西省现代建筑设计研究院	院长
50	刘　巍	中国核电工程有限公司	总经理
51	郑明光	上海核工程研究设计院有限公司	院长
52	上官斌	深圳中广核工程设计有限公司	院长
53	孙丽丽	中国石化工程建设有限公司	总经理
54	周成平	中石化洛阳工程有限公司	执行董事、总经理
55	孟　云	中兵勘察设计研究院有限公司	总经理（院长）
56	王长科	中国兵器工业北方勘察设计研究院有限公司	总经理
57	章向理	中国移动通信集团设计院有限公司	院长

续表

序号	姓名	所属单位	职务
58	韩志刚	中讯邮电咨询设计院有限公司	总经理
59	余征然	华信咨询设计研究院有限公司	总经理
60	薛亥申	山西信息规划设计院有限公司	总经理
61	廉大为	中国航空规划设计研究总院有限公司	分党组书记、董事长
62	刘　宁	中航勘察设计研究院有限公司	党委书记、董事长
63	李　磊	中航长沙设计研究院有限公司	党委书记、董事长
64	周昌祥	国家林业和草原局调查规划设计院	院长
65	周鸿升	国家林业和草原局林产工业规划设计院	原院长
66	吴德荣	中石化上海工程有限公司	董事长、总经理
67	张　奇	中国医药集团联合工程有限公司	党委书记、董事长
68	赵振元	电子第十一设计研究院科技工程股份有限公司	党委书记、董事长
69	于文海	中联西北工程设计研究院有限公司	党委副书记、董事长、总经理
70	杨晓文	农业农村部南京设计院	院长
71	徐全胜	北京市建筑设计研究院有限公司	党委书记、董事长
72	刘桂生	北京市市政工程设计研究总院有限公司	党委书记、董事长
73	高文明	北京市勘察设计研究院有限公司	总经理
74	庄惟敏	清华大学建筑设计研究院有限公司	院长、院总建
75	沈安东	北京市工业设计研究院有限公司	董事长、院长、总经理
76	文　兵	中国建筑设计研究院有限公司	董事长
77	王汉军	北京城建设计发展集团股份有限公司	党委书记、总经理
78	李　群	北京市住宅建筑设计研究院有限公司	党总支书记、董事长
79	李耀刚	建设综合勘察研究设计院有限公司	总经理
80	孙祥恕	北京维拓时代建筑设计股份有限公司	董事长
81	杨天举	泛华建设集团有限公司	董事长
82	刘　军	天津市建筑设计院	院长
83	赵建伟	天津市市政工程设计研究院	院长
84	王明才	中国铁路设计集团有限公司	党委书记、院长
85	徐　强	中国市政工程华北设计研究总院有限公司	党委书记、董事长
86	张大力	天津华汇工程建筑设计有限公司	总经理
87	贺　鸿	天津中怡建筑规划设计有限公司	总经理
88	韩立君	河北建设勘察研究院有限公司	党委书记、董事长
89	李兆生	河北建筑设计研究院有限责任公司	总经理（院长）

续表

序号	姓名	所属单位	职务
90	何勇海	河北省交通规划设计院	院长
91	蒲　净	太原市建筑设计研究院	院长
92	张永胜	太原理工大学建筑设计研究院	院长
93	洪树蒙	内蒙古电力勘测设计院有限责任公司	党委副书记、院长
94	宿威俊	内蒙古煤矿设计研究院有限责任公司	董事长
95	杨　晔	辽宁省建筑设计研究院有限责任公司	院长
96	张世良	大连市建筑设计研究院有限公司	董事长
97	赵　丰	辽宁有色勘察研究院有限责任公司	总经理
98	姜凤霞	长春建业集团股份有限公司	董事长
99	石铁军	吉林土木风建筑工程设计有限公司	董事长
100	王纳群	吉林铁道勘察设计院有限公司	院长
101	焦为屹	吉林省林业勘察设计研究院	院长
102	梅洪元	哈尔滨工业大学建筑设计研究院	总院院长、总建筑师
103	刘远孝	方舟国际设计有限公司	董事长、总建筑师
104	高　飞	大庆油田工程有限公司	院长
105	张　桦	华东建筑集团股份有限公司	总裁
106	张俊杰	华建集团华东建筑设计研究总院	院长
107	姚念亮	华建集团上海建筑设计研究院有限公司	原院长
108	王　健	同济大学建筑设计研究院（集团）有限公司	总裁
109	陈丽蓉	上海勘察设计研究院（集团）有限公司	董事长
110	朱祥明	上海市园林设计研究总院有限公司	党委书记、总经理
111	张大伟	上海浦东建筑设计研究院有限公司	总经理
112	叶松青	上海经纬建筑规划设计研究院股份有限公司	董事长、院长
113	葛爱荣	东南大学建筑设计研究院有限公司	总经理
114	杨卫东	中设设计集团股份有限公司	董事长
115	蔡升华	中国能源建设集团江苏省电力设计院有限公司	党委书记、董事长
116	卢中强	江苏省建筑设计研究院有限公司	董事长
117	查金荣	启迪设计集团股份有限公司	总裁 / 首席总建筑师
118	张金星	浙江省建筑设计研究院	党委书记、院长
119	董丹申	浙江大学建筑设计研究院有限公司	董事长、首席总建筑师
120	金国平	温州设计集团有限公司	党委书记、董事长、总经理
121	蔡伟忠	浙江省工程物探勘察院	院长

续表

序号	姓名	所属单位	职务
122	吕明华	杭州园林设计院股份有限公司	院长
123	高　松	安徽省建筑设计研究总院股份有限公司	董事长、总建筑师
124	项炳泉	安徽省建筑科学研究设计院	党委书记、董事长、院长
125	陈　轸	福建省建筑设计研究院有限公司	院长
126	张惠莲	厦门合立道工程设计集团股份有限公司	董事长
127	陈小江	厦门中平公路勘察设计院有限公司	总经理、法定代表人
128	聂复生	江西省交通设计研究院有限责任公司	董事长
129	曾马荪	江西省勘察设计研究院	院长
130	黄小燕	南昌市建筑设计研究院有限公司	总经理
131	段　林	同圆设计集团有限公司	董事长、总裁
132	赵广俊	青岛腾远设计事务所有限公司	董事长、总裁
133	常兴文	河南省交通规划设计研究院股份有限公司	董事长
134	翟渊军	河南省水利勘测设计研究有限公司	董事长
135	孔　杰	河南省建筑设计研究院有限公司	董事长、总经理
136	徐　辉	徐辉设计股份有限公司	董事长
137	项明武	中冶南方工程技术有限公司	党委书记、董事长
138	蒋再秋	中铁第四勘察设计院集团有限公司	党委书记、董事长
139	胡纯清	中冶集团武汉勘察研究院有限公司	党委副书记、总经理
140	詹建辉	湖北省交通规划设计院股份有限公司	董事长
141	吴　凌	中信建筑设计研究总院有限公司	党委书记、院长
142	陈　忻	湖南省建筑设计院有限公司	党委书记、院长
143	邓铁军	湖南大学设计研究院有限公司	董事长、总经理
144	杨希杰	长沙市规划设计院有限责任公司	董事长、院长
145	戴勇军	湖南省建筑科学研究院有限责任公司	党委书记、董事长
146	张　柏	长沙市建筑设计院有限责任公司	院长
147	欧阳凤鸣	湘潭市建筑设计院	院长
148	曾宪川	广东省建筑设计研究院	党委书记
149	唐崇武	深圳市华阳国际工程设计股份有限公司	董事长
150	赵春山	深圳华森建筑与工程设计顾问有限公司	董事长
151	盛宇宏	广州伯盛建筑设计事务所	董事长
152	周鹤龙	广州市设计院	院长
153	陈日飙	香港华艺设计顾问（深圳）有限公司	总经理、设计总监
154	叶　青	深圳市建筑科学研究院股份有限公司	董事长

续表

序号	姓名	所属单位	职务
155	侯百镇	雅克设计有限公司	董事长、总经理
156	郭智伟	海南有色工程勘察设计院	副院长
157	雷　翔	华蓝设计（集团）有限公司	董事长
158	王路生	广西壮族自治区城乡规划设计院	党委副书记、院长
159	周　铮	广西交通设计集团有限公司	党委书记、董事长
160	何华斌	广西建工集团第一建筑工程有限责任公司综合设计研究院	院长
161	张　力	招商局重庆交通科研设计院有限公司	党委书记、董事长、院长
162	钟　芸	重庆市交通规划勘察设计院	院长、党委委员
163	韩　伟	中机中联工程有限公司	董事长、总经理
164	柏疆红	中衡卓创国际工程设计有限公司	总经理
165	徐千里	重庆市设计院	院长
166	陈翰新	重庆市勘测院	党委书记、院长
167	李彦春	中国市政工程西南设计研究总院有限公司	党委书记、董事长
168	李　纯	四川省建筑设计研究院	院长
169	陶　磊	成都市建筑设计研究院	党委书记、院长
170	周宏文	贵州省建筑设计研究院有限责任公司	院长
171	潘继录	中国电建集团贵阳勘测设计研究院有限公司	党委书记、董事长
172	张　林	贵州省交通规划勘察设计研究院股份有限公司	董事长
173	冯峻林	中国电建集团昆明勘测设计研究院有限公司	党委书记、董事长
174	熊中元	中国建筑西北设计研究院有限公司	党委书记、董事长
175	燕建龙	西北综合勘察设计研究院	院长
176	刘小平	陕西省建筑设计研究院有限责任公司	董事长、总经理、总建筑师
177	樊美丽	陕西新鸿业生态景观设计工程有限公司	总经理
178	史怀昱	陕西市政建筑设计研究院有限公司	董事长
179	窦旭东	兰州有色冶金设计研究院有限公司	党委书记、董事长
180	王力明	青海省建筑勘察设计研究院有限公司	董事长、总经理
181	张建中	宁夏建筑设计研究院有限公司	董事长
182	左　涛	新疆维吾尔自治区建筑设计研究院	党委副书记、院长
183	韦虎林	伊犁花城勘测设计研究有限责任公司	董事长
184	庄新玉	新疆铁道勘察设计院有限公司	董事长、院长
185	马向东	航天建筑设计研究院有限公司	党委书记、董事长

（四）优秀勘察设计企业（共214家）（表9–12）

"我和祖国共成长"优秀勘察设计企业 表9-12

序号	企业名称
1	中国能源建设集团广东省电力设计研究院有限公司
2	中国电建集团华东勘测设计研究院有限公司
3	中国电力工程顾问集团西北电力设计院有限公司
4	四川电力设计咨询有限责任公司
5	福建永福电力设计股份有限公司
6	中国联合工程有限公司
7	中国中元国际工程有限公司
8	中船第九设计研究院工程有限公司
9	机械工业勘察设计研究院有限公司
10	中国汽车工业工程有限公司
11	中机国际工程设计研究院有限责任公司
12	黄河勘测规划设计研究院有限公司
13	中国电建集团中南勘测设计研究院有限公司
14	上海勘测设计研究院有限公司（三峡集团）
15	浙江省水利水电勘测设计院
16	福建省水利水电勘测设计研究院
17	中水东北勘测设计研究有限责任公司
18	中交公路规划设计院有限公司
19	中交第二公路勘察设计研究院有限公司
20	山东省交通规划设计院
21	四川省公路规划勘察设计研究院有限公司
22	中国天辰工程有限公司
23	中国成达工程有限公司
24	中国五环工程有限公司
25	中冶京诚工程技术有限公司
26	中冶华天工程技术有限公司
27	中冶赛迪工程技术有限公司
28	中煤科工集团重庆设计研究院有限公司
29	煤炭工业太原设计研究院集团有限公司
30	中煤科工集团沈阳设计研究院有限公司
31	中煤西安设计工程有限责任公司

续表

序号	企业名称
32	中煤科工集团北京华宇工程有限公司
33	中铁第一勘察设计院集团有限公司
34	中铁二院工程集团有限责任公司
35	中国铁路设计集团有限公司
36	中铁工程设计咨询集团有限公司
37	中铁第五勘察设计院集团有限公司
38	中国海诚工程科技股份有限公司
39	中国中轻国际工程有限公司
40	中国轻工业长沙工程有限公司
41	中国轻工业广州工程有限公司
42	中国石油工程建设有限公司北京设计分公司
43	西安长庆科技工程有限责任公司
44	中国寰球工程有限公司
45	中国恩菲工程技术有限公司
46	中国瑞林工程技术股份有限公司
47	长沙有色冶金设计研究院有限公司
48	中国有色金属长沙勘察设计研究院有限公司
49	中国有色金属工业昆明勘察设计研究院有限公司
50	昆明有色冶金设计研究院股份公司
51	北京矿冶科技集团有限公司
52	天津水泥工业设计研究院有限公司
53	中国中材国际工程股份有限公司
54	中国建材国际工程集团有限公司
55	中交水运规划设计院有限公司
56	中国昆仑工程有限公司
57	上海纺织建筑设计研究院有限公司
58	陕西省现代建筑设计研究院
59	中国核电工程有限公司
60	上海核工程研究设计院有限公司
61	深圳中广核工程设计有限公司
62	中核新能核工业工程有限责任公司
63	中国石化工程建设有限公司
64	中石化洛阳工程有限公司

续表

序号	企业名称
65	中国五洲工程设计集团
66	北方工程设计研究院有限公司
67	中兵勘察设计研究院有限公司
68	中国移动通信集团设计院有限公司
69	中讯邮电咨询设计院有限公司
70	华信咨询设计研究院有限公司
71	山西信息规划设计院有限公司
72	中国航空规划设计研究总院有限公司
73	中航勘察设计研究院有限公司
74	中航长沙设计研究院有限公司
75	国家林业和草原局调查规划设计院
76	国家林业和草原局林产工业规划设计院
77	中石化上海工程有限公司
78	中国医药集团联合工程有限公司
79	中国电子工程设计院有限公司
80	电子第十一设计研究院科技工程股份有限公司
81	中联西北工程设计研究院有限公司
82	北京中宇瑞德建筑设计有限公司
83	北京市建筑设计研究院有限公司
84	北京市市政工程设计研究总院有限公司
85	北京市勘察设计研究院有限公司
86	清华大学建筑设计研究院有限公司
87	北京市工业设计研究院有限公司
88	中国建筑设计研究院有限公司
89	北京城建设计发展集团股份有限公司
90	北京市住宅建筑设计研究院有限公司
91	建设综合勘察研究设计院有限公司
92	北京维拓时代建筑设计股份有限公司
93	天津市建筑设计院
94	天津市市政工程设计研究院
95	天津大学建筑设计研究院
96	中国市政工程华北设计研究总院有限公司
97	天津华汇工程建筑设计有限公司

续表

序号	企业名称
98	天津中怡建筑规划设计有限公司
99	河北建设勘察研究院有限公司
100	河北建筑设计研究院有限责任公司
101	河北省交通规划设计院
102	山西省建筑设计研究院有限公司
103	山西省勘察设计研究院有限公司
104	内蒙古工大建筑设计有限责任公司
105	中冶西北工程技术有限公司
106	中国建筑东北设计研究院有限公司
107	辽宁省建筑设计研究院有限责任公司
108	大连市建筑设计研究院有限公司
109	吉林省建苑设计集团有限公司
110	中国市政工程东北设计研究总院有限公司
111	机械工业第九设计研究院有限公司
112	中国电力工程顾问集团东北电力设计院有限公司
113	吉林省林业勘察设计研究院
114	哈尔滨工业大学建筑设计研究院
115	大庆油田工程有限公司
116	方舟国际设计有限公司
117	华东建筑集团股份有限公司
118	华建集团华东建筑设计研究总院
119	华建集团上海建筑设计研究院有限公司
120	上海市政工程设计研究总院（集团）有限公司
121	同济大学建筑设计研究院（集团）有限公司
122	上海勘察设计研究院（集团）有限公司
123	上海市隧道工程轨道交通设计研究院
124	上海市城市建设设计研究总院（集团）有限公司
125	上海市园林设计研究总院有限公司
126	上海浦东建筑设计研究院有限公司
127	上海经纬建筑规划设计研究院股份有限公司
128	东南大学建筑设计研究院有限公司
129	启迪设计集团股份有限公司
130	江苏省建筑设计研究院有限公司

续表

序号	企业名称
131	中设设计集团股份有限公司
132	中国能源建设集团江苏省电力设计院有限公司
133	中衡设计集团股份有限公司
134	浙江省建筑设计研究院
135	浙江大学建筑设计研究院有限公司
136	温州设计集团有限公司
137	浙江省工程物探勘察院
138	杭州园林设计院股份有限公司
139	安徽省城建设计研究总院股份有限公司
140	安徽省城乡规划设计研究院
141	安徽省建筑科学研究设计院
142	安徽省建筑设计研究总院股份有限公司
143	福建省建筑设计研究院有限公司
144	厦门合立道工程设计集团股份有限公司
145	福州市规划设计研究院
146	厦门中平公路勘察设计院有限公司
147	江西省交通设计研究院有限责任公司
148	中国电建集团江西省电力设计院有限公司
149	江西省勘察设计研究院
150	江西省水利规划设计研究院
151	山东建勘集团有限公司
152	同圆设计集团有限公司
153	青岛腾远设计事务所有限公司
154	山东省建筑设计研究院有限公司
155	河南省交通规划设计研究院股份有限公司
156	河南省水利勘测设计研究有限公司
157	河南省建筑设计研究院有限公司
158	徐辉设计股份有限公司
159	中铁第四勘察设计院集团有限公司
160	中冶南方工程技术有限公司
161	长江勘测规划设计研究院
162	中铁大桥勘测设计院集团有限公司
163	中冶集团武汉勘察研究院有限公司

续表

序号	企业名称
164	湖南省建筑设计院有限公司
165	湖南大学设计研究院有限公司
166	长沙市规划设计院有限责任公司
167	湖南省建筑科学研究院有限责任公司
168	长沙市建筑设计院有限责任公司
169	湘潭市建筑设计院
170	长沙市规划勘测设计研究院
171	广东省建筑设计研究院
172	广州地铁设计研究院股份有限公司
173	深圳市勘察研究院有限公司
174	广东省交通规划设计研究院股份有限公司
175	华南理工大学建筑设计研究院有限公司
176	深圳华森建筑与工程设计顾问有限公司
177	广州市设计院
178	深圳市建筑设计研究总院有限公司
179	中恩工程技术有限公司
180	雅克设计有限公司
181	海南有色工程勘察设计院
182	华蓝设计（集团）有限公司
183	广西壮族自治区城乡规划设计院
184	广西交通设计集团有限公司
185	广西建工集团第一建筑工程有限责任公司综合设计研究院
186	招商局重庆交通科研设计院有限公司
187	重庆市交通规划勘察设计院
188	中机中联工程有限公司
189	中衡卓创国际工程设计有限公司
190	重庆市设计院
191	重庆市勘测院
192	中国建筑西南设计研究院有限公司
193	中国市政工程西南设计研究总院有限公司
194	四川省建筑设计研究院
195	成都市建筑设计研究院
196	中国华西工程设计建设有限公司

续表

序号	企业名称
197	贵州省建筑设计研究院有限责任公司
198	中国电建集团贵阳勘测设计研究院有限公司
199	贵州省交通规划勘察设计研究院股份有限公司
200	中国电建集团昆明勘测设计研究院有限公司
201	陕西省建筑设计研究院有限责任公司
202	陕西市政建筑设计研究院有限公司
203	陕西新鸿业生态景观设计工程有限公司
204	西北综合勘察设计研究院
205	中国建筑西北设计研究院有限公司
206	中国市政工程西北设计研究院有限公司
207	兰州有色冶金设计研究院有限公司
208	青海省建筑勘察设计研究院有限公司
209	宁夏建筑设计研究院有限公司
210	新疆兵团勘测设计院（集团）有限责任公司
211	新疆维吾尔自治区建筑设计研究院
212	新疆铁道勘察设计院有限公司
213	水利部新疆维吾尔自治区水利水电勘测设计研究院
214	航天建筑设计研究院有限公司

（五）优秀协会（共52家）（表9-13）

“我和祖国共成长”优秀协会 **表9-13**

序号	协会/分支机构名称
1	中国电力规划设计协会
2	中国水利水电勘测设计协会
3	中国石油和化工勘察设计协会
4	中国煤炭建设协会
5	中国石油工程建设协会
6	中国有色金属建设协会
7	中国核工业勘察设计协会
8	中国林业工程建设协会
9	中国医药工程设计协会

续表

序号	协会 / 分支机构名称
10	北京工程勘察设计行业协会
11	天津市勘察设计协会
12	河北省工程勘察设计咨询协会
13	山西省勘察设计协会
14	内蒙古自治区勘察设计协会
15	辽宁省勘察设计协会
16	吉林省勘察设计协会
17	黑龙江省勘察设计协会
18	上海市勘察设计行业协会
19	江苏省勘察设计行业协会
20	浙江省勘察设计行业协会
21	安徽省工程勘察设计协会
22	福建省勘察设计协会
23	江西省建设工程勘察设计协会
24	山东省勘察设计协会
25	河南省勘察设计协会
26	河南省工程勘察设计行业协会
27	湖北省勘察设计协会
28	广东省工程勘察设计行业协会
29	广西勘察设计协会
30	重庆市勘察设计协会
31	四川省勘察设计协会
32	贵州省工程勘察设计协会
33	云南省勘察设计协会
34	陕西省勘察设计协会
35	甘肃省勘察设计协会
36	新疆维吾尔自治区勘察设计协会
37	深圳市勘察设计行业协会
38	南京市勘察设计行业协会
39	武汉勘察设计协会
40	广州市工程勘察设计行业协会
41	青岛市勘察设计协会
42	宁波市勘察设计协会

续表

序号	协会 / 分支机构名称
43	中国勘察设计协会建筑设计分会
44	中国勘察设计协会园林和景观设计分会
45	中国勘察设计协会市政工程设计分会
46	中国勘察设计协会信息化推进工作委员会
47	中国勘察设计协会工程勘察与岩土分会
48	中国勘察设计协会建设项目管理和工程总承包分会
49	中国勘察设计协会建筑环境与能源应用分会
50	中国勘察设计协会施工图审查分会
51	中国勘察设计协会水系统工程与技术分会
52	中国勘察设计协会建筑电气工程设计分会

（六）优秀协会工作者（共83位）（表9–14）

“我和祖国共成长”优秀协会工作者 **表 9-14**

序号	姓名	职务
1	李朝顺	中国电力规划设计协会供用电设计分会名誉会长
2	童建国	中国电力规划设计协会土水专委会主任委员
3	张　瑄	中国水利水电勘测设计协会综合部副主任
4	李　浩	中国水利水电勘测设计协会秘书
5	严文彪	中国公路勘察设计协会原副理事长
6	荣世立	中国石油和化工勘察设计协会理事长
7	张祥彤	中国煤炭建设协会勘察设计委员会秘书长
8	牛斌仙	中国轻工业工程建设协会原秘书长
9	孙雨心	中国轻工业工程建设协会副秘书长
10	赵玉华	中国石油工程建设协会副秘书长
11	王晓晨	中国石油工程建设协会综合办公室副主任
12	杨　健	中国有色金属建设协会副秘书长兼办公室主任
13	范明惠	中国有色金属建设协会信息室主任
14	郑　玫	中国纺织勘察设计协会副主任
15	李　承	中国核工业勘察设计协会秘书长
16	王　蔚	中国核工业勘察设计协会副秘书长
17	刘三燕	中国兵器工业建设协会综合业务部主任

续表

序号	姓名	职务
18	郝智荣	中国通信企业协会通信工程建设分会副会长兼秘书长
19	李忠平	中国林业工程建设协会理事长
20	黄　吉	中国医药工程设计协会秘书长
21	张晓刚	北京工程勘察设计行业协会行业发展部部长
22	许迎新	北京工程勘察设计行业协会秘书长
23	刘凤岐	天津市勘察设计协会理事长
24	朱　青	天津市勘察设计协会财务
25	张建梅	河北省工程勘察设计咨询协会质量技术部部长
26	辛　颖	河北省工程勘察设计咨询协会职员
27	刘文京	山西省勘察设计协会秘书长
28	贾书苗	山西省勘察设计协会分会秘书长
29	徐云龙	内蒙古自治区勘察设计协会党支部书记、副秘书长
30	李　翔	内蒙古自治区勘察设计协会工作人员
31	于秋生	辽宁省勘察设计协会理事长
32	佟　铁	辽宁省勘察设计协会秘书长
33	谢英文	吉林省勘察设计协会秘书长
34	杨　爽	吉林省勘察设计协会主任
35	宋　阳	黑龙江省勘察设计协会副秘书长 哈尔滨市勘察设计协会秘书长
36	宋　淼	黑龙江省勘察设计协会秘书
37	李治国	上海市勘察设计行业协会第八届副秘书长
38	葛凤卿	上海市勘察设计行业协会第七、八届副秘书长
39	刘宇红	江苏省勘察设计行业协会秘书长
40	黄英荣	浙江省勘察设计行业协会副会长兼秘书长
41	刘　永	浙江省勘察设计行业协会副主任
42	李　仪	安徽省工程勘察设计协会职员
43	支　帅	安徽省工程勘察设计协会 BIM 技术专业委员会秘书长
44	杨廷敏	福建省勘察设计协会办公室主任
45	熊根水	江西省建设工程勘察设计协会原专职常务副秘书长
46	张　萍	青岛市勘察设计协会理事长
47	李帅敏	河南省勘察设计协会编辑部主任

续表

序号	姓名	职务
48	张守礼	河南省工程勘察设计行业协会副会长兼秘书长
49	曾　嵘	湖北省勘察设计协会市场部、信息部副主任 质量技术委员会副秘书长
50	刘宣华	湖北省勘察设计协会培训部副主任
51	刘洣林	湖南省勘察设计协会副理事长兼秘书长
52	段婧轩	湖南省勘察设计协会工作人员
53	王志钢	广东省工程勘察设计行业协会副会长兼秘书长
54	罗振城	广东省工程勘察设计行业协会党支部书记兼综合部部长
55	肖建鸣	广东省工程勘察设计行业协会行业发展部部长
56	李　辉	海南省勘察设计协会副秘书长
57	覃燕娜	广西勘察设计协会党支部书记、副理事长
58	温晓君	广西勘察设计协会财务部主任
59	戴学忠	重庆市勘察设计协会副秘书长
60	吴　峰	重庆市勘察设计协会工作人员
61	孙高睦	四川省勘察设计协会副秘书长
62	张勤文	四川省勘察设计协会技术部办事员
63	赵　欣	贵州省工程勘察设计协会办公室主任
64	刘广盈	陕西省勘察设计协会常务理事、副秘书长
65	李　凤	陕西省勘察设计协会工作人员
66	陈雪云	甘肃省勘察设计协会秘书长
67	宋贵滨	青海省勘察设计协会秘书长
68	朱光辉	新疆维吾尔自治区勘察设计协会信息化建设工作委员会副秘书长
69	许　霞	新疆维吾尔自治区勘察设计协会工作人员
70	李良胜	深圳市勘察设计行业协会专职秘书长
71	王心怡	南京市勘察设计行业协会专职秘书长
72	马震聪	广州市工程勘察设计行业协会会长
73	高雪峰	珠海市规划勘察设计协会副秘书长
74	胡晨霞	宁波市勘察设计协会行政助理
75	朱祥明	中国勘察设计协会园林和景观设计分会第五届、六届会长
76	于德强	中国勘察设计协会副秘书长 中国勘察设计协会市政工程设计分会秘书长 中国勘察设计协会标准化工作委员会副主任委员
77	曾德民	中国勘察设计协会抗震防灾分会副会长

续表

序号	姓名	职务
78	杨建兰	中国勘察设计协会人民防空与地下空间分会秘书
79	严金森	中国勘察设计协会工程勘察与岩土分会秘书长
80	罗继杰	中国勘察设计协会建筑环境与能源应用分会会长
81	刘宗宝	中国勘察设计协会施工图审查分会副会长
82	贠金娟	中国勘察设计协会水系统工程与技术分会秘书长助理
83	欧阳东	中国勘察设计协会建筑电气工程设计分会会长

十二、优秀工程项目管理和总承包项目奖

2000 年，中国勘察设计协会委托建设项目总承包专业委员会（以下简称总承包专委会）组织开展优秀工程项目管理和优秀工程总承包项目评选。首届评选出优秀工程项目管理 10 项，优秀工程总承包金钥匙奖 5 项，银钥匙奖 13 项，铜钥匙奖 31 项。此后每 2 年评选一次，由中国勘察设计协会、中国工程咨询协会联合组织，2006 年工程项目管理优秀奖改为金、银、铜奖，与优秀工程总承包项目的金钥匙奖、银钥匙奖、铜钥匙奖对应。2008 年改为中国勘察设计协会单独组织。到目前为止，共组织 8 届，2016 年为最后一届评选。十多年来，共评选出工程项目管理优秀奖 20 项，工程项目管理金奖 5 项，银奖 15 项，铜奖 36 项。评选出工程总承包金钥匙奖 52 项，银钥匙奖 119 项，铜钥匙奖 189 项。其中获得工程项目管理金奖和工程总承包金钥匙奖的项目如下：

（一）历届工程项目管理金奖项目（自第三届开始授予金奖、第六届未评出金奖）（表 9–15）

历届工程项目管理金奖项目　　**表 9-15**

第三届	烟台万华 16 万吨 / 年 MDI 工程	华陆工程科技有限责任公司	孙恪慎
第四届（2008 年）	大连西太平洋加氢裂化和制氢项目	中国石化集团洛阳石油化工工程公司	杨成炯
第五届（2010 年）	中国驻美国大使馆办公楼新建工程	中国中元国际工程公司	许首斑
第七届（2014 年）	博天糖业股份有限公司张北分公司搬迁建设项目	中国海诚工程科技股份有限公司	龚　俊
第八届（2016 年）	宁波万华 MDI 技改扩能项目	华陆工程科技有限责任公司	刘向林 康建斌

（二）历届工程总承包金钥匙奖项目（表 9–16）

历届工程总承包金钥匙奖项目　表 9-16

第一届工程总承包金钥匙奖项目（2002 年）			
序号	获奖项目名称	获奖单位	项目经理
1	斯里兰卡锡兰石油公司石油储存设施紧急修复工程	中国寰球化学工程公司	尚长友
2	埃克森化工华南增塑剂工程	中国天辰化学工程公司	黄信良
3	上海石油化工股份有限公司 20 万吨 / 年聚丙烯装置	中国石化工程建设公司	张宝海
4	天津石化公司聚酯二阶段工程芳烃联合装置	中国石化工程建设公司	邵予工 初长春
5	四川南椏河梯级电站配套送出工程	四川电力设计咨询有限责任公司	朱白桦
第二届工程总承包金钥匙奖项目（2004 年）			
序号	获奖项目名称	获奖单位	项目经理
1	贵州宏福实业开发有限总公司年产 20 万吨磷酸工程	五环科技股份有限公司	韦天武
2	伊朗炼厂改造项目	中国石化工程建设公司	周振德
3	酒钢热电厂（2×125MW）技改工程	山东电力工程咨询院	侯学众
4	张家港陶氏化学工业园一期项目	中国成达工程公司	卢喆宇 刘一横
5	涟钢新建 2200 立方米高炉工程	中冶南方工程技术有限公司	李述宽 潘国友
第三届工程总承包金钥匙奖项目（2006 年）			
序号	获奖项目名称	获奖单位	项目经理
1	宝泰菱工程塑料（南通）有限公司年产 6 万吨聚甲醛工程	五环科技股份有限公司	王家义
2	上海赛科 26 万吨 / 年丙烯腈装置	中国石化集团宁波工程有限公司	刘生宝
3	印度尼西亚巨港 150MW GFCC 电站项目	中国成达工程公司	刘晓宇
4	湛江东兴炼油改扩建项目 120 万吨 / 年加氢裂化装置	中国石化工程建设公司	梁　羽
5	神华阳光神木发电（2×135MW）煤矸石发电工程	中国电力工程顾问集团西北电力设计院	杨　睿
6	辽宁北台钢铁（集团）公司新建炼钢轧钢工程	中冶京诚工程技术有限公司	曹春广
7	西安石油化工总厂清洁燃料生产技术改造项目	中国石化集团洛阳石油化工工程公司	李智高

续表

第四届工程总承包金钥匙奖项目（2008 年）			
序号	获奖项目名称	获奖单位	项目经理
1	印尼中爪哇 2×300MW 燃煤电站工程项目	中国成达工程有限公司	刘一横
2	中国石化海南 800 万吨 / 年炼油工程项目	中国石化工程建设公司	郑立军
3	东曹（广州）化工有限公司年产 22 万吨聚氯乙烯项目	五环科技股份有限公司	郑良风
4	海南 800 万吨 / 年炼油项目加制氢装置	中国石化集团洛阳石油化工工程公司	肖　兰
5	嘉峪关宏晟电热有限责任公司自备电厂技改工程二期（2×300MW）	山东电力工程咨询院	王作峰
6	西部矿业西海电厂 2×135MW 发电工程	中国电力工程顾问集团西北电力设计院	姜兆雁
7	马钢冷轧带钢后工序加工工程	中冶南方工程技术有限公司	李　进
8	武汉钢铁（集团）公司港务公司 3#、4# 码头改造工程	中交第二航务工程勘察设计院有限公司	莫嘉琳
第五届工程总承包金钥匙奖项目（2010 年）			
序号	获奖项目名称	获奖单位	项目经理
1	中国石油化工股份有限公司洛阳分公司油品质量升级项目	中国石化集团洛阳石油化工工程公司	李智高
2	缅甸 YENI 制浆造纸项目	中国成达工程有限公司	袁　荣
3	中国石化青岛大炼油工程	中国石化工程建设公司	宁　波
4	云南三环中化化肥有限公司年产 30 万吨磷酸装置	中国五环工程有限公司	李志刚
5	大全多晶硅项目	中国天辰工程有限公司	耿玉侠
6	洛阳中硅高科技有限公司年产 1000 吨多晶硅高技术产业化扩建项目	中国恩菲工程技术有限公司	严大洲
7	首钢京唐钢铁联合有限责任公司自备电站工程	中国电力工程顾问集团华北电力设计院工程有限公司	吴晓波
8	中国铝业兰州分公司 3×300MW 自备电厂工程	中国电力工程顾问集团西北电力设计院	王瑞军
9	宁夏宁鲁煤电有限责任公司任家庄煤矿洗煤厂工程	中煤国际工程集团北京华宇工程有限公司	吕建红

续表

第六届工程总承包金钥匙奖项目（2012 年）			
序号	获奖项目名称	获奖单位	项目经理
1	GE 东芝有机硅南通龙项目	中国天辰工程有限公司	郭海欣
2	印尼拉布湾 2×300MW 燃煤电站项目	中国成达工程有限公司	朱玉珉
3	福建炼油乙烯项目 80 万吨 / 年乙烯装置	中国石化工程建设有限公司	孙　钢
4	印度 WPCPL 4×135MW 发电工程总承包项目	四川电力设计咨询有限责任公司	丁国光
5	安徽铜陵电厂六期“上大压小”扩建工程 EPC 总承包项目	中国电力建设工程咨询公司 中国电力工程顾问集团西北电力设计院	李　兵
第七届工程总承包金钥匙奖项目（2014 年）			
序号	获奖项目名称	获奖单位	项目经理
1	神华新疆准东 2×350MW 热电项目	中国电力工程顾问集团华北电力设计院工程有限公司	李　晖
2	宏华海洋油气装备（江苏）有限公司启东制造基地出运港池下游侧近岸码头、滑道、400 吨龙门机轨道工程	中交第二航务工程勘察设计院有限公司	杨新才
3	越南（煤头）化肥项目	中国寰球工程公司	张　军
4	埃及 NAHDA 工业公司 5500t/d 水泥生产线	天津水泥工业设计研究院有限公司	吴芝堃
5	安徽马鞍山电厂“上大压小”扩建工程 EPC 总承包项目	中国电力建设工程咨询公司 中国电力工程顾问集团中南电力设计院	李继锋
6	梧州年产 30 万吨再生铜冶炼工程	中国瑞林工程技术有限公司	戴星华
7	神华包头煤制烯烃项目气化装置	中国天辰工程有限公司	殷学强
第八届工程总承包金钥匙奖项目（2016 年）			
序号	获奖项目名称	获奖单位	项目经理
1	越南金瓯 4080 化肥项目	中国五环工程有限公司	聂宁新
2	重庆神华万州电厂新建工程	中国电力工程顾问集团西南电力设计院有限公司 中国电力建设工程咨询有限公司	周显德
3	中国石化中原油田分公司普光天然气净化厂项目	中国石化工程建设有限公司	郑立军
4	大庆石化 120 万吨 / 年乙烯改扩建工程	中国寰球工程公司	杨庆兰
5	安庆电厂二期 2×1000MW 扩建工程	中国电力工程顾问集团华北电力设计院有限公司 中国电力建设工程咨询有限公司	杨连存
6	唐山中浩化工有限公司 15 万吨 / 年己二酸项目	中国天辰工程有限公司	汪　浩

第十章　启航新的征程

党和国家制定的我国“十四五”国民经济和社会发展规划和2035年远景目标，开启了全面建设社会主义现代化新征程的宏伟蓝图，是全国各族人民共同的行动纲领。勘察设计行业作为现代服务业的重要组成部分和经济社会发展的先导支柱产业，正面临着前所未有的发展机遇，肩负着前所未有的发展使命。我们要用历史映照现实、远观未来，更加坚定、更加自觉地牢记初心使命，开启行业发展新征程，阔步迈向第二个百年奋斗目标。

北京 - 上海高铁工程（2017年复兴号高速列车提速）

一、新发展阶段带来新机遇

新发展理念提出新要求。深入贯彻落实中央提出的“创新、协调、绿色、开放、共享”新发展理念，归根结底就是要全面推动高质量发展。我们必须把新发展理念贯彻到勘察设计行业发展的全过程和各领域，以全面提高工程建设质量为中心，坚持推动转变行业发展方式、组织模式和管理体制机制，这是勘察设计行业高质量发展的内在要求。

新科技革命催生新动能。新一轮科技革命和产业变革正在推动数字经济和实体经济深度融合，对勘察设计行业完成自身数字化转型、引领智能建造工业化、推动相关产业智能化提出了迫切要求。特别是信息技术与建筑业的广泛融合和深度渗透，正在引发建筑全产业链分工的深刻变化并重塑价值链格局，为行业数字化、网络化、智能化转型发展提供了“变革力”、新的技术手段、要素条件和组织方式。

新发展格局带来新机遇。以国内大循环为主体、国内国际双循环相互促进的新发展格局，为勘察设计行业的发展提供了新的市场机遇。面对新型城镇化建设、基础设施工程、各类工交项目和教育、医疗、互联网工程，以及“一带一路”建设的大量投资等有利条件，必须审时度势、精心谋划，结合企业自身条件主动做好拓展经营的顶层设计，制定科学合理的经营策略。只有这样才能在开放型世界体系中通过内外循环相互促进，保持勘察设计企业的可持续发展。

新发展环境带来新挑战。当今世界正经历百年未有之大变局，国际环境日趋复杂，不稳定性不确定性明显增加，新冠肺炎疫情影响广泛深远，世界经济陷入低迷期，经济全球化遭遇逆流，单边主义、保护主义、霸权主义对世界和平与发展构成威胁。必将对未来固定资产投资增速带来不确定性，高度依赖固定资产投资的勘察设计行业以及整个工程建设市场面临新挑战。

与此同时，随着改革与发展的深入，影响行业健康发展的深层次问题愈加明显：工程建设还缺少一部适用于整个工程建设领域和规范全部建设活动的法律，法规体系亟待完善；“碎片化”管理难以引导行业系统的、有效的、高质量发展；勘察设计咨询的地位和作用以及发展方式有待提高共识；市场监管体制仍需依法加强，工程建设市场环境有待优化；勘察设计咨询企业的体制、机制和功能有待健全，与国际先进水平还有较大差距，人才队伍素质、科学管理水平、科技创新能力、融资能力、竞争能力和抗风险能力有待提高等。面临新形势，行业改革与发展的任务十分艰巨，但新挑战与新机遇并存。形势逼人，挑战逼人，使命逼人，机不可失，时不再来，勘察设计行业要把握大势、抢占先机、直面问题、迎难而上，肩负历史赋予的重任，毫不动摇地坚持深化改革和加快发展，步入现代化高质量发展的快车道。

二、新发展阶段赋予新使命

以习近平新时代中国特色社会主义思想为指导，以《中华人民共和国国民经济和社会发展第十四个五年规划和 2035 远景目标纲要》和国务院《关于促进建筑业持续健康发展的意见》为引领，以推动高质量发展为主题，以深化供给侧结构性改革为主线，以改革创新为根本动力，坚定不移贯彻新发展理念，坚决落实“适用、经济、绿色、美观”的建筑方针，促进全面持续健康发展，是勘察设计行业发展的长期指导思想和行动指南。

空间站工程（2020 年完成中国载人空间站的建造）

“十四五”乃至中华人民共和国成立 100 周年，勘察设计行业要通过艰苦的努力，全面实现发展方式的根本转变，建立健全的现代企业制度，建立完善的市场机制和规范的市场环境，建成一大批具有中国特色的国际一流工程企业，实现体制现代化、管理科学化、信息网络化、人才国际化、市场全球化、经营规模化，专利技术由以引进为主转为以输出为主，对外承包工程以国际标准为主转为以中国标准为主，支撑软件和操作系统及卫星定位系统基本或全部国产化，拥有有影响力的国际知名建筑师、工程师、专家、学者和院士，使中国勘察设计企业各项指标达到国际先进水平，在对外承包工程和设计咨询价值链中的地位、竞争力和引领作用显著提高，全面提升“中国设计”“中国建造”和“中国标准”的品牌信誉、知名度和影响力，真正屹立于世界强国之林。这是行业新发展阶段的新使命。

我国勘察设计行业必须认清大势，坚定信念，切实转变发展方式，实现更高质量、更有效率、更加公平、更可持续、更为安全的发展；进一步完善法律法规体系和市场机制，优化建设环境，建立统一开放、平等准入、竞争有序、诚信守法、公正监管的市场秩序，实现勘察设计企业资源按市场规则进行充分合理配置；加快与国际接轨，借“一带一路”建设的东风，鼓励勘察设计企业参与国际竞争，促进设备、资金、技术、人员更大范围流通，加强市场、规则、标准方面的软联通，强化合作机制建设；加快勘察设计企业混合所有制改革步伐，实现产权多元化，真正达到“产权清晰、权责明确、政企分开、管理科学”的客观要求；通过改革创新实施质量变革、效益变革和动力变革，培育和打造一批具有较强活力、控制力、影响力和抗风险能力的新型国有工程勘察设计企业，同时催生与激活一批颇具创造力、成长性与竞争力兼具的民营工程勘察设计企业，为推动工程建设行业高质量发展奠定坚实的基础。

三、新发展阶段开启新征程

以史为鉴，开创未来，在新的征程上，要毫不动摇地坚持加强党的全面领导、坚持服务方式转型发展、坚持深化改革创新发展、坚持国内外双循环发展、坚持经济绿色低碳发展、坚持设计主导工程全过程发展、坚持完善的市场化发展和坚持政府引领行业发展。这是勘察设计行业从无到有、从小到大、从弱到强取得辉煌成就的基本经验和历史总结，也是勘察设计行业弘扬党的百年奋斗精神、开启行业发展新征程的最好选择和有效途径，更是深入贯彻新发展理念的历史使命和全面实现行业现代化高质量发展宏伟蓝图的必由之路。

北京大兴国际机场工程（2019 年建成通航）

（一）坚持加强党的全面领导

在新的征程上，必须坚持加强党的全面领导。

坚持党的领导是重大政治原则。党的领导是勘察设计行业发展的根本所在、命脉所在。行业发展的历史证明：在党的领导下我们走过了一条正确的发展道路，没有党的领导就没有行业的今天。因此，更加激发了行业统一思想、凝聚共识、坚定跟党走的信心和决心。在新的发展阶段，行业党组织地位更加重要、使命更加光荣、职责更加重大、任务更加艰巨，必须勇于挑起重担，在深化改革、加快发展的过程中切实成为领导核心和政治核心。行业企业领导班子要不断完善党的领导，增强“四个意识”、坚持“四个自信”、做到“二个维护”，充分发挥党总揽全局的全面领导作用和协调各方的领导核心作用。

党的领导是企业发展的可靠保障。按照中央关于国有企业加强党的领导的要求，国有勘察设计企业在深化现代企业制度改革时，要把加强党的领导和完善公司治理统一起来，对企业党委讨论和决定重大事项的职责范围、党委前置研究讨论重大经营管理事项的要求和程序、党委在董事会授权决策和总经理办公会决策中发挥作用的方式、党委在执行和监督环节的责任担当，以及加强党委自身建设等方面，做出制度性安排，保证党的领导作用有位、有力、有效。非公有制勘察设计企业占全部勘察设计企业的很大一部分，其党建工作越来越重要，必须加强组织建设，以更大的工作力度扎扎实实抓好，要真正拥护党的理念，做到心中有党。充分发挥党在企业中的领导作用，为我国勘察设计企业做强、做优、做大和高质量健康可持续发展提供可靠的保障。

（二）坚持服务方式转型发展

在新的征程上，必须坚持服务方式转型发展。推行全过程工程咨询服务、工程总承包、岩土工程体制、建筑师负责制，是我国基本建设管理体制和勘察设计体制改革的重要成果，是工程建设高质量发展的重要保障，是勘察设计企业改革体制转型发展的正确方向，也是对传统工程项目管理体制的重大变革。进入新发展阶段，要针对存在的问题和新形势、新格局的要求，充分发挥政府的推动作用，不断完善提高，实现服务方式的根本转变，造就一批具有中国特色的国际一流工程公司，跻身于世界强国之林。

推行工程咨询服务。实行工程咨询服务改革虽已在我国走过了 40 年的探索、发展之路，取得了重要成果，但在认识和实践上还有不少问题，建设市场发育有待健全，全过程工程咨询服务并未被建设市场完全认可，从事工程咨询服务的主体机构即工程咨询公司、工程公司或工程项目管理公司，以及设计公司、专业事务所等咨询商的能力不强，管理水平参差不齐。这些都有待于通过进一步深化改革和实践使我国的工程项目管理体制得以不断完善。要切实提高对项目全过程咨询的认识，完善政策措施，加强市场培育，破解市场供需矛盾，创新咨询服务组织实施方式，不断提升服务能力，满足业主的多样化需要。

推行工程总承包制。实践充分证明，在我国实行工程总承包制改革是完全可行的、成功的。但也存在一些发展中值得注意的问题，如总承包商体制不完善、重规模轻质量、职业人才缺乏、市场发育不规范、法规制度不健全、金融服务体系和风险保障体制不完善、企业融资能力差、缺乏国际竞争实力、对业主只提供技术管理服务不提供项目价值服务，致使工程总承包发展缓慢，落后于新时代的要求，与国际同行差距较大。有待再定位、再启航，有待高标准、高质量。工程总承包在我国实施 40 年，并在 20 世纪 90 年代初就已成功地走向国际工程市场，取得了显著成绩。要总结经验，防止工程总承包和施工总承包的概念混淆，坚持设计主导全过程、单一责任主体、设计—采购—施工深度融合、项目价值服务和固定承包总价的理念，不断提高工程总承包的管理和控制水平。

推行岩土工程体制。实行岩土工程体制是近 40 年来我国工程勘察体制改革的核心成果，是对传统勘察体制结构性的大变革，是一条使岩土工程治理周期短、质量好、造价低、见效快的新路。进一步完善岩土工程体制，要建设专业化的岩土工程机构，建设一流岩土工程企业和职业队伍，充分发挥岩土工程师在岩土工程中的核心作用，注重岩土工程勘察与岩土工程设计的高度融合。进入新时代，地下资源的综合利用、低碳化发展和自然环境与资源保护对岩土工程提出了新的更高要求，应加快向大岩土工程体制转化，为工程建设高质量发展奠定基础。

推行建筑师负责制。实行建筑师负责制，对确保建筑设计完成度以及对工程的技术质量控制、明确责任主体、提高工作效率是有效可行的模式。民用建筑企业要在创新体制机制的基础上，全面推进建筑师负责制，明确建筑师权利和责任，对建筑的设计施工全过程负责，保证最大化的实现代表客户价值的设计意图。实行建筑师负责制，是贯彻“适用、经济、绿色、美观”建筑方针的重要措施，也是培育一批著名建筑师、提升建筑设计水平、带领“中国建筑”走向世界的重大举措。推行建筑师负责制，首先要抓好试点，在试点取得经验后再全面推广，不断提高我国建筑设计和建筑工程水平。

（三）坚持深化改革创新发展

在新的征程上，必须坚持深化改革创新发展。创新是企业发展的灵魂，企业创新能力决定企业的发展方向、发展规模和发展速度。企业创新机制的构建是一项系统工程，企业创新的动力机制、运行机制和发展机制构成了企业创新机制体系，这是企业创新有效运作的基本要素。勘察设计行业通过四十年的不断改革，倡导创新精神，激发创新意识、引导创新方向、鼓励创新行为、提升创新能力，是快速发展的重要历史经验总结。要在政府的引导和支持下进一步深化改革，更加注重制度创新、管理创新、技术创新、人才机制创新和数字化转型创新，实现工程服务高质量、经营运行高质量、经济效益高质量的目标。

港珠澳大桥工程（2018 年建成通车）

制度创新是高质量发展的前提。制度创新是把思维创新、技术创新和组织创新活动制度化、规范化。它是管理创新的最高层次，是管理创新实现的根本保证。企业制度创新的目的是建立一种更优的制度安排，调整企业中所有者、经营者、劳动者的权力和利益关系，建立出资人制度、法人财产权制度、所有者权益制度、法人治理结构和企业的配套制度，使企业具有更高的活动效率。勘察设计行业实行企业化改革的根本任务就是要建立具有现代企业制度的市场主体。进入新发展阶段，要加快产权多元化改革，国有企业要加快发展混合所有制，民营企业要及时调整或改革股权结构，鼓励有条件的企业上市融资，构建体现社会资本参股国有企业、国有资本参股民营企业等多种体制共生多赢的企业制度，正确处理国家企业个人三者之间的利益关系，增强企业健康发展的内生动力和活力，使之成为产权结构合理，具有中国特色的社会主义现代企业制度。

管理创新是高质量发展的基础。现在深化改革到了制度创新的关键阶段，企业管理现代化也必然要进入到管理创新的新阶段，即建立管理科学的阶段。管理创新与制度创新并举，管理创新与技术创新协调，形成了生产关系逐渐适应生产力发展的趋势。在管理方面，要将现代化的管理思想、管理手段和管理方法转换到建立科学的管理制度、管理组织和管理实践上来。勘察设计企业经过 40 年来的改革创新，多数已经初步建立起了适应市场要求的管理体制机制。进入新发展阶段，要根据自身的实际情况和特点，制定企业发展规划，明确企业发展战略，并以此为统领，统筹安排，分步实施。要以项目管理为中心，在组织机构、经营决策、运营控制、质量管理、技术进步、人力资源、安全防控、风险管控和财务管理等各方面建立健全相互联系的、系统的管理制度，逐步形成科学管理体系，真正做到目标明确、责任具体、统筹协调、相互配合、制度保证和管理有效。

技术创新是高质量发展的生命。勘察设计行业应把工程技术创新摆在行业发展的核心位置，紧紧围绕国家重大战略目标，以促进科技成果转化为现实生产力为主攻方向，以工程技术、绿色建筑创新和成果的工程化、产业化为重点，以生产企业作为技术创新的主要服务对象，共同构建“产学研设”相结合的战略联盟合作体系，建立工程科技发展产业链。要加大投入积极进行自主创新、原始创新、集成创新、引进消化吸收再创新，聚焦新工艺、新能源、新材料、新设备、绿色环保等前沿技术热点，攻克一批有市场需求、有竞争优势的先进技术，实现专利技术以输入为主转为以输出为主。要充分发挥民用建筑领域的名人事务所或名人工作室的原创力和核心技术作用。要强化工程建设技术标准创新力度，建立起较为完善的与国际标准接轨的中国工程建设标准化体系，促进科技创新与工程建设项目紧密结合。要高度重视知识产权保护，充分发挥技术创新制度的激励作用，提升创新体系效能，着力激发创新活力，让企业真正成为技术创新投入、组织和科技成果转化的主体。

人才机制创新是高质量发展的关键。人才机制创新关键是要着眼于破除束缚人才发展的思想观念和体制机制障碍，解放和增强人才活力，形成具有国际竞争力的人才制度优势，聚天下英才而用之。人才是勘察设计企业的第一资源。进入新发展阶段，要高度重视人才开发和队伍建设的重要性和紧迫性，牢固确立人才引领发展的战略地位，制定人才开发战略规划和实施计划，加快形成有利于人才成长的培养机制、人尽其才的使用机制、竞相成长各展其能的激励机制、各类人才脱颖而出的竞争机制，构建有效的引才用才机制。充分激发人才创新活力，全方位培养、引进、用好人才，造就更多国际一流的科技领军人才和创新团队，培养具有国际竞争力的青年科技人才后备军；造就适应工程总承包和项目管理需要的项目经理和既懂技术又懂管理的复合型人才；造就投融资、法务和各专业技术带头人等高端人才；造就具有国际工程经验的世界水平的工程师、建筑师、国际知名专家和工程建设队伍。

数字化创新是高质量发展的条件。数字技术正以新理念、新业态、新模式全面融入人类经济、政治、文化、社会、生态文明建设各领域和全过程，给人类生产生活带来广泛而深刻的影响。随着互联网大数据和智能化的高速发展，企业数字化转型升级势在必行，既是顺应时代发展的必然要求，也是企业信息化发展的必经阶段。进入新发展阶段，勘察设计企业应加快信息网络化建设，借助移动互联网、云计算、大数据、人工智能、区块链等前沿技术的应用普遍化提供的大好时机，不断提高运营自动化、管理网络化、决策智能化水平，加速促进数字化转型发展。数据是勘察设计企业的核心资产，将数据资产进行有效的管理和使用，是数字化转型的基础。集成企业基础架构资源、人力资源、数据资源、组织资源、社会资源等，建立统一的业务服务中心，实现敏捷流程决策路径以支持业务应用程序中的快速变化和创新，是数字化转型的前提。要高度重视推进产品创新数字化、生产运营智能化、用户服务敏捷化、产业体系生态化、支撑软件和操作系统及应用软件国产化，不断提升工程建设项目数字化集成管理水平，推动数字化与建造全业务链的深度融合，实现勘察、设计、采购、建造、投产开车和运行维护全过程的集成应用。

（四）坚持国内外双循环发展

在新的征程上，必须坚持国内外双循环发展。贯彻双循环发展战略，构建以国内大循环为主体、国内国际双循环相互促进的新发展格局，实现国内市场循环与国际市场循环相互衔接，相互促进，推动我国工程建设的高质量发展。这正是勘察设计行业40年来快速发展的深刻体会，更是行业改革开放的基本经验。进入新发展阶段，要在政府的政策支持下进一步深化改革，加强关键核心技术攻关，提升产业基础能力和产业链现代化水平，形成更多新的增长点、增长极，打造未来发展新优势，以增强高质量发展的内生动力。切实通过市场机制的完善促进勘察设计企业注重经营、改进技术、加强管理、增强活力和国际竞争力。

国内市场是立足的根本。勘察设计企业必须更好地充分利用国内市场优势，以技术、咨询、管理和优质服务为先导，抓住机遇，坚持扩大内需这个战略基点。进入新发展阶段，传统行业为追求节能减排、转型升级、规模化和效益化，必将加大投资力度，同时，既促消费惠民生又调结构增后劲的新型基础设施建设、新型城镇化建设和工业、交通、水利等重大工程建设，轨道交通、城市有机更新、教育、医疗、5G等将面临大量的建设需求，这都为勘察设计行业发展进一步拓宽了市场空间。勘察设计企业一定要集中精力，审时度势，抓住机遇，为构建国内经济大循环体系做出贡献。

国际市场是发展的有效途径。改革开放40年来，勘察设计行业勇于开拓，大胆与国际接轨，敢于参与国际工程市场竞争，承揽了大量工程建设业务。尤其是20世纪90年代初就以EPC总承包的模式进入国际工程市场，取得了惊人的成绩，成为企业快速发展的最有效的途径。进入新发展阶段，更应将我国市场规模和生产体系优势，转化为参与国际合作和竞争的新优势，以“一带一路”建设为主要着力点，大力拓展国际工程市场，坚持国际化发展。我国勘察设计行业应充分利用国内国际两个市场两种资源，更加积极地参与推动共建“一带一路”高质量发展和国际竞争，主动推进我国工程建设制度规则与WTO规则、公认的国际惯例、FIDIC合同条件、ISO体系等的主要内容接轨，不断扩大国际工程市场份额，采取有效措施鼓励企业参与国际竞争，促进设备、资金、技术、人员更大范围流通，加强市场、规则、标准方面的软联通，强化合作机制建设，全面提升“中国设计”“中国标准”“中国建造”的品牌信誉、知名度和影响力。

（五）坚持经济绿色低碳发展

在新的征程上，必须坚持经济绿色低碳发展。绿水青山就是金山银山。在党和政府方针政策指引下，坚持绿色发展，是实现碳达峰碳中和目标的必由之路。推进大宗固废综合利用产业高质量发展，是实现碳达峰碳中和的有力手段，加快科技创新和政策创新，是实现碳达峰碳中和的催化剂和加速器。要牢固树立绿色发展理念，以技术创新为绿色发展提供科技支撑，是勘察设计行业一项长期而艰巨的重要使命。

国家级风景名胜区浙江杭州西湖

勘察设计要为绿色发展提供科技支撑。坚持创新驱动，推动产业升级，厚植创新动能，增强自主创新能力，这是勘察设计企业不断发展壮大的源泉。进入新发展阶段，绿色革命、绿色发展正蓬勃兴起，勘察设计行业要充分发挥创新优势，不断开发新技术、运用新技术，为绿色发展提供科技支撑。加速制造业产业链的转型升级，提高绿色低碳创新能力，加快推动生产方式绿色化，构建科技含量高、资源消耗低、环境污染少的产业结构和生产方式，推进清洁生产，发展绿色建筑和环保产业，加速重点行业和重要领域绿色化改造，推动能源清洁低碳安全高效利用，降低碳排放强度，大幅提高经济绿色化程度，使之形成经济社会发展新的增长点。只有长期坚持全力推动低碳循环发展，实现低污染、零排放和全封闭，才能达到绿色发展和碳达峰、碳中和的目标，为建设美丽中国做出新贡献。

勘察设计要为乡村振兴提供服务保障。乡村兼具生产、生活、生态、文化等多重功能，与城镇互促互进、共生共存，共同构成人类活动的主要空间。实施乡村振兴战略，建设宜居、创新、智慧、绿色、人文的美丽乡村，是实现“两个一百年”奋斗目标和中华民族伟大复兴中国梦的必然要求，也是建设美丽中国的重要内容。乡村规划、乡村产业、生态环境建设、交通、水利、能源网络建设和公共服务设施建设为勘察设计企业提供了新的发展机遇。要坚持以人为本，坚持人与自然和谐共生，走乡村绿色发展之路，设计建造体现尊重自然环境、延续历史文脉、地域特征、民族特色和时代风貌的优秀工程作品，满足人民群众日益增长的美好生活需要，为乡村振兴和绿色发展提供高质量的服务保障。

（六）坚持设计主导工程全过程发展

在新的征程上，必须坚持设计主导工程全过程发展。“适用、经济、绿色、美观”的建筑方针，就是新时代的设计总方针。精心勘察、精心设计，为工程建设提供优秀的勘察设计产品，是全面落实建筑方针的客观要求。实践充分证明，正确认识并充分发挥勘察设计工作在工程建设中的先导地位和决定性作用，对工程建设高质量发展乃至整个经济社会高质量发展都至关重要，必须引起全社会的高度重视，贯彻到工程建设的各个环节。

工程勘察在工程建设中具有先导作用。勘察是工程建设管理中的一项重要基础工作，在工程建设各重要环节中居先行地位；勘察成果资料是进行规划、设计、施工必不可少的基本依据，对工程建设的经济效益有着直接影响。进入新发展阶段，随着现代化工程项目建设要求越来越高，更要严格按规范进行勘察，保证勘察工作的合理程序和周期，增强勘察技术人员的责任感，提高技术水平和装备水平，确保工程地质勘察的深度和质量，切实做到精心勘察，加强工程测量工作，加快实现北斗定位系统转换，为优化设计提供质量精良的基础资料。

工程设计是工程建设的灵魂和关键。“设计是整个工程的灵魂，没有现代化的设计，就没有现代化的建设”。在不断优化设计、确保设计质量的前提下，设计在建设项目科学决策、节约资源、保护环境、控制投资、缩短工期、提高效益；在建设资源节约型、环境友好型社会、促进经济可持续发展；在项目建设的规划、可行性研究、前期策划、投资决策评估、建设方案、新技术新设备新材料新结构的采用；在工程建设的进度、质量、成本和材料控制直至试生产、考核验收与交付使用和使用后的评价等方面，都起着主导的作用。进入新发展阶段，随着建设事业和科学技术的不断发展，建设项目的规模越来越大，技术性、系统性越来越强，复杂程度越来越高，建立健全专业化、科学化、市场化的设计服务体系，充分发挥设计在工程建设中的主导作用，是促进我国建设管理体制发生根本转变、有效地提高建设工程项目的经济效益和社会效益的迫切要求。

（七）坚持完善的市场化发展

在新的征程中，必须坚持完善的市场化发展。改革开放以来勘察设计企业在市场化改革的大潮中，率先参与、勇于实践，在国内外的咨询服务、工程总承包、投资运作三大市场中得到了磨炼和提升，取得了难以置信的发展，总结了创新发展实践经验，产生了深远影响。进入新发展阶段，要遵照中共中央、国务院《关于构建更加完善的要素市场化配置体制机制的意见》的要求，深化要素市场化配置改革，建设统一开放、竞争有序市场体系；建立和完善工程建设领域信用体系；建设工程保险与担保规定和投标资格预审制度。打破行业垄断和地区封锁，改革市场准入制度，建立合理的风险保障机制和平等准入、公平竞争、诚信守法的市场秩序，是促进要素自主有序流动和行业持久有序发展的重要条件，是推动质量变革、效率变革、动力变革和我国工程建设事业高质量发展的客观要求。

要加快工程市场信用体系建设。建立健全建设领域信用体系，有利于规范建设市场秩序，有利于提高我国工程企业的竞争力，有利于建设主管部门转变职能和监管方式。工程信用体系建设是一项复杂的系统工程，应做好顶层设计。依靠政府统筹规划，行业协会协调推进，注重社会主义核心价值观和职业道德教育。工程市场信用体系建设要坚持政府推动、市场主导的原则，着力培育服务中介机构。职业信用体系建设是我国工程建设领域信用体系建设的重要内容，加强职业信用体系建设，建立科学、有效的从业人员信用评价机制和失信责任追溯制度，完善市场准入退出制度，制定信用信息开放与隐私权保护的法规，是促进我国工程市场信用体系全面建设的必然要求。

要尽快制定建设工程保险与担保规定。工程保险和工程担保主要是分散、转移工程建设各方当事人所承受的风险，进一步规范工程建设市场秩序、确保工程质量与工程安全，并最大程度上减少风险所带来的损失。建立建设工程保险制度，要求参与建设工程领域所有建设活动的相关机构、人员、车辆和设备等必须参加责任保险，完善工程保险机制。通过建立风险回避、风险转移、风险分担等信用风险防范机制，促使工程建设各方主体树立诚信守约意识，承担诚信守约责任。根据需要实行投标保函、履约保函、预付款保函、工程质量保证保函、材料设备免税抵押保函、保留金保函、清税保函等，做到与国际惯例接轨，以提高我国工程企业在国内外市场中的竞争力。

要尽快建立投标资格预审制度。实行建设工程招标投标制是市场经济发展的必然要求。资格预审是为招投标工作的开展把好重要的第一关。业主通过资格预审选择优秀的投标人参加投标，淘汰不合格投标人，减少评审工作时间和评审费用，排除将合同授予没有经过资格预审的投标人的风险，为业主选择一个优秀的投标人中标打下良好的基础，使建设工程的工期、质量、造价各方面都获得良好的经济效益和社会效益。进入新发展阶段，要完善招投标制的法律法规建设，建立与国际惯例接轨的投标资格预审制度，由业主按照“谁投资、谁决策、谁受益、谁承担风险”的市场原则，对参加项目投标承包商的业绩、经验、能力、技术水平、主要技术及管理人员、财务状况、社会信誉等进行严格的资格预审，通过资格预审方能参加投标。进一步改革市场准入制度，打破行业垄断和地区封锁，加强个人执业资格管理，为逐步取代企业资质创造条件，推动市场准入进一步与国际接轨。

（八）坚持政府引领行业发展

在新的征程上，必须坚持政府引领行业发展。改革开放 40 年来，勘察设计行业取得的辉煌成就，是市场和政策引导共同作用取得的，不仅是来自于市场的力量，也是政府引领的结果。进入新发展阶段，要促进有效市场和有为政府更好结合，使市场在资源配置中起决定性作用的同时、更好发挥政府作用。要进一步加强政策引导、法治建设和宏观管理；着力打造法治化的营商环境，以法治化促进行业发展方式根本转变、创新监管体制、建立统一开放的有序市场、推动工程建设高质量发展。

世界最大的 500 米口径球面射电望远镜工程
（2020 年通过国家验收，正式开放运行）

要加快建设规范的工程市场。加快转变政府职能，持续深化简政放权、放管结合、优化服务，最大程度减少政府对工程建设市场主体的微观干预；构建企业全生命周期政策精准服务体系，充分激发工程建设市场主体活力和创造力；更好发挥政府在行业发展战略规划方面的重要作用；依法加强监管力度，提高监管水平；推动数字政府建设理念和实践创新，有效调动工程建设市场主体和行业协会等社会力量参与，构建上下协同、多元参与的共建共享数字政府生态系统。通过深化“放管服”改革，加快打造市场化法治化国际化的营商环境，营造鼓励创新的制度环境，实现通过市场竞争配置资源，健全我国工程市场体系，解决工程市场激励不足、要素流动不畅、资源配置效率不高、微观经济活力不强等问题。推动行业统一归口管理，优化建设环境，建立公正监管体制，形成高效规范、公平竞争的国内统一市场。

要加快健全工程建设法规体系。更好地发挥政府作用，推动完善法律法规体系建设，是工程建设和勘察设计行业全面发展的一项根本性、全局性、权威性、长远性的关键基础工作，是维护基本建设管理体制改革成果、提高工程质量的重要保证，是工程建设领域依法行政的关键，关系到我国工程建设领域发展的全局。进入新发展阶段，要按照工程建设核心法律、配套法规、保障性的部门规章、支撑性的准则、基础性的标准共五个层次，做好顶层设计。尽快修订《建筑法》，使之成为工程建设领域核心上位法，并在此前提下及时修订《建设工程质量管理条例》《建设工程安全生产管理条例》《建设工程勘察设计管理条例》和《注册建筑师条例》，并按照新时代的要求加快制订《注册工程师条例》《建设工程咨询服务条例》《建设工程总承包条例》《建设工程标准化条例》等相应配套法规。同时，要不断完善国家、行业标准规范的建立和修订工作。只有这样，才能使工程建设领域中的“事”和“人”两个方面都有法律依据、规范和保障，为工程建设高质量发展创造最可靠、最根本的条件。

要加快完善行业标准化体系建设。标准是经济活动和社会发展的技术支撑，是国家基础性制度的重要方面。工程建设标准是企业提高产品质量的基础，是维护工程质量、生产、人身健康、生命财产、生态环境安全的重要保障。要更好地发挥政府的政策引领作用，全面形成市场驱动、政府引导、企业为主、开放融合的工程建设标准化工作新格局，促进完善中国特色的工程建设标准化管理体制，加快建立健全结构优化、先进合理、国际兼容的工程建设标准体系，实现工程建设领域标准化工作由国内驱动向国内国际相互促进转变，标准化发展由数量规模型向质量效益型转变。在积极推动制定《建设工程标准化条例》的同时，有组织、有计划、有步骤地抓紧对现行的勘察设计咨询业行政法规、技术标准、规范、规程、规定进行清理、修订和完善，积极参与国际标准化活动，开展标准化对外合作与交流，推动中国标准与国际标准之间的转化运用，更加有效地提升中国工程企业的综合竞争力，在国际市场逐步做到以中国标准为主，为“走出去”和“一带一路”建设创造有利条件，以适应我国工程建设和勘察设计咨询业高质量发展的需要。

雄关漫道真如铁，而今迈步从头越。心中有信仰，脚下有力量，进入新时代，我国进入了一个崭新的历史发展阶段。越是伟大的事业，越是充满挑战，越需要知重负重。伟大梦想不是等得来、喊得来的，而是拼出来、干出来的，既要敢为天下先、敢闯敢试，又要积极稳妥、蹄疾步稳，坚持方向不变、道路不偏、力度不减，推动新时代改革开放走得更稳、走得更远。勘察设计行业必须毫不动摇地朝着现代化高质量发展的目标，坚持改革创新，不为风险所惧，不为干扰所惑，脚踏实地，奋勇前行，再创辉煌！

附录一　主要文件汇集

新中国成立以来，党中央、国务院及有关行业行政主管部门在各个不同历史阶段，先后颁布了一系列关于指导全国勘设计咨询业发展的方针政策、法律法规、规章制度、指导意见、管理办法、五年发展规划等方面的文件，为行业的高速高质持续发展起了极为重要的关键作用。“主要文件汇集”包括自 1950 年至 2020 年以来共 352 份重要文件名称的目录，供读者查询。详见下表。

中央、国务院及有关部委发布的重要文件汇集总表
（1950 ～ 2020 年共 352 份）

序号	发布时间	文件名称	文　号
一		**1950 ～ 1955 年**	
1	1950 年 12 月 1 日	政务院 61 次政务会议通过《关于决算制度、预算审核、投资的施工计划和货币管理的决定》，12 月 18 日发布	
2	1951 年 1 月 27 日	中财委《关于做 1951 年基本建设计划的指示》	
3	1951 年 1 月	东北工业部颁发《基本建设工程设计暂行管理条例》	
4	1951 年 3 月 28 日	中财委颁发《基本建设工作程序暂行办法》	
5	1951 年 6 月 19 日	中财委《关于严格检查基本建设工程设计的通知》	
6	1951 年 8 月 10 日	中财委《关于改进与加强基本建设计划工作的指示》	
7	1952 年 1 月 9 日	中财委以财经计建字第 24 号文颁发《基本建设工作暂行办法》	
8	1954 年 4 月 28 日	中财委《关于设计文件审批问题对八个工业部的通知》	
9	1954 年 4 月	国家计委颁发《工业与民用建设预算编制细则》	
10	1954 年 7 月 10 日	国家计委《关于设计任务书审批问题的请示报告》	
11	1954 年 8 月	国家计委颁发《工业及民用建筑设计及预算编制条例》	

续表

中央、国务院及有关部委发布的重要文件汇集总表 （1950～2020年共352份）			
序号	发布时间	文件名称	文　号
12	1955年9月27日	国家建委颁发《工业与民用建设设计和预算编制暂行办法》	
13	1955年12月2日	中共中央《关于如何进行建筑学术思想批判的通知》	
二		**1956～1960年**	
14	1956年5月8日	国务院常务会议通过《关于加强设计工作的决定》	
15	1956年10月	国家建委颁发《标准设计的编制、审批、使用暂行办法》	
16	1956年10月31日	国家建委颁发《勘察设计工作委托与承包暂行办法》	
17	1957年1月	国家建委颁发《关于编制工业与民用建设预算的若干规定》	
18	1958年6月25日	国务院《关于改进基本建设财务管理制度的几项规定》	
19	1958年9月24日	中共中央、国务院《关于改进限额以上基本建设项目设计任务书审批办法的规定》	字议73号
20	1959年4月7日	国家建委发出《全国基本建设工作纪要》	[59]基办刘字第96号
21	1959年5月20日	国务院《关于改进基本建设务管理制度的几项补充规定》	国计周字146号
22	1959年8月1日	国家建委、财政部联合《关于勘察设计收费问题的规定》	基设杨字第182号，[59]财经字第238号
三		**1961～1965年**	
23	1961年1月	中共八届九中全会决定对国民经济实行“调整、巩固、充实、提高”的八字方针	
24	1961年4月27日	国务院发布《工农业产品和工程建设技术标准暂行管理办法》	
25	1961年9月	中共中央颁布试行《国营工业企业工作条例（草案）》（工业“七十条”）	
26	1961年10月	建筑工程部颁发《设计工作条例》	
27	1962年5月	国务院《关于加强基本建设计划管理的几项规定（草案）》。附件：《基本建设大中型（限额以上）项目划分标准的规定》	
28	1962年5月	国务院《关于编制和审批基本建设设计任务书的规定（草案）》	
29	1962年5月	国务院《关于基本建设设计文件编制和审批办法的几项规定（草案）》	

续表

中央、国务院及有关部委发布的重要文件汇集总表 （1950 ～ 2020 年 共 352 份）			
序号	发布时间	文件名称	文　号
30	1962 年 12 月 4 日	国务院《关于工农业产品和工程建设技术标准管理办法的通知》	直秘齐字 574 号
31	1962 年 12 月 10 日	中共中央、国务院《关于严格执行基本建设程序、严格执行经济合同的通知》	中共中央文件中发 [62] 66 号
32	1963 年 1 月 31 日	国家计委《关于认真地编审基本建设设计任务书的通知》	[63] 计基李字 299 号
33	1963 年 2 月 14 日	国家计委、财政部《关于执行基建程序问题的说明》	[63] 计联基安字第 398 号、[63] 财建综字第 404 号
34	1963 年 3 月 28 日	国家计委《关于编制和审批设计任务书和设计文件的通知》	[63] 计基李字 914 号
35	1964 年 5 月 7 日	国务院《关于严格禁止楼馆堂所建设的规定》	
36	1964 年 7 月 24 日	国务院《关于严格禁止楼馆堂所建设的补充规定》	
37	1965 年 5 月 21 日	国家建委《关于试行编制基本建设工程竣工图的几项规定的通知》	[65] 基设字 34 号
38	1965 年 5 月 28 日	国家建委、对外经委联合《关于援外设计工作若干问题的规定（草案）》	[65] 外经技常字第 460 号
39	1965 年 8 月 28 日	国务院颁发试行《关于改进设计工作的若干规定（草案）的通知》	[65] 国经字 317 号
40	1965 年 11 月 15 日	国家建委《关于解决当前现场设计工作中几个问题的意见》	[65] 基设字 183 号
四		**1966 ～ 1970 年**	
41	1970 年 8 月 17 日	国家建委上报国务院业务组《关于第二汽车厂设计革命运动开展情况的报告》	[70] 基革 49 号
42	1970 年 8 月 18 日	国家建委《关于设计工作中厉行节约的几点意见》	
五		**1971 ～ 1975 年**	
43	1971 年 1 月 12 日	国家建委上报国务院《关于我委原在京直属事业单位撤销和下放搬迁工作情况的报告》	[71] 建革字第 6 号
44	1971 年 9 月 9 日	国家建委发出经国务院同意的《关于试行设计工作的两个文件的通知》附:（1）《关于加强设计管理工作的几点意见》，（2）《关于解决现场设计人员粮食补助、劳保用品等问题的意见》	[71] 建革字 73 号
45	1972 年 3 月 21 日	外经部《关于援外成套项目设计总概算编制试行办法》	[72] 外经五字第 147 号

续表

中央、国务院及有关部委发布的重要文件汇集总表 （1950 ～ 2020 年 共 352 份）			
序号	发布时间	文件名称	文　号
46	1972 年 12 月 26 日	国家建委《关于当前设计工作中几个问题的意见》	[72] 建革施字 573 号
47	1972 年 12 月 30 日	国家建委、外经部《关于改进援外成套项目设计工作的几点意见》	[72] 外经一字第 692 号
48	1973 年 4 月 28 日	国家建委《印发关于加强建筑标准设计工作的几点意见的通知》	[73] 建革工字 233 号
49	1974 年 1 月 10 日	国务院转发国家计委、国家建委、财政部《关于做好进口成套设备项目建设工作的报告》	国发〔1974〕8 号
50	1974 年 4 月 20 日	国家建委《关于编制和审批进口成套设备项目总体设计的通知》	[74] 建发设字 189 号
51	1974 年 6 月 25 日	国家建委《关于迎接设计革命十周年的通知》	[74] 建发设字 304 号
六		**1976 ～ 1980 年**	
52	1977 年 2 月 8 日	国家建委印发《设计革命经验交流会议纪要》	[77] 建发设字 41 号
53	1977 年 4 月 14 日	国家计委、国家建委、财政部、国务院环境保护领导小组发布《关于治理工业“三废”，开展综合利用的几项规定》	
54	1977 年 9 月 21 日	国家建委印发《建成大庆式重点勘察设计单位有关材料》	[77] 建发设字第 273 号
55	1978 年 4 月 22 日	国家计委、国家建委、财政部《关于试行加强基本建设管理几个规定的通知》并附 5 个附件：（一）《关于加强基本建设管理的几项意见》，（二）《关于基本建设程序的若干规定》，（三）《关于基本建设项目和大中型划分标准的规定》,（四）《关于加强自筹基本建设管理的规定》,（五）《关于基本建设投资与各项费用划分规定》	计基〔1978〕234 号
56	1978 年 7 月 29 日	国家建委《关于颁发试行（设计文件的编制和审批办法）的通知》	[78] 建发设字第 410 号
57	1978 年 9 月 29 日	国家计委、国家建委、财政部《关于试行（关于加强基本建设概、预、决算管理工作的几项规定）的通知》	[78] 建发设字第 386 号、[78] 财基字第 534 号
58	1978 年 12 月 28 日	国务院发布《中华人民共和国发明奖励条例》	
59	1979 年 1 月 8 日	化工部《关于试行设计工作岗位责任制等四个制度的通知 》	[79] 化基字第 0018 号

续表

中央、国务院及有关部委发布的重要文件汇集总表（1950～2020年共352份）			
序号	发布时间	文件名称	文　号
60	1979年3月27日	中共中央、国务院《关于改进当前基本建设工作的若干意见》	中共中央发〔1979〕33号
61	1979年4月13日	中共中央、国务院批转国家建委党组《关于改进当前基本建设工作的若干意见》	中发〔1979〕33号
62	1979年4月20日	国家建委《关于试行基本建设合同制的通知》	[79]建发综字第249号
63	1979年5月10日	国家计委、国家建委《关于做好基本建设前期工作的通知》	[79]建发设字280号
64	1979年6月8日	国家计委、国家建委、财政部《关于勘察设计单位实行企业化取费试点的通知》	[79]建发设字第315号、[79]财基字第200号
65	1979年7月31日	国务院《颁发中华人民共和国标准化管理条例的通知》	国发〔1979〕189号
66	1979年9月23日	国家建委《关于保证基本建设工程质量的若干规定》	[79]建发施字第316号
67	1979年10月8日	国务院印发《中华人民共和国环境保护法（试行）》	国发〔1979〕237号
68	1979年11月21日	国务院发布《中华人民共和国自然科学奖励条例》	
69	1980年1月3日	国家建委颁发《工程建设标准规范管理办法》的通知	[80]建发设字第8号
70	1980年5月5日	国家建委《关于勘察设计单位逐步实行企业化的规划要求》的通知	[80]建发设字203号
71	1980年5月16日	国家建委、国家计委、财政部《关于进一步做好勘察设计单位企业化试点工作的通知》	[80]建发设字217号
72	1980年11月1日	国家计委、国家建委、国家经委、国务院环保领导小组《关于基建项目、技措项目要严格执行“三同时”的通知》	[80]国环字第79号
73	1980年12月11日	国家建委《关于试行工程勘察取费标准的通知》	
七		**1981 ~ 1985年**	
74	1981年1月2日	国家建委印发《全国工程建设设计工作会议纪要》的通知	[81]建发设字第4号
75	1981年1月2日	国家建委颁发《全国工程建设标准设计管理办法》的通知	[81]建发设字第3号

续表

中央、国务院及有关部委发布的重要文件汇集总表（1950～2020年共352份）			
序号	发布时间	文件名称	文　号
76	1981年1月30日	国家建委《关于印发对勘察设计单位进行登记和颁发证书的补充办法的通知》	[81]建发设字34号
77	1981年3月3日	国务院《关于加强基本建设计划管理、控制基本建设规模的若干规定》	国发〔1981〕30号
78	1981年3月25日	国家计委、国家建委、财政部《关于制止盲目建设、重复建设的几项规定》的通知	[81]建发综字100号
79	1981年5月8日	国家建委《关于试办工程咨询公司的通知》	[81]建发设字208号
80	1981年5月11日	国家计委、国家建委、国家经委、国务院环境保护领导小组《关于颁发基本建设项目环境保护管理办法的通知》	[81]国环字12号
81	1981年7月28日	国家建委、国家经委《关于颁发国家优质工程奖励暂行条例的通知》	[81]建发施字329号
82	1982年2月8日	国家建委《关于编制基本建设工程竣工图的几项规定》	[82]建发施字50号
83	1982年3月16日	国务院颁布《中华人民共和国合理化建议和技术改进奖励条例》	
84	1982年6月8日	化工部《关于改革现行基本建设管理体制，试行以设计为主体的工程总承包制的意见》的通知	[82]化基字第650号
85	1982年11月17日	国家计委、国家经委《关于加强基本建设经济定额，标准，规范等基础工作的通知》	计固〔1982〕983号
86	1983年2月2日	国家计委《关于颁发建设项目进行可行性研究的试行管理办法的通知》	计资〔1983〕116号
87	1983年3月24日	国家计委《关于建立建设前期工作项目经理的通知》，附发《建立建设前期工作项目经理的规定》	计资〔1983〕373号
88	1983年6月30日	国家计委《关于开展创优秀设计活动的几项规定》	计设〔1983〕930号
89	1983年7月9日	国务院《关于颁发建设工程控制基本建设规模，清理在建项目的紧急通知》	国发〔1983〕106号
90	1983年7月12日	国家计委、财政部、劳动人事部《关于勘察设计单位试行技术经济责任制的通知》，附发《关于勘察设计单位试行技术经济责任制的若干规定》	计设〔1983〕1022号
91	1983年8月8日	国务院《关于颁发建设工程勘察设计合同条例和建筑安装工程承包合同条例的通知》	国发〔1983〕122号

续表

中央、国务院及有关部委发布的重要文件汇集总表 （1950～2020年共352份）			
序号	发布时间	文件名称	文　号
92	1983年10月4日	国家计委《关于印发基本建设设计工作管理暂行办法、基本建设勘察工作管理暂行办法的通知》	计设〔1983〕1477号
93	1984年1月5日	国务院发布《城市规划条例》	
94	1984年3月12日	《中华人民共和国专利法》	中华人民共和国主席令第11号
95	1984年4月6日	国家计委《关于颁发试行工程设计收费标准的通知》	计设〔1984〕596号
96	1984年5月8日	国务院《关于环境保护工作的决定》	国发〔1984〕64号
97	1984年8月18日	国家计委《关于简化基本建设项目审批手续的通知》	计资〔1984〕1684号
98	1984年9月12日	国务院发布《中华人民共和国科学技术进步奖励条例》	国发〔1984〕118号
99	1984年9月18日	国务院《关于改革建筑业和基本建设管理体制若干问题的暂行规定》	国发〔1984〕123号
100	1984年11月5日	国家计委、城乡建设环境保护部《关于印发工程承包公司暂行办法的通知》	计设〔1984〕2301号
101	1984年11月10日	国务院《批转国家计委关于工程设计改革的几点意见的通知》	国发〔1984〕157号
102	1984年11月20日	国家计委、城乡建设环境保护部《关于印发（建设工程招标投标暂行规定）的通知》	计施〔1984〕2410号
103	1985年1月10日	国务院《关于技术转让的暂行规定》	
104	1985年1月19日	国务院批准《中华人民共和国专利法实施细则》	专利局公告第3号
105	1985年2月8日	国务院批转国家经委、财政部、人民银行《关于推进国营企业技术进步若干政策的暂行规定》的通知	国发〔1985〕21号
106	1985年月2月28日	国家计委印发《国家优质工程奖励条例》的通知	计施〔1985〕297号
107	1985年3月5日	国家计委、城乡建设环境保护部颁发《集体和个体设计单位管理暂行办法》	计设〔1985〕422号
108	1985年5月4日	国家计委关于颁发试行《工程设计收费标准》的通知	
109	1985年11月28日	国家计委《关于加强工程勘察设计收费管理工作的通知》	计设〔1985〕1904号

续表

中央、国务院及有关部委发布的重要文件汇集总表（1950～2020年共352份）			
序号	发布时间	文件名称	文　号
八		**1986～1990年**	
110	1986年1月12日	国务院发布《节约能源管理暂行条例》	
111	1986年2月15日	国家计委《印发关于加强工程勘察工作的几点意见的通知》	计设〔1986〕173号
112	1986年3月	国务院环保委、国家计委、国家经委关于颁发《建设项目环境保护管理办法》的通知	[86]国环字第003号
113	1986年6月5日	经国务院批准，国家计委、对外经贸部《关于印发中外合作设计工程项目暂行规定的通知》	计设〔1986〕840号
114	1986年6月25日	国家计委《关于加强工程设计招标投标工作的通知》	计设〔1986〕1085号
115	1986年6月30日	国家计委颁布《全国工程勘察、设计单位资格认证管理暂行办法》	计设〔1986〕1137号
116	1986年7月9日	国务院《关于促进科技人员合理流动的通知》	国发〔1986〕73号
117	1986年7月17日	国家计委、劳动人事部、财政部、城乡建设环境保护部《关于印发工程勘察设计单位组织业余设计有关问题的规定的通知》	计设〔1986〕1275号
118	1986年7月20日	国家计委印发《优秀工程设计奖评选办法》	计设〔1986〕1276号
119	1986年8月7日	国家计委《关于勘察设计单位推行全面质量管理的通知》	计设〔1986〕1463号
120	1986年8月	国家计委《关于工程勘察单位进一步推行岩土工程的几点意见》（征求意见稿）	计设发〔1986〕20号
121	1986年9月15日	中共中央、国务院《关于颁发全民所有制工业企业三个条例的通知》颁发《全民所有制工业企业厂长工作条例》《中国共产党全民所有制工业企业基层组织工作条例》《全民所有制工业企业职工代表大会条例》	中发〔1986〕21号
122	1986年12月13日	国家计委、财政部、劳动人事部《关于勘察设计单位实行技术经济责任制若干问题的补充通知》	计设〔1986〕2562号
123	1987年1月20日	国务院《关于进一步推进科技体制改革的若干规定》	

续表

中央、国务院及有关部委发布的重要文件汇集总表（1950～2020年共352份）			
序号	发布时间	文件名称	文 号
124	1987年1月20日	国务院《关于推进科研设计单位进入大中型工业企业的规定》	国发〔1987〕8号
125	1987年1月21日	国务院批转国家经委《关于改进技术进步工作的报告》和《关于改进技术进步工作的若干暂行规定》的通知	
126	1987年3月5日	国家经委、中华全国总工会发布《合理化建议和技术改进奖励条例实施细则》	
127	1987年3月20日	国家计委、国务院环境保护委员会《关于颁发建设项目环境保护设计规定的通知》	国环字[87]第002号
128	1987年3月25日	城乡建设环境保护部《关于批准发布民用建筑设计通则为部标准的通知》	[87]城设字第178号
129	1987年4月1日	国家计委《关于印发工程勘察技术政策要点的通知》	计设〔1987〕493号
130	1987年4月20日	国家计委、财政部、中国人民建设银行、国家物资局《关于设计单位进行工程建设总承包试点有关问题的通知》	计设〔1987〕619号
131	1987年7月23日	国家计委《关于勘察设计单位推行全面质量管理有关问题的补充通知》	计设〔1987〕1231号
132	1987年8月21日	财政部《关于国营大中型工业企业推行承包经营责任制有关财务问题的暂行规定》的通知	[87]财工字第407号
133	1987年10月28日	国家体改委、劳动人事部、建设银行、国家工商行政管理局《关于批准第一批推广鲁布革工程管理经验试点企业有关问题的通知》	计施〔1987〕2002号
134	1987年12月7日	国家计委《关于制订工程项目建设标准的几点意见的通知》	计标〔1987〕2323号
135	1987年12月19日	国家计委发布《城市规划设计收费标准（试行）》	计设〔1987〕2410号
136	1987年12月30日	国务院批准，1988年1月20日对外经济贸易部发布《中华人民共和国技术引进合同管理条例施行细则》	国函〔1987〕214号
137	1988年1月18日	城乡建设环境保护部颁布《民用建筑工程设计质量评定标准（试行）》和《建筑工程设计质量保证体系评定标准（试行）》	[88]城设字第45号
138	1988年4月27日	财政部印发《全民所有制工业企业推行承包经营责任制有关财务问题的规定》	[88]财工字第162号

续表

中央、国务院及有关部委发布的重要文件汇集总表 （1950 ~ 2020 年 共 352 份）			
序号	发布时间	文件名称	文　号
139	1988 年 5 月 3 日	国务院《关于深化科技体制改革若干问题的决定》	
140	1988 年 7 月 25 日	建设部《关于开展建设监理工作的通知》	[88] 建建字第 142 号
141	1988 年 8 月 5 日	国家工商行政管理局关于贯彻中共中央办公厅、国务院办公厅《关于解决公司政企不分问题的通知》的通知	工商企字〔1988〕第 152 号
142	1988 年 11 月 12 日	建设部《关于整顿建设市场秩序》的通知	[88] 建建字第 351 号
143	1988 年 11 月 18 日	建设部、财政部发布《工程勘察设计人员业余兼职有关问题的规定》	[88] 建设字第 337 号
144	1989 年 4 月 1 日	建设部、国家计委、财政部、建设银行、物资部《关于扩大设计单位进行工程总承包试点及有关问题的补充通知》	[89] 建设字第 122 号
145	1989 年 5 月 6 日	建设部《关于进一步推动全面质量管理工作的通知》	[89] 建设资字第 25 号
146	1989 年 7 月 28 日	建设部《关于印发（建设监理试行规定）的通知》	[89] 建建字第 367 号
147	1989 年 9 月 25 日	建设部《关于印发工程设计计算机软件管理暂行办法和工程设计计算机软件开发导则的通知》	[89] 建设字第 413 号
148	1989 年 11 月 8 日	国家计委《关于资源利用项目与新建和扩建工程实行“三同时”的若干规定》	计资源〔1989〕1411 号
149	1989 年 12 月 24 日	建设部、财政部《关于国营勘察设计单位征收国营企业所得税后若干问题的通知》	[89] 建设字第 608 号
150	1989 年 12 月 26 日	《中华人民共和国环境保护法》	中华人民共和国主席令第 22 号
151	1990 年 4 月 1 日	《中华人民共和国城市规划法》	中华人民共和国主席令第 23 号
152	1990 年 5 月 3 日	建设部《关于工程建设标准设计编制与管理的若干规定的通知》	[90] 建设字第 204 号
153	1990 年 6 月 2 日	建设部《关于勘察设计单位推行全面质量管理工作有关问题的通知》	[90] 建设字第 268 号
154	1990 年 8 月 25 日	建设部《关于公布全国勘察设计大师名单的通知》	[90] 建设字第 433 号
155	1990 年 11 月 14 日	建设部《关于印发工程设计计算机软件转让暂行办法的通知》	[90] 建设字第 24 号

续表

中央、国务院及有关部委发布的重要文件汇集总表（1950 ~ 2020 年 共 352 份）			
序号	发布时间	文件名称	文 号
156	1990 年 11 月 22 日	建设部《关于全国勘察设计单位开展创“四优”活动的通知》	[90] 建设字第 593 号
九		**1991 ~ 1995 年**	
157	1991 年 2 月 2 日	建设部《关于建筑工程设计施工图审查问题的通知》	建设〔1991〕64 号
158	1991 年 4 月 19 日	财政部、建设部《颁发关于国营勘察设计单位有关财务问题的规定的通知》	[91] 财工字第 89 号
159	1991 年 7 月 3 日	建设部《关于加强工程建设设计、施工招标投标管理工作的通知》	建建〔1991〕449 号
160	1991 年 7 月 22 日	建设部《关于印发工程勘察和工程设计单位资格管理办法的通知》	建设〔1991〕504 号
161	1991 年 8 月 17 日	国家计委《关于编制、审批境外投资项目的项目建议书和可行性研究报告的规定》	计外资〔1991〕1271 号
162	1991 年 10 月 29 日	国务院生产办公室《关于同意中国寰球化学工程公司改为企业的批复》	国生企〔1991〕45 号
163	1991 年 11 月 21 日	建设部、国家工商行政管理局《关于印发建筑市场管理规定的通知》	建法〔1991〕798 号
164	1992 年 3 月 2 日	建设部《关于批准建筑工程设计文件编制深度的规定的通知》	建设〔1992〕102 号
165	1992 年 3 月 27 日	建设部《关于推广应用计算机辅助设计（CAD）技术，大力提高我国工程设计水平的通知》	建设〔1992〕163 号
166	1992 年 3 月 28 日	建设部《关于印发工程勘察单位承担岩土工程任务有关问题的暂行规定的通知》	建设〔1992〕167 号
167	1992 年 4 月 3 日	建设部《关于印发民用建筑工程设计质量评定标准的通知》	建设〔1992〕186 号
168	1992 年 6 月 4 日	建设部《关于印发成立中外合营工程设计机构审批管理的规定的通知》	建设部第 18 号令
169	1992 年 7 月 3 日	国家税务局《关于勘察设计单位减免所得税问题的通知》	国税发〔1992〕155 号
170	1992 年 7 月 8 日	建设部《关于颁发工程勘察设计证书和工程勘察设计收费资格证书的实施细则的通知》	〔1992〕建设资字 31 号
171	1992 年 7 月 21 日	国家物价局、建设部《关于发布工程勘察和工程设计收费标准的通知》	〔1992〕价费字 375 号

续表

中央、国务院及有关部委发布的重要文件汇集总表（1950～2020年共352份）			
序号	发布时间	文件名称	文　号
172	1993年7月30日	建设部《关于勘察设计单位巩固深化全面质量管理，贯彻GB/T 19000 ISO 9000“系列标准”的通知》	建设〔1993〕566号
173	1993年9月10日	建设部《关于进一步开放和完善工程勘察设计市场的通知》	建设〔1993〕678号
174	1993年10月1日	《中华人民共和国科技进步法》	中华人民共和国主席令第14号
175	1993年11月4日	建设部《关于印发私营设计事务所试点办法的通知》	建设〔1993〕794号
176	1993年12月29日	《中华人民共和国公司法》	中华人民共和国主席令第16号
177	1994年2月24日	劳动部、人事部《关于颁发〈职业资格证书规定〉的通知》	劳部发〔1994〕98号
178	1994年4月4日	国家计委发布《工程咨询业管理暂行办法》	国家计委令第2号
179	1994年4月4日	国家计委发布《工程咨询单位资格认定暂行办法》	国家计委令第3号
180	1994年4月11日	建设部、国家计委、财政部、人事部、中央编委办公室向国务院报送《关于请批转关于工程设计单位改为企业若干问题的意见的请示》	建设〔1994〕250号
181	1994年8月12日	建设部公布全国工程勘察设计大师（第二批）120人名单	建设〔1994〕497号
182	1994年8月12日	建设部公布授予138名同志优秀勘察、设计院长荣誉称号	建设〔1994〕57号
183	1994年9月20日	化工部《关于创建国际型工程公司的规划意见》	化建设发[94]197号
184	1994年9月21日	建设部、人事部《关于建立注册建筑师制度及有关工作的通知》	建设〔1994〕598号
185	1994年9月29日	国务院《关于工程勘察设计单位改建为企业问题的批复》，对1994年4月11日建设部、国家计委、财政部、人事部、中央编委办公室《关于请批转关于工程设计单位改为企业若干问题的意见的请示》（建设〔1994〕250号）的批复	国函〔1994〕100号
186	1994年	建设部颁布《岩土工程勘察规范》	建标〔1994〕244号
187	1995年1月9日	建设部《关于充分发挥中国勘察设计协会在行业管理中作用的通知》	建设〔1995〕650号

续表

中央、国务院及有关部委发布的重要文件汇集总表
（1950～2020年共352份）

序号	发布时间	文件名称	文 号
188	1995年5月4日	建设部《关于印发建设部建立现代企业制度试点工作程序的通知》	建法〔1995〕249号
189	1995年5月11日	建设部《关于确定30个大型勘察设计单位作为现代企业制度试点单位的通知》	建设〔1995〕254号
190	1995年5月15日	建设部《关于印发私营设计事务所试点办法的通知》	建设〔1995〕282号
191	1995年9月22日	建设部《关于转发财政部<关于勘察设计企业执行新财务制度若干问题的通知>的通知》	建设〔1995〕546号
192	1995年9月23日	国务院发布施行《中华人民共和国注册建筑师条例》	国务院令第184号
193	1995年10月24日	财政部、国家税务总局《关于工程勘察设计单位改为企业后有关税收问题的函》	财税字〔1995〕100号
十		**1996～2000年**	
194	1996年1月17日	建设部《关于印发工程勘察设计单位建立现代企业制度试点指导意见的通知》	建法〔1996〕39号
195	1996年3月10日	国家计委《关于实行建设项目法人责任制的暂行规定》的通知	计建设〔1996〕673
196	1996年7月25日	建设部、国家工商行政管理局《关于建设工程勘察设计合同管理办法和建设工程勘察合同、建设工程设计合同文本的通知》	建设〔1996〕444号
197	1996年11月30日	建设部《关于总结检查“八五”期间工程勘察设计单位CAD技术推广应用情况和组织实施CAD技术发展规划的通知》	建设〔1996〕607号
198	1997年7月11日	建设部向国务院报送《请国务院批转关于深化工程勘察设计体制改革和加强管理的几点意见的请示》	建设〔1997〕172号
199	1997年8月18日	国家计委发布《国家基本建设大中型项目实行招标投标的暂行规定》	计建设〔1997〕1466号
200	1997年10月20日	建设部《关于发布建筑智能化系统工程设计管理暂行规定的通知》	建设〔1997〕290号
201	1997年11月1日	《中华人民共和国节约能源法》，自1998年1月1日起施行	中华人民共和国主席令第90号
202	1997年11月1日	《中华人民共和国建筑法》，于1998年3月1日开始施行	中华人民共和国主席令第91号
203	1997年12月23日	建设部颁布《建设工程勘察和设计单位资质管理规定》	建设部令第60号

续表

中央、国务院及有关部委发布的重要文件汇集总表（1950～2020年共352份）			
序号	发布时间	文件名称	文　号
204	1998年8月6日	建设部《关于进一步加强工程招标投标管理的规定》	建建〔1998〕162号
205	1998年9月5日	建设部发布《建筑工程项目施工图设计文件审查试行办法》	建设〔1998〕165号
206	1998年10月19日	建设部《关于建立建筑智能化系统工程设计和系统集成专项资质及开展试点工作的通知》	建设〔1998〕194号
207	1998年11月29日	国务院发布《建设项目环境保护管理条例》	国务院令第253号
208	1998年12月17日	建设部《关于印发中小型勘察设计咨询单位深化改革指导意见的通知》	建设〔1998〕257号
209	1999年1月6日	建设部发布《工程建设标准设计管理规定》	建设〔1999〕4号
210	1999年1月21日	建设部发布《建设工程勘察设计市场管理规定》	建设部令第65号
211	1999年2月23日	国务院办公厅《关于加强基础设施工程质量管理的通知》	国办发〔1999〕16号
212	1999年3月3日	建设部、监察部关于《工程建设若干违法违纪行为处罚办法》	建设部、监察部令第68号
213	1999年3月15日	《中华人民共和国合同法》	中华人民共和国主席令第15号
214	1999年7月11日	建设部《关于加强勘察设计质量工作的通知》	建设〔1999〕176号
215	1999年7月29日	国家计委《关于重申严格执行基本建设程序和审批规定的通知》	计投资〔1999〕693号
216	1999年8月13日	建设部《关于开展建设项目设计咨询试点工作的通知》	建设〔1999〕208号
217	1999年8月26日	建设部《关于印发关于推进大型工程设计单位创建国际型工程公司的指导意见的通知》	建设〔1999〕218号
218	1999年8月30日	《中华人民共和国招标投标法》	中华人民共和国主席令第21号
219	1999年12月9日	建设部《关于同意北京市、上海市、深圳市开展工程设计保险试点的通知》	建设〔1999〕292号
220	1999年12月18日	国务院办公厅转发建设部、国家计委、国家经贸委、财政部、劳动保障部和中编办《关于工程勘察设计单位体制改革的若干意见》	国办发〔1999〕101号

续表

中央、国务院及有关部委发布的重要文件汇集总表 （1950～2020年共352份）			
序号	发布时间	文件名称	文　号
221	1999年12月24日	建设部印发《全国工程勘察设计行业2000年—2005年计算机应用工程及信息化发展规划纲要》	建设〔1999〕314号
222	1999年12月30日	建设部《关于进一步推进建设系统国有企业改革和发展的指导意见》	建法〔1999〕317号
223	2000年1月3日	建设部《关于认真贯彻落实国务院办公厅转发建设部等关于工程勘察设计单位体制改革的若干意见的通知》	建设〔2000〕1号
224	2000年1月11日	建设部《关于加强勘察设计市场准入管理的补充通知》	建设〔2000〕17号
225	2000年1月30日	国务院发布实施《建设工程质量管理条例》	国务院令第279号
226	2000年3月1日	建设部、国家工商行政管理局《关于印发建筑工程勘察设计合同管理办法和建筑工程勘察合同、建筑工程设计合同文本的通知》	建设〔2000〕50号
227	2000年3月24日	财政部、国家税务总局《关于工程勘察设计单位体制改革若干税收政策的通知》	财税字〔2000〕38号
228	2000年4月4日	国务院《关于批准工程建设项目招标范围和规模标准规定的批复》	国函〔2000〕27号
229	2000年4月17日	建设部《关于认真贯彻落实九届全国人大三次会议精神进一步抓好整顿规范建筑市场工作的通知》	建建〔2000〕80号
230	2000年8月1日	建设部印发《建设工程勘察质量管理办法》	建设〔2000〕167号
231	2000年9月25日	国务院发布实施《建设工程勘察设计管理条例》	国务院令第293号
232	2000年9月28日	国务院办公厅《关于转发国家经贸委国有大中型企业建立现代企业制度和加强管理基本规范（试行）的通知》	国办发〔2000〕64号
233	2000年10月18日	建设部颁发《建设工程设计招标投标管理办法》	建设部令第82号
234	2000年10月24日	国务院办公厅转发建设部、国家计委、国家经贸委、财政部、劳动保障部、中编办、中央企业工委、人事部、税务总局、国家工商行政管理局《关于中央所属工程勘察设计单位体制改革实施方案》	国办发〔2000〕71号
235	2000年10月30日	建设部《关于建立“工程勘察设计咨询业信息系统”的通知》	建设技字〔2000〕51号

续表

中央、国务院及有关部委发布的重要文件汇集总表（1950～2020年共352份）			
序号	发布时间	文件名称	文　号
236	2000年11月6日	劳动和社会保障部《关于进一步深化企业内部分配制度改革指导意见的通知》	劳社部发〔2000〕21号
237	2000年12月6日	建设部公布全国第三批勘察设计大师60人名单。同日，授予142名同志全国优秀勘察设计院长荣誉称号	建设〔2000〕272号建设〔2000〕273号
238	2000年12月13日	建设部发布《建筑工程设计事务所管理办法》	建设〔2000〕285号
十一		**2001 ~ 2005年**	
239	2001年1月4日	人事部、建设部《关于发布勘察设计注册工程师制度总体框架及全国勘察设计注册工程师管理委员会组成人员名单的通知》	人发〔2001〕5号
240	2001年3月13日	国家经贸委、人事部、劳动保障部《关于深化国有企业内部人事、劳动、分配制度改革的意见》	国经贸企改〔2001〕230号
241	2001年4月27日	国务院发布《关于整顿和规范市场经济秩序的决定》	国发〔2001〕11号
242	2001年5月16日	建设部、财政部、劳动和社会保障部、国土资源部《关于工程勘察设计单位体制改革中有关问题的通知》	建设〔2001〕102号
243	2001年5月25日	建设部《关于进一步加强勘察设计质量管理的紧急通知》	建设〔2001〕105号
244	2001年7月1日	国务院发布《中华人民共和国专利法实施细则》	国务院令第306号
245	2001年10月31日	国务院办公厅《关于进一步整顿和规范建筑市场秩序的通知》	国办发〔2001〕81号
246	2002年1月7日	国家计委、建设部批准发布《工程勘察设计收费管理规定》《工程勘察收费标准》《工程设计收费标准》	计价格〔2002〕10号
247	2002年1月10日	建设部发布《岩土工程勘察规范（2009版）》	建标〔2002〕7号
248	2002年3月8日	国务院办公厅《转发建设部国家计委监察部关于健全和规范有形建筑市场若干意见的通知》	国办发〔2002〕21号
249	2002年2月6日	劳动和社会保障部、人事部、财政部、科技部、建设部《关于转制科研机构和工程勘察设计单位转制前离退休人员待遇调整等问题的通知》	劳社部发〔2002〕5号

续表

中央、国务院及有关部委发布的重要文件汇集总表（1950～2020年共352份）			
序号	发布时间	文件名称	文　号
250	2002年3月27日	建设部办公厅《关于在工程建设勘察设计、施工、监理中推行廉政责任书的通知》	建办监〔2002〕21号
251	2002年6月4日	建设部《关于加快建立建筑市场有关企业和专业技术人员信用档案的通知》	建市〔2002〕155号
252	2002年9月6日	建设部发布《建设部推广应用新技术管理细则》	建科〔2002〕222号
253	2002年9月27日	建设部、对外贸易经济合作部发布《外商投资建设工程设计企业管理规定》	建设部、对外贸易经济合作部令第114号
254	2002年10月28日	《中华人民共和国环境影响评价法》	中华人民共和国主席令第77号
255	2002年12月4日	《建设工程勘察质量管理办法》	建设部令第115号
256	2003年1月2日	建设部《关于发布全国民用建筑工程设计技术措施的通知》	
257	2003年2月13日	建设部《关于培育发展工程总承包和工程项目管理企业的指导意见》	建市〔2003〕30号
258	2003年4月21日	建设部颁布《建筑工程设计文件编制深度规定》	建质〔2003〕84号
259	2003年4月23日	建设部《关于建筑业企业项目经理资质管理制度同建造师执业资格制度过渡有关问题的通知》	建市〔2003〕86号
260	2003年6月4日	建设部印发《建设工程质量责任主体和有关机构不良记录管理办法（试行）》	建质〔2003〕113号
261	2003年6月12日	国家发展改革委、建设部、铁道部、交通部、信息产业部、水利部、民航总局、广播电影电视总局发布《工程建设项目勘察设计招标投标办法》	国家发展和改革委员会令第2号
262	2003年7月4日	国资委、财政部、劳动保障部、税务总局《关于进一步明确国有大中型企业主辅分离辅业改制有关问题的通知》	国资分配〔2003〕21号
263	2003年7月13日	建设部办公厅《关于工程总承包市场准入问题说明的函》	建市函〔2003〕161号
264	2003年7月18日	建设部颁布《建筑工程勘察文件编制深度规定（试行）》	建质〔2003〕144号
265	2003年8月27日	建设部《关于印发工程勘察设计大师评选办法和做好评选工程勘察设计大师工作的通知》	建质函〔2003〕197号

续表

中央、国务院及有关部委发布的重要文件汇集总表（1950 ～ 2020 年共 352 份）			
序号	发布时间	文件名称	文　号
266	2003 年 9 月 12 日	建设部《关于印发工程勘察技术进步与技术政策要点的通知》	建质函〔2003〕202 号
267	2003 年 10 月 22 日	建设部、国家知识产权局《关于印发工程勘察设计咨询业知识产权保护与管理导则的通知》	建质〔2003〕210 号
268	2003 年 11 月 12 日	国务院第 28 次常务会议通过，11 月 24 日颁发《建设工程安全生产管理条例》，于 2004 年 2 月 1 日施行	国务院令第 393 号
269	2003 年 11 月 14 日	建设部发布《关于积极推进工程设计责任保险的指导意见》	建质〔2003〕218 号
270	2003 年 12 月 27 日	科技部发布《国家科学技术奖励条例实施细则》	科技部令第 9 号
271	2004 年 1 月 29 日	建设部《关于颁布市政公用工程设计文件编制深度规定的通知》	建质〔2004〕16 号
272	2004 年 2 月 23 日	国务院国有资产监督管理委员会《关于中央企业加强产权管理工作的意见》	国资发产权〔2004〕180 号
273	2004 年 4 月 26 日	全国第四批勘察设计大师名单，其中全国工程勘察大师 6 名、全国工程设计大师 54 名	建设部发布第 234 号公告
274	2004 年 5 月 10 日	建设部《关于外国企业在中华人民共和国境内从事建设工程设计活动的管理暂行规定》	建市〔2004〕78 号
275	2004 年 7 月 16 日	国务院《关于投资体制改革的决定》	国发〔2004〕20 号
276	2004 年 8 月 30 日	国务院各部门行业勘察设计协会秘书长第 31 次联谊会议讨论通过《关于整合组建中国工程咨询设计联合会的建议》，报送国务院秘书长华建敏并请转送温家宝总理	
277	2004 年 11 月 16 日	建设部《关于印发建设工程项目管理试行办法的通知》	建市〔2004〕200 号
278	2005 年 2 月 4 日	建设部发布《勘察设计注册工程师管理规定》	建设部令第 137 号
十二		**2006 ～ 2010 年**	
279	2006 年 12 月 7 日	国家人事部、建设部、台湾事务办《关于允许台湾地区居民取得注册建筑师资格有关问题的通知》，附《台湾地区居民取得注册建筑师资格的具体办法》	国人部发〔2006〕131 号

续表

中央、国务院及有关部委发布的重要文件汇集总表（1950～2020年共352份）			
序号	发布时间	文件名称	文　号
280	2007年1月5日	建设部、发改委、财政部、监察部、审计署《关于加强大型公共建筑工程建设管理的若干意见》	建质〔2007〕1号
281	2007年1月5日	建设部、商务部关于《外商投资建设工程设计企业管理规定实施细则》	建市〔2007〕18号
282	2007年5月30日	建设部发布《宜居城市科学评价标准》	
283	2007年7月26日	国务院《关于编制全国主体功能区规划的意见》	国发〔2007〕21号
284	2008年1月1日	《城乡规划法》正式实施	
285	2008年1月	建设部发布《中华人民共和国注册建筑师条例实施细则》	建设部令第167号
286	2008年8月29日	全国人大常委会通过《中华人民共和国循环经济促进法》，于2009年1月1日起施行	中华人民共和国主席令第四号
287	2009年7月20日	住房城乡建设部《关于发布全国民用建筑工程设计技术措施（2009年版）的通知》	建质〔2009〕124号
288	2010年8月13日	住房城乡建设部《关于加强建筑市场资质资格动态监管、完善企业和人员准入清出制度的指导意见》	建市〔2010〕128号
289	2010年12月23日	住房城乡建设部重新制定《全国绿色建筑创新奖实施细则》和《全国绿色建筑创新奖评审标准》	建科〔2010〕216号
十三		**2011 ～ 2015年**	
290	2011年5月24日	住房城乡建设部《关于第七批全国工程勘察设计大师名单的公告》，傅学怡等29人被授予全国工程勘察设计大师称号	
291	2011年6月24日	住房城乡建设部《关于进一步加强建筑市场监管工作的意见》	建市〔2011〕86号
292	2011年10月9日	住房城乡建设部发布《工程勘察设计行业2011—2015年发展纲要》	建市〔2011〕150号
293	2011年7月26日	住房城乡建设部关于发布国家标准《住宅设计规范》的公告	建设部公告第1093号
294	2012年1月17日	住房城乡建设部《关于印发2012年工程建设标准规范制订修订计划的通知》	建标〔2012〕5号
295	2012年3月22日	《关于转发全国人大常委会法工委〈对关于违反规划许可、工程建设强制性标准建设、设计违法行为追诉时效有关问题的意见〉的通知》	建法〔2012〕43号

续表

中央、国务院及有关部委发布的重要文件汇集总表 （1950～2020年共352份）			
序号	发布时间	文件名称	文　号
296	2012年7月2日	住房城乡建设部关于《城乡规划编制单位资质管理规定》	住房城乡建设部令12号
297	2013年2月6日	住房城乡建设部《关于进一步促进工程勘察设计行业改革与发展若干意见》	建市〔2013〕23号
298	2013年11月12日	中共中央《关于全面深化改革若干重大问题的决定》	十八届三次全会通过
299	2014年2月26日	国务院《关于推进文化创意和设计服务与相关产业融合发展的若干意见》	国发〔2014〕10号
300	2014年3月16日	中共中央、国务院印发《国家新型城镇化规划（2014—2020）》	
301	2014年7月2日	住房城乡建设部《关于推进建筑业发展和改革的若干意见》	建市〔2014〕92号
302	2014年8月25日	住房城乡建设部发布《建筑工程五方责任主体项目负责人质量终身责任追究暂行办法》的通知	建质〔2014〕124号
303	2015年6月16日	住房城乡建设部《关于推进建筑信息模型应用指导意见的通知》	建质函〔2015〕159号
304	2015年7月8日	中共中央办公厅、国务院办公厅印发《行业协会商会与行政机关脱钩总体方案》	中办发〔2015〕39号
305	2015年8月24日	中共中央、国务院《关于深化国有企业改革的指导意见》	中发〔2015〕22号
306	2015年9月23日	国务院《关于国有企业发展混合所有制经济的意见》	国发〔2015〕54号
307	2015年9月24日	中共中央办公厅、国务院办公厅印发《深化科技体制改革实施方案》	中办发〔2015〕46号
十四		**2016～2020年**	
308	2016年2月6日	中共中央 国务院《关于进一步加强城市规划建设管理工作的若干意见》	
309	2016年5月20日	住房城乡建设部《关于进一步推进工程总承包发展的若干意见》	建市〔2016〕93号
310	2016年8月9日	住房城乡建设部印发《深化工程建设标准化工作改革的意见》	建标〔2016〕166号
311	2016年8月23日	住房城乡建设部《关于印发2016—2020年建筑业信息化发展纲要的通知》	建质函〔2016〕183号
312	2016年9月13日	住房城乡建设部《关于修改〈勘察设计注册工程师管理规定〉等11个部门规章的决定》	住房城乡建设部令第32号

续表

中央、国务院及有关部委发布的重要文件汇集总表（1950 ～ 2020 年 共 352 份）			
序号	发布时间	文件名称	文　号
313	2016 年 11 月 3 日	中共中央办公厅、国务院办公厅《关于从事生产经营活动事业单位改革的指导意见的通知》	厅字〔2016〕38 号
314	2016 年 11 月 17 日	住房城乡建设部印发《建筑工程设计文件编制深度规定（2016 年版）》	建质函〔2016〕247 号
315	2016 年 11 月 24 日	住房城乡建设部《关于促进建筑工程设计事务所发展有关事项的通知》	建市〔2016〕261 号
316	2017 年 1 月 12 日	国务院《关于第三批取消中央指定地方实施行政许可事项的决定》	国发〔2017〕7 号
317	2017 年 1 月 24 日	住房城乡建设部发布《建筑工程设计招标投标管理办法》	住房城乡建设部令第 33 号
318	2017 年 2 月 21 日	国务院《关于促进建筑业持续健康发展的意见》	国办发〔2017〕19 号
319	2017 年 3 月 1 日	国务院《关于修改和废止部分行政法规的决定》	国务院第 676 号令
320	2017 年 4 月	人社部《关于集中治理职业资格证书挂靠行为的通知》	
321	2017 年 5 月 2 日	住房城乡建设部印发《工程勘察设计行业发展“十三五”规划》	建市〔2017〕102 号
322	2017 年 5 月 2 日	住房城乡建设部《关于开展全过程工程咨询试点工作的通知》	建市〔2017〕101 号
323	2017 年 9 月 29 日	国务院《关于取消一批行政许可事项的决定》	国发〔2017〕46 号
324	2017 年 10 月 23 日	国务院修改《建设工程质量管理条例》《建设工程勘察设发计管理条例》	国务院令第 687 号
325	2017 年 11 月 6 日	国家发展改革委《关于工程咨询行业管理办法》	第 9 号令
326	2017 年 11 月 21 日	国家发展改革委、民政部、财政部、国资委《关于进一步规范行业协会商会收费管理的意见》	发改经体〔2017〕1999 号
327	2017 年 12 月 11 日	住房城乡建设部关于《在民用建筑工程中推进建筑师负责制指导意见》（征求意见稿）	建市设函〔2017〕62 号
328	2017 年 12 月 28 日	住房城乡建设部办公厅《关于取消工程建设项目招标代理机构资格认定加强事中事后监管的通知》	建办市〔2017〕77 号
329	2018 年 4 月 7 日	中共中央办公厅国务院办公厅《关于促进中小企业健康发展的指导意见》	

续表

中央、国务院及有关部委发布的重要文件汇集总表 （1950～2020年共352份）			
序号	发布时间	文件名称	文　号
330	2018年5月18日	国务院办公厅《关于开展工程建设项目审批制度改革试点的通知》	国办发〔2018〕33号
331	2018年6月6日	国家发展改革委《关于〈必须招标的基础设施和公用事业项目范围规定〉的通知》	发改法规规〔2018〕843号
332	2018年7月24日	住房城乡建设部 国家发展改革委关于批准发布《自然保护区工程项目建设标准》《湿地保护工程项目建设标准》的通知	建标〔2018〕68号
333	2018年10月11日	国务院办公厅《关于保持基础设施领域补短板力度的指导意见》	国办发〔2018〕101号
334	2018年11月2日	住房城乡建设部《关于进一步简化勘察设计工程师执业资格注册申报材料的通知》	建办市〔2018〕52号
335	2018年11月8日	国务院办公厅《关于聚焦企业关切进一步推动优化营商环境落实的通知》	国办发〔2018〕104号
336	2019年1月3日	住房城乡建设部《关于印发建筑工程施工发包与承包违法行为认定查处管理办法的通知》	建市规〔2019〕1号
337	2019年3月13日	国务院办公厅《关于全面开展工程建设项目审批制度改革的实施意见》	国办发〔2019〕11号
338	2019年3月15日	国家发展改革委、住房城乡建设部《关于推进全过程工程咨询服务发展的指导意见》	发改投资规〔2019〕515号
339	2019年4月14日	中华人民共和国《政府投资条例》	国务院令第712号
340	2019年4月19日	国务院《关于印发改革国有资本授权经营体制方案的通知》	国发〔2019〕9号
341	2019年5月18日	国务院《关于推进国家经济技术开发区创新提升打造改革开放新高地的意见》	国发〔2019〕11号
342	2019年5月23日	中共中央、国务院《关于建立国土空间规划体系并监督实施的若干意见》	中发〔2019〕18号
343	2019年6月14日	国家发展改革委等九部委《关于全面推开行业协会商会与行政机关脱钩改革的实施意见》	发改体改〔2019〕1063号
344	2019年6月20日	住房城乡建设部等部门《关于加快推进房屋建筑和市政基础设施工程实行工程担保制度的指导意见》	建市〔2019〕64号
345	2019年9月15日	国务院办公厅转发住房城乡建设部《关于完善质量保障体系提升建筑工程品质指导意见的通知》	国办函〔2019〕92号
346	2019年12月23日	住房城乡建设部、国家发展改革委《关于印发房屋建筑和市政基础设施项目工程总承包管理办法的通知》	建市规〔2019〕12号

续表

中央、国务院及有关部委发布的重要文件汇集总表（1950～2020年共352份）			
序号	发布时间	文件名称	文　号
347	2020年3月24日	住房城乡建设部等四部委发布《监理工程师职业资格制度规定》《监理工程师职业资格考试实施办法》	建人规〔2020〕3号
348	2020年3月30日	中共中央 国务院《关于构建更加完善的要素市场化配置体制机制的意见》	
349	2020年4月27日	住房城乡建设部和国家发展改革委《关于进一步加强城市与建筑风貌管理的通知》	建科〔2020〕38号
350	2020年7月28日	住房城乡建设部、改革委、工信部等13个部门《关于推动智能建造与建筑工业化协同发展的指导意见》	建市〔2020〕60号
351	2020年8月28日	住房城乡建设部等部门《关于加快新型建筑工业化发展的若干意见》	建标规〔2020〕8号
352	2020年12月2日	住房城乡建设部《关于印发建设工程企业资质管理制度改革方案的通知》	建市〔2020〕94号

这些重要文件的出台，真实反映了70年来行业发展的轨迹，充分证明了对行业发展所起的关键作用，深刻勾画了行业发展的光明前景，也真实记录着几代勘察设计管理工作者呕心沥血、深入调查研究、全心全意为行业发展所作出的重大贡献，应当载入史册。

附录二　重要文件选编

改革开放以来，中央、国务院及其有关行政主管部门在各个不同的历史时期颁布了一系列方针政策、法律法规、规章制度、指导意见、管理办法、五年发展规划等，本附录从第九章“主要文件汇集”中选编了自改革开放以来（1978～2020年）共41份纲领性重要文件原文，包括第四章“重大改革溯源”中十大改革的文件在内，实践已经充分证明，对引领我国工程勘察设计咨询业不断改革创新和持续快速健康发展起了决定性的关键作用。而且这些文件中的绝大部分至今及以后的相当一段时期仍然是引领行业发展的重要文件。

重要文件选编汇总表

序号	文件名称	文号	发布时间
1	国家计委、国家建委、财政部《关于勘察设计单位实行企业化取费试点的通知》	（[79]建发设字第315号） （[79]财基字第200号）	1979年6月8日
2	化工部印发《关于改革现行基本建设管理体制，试行以设计为主体的工程总承包制的意见》的通知	（[82]化基字第650号）	1982年6月8日
3	国家计委　财政部　劳动人事部《关于勘察设计单位试行技术经济责任制的通知》	（计设〔1983〕1022号）	1983年7月12日
4	国务院《关于改革建筑业和基本建设管理体制若干问题的暂行规定》	（国发〔1984〕123号）	1984年9月18日
5	国务院批转国家计委《关于工程设计改革的几点意见》的通知	（国发〔1984〕157号）	1984年11月10日
6	国家计委、财政部、劳动人事部《关于勘察设计单位实行技术经济责任制若干问题的补充通知》	（计设〔1986〕2562号）	1986年12月13日
7	国家计委、财政部、中国人民建设银行、国家物资局《关于设计单位进行工程建设总承包试点有关问题的通知》	（计设〔1987〕619号）	1987年4月20日
8	建设部《关于扩大设计单位进行工程总承包试点及有关问题的补充通知》	（[89]建设字第122号）	1989年4月1日

续表

重要文件选编汇总表			
序号	文件名称	文号	发布时间
9	建设部《关于工程勘察单位承担岩土工程任务有关问题的暂行规定》	（建设〔1992〕167号）	1992年3月28日
10	化工部《关于创建国际型工程公司的规划意见》	（化建设发（94）197号）	1994年9月20日
11	国务院《关于工程勘察设计单位改建为企业问题的批复》	（国函〔1994〕100号）	1994年9月29日
12	建设部《关于工程勘察设计单位建立现代企业制度试点指导意见的通知》	（建法〔1996〕39号）	1996年1月17日
13	建设部请国务院批转《关于深化工程勘察设计体制改革和加强管理的几点意见的请示》	（建设〔1997〕172号）	1997年7月11日
14	建设部关于印发《中小型勘察设计咨询单位深化改革指导意见》的通知	（建设〔1998〕257号）	1998年12月17日
15	建设部印发《关于推进大型工程设计单位创建国际型工程公司的指导意见》	（建设〔1999〕218号）	1999年8月26日
16	国务院办公厅转发建设部等部门《关于工程勘察设计单位体制改革若干意见》的通知	（国办发〔1999〕101号）	1999年12月18日
17	建设部《关于进一步推进建设系统国有企业改革和发展的指导意见》	（建法〔1999〕317号）	1999年12月30日
18	国务院办公厅《关于转发国家经贸委国有大中型企业建立现代企业制度和加强管理基本规范（试行）的通知》	（国办发〔2000〕64号）	2000年9月28日
19	国务院办公厅转发建设部等部门《关于中央所属工程勘察设计单位体制改革实施方案》的通知	（国办发〔2000〕71号）	2000年10月24日
20	国家经贸委、人事部、劳动保障部《关于深化国有企业内部人事、劳动、分配制度改革的意见》	（国经贸企改〔2001〕230号）	2001年3月13日
21	建设部《关于培育发展工程总承包和工程项目管理企业的指导意见》	（建市〔2003〕30号）	2003年2月13日
22	建设部《关于印发建设工程项目管理试行办法的通知》	（建市〔2004〕200号）	2004年11月16日

续表

重要文件选编汇总表			
序号	文件名称	文号	发布时间
23	住房城乡建设部印发《关于进一步促进工程勘察设计行业改革与发展若干意见》的通知	（建市〔2013〕23 号）	2013 年 2 月 6 日
24	中共中央办公厅、国务院办公厅印发《行业协会商会与行政机关脱钩总体方案》	（中办发〔2015〕39 号）	2015 年 7 月 9 日
25	中共中央、国务院《关于深化国有企业改革的指导意见》	（中发〔2015〕22 号）	2015 年 8 月 24 日
26	国务院《关于国有企业发展混合所有制经济的意见》	（国发〔2015〕54 号）	2015 年 9 月 23 日
27	中共中央办公厅、国务院办公厅印发《关于深化科技体制改革实施方案》的通知	（中办发〔2015〕46 号）	2015 年 9 月 24 日
28	中共中央　国务院《关于进一步加强城市规划建设管理工作的若干意见》	（中发〔2016〕6 号）	2016 年 2 月 6 日
29	住房城乡建设部《关于进一步推进工程总承包发展的若干意见》	（建市〔2016〕93 号）	2016 年 5 月 20 日
30	住房城乡建设部《关于印发 2016—2020 年建筑业信息化发展纲要的通知》	（建质函〔2016〕183 号）	2016 年 8 月 23 日
31	国务院办公厅《关于促进建筑业持续健康发展的意见》	（国办发〔2017〕19 号）	2017 年 2 月 24 日
32	住房城乡建设部《关于开展全过程工程咨询试点工作的通知》	（建市〔2017〕101 号）	2017 年 5 月 2 日
33	国家发展改革委发布《关于工程咨询行业管理办法》	（第 9 号令）	2017 年 11 月 6 日
34	住房城乡建设部《关于征求在民用建筑工程中推进建筑师负责制指导意见（征求意见稿）的函》	（建市设函〔2017〕62 号）	2017 年 12 月 11 日
35	国家发展改革委　住房城乡建设部《关于推进全过程工程咨询服务发展的指导意见》	（发改投资规〔2019〕515 号）	2019 年 3 月 15 日
36	国家发展改革委《关于全面推开行业协会商会与行政机关脱钩改革的实施意见》	（发改体改〔2019〕1063 号）	2019 年 6 月 14 日
37	住房城乡建设部等部门《关于加快推进房屋建筑和市政基础设施工程实行工程担保制度的指导意见》	（建市〔2019〕64 号）	2019 年 6 月 20 日

续表

重要文件选编汇总表			
序号	文件名称	文号	发布时间
38	国务院办公厅转发住房城乡建设部《关于完善质量保障体系提升建筑工程品质指导意见》的通知	（国办函〔2019〕92号）	2019年9月15日
39	住房城乡建设部　国家发展改革委《关于印发房屋建筑和市政基础设施项目工程总承包管理办法的通知》	（建市规〔2019〕12号）	2019年12月23日
40	中共中央　国务院《关于构建更加完善的要素市场化配置体制机制的意见》		2020年3月30日
41	住房城乡建设部等部门《关于加快新型建筑工业化发展的若干意见》	（建标规〔2020〕8号）	2020年8月28日

一、1979年6月8日，国家计委、国家建委、财政部《关于勘察设计单位实行企业化取费试点的通知》（[79]建发设字第315号[79]财基字第200号）

中共中央，国务院以中发〔1979〕33号文件批转《关于改进当前基本建设工作的若干意见》中指出:“勘察设计单位现在绝大部分是由事业费开支，要逐步实行企业化，收取设计费”。今年各地区，各部门要选择少数单位进行试点，积累经验，为全面推广打好基础，为了贯彻中央这一指示精神，搞好勘察设计单位企业化试点工作，现提出以下几点意见，请参照执行。

一、勘察设计单位实行企业化的意义

目前，各部门、各省、市、区的勘察设计单位大都是事业单位，由国家拨给事业费，实报实销。这种定额开支事业费的办法，使得勘察设计单位完成的任务越多，经费越紧张，不利于调动勘察设计单位的积极性。为了改变这种不合理的状况，将勘察设计单位由事业单位逐步改为企业单位，由事业费开支改为从基建投资中提取勘察设计费，好处较多，它将有利于加强设计的计划性，减少瞎指挥，避免返工浪费；有利于促进勘察设计单位实行经济核算，降低勘察设计成本；有利于改善设计管理，提高设计质量，加强设计人员的经济责任感；有利于调动广大勘察设计人员的积极性，提高勘察设计效率。勘察设计单位改为企业单位，是基本建设方面的改革之一。由于缺乏经验，一九七九年先

在十八个单位实行企业化取费试点（名单附后）。

二、试点单位应具备的条件

为了确保试点工作的顺利开展，试点单位一般应具备以下条件：

1. 近几年完成勘察设计任务较好，今、明两年勘察设计任务比较饱满，不会因试点而造成亏损的；

2. 领导班子健全，院内计划、技术、财务管理工作搞得较好；

3. 对试点做了必要的准备，如正确认识改为企业化的积极意义，核定本单位勘察设计能力，测算收费比例，制订相应的管理办法及设计质量评定标准等。

三、实行经济合同制

实行企业化取费试点的勘察设计单位，在承担勘察设计任务时，必须签订勘察设计合同，明确建设单位与勘察设计单位双方的职责，互相协作，共同完成建设任务。勘察设计合同，按国家建委（79）建发综字第249号通知中附的《勘察设计合同试行条例》办理。

四、勘察设计取费

勘察设计费的收取，应以鼓励多承担任务，努力采用先进技术和标准设计，提高设计质量，提高设计技术水平和按期完成任务为出发点。既要满足设计单位的正常开支，又要使超额完成任务的单位有一定的盈余。

取费标准，应根据不同行业，不同规模和工程内容繁简程度，按单位工程量制定不同的收费定额。但因制定这些定额需要有一个过程，为了不影响试点工作的进行，目前暂按建设项目概算的一定比例收费，其计算方法可根据设计单位历年完成建设项目设计任务的投资额数，同事业费的实际支出数的比为基数，并适当考虑勘察设计单位必须增加的一些合理开支（如过去曾由建设单位代付的差旅费、试验费等）。暂定取费率为：工业建设项目应控制在概算投资额的百分之二以内，其中有色冶金项目应控制在概算投资额的百分之二点五以内；民用项目应控制在概算投资额的百分之一点五以内；采用标准设计（复用设计）的取费率应低于百分之零点五。

勘察单位按单项工程工作量采取定额取费的办法。

请各有关部门和省、市，自治区建委，在上述费率控制内，按不同行业、不同产品、建设规模的大小，项目的复杂程度，工艺成熟条件以及是否标准设计等，制订不同的收费率和勘察分类收费定额。

设计前期工作的取费，可按实际参加工作人员的技术等级及所花费的工日计取费用。如果设计前期工作阶段未确定建设单位时，其勘察设计费用应由下达勘察设计计划的部门，在该建设项目的准备费中拨付。

各试点单位，对于今年新承担的设计或跨年度的初步设计设计费。去年结转的跨年度施工图设计，可按实施办法规定的收费率计算费用多少，从事业费中抵拨。

今年已核定给试点单位的事业费，仍旧拨给设计单位作为周转金使用，待正式核定企业流动资金定额以后，多退少补。

由于任务书或厂址等变更而造成的返工，要按设计工作量大小重新计取设计费。

勘察设计费（包括由部门或省、市、自治区在某些项目筹建前垫支的勘察设计费）应列入基本建设项目总概算或修正总概算投资内。

设计费可以按设计进度分期拨付：当双方签订合同后，先拨百分之二十；初步设计交付后，拨百分之三十；施工图交付后，拨百分之四十，大型联合企业施工图阶段的设计费，经合同双方协商同意，也可按单项工程进度分别拨付；工业项目单项工程试车考核合格、民用建筑交付使用后拨足全部设计费。设计周期短的小型项目和复用设计可以合并为一次或两次收费。

勘察费用一般可分三次拨付：签订合同后，先拨百分之三十；勘察工作开工后拨百分之三十；勘察成果交付后，付清勘察费。

五、设计单位内部经济核算与设计费的使用和上交

对于一九七九年实行企业化取费试点的单位，仍按事业单位的财务制度开支，职工的劳保福利待遇，仍按事业单位的办法执行。这些单位要参照企业管理的方法，加强经济核算工作，尽量减少非生产人员的比例，努力提高勘察设计效率，厉行节约，反对浪费。

因超额完成任务、精简人员，节省开支等原因而形成的盈余，上交主管部门百分之四十，试点单位留用百分之六十。

试点单位上交的勘察设计费盈余，由主管部门掌握，主要用于勘察设计单位的设备更新与小型基建，弥补其他试点单位的亏损补贴和补充试点单位周转金的不足等，不得用于主管部门本身的其他开支。试点单位留用的设计费盈余，主要用于职工福利、奖金、设备购置与更新以及小型，零星基建等。

六、奖励

要认真贯彻按劳分配的原则。试点单位对于那些完成任务、保证质量、采用先进技术、团结协作好的集体与个人，除给予精神鼓励外，应给予一定的物质奖励。

勘察设计单位应吸收所有职工参加评奖活动，评奖要实行民主集中制，群

众评议，领导批准。

奖金从试点单位留用的设计费盈余中开支。奖励办法按国务院国发〔1978〕91号文件中实行奖励制度的企业的有关规定执行。

各有关省、市、自治区建委和有关部主管基建的部门，要据以上要求提出本地区、本部门试点单位的具体实施办法，报省、市、自治区革命委委员会和主管部批准执行，并抄送国家计委、国家建委和财政部备案。上海市的试点工作仍按上海市革命委员会批准的办法施行。在试点过程中，要及时解决出现的问题，并注意总结经验。

附：实行企业化取费试点的勘察设计单位名单（略）

二、1982年6月8日，化工部印发《关于改革现行基本建设管理体制，试行以设计为主体的工程总承包制的意见》的通知（[82]化基字第650号）

为了缩短建设周期，提高经济效益，部在总结现行基本建设管理体制经验的基础上，提出了《关于改革现行基本建设管理体制，试行以设计为主体的工程总承包制的意见》，并经一九八二年全国化工基本建设会议讨论，与会代表表示同意试行。现修改补充后印发给你们，并希望你们在实践中不断总结经验，逐步完善，为化工基本建设管理体制改革提供经验。

试点工作涉及面比较广，是一种新的尝试，希望有关部门和省市区给以指导和支持，协助解决问题，使试点工作得以顺利进行。

关于改革现行基本建设管理体制，试行以设计为主体的工程总承包制的意见

根据中央关于调整、改革、整顿、提高的方针，近几年我们总结了过去的经验，研究了国外以工程公司的管理体制组织工程建设的具体办法，吸取我们同国外工程公司进行合作设计的经验，为了探索化工基本建设管理体制改革的途径，部决定进行以设计为主体的工程总承包管理体制的试点

（一）

以设计为主体的工程总承包制是充分发挥设计在基本建设全过程中的主导作用，以设计院为主组成工程公司，或以设计院为主体联合化建公司、中国化工设备联营公司组成联营工程公司实行工程总承包。这种方式把技术、采购、工程组成三位一体，统筹安排，按合理周期组织建设。接受建设单位或有关部门的委托根据批准的项目计划任务书，对建设项目从勘察设计、设备材料采购订货，土建安装施工、试车考核实行总承包，全面负责。这种办法能够对建设项目实行集中统一管理，按照基本建设规律和科学程序组织建设工作；有利于

运用经济办法管理基本建设工作，实行经济合同制，明确经济责任；便于对建设项目实行统筹安排，进行质量，费用、进度三大控制。这样做可以使建设项目保证工程质量，缩短建设周期，取得较好的经济效益。上述办法较现行的基本建设管理体制主要改革内容有以下几个方面：

一、实行工程承发包制，逐步改变现行由主管部门指定设计、施工单位的做法。计划任务书批准以后，根据国家计划安排，直接由用户（建设单位）采取工程询价和工程公司进行工程报价的办法择优选定工程总承包单位，或委托主管部门协助安排总承包单位。询价由用户根据批准的计划任务书说明建设意图、工程概况、技术经济要求和建设条件。工程公司根据询价书研究提出工艺技术方案，主要技术经济指标，工程总价、建设期限、承包范围等向用户提出报价书。在询价、报价的基础上，经过技术和商务洽谈，选定总承包单位，签订工程承包总合同。用户负责筹措建设资金，提供设计基础资料，办理土地征购，申请物资指标，落实原材料和外部协作条件；工程公司负责勘察设计，设备材料采购，土建安装施工，试车考核等工作。合同经双方主管机关批准后生效。

二、实行工程项目负责人制，改变现行职责不清的现象。工程合同签订后，工程公司即指定项目经理，组织工程项目组。项目经理对承包工程的实施和管理全面负责，代表公司对外与用户、技术提供单位、分包单位保持密切联系合作、协商处理合同的有关事宜。项目组根据工程规模配备设计，采购、施工、开车等专职经理和计划工程师、费用控制工程师协助项目经理组织项目实施，实行质量、费用、进度三大控制，组织项目组全体人员共同完成工程项目的建设任务。

三、实行统筹控制计划，按合理周期组织建设，改变现行一年安排一次计划的做法。合同签订后，按照计划任务书和总包合同规定的进度，制定工程统筹控制计划，明确规定勘察设计，设备材料采购、制造，施工设备，土建、安装，人员培训，试车考核的控制进度，资金、物资的分年度安排，多施工力量平衡；工程质量的标准规范和保证措施。根据工程进展，各部门，各单位，各专业按照总控制计划的要求制定详细的工程实施控制计划。用户据此分期落实资金，物资和人员指标。在计划执行中要经常检查，定期调整，严格按照计划运行，正点到达。

四、实行新的设计程序和方法，克服我国现行的设计和设备材料订货脱节，设计与施工现场实际脱节，设计深度不够，质量不高等状况。工程设计分为工艺和分析设计阶段（确定工艺流程，工厂和车间设备平面布置，提出主要设备技术资料进行订货），平面设计阶段（开展模型设计，确定管道平面布置图，审查确认设备制造图纸，进行一般中低压设备订货），和成品设计阶段（完成各专业详细施工图纸和全部材料订货）。把设计和设备材料采购、施工等工作紧密结合在一起，综合考虑工程的质量、费用和进度，求得最佳效果。

在设计过程中工程公司密切与用户联系，主要技术问题及时征求用户的意见，并在适当的时候举行设计会议（由合同规定），讨论确定重大设计原则和方案，把技术决策权直接交给用户和工程公司，主管部门在审查批准工程总合同及技术附件后不再审批设计。

五、实行由工程公司统一组织设备、材料采购订货，逐步改变现行由建设单位负责采购订货的办法。设备材料严格按照设计要求订货。主要设备采取询价、报价，技术及商务评价的办法，根据设备的质量、价格，交货进度择优选购。由工程公司提出设备的详细技术要求，召开技术协调会议与制造厂协商一致后签订设备材料订货合同。设备制造图纸由制造厂提供并经工程公司确认，以保证设计和设备的质量。

六、实行对设备材料的检验和监造制度，改变现行设备材料质量控制不严的状况。主要设备制造过程中由工程公司吸收用户参加到现场进行检验、监制；重要的高压设备需经国家批准的专门机构进行第三方检验；设备材料到达现场后都要按照标准规范进行品质检验；关键设备在安装试车过程中，制造厂要派人到工程现场指导安装和试车，以确保安全和质量。

七、实行土建、安装施工由工程公司统一组织，统一向用户负责，改变现在建设单位分别和各施工单位签订合同的办法。施工任务可以由工程公司联合化建公司承包，也可由工程公司选择其他土建或安装单位进行分包，根据总包合同的内容和要求签订分包合同，内容包括：分包范围，工程质量，进度，价款和支付条件等。施工单位要搞好施工组织设计和重大施工技术方案，采取先进的技术和科学的管理进行文明施工。工程公司对分包单位进行管理和监督以保证整个工程的进度、质量和费用，并由工程公司向用户全面负责。

八、实行严格按科学程序组织试车的办法，改变过去缺乏科学合理试车方案，忽视经济效益的状况。由工程公司提出培训方案，联系培训单位，协助用户做好培训工作。工程公司按合同规定的期限，编制操作手册和开车方案，进行费用计算、收益预测，选定最佳方案，按科学程序协助和指导用户开车。用户负责组织培训队伍，确保培训人员的质量，进行生产准备工作，提供开车条件，组织开车。

九、实行工程考核制度，改变现在工程不经考核，长期达不到规定的技术经济指标的状况。根据合同规定的试车考核条件，工程在安装竣工后半年之内由用户和工程公司共同组织化工试车考核。如由于工程公司的原因达不到合同规定的生产能力、质量标准、消耗定额，则由工程公司在规定的时间内负责完善进行第二次考核，如仍未达到保证指标则按合同规定进行赔款。如由于用户的原因在规定的期限内无法进行试车考核或达不到上述保证指标，则视为工程自动验收。在上述工作完成后，双方签署交接验收证书。

十、实行机械保证期制度，改变现在设备出厂后质量无人负责的情况。在工程考核后十二个月内由工程公司和制造厂对主要设备质量实行机械保证。在机械保证期内如发现设备缺陷属于承包方面的原因则由工程公司和制造厂负责免费修理或更换。

（二）

组织以设计为主体的工程总承包制的试点是基本建设管理体制改革的一种新尝试，根据国务院关于经济管理体制改革“态度要积极，步骤要稳妥”的精神，对试点工作做如下安排：

一、关于试点单位和试点工程：确定由化工部第四设计院和化工部第八设计院为工程公司试点单位。

试点工程经过与江西省人民政府协商，确定江西氨厂改产十一万吨尿素工程由中国武汉化工工程公司和化工部第三化建公司联合实行设备材料开口价格总承包，南京化工公司新建十八万吨联碱工程由中国成都化工工程公司提出承包方案，设备采购工作由化工部设备局给以指导和支持，可根据实际情况组织有关单位承包或分包。具体拟进一步与江苏省，南化公司商定。

二、抓紧进行工程公司的组建和各项基础工作：为适应试点工作需要，便于对外开展业务，确定两个试点设计院在现有人员基础上组建工程公司——中国武汉化工工程公司、中国成都化工工程公司，对外使用设计院和工程公司两块牌子。工程公司设置经营部、设计部、采购部、施工部、开车部、开发部、由化工部基本建设总公司调配少数采购、检验、开车和财务管理和技术人员。

认真加强试点的各项基础工作，在去年集中两院部分领导和技术骨干组织荷兰凯洛格大陆公司设计程序学习研究班，结合国情整理制定各专业设计和管理基础资料的基础上，进一步抓紧组织拟定工程承包程序和办法，各部门、各专业的标准规范、职责范围、工作条例等，以适应试点工作的需要。

三、加强对试点工作的领导：设计院（工程公司）要把试点工作列入党委的议事日程，确定一、二名院级领导主管试点工作，抽调技术熟练、工作责任心强的同志参加试点工作。要及时研究解决试点工作中的问题，不断总结经验，改进工作。

四、各有关部门要协助支持试点工作：基本建设管理体制的改革试点涉及计划、财务、物资、制造、设计、施工各个部门，以及体制、方法、制度、程序各方面的改变，需要各有部门给以协助和支持。为了保证试点工程建设的连续性，按照合理工期组织建设达到预期的效果，计划、财务等部门要按经过批准的合同规定的工程进度、分年支付条件纳入基建和财务拨款计划，予以保证。材料实行由工程公司选购后，物资供应部门要给以指导和支持，协助疏通渠道，配合试点工作。设备成套部门要对主要设备实行询价、报价，由制造厂进行设备设计提供制造图纸的办法给以积极指导与协助，并要组织设备制造单位做好报价准备，承担设备设计任务，协助落实现场检验、监制工作，严格质量检验程序，保证设备制造质量。同时，试点工作也要根据国内实际情况，采取灵活的形式和办法，逐步扩大和完善。如设备制造单位暂无条件承担设备设计任务时可委托设计单位代行设计，工程公司开始阶段在缺乏设备采购、检验、催运人员和经验的条件下，也可委托化建公司进行。

五、试点单位要加强协作配合，发扬共产主义风格：进行基本建设管理体制改革的试点，目的在于缩短建设周期、提高经济效益。除了加强经济责任制，严格履行经济合同外，建设单位、总包单位和分包单位都要围绕共同目标，加强协作，紧密配合，互相支持，发扬共产主义风格，同心协力，共同搞好试点工作。

附件：工程总承包制要点

（一）总则

一、工程公司的性质和特点：工程公司是以全面承包工程建设为任务的专业化的、独立核算的新型企业。接受用户的委托或主管部门的安排对承包项目实行科学管理，严格履行经济合同，保证工程的进度、质量和费用，努力为国家和用户实现最佳经济效益。

二、业务服务范围：根据工程条件和用户的要求，提供咨询（新建、扩建、技术改造项目的可行性研究），勘察设计，设备材料采购，土建安装施工，人员培训，开车考核等全部或单项服务。

三、组织机构：工程公司主要业务部门包括：

经营部：对外组织工程报价，签订工程承包合同并负责合同的管理及财务结算；对内进行计划管理及人员调配，负责工程费用估算及费用控制等工作。

设计部：负责提供咨询、工程设计和设备材料订货的技术工作。

采购部：负责合同工程所需设备材料的采购、检验、催货运输、索赔等工作。

施工部：负责组织施工或委托分包单位施工，进行检查、监督和管理。

开车部：参加设计，施工方案研究，保证工程设计，施工安装各阶段充分考虑操作的要求。提出培训方案，协助用户组织培训工作；编制开车方案和操作手册，协助和指导用户开车和考核。

开发部：负责公司的技术和基础工作，如新技术开发，组织制定设计、采购、施工的标准、规范、程序、手册等，确保工程质量。

（二）工程总承包工作程序示意图

工程总承包工作程序示意图

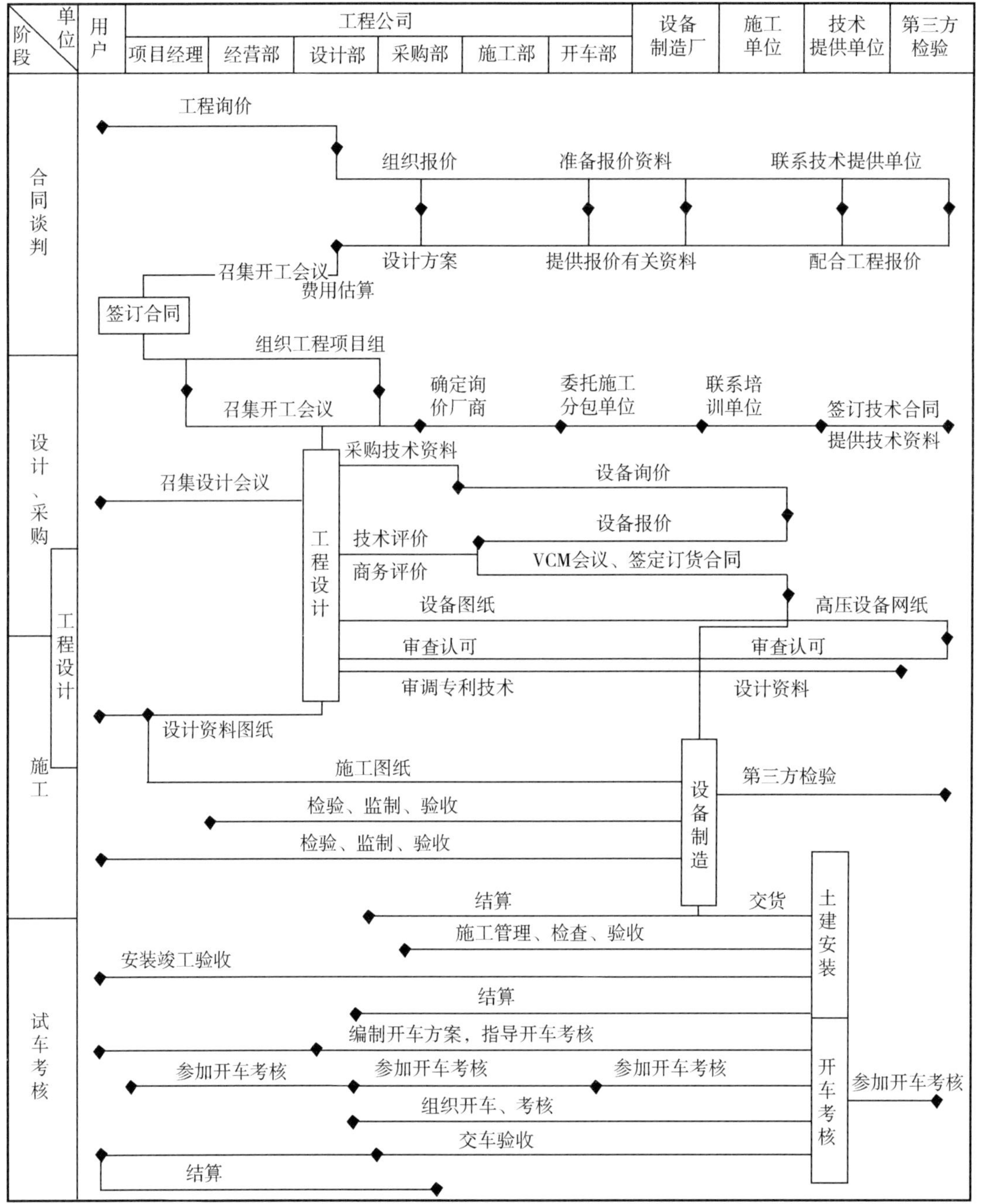

（三）用户（建设单位）的责任和权力

一、用户的责任：用户根据批准的项目计划任务书，负责选择或按主管部门安排工程总承包单位，提出建设要求，筹措建设资金，提供设计基础资料，办理土地征购手续，申请物资指标，落实原材料和外部协作条件，招收生产人员，进行生产准备等。

二、用户的权力：在建设过程中用户有权了解工程建设情况，协商处理主要技术问题，检查和监督设计、设备制造、施工质量，进行工程验收。

（四）工程询价书

一、工程询价书是用户根据批准的项目计划任务书向工程公司说明建设意图、工程概况、技术经济要求、工程建设的基本条件，供工程公司据此提出工程报价书的基本依据。

二、工程询价书主要内容:（1）工程项目名称;（2）计划任务书批准情况;（3）产品规模、品种和质量要求;（4）原料、燃料品种、规格;（5）要求采用的工艺技术;（6）三废治理要求;（7）建厂条件包括厂区工程地质、水文地质及自然条件;（8）公用工程协作条件;（9）施工条件;（10）建设期限;（11）承包范围;（12）工程投资控制额;（13）其他需要工程公司考虑的问题;（14）报价截止日期。

三、询价书附件:（1）计划任务书及其批准文件;（2）详细建厂基础资料。

（五）工程报价书

一、工程公司接到工程询价书经过研究决定参加报价后，根据询价书要求的期限及内容、编制工程报价书。一般开口价、简单单项工程一至二个月内，固定价格、复杂综合性工程三至五个月以内，提交给用户作为参加合同洽谈的基础。

二、报价书主要内容:（1）生产规模和产品方案;（2）设计基础（原、燃料及建设基本条件）;（3）报价范围;（4）工艺技术决定;（5）主要设备选型;（6）主要技术经济指标（消耗定额、工作制度、成本估算等）;（7）三废治理;（8）技术服务和培训;（9）建议的建设进度;（10）费用估算和支付条件;（11）其他有关事项。

三、报价书附件:（1）工艺流程简图;（2）主要设备表;（3）建议性总平面布置图;（4）工程规划进度表。

（六）工程总承包合同

一、用户选定总承包单位，通过洽谈取得一致意见后签工程总承包合同。明确双方的权力、义务和工程的总体规划和进度。合同经双方代表签字并经双方上级主管部门批准后生效即成为签约双方执行和检查的正式和具有法律效力的文件，任何一方不得违约。

二、合同类别

1. 固定价合同：各项费用和总额一次确定，在实施中费用的增减由工程公司承担，用户不担风险。

2. 开口价合同：合同只固定技术费、设计费、土建安装工程费、技术服务费。其他设备材料费等按实际发生向用户结算。

三、合同条款包括（1）合同依据：项目建设性质、资金来源，计划任务书批准情况;（2）工程内容：原料，生产方法，产品规格、质量，日产能力，年操作日;（3）承包范围：承包工程的组成（装置、车间）及界区范围，承包工作内容（勘察设计、设备材料采购、施工、培训、开车等）;（4）工程进度：建设期限，设计、设备材料交货、土建安装施工、培训、开车及考核日期;（5）合同价款:总额及分项金额（设备，材料、备品备件费，土建、安装工程费，技术使用费，设计及技术文件费，技术服务费）;（6）支付条件：按合同总额根据工程进度确定分期支付比例或按分项金额根据工作进度确定分期支付比例;（7）交货和包装：交货时间地点、包装要求;（8）标准和检验：设计、设备制造、材料选用、施工等采用的标准规范，验检办法;（9）设计和设计施工联络：设计、施工会议日期及内容，设计、施工重大原则、方案的确认办法;（10）技术秘密及其使用权：技术秘密的内容、使用范围和保护期限;（11）试车、考核和验收：试车、考核的时间和期限，考核指标;（12）保证和罚款：用户的责任和赔款（延期提交资料，中途变更计划造成设计返工，设备材料订货变更、施工窝工等），工程公司的责任和赔款（工程延期，达不到生产能力、产品质量、消耗定额保证指标等）;（13）人力不可抗拒的灾害事故;（14）仲裁;（15）合同生效及其他。

四、合同附件:（1）工艺说明;（2）设计基础;（3）用户工作和供应范围;（4）工程公司设备材料供应范围和工程承包范围;（5）设计和技术文件;（6）保证指标;（7）工程公司技术人员的服务范围和待遇;（8）用户技术人员的培训范围和条件;（9）工程规划进度。

（七）工程项目的实施和管理

一、为了严格履行工程总承包合同，达到质量好、周期短、费用省的目的，工程公司设有专人负责，并有严密的组织和科学的程序，保证工程建设的顺利实施。

二、项目经理：对承包工程的实施和管理全面负责。代表公司对外与用户、技术提供单位、分包单位保持密切联系合作，协商处理合同的有关事宜；对内全面组织工程的实施。定期向公司报告工作情况。

三、工程项目组：由工程项目经理、计划工程师，费用控制工程师，设计经理、采购经理、施工经理、开车经理，以及有关的设计、采购、施工管理、培训、开车等专业技术人员组成工程项目组在项目经理领导下，共同完成合同工程的建设任务。

工程项目组根据工程进展的不同阶段采取不同的组织形式。在设计和设备材料采购阶段以项目经理、设计经理，采购经理为主组成公司内组织进行工程设计和设备材料订货、检验催货工作；施工阶段以项目经理和施工经理为主组成工程现场组织，进行施工、施工管理、检查、验收和现场技术服务工作；开车阶段以项目经理，开车经理为主，设计代表、施工代表、主要设备制造厂代表参加组成开车组织，指导和协助用户进行开车和考核工作。

一般各阶段组织的形式见下表:

1. 设计和设备材料采购阶段（公司办公组织）

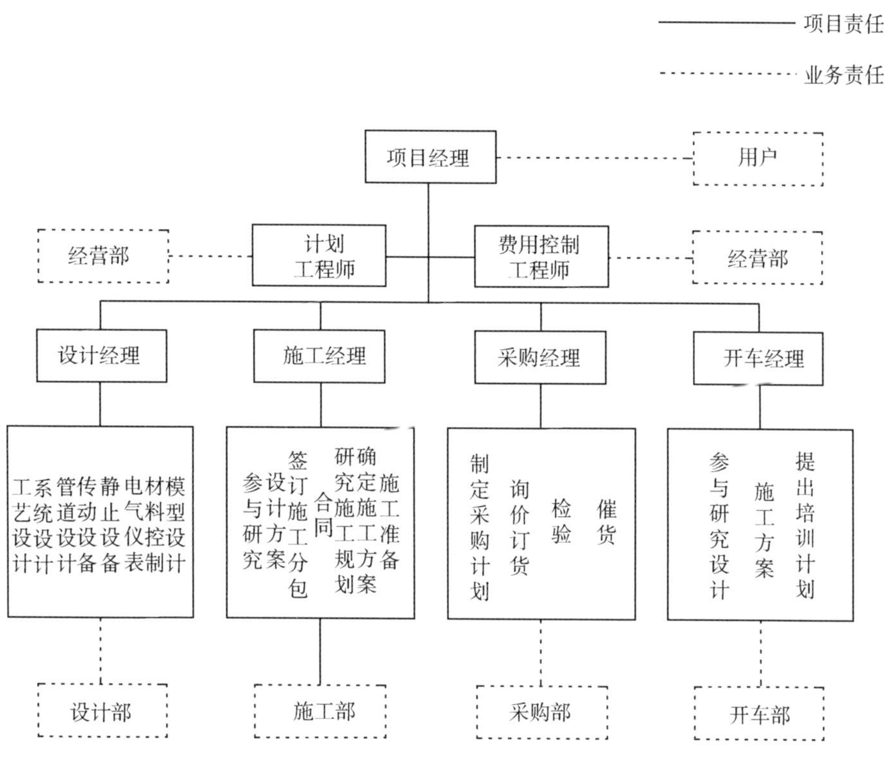

2. 施工阶段（现场组织）

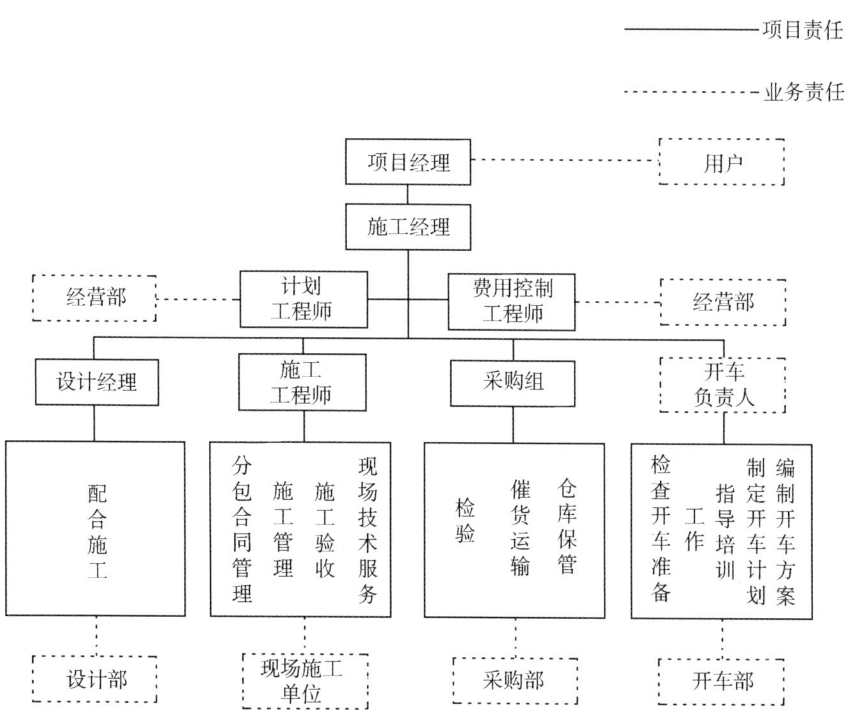

3. 开车阶段（开车组织）

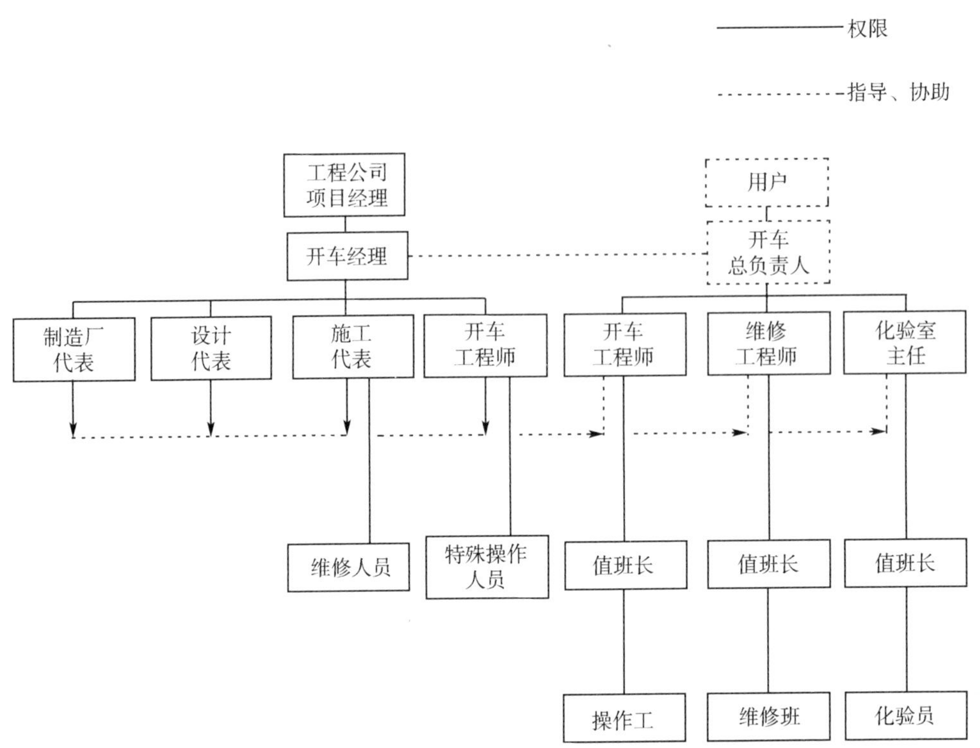

四、工程管理：工程项目组成立后由项目经理召开工作会议，提出工作纲要，制定项目工作计划及主要工作制度。

工程建设过程中在计划工程师、费用控制工程师的协助下项目经理对项目实施进行三大控制。

1. 进度控制：通过编制工程统筹控制计划，各专业、各阶段详细计划，运用统筹控制法安排和检查各项工作进度，定期召开计划调度会议，协调和解决计划执行中的问题，保证工程进度。

2. 质量控制：明确各项质量及验收标准规范，完善基础工作；建立健全质量管理机构，建立质量保证程序，严格设计、采购、施工、开车程序；加强设计专业分工，开展模型设计，加深设计深度，建立各级质量检验验收制度如设备制造图审查，设备材料现场检验和主要设备第三方检验，施工检验和工程考核等，实行全面质量管理和全员质量管理，保证工程质量。

3. 费用控制：在合同总价的基础上根据工程进展情况不断进行费用的详细测算和调整，建立各部门、各专业的经济责任制实行费用包干；通过设备的广泛询价求得优惠的价格；严格设计、采购、施工质量，避免盲目订货，杜绝返工浪费；采用费用预测和追踪手段，及早发现问题，控制工程费用。

（八）工程设计

一、设计在工程建设中起着主导的作用。设计工作要贯彻“质量好、投资省、进度快、效益高”的原则。设计和设备材料采购、施工、开车工作紧密结合，以保证工程质量和缩短建设周期。

二、设计阶段：

1. 工艺和分析设计阶段：确定各专业设计原则或方案；完成工艺设计，供用户审查的带控制点流程图，设备平面布置图以及主要设备的订货等工作。

2. 平面设计阶段：开展模型设计，完成管道平面布置图和最终设备布置图，审查确认制造厂提供的主要设备初步图纸（ACF）及最终图纸（CF）并完成一般中低压设备和部分材料的订货。

3. 成品设计阶段：完成各专业的详细施工图设计，进行全部材料的订货。

三、设计会议：根据合同规定举行必要的设计会议，沟通情况协商研究有关重大问题。

1. 设计条件会议：合同签订后第二个月举行设计条件会议，进一步落实设计基础资料，确定装置及管线接点，讨论确定标准规范以及合同的补充与调整等事宜，签订协议书作为合同的补充。

2. 第二次设计会议：分析设计完成后举行第二次设计会，工程公司向用户介绍分析设计及设备订货情况，研究确定带控制点流程图，车间和全厂总平面布置，研究确定设备交货和检验计划等。

3. 其他合同商定的有关会议。

四、设计成品包括：（1）各专业设计说明书及施工图；（2）设备采购说明书及设备总图；（3）安装说明书；（4）设备维护手册；（5）操作手册；（6）设计模型（按合同规定）等。

（九）设备材料采购

一、采购方式：由工程公司严格按照设计要求，统一组织设备材料的选购订货、检验、催货、运输等工作。

二、采购办法：

1. 设备采购在设备成套管理部门指导下进行。主要、关键设备采取询价、报价、技术及商务评价、技术协调会订货的办法。

2. 建筑三大材料按工程实际需要由用户向主管部门申请指标，工程公司或施工分包单位组织订货采购，或由用户直接供应。

3. 地方建筑材料和二、三类物资由施工单位或用户向地方有关部门签订合同组织供应。

三、主要、关键设备采购程序：

1. 设备询价书：工程公司向有关制造厂发出设备询价书。包括询价说明书，询价图，技术数据表，标准规范及检验要求等。

2. 设备报价书：制造厂接到询价书后一般在一个月内提，出报价书。包括设备技术性能，制造工艺，图纸及设备交付时间、价格等。

3. 比价：由工程公司设计部、采购部进行技术评价和商务评价，根据质量，交货进度、价格和制造厂的信誉进行评比，选定制造厂家。

4. 召开技术协调会议（VCM）签订供货合同：由工程公司和制造厂开会详细讨论设备的技术条件，制造工艺，材料选用，检验内容，以及图纸、设备交付日期，价格等。在协商一致的基础上签订供货合同。

5. 审查确认设备制造图纸：由制造厂提出初步图纸（ACF）和最终图纸（CF）经工程公司设计部审查确认后，制造厂据此投料生产，工程公司据此进行工程施工图设计。

6. 检验：由工程公司、用户及第三方到制造厂进行现场检验和监制。

7. 验收：由工程公司、用户进行验收，其中高压设备还需经国家批准的专门机构进行验收，确保设备的质量和安全。

（十）施工

一、承包方式:（1）工程公司联合化建公司承包;（2）工程公司采取分包办法组织其他单位施工。以上两种方式，工程的质量、进度、费用均由工程公司或联合承包单位向用户负责。（3）用户直接委托其他单位施工，工程公司只对其施工质量是否符合设计要求进行检查和监督。

二、施工管理由施工经理及施工工程师进行施工指导监督，包括:

1. 进度管理：根据工程统筹控制计划编制施工组织规划和详细进度计划，对施工进度进行控制，定期检查追踪，发现问题及时解决。

2. 费用管理：按总合同确定的施工费用和施工单位承担的单项工程实行费用分割，按单位，按工程实行包干，按照工程进度分期支付，工程公司要监控费用的使用，施工单位要定出施工费用预测，采取措施严格控制。

3. 质量管理：工程公司施工部要参加有关设计方案的研究，严格按设计要求及施工检验规程对工程进行检查和验收，施工单位要严格按照设计和施工标准规范进行施工，制定全面质量管理措施。

三、安装竣工验收：土建、安装完工后，在工程公司和用户代表参加下，对工程共同进行检查并进行试车，完全符合技术文件要求时，双方代表签署安装竣工证书。

（十一）人员培训

根据合同工程的具体条件和用户的要求，工程公司采取下列方式协助用户进行生产人员的培训工作，保证试车的顺利进行和安全正常生产。

1. 工程公司提出对生产人员的培训要求和方案（参加培训人员的条件，培训的工种、专业、科目和内容、培训人数和期限等），用户自行组织培训。

2. 工程公司负责委托或联系培训单位，制定培训计划，协助用户进行培训。

（十二）试车和考核

一、试车

1. 根据合同规定的时间，在安装竣工和生产准备工作完成后，由用户指定总负责人和工程公司开车经理共同组织开车和考核工作，施工单位和主要设备制造厂派人参加。

2. 在工程公司提出的开车方案的基础上，共同制定详细开车程序，操作规程，检查开车准备工作，对主要操作人员进行岗位训练和考核。

3. 开车由用户组织，工程公司进行指导。

二、考核

1. 在合同规定的试车期限内，由双方代表选定连续正常运转的 72 小时（或按合同规定）进行考核。

2. 工程公司提出考核方案，双方共同研究确定考核的检测计量仪表，化验方法，记录表格等，做好考核的准备工作。

3. 按合同规定的保证指标，对生产能力，产品质量，消耗定额进行考核，考核数值按考核期间的平均值计算。

4. 如在考核期内未达到合同规定的保证指标则在规定的时间内由工程公司负责完善，进行第二，次考核，如仍未达到保证指标则按合同由工程公司进行赔款。

三、验收

1. 由于用户原因不能按规定时间进行考核或达不到合同规定的保证指标则视为工程自动验收。

2. 上述工作完成后一个月内双方代表签署工程交接验收证书。

（十三）机械保证期

工程公司和制造厂对承包项目的主要设备实行机械保证期制度。在工程考核完成后十二个月内，如发现设备缺陷属于工程承包方面的原因，则由工程公司和设备制造厂进行免费修理或更换。

三、1983 年 7 月 12 日，国家计委 财政部 劳动人事部《关于勘察设计单位试行技术经济责任制的通知》（计设〔1983〕1022 号）

按照中央确定的改革方向，有领导，有步骤地对勘察设计方面的工作进行改革，是开创勘察设计工作新局面的重要保证。当前的改革工作，主要是试行技术经济责任制，全面推行收费办法。现就有关问题规定如下：

（一）目的要求

勘察设计单位实行技术经济责任制的目的是更好地把国家、集体、个人三者利益结合起来，调动勘察设计单位和广大职工的积极性，高质量、高水平、高效益、按计划要求完成国家和上级下达的勘察设计任务，为四化建设多做贡献。

实行技术经济责任制的勘察设计单位要做到：一、站在国家立场上，认真贯彻执行党的方针政策，树立全局观点，维护国家利益，坚持按基本建设程序办事；二、把完成国家计划任务放在首位，努力提高工作效率，保证完成国家重点建设项目勘察设计任务和上级核定的工作量指标；三、积极采用先进技术，加强质量管理，努力做出更多质量高、技术先进、经济效益好的优秀设计。

（二）主要内容

1. 原来实行事业费制度的勘察设计单位，不再实行按人头拨给事业费的办法，而改为按承担任务的数量、质量和国家规定的收费标准收取勘察设计费。

2. 勘察设计单位与委托任务单位双方要签订合同，明确规定双方的权利、义务和技术经济责任。

3. 勘察设计单位内部要认真实行技术经济责任制，把职工的经济利益与完成任务的数量和质量挂起钩来。

4. 勘察设计单位必须保证完成主管部门下达的各项考核指标，包括勘察设计能力（即应完成工作量）、质量要求、采用先进技术、收入指标、支出控制额等，要保证完成本部门下达的、特别是重点建设项目的勘察设计任务。

5. 实行技术经济责任制的勘察设计单位为事业单位性质，仍按事业单位的财务制度和职工劳保福利待遇实行，并按照国家规定交纳工商税和能源、交通重点建设基金。

（三）收费标准

1. 工程勘察收费。暂按原国家建委一九八〇年十二月十一日建发设字第 6 号文颁发的《工程勘察取费标准（试行）》执行。

2. 工程设计收费。由各主管部按行业制订全国统一的设计收费标准，经国家计委批准颁发执行。凡有条件的项目，都要制订按生产能力或实物工程量为基础的收费定额。制订收费标准要体现低收费的原则，主要以现有事业费开支为基础，适当考虑从事科研、业务建设等人员的费用；要按照各类工程的繁简难易，规定不同的收费定额或收费率；技术改造项目的设计，要充分利用原有条件，又要尽量不影响生产，设计用工多，难度较大，收费率可适当提高；工程咨询或可行性研究，可采用不同项目的综合定额计算，也可按实际需要的工日综合计算。收费标准一经批准，必须严格执行，严禁巧立名目，乱收费用。

各勘察设计单位跨行业承担任务，按所承担任务的行业收费标准执行。承担引进项目配套设计，按实际承担部分的工作量收费。承担有单机引进设备的项目，其设备价格应折成国内类似设备价格计算。承担经援项目设计的收费，由对外经济贸易部制订具体的办法，报国家计委批准颁发执行。承担国外项目设计收费按国际市场的收费标准，并考虑竞争的需要自行确定。

3. 地区以下所属勘察设计单位的收费标准，一般要低于各行业的统一收费标准。具体的标准由各省、市、自治区基建主管部门决定。

（四）事业费

1. 改为实行收费办法的单位，其事业费由国家计委按各部任务情况统一安排，经由财政部门核定后拨给各主管部门，主要用于：（1）主管部门下达给勘察设计单位的建设项目前期工作、勘察设计任务所需的前期工作费和勘察设计费，不足时从基建投资中支付；（2）本部门组织的技术开发、标准规范、定额、标准设计和人员培训等方面的费用，这部分费用从一九八五年以后改从勘察设计单位上交给主管部门的费用中支付；（3）由于非主观原因造成的亏损补贴。

2. 各主管部门根据所属勘察设计单位的具体情况，可在一九八三年和一九八四年的事业费中，适当拨出一部分给勘察设计单位（不包括试点单位）作为周转金。

3. 个别以规划任务为主、无具体收费对象的单位，经主管部门批准报国家计委备案后，可仍按原事业单位办法执行，对外承担任务不得收取工程勘察设计费。

（五）盈余分配

1. 勘察设计单位完成了主管部门提出的各项考核指标后，收入大于支出（包括工商税支出）的盈余部分可采取分成的办法。

2. 盈余的 40% 上交国家和主管部门，主要用于交纳能源交通建设基金，开展勘察设计单位的科研工作、组织编制标准、规范、定额、标准设计和评选优秀设计活动，以及补助勘察设计单位的设备更新与小型基建等，但不得用于主管部门本身的其他开支；盈余的 60% 留给勘察设计单位，大部分用于技术开发、技术装备购置与更新和小型零星基建，小部分用于职工集体福利和职工奖金。用于职工集体福利和职工奖金的比例，由各主管部门和各省、市、自治区基建主管部门会同财政部门决定。但发给职工的奖金总额，按原国家建委和国家计委、财政部（80）建发设字第 217 号文件的规定，最多不得超过本单位职工两个月标准工资。如果完不成或部分完不成上级下达的任务指标，应根据不同情况减少留用或不得留用。

3. 勘察设计单位使用留用资金，除进行基本建设和购买国家控制物资需报请有关主管部门批准外，其余资金可由本单位根据实际需要支配使用。直接用于勘察设计的机具、仪器、计算器、复印、印刷设备和文具纸张，是勘察设计单位的生产用品，各主管部门在审批时应给予支持。

4. 主管部门核定为需要补贴的勘察设计单位，由于经过努力减少了补贴，可以采取减补分成的办法，但减补分成用于职工奖金的部分，最多只能相当于全员一个月的标准工资。

（六）内部考核

1. 勘察设计单位盈余提成中用于职工奖金部分，应通过考核进行分配，不搞平均主义。可按各级岗位责任制进行考核，也可按完成定额进行考核，做到多劳多得，有奖有惩。

2. 要加强管理工作，把院内各部门直到每一个人都有机地组织起来，进行合理的分工，明确各级岗位的责任、权利和完成任务后的分配办法。

3. 要以完成全院的生产任务为中心，把承担任务的进度、质量、采用新技术、经济效益等和劳动态度、工作作风、团结协作精神结合起来，进行综合考核。

4. 要制订勘察设计平均先进定额，这种定额可以是按项目的综合定额，也可以是区别不同项目和不同专业的单项定额，作为院内下达生产计划和进行考核的依据之一。

5. 要建立严格的质量管理制度，把好勘察设计质量关，做好质量评定工作，质量不合格的要返工重做，并要“扣分”。

6. 要适当区别直接从事生产（包括做标准、规范、概预算和科研工作）、生产管理、辅助生产和后勤工作等的分配比例。

（七）基础工作和评优秀设计等费用

1. 勘察设计单位在总收入中提 10% 左右作为本单位进行科研、标准设计、业务建设、技术情报以及人员培训等方面的费用，并按实际开支计入本单位的总支出内。

2. 勘察设计单位上交给主管部门的资金，应以大部分用于本行业组织编制标准、规范、定额、标准设计等基础工作和组织开展优秀设计评选行动所需的费用。

3. 国家和地区组织全国和地区优秀设计评选活动的经费，从国家或地方的勘察设计事业费总额中安排。

（八）本规定自一九八三年下半年开始试行。原批准收费试点的单位也按此办法执行。

国务院各有关部和各省、市、自治区可根据以上规定并结合具体情况制订实施细则，报国家计委、财政部、劳动人事部备案。

四、1984年9月18日，国务院《关于改革建筑业和基本建设管理体制若干问题的暂行规定》(国发〔1984〕123号)

根据六届人大二次会议关于改革建筑业和基本建设管理制的精神，现就有关问题作如下规定：

（一）全面推行建设项目投资包干责任制。今后新建项目都要实行投资包干制。有些新建项目如煤炭、火电等，实行按新增单位生产能力造价包干。住宅建设按平方米造价或小区综合造价包干。

现有在建大中型项目，要力争在今明两年内按照批准的概算或修正的概算，由建设单位和主管部门签订投资包干协议，实行包建。接近完工的项目。也要核定未完工程的投资，实行收尾包干。凡实行投资包干的项目，都要在协议或合同中，明确“包”“保”双方的责任。尚未推行招标承包制的工程项目，建设单位要按投资包干的要求与建筑安装企业和有关单位签订合同，层层落实，不能敞口。

（二）大力推行工程招标承包制。要改革单纯用行政手段分配建设任务的老办法，实行招标投标。由发包单位择优选定勘察设计单位、建筑安装企业。

要鼓励竞争，防止垄断。经审查具备投标资格的，不论是国营或集体单位，不论来自哪个地区、哪个部门，都可以参加投标。项目的主管部门和当地政府，对于外部门、外地区中标的单位，要提供方便，不得制造困难。外地中标单位，未经批准，不得在项目所在地建立永久性或变相永久性的基地。

招标工程的标底，在批准的概算或修正概算以内由招标单位确定。评标、定标，由招标单位邀请项目主管部门、基建部门、建设银行参加审查。

中标单位要在规定期限内与发包单位签订合同，明确双方的责任、权利和奖惩条款。

关于外国工程公司、中外合资工程公司参与国内建设项目的投标办法，另行规定。

（三）建立工程承包公司，专门组织工业交通等生产性项目的建设。各部门、各地区都要组建若干个具有法人地位、独立经营、自负盈亏的工程承包公司，并使之逐步成为组织项目建设的主要形式。工程承包公司所需周转资金，由建设银行贷款。

工程承包公司接受建设项目主管部门（或建设单位）的委托，或投标中标，对项目建设的可行性研究、勘察设计、设备选购、材料订货、工程施工、生产准备直到竣工投产实行全过程的总承包，或部分承包。

工程承包公司可跨部门，跨地区承包建设任务。工程承包公司要注意开发新技术，提高技术和经营管理水平，努力增强竞争实力。

（四）建设城市综合开发公司，对城市土地、房屋实行综合开发。有条件的城市和大型工矿区要逐步建立若干个这一类的开发公司，实行独立经营，自负盈亏。综合开发公司要按照城市总体规划，制定开发区的建设规划。通过招标组织市政、公用、动力、通信等基础设施和房屋建设以及相应配套设施的建设，所需周转资金，由建设银行贷款。已建立的开发公司要积极创造条件，尽快成为经济实体。

综合开发公司对土地的开发建设和房屋建筑、工程设施实行有偿转让和出售。未经开发的土地，不得收取开发费用。

（五）勘察设计要向企业化、社会化方向发展，全面推行技术经济承包责任制。勘察设计单位承担任务一律要签订承包合同，按照国家规定的收费标准，收取勘察设计费，实行企业化经营，独立核算，自负盈亏。勘察设计单位内部可按项目或专业实行承包。设计人员的奖金要与贡献大小挂钩。上不封顶，下不保底。鼓励勘察设计单位积极采用和开发先进技术，对设计质量高，降低工程造价，缩短建设周期，提高经济效益有显著成绩的，可以适当增收设计费或实行节约投资分成，对贡献大的人员，要给予特殊奖励；对延误设计进度和造成设计质量事故的单位和个人，应扣罚设计费、奖金或给予其他处分。勘察设计单位要优先保证完成重点项目的勘察设计任务。

勘察设计单位要打破部门、地区界限，开展设计投标竞争。凡是经过审查，发给勘察设计证书的国营、集体设计单位和个体设计者，都可以参加投标竞争。现有的设计事业费，主要用于建设项目的前期工作和开发新技术。

各部门、各地区要采取签订承包合同，费用包干的办法，尽快组织制订、修订各种标准、规范，概预算定额和费用定额，并要积极采用国际标准和国外先进标准。

（六）实行鼓励承包单位节约投资，提前投产的政策。

建设项目实行投资包干后节约的投资，工程承包公司全部作为企业收入，建设单位可按一定的比例留成。

建设项目经主管部门批准，提前投产期间的利润，由生产筹建单位和项目承包单位分成。

新组建的工程承包公司、综合开发公司的收入，三年内免缴所得税。

建设单位留成资金和承包单位工程节余资金，用于建造职工住宅和集体福利设施，已包括在建设项目总投资内，不计入自筹投资控制指标。

（七）建筑安装企业要普遍推行百元产值工资含量包干。工资含量应根据平均先进的原则，在不超过预算价格，定额和取费标准规定的人工费用范围内，由企业的主管部门会同建设银行核定。计件超额工资和奖金要进入成本。建筑安装企业内部，必须建立以最终产品为对象，以确保工程质量和安全，缩短建设工期、降低成本、提高经济效益为主要内容的经济承包责任制，防止片面追求产值。

（八）改革建设资金的管理办法。国家投资的建设项目，都要按照资金有偿使用的原则，改财政拨款为银行贷款。贷款实行差别利率。国家将投资包干协议规定的总金额分年拨给建设银行，由包干单位根据工程进度，按实际需要向建设银行贷款建设。在不超过投资总额的前提下，可以不受年度的限制。

改变现行的工程款的结算办法，由建筑安装企业向建设银行贷款，项目竣工后一次结算。分期竣工的项目，分期结算。由于工期提前而少付的利息，应作为工程承包单位的收入。由于延误工期而多付的利息，由工程承包单位承担。

建设银行要积极参与建设项目的可行性研究工作，对建设项目的经济效益和投资回收年限、偿还能力进行评估，提出意见，供建设项目主管部门编报设计任务书（或可行性研究报告）时决策。

建设银行对工程承包公司和城市综合开发公司给予贷款支持，按照国家规定，加强财务监督。

（九）改革建筑材料供应方式，逐步由物资部门将材料直接供应给工程承包单位，由工程承包单位实行包工包料。物资供应单位实行按项目承包供应责任制，国家确定的按合理工期组织建设的重点项目，根据设计文件提出的主要材料清单，由工程承包单位和中国基建物资配套承包联合公司签订承包合同，明确供需双方责任和奖罚条款，保证供应；也可按材料预算价由物资承包公司包干。要注意处理好重点项目和一般项目的关系，防止一般挤了重点。对国家重点项目所需材料，要优先保证。其他建设项目所需主要材料，由工程承包单位择优选择物资供应单位并签订供货合同，或直接向生产企业订货。凡是计划分配不足部分，允许采购议价材料，所增加的费用，在编制工程总概算时，应考虑这个因素。

各级基建物资承包供应单位，要逐步成为具有法人地位、独立核算、自负盈亏的经济实体，并使之逐步成为组织基建项目物资供应的一种主要形式。

各级物资部门要积极参与市场调节，对于紧缺材料，要努力组织货源（包括进口）设立门市部，调剂市场需要。

地方建筑材料，一般应采用招标办法，择优选定供货单位。加强对农村建房材料的供应工作。建筑、建材两个行业可以各自组建公司，经销建筑需用的建筑材料和制品。同时，要继续发挥物资部门对农村建房材料供应的作用。

（十）改革设备供应办法。在建设项目可行性研究阶段，工程承包单位即可委托设备成套公司或直接向生产厂进行设备选型、询价等，设备成套公司要积极提供设备技术经济资料，开展咨询业务。建设项目列入五年计划以后，即可签订设备承包协议。对制造周期长的大型、专用关键设备，提前进行预安排。设计文件批准以后，工程承包单位与设备成套公司或生产厂签订正式设备承包供应合同。对国家重点建设项目所需的设备，要优先保证供应。

设备成套公司要逐步过渡为独立核算、自负盈亏、具有法人地位的经济实体。积极推行设备承包经济责任制和有偿合同制，明确供需双方的责任和奖罚条款。承包的形式，可以按发包单位委托的设备清单进行承包，也可以按设备预算总价包干。要努力发展按机组、系统、生产线组织成套，并可与科研设计单位、制造厂家联合，从工艺产品设计到安装调试实行总承包，以提高设备成套技术水平和经济效益。

有些国家计划内无法解决的少量紧缺产品，应允许承包单位采取进口或带料加工等措施解决。

（十一）改革现行的项目审批程序。简化审批手续，下放审批权限，减少环节，提高效率。今后需要由国家审批的项目，国家计委只审批项目建议书和设计任务书（利用外资、引进技术项目用可行性研究报告代替）。

（十二）全民所有制的建筑业，要保留一支技术水平高、战斗力强的骨干队伍，同时允许集体和个人兴办建筑业，允许持有营业执照的建筑队参加投标竞争，承包施工任务，也允许国营建筑企业与集体建筑企业联合承包。

（十三）改革建筑安装企业的用工制度。国营建筑安装企业，要逐步减少固定工的比例。今后，除必需的技术骨干外，原则上不再招收固定工，积极推行劳动合同制，增加合同工比重。

（十四）推行住宅商品化。大中城市都要逐步扩大商品化住宅的建设。建设周转资金由建设银行贷款，企业事业单位集资等多种渠道解决。商品住宅应根据不同情况，采取全价出售、补贴出售或平价出租的办法，补贴出售的住宅优先照顾困难大的单位和个人。

（十五）实行征地由地方政府统一负责的办法。今后，经批准的建设用地，应由县、市人民政府统一负责，实行征地费（指《国家建设征用土地条例》中规定的各项费用和土地管理费）包干使用，保证建设用地。

城市的建设用地，由综合开发公司或用地单位提出申请，经审批机关批准后，进行土地开发和建设。

各省、自治区、直辖市人民政府要按照《国家建设征用土地条例》和国家有关规定，在今、明年内制定出征地费用包干办法，并报国务院备案。

不论中央项目或地方项目，都要一视同仁，按规定的包干法执行。

（十六）改革工程质量监督办法。大中型工业、交通建设项目，由建设单位负责监督检查，对一般民用项目，在地方政府领导下，按城市建立有权威的工程质量监督机构，根据有关法规和技术标准，对本地区的工程质量进行监督检查。该机构实行企业化管理，向委托单位收取一定的监督和检测费用。

各部门、各地区要根据上述规定，加强对建筑业和基本建设管理体制改革的领导，教育各级干部，站在改革的前列，抓好改革工作。要采取各种有力措施，迅速培养适应体制改革的经营管理人员。

为了推动建筑业和基本建设管理体制的改革，决定成立改革领导小组，由国家计委、建设部、体改委、财政部、劳动人事部、机械部、国家物资局、建设银行、农牧渔业部等有关部门派人组成，负责组织制订有关的具体规定，及时研究解决改革中出现的问题。

五、1984 年 11 月 10 日，国务院批转国家计委《关于工程设计改革的几点意见的通知》(国发〔1984〕157 号)

国务院同意国家计委《关于工程设计改革的几点意见》，现转发给你们，请贯彻执行。

工程设计是工程建设的首要环节，是整个工程的灵魂，先进合理的设计，对于改建、扩建和新建项目缩短工期，节约投资，提高经济效益，起着关键性的作用，为了适应四化建设的需要，进一步调动广大设计人员的积极性，提高设计效率和水平，设计工作必须进行改革。

各地区、各部门要切实加强对工程设计工作的领导，要把设计改革作为建筑业和基本建设管理体制改革的重要环节来抓，采取有效的措施，加快改革的步伐，及时解决改革中出现的问题，努力把设计工作搞活、搞好。

关于工程设计改革的几点意见

党的十二大制定了到 20 世纪末工农业总产值翻两番的战略目标，在实现这一宏伟任务中，既要对现有企业进行技术改造，又要建设一批新企业，这两项任务，都要通过设计这个环节。设计是工程建设的灵魂，在建设中起着主导作用；设计方案是否先进合理极大地影响着建设项目的经济效益，决定着一大批新老企业能不能走上现代化的轨道。先进的设计，可为建设事业赢得时间，节省资金，节约能源。没有现代化水平的设计，就不会有现代化的建设。

目前，我国已经拥有工程勘察设计队伍三十六万人，门类基本齐全，这支力量为我国社会主义建设做出了重大的贡献，但是，由于过去受“左”的思想干扰和破坏，加上管理体制中的一些弊端，设计工作还存在不少问题，例如，设计单位分属部门和地区所有，影响设计的科学性、公正性，设计单位之间没有竞争，内部存在着吃“大锅饭”现象，缺乏压力和动力，不能很好地调动这支队伍的积极性，许多设计单位“大而全”“小而全”，不利于专业化和社会协作；科研、设计脱节，不少科研成果缺乏工业应用试验数据，不能通过设计转化成生产力，对外又处于封闭状态，未能吸收国外的先进技术，致使设计技术陈旧，标准规范保守，技术装备落后。与先进国家相比，设计水平要落后一、二十年，不能适应四化建设的需要。

党的十一届三中全会以来，针对上述问题进行了一些改革，取得了一定的成效，遵照中央关于以城市为重点的整个经济体制改革的方针，结合前一段的经验，设计改革的方向，是走企业化、社会化的道路。改革的目的是调动广大设计人员的积极性，做出技术水平高、经济效益好、具有现代化水平的设计，为了加快设计改革的步伐，提出以下几点意见。

（一）国营、集体和个体设计并存，开展竞争

为了适应今后建设事业蓬勃发展的需要，我国的工程设计队伍，应以国营设计单位为主体，允许集体设计单位和个体设计并存。

国营设计单位是我国工程设计的骨干力量，国家重要的工业交通和民用建设项目的设计，要靠他们来承担，重大的设计技术开发工作，也要靠他们来完成，各部门、各地区要从人力、物力、财力等方面大力支持国营设计单位的发展，特别是要抓紧解决设计单位技术装备落后、技术力量后继乏人等问题，要通过改革，把国营设计单位搞活、搞好，使这支队伍不断发展，管理水平和技术水平不断提高，在设计工作中进一步发挥骨干作用。

集体设计单位和个体设计，是我国工程设计的一支辅助力量。今后城乡民用建筑和城镇工业企业建设任务日益繁重，不适当发展集体和个体设计，就很难适应新的建设局面。对于集体设计单位和个体设计，要给予支持，引导和加强管理，制定有关资格审查、税收和质量监督等各项制度，通过试点逐步推广，有些集体设计单位和个体设计，还可以和国营设计单位进行合作，分担设计任务，国营设计单位的人员，如有申请到集体设计单位或从事个体设计的，除支援边远地区经过批准可以停薪留职外，其余的均应先办理离职手续。

要积极推行设计招标投标承包制，打破地区、部门的界限，逐步改变用行政手段下达设计任务的办法，鼓励竞争。今后的工程建设都要积极创造条件，由主管部门、建设单位或者委托工程承包公司进行设计招标，凡经过资格审查合格的国营、集体设计单位和个体设计，都可以投标，招标部门不得有亲有疏，通过平等竞争，推动设计单位改进管理，采用先进技术，降低工程造价，提高经济效益。

（二）促进设计技术进步，积极推行同国外合作设计

大力促进技术进步，是设计工作的一条重要指导思想，今后老厂改造、改建、扩建和新建的项目，都要结合国情，在设计中积极采用经济发达国家七十年代或八十年代初已经普及的技术，特别是关键性的工艺技术和节能技术，必须达到这个要求。

许多科研成果需要通过设计才能转化为生产力。在国内，要努力促进科研、学校、生产和设计单位合作，共同开发新技术。对于工程建设方面需要解决的重要技术课题，主管部门应统一组织科研、设计、大专院校、生产和设备制造等单位，联合攻关，通过工业试验取得工程应用的条件和设计数据，并落实新材料的生产和新设备的制造，使新开发的技术成果及时用于设计。要十分

注意解决工业试验这个薄弱环节，主管部门要把它列入计划，并在人力、物力、财力上予以保证。

凡国内尚未掌握而工程建设又急需的先进技术，应采取与国外合作设计，购买专利和软件，派人出国实习、考察等办法吸取国外的先进技术。合作设计是一个重要的形式，今后，国外企业承担国内建设项目的设计，必须有我国的设计单位参加，设计单位要努力掌握和消化国外先进技术，并有所创新。国内不能提供的关键设备和材料，可以从国外引进。要创造条件打入国际市场，参加设计竞争，要逐步地在国内外建立中外合营承担设计或软件开发任务的机构，及时沟通国外有关的技术经济信息，提高设计水平。

要积极开展设计技术开发工作，并逐步建立设计技术开发基金，部门、地区和设计单位的基金按有关规定提取，国营单位也要拨出一笔资金用于技术开发工作，有条件的设计单位可建立设计技术开发中心，集中一定的力量，搞好技术开发和技术储备工作。

要有计划地提高设计单位的技术装备水平，加强软件开发工作。各部门、各地区可选择几个设计单位，用电子计算机辅助设计等先进的装备武装起来，开发软件，提高设计质量和效率。对现有的技术人员和管理人员，要有计划地进行培训，实行知识更新。

要继续深入开展创优秀设计活动，推动广大设计人员努力做出质量高、技术先进、经济效益好的设计。

为了鼓励技术进步，凡采用先进技术而节省投资、缩短工期或在建设投产有显著经济效益的设计，可采取加收先进技术设计费或节约投资分成的办法，并在签订合同时予以明确规定，对在设计技术进步上取得的显著成果要给予重奖，对其中有重大贡献的人员要给予特殊奖励。

各级主管部门要从资金、人力和试验手段等方面支持设计标准规范工作，争取在较短时间内对各种主要的标准规范进行制定和修订，使之建立在先进技术的基础上，促进设计技术水平的提高。凡符合我国条件的国际上先进的标准规范，应积极采用。

（三）实行企业化，增加设计单位的活力

国营设计单位要逐步实行企业化，根据各部门、各地区所属设计单位的不同情况，分期分批地进行。暂不实行企业化的单位，可实行事业单位企业经营的办法，这两种单位，都应加强经济核算工作，对外承担任务要签订合同，明确双方的技术经济责任，按规定标准收取设计费。原来的事业费，由国家和地方计委提出分配意见，经财政部门核拨，主要用于建设前期工作和设计技术开发等基础工作。

实行企业化或实行企业经营的设计单位，要认真贯彻执行党的方针政策，

树立全局观点，维护国家利益，把完成国家计划任务放在首位。

国营设计单位要实行院长（经理）负责制，可以根据需要招聘技术、管理人员。设计单位内部要实行各种形式的经济责任制，采取按项目分专业承包和综合定额考核等办法，把各项任务层层落实到室、组和个人，可采用浮动工资、岗位津贴和奖金等形式，按照职工劳动的数量、质量和技术价值给予相应的报酬。

实行企业化的国营设计单位，由于需要新增加一些必要的开支，其设计费可在国家规定的收费标准基础上适当提高。

设计单位要在完成任务的前提下，充分发挥技术优势，扩大业务范围，积极承担各种工程技术咨询、技术服务等有关业务，多做贡献。设计单位也可以组织本单位一些退休人员参加上述工作，并给以适当的报酬。

（四）逐步实行专业化和社会化

设计单位要改变“大而全”“小而全”的状况，逐步实行专业化和社会协作，各设计单位都要集中主要力量发展自己的主专业，拥有自己的“名牌”设计和技术“诀窍”。设计单位内部要搞好专业化分工，提高专业设计技术水平，提高内部协作的组织管理水平。有些可以面向社会的专业和服务性工作，可以对外承担任务，单独核算，条件成熟时，也可以成为独立的专业设计单位或服务公司，例如旅游旅馆设计院等。设计单位之间可以实行专业联合或互通有无的协作，也可以与科研、大专院校和生产企业等单位进行合作或联合。设计单位还可以与国外设计单位实行不同形式的联营。通过社会协作，促进设计工作向新的广度和深度发展。

设计单位要逐步脱离部门领导，政企职责分开，实行社会化。各主管部门要为设计单位实行社会化创造条件，通过试点，取得经验，逐步推广。各地区、各部门要逐步建立勘察设计协会，组织技术交流和行业协作。在体制未改变以前，要进一步扩大设计单位对内对外的自主权。加强对设计质量和财务的监督工作，但不要干预设计单位正常的技术经济活动。

（五）发扬技术民主，繁荣设计创作

设计工作牵涉到技术、经济、生态乃至美学等自然科学和社会科学许多方面的问题，人们在运用这些科学技术知识进行设计时，必然会出现不同的设计思想和设计方案。在学术方面，还存在着许多观点、方法不同的学派，要进一步肃清“左”的思想影响，坚持党的“双百”方针，允许各种学派、各种学术思想自由讨论，在进行可行性研究和设计时，要发扬技术民主，提倡各种方案进行比选，在充分论证的基础上，从中选择最佳方案，有时也可以取诸家之长形成新的、更完善的方案，绝不能不经过讨论比较就用行政手段简单地决定采

纳某一方案，或者某个领导事先“一锤定音”。

要鼓励广大设计人员勇于探索，敢于创新，做出更多的优秀设计。对工业交通项目，要广泛吸取国内外先进的科研和技术革新成果，结合我国的国情和工程实际，积极采用新技术、新工艺、新设备、新材料，做出总体布置合理、工艺流程先进、经济效益和社会效益好的设计。对民用项目要坚持适用、经济和在可能条件下注意美观的原则，巧于构思，创作出造型新颖、各具风格的建筑设计。对于城市中一条街或一个小区的建设设计，既要注意格调协调，又要形式多样，不要搞得千篇一律。

为了增强设计单位和设计人员的责任心和荣誉感，凡取得优秀设计称号的工程项目，除给予奖励外，还可以在主要建筑物上面镌刻设计单位或主要设计人员的名单。

（六）组建工程咨询公司和工程承包公司

在基本建设体制改革中，要进一步发挥现有设计技术队伍的作用，设计单位除完成设计任务外，对承担任务的范围和组织形式，要有新的发展。各部门、各地区可以选择部分设计单位或者组织部分设计人员，组建工程咨询公司和工程承包公司。

工程咨询公司以工程建设前期工作的经济技术咨询、可行性研究、项目评价以及利用外资的有关工程咨询业务等工作为主，有条件的也可以承担设计和工程承包任务。今后，外国咨询机构承担国内工程建设项目的咨询业务，一般应同我国有关咨询机构共同合作。

工程承包公司的主要任务，是受主管部门或建设单位的委托，承包工程项目的建设，可以从项目的可行性研究开始直到建成试车投产的建设全过程实行总承包，也可以实行单项承包。

以上这两种公司，都是独立核算、自负盈亏的经济实体，具有法人资格，必须经过有关部门审查认证，才能承担任务。

（七）加强对设计改革的领导

各省、自治区、直辖市和国务院各部门，要加强对设计改革的领导，把这项工作摆到重要的议事日程上。要指定有关机构负责这项工作，并根据上述意见，结合实际情况，制订工作细则和实施步骤，定期检查，及时解决在设计改革中遇到的问题，扎扎实实地把设计改革工作搞好。

在设计改革工作中出现的主要问题，由国家计委会同有关部门及时研究解决，以利设计改革的顺利进行。

六、1986 年 12 月 13 日，国家计委、财政部、劳动人事部《关于勘察设计单位实行技术经济责任制若干问题的补充通知》（计设〔1986〕2562 号）

自一九八三年全国勘察设计单位贯彻执行国家计委、财政部、劳动人事部联合颁发的计设〔1983〕1022 号《关于勘察设计单位试行技术经济责任制的通知》以来，取得了很好的效果，但在执行过程中也出现了一些新问题。遵照中央关于对已有改革措施进行“巩固、消化、补充、改善”的方针，进一步完善勘察设计单位技术经济责任制，现就有关问题补充通知如下：

（一）必须进一步端正改革的指导思想、明确改革的目的

勘察设计单位推行技术经济责任制的目的，是通过改革调动广大勘察设计人员的积极性，增强勘察设计单位的活力，做出更多质量优、技术水平高、效益好的勘察设计。因此，勘察设计改革必须围绕提高质量、技术水平和效益来进行。要坚决制止那种只注重完成数量指标和单位的经济收入，忽视设计质量、技术水平和效益的片面做法。

为了不断提高勘察设计的质量、技术水平和效益，勘察设计单位要首先注意充分发挥自己的专业优势，提高自身专业技术水平，创出“名牌”设计，高质量地完成本部门、本地区的勘察设计任务，在此基础上再扩大业务范围，承担力所能及的其他任务。

各部门、各地区勘察设计单位的主管部门要支持和引导勘察设计单位努力提高勘察设计质量、技术水平和效益，奖罚分明。要积极开展设计招标，通过竞争优化设计方案，绝不能以各种借口保护落后。

（二）调整盈余分成比例

自一九八六年开始，对实行技术经济责任制的勘察设计单位的盈余分成比例做以下调整：盈余的 15% 交纳能源、交通重点建设基金不变，仍按隶属关系上交主管部门，再由主管部门统一上交；国务院各有关部所属勘察设计单位，上交主管部门的盈余由 25% 调整为 10%，其余 75% 的盈余留给勘察设计单位。各省、自治区、直辖市所属勘察设计单位上交勘察设计管理部门和留用的盈余比例，可参照上述精神，由勘察设计管理部门商同级财政部门确定。

各部门、各地区对所属勘察设计单位上交的盈余应严格按照计设〔1983〕1022 号文件规定的范围使用，不得用于主管部门本身的开支。各主管部门对这笔费用要专款专用，每年二月底前要将上年的上交数额、余额及使用情况报国家计委和财政部，同时抄送同级财政部门。

勘察设计单位留用的盈余，按财政部（85）财文字第559号文发布的《事业单位工资制度改革后财务管理的若干规定》建立事业发展基金、职工福利基金、职工奖励基金和后备基金。四项基金的具体比例：1. 设计单位事业发展基金为50%、后备基金为5%、职工福利基金为20%、职工奖励基金为25%；2. 独立的勘察单位及铁道、水利、水电、公路、林业的勘察设计合一的单位事业发展基金为50%、后备基金为5%、职工福利基金为15%、职工奖励基金为30%。后备基金由院长掌握，本着按年度先提后用的原则，主要作为本单位收入下降后补助正常开支时的备用基金，也可补助事业发展的不足。

（三）奖金分配

由于实行技术经济责任制的勘察设计单位的事业费已经上交给主管部门作为建设项目的前期工作费用，这些单位已经不再吃国家的事业费，其奖金发放按国务院国发〔1985〕114号发布的《事业单位奖金税暂行规定》有关条款执行。勘察设计单位要改变过去那种以完成工作量为主要考核指标的奖励办法，应制定一套能促进提高勘察设计质量、技术水平和效益的切实可行的奖励办法。各单位应从奖金总额中拿出一定比例的奖金用于奖励那些完成勘察设计质量好、水平高和效益好的人员；对其中成绩特别突出的还要给予较多的奖励，同时还要用各种形式大力宣传、表彰，从而推动广大勘察设计人员努力做出更多更好的勘察设计。那些勘察设计成果质量劣、水平低和效益差甚至造成损失的人员不应享受奖金，甚至还要扣发工资，通报批评。

（四）勘察设计事业费的使用范围与拨付办法

实行技术经济责任制的勘察设计单位，其勘察设计事业费仍然按照计设〔1983〕1022号文中规定的使用范围和拨付办法执行。但自一九八七年开始，国务院各部对所属勘察设计单位的事业费要提出使用计划，由国家计委参照各部以往水平及各部建设项目前期工作计划和技术开发、基础工作任务等情况，提出分配意见，由财政部核定后拨给各主管部门。各地所属的勘察设计单位的事业费，也应比照上述办法，由省、自治区、直辖市计委或勘察设计的管理部门会同同级财政部门制定具体使用与拨付办法。

（五）加强基础工作、提高自我装备能力

勘察设计单位必须加强基础工作，要抽出不少于生产人员10%的人员，从事业务建设、技术开发以及进行人员培训等方面的基础工作，其费用应按实际开支计入单位的事业支出科目中。对于从事这方面工作的人员，在奖励、晋升等方面应享有与直接从事勘察设计工作人员同等的待遇。

为了解决当前勘察设计单位装备更新的资金来源问题，实行技术经济责任制的勘察设计单位，凡有条件的，在不提高现行收费标准的前提下，经主管部门和同级财政部门批准后，可试行对在用的机器设备、仪器仪表和运输车辆等固定资产提取折旧费办法。提取的办法、折旧率以及管理和监督等事项，可参照国发〔1985〕63号文颁发的《国营企业固定资产折旧试行条例》中有关规定执行。提取的费用由单位掌握，与本单位的事业发展基金统筹安排使用，主要用于对设备、仪器等的更新与改造。勘察设计单位对这部分费用要在财务上单立科目，专款专用。

（六）严格执行各项财务制度，加强财务监督

实行技术经济责任制的勘察设计单位，经济上实行独立核算、自收自支，其单位性质为实行企业化管理的事业单位，严格执行事业单位的有关财务制度，财务会计科目按财政部（84）财工字第9号《关于勘察设计单位会计核算的若干问题的补充规定（试行）》执行。

勘察设计单位要加强财务管理，严格遵守财务制度和财经纪律，做到令行禁止。当前特别要认真执行国务院关于奖金发放的规定，超过规定范围的奖金要按规定交纳奖金税。对乱发实物和以各种名义发放津贴、补助、逃避奖金税的单位要追究单位领导和经办财会人员的责任，严重者要给予纪律处分。

（七）扩大勘察设计单位自主权，搞好队伍建设

各级主管部门要参照国家对企业放权的有关规定，把属于勘察设计单位的各种自主权放下去。要有计划、有步骤地试行院长负责制，已经试点的单位要进一步总结经验，继续完善，逐步推广。

勘察设计单位的领导要重视队伍建设，抓好人才培养工作，努力建设一支政治素质好、技术水平高的勘察设计队伍。要加强思想政治工作，教育广大职工站在国家立场上，保持勘察设计的客观性、科学性，认真贯彻党和国家的各项方针政策，遵守职业道德，抵制各种不正之风，在抓好物质文明的同时，搞好精神文明的建设，为四化建设做出更大的贡献。

七、1987年4月20日，国家计委、财政部、中国人民建设银行、国家物资局《关于设计单位进行工程建设总承包试点有关问题的通知》（计设〔1987〕619号）

各部门、各地区在基本建设管理体制的改革中，总结以往的经验，吸取国外的有益做法，组织一些设计单位对工程建设项目进行了从可行性研究、勘察设计、设备采购、施工管理、试车考核（或交付使用）全过程的总承包试点，

发挥了设计在基本建设中的主导作用，对优化设计方案，缩短工期，控制工程投资，提高经济效益，起到了很好的作用。同时，为设计单位实行企业化开辟了新的途径。

为进一步搞好试点，加快改革进程，特作如下通知：

（一）设计单位对工程建设项目进行总承包试点，必须具有工程管理、设备采购、财务会计、试车考核等专门人才和必要的装备。各部门各地区根据上述条件，可选定少数设计单位进行承包工程任务的试点，并帮助这些单位充实必要的工程管理、设备采购、经济管理等专业人才。

这批试点单位在试点期间仍为事业单位，实行企业化管理。

（二）主管部门应帮助试点单位安排一两个建设条件比较落实的项目进行工程总承包试点，并及时帮助试点单位解决承包过程中出现的问题。试点单位也可以自行承包任务。

（三）试点单位对承包的工程项目，必须实行项目经理负责制，对承包工程的实施和管理全面负责。由于经营不善而造成的亏损，试点单位应承担一定的经济责任。

（四）为了缩短建设工期，主管部门应允许试点单位依据批准的设计任务书，在开展初步设计的同时，对工程所需国内外设备进行询价及技术评审工作。

（五）试点单位可不受部门、地区的限制，选择质优价廉的设备，可以自行订货，也可委托设备成套部门订货。如项目主管部门批准需引进专利技术、设备和材料时，应支持试点单位选派技术人员对外进行技术业务活动。

试点单位有权通过招标方式择优选定建筑安装单位承担施工任务。

（六）试点单位承包的建设项目，为下年度储备的设备材料资金，在建设银行核定给该项目主管部门的设备储备贷款指标中统筹安排，具体手续按建设银行有关规定执行。

试点单位的主管部门，应拨给试点单位一定额度的钢材、木材、水泥指标，作为现场制作设备和工程串换、垫付之用。

（七）试点单位应认真贯彻执行党和国家各项方针政策，遵纪守法，严格履行合同。按照国家计委、财政部、劳动人事部计设〔1983〕1022号文《关于勘察设计单位试行技术经济责任制的通知》及计设〔1986〕2562号文《关于勘察设计单位实行技术经济责任制若干问题的补充通知》执行。

（八）为了搞好试点，及时了解情况和总结经验，国家计委与有关部门和地区商定，有计划有重点地抓好一批试点单位，名单如下：

1. 广东建设承包公司（广东省建筑设计院）

2. 华东建筑设计院

3. 中国武汉化工工程公司（化工部第四设计院）

4. 中国成都化工工程公司（化工部第八设计院）
5. 华东水电工程咨询公司（水电部华东勘测设计院）
6. 西北电力工程承包公司（西北电力设计院）
7. 华昆工程承包公司（昆明有色冶金设计院）
8. 洛阳石油化工工程公司（洛阳炼油设计院）
9. 北京石油化工工程公司（北京石化设计院）
10. 上海第九设计院工程技术承包公司（中国船舶工业总公司第九设计院）
11. 铁道部株洲工程承包公司（铁道部第一勘测设计院）
12. 山西古交屯兰矿井建设总承包（承包的设计单位待定）

八、1989年4月1日，建设部《关于扩大设计单位进行工程总承包试点及有关问题的补充通知》（发文字号[89]建设字第122号）

自1987年国家计委、财政部、中国人民建设银行、国家物资局联合颁发计设〔1987〕619号《关于设计单位进行工程建设总承包试点有关问题的通知》以来，设计单位进行工程总承包工作又有了新的发展。从试点的情况看，设计单位负责管理整个工程项目的建设，普遍收到了缩短工期、保证质量、控制和节约投资的效果。各部门、各地区都要求扩大试点范围。现就扩大试点和有关问题作如下补充通知:

（一）设计单位进行工程总承包时，设计单位的等级（设计证书等级）必须与所承包的工程项目的规模大小一致，即乙级设计单位不准总承包大型工程项目；丙级设计单位不准总承包中型工程项目；丁级设计单位不准总承包县以上单位小型工程项目。各设计单位均不准越级总承包工程项目。

（二）设计单位不能辖有施工队伍，也不应与施工单位联合投标总承包工程项目。设计单位在进行工程总承包时，只负责勘探设计、设备采购、施工招标、发包、项目管理、质量监督和试车考核，不直接从事施工，不必领取施工执照。

（三）设计单位进行工程总承包，必须有两个以上设计单位参加投标竞争，择优选定总承包单位。实行总承包的项目，其投资承包额必须控制在国家批准的设计任务书（可行性研究报告）规定的工程项目总投资额的范围内，并在招标评标时具体审定。根据国家计委计资〔1984〕1684号文的规定，如果工程项目的初步设计概算比批准的设计任务书（可行性研究报告）规定的投资额超出10%以上的，要报请有权单位重新审批设计任务书（可行性研究报告）。投资总承包额一般应低于同类型工程的平均造价。

（四）设计单位在进行工程项目总承包时，应在建设银行开立账号，直接承办工程款项。

设计单位进行工程总承包时，可以把设计与设备订货有机地结合起来，这有利于缩短工期，防止设计返工。在拨款时，应考虑这些特点，以保证工程用款。

设计单位所需的周转资金、周转材料仍按原规定执行。请有关部门继续给予落实和支持。

（五）工程总承包单位所需总承包管理费，在总承包投资内支出，不得从承包资金外收费。

（六）建设项目由设计单位进行总承包节余投资的分配按国家计委、建设部、劳动人事部、中国人民建设银行联合颁发的计基〔1984〕2008号《基本建设项目投资包干责任制办法》中的有关规定执行。

（七）总承包单位在确保质量的前提下，按合同工期提前竣工投产，所得利润按国家计委、财政部、中国人民建设银行联合颁发的计施〔1987〕1806号《关于改革国营施工企业经营机制的若干规定》中第四条执行。由于拖长工期而造成的损失，属于承包单位责任的，由该承包单位赔偿。

（八）开展工程总承包的勘察设计单位暂时一律执行国家对勘察设计单位的各项财政、税收政策。

（九）为了推进这项改革，拟扩大一批由设计单位进行工程总承包的试点单位（名单附后）。部门和地方的试点单位，由各部、各地自行确定。

（十）本通知只适用于以设计为主体进行工程总承包的勘察设计单位。

附件：第二批试点单位名称（略）

九、1992年3月28日，建设部《关于工程勘察单位承担岩土工程任务有关问题的暂行规定》（〔1992〕建设字第167号）

第一条　为了保证工程质量，降低工程造价，缩短建设周期，提高建设项目的经济效益、社会效益和环境效益，使工程勘察单位有计划地承担岩土工程任务，特制定本规定。

第二条　岩土工程是以土力学、岩体力学、工程地质学和基础工程学为基本理论，结合各类建筑工程的特点和要求，解决和处理工程建设过程中与岩体或土体有关的各种工程技术问题，它隶属于土木工程学科。

第三条　工程勘察单位承担岩土工程任务，必须从实际出发，根据自身的条件和能力，承担岩土工程的全部或部分工作。岩土工程的工作内容主要包括：

（一）岩土工程勘察：按有关技术规范、规程的要求进行建设工程的岩土勘探、工程试验、技术经济分析和论证，提出岩土工程的评价、设计方案和施工要点等内容的岩土工程勘察报告。

（二）岩土工程设计：各类地基基础设计、桩基设计、深基坑支挡设计、基坑降水设计、地下防渗设计、地基抗震设计、边坡及支挡设计、滑坡整治设计、各类地基处理和加固设计等。

（三）岩土工程治理：建（构）筑物的地基处理、边坡锚固、围岩喷锚、岸边防护等。

（四）岩土工程监测：建（构）筑物的沉降观测、地基回弹观测、边坡和滑坡体的位移观测、地下工程的围岩应力及变形监测、地下水动态观测等。

（五）岩土工程监理：对岩土工程治理进行监督检查，控制施工质量，及时解决治理过程中出现的岩土工程问题。

第四条　承担岩土工程任务的工程勘察单位，必须具有较高的岩土工程设计及实施的技术水平和经营管理水平；有熟悉岩土工程的技术人员和经济管理人员；具有较好的技术装备和测试手段。现阶段持有甲、乙级工程勘察证书的单位（含勘察设计合一单位），经过有关资格审查批准后方可承担岩土工程任务。持有丙、丁级工程勘察证书的单位，暂不承担岩土工程任务（只承担相应等级的工程勘察任务）。

第五条　工程勘察单位承接岩土工程任务，应根据《中华人民共和国经济合同法》并参照《建设工程勘察设计合同条例》及有关规定，同建设单位或委托单位签订协议或合同，明确规定其工作内容和建设要求，以及双方的责任、权益和奖罚办法等事项。

第六条　工程勘察单位承担岩土工程任务，必须遵守国家的法律、法规，执行国家有关技术标准，坚持岩土工程技术先进、质量可靠、经济合理的原则，切实提高建设项目的综合效益。

第七条　岩土工程取费，在国家尚未颁发岩土工程取费标准前，岩土工程勘察收费可略高于现行工程勘察收费标准，岩土工程设计、岩土工程监理和岩土工程定额的规定收费，具体标准由勘察单位与委托单位在签订合同时协商确定。

第八条　工程勘察单位完成岩土工程承包合同规定的任务所节余的投资，按国家计委、建设部、劳动人事部、中国人民建设银行联合颁发的计基〔1984〕2008 号文《基本建设项目投资包干责任制办法》中有关规定提取节余分成费。

第九条　工程勘察单位承担岩土工程任务，仍执行国家对勘察设计单位的各项技术、经济政策。

第十条　工程勘察单位要积极开发和采用岩土工程新技术，不断提高岩土工程技术人员的素质。各部门、各地区要采取多种措施加强人才培养，有计划地培养一批高级岩土工程技术人员和管理人才。

第十一条　国务院各有关部门，各省、自治区、直辖市可根据本规定，结合具体情况制定实施细则并报建设部备案。

第十二条　本规定自颁发之日起执行。

十、1994 年 9 月 20 日，化工部《关于创建国际型工程公司的规划意见》（化建设发 [94]197 号文）

抓住机遇、深化改革、扩大对外开放、积极发展化工外向型经济，是加快化学工业发展的重要战略措施，是适应发展外向型经济的需要。化工设计单位努力和国际惯例接轨，争取尽快建成国际型工程公司，已成为化工设计单位对外开放的主要模式和目标。也是落实化学工业"三个一百"战略任务的具体措施。

十多年来，化工设计单位在深化改革、提高内涵、开展对外开放方面，已取得不少进展。80 年代中期，以设计体制改革和计算机开发运用、工程总承包为先导在成达、五环、寰球、天辰工程公司和化六院等单位积极推行。1992 年部领导较系统、明确地提出了要以设计为主体的国际工程公司为发展目标，在认真总结国外工程公司经验的基础上，及时地提出了创建国际型工程公司必须具备的七项条件和六条差距。并要求在设计体制改革、工程建设标准国际化、计算机的开发应用、掌握专有技术、开展工程总承包、提高融资能力、加强项目管理等七个方面要加紧工作。经过二年来的努力，现在，全系统对于加速创建国际型工程公司的认识已经统一，而且在全行业内推行了设计新体制，建立了"国际标准库"，开发了"项目管理软件"，贯彻 ISO 9000 国际质量标准，在转换企业经营机制，开展工程总承包，推行计算机辅助设计，加强人才培训等方面也取得了较大的进展，特别是在项目融资方面也开了一个好头。为在 2000 年前建成一批国际型工程公司，特提出以下规划意见。

一、创建国际型工程公司的条件已经成熟，初步形成格局

1. 已打入国际市场，取得良好业绩和信誉。继中国化学工程总公司取得了对外经营权以后，1992 年以来，又有 9 个设计单位取得了对外经营权。四年来，成达、寰球等 10 个部属院和上海院、云南院、吉化院、南化院等单位已承包国外工程设计、设备材料采购、施工建设、技术劳务出口等 62 个项目，完成合同总额 4 亿多美元，创汇 1 亿多美元。目前，绝大多数项目正在顺利开展，部分项目已按合同要求完成了任务。其中，中国成达化学工程公司承包的印尼 15 万吨 / 年联碱项目，合同总额达 4625 万美元，开创了大中型化工装置以技术出口带动成套设备出口的先例。成达公司总承包的印尼二套 4.3 万吨 / 年离子膜烧碱装置，合同总额达 3300 万美元，已分别于 1994 年 3 月和 7 月建成投

产，并通过了用户的考核、验收。中国化学工程总公司和成达公司总承包的印尼 2×95MW 自备电站项目，合同总额 3500 万美元，开创了利用我国买方信贷、成套出口非化工项目的先例。对外承包工程涉及孟加拉国、印度尼西亚、尼泊尔、利比亚、巴基斯坦、缅甸、越南、中国香港、中国澳门等十几个国家和地区。

2. 全国已有一支承担过国内、外重大化工建设工程，为化工建设做出巨大贡献，专业齐全，实力雄厚的化工设计和施工队伍。总人数约 11 万人，其中甲级设计单位共 35 个，一级施工队伍 19 个。

3. 进行了设计体制的改革。寰球、五环、成达、天辰工程公司等一批设计单位早已进行了设计体制改革，基本做到了与国际惯例和模式接轨，按国际通用设计和施工工作方式，在国内、外工程项目中实施，并取得了经验。

4. 绝大多数部属设计院和部分省院已同国外工程公司和专利商开展了多种形式的合作。从 60 年代开始，通过引进项目的分交设计、合作设计、返包设计、技术劳务出口等多种方式的合作，加强了相互间的了解，学会运用专利技术及国外工程公司的工作程序，方法和经验。

5. 已建成了一批初具规模的全功能的工程公司，进行了工程项目的总承包试点。成达、寰球、天辰、五环等工程公司已完成了从事业单位到企业单位的转变，从组织机构、人员配备、管理模式上已建成了可承担项目咨询、可行性研究、工程设计、设备采购、施工建设、开车、培训、售后服务等项任务的 EPC 型全功能的工程公司。据不完全的统计，成达、寰球等 12 个设计单位已总承包了国内 62 个化工项目，投资总额达 33 亿元人民币。

6. 已建立具有时效的、包括 3000 项国际标准、国外先进标准库和满足国内工程建设需要的 1874 项国内工程标准库，为国内、外工程建设提供了成套的国际标准和国内标准，且国内标准逐步向国际标准靠拢。

7. 设计装备和办公设备现代化水平有了很大提高，正在逐步向国际工程公司迈进。各单位较普遍地装备了各种超级小型机、三维和二维 CAD 工作站，大量微机和终端。配备了 2090、5080 等大型工程复印机，装备了畅通世界各地的电话、电传和传真机。少数单位已实现了与国外公司的计算机联网通信，提高了国际信息和文件图纸的交换速度和水平。并自行开发或引进了一批国际工程公司普遍采用的计算机软件，已具有用 CAD 出整套工程设计图纸的能力。其水平已达到国外 80 年代先进水平。

8. 培养了一批国际型工程公司的管理人员和专业人才。通过设计体制的改革，积极开展了工程承包、与国外工程公司的合作，以及在世界范围内的招标、投标和设备采购，培养了一大批能按国际通用程序和方法进行设计、施工、采购、工程建设管理的专业人员、采购人员、项目管理等方面的人员。通过英语强化训练和计算机培训，培养了大批精通英语、掌握计算机应用的中青年技术人员和管理人员，基本满足了国内、外各类项目的工作要求。

二、国际型工程公司的主要特征和目标要求

根据国际型工程公司的特征和模式，创建国际型工程公司的目标和要求如下：

1. 国际型工程公司应具备项目咨询、可行性研究、设计、采购、施工、开车、售后服务等全功能和实施工程总承包的能力。

2. 组织机构应与全功能相适应，并以项目管理为核心，设置能满足项目要求的专业部室。一般应设置经营部、销售部、咨询部、项目部、设计部、采购部、施工部、开车部等部室。项目的实施采用项目经理负责制，实行项目组与专业部室的矩阵式管理，实行国际通用的设计体制，在专业设置、设计程序、表达方式上，要符合国际惯例。

3. 实现管埋的科学化、现代化。有一套完整的、与国际惯例接轨的、行之有效的管理程序和方法，并在项目管理全过程实行费用控制、材料控制、进度控制。能在经营管理、项目管理、财务管理上，确保整个项目的成功和公司的盈利。

4. 拥有一批先进的、成熟可靠的工艺技术和工程技术，具有运用国内、外专利技术进行工程设计的能力，国际型工程公司应具有国际通用模式承包国外工程，进行工程施工　和管理的能力，并具有相应的装备水平。

5. 具有先进的计算机和现代化办公装备和配套完整的软件体系，并用于实现设计、采购、施工一体化的系统管理。计算机应用水平基本达到网络化、规范化、工程化和自动化。

6. 具有本公司的以 ISO 9000 系列标准要求为基础的系统完整的企业标准和手册。

7. 具有一支能协调一致的、包括核心层、骨干层、工作层在内的人员结构合理，素质较高的职工队伍。核心层要决策能力强；骨干层应由管理专家、技术专家、安全专家、法律专家、金融专家组成；工作层要齐全配套，工作效率高，质量好。主要工作人员应精通外语，并有相应的计算机应用能力。

8. 建立了高效率的、对公司内部和外部信息进行收集、积累、分析、利用、跟踪、传递和决策的信息管理体系。

9. 具有在国际范围内进行经营销售的渠道和参与国际竞争的能力。

10. 具有较强的融资能力，既能为公司筹措实施国外承包项目的流动资金，也能帮助用户筹措建设资金，为用户联系获得政府贷款或国际金融组织的贷款。

三、创建国际型工程公司的规划意见

1. 成达公司、天辰公司、五环公司、寰球公司和化六院，在 1997 年之前

要基本建成、达到国际型工程公司的目标要求。到2000年共创汇（合同总价）10亿美元。

2. 大部分部属院、甲级公司院和省院，到2000年要达到具有国际型工程公司主要功能的水平，到2000年共创汇（合同总价）4亿美元。

3. 其余20个甲级化工设计单位，应逐步达到与国际通用设计模式接轨，能承担国外工程设计和国内总承包的水平。

四、为实现创建国际型工程公司的目标，当前要抓紧作好以下几方面的工作

1. 统一思想，明确目标

加强领导建设国际型工程公司是我国改革开放，建立社会主义市场经济的要求，是各设计单位自身生存和发展的需要，是上档次、上水平的需要。1992年第一次全国化工对外开放工作会议确定了2000年化学工业实现出口创汇100亿美元，累计利用外资100亿美元和培育100家外向型企业（集团）的奋斗目标。国际型工程公司是设计单位创建外向型企业的主要模式。以技术出口带动国内劳务和设备出口，是工程公司出口型创汇的主要方式。当前许多发展中国家正处于工业化的初级阶段，对我国的适用技术和设备有一定的需求。这就为我们创建国际型工程公司提供了可能和机遇。我们必须加强领导，抓住机遇，发展自己，增强信心，团结一致把创建国际型工程公司作为各项工作的中心，积极促进企业整体水平和实力的提高。为实现确定的目标，部建设协调司、计划司、财务司、政策法规司、中国化学工程总公司要加强领导和协调，明确目标，解决困难，及时交流经验，组织好国内、外的各项协调工作。

2. 深化内部改革，提高管理水平

（1）深化和完善设计体制改革。十多年来，成达公司、五环公司等单位坚持不懈地进行了设计体制改革，取得了很大成绩。但是，有些单位还存在很大的差距。就是成达公司、五环公司也还需要进一步做好深化和完善工作。要总结十多年来的经验，完善各单位的专业分工、设计程序和方法，进一步提高设计水平。

（2）不断积累国内、外工程项目总承包的经验，逐步建立起项目管理体系，加强对工程项目的计划和进度控制、费用控制、设备材料控制、质量控制。加快项目管理软件的开发，并选择适当的项目进行试点，积累经验，不断完善。

有条件的单位应在国外总承包项目中积极与国外一流的工程公司合作承包，对项目实行“合作管理”，直接采用国外工程公司的项目管理软件，从设计、采购到工作程序、各种文件报表等均采用国外工程公司的一套成熟作法，并请国外专家直接指导或派专业人员去国外工作，尽快掌握国外先进的项目管

理整套技术。

（3）不断加强质量管理。创建国际型工程公司的单位必须按 ISO 9000 国际系列标准不断加强质量管理，完善质量保证体系，优化质量控制，争取在 3 ～ 5 年内达到国际质量体系认证的要求。推行质量管理和质量保证 ISO 9000 国际系列标准、推行设计体制的改革以及加强总承包项目的管理，都是工程公司现代化管理的不可分割的部分，它们之间是相辅相成、密切相关的，为此必须统一规划，同步进行。

3. 不断开发和加强利用工程公司的各类资源

工程公司的各类资源开发包括人才资源、设计装备、标准规范、专利技术和专有技术、计算机软件等方面的开发：

（1）培训或聘用各种适应国际工程公司业务需要的专门人才，包括专业技术人员，管理人员，销售人员，国际、国内采购人员，开车专家，安全专家，法律专家，金融及财会人员等。并培养他们具有较高的外语写读和会话能力，应用计算机工作和管理的能力，培养他们具有进取心和敬业精神。

（2）不断增加、更新计算机和 CAD 工作站，引进和开发相应的软件，达到全公司联网、公司本部和现场联网的水平。争取到 2000 年建成国际工程公司的单位达到平均两人一台计算机的水平。

（3）通过向国内、外专利所有者购买或自主开发，拥有一批国内、外前景良好的先进适用的工艺技术。要总结和开发本公司自己的工程技术和专有技术，不断提高工程设计和项目管理水平。

（4）加强工程公司的标准化管理和基础工作，积极采用国际标准和国外先进标准。必须尽快编制和完善工程公司的“设计手册”“采购手册”“施工管理手册”“项目管理手册”以及“质量管理手册”。大力加强对国际标准的收集、掌握和应用工作，逐步达到以国际标准或国外先进标准进行工程设计、产品检验、和施工验收的水平。

4. 积极争取一个有利于创建国际工程公司的良好外部环境

（1）增强经营活力，提高公司在国内、外的信誉，经营和销售活动在一定程度上决定国际型工程公司的生存和发展。积极宣传公司业绩，提高公司知名度，积极进行国际竞争，跟踪项目信息，向四面八方开展经营活动，必要时，应在市场潜力较大的国家或地区成立以经营和销售为主的办事处。

（2）配合经营活动，加强外部信息管理。外部信息包括用户需求、社会要求、市场动态、项目信息、设备和材料价格信息、汇率、税率、竞争对手的信息等，要有专人用计算机进行管理和应用。

（3）在有关部门的支持下，逐步提高工程公司的融资能力。在国家鼓励和支持出口信贷政策的基础上，争取逐步取得向有关部门和银行申请出口项目的活动资金和垫付资金的能力，帮助用户申请政府贷款的能力，帮助用户从国际金融组织或财团获得建设资金的能力。

（4）在机电部门和化工机械厂的支持下，逐步形成化工设备和有关机电产品的出口基地。在产品质量上，在采用国外先进标准或国际标准方面，在价格和交货进度上，均能满足对外竞争的要求。改变目前有些产品质次价高不按时交货，影响对外合同执行的状况。

（5）继续加强与窗口公司的合作。各外事窗口公司均具有多年对外进出口工作的经验，在国外有一定的知名度，在世界主要地区均建有办事机构，信息比较灵，对当地的情况比较了解。通过外事窗口公司，可以获得更多的项目信息和得到投标报价的指导性意见，使对外项目投标工作更顺利、更及时、更准确。

（6）通过成立与国际一流工程公司的合资企业，提高在国外竞争的优势。利用国外工程公司的信誉、技术和管理经验，加上我们人力资源丰富，人工时便宜，设备，材料价格较低的优势，合作投标，合作总承包，开创建立国际型工程公司的新局面。

五、创建国际型工程公司还需要国家从政策上给予更多的支持

1. 对部分有条件的单位，除给予软件、硬件的工程承包出口权外，为了承包外商在我国的独资或合资企业的项目，引进必要的外国先进设备，以及为成套设备出口引进部分零配件和制造材料，满足在国内承包工程、制造和成套的需要，应给予必要的进口权，使其能更齐全，更有利于同国外工程公司的竞争。

2. 为鼓励国内成套设备和材料的出口，以带动机械工业的发展和提高，对以技术出口带动成套设备、材料出口的国外总承包项目，国家应在出国政策和出口信贷等方面给予重点支持。

3. 为搞好国有大型设计企业在创国际型工程公司过程中增加企业自我发展的能力，所需经费建议国家在以下几方面给予政策上的支持：

（1）目前国内项目设计收费标准过低，设计单位仅能维持简单再生产，无法拿出更多财力、物力、人力用于创建国际型工程公司。

（2）在政府有关部门和银行的支持下，改进退税、信汇工作，加快资金流动。对创汇收入，应从税收上给予更优惠的政策。鼓励出口，增加创汇。

（3）对于一些条件较好的单位，应给予一定的低息贷款，专项用于计算机和 CAD 工作站装备的更新和改善，扶持他们更快地赶上国外工程公司的水平。

4. 为适应国际型工程公司海外业务及实施合同工作的需要，经常需要出国处理有关事务，且在时间上要求很急，因此对出国人员在出国审批手续和尽快获得对方签证上应给予协助和提供方便。

5. 为尽快提高工程公司的技术水平和管理水平，有条件的单位，在适当时候，允许引进外国专家来华工作或选派少数骨干去国外工程公司培训。希有关

部门在人事安排和审批上给予支持。

创建国际型工程公司是形势的要求，发展的要求。尽管问题不少，困难很多，但我们已有了相当的基础，条件基本具备，只要我们形成共识，明确目标，加强领导，坚持不懈地努力，就一定会建成一批有生命力的、在世界上享有一定声誉的国际型工程公司。

十一、1994 年 9 月 29 日，国务院《关于工程勘察设计单位改建为企业问题的批复》（国函〔1994〕100 号）

建设部、国家计委、财政部、人事部、中央编委办公室：

你们《关于请批转〈关于工程设计单位改为企业若干问题的意见〉的请示》（建设〔1994〕250 号）收悉。现就有关问题批复如下：

第一，原则同意实行事业单位企业化管理的工程勘察设计单位逐步改建为企业。

第二，工程勘察设计单位改建为企业，是工程勘察设计体制改革的一项重要内容。请你们会同国务院有关部门，按照统一政策、分类指导的原则，抓紧研究制订实施意见和配套办法，使这项工作有领导、有组织、有步骤地进行。

第三，工程勘察设计单位改建为企业，不是简单地更换个名称，要着重经营机制的转换，使之真正成为自主经营、自负盈亏的企业法人。

附：建设部国家计委财政部人事部中央编办《关于工程设计单位改为企业若干问题的意见》。

我国工程设计（含工程勘察，下同）行业现有近一万个单位，七十万职工，其中专业技术人员近五十多万，占职工总数的 70% 以上，是一支技术、知识密集型的队伍。

1979 年党中央、国务院对工程设计单位做出了“要逐步实现企业化”的决定，同年开始进行企业化取费试点。在总结试点经验的基础上，1984 年国务院又批转了国家计委《关于工程设计改革的几点意见》，并在全行业实行了由核拨事业费，改为收费制为主要内容的技术经济责任制。十五年的改革已初步形成了以高新技术为先导，以企业经营机制为模式，以市场竞争机制为导向的新格局，调动了广大设计人员的积极性，设计效率大幅度提高，设计单位的技术实力和总体水平有了长足的进步，全面完成了国家基本建设和企业技术改造的设计任务，设计出了一大批具有 80 年代世界水平的工程项目，为社会主义现代化建设做出了应有的贡献。

但也应该看到，工程设计行业存在诸多问题，需要研究解决。如设计、科研、生产相互脱节，设计在工程建设和企业技术改造中的主导作用，在科研成果转化中的纽带作用，在引进技术国产化中的关键作用没有得到充分发挥。要从根本上解决上述问题，必须按照小平同志南巡讲话精神，紧紧围绕解放和发展生产力这一目的，尽快把工程设计单位的各项改革推向一个新的阶段。为此提出以下几点意见：

一、从 1994 年起条件具备的工程设计单位可以改为企业

工程设计体制改革的根本目的是解放和发展生产力，大力发展高新技术，促进设计技术进步，提高基本建设和企业技术改造的综合效益，建立具有中国特色的工程设计体制和运行机制，实行设计技术市场化，设计成果商品化，设计管理行业化。

经过十五年的改革，我国工程设计行业有了较大的变化，主要体现在以下几个方面：

1. 思想观念普遍更新，市场观念、竞争意识大力增强。绝大多数设计单位都利用自身技术、人才优势，拓宽了服务领域，有的已走上国际市场，既增强了单位的活力和应变能力，也增加了单位的收入。目前全行业绝大多数单位实现了自收自支，成为我国事业单位中少数不吃事业费的行业之一。

2. 设计市场已初步形成。随着投资主体的多元化，除少数国家重点建设项目的设计任务由上级主管部门指令下达外，绝大多数任务都是设计单位凭技术、质量、信誉优势通过市场竞争得到的。虽然市场机制还不完善，但改革已把设计单位推向市场，初步形成了计划与市场相结合的新机制。

3. 设计单位内部机制开始转变。为适应市场竞争的需要，各单位不断加强内部改革，调整组织机构，实行院长负责制，建立健全多种形式的技术经济责任制，加强成本核算，推行全面质量管理，改革人事制度和奖金分配制度，经营管理水平明显提高，初步实现了由技术服务型向技术经营型的转变。

4. 法规建设有所加强。为适应事业单位企业化管理，近年来初步制订了一些市场、质量、技术、财税、价格等管理法规，在加强宏观管理和规范市场行为等方面起到了积极的作用。

上述情况说明，工程设计单位实行事业单位企业化管理的方向是正确的。在坚持这一方向的同时，要不断总结经验，分门别类，按照不同行业部门、不同条件，采用不同的管理办法，把各项改革不断推向深入。其中，对那些市场广阔，自身活力较大，创收能力较强的工程设计单位，从 1994 年起可改为企业。成为自主经营、独立核算、自负盈亏、照章纳税的企业法人。

二、工程设计企业的主要任务和模式

工程设计单位改为企业后，它的主要任务是：遵照国家经济建设的各项方针政策和标准规范，从事工程设计、工程咨询、工程监理和工程总承包，在国内外建设市场为项目业主提供全方位、多功能的服务，在完成上述任务的前提

下，充分发挥自身的优势，进行技术开发、技术咨询、技术服务和技术转让，走技工贸一体化发展的道路，开展多种形式的经营活动，利用专有技术或资金参股，投资兴办第三产业和各种实业。

根据我国投资体制和设计单位的实际情况，借鉴国外成功的经验，今后工程设计企业主要有以下几种模式：

一是咨询设计顾问公司模式。这类设计企业主要为建设总体规划和项目决策服务，为企业提供工程建设全过程服务，承担关系到提高综合国力和国计民生的重大工程，以及国家重点建设项目的咨询和设计任务。

二是工程公司模式。这类以设计为主的工程公司不仅承担工程设计任务，而且以其技术和管理能力代业主组织和管理建设项目。既可以从项目立项开始到开车交钥匙总承包，也可以对其中的某项工作如设计、设备材料采购、工程监理等进行单项承包。有条件的设计院，特别是大中型工业设计院都应逐步向国际通行的工程公司模式转变。

三是工业集团模式。随着企业投资权的扩大和技术改造任务的增加，部分设计院可以进入大中型工业集团，成为该集团的成员单位，为集团的生产、科研、长远规划、建设和技术改造服务。

四是专业设计所模式。专业设计所（事务所）是专业化、小型化的设计企业，主要承担量大面广的中小型建设项目的设计任务，承担某一专业或某种专门技术的工程设计任务，并能对该项专门技术的实施提供一条龙服务。

工程勘察单位改为企业后，可参照设计企业的模式，根据自身功能和条件，进行合理分流和转换。有的可向岩土工程、工程测量、工程地质勘察、水文地质勘察工程公司发展，有的可与设计企业合并或参加工业集团，相应成立勘察机具租赁公司和机修厂，实现大型机具属地化管理。

除以上模式外，也可以根据自身特点组建其他类型的设计企业。在设计企业集中的地区和部门，还可以股份制的形式进行联合或成立集团公司，发挥综合优势，形成规模经营。但不论什么样的设计企业都要进入市场，参加竞争，优胜劣汰，在竞争中求生存、求发展。

三、工程设计单位改企业的配套政策

工程设计单位改为企业后，国家应给予必要的配套政策：

1. 为使工程设计企业具有一定的自我发展能力，适应企业经营后成本构成的变化和成本增加的需要，比较客观地反映技术商品的价值，必须将现行事业性质的设计收费标准改为企业性质的收费标准，适当提高设计收费水平，提高幅度原则上控制在工程概算投资额的1%以内。具体由国家计委会同建设部重新核定工程设计企业收费标准。

2. 工程设计单位改为企业后，由财政部按照《企业财务通则》和《企业会计准则》制定适合设计企业生产经营活动的财务会计管理办法。设计单位改企业后，要结合清产核资重新核定设计企业资金。改企业前，国家拨给设计单位无偿使用和设计单位自己积累的资金，全部划为设计企业国家资本金。设计单位改企业后，离休退休人员参加社会统筹，费用由原单位自己负担。继续执行国家计委、财政部《关于勘察设计事业费按建设项目任务情况统一安排的通知》（计设〔1986〕2590号文）的规定。

3.工程设计单位改为企业后，仍以工程设计为主业，它是技术型、服务型企业，属第三产业。应根据设计企业是科技型企业的特点，制定相应的税收政策。

四、逐步建立适应市场经济的经营机制。

设计单位改为企业，关键是建立起适应企业生存和发展的内在机制及其运行方式。为实现这一重大变革，必须在转变经营机制上下功夫。为此，当前要重点解决好以下几个方面的问题：

1.政企分开，赋予设计企业经营自主权。各级政府主管部门要简政放权。主要负责制定行业政策，发展规划，控制队伍总量平衡和合理布局；审定技术、质量标准，制定企业资格标准和市场规则，管好市场；运用经济、法律手段调控和引导设计企业，为企业决策和经营活动提供信息、咨询。

设计企业归口管理部门主要负责批准企业经营形式和企业的设立、合并、分立、终止、清算、拍卖；与设计企业签订承包经营合同，按承包合同进行考核、检查和监督；依照法定条件和程序，决定经理的任免和奖惩。

设计企业必须遵守国家的法律、法规，依法进行生产经营活动。按照《企业法》和《全民所有制工业企业转换经营机制条例》，设计企业享有以下自主权：经营形式的协商选择权、国内外经营自主权、资产处置权、留用资金支配权、劳动用工权、人事管理权、工资奖金分配权、内部机构设置权等。各级主管部门不得对设计企业正当的生产经营活动进行干预。

2.加快内部机制改革，实现转轨变型。设计单位改为企业后，要结合设计行业特点完善工资总额与经济效益挂钩办法，把设计人员的积极性引导到提高设计质量、技术水平和工程效益上来。设计企业必须坚持正确的指导思想，把全面优质完成国家重点基本建设和技术改造的设计任务放在首位，努力作出更多质量高、技术先进、经济效益好的优秀设计。设计企业要按照企业经营的要求，调整组织机构，实行同企业经营相适应的管理制度和管理方法。要实行经理负责制，强化经理为首的生产经营指挥系统，明确党政分工，发挥党组织的政治核心作用和职工的主人翁作用。要建立完善的自我约束机制，严格财务制度，严肃财经纪律。要特别重视人才培训工作，增加技术投入，提足折旧基金，加强技术开发和技术改造资金的管理，确保设计技术进步和企业资产增殖，努力提高企业的整体素质和竞争能力。

3.完善市场机制，逐步建立开放、平等、竞争的设计技术和成果市场。要清理阻碍设计市场发育的规章，制定《工程设计法》、设计文件（图纸）版权保护办法、设计市场管理办法等法规，健全工程设计法规体系，逐步建立起正常的市场运行机制。工程设计关系到国家人民生命财产安全，不属于业余兼职范围。要加强资格管理，制止无证设计。不具备设计企业条件的，不准进入市场，要打破部门、地区封锁，制止垄断和分割市场，鼓励设计企业开展技术和质量的竞争。要大力发育设计技术市场，鼓励设计企业开发新技术、新工艺、新设备、新材料，促进设计专有技术和设计软件的推广应用，加速设计技术和设计成果商品化的进程。

国务院各主管部门和各省、自治区、直辖市主管部门要加强对设计体制改革的领导。当前要集中力量，调查研究，结合本部门、本地区的具体情况，制定实施方案，有计划、有组织、积极稳妥地把这项工作做好。工程设计单位改为企业，须经单位申请，主管部门批准，机构编制部门核销事业编制，纳入企业劳动工资计划管理、统计范围，并且根据国家有关规定进行内部分配制度的改革，不再享受事业单位的工资、福利待遇。各级计划、建设、财政、人事、劳动等部门，要密切配合，及时解决设计单位转型过程中遇到的问题，确保这项改革顺利进行和设计企业的健康发展。

十二、1996年1月17日，关于印发《工程勘察设计单位建立现代企业制度试点指导意见的通知》(建法〔1996〕39号)

现将《工程勘察设计单位建立现代企业制度试点指导意见》印发给你们，请结合本地、本企业实际贯彻落实。

工程勘察设计单位建立现代企业制度试点指导意见

为了贯彻落实党的十四届三中全会通过的《中共中央关于建立社会主义市场经济体制若干问题的决定》和《国务院关于工程勘察设计单位改建为企业的批复》，探索勘察设计单位建立现代企业制度的途径，建设部选择了一批国有大型勘察设计单位进行现代企业制度试点。为了推动试点工作，现根据《决定》和国务院现代企业制度试点工作会议的精神以及《公司法》等法规，结合勘察设计行业的特点，提出如下指导意见。

一、试点的目的

勘察设计单位进行现代企业制度试点的目标是：通过2～3年左右的努力，把试点单位改建为产权清晰、权责明确、政企分开、管理科学的现代企业，成为面向国际、国内两个市场的法人实体和合格的市场竞争主体，为勘察设计行业的改企建制提供有益的经验。

通过试点，要达到以下目的：

1. 寻求公有制与市场经济相结合的有效途径，转换勘察设计单位的经营机制，提高经济效益，进一步解放和发展生产力。

2. 转变政府职能，探索政企职责分开的路子，政府不直接干预企业的生产经营活动，企业彻底摆脱政府行政机构附属物的地位，真正进入市场自主经营。

3. 理顺产权关系，逐步建立国有资产管理体系，确立企业法人财产权，使企业真正成为独立享有民事权利、承担民事责任的法人，实现民事权利能力和行为能力的统一，切实做到自负盈亏，自我发展。

4. 完善企业内部领导体制和组织管理制度，向规范化、科学化的方向迈进，形成企业内部权责分明、团结合作、互相制约的机制。

二、试点的原则

1. 坚持公有制为主体，注意发挥国有大型勘察设计单位的主导作用，确保其技术水平、整体实力不断增强。

2. 出资者所有权（股权）与企业法人财产权相分离，保障出资者、债权人和企业的合法权益。

3. 贯彻执行《公司法》，重在企业的组织制度创新和规范化运作。

4. 以转换经营机制为基础，拓宽服务领域，增强经济实力，使企业富有生机和活力；以科学技术为先导，努力实现勘察设计技术、装备和管理现代化。

5. 从我国国情和勘察设计单位的实际出发，根据勘察设计单位科技含量高，由事业单位直接向企业过渡的特点，吸收借鉴国外有益的经验，继承和创新相结合，在企业经营管理模式上向国际惯例靠拢。

6. 坚持配套改革，实事求是地研究解决好勘察设计单位从事业体制向现代企业制度过渡的特殊问题和实际困难。

三、试点的主要内容

1. 确定改建企业的国有资产投资主体

按照政府的社会经济管理职能和国有资产所有者职能分开的原则，国家授权投资的机构或者国家授权的部门是国有资产的投资主体，依法对企业中的国有资产实施股权管理。

国家授权投资的机构可采取以下形式：国家投资公司，国家控股公司，国有资产经营公司以及具备条件的企业集团的集团公司。上述投资机构必须是国有独资公司，可以通过各种方式对企业实行交叉持股，将单一投资主体的企业改组为多元投资主体的企业。

目前难以确定国有资产投资机构的试点企业，可暂由政府授权某个部门作为国有资产投资主体，代行管理国家股权。国家授权投资的机构或国家授权的部门中代行国有资产出资者职能的机构，对所持股的企业不行使任何政府行政管理职能。

2. 选定改建企业的财产组织形式

参与承担行业发展规划的研究制定，承担国家重点建设项目可行性研究和勘察设计任务，对该行业技术进步负有重大责任的国有大型骨干勘察设计单位，可以改建为国有独资公司，具备条件的，可争取国有资产授权经营；也可以改建为国家控股的有限责任公司。大多数国有大型勘察设计单位，可以改建为国家参股或控股的有限责任公司，实现股权多元化。少数经济效益好的勘察设计单位，也可以改组为股份有限公司。

股权多元化的途径包括：企业之间互相换股、参股，探索企业内部职工以基金会形式入股等。在选择参股、换股企业时、应选择经济效益好、管理水平高，具有一定投融资能力的大型企业集团、投资公司、上市公司等，形成以股权为纽带的利益共同体，以增强开拓市场和抗风险能力。

大型勘察设计单位在进行公司制改组，组建企业集团时，要按照“母公司——子公司”或“总公司——分公司”的体制规范与下属分支机构的关系。母公司下建立全资子公司、控股子公司或参股子公司，向相互横向或纵向持股、以产权为连接纽带的企业集团模式发展。

3. 建立企业法人制度

要按照国家有关规定，在充分考虑勘察设计单位是知识、技术密集型企业，以创造性脑力劳动为主，事业单位企业化管理，低收费、自收自支等特点的基础上，进行清产核资，界定产权，清理债权债务，妥善处理原事业体制下形成的各种负债（包括拨改贷）和呆、坏账损失，评估资产（包括无形资产），核实企业法人财产占有量，核定资本金，进行产权登记，确定法人财产权。

国有资产的出资者及其他出资者，按照持股比例依法享有股东权力，包括资产受益、重大决策和选择管理者等权利，以出资额为限对企业承担有限责任。出资者不直接参与企业的具体经营活动，不能直接支配法人财产。出资者不能抽资，企业不能退股。企业产权可以依法转让。政府及其他有关部门无论是作为国有资产管理者，还是社会经济管理者，同样不得干预企业的经营活动。

大型勘察设计单位承担行业发展规划编制、重大建设项目可行性研究报告编制、科技成果工程化和引进技术国产化攻关，下达任务的政府有关部门应按收费标准给予补偿。

企业享有法人财产权，以全部法人财产独立享有民事权利，承担民事责任，依法自主经营、自负盈亏，对出资者承担资产（资本）保值增值的责任。

4. 建立科学、规范的公司内部组织管理制度

根据决策机构、执行机构、监督机构相互独立、权责明确、相互制约、相互配合的原则，形成由股东会、董事会、监事会和经理层组成的公司内部组织结构，各司其职，有效行使决策、执行和监督权。

国有独资公司不设股东会，由国家授权投资的机构或国家授权的部门，授权公司董事会行使股东会的部分职权，决定公司的重大事项。

5. 建立系统科学的企业管理制度

试点企业必须全面实行《企业财务通则》《企业会计准则》《勘察设计企业执行新财务制度若干问题的规定》和《勘察设计企业会计制度》，建立健全公司内部财务会计制度，建立起以两则为统帅，以行业财会制度为主体，以企业内部管理办法为补充的企业财会制度体系。科学设置财会机构，配备合格的财会人员。财务负责人的任免及报酬事项，由经理提出意见，报董事会审批。

试点企业要继续深化企业劳动、人事制度改革，经理、副经理等高级管理人员实行聘任制，其他职工实行劳动合同制，建立企业与职工双向选择的用人制度。企业在生产经营非常时期可以裁员，但应依法承担相应责任。企业可以设立劳动争议调解委员会，依法调解本企业的劳动争议。

试点企业享有充分的工资奖金分配自主权。企业在坚持职工工资增长“两低于”的前提下，自主确定企业职工工资水平和分配方式，实行个人收入货币化和规范化。职工收入根据岗位、技能和实际贡献确定。企业领导人（总经理）的报酬与企业经营业绩挂钩，可实行年薪制，由董事会决定。

试点企业应在职工养老、医疗和失业等保险方面探索实行社会统筹的路子。要妥善解决好在事业体制下离退休的专家、教授、高级知识分子和其他职工的养老和医疗问题。

试点企业可根据生产经营需要，按照精干、统一、高效的原则，自主决定机构设置和人员编制，任何部门和单位均不得干预。

6. 深化企业内部改革，完善企业经营管理方式

试点企业要根据市场需求，认真研究、制订本企业的经营战略和发展规划，结合公司制改组，调整企业生产经营组织结构，不断完善企业经营管理方式。

试点企业生产经营组织结构要尽可能与国际接轨，向国际型工程公司、工程咨询设计公司和专业设计事务所方向发展。企业依据自身条件，可以选择上述某一种结构，也可以一种为主、其他并存。

有条件的工业设计院可以依托大型工业集团，采取灵活多样的协作方式，

共同发展。部分工艺、设备、自控专业的技术人员可以组成独立的子公司或分公司，向专业化方向发展，密切联系生产实际开发新技术，为企业技术进步服务。

试点企业要按市场要求调整产品结构和服务领域，优化人员配置组合，打破主营范围和非主营范围的界限，改变企业单纯从事工程勘察、设计的局面，向工程建设全过程和科技市场两头延伸，因地制宜兴办各类实业，积极开拓国际市场，逐步形成主导产业和非主导产业并存，跨产业、跨地区、跨国界经营的企业集团。

试点企业要认真制订技术进步规划，努力开发新技术，做好科技成果工程化和引进技术国产化工作，形成本企业的专利、专有技术和技术优势，以先进技术和优质服务开拓市场、占领市场。要做好企业标准、职工培训等基础工作，不断提高 CAD 和 MIS 的应用水平，推广版式设计，贯彻 ISO 9000 国际标准，实现技术装备、经营系统和企业管理现代化。

试点企业勘察设计生产经营活动可根据所承担项目的情况实行项目经理负责制，采取专业科室、职能部门与项目组相结合的矩阵式动态管理体制，提高项目管理水平，适应市场竞争的需要。

试点企业要结合实际逐步将企业办社会的生活福利、后勤服务事业分离出去，如学校、医院、托儿所、食堂等，可成立物业管理公司，实行社会化经营。

7. 发挥党组织的政治核心作用

试点企业党组织要按照党章规定，发挥政治核心作用，保证、监督党和国家的方针、政策在本企业的贯彻执行。公司党组织负责人可以通过法定程序进入董事会和监事会，参与企业重大决策。党组织的主要负责人可与公司的董事、监事、经理、副经理交叉任职。

公司党组织对董事会拟聘任的公司经理，经理提名的副经理和管理部门负责人的人选进行考察，提出建议，分别由董事会或经理聘任。

公司党组织的工作机构和专职党务工作人员的数量，本着精干、高效的原则设置。

公司党组织要加强自身建设，改进工作方法和活动方式。党组织要教育和监督参加董事会、监事会、经理层中的党员按党的方针政策和国家的法律、法规行使规定的职权；加强对工会、共青团组织的领导，支持他们按照各自的章程独立自主地开展活动；围绕企业生产经营，做好思想政治工作，加强职业道德和企业文化建设，调动和发挥广大职工的积极性；发挥党员在各自岗位上的先锋模范作用。

8. 完善工会工作和职工民主管理

公司坚持职工民主管理，支持工会维护职工合法权益。国有独资公司、两个以上国有企业或者两个以上国有投资主体设立的有限责任公司，通过职工代表大会和其他形式，实行民主管理；职代会的职权和参加董事会、监事会职工代表的职权要互相衔接。其他有限责任公司和股份有限公司，可以由职代会也可以由工会代表职工实行民主管理。

工会代表职工与企业就工资、工时等劳动条件进行平等协商，签订集体合同，建立协调和稳定企业劳动关系的有效机制。公司研究决定生产经营重大问题，制订重要规章制度时，应听取工会和职工的意见和建议。研究决定涉及职工切身利益问题时，应事先听取工会和职工的意见，并邀请工会和职工代表列席有关会议。

四、转变政府职能，认真抓好试点的配套改革

1. 转变政府职能，为试点企业创造宽松的外部环境

转变政府职能是建立现代企业制度的迫切要求。今后，政府部门应主要是制订和执行宏观调控政策，搞好基础设施建设，强化政府的社会管理职能，创造良好的企业外部环境。同时，要加速培育市场体系，监督市场运行和维护平等竞争，参与调节社会分配和组织社会保障，为企业提供良好的社会服务，改革政府管理企业的方式方法。

严禁对企业进行各种摊派和不必要的检查。

对试点企业中的企业集团公司，符合条件的，经企业申请，可由人民银行核准组建财务公司；对具备条件的试点企业，可批准其通过国内外证券市场进行直接融资，筹措发展资金。

试点企业经审批可赋予对外经营权、自营进出口权。

2. 适当提高勘察设计收费标准

根据勘察设计单位由事业体制改为企业体制后，成本增加，税赋加重的实际情况，并考虑到物价上涨和企业发展后劲等因素，适当提高勘察设计收费标准，并逐步向国际接轨。

3. 贯彻执行勘察设计行业统一的财务会计制度，以规范企业的财务行为，创造平等竞争的外部条件。

4. 多渠道解决试点企业资金困难

试点企业要合理确定资本金规模，试点企业在事业体制下“拨改贷”形成的债务，争取转为国家资本金。试点企业因客观原因造成的各种资产损失以及各种呆账、坏账损失，可在清产核资或核资补课时，经有关部门审核后，冲减企业公积金或资本金，按勘察设计企业财务制度有关规定进行调账。

试点企业被拖欠的勘察设计费等，属于政府拖欠而又无力偿还的，可争取由政府拨让土地开发使用权来抵补；属于企业拖欠的，经双方协商或有关仲裁，可以将债权转为股权或产权，也可以用资产作抵押或实行兼并。

试点企业可争取在清产核资过程中，经有关部门批准，从国有存量资产中划出一部分来解决企业流动资金严重不足的问题。

5. 对于试点企业中承担科研任务的全资子公司，经有关主管部门批准，应享受国家给予科研单位的同等待遇。

6. 试点企业在正式挂牌经营，由事业改为企业时，一般应参加社会统筹。事业体制下离退休的职工，应按老人老办法返还、计发离退休费。为解决离退休人员费用不足的问题，可争取在产权界定时，从试点企业的国有资产存量中划出部分股权，交由企业专门机构经营，其股权红利专项用于弥补离退休费用的不足。对一些离退休人员费用严重超支的试点企业，可争取国有股的红利在一定年限内不拿走，全部用于弥补超支。

十三、1997 年 7 月 11 日，建设部请国务院批转《关于深化工程勘察设计体制改革和加强管理的几点意见的请示》（建设〔1997〕172 号）

1984 年 11 月 10 日，国务院国发〔1984〕157 号文件批转了国家计委《关于工程设计改革的几点意见》，对推动工程勘察设计改革起到了关键性的作用。十几年来，我国勘察设计行业与其他行业一样，取得了长足的发展和进步。勘察设计单位已达 11000 个、从业人员 75 万人，专业门类基本齐全，技术实力比较雄厚；完成了国家经济建设的一大批勘察设计任务，“八五”期间共完成固定资产投资额 110920.51 亿元，为国家基本建设和技术改造做出了重大贡献；同时，勘察设计行业的改革不断深化，走在了我国事业单位改革的前列。勘察设计单位由原来的事业单位正在向企业过渡，已有部分单位改为企业。现代企业制度试点工作也正在进行。勘察设计单位的计算机技术推广应用发展很快，到 2000 年全行业基本可以甩掉图板，并向集成化、网络化、智能化的方向过渡。

但是，我国工程勘察设计行业在发展中也面临着一些新的困难和问题，主要有：立法滞后，改革配套政策不到位，体制改革难以深化；收费标准偏低，技术储备不足，勘察设计单位缺乏发展后劲；政出多门、多头发证，管理混乱，削弱了工程勘察设计行业主管部门综合管理的职能；部门垄断、肢解设计的行为较为严重，影响了勘察设计文件的整体性；市场行为不规范，不平等压价竞争，干扰了勘察设计市场的公平竞争等。这些问题的存在直接影响着工程勘察设计行业的发展和工程勘察设计质量、水平、效益的提高，也影响着国家“九五”计划和 2010 年战略目标和方针政策在工程建设领域中的全面贯彻落实。

针对我国工程勘察设计行业存在的问题，在调查研究的基础上，我部起草了《关于深化工程勘察设计体制改革和加强管理的几点意见》，主要就端正工程勘察设计指导思想，建立勘察设计新体制，加快立法步伐、加大工程勘察设计市场管理力度，促进科技进步、强化质量管理，建设文明行业等方面提出了指导性意见，以作为今后一段时间国家对工程勘察设计工作的政策性文件。

对于这个“意见”，我部自今年年初起先后征求了国务院13个部委，部分省、市建委（建设厅），国内工程勘察设计行业14个大的勘察院、设计院的意见。根据反馈的意见和建议我们又对“意见”进行了认真讨论和反复修改，最后经部常务会讨论通过。

现将《关于深化工程勘察设计体制改革和加强管理的几点意见》报上，如无不妥，请批转各地区、各有关部门遵照执行。

国务院《批转建设部关于深化工程勘察设计体制改革和加强管理的几点意见的通知》

国务院同意建设部《关于深化工程勘察设计体制改革和加强管理的几点意见》，现转发给你们，请认真贯彻执行。

工程勘察设计是工程建设的重要环节，是整个工程的灵魂。搞好这项工作对于节约能源、改善环境、提高经济效益、促进两个根本性转变都具有重要的意义。各地区、各部门要高度重视并积极支持工程勘察设计的改革和管理工作，切实加强领导，结合实际情况，采取有效措施，及时解决改革和管理中出现的问题，扎扎实实地把勘察设计各方面的工作搞好。

关于深化工程勘察设计体制改革和加强管理的几点意见

全国人大八届四次会议通过了国民经济和社会发展“九五”计划和2010年远景目标纲要，提出了今后十五年的奋斗目标和指导方针。“九五”期间全社会固定资产投资总规模将达到13万亿元，一批国家重点建设项目要动工建设，企业技术改造、基础设施和城镇居民住宅建设也将成为今后建设的重点。工程设计是工程建设的关键环节，在建设中起着主导作用。因此，摆在全国勘察设计单位面前的任务是十分艰巨的。

改革开放以来，我国工程勘察设计事业取得长足发展，体制改革为勘察设计单位注入了新的生机和活力，完成了国家经济建设的一大批勘察设计任务，满足了国家基本建设和技术改造的需要；质量水平上了新台阶，综合效益显著提高；拥有一支包括1.1万个勘察设计单位、75万名职工、专业门类基本齐全、技术实力比较雄厚的科技队伍，在社会主义现代化建设中发挥着愈来愈重要的作用；一些骨干设计院还参照国际通行模式进入国际市场、参与了国际工程项目的竞争。但是，当前勘察设计行业在发展中还面临着许多问题和困难。例如：勘察设计体制改革的政策和措施不配套；勘察设计单位功能单一，勘察设计成果商品化程度低；勘察设计单位技术储备不足、装备老化，缺乏发展后劲；

国有大院离退休人员多、欠账多、包袱沉重，影响了这些单位的竞争力；勘察设计市场中的有关方面行为不规范；少数勘察设计单位片面强调为业主服务而忽视了国家的利益，片面强调单位的效益，搞层层承包、忽视管理，政策和法规的观念淡薄等。这些问题直接影响着工程项目的质量、水平和效益，也影响着“九五”计划和2010年战略目标和方针政策在建设领域中的落实。为此，提出以下意见：

一、树立正确的勘察设计指导思想

勘察设计单位和职工以及各级管理部门必须要牢牢把握“抓住机遇、深化改革、扩大开放、促进发展、保持稳定”的大局，以经济建设为中心，把努力提高国民经济增长的质量和效益作为自己最重要的工作任务。认真贯彻落实国民经济和社会发展的指导方针，为实现经济体制从传统的计划经济体制向社会主义市场经济体制转变，经济增长方式从粗放型向集约型转变做出贡献。

要在新建、改扩建、技术改造的工业项目勘察设计中，认真贯彻“充分发挥市场机制，促进资源优化配置”的原则，充分挖掘现有企业的生产潜力，使建设项目投产后适应市场的需要，努力做到投入少、产出高、效益好，使产品有市场，有竞争力。

要认真贯彻执行科教兴国和可持续发展的战略，在工程勘察设计的项目中增大科技含量，加快科技成果向现实生产力转化，积极采用符合国情的、国内外成熟的先进技术。

要狠抓资源节约和综合利用，工程项目设计要做到节粮、节水、节地、节能、节材，减少资源占用与消耗。尽可能做到经济效益、社会效益、环境效益完美的统一。

要克服大而全、小而全的传统思想，按照社会化大生产、专业化分工与合理经济规模要求，优化工业布局、产业结构和企业的组织机构，实现规模经济。

勘察设计单位要把完成国家重点建设项目作为首要的工作重点，要组织强有力的工作班子，加强思想政治工作。树立全心全意为国家、为人民、为业主服务的精神，保证高水平、高质量地按期完成勘察设计和现场服务任务。

勘察设计单位要严格遵循国民经济和社会发展方针、国家的产业政策和有关法律、法规，把国家利益放在首位。对侵害国家和人民利益、违反政策和法规的行为及做法，勘察设计单位要坚决抵制。对此，各级管理部门要给予支持。

二、深化改革，建立勘察设计新体制

勘察设计体制改革的目标是：到2000年，全国勘察设计单位要基本完成从事业单位改为企业的目标。到 2010 年，基本建立起适应社会主义市场经济要求，符合行业特点，充满生机和活力的勘察设计新体制和运行机制。

勘察设计工作是技术、智力密集型创造性脑力劳动，是工程建设的主导，是科技成果转化为现实生产力的纽带和桥梁，勘察设计体制改革必须适应这些特点。要逐步形成以技术为龙头，以人才为核心，以现代企业制度为模式，以市场竞争机制为导向的新格局。要坚持公有制为主体，有计划、有组织地适当发展多种经济成分的勘察设计单位。勘察设计单位要根据各自的特长，参照国际通行的模式可以逐步发展为咨询设计顾问公司、工程公司、专业设计所（事务所），有条件的还可以进入企业集团。

在资产结构方面，除少数国有独资的勘察设计公司外，通过试点逐步建立资产多元化体制。要合理确定国家股、集体股、职工股和社会单位参股的比例，最大限度地调动广大科技人员的积极性、创造性，不断提高劳动生产率，更好地吸引人才，稳定队伍。

勘察设计单位在改革中要认真进行资产评估界定，努力实现国有资产的保值增值。勘察设计单位的专利、专有技术、成果资料、单位名牌标识等是设计单位重要的无形资产，属于单位所有，其增值效益应主要用于单位的技术进步。

勘察设计单位要积极搞好“分离分流”工作，要将辅助性、附属型等非生产性设施、资产逐步分离出来，面向市场实行租、售经营和多种服务，提高勘察设计单位的集约化经营程度。同时要做好分流人员的安置工作。

当前，勘察设计单位要全面推行工资总额和经济效益挂钩的办法，内部实行综合指标考核管理，正确处理好积累和分配的关系，兼顾国家、集体和职工利益。在分配上要全面贯彻按劳分配的原则，向业务技术水平高、对国家和单位有重大贡献的专业技术人员倾斜。

勘察设计单位要逐步建立符合自身特点的劳动保险制度。考虑到勘察设计单位高级知识分子较多这一特点，参加保险或统筹后退休费不足部分经主管上级批准，可从单位国有资产收益中拿出一部分作为补贴。

勘察设计单位是科技服务型企业，对其中从事高新技术开发、设计、应用和科学研究的单位，符合条件的经有关部门批准，享受国家对高新技术开发研究单位的有关政策。

勘察设计单位要深化内部改革，转换经营机制，苦练内功、强化管理、开拓业务，贯彻一业为主、两头延伸、多种经营的发展方针，充分发挥自身的优势，以增强自我发展的活力，不断提高经济效益和综合实力。同时，要积极开拓国际市场、开展工程总承包等业务。

勘察设计体制改革是一项系统工程，涉及管理部门、企事业单位和个人等方面，各有关部门要积极给予指导和支持；各勘察设计单位要结合自身的实际，制定适合本单位的改革方案、积极稳妥地推进改企建制工作。

三、加快立法步伐，加大工程勘察设计市场管理力度

加强法制建设，是提高勘察设计质量、水平、投资效益，规范勘察设计市场各方行为和实现勘察设计行业持续、稳定、快速发展的重要保证。要按照建设有中国特色的社会主义理论和发展社会主义市场经济的要求，修订和完善勘察设计法规体系。尽快制定《工程勘察设计法》以及规范勘察设计资格、质量、市场、合同管理等方面的行政法规、部门规章和地方性法规及规章等。

《工程勘察设计法》是规范涉及工程勘察设计活动的建设项目业主、勘察单位、设计单位和政府有关部门各方行为的基本准则，是勘察设计立法的根本。要抓紧制定，争取早日出台。

要加强对勘察设计单位资格和个人资格的统一管理。实行国家和省、自治区、直辖市建设行政主管部门两级发证。各种类型的经济区、开发区，要纳入当地勘察设计的统一管理，不得以任何借口封闭、分割市场。

要对勘察设计资格实行动态管理，严格资格年审和检查监督制度，推行勘察设计单位资格和个人注册资格相结合的资格认证管理制度。

要建立建设工程勘察设计市场管理登记备案制度和合同备案审查制度。勘察设计单位从事勘察设计的经营活动和合同签订后，必须到建设行政主管部门进行登记，接受监督。管理登记和备案审查应简便易行、重在服务，不得借机进行地方封锁和保护。要完善建设工程勘察设计方案竞选制度，积极培育勘察设计市场竞争机制。对规定必须进行设计方案竞选的项目，主管部门应加强监督和管理，以维护这项制度的严肃性和公正性。勘察设计单位进行勘察设计时，也应进行多方案的比选。

工程项目的勘察设计是一项系统工程，维护勘察设计文件的整体性是尊重科学、确保勘察设计质量，提高投资效益的前提；我国目前各行业工程勘察设计是相互联系的，其中不少行业之间还相互涵盖。因此，勘察设计管理要坚决纠正管理分散，政出多门，多头发证的现象，任何部门和单位不得肢解、垄断、分割勘察设计任务和设计文件。今后要建立由建设行政主管部门统一监督管理、有关部门协作配合的完整的管理体系，共同做好勘察设计管理工作，为勘察设计单位创造一个良好的外部条件。

要加大执法力度。各级建设行政主管部门要加强与有关部门的协作配合，加大执法力度，及时查处违反勘察设计市场管理规定的各类行为。建设项目法人（业主）必须将勘察设计业务委托给具有相应勘察设计资格证书的单位承担，严禁委托给无证单位或个人。严禁任何单位或个人转让、出租、出借、出售、涂改、伪造工程勘察设计证书和无证挂靠，扰乱勘察设计市场。当前，对“压价竞争”“无证挂靠”和“私人设计”等三乱行为要组织进行整顿和检查，

对各种违法行为要严肃处理。

四、促进技术进步，强化质量管理，提高勘察设计水平

技术进步是勘察设计工作服务于国民经济发展的核心内容，是完成高质量、高水平勘察设计的重要保障。要树立精品意识、精心设计，推行优质优价的政策，鼓励多创精品工程。工农业交通项目、技术改造项目要广泛吸取国内外先进适用的科技成果，结合我国国情和工程实际，做到工艺设备技术先进可靠、总体布置合理、节约原材料和能源、污染控制好、投产效益高和社会效益好。建筑设计要繁荣创作，把城市设计、环境设计和建筑设计有机地结合起来，体现民族传统、地方特色和现代气息，做到建筑物与城市环境的协调统一。要下大力气抓好住宅设计，提高住宅设计的质量和水平，创造出更多的适应广大城乡居民需要的功能合理、经济适用、安全舒适、节省能源的新型住宅，最大限度地满足不同层次、不同类型的居住要求。

各勘察设计单位要加大技术开发的投入，集中力量提高技术水平，拥有自己的专有技术、专利技术和专长。用先进的科技成果和现代化的勘察设计手段来装备勘察设计单位，以适应技术进步和市场竞争的需求。

要十分重视计算机技术、信息技术在工程勘察设计中的应用，做好勘察设计单位计算机辅助设计 CAD 技术的规划和推广应用工作，不断提高其开发、应用水平，确保到 20 世纪末“甩掉图板”目标的基本实现。

要积极培育勘察设计技术市场，加速勘察设计技术成果商品市场的形成。具备条件的、可以面向社会的专门技术和服务性工作可成立技术服务公司，面向市场开发经营，全面提高勘察设计各阶段成果和专门技术的商品化程度。

继续在全国范围内定期开展优秀工程设计、优秀工程勘察、优秀工程设计计算机软件和优秀工程建设标准设计的评选活动。对获得优秀勘察设计奖的单位和个人要给予特殊奖励。

勘察设计单位要树立质量第一的思想，对勘察设计成果、文件的质量全面负责。要始终把质量工作放在最重要的位置，加强质量管理、强化质量教育、完善规章制度、建立健全质量体系。要认真学习贯彻有关质量体系国家标准，有条件的单位应尽快完成单位的质量体系认证。

各级主管部门要加强对勘察设计质量工作指导，督促勘察设计单位搞好内部质量，同时要建立建设项目勘察设计质量监督制度和勘察设计质量事故报告制度，对因勘察设计质量造成事故的要追究勘察设计单位直至勘察设计者个人的责任。

为确保工程勘察设计的质量，当前应尽快建立工程建设以建（构）筑物安全性技术审查为主的设计审查制度，组织协调好有关部门的综合审查工作；

建立工程勘察设计软件的评审制度，以保证公共安全和工程勘察设计软件的可靠。

五、加强领导，狠抓队伍建设，创建文明单位

要加强勘察设计单位的领导班子建设。选拔政治素质好、管理水平高、熟悉勘察设计业务的人员担任勘察设计单位的领导职务。领导班子要讲学习、讲政治、讲正气，作风要实，业务要精。

要重视人才培养、调整人才结构。注重中青年技术骨干及管理人才的培养和选拔，同时要充分发挥老工程技术专家的作用。对各类专业技术人员要进行业务培训、更新业务知识、提高业务水平。建立一支有理想、有文化、有道德、有纪律和技术精、作风过硬的职工队伍。

要加强勘察设计单位的思想作风建设和职业道德教育，增强敬业精神。勘察设计工作要体现客观公正和优质服务的意识，提倡深入工程现场、重视调查研究、发扬技术民主的工作作风；要增强自我约束意识，认真纠正勘察设计行业的不正之风，不断提高队伍的整体素质。

各级主管部门要加强领导，在勘察设计行业中深入开展“树行业新风、创文明单位”的活动，树立一批对事业无私奉献、对技术精益求精的优秀勘察设计人员，树立一批创优质成果，育“四有”新人的文明单位，形成勇于探索、敢于创新、敬业爱岗、无私奉献、争当技术能手的行业新风。

十四、1998年12月17日，建设部关于印发《中小型勘察设计咨询单位深化改革指导意见》的通知（建设〔1998〕257号）

现将《中小型勘察设计咨询单位深化改革指导意见》印发给你们，请结合本地区、本部门情况贯彻落实。

中小型勘察设计咨询单位深化改革指导意见

为了适应建立社会主义市场经济体制的需要，贯彻落实《关于工程勘察设计单位改建为企业问题的批复》精神，加快中小型勘察设计咨询单位改革的步伐，用2～3年时间基本上把中小型勘察设计咨询单位改建为产权明晰、权责明确、政企分开、管理科学的勘察设计咨询企业，提出以下指导意见。

一、中小型勘察设计咨询单位深化改革的目标

（一）由现行的事业体制改为企业，进行企业资产组织形式改革，建立起现代企业制度（以下简称改企建制），成为自主经营、自负盈亏，自我约束，自我发展的法人实体和市场竞争主体。

（二）进行生产经营体制改革，向国际通行的模式发展，使之成为为固定资产投资活动全过程提供技术性、管理性服务的咨询设计服务体系的重要组成部分，实现与市场接轨、与国际惯例接轨。

（三）努力转换经营机制，切实加强企业内部管理，建立健全技术进步机制和质量保证体系，全面提高企业素质。

二、中小型勘察设计咨询单位深化改革的基本原则

（一）中小型勘察设计咨询单位的改革要在当地人民政府领导下，向产权多元化的多种所有制方向发展。在明晰产权的基础上，放开企业资产组织形式，放开企业经营内容和形式，放开企业人事管理权、劳动用工权和收益分配权，解脱政府对企业的无限责任，改变为按出资份额承担有限责任。

（二）勘察设计咨询业属第三产业中技术密集型行业，技术和智力资源是勘察设计咨询单位最重要的生产要素。中小型勘察设计咨询单位的改革要以人为本，尊重知识、尊重人才，通过改革调动广大工程技术人员的积极性，强化工程技术人员的责任，努力提高勘察设计和咨询服务的技术质量水平，提高建设项目投资效益。

（三）中小型勘察设计咨询单位的改革要与清理整顿市场、优化队伍结构、推行注册执业制度相结合。要积极稳妥地进行资产存量调整，通过合并、兼并、出售、撤销等途径，减少勘察设计咨询单位的数量，提高勘察设计咨询队伍的整体素质。

（四）中小型勘察设计咨询单位量大面广，各自的技术水平、管理水平、经营状况和外部环境差异较大，因此深化改革应当实事求是、因地制宜，不搞一个模式，不一刀切。

三、中小型勘察设计咨询单位深化改革的政策措施

（一）中小型勘察设计咨询单位资产组织形式的改革，主要是按照《中华人民共和国公司法》《中华人民共和国合伙企业法》和原国家体改委《关于发展城市股份合作制企业的指导意见》等法律、法规和政策，以及地方政策出台的深化企业改革的有关政策规定，结合自身生产力发展水平和实际情况，改建为有限责任公司、股份合作制企业或合伙企业。

（二）中小型勘察设计咨询单位改建为有限责任公司及股份合作制企业的，可以设置国家股、法人股、职工集体股和职工个人股。企业是否设置国家股、法人股、职工集体股和职工个人股，以及上述股份占总股本的比例，由企业出资人协商确定，按照《公司法》及有关法律、法规执行。根据勘察设计咨询企业生产经营特点，设置职工个人股的企业，职工个人股在总股本中所占的比重可以适当扩大。

（三）中小型勘察设计咨询单位可以通过承包、租赁、委托经营、合并、兼并、出售、撤销等形式，进行资产存量调整和人才资源重组。

1. 对生产经营状况不好的中小型勘察设计咨询单位，可以在产权不变的情况下，实行承包、租赁或委托经营。承包、租赁或委托经营者必须是有经营管理能力的注册建筑师、注册工程师或长期从事勘察设计管理工作的人员。承包、租赁或委托经营者，在承包、租赁或委托经营期间必须承担合同约定的全部责任和该企业法定代表人应当承担的一切责任。不得以承包、租赁或委托经营的名义搞挂靠经营。

2. 鼓励中小型勘察设计咨询单位实行合并或兼并，以提高企业整体实力，增强市场竞争能力。合并或兼并后的新企业，必须承担原单位全部债权债务，并重新核定勘察设计咨询资质等级。

3. 小型勘察设计咨询单位经省级以上建设行政主管部门同意可以整体出售，但不得出售资质证书。出售时应当遵循以下原则：

（1）必须公正公开、有偿出售；

（2）必须优先出售给本单位管理者、注册执业人员和职工；

（3）出售给其他单位人员时，其法定代表人必须是注册建筑师或注册工程师；

（4）必须妥善安置原单位职工；

（5）重新核定勘察设计资质等级。

4. 对勘察设计质量低劣、经营管理不善、不符合资质要求的中小型勘察设计咨询单位，不能拍卖、不能出售，应当予以撤销，收回该单位的勘察设计咨询资质证书，并妥善安排好职工的生活和重新就业。

（四）中小型勘察设计咨询单位改企建制过程中，应当严格执行国家和地方人民政府的有关法规和规定。要防止国有资产流失，在改为公司或股份合作制企业时，企业经营不需要的国有净资产可以上交国家有关部门，也可以按市场原则折价出售，将出售后的资金上交给国家有关部门。国有资产折价转让给职工时，职工无力一次性全部购买的，可以和国有资产管理部门签订协议，先租赁使用，再分期购买。属于个人的工资、资金、福利费等节余，可以折股分配给职工。

（五）中小型勘察设计咨询单位改企建制时，应当剥离非经营性资产。非经营性资产可以独立运作，也可委托改制后的企业代管。企业承担的办社会职能应逐步移交给当地政府。

（六）中小型勘察设计单位改企建制，要妥善解决好离退休人员的养老和医疗问题。未参加当地养老、医疗等社会统筹的，自改企业之日起应当参加社会统筹。离退休人员养老和医疗费用不足时，经当地政府批准，采取多种途径解决。

（七）中小型勘察设计咨询单位改企建制要按市场需求和国际惯例，进行生产经营体制的改革与调整。

中型设计咨询单位可以改建为工程咨询设计公司、设计事务所、项目管理公司等，承担可行性研究、咨询、设计、施工监理、建设项目总承包管理等业务，为固定资产投资活动提供多种技术性、管理性服务。

小型设计咨询单位可以改建为设计事务所或工程咨询设计公司等，承担中小型项目的工程设计和咨询服务，也可以改建为专业化设计事务所，从事方案、结构、机电施工图设计或某一类专门技术的工程设计，形成自己的技术优势和专长，把设计做精、做细。

中型勘察单位可以实行技术层和劳务层分离，技术层改建为岩土工程咨询公司，劳务层和小型勘察单位可以改建为专业化的钻探公司、打井公司。提供专业化服务，满足建设市场的不同需求。

（八）中小型勘察设计咨询单位改企建制要和转变经营机制、加强企业管理结合起来。要建立健全企业生产、技术、质量和经营管理等方面的规章制度，并严格执行，提高企业科学管理水平。要加强业务建设，采取有效措施，切实提高勘察设计产品和咨询服务的质量及技术水平。要深化劳动、人事、分配制度改革，实行全员劳动合同制和干部聘任制，处理好积累与分配、按劳分配与按资分配的关系，在“两个低于”的前提下，自主确定企业分配方式和分配比例，拉开分配档次，鼓励先进、稳定骨干。要健全企业财务会计制度，配备合格的财务会计人员，加强财务管理、成本核算和财务监督。

四、中小型勘察设计咨询单位改企建制的基本程序

（一）做好改企建制的准备工作。组织干部职工学习有关法律、法规、政策和文件，做好宣传动员，调动全体职工参与改革的积极性。

（二）精心拟定改企建制方案。在摸清家底、反复论证的基础上，选择适合本单位具体情况的改制形式，起草改企建制和相应的配套文件。改企建制方案应当取得职工代表大会和出资人及建设、体改、国有资产等有关主管部门的同意。

（三）认真做好清产核资、资产评估和产权界定工作。清产核资按国家有关规定进行，同时应有企业出资人和职工代表参加。资产评估要由国家认可的评估机构进行，评估结果要经出资人认可和有关部门的确认。产权界定由国有资产管理部门依法进行。

（四）报批改企建制方案。改制单位正式提出改企建制申请，将申请与改制方案一并报送上级主管部门，改企建制方案由上级主管部门会同建设、体改、国有资产管理部门共同审批。

（五）改企建制方案一经批准，即可进行工商登记，按照改企建制方案和

公司（企业）章程组织实施。

（六）换发勘察设计咨询资质证书，改企建制后按实际情况重新核定企业级别，并换发勘察设计咨询资质证书。

（七）总结完善。勘察设计咨询单位改企建制正常运转半年后，应当进行认真总结，发现问题，及时纠正，不断改进，以巩固改企建制成果。

中小型勘察设计咨询单位的改革，特别是改企建制工作是一项复杂的系统工程，是一场深刻的变革。广大勘察设计咨询单位应当充分认识改革的深远意义，增强改革的自觉性，勇于探索，开拓进取，通过改革早日成为合格的市场主体。

中小型勘察设计咨询单位深化改革工作由各地建设行政主管部门负责。各地建设行政主管部门要创造性地开展工作，加强与政府其他有关部门的联系，及时协调解决中小型勘察设计咨询单位在改革中遇到的问题和困难。改革要实事求是、因地制宜，成熟一个改一个，不盲目追求数量，扎扎实实地把改革推向深入。

自成立之日起即为企业的中小型勘察设计咨询单位，可参照本指导意见进行规范。

本指导意见所称中型勘察设计咨询单位，是指在职职工人数 50 至 300 人左右的单位；小型勘察设计咨询单位，是指在职职工人数 50 人以下的单位。

十五、1999 年 8 月 26 日，建设部印发《关于推进大型工程设计单位创建国际型工程公司的指导意见》（建设〔1999〕218 号）

现将《关于推进大型工程设计单位创建国际型工程公司的指导意见》印发给你们，请结合本地区、本部门情况贯彻落实。

关于推进大型工程设计单位创建国际型工程公司的指导意见

为了贯彻落实《国务院关于工程勘察设计单位改建为企业问题的批复》精神，加快我国勘察设计单位深化体制改革的步伐，推进一批有条件的大型工程设计单位，用五年左右的时间，创建成为具有设计、采购、建设（简称 EPC）总承包能力的国际型工程公司，提高我国工程建设队伍的实力和水平，积极开拓国内、国际工程承包市场，提出以下指导意见：

一、国际型工程公司的主要特征和基本条件

国际型工程公司是市场经济的产物。它以工程技术为基础，以工程建设为主业，具备工程项目 EPC 总承包能力，通过组织项目的实施，创造价值并获取合理利润，一般具有经营方式国际化、业务范围多元化、技术装备现代化、

项目管理科学化等主要特征。其基本条件是:

（一）具备项目咨询、可行性研究、工程设计、设备采购、施工管理、开车服务（试运行）、培训、售后服务等工程项目总承包的全功能。

（二）具有与工程公司功能相适应的组织机构和科学的管理体系，在专业设置、设计程序、设计方法、项目管理、表达方式上符合国际惯例。公司管理以工程项目为中心，以专业部室为基础，实行项目经理负责制，通过矩阵式管理，有效实施建设工程进度、费用、质量控制。以质量、水平、信誉、服务赢得用户满意，保证项目成功和企业盈利。

（三）拥有先进的工艺技术和工程技术。具有获得专利技术并进行设计的能力。

（四）拥有一支数量相当、层次合理、各专业配套技术人员和复合型管理人员构成高素质队伍。按核心层、骨干层、工作层配备员工。核心层由具有领导才能和决策能力的高层次人才组成；骨干层由管理专家、营销专家、技术专家、安全专家、合同专家、法律专家组成；工作层由工作效率高、业务素质好的各类专业技术人员组成。各层次主要人员除精通业务以外，还应具备外语和运用计算机的能力。

（五）拥有先进的计算机系统、信息档案系统和现代化的通讯办公设施。具有完备的工程数据库、标准库及软件系统。实现营销、设计、采购、施工一体化的科学管理和程序化的运作方式。

（六）建立了适应国内外工程建设需要的标准体系，包括本企业标准、行业标准、国家标准、国际通用标准和规范。

（七）具有国际上认可的质量保证体系。建立了符合 ISO 9000 族标准的企业质量体系、质量手册、质量体系程序文件，保持质量体系持续有效。

（八）具有健全的营销机制，形成辐射全球范围的营销网络，建立准确、及时、高效和营销决策机制。

（九）具有完善的服务体系，包括建设项目全过程的服务和售后服务。服务工作实现及时、周到、主动，使用户满意。

（十）具有较强的融资能力。既能为公司筹措实施国外承包项目的流动资金，又能帮助业主筹措建设资金，为业主联系获得政府贷款或国际金融组织的贷款提供服务。

（十一）全体职工具有良好的思想、技术、身体、心理素质和高尚的职业道德。

二、创建国际型工程公司的基本原则

（一）按照“三个有利于”的标准，实事求是地推进创建国际型工程公司的进程。

（二）按照当前国际通行的工程公司模式，进行生产经营模式的改革，逐步与国际接轨。

（三）把生产经营模式的改革与资产组织形式的改革结合起来，调整和完善所有制结构，把改革同改组、改造和加强管理结合起来，按照《公司法》进行规范改制，形成国家控股、参股或国有独资等有限责任公司和股份有限公司的体制，并按“产权清晰、权责明确、政企分开、管理科学”的要求，建立现代企业制度。

（四）参照执行 FIDIC 条款的原则，从规范合同管理入手，规范建设活动各方主体的行为，维护各方的利益。

三、创建国际型工程公司的措施

创建国际型工程公司是适应社会主义市场经济和与国际惯例接轨的需要，是大型设计单位深化改革和加快发展的需要。创建国际型工程公司的各单位要以国际型工程公司应具备的基本条件为目标，找出差距，制定规划，分步实施。

（一）加强领导，提高认识，制订规划，明确目标

在创建国际型工程公司过程中，各单位要加强领导，特别是领导班子要提高思想认识，转变观念，要充分认识到创建国际型工程公司是大型设计单位求得生存和发展的必由之路；工程总承包既是国际公认和普遍采用的一种承包方式，也是国家提倡的一种建设项目组织实施方式。各单位应结合自身的实际情况，明确目标，制订出创建国际型工程公司的实施规划。

（二）建立和完善国际型工程公司的组织机构，实行项目经理负责制

各单位要深化内部改革，按工程公司的功能设置企业营销、工程设计、设备采购、施工管理和项目管理等组织机构，建立国际型工程公司应具备的运行机制和管理体制。

公司的运行机制和管理体制要坚持以项目管理为中心，实施项目经理负责制。使项目管理走上科学化、规范化的轨道。今后项目经理、采购经理、质量工程师等主要人员必须经过培训、考核合格后，持证上岗。

（三）改革和完善设计程序、方法和制度

在工程设计中，在尽快调整专业设置，改革设计程序和设计方法，把采购工作纳入设计程序，使设计、采购、施工、开车（试运行）各环节科学合理地衔接起来，并逐步向国际通行的设计程序、设计方法转变。

（四）积极推进技术进步，提高技术水平

要加强与科研、制造、建设、生产单位的协作，尽快将成熟的科技成果转化为现实的生产力，开发出更多先进、成熟、可靠的工艺技术和工程技术。要发展和完善自己的拳头产品，形成自己的专利技术和专有技术，并逐步达到具

有运用国内外专利技术进行工程设计的能力。

（五）增加投入，实现设计和管理现代化

要改善和充实支撑工程设计、项目管理的技术装备，建立覆盖工程公司全部设计技术和项目管理工作的计算机网络系统，引进或开发相应的应用软件，形成多功能的综合数据库。在工程设计、设备采购、施工管理过程中实现计算机一体化，对工程项目的进度、质量、费用实施有效控制。

（六）加强标准和规范建设

建立企业的技术标准、工作标准和管理标准，收集、整理并配备齐全国际、国内工程建设所需的标准和规范。

（七）加强全面质量管理

建立符合 ISO 9000 族国际标准的质量体系，编制符合 ISO 9000 族标准的企业质量手册，建立质量管理责任制度。

（八）培养一支德才兼备的技术和管理骨干队伍

各单位要制定人才培养计划。通过多种渠道、多种方式，有计划、有目的培养国际型工程公司所需要的各类人才，包括技术型、管理型的高级人才，专业技术带头人和具有实际工作能力的复合型人才等。要重视提高全员的业务、外语和计算机应用水平，培养职工的群体意识、团结协作和敬业精神。

四、创建国际型工程公司的有关政策

（一）对创建国际型工程公司的设计单位，赋予综合类工程设计资质，鼓励拓宽业务领域。

（二）各主管部门要选择一些建设项目，由创建国际型工程公司的设计单位，按 EPC 总承包的模式实施建设。国家重点建设项目的勘察设计及相关业务应首先在国际型工程公司范围内进行选择。

（三）各地要对创建国际型工程公司的设计单位在当地承担业务给予优先市场准入。

（四）鼓励大型设计单位与国际著名的工程公司合资，成立国际型工程公司，参加国际竞争。

（五）各单位在创建国际型工程公司时，要合理确定资本金规模，对在事业体制下拨改贷形成的债务，经有关部门批准可转为国家资本金。对因客观原因造成的各种资产损失和呆账、坏账损失，以及非经营性资产，经有关部门审核后可冲减企业公积金或资本金。

（六）从事高新技术开发、设计、应用和科学研究的设计单位，符合条件的经有关部门批准，享受国家对高新技术开发研究单位的有关政策。

（七）创建国际型工程公司的设计单位，经批准可通过国内外证券市场进行直接融资，筹措发展资金；开拓国际业务所需贷款、担保等，有关部门或地方建设主管部门要商请金融机构给予支持。

（八）创建国际型工程公司的设计单位，要按照国家有关规定对在职人员和离退人员实行社会养老和医疗保险，充分发挥老专家和工程技术人员的作用。

大型设计单位创建国际型工程公司是一项复杂的系统工程，是由计划经济体制向社会主义市场经济体制转变的一场深刻变革，具有深远的意义。各部门、各地方的建设行政主管部门要加强对这项工作的指导，深入调查研究，制定有关政策，加强与政府其他有关部门的联系，及时协调解决实际问题。要重点抓好一批大型设计单位创建国际型工程公司的试点，树立典型，总结经验，及时组织交流和推广。通过各方面的努力和配合，扎扎实实地完成创建国际型工程公司的战略任务。

大型勘察单位创建岩土工程公司的指导意见另行制定。

十六、1999 年 12 月 18 日，国务院办公厅转发建设部等部门《关于工程勘察设计单位体制改革若干意见的通知》（国办发〔1999〕101 号）

建设部、国家计委、国家经贸委、财政部、劳动保障部和中编办《关于工程勘察设计单位体制改革的若干意见》已经国务院同意，现转发给你们，请认真贯彻执行。

关于工程勘察设计单位体制改革的若干意见

建设部、国家计委、国家经贸委、财政部、劳动保障部、中编办

（一九九九年十一月二十六日）

中华人民共和国成立 50 年来，我国工程勘察设计单位（以下简称勘察设计单位）为社会主义建设事业做出了积极贡献，改革开放以来，在事业单位改革方面也取得一定进展。但目前绝大多数勘察设计单位还保留着事业性质，机制不活，功能单一；勘察设计单位数量过多，队伍结构不合理；收费标准偏低，税费负担过重，半数以上单位尚未参加社会保险统筹等。这些问题，影响勘察设计单位健康发展，亟待通过深化改革，完善政策，强化管理加以解决。根据国务院领导同志批示精神，按照国务院机构改革和勘察设计单位适应市场经济发展的要求，现对勘察设计单位的体制改革提出如下意见：

一、勘察设计单位体制改革的指导思想是：以邓小平理论和党的十五大精神为指导，全面推进勘察设计单位的改革，建立符合社会主义市场经济要求的勘察设计咨询业管理体制和运行机制，尽快形成为固定资产投资活动全过程提供技术性、管理性服务的咨询设计服务体系。改革的基本思路是：改企转制、政企分开、调整结构、扶优扶强。改革的目标是：勘察设计单位由现行的事业

性质改为科技型企业，使之成为适应市场经济要求的法人实体和市场主体。要参照国际通行的工程公司、工程咨询设计公司、设计事务所、岩土工程公司等模式进行改造，国有大型勘察设计单位应当逐步建立现代企业制度，依法改制为有限责任公司或股份有限公司，中小型勘察设计单位可以按照法律法规允许的企业制度进行改革。

二、中央所属勘察设计单位改为企业时，要同时进行管理体制的改革。勘察设计单位应当从实际情况出发，自主选择管理体制改革方式，包括移交地方管理、进入国家大型企业集团，少数具备条件的大型骨干勘察设计单位也可以改为中央管理的企业。任何部门和单位不得通过行政命令将某一部门所属的勘察、设计、施工和监理单位，全部或绝大部分捆在一起，拼凑企业集团。已经移交地方管理或者进入国家大型企业集团的，这次改革不再调整隶属关系。中央所属勘察设计单位管理体制改革工作，于国务院批准改革具体实施方案后，半年内完成。

三、勘察设计单位改为企业后，要充分发挥自身技术、知识密集的优势，面向经济建设主战场，为提高固定资产投资效益服务，为企业技术进步服务，加速科技成果转化为现实生产力；要精心勘察、精心设计，积极开展可行性研究、规划选址、招标代理、造价咨询、施工监理、项目管理和工程总承包等业务，为固定资产投资活动全过程提供智力服务；要优化人才、技术、管理、资产等资源配置，改革人事、劳动和分配制度，允许和鼓励技术、管理等生产要素参与收益分配，充分调动工程技术人员的积极性和创造性，大力推进技术创新和设计创优，努力提高企业的整体素质，增强市场竞争能力。

四、勘察设计单位改为科技型企业，国家给予以下扶持政策：（一）离休、退休人员和在职职工参加当地企业职工社会保险统筹制度。改为企业的单位，从 2000 年 1 月 1 日起按当地人民政府规定的比例缴纳社会保险费，建立基本养老保险和医疗保险个人账户，按规定享受社会保险待遇。职工原来的连续工龄视为缴费年限，不再补缴社会保险费。改为企业前离退休人员基本养老金仍按原办法计发。改为企业前参加工作，改为企业后至 2005 年 1 月 1 日前退休的人员，按企业基本养老金计发办法计发的金额低于按原事业单位退休金计发办法计发金额的部分，采用发补贴的办法解决，所需经费从基本养老保险统筹基金中支付。退休人员和在职职工按照属地原则，参加企业所在统筹地区的城镇职工基本医疗保险，执行当地统一政策。（二）国家将对勘察设计收费进行改革，由政府定价改为政府指导价。在调查研究的基础上，综合考虑勘察设计单位成本、利润、税金和社会承受能力，对原收费标准适时调整、提高。具体收费管理办法由国家计委、建设部商国务院有关部门制定。（三）勘察设计单位改为企业后 5 年内，减半征收企业所得税。技术转让收入的营业税和所得税减免问题，按国家对科技型企业的有关税收政策执行。

五、中央所属勘察设计单位体制改革工作，由建设部牵头，会同国家计委、国家经贸委、财政部、劳动保障部、中编办以及人事部、税务总局、工商局等有关部门，研究提出改革的具体实施方案，报国务院批准后实施。地方所属勘察设计单位的改革，由各省、自治区、直辖市人民政府参照本意见，结合当地的实际情况，制定具体方案实施。

十七、1999 年 12 月 30 日，建设部《关于进一步推进建设系统国有企业改革和发展的指导意见》（建法〔1999〕317 号）

现将《关于进一步推进建设系统国有企业改革和发展的指导意见》印发给你们，请结合当地实际参照实施。

关于进一步推进建设系统国有企业改革和发展的指导意见

为认真贯彻、全面落实党的十五届四中全会通过的《中共中央关于国有企业改革和发展若干重大问题的决定》精神，根据建设系统国有企业的实际，特提出《关于进一步推进建设系统国有企业改革和发展的指导意见》。

一、建设系统国有企业改革与发展的目标

建设系统国有企业（以下简称国有企业）是我国建设事业的支柱。深化国有企业改革，是建设体制改革的中心环节，对于建立和完善社会主义市场经济体制、促进建设事业持续快速健康发展具有重要意义。改革开放 20 年来，我国建设企业发生了深刻变化。八十年代初期，建筑企业率先进行了全行业的改革。随着我国城市化步伐的加快和城镇基础设施投入的增加，在建设系统形成和发展了一批新型的国有骨干企业，为改变我国城乡面貌、改善人民生活环境、提高人民生活质量、促进经济社会的繁荣发展做出了巨大贡献。特别是列入各级改革试点的企业，积极试点，大胆探索，为推进建设系统的国有企业改革积累了初步经验。但是，由于改革的政策不配套，建设市场不规范，许多企业管理不善、改革滞后等多种原因，国有企业中仍存在一些不容忽视的问题。不少企业负债多、冗员多、摊派多、办社会负担重，特别是资产负债率高的问题更为突出。一些企业经济效益不好，特别是市政公用企业由于政策因素等多种原因，企业亏损面较大。不少企业明显缺乏活力，对不断变化的新形势适应性差，抗风险能力差。上述问题，需要通过深化改革、加强管理等于以解决。

当前，国有企业改革与发展面临着新的历史机遇。中央、国务院关于扩大投资、增加有效需求、拉动经济增长部署的实施，加大了建设系统的任务和责任，为国有企业改革与发展注入了强大动力；随着机构改革的推进，各级建设行政主管部门已经或者即将与所属企业脱钩，进一步为国有企业改革创造了条件；通过 20 年改革开放的实践，不少企业创造和积累了丰富的经验。各级建

设行政主管部门和国有企业要认清形势，提高认识，认真学习党的十五届四中全会和江泽民总书记关于国有企业改革的多次重要讲话精神，增强使命感和紧迫感，抓住机遇，开创国有企业改革与发展的新局面。

根据中央的部署和建设系统的实际情况，国有企业改革与发展的主要目标是：要结合整顿规范建设市场、提高工程质量和推进建设体制改革，着力抓好国有企业特别是重点国有企业的改制和扭亏工作，力争到2000年末，使大多数国有大中型骨干企业初步建立现代企业制度，大多数国有大中型亏损企业基本摆脱困境；到2010年，基本完成对全系统国有经济的战略调整和企业的战略性改组，形成比较合理的布局和结构，建立比较完善的现代企业制度，经济效益明显提高，科技开发能力、市场竞争能力和抗御风险能力明显增强。

推进国有企业改革，必须高举邓小平理论伟大旗帜，以党的十五届四中全会精神为指针，进一步解放思想，实事求是；坚持以公有制经济为主体，多种所有制经济共同发展；坚持建立现代企业制度的改革方向；坚持“三个有利于”的根本标准；坚持“抓大放小”“三改一加强”“两个文明一起抓”和推动企业科技进步的方针；全心全意依靠工人阶级，注重发挥企业党组织的政治核心作用。

二、推进国有企业改革与发展的主要措施

1. 对建设系统国有经济的布局实行战略性调整。调整的原则是：立足于从整体上搞好国有经济，既保持国有经济必要的数量，更注重其分布的优化和质的提高；着眼于产业结构的优化升级；从实际出发有进有退、有所为有所不为。根据上述原则，调整的主要措施是：

——城市市政公用管网必须由政府统一规划、统一管理，大多数市政公用企业应保持国有或公有制控股，勘察设计、建筑业、房地产业实行多种经济成分相互促进、平等竞争。在国家统一政策指导下，鼓励各种非国有经济在建设系统的发展，允许各种非国有经济成分兴办、合办建设企业，向国有企业参股或兼并、收购国有企业。国有企业要通过改制吸纳其他经济成分或向其他企业参股，也可实行整体或部分有偿转让。

——大力发展股份制。有条件的建设企业要加快股份制改造的步伐，通过规范上市、中外合资、企业法人参股和内部职工入股等方式，改为股份制企业，以吸收和组织更多的社会资金，扩大国有经济的作用和影响力，提高国有经济的竞争能力和整体素质。已上市的企业要进一步规范运作，不断完善提高。

——今后，在建筑业、勘察设计咨询业和房地产业，除改制、重组和兴办高科技型企业之外，原则上不再设立新的国有独资企业。国有经济转让收入主要用于国有企业还贷、支付改革成本、弥补职工社会保障费用不足和支持优

势企业。新增国有资本主要投向建设系统的高新技术领域、必须由政府兴办的市政公用企业、对经济增长起重要拉动作用的企业以及其他确需政府投资的领域。

——各地建设行政主管部门要在当地人民政府的统一领导下，积极向有关部门建议，认真研究解决国有经济战略调整中的实际问题。包括：调整改革现行国有资产经营的考核指标体系，相应制定以提高国有资产质量、加快国有经济战略调整为目标的新的考核指标；在资产评估的基础上，按市场原则合理确定国有资产转让价格；妥善解决国有经济战略调整中的债务问题和职工安置问题；等等。

2. 全面推进建立现代企业制度。

（1）全面理解和把握现代企业制度的基本内涵。现代企业制度是适应社会主义市场经济要求的，产权清晰、权责明确、政企分开、管理科学的企业制度。建立现代企业制度的实质是探索国有经济与市场经济相结合的最佳形式，重构我国社会主义经济的微观基础，把国有企业改造成为自主经营、自负盈亏、自我发展、自我约束的法人实体和市场主体。建立现代企业制度重在制度创新，而不是对原有体制的修修补补。国有企业要在有关方针政策指导下，从实际出发，积极探索，不图形式，不走过场，扎扎实实地推进这项工作。

（2）进一步实行政企分开。政企分开是指政府部门和企业在职能、机构、人员、资产、财务等方面都要分开。当前的主要工作，一是各级建设行政主管部门都要同所属企业彻底脱钩；二是政府部门要改变传统的企业管理方式。政府作为社会管理者，在企业资质、市场秩序、规划选址、依法行政等方面的管理对所有企业一视同仁；政府作为企业出资者，要通过出资人代表，按照法定程序对所投资企业行使所有者职能，不得干预企业日常经营活动。

（3）建立国有资产管理和营运体系。按照国家所有、分级管理、授权经营、分工监督的原则，国有资产的管理和经营可参照国有资产管理委员会—国有资产经营公司（或控股公司）—国有资本投资的企业的模式进行改革。经国有资产管理委员会授权，由国有资产经营公司（或控股公司）代表政府负责指定范围内的国有资产营运，向有关国有企业委派出资人代表，依法行使所有者职能。具备条件的大企业、大企业集团的母公司，由行业主管部门转轨改制的控股公司，经授权也可行使国有资产营运职能。

（4）建立企业法人财产制度和出资人制度。法人财产制度是确定企业法人与法人财产之间权责关系的制度。确定法人财产制度旨在实现所有权与法人财产权的分离，确立企业的独立法人地位。出资人制度是确定出资者与企业之间权责关系的制度。建立出资人制度，可以解脱政府对企业的无限责任，有利于实现政企分开，同时为明确企业各种经济关系提供了前提，为企业选择适当的财产组织形式打下了基础。企业要在清产核资、界定产权的基础上，核实资本金总量，明确所有资本的出资者和出资人代表，然后依照有关法律、法规和公司章程确定每个出资人的具体权责。

（5）加快国有大中型企业公司制改革的步伐。一是要积极推进建设企业资本结构的多元化。除了部分市政公用企业、国家授权的国有资产经营公司、控股公司必须由政府控股经营或实行国有独资之外，一般建设企业都要向产权多元化发展。鼓励企业在职工自愿的前提下，以职工持股会的方式吸收内部职工入股，职工持股会可作为一个法人股东与原国有股组成有限责任公司。多渠道解决内部职工持股的资金来源，扩大职工个人持股的比重。除主要由个人出资购买外，可借鉴一些地区和企业的做法，在贷款购股、业绩奖励股份等方面进行积极探索。已经实现产权多元化的企业要逐步改变国有股权比重过大的状况。二是要确定适当的财产组织形式。代表行业形象、规模大、效益好、市场信誉度高的企业，要向股份有限公司和上市公司的方向努力；一般国有大中型企业可改制为有限责任公司。三是要严格按照《公司法》和有关规定规范操作。

（6）建立健全法人治理结构。要按照《公司法》的有关规定，组建由股东大会、董事会、监事会和经理层组成的法人治理结构，并明确各自的职责，制定相应的工作条例，形成各司其职、各负其责、相互协调、有效制衡的机制。

（7）着重在转换经营机制上下功夫。企业建立现代企业制度不能只图形式，重要的是切实转换经营机制。企业要继续深化内部各项改革，真正建立起管理者能上能下、职工能进能出、收入能增能减的人事、劳动用工和分配制度；建立起适应市场竞争需要的、能充分调动员工积极性的动力机制、约束机制和资本增值机制。

3. 大力推进国有企业的战略性改组。

——要在继续搞好试点的基础上，着力发展一批代表行业形象的大型企业和企业集团。发展企业集团，既要力求做大，更要注重做强；既要多元经营，也要突出主业；既要大力扶持，又要防止行政捏合。要按照国务院有关政策规定，规范地组建和发展企业集团。企业集团要以资本为联结纽带，实行母子公司体制。母公司主要行使资本营运、战略规划、投资决策、财务管理、人事调配、综合协调等职能，一般可组建为国有独资公司的形式，由政府授权进行国有资本营运；也可组建为有限责任公司或股份有限公司。子公司是由母公司投资或控股设立的、以生产经营为主要职能的独立企业法人，一般可设为股份有限公司或有限责任公司。母公司与子公司之间不是行政领导的关系，而是出资人与被投资企业的关系。母公司通过集团章程约束子公司的行为，同时通过法定程序行使出资人参与子公司重大决策、经营者选择和收益分配的权利，不介入和干预子公司的日常经营活动。

——进一步放开搞活国有中小企业。要从实际出发，采取改组、联合、兼并、租赁、承包、股份合作制、转让、拍卖等多种形式搞活国有中小企业。不论采取哪种形式，都要按照国家有关规定规范操作；要注重听取职工意见；防止国有资产流失。有市场竞争力和发展前途的中小企业要按照社会化大生产的要求，向“专、精、特、新”的方向发展，也可以通过重组成为大企业集团的子公司；对于没有市场、经营困难、效益低下、缺乏活力的小型企业，要坚决实行关闭、破产、转让或重组。

——各级建设行政主管部门要积极组织、引导和促进本系统国有企业的战略性重组。要打破地区封锁、地方保护和部门分割、行业壁垒，支持企业实施跨地区、跨行业、跨所有制和跨国的兼并重组。鼓励企业间强强联合，优势互补；鼓励企业与国外公司联姻，利用外国资本，提高我国建设企业的管理水平和技术水平；鼓励企业向其他行业延伸，尤其是与上下游企业进行兼并重组，扩大经营范围，提高抗风险能力；鼓励国有企业与非国有企业之间的兼并重组，特别是要鼓励管理水平高、经济效益好、发展潜力大的企业兼并经营困难的国有企业。

4. 针对建设系统各行业的不同特点，实行分类指导。

（1）建筑企业要控制总量，调整结构，加快改制。鉴于建筑市场过度竞争现象相对比较严重，因此要严格限制新的建筑企业的设立，同时要逐步改变现有企业中国有经济战线过长的状况，鼓励各种经济成分进入建筑业平等竞争，打破地区、行业、所有制的界限，以大企业和大型企业集团为重点实行资产重组。除集团母公司外，一般国有大中型建筑企业都要改制为有限责任公司或股份有限公司，有条件的要积极争取上市。对小型建筑企业要通过资质引导和政策扶持，使其向专业化发展，并鼓励其围绕大企业和企业集团建立定点定向、密切合作、相对稳定的协作关系或资本联结关系。挂靠在国有企业的私人包工队，要规范为名副其实的私营建筑企业。

（2）勘察设计单位要加快企业化改革的步伐。勘察设计单位的技术层要向科技型企业发展，劳务层要向专业化公司发展。少数大型设计单位可通过其业务领域向项目管理与设备采购的延伸，改建为国际型工程公司；大多数设计单位可以改建为工程咨询设计公司、设计事务所、项目管理公司等。勘察单位可改建为岩土工程公司。勘察设计单位的改革要按照建立现代企业制度的要求，从实际出发采取多种形式，特别是小型设计单位可以更放开一些。允许注册建筑师、注册工程师个人开办设计咨询公司、设计事务所。允许外资进入勘察设计领域。同时勘察设计单位要拓展经营范围，从为工程建设的阶段性服务转向全过程服务；从为基本建设服务转向为基本建设和企业技术改造双重服务；从为国内市场服务转向为国内、国际两个市场服务。

（3）施工企业要适应项目组织实施方式的变化进行重组。按照项目总包—专业分包和劳务分包的承包方式，通过重组使其各就各位，形成合理的企业结构。要发展一批具有直接承包能力的施工企业，它们可直接与发包方签订施工承包合同，也可以施工总包方身份与各种专业分包公司和劳务分包公司签订分包合同。

（4）要扶持一批水平高、有信誉、兼具设计采购和项目管理能力的骨干企业，承揽工程总承包业务，为业主提供项目实施阶段的全过程服务（实行国际上通行的“交钥匙工程”）。要鼓励它们到国内外市场承接各类重要建设工程，显示骨干企业的实力，树立骨干企业的形象。这些企业可以大中型勘察设计企业或施工企业为主体，吸纳所需部分并改革内部运行机制而成。

（5）房地产企业要适应深化住房制度改革和加快住宅建设的需要，加快制度创新和结构调整的步伐。一是按照现代企业制度的要求实行公司制改造。特别是由原房产管理部门转为企业的房地产公司，要下决心搞好政企分开，切实转换经营机制。二是实施扶优扶强原则，组建和重点发展若干开发能力强、市场信誉高、经济效益好的大型房地产公司或房地产集团，使它们成为中国房地产市场的主体。三是建立优胜劣汰机制，进行资产重组。各地都要关掉一批水平低、业绩差、亏损严重、有名无实的小型房地产公司，采取多种形式把这部分国有资产转到有市场、有效益的领域。四是要适应住房分配货币化和住宅产业现代化的要求，及时调整经营战略和经营范围，由追逐暴利向薄利多销转变，由单一经营向住宅产业化的诸多领域拓展。

（6）市政公用企业要按照产业化发展、企业化经营、社会化服务的方向，在统一规划、统一服务质量标准、统一市场准入制度、统一价格收费监管制度的前提下，根据行业特点不同程度地引入市场机制，加快市场化进程。供水、供气、供热企业除管网部分要保持统一规划和国有控股经营外，其余均可通过吸收各种经济成分，改制为多元投资主体的有限责任公司或股份有限公司。在具备条件的大城市可采取生产和供应相分离的方式，组建一批具有独立法人资格的气源、水源和热源生产、销售公司，打破独家垄断，建立平等竞争、相互促进、共同发展的新格局。同时，鼓励供水、供气、供热企业以资源为基础，以资本为纽带，跨地区、跨部门组建企业集团。城市公交在加强行业管理的同时，要打破垄断，逐步实行政府特许，多元投资、多家经营，适度竞争。大型公交公司可改制为国家控股或参股的有限责任公司、股份有限公司或组建企业集团；出租车企业可以中小型为主，改制形式也可更加灵活多样，包括实行承包经营、租赁经营、职工买断、股份合作制、个人领办等。城市环卫、市政管养维护、园林绿化等单位要在实行政企分开、政事分开、企事分开的基础上，逐步剥离经营职能、实行企业化经营。其中作业部分如垃圾处理、污水处理、环卫设施建设等，可组建独立法人企业，并随着收费制度、价格改革的到位程度，逐步达到完全的企业化。事业管理部分实行按任务量拨付事业费，预算包干，节约留用，超支不补。市政公用企业的改制要按照建立现代企业制度的要求逐步规范运作。

5. 推进企业技术创新。推进科技进步，用先进的科学技术改造和提升传统产业，是建设事业在新世纪快速发展的关键。企业是技术创新的主体，国有企业要在建设系统各行业的技术进步和产业升级中走在前列。要以市场为导向，大力推广和应用国内外新知识、新技术、新工艺、新材料，采用先进的生产经营方式和管理方法，提高产品和工程质量，增强企业的市场竞争能力、抵御风险能力和发展后劲。今后对建设企业的资质管理，要突出对企业技术进步状况的考核。企业都要认真制订技术创新的规划和具体措施，大型企业和企业集团要成为技术创新的骨干。要重视技术创新的人才培养和信息储备，增加技术创新的资金投入。大企业都要建立技术开发中心。企业董事会要聘请具有一定资格的专家参与经营决策。科研院所和设计单位改制成为科技企业后，要鼓励它们加入大型企业集团或与生产企业建立密切的合作关系，促进科技成果尽快转化为现实生产力。

6. 大力加强企业管理。当前企业管理应重点抓好四个方面的工作：第一，要适应市场竞争的需要强化企业管理的薄弱环节。特别是要加强企业战略研究、市场开发、企业策划、投资决策等方面的工作，加强对投资、资金和资产的管理。第二，加强质量管理。要结合整顿建设市场秩序，以各项法律、法规、规章为依据，规范企业招标投标行为，完善质量责任制，强化生产全过程的质量责任和质量监督，大力推行 ISO 9000 国际标准，全面提高建设工程质量和产品质量。第三，健全规章制度。要适应建立现代企业制度的要求，对企业的财务、劳动、人事、分配、民主管理等制度以及内部经济责任制进行一次全面的修订和完善。第四，加强基础工作。进一步强化以成本、质量为中心的各项基础管理。

7. 搞好经营管理者队伍建设。新形势对企业经营管理者提出了更高的要求，建设一支讲政治、懂法律、精业务、善管理、勇开拓、守纪律的经营管理者队伍，既是建设系统国有企业改革的重要内容，又是顺利推进国有企业改革的保证。要进一步改革国有企业人事管理制度，把坚持党管干部的原则同依法选择聘任企业经营管理者结合起来。要加快培育经营管理者市场，促进他们的合理流动和优化配置。要抓好经营管理者的培训，不断丰富他们在管理、法律、财务、金融、科技、外贸等方面的知识，全面提高其政治和业务素质。在对经营管理者实行面向市场公开竞争、择优聘用的前提下，可适度加大激励的力度。有条件的企业可试行经营者年薪制；也可试行经营者期权持股，期权持股要与任职年限相一致，期权持股的兑现要与经营者业绩挂钩。对企业经营管理者的收入分配要增加透明度，操作要规范。要采取有力措施，加强对国有企业经营管理者的监督和必要的约束。一是充分发挥监事会的作用。监事会负责人由股东会任命，不能从属于董事会。二是加大国有产权代表的责任，要实行严格的产权代表报告制度和资产经营责任制，并制定一套相应的考核办法。三是建立企业决策失误的追究制度，加强对经营管理者的离任审计。

8. 努力减轻企业负担。要认真贯彻落实国家有关政策措施，积极帮助企业解决负债率过高、富余人员多、社会负担沉重等实际问题。（1）多渠道改善企业资产负债结构。通过重组吸收多元投资（包括利用国内外资本市场筹集资金）是补充资本金的有效办法，有条件的企业要广泛采用。国有企业长期形成的不良资产、不良债务，可以在改制中结合清产核资按规定核销一部分。积极争取国家关于银行债转股的政策在建设系统部分国有大企业得到落实；企业之间的债权，经协商也可转为股权。（2）继续实施再就业工程，搞好下岗分流、减员增效。要办好再就业服务中心，企业下岗待业职工都应当进入这个中心，并严格按照国家有关规定签订基本生活保障和再就业协议。中心要保证下岗职工的基本生活费，并为他们缴纳养老、医疗保险金。企业可以通过再就业培训、创办三产、内部退养等多种途径分流和安置下岗人员，也可以在投资入股、出让产权、产权划转时带走部分职工。（3）加快分离企业办社会的职能。企业要按规定参加养老、失业、医疗保险统筹，已建立个人账户的要逐步把发放保险金的工作由企业转到社保机构。缴纳保险金确有困难的，可试行在企业净资产中划出一块作为“养老股”，其收益专项用于补充国有企业老职工养老保险费的不足；也可从国有股红利中划出一块；还可把出让国有资产的收入用于企业职工的社会保障。企业的办社会职能要逐步划出，有条件的变为三产企业独立运营，学校、医院等公益性单位实行属地化管理，当地政府要积极支持。政府接收有困难的，可采用企业支付事业费逐步减少、改革分步到位的办法。

9. 改善企业外部环境。推进国有企业改革与发展是一项复杂的社会工程。有许多事情仅靠企业自身是难以做到的，创造良好的外部环境十分重要。除了继续实施政企分开、积极帮助企业解决实际问题之外，还要注重以下几方面的工作：一是推进整个建设体制改革，使企业改革与建设体制改革相适应。二是培育和规范建筑市场、建材市场、房地产市场和资金、技术、人才等要素市场，营造公平竞争的市场环境。特别是要打破地区封锁和行业壁垒，制止和打击扰乱市场秩序的违法违纪行为。三是发展中介机构。逐步健全企业与企业、企业与市场、企业与政府之间的服务体系。四是健全法制。在加快建设立法的同时，加强与改善执法和执法监督，大力搞好各项法律、法规、规章的宣传、普及和培训，进一步推行和不断健全建设企业法律顾问制度。五是制定必要的扶持政策。各地要从实际出发，在工商、财政、税收、金融、外贸等方面对建设企业的改革与发展给予必要的支持。

10. 切实加强领导。各级建设行政主管部门要按照中央部署，重视国有企业改革与发展，并结合当地实际制订推进国有企业改革与发展的具体方案措施。要加强调查研究，掌握真实情况，及时发现和解决问题。要主动向当地政府和党委报告情况，反映问题；主动与有关部门协调配合。属于探索性的改革措施，要鼓励企业大胆试点，允许试、也允许看，不争论。在国有企业改革的重大问题上，首先要统一各级领导班子的认识，力求形成最大的合力。要进一步加强企业党组织建设，注重发挥它们在企业中的政治核心作用。要全心全意依靠工人阶级，充分发动职工群众理解、支持和参与改革。要重视建设系统国有企业改革的理论研究、政策研究和舆论宣传，同时把实践证明是成功的改革经验及时纳入制度化、法制化的轨道。

十八、2000年9月28日，国务院办公厅《关于转发国家经贸委国有大中型企业建立现代企业制度和加强管理基本规范（试行）的通知》（国办发〔2000〕64号）

国家经贸委会同有关部门起草的《国有大中型企业建立现代企业制度和加强管理的基本规范（试行）》已经国务院同意，现转发给你们，请参照试行。

国有大中型企业建立现代企业制度和加强管理的基本规范（试行）

根据党的十五届四中全会《关于国有企业改革和发展若干重大问题的决定》的要求，为推动国有及国有控股大中型企业（以下简称企业）建立现代企业制度和加强管理，制定本基本规范。

一、政企分开与法人治理结构

（一）政企分开。政府通过出资人代表对国家出资兴办和拥有股份的企业行使所有者职能，不干预企业的日常经营活动，并努力为企业创造良好的外部环境。

（二）明确政府与企业的责任。企业依法自主经营、照章纳税、自负盈亏，以其全部法人财产独立承担民事责任。政府以投入企业的资本额为限对企业的债务承担有限责任。

（三）取消企业行政级别。企业不再套用党政机关的行政级别，也不再比照党政机关干部的行政级别确定企业经营管理者的待遇，实行适应现代企业制度要求的企业经营管理者管理办法。

（四）分离企业办社会的职能。位于城市的企业，要逐步把所办的学校、医院和其他社会服务机构移交地方政府统筹管理，所需费用可在一定期限内由企业和政府共同承担，并逐步过渡到由政府承担，有些可以转为企业化经营。独立工矿区也要努力创造条件，实现社会服务机构与企业分离。各级政府要采取措施积极推进这项工作。

（五）国有资产实行授权经营。国有资产规模较大、公司制改革规范、内部管理制度健全、经营状况好的国有大型企业或企业集团公司，经政府授权，对其全资、控股或参股企业的国有资产行使所有者职能。中央管理的企业由国务院授权，地方管理的企业由各省、自治区、直辖市及计划单列市人民政府授权。其他企业中的国有资产，允许和鼓励地方试点，探索和建立国有资产管理的具体方式。

政府与被授权的大型企业、企业集团公司或国有资产经营公司等（以下统称被授权企业）签订授权经营协议，建立国有资产经营责任制度。被授权企业应当有健全的资产管理、股权代表管理、全面预算管理、审计和监督管理制度，对授权范围内的国有资产依法行使资产收益、重大决策和选择管理者权利，并承担国有净资产保值增值责任。

（六）实行股份制改造。除必须由国家垄断经营的企业外，其他国有大中型企业应依照《中华人民共和国公司法》（以下简称《公司法》）逐步改制为多元股东结构的有限责任公司或股份有限公司。

（七）建立规范的法人治理结构。依照《公司法》明确股东会或股东大会（以下简称股东会）、董事会、监事会和经理层的职责，并规范运作。充分发挥董事会对重大问题统一决策和选聘经营者的作用，建立集体决策及可追溯个人责任的董事会议事制度。董事会中可设独立于公司股东且不在公司内部任职的独立董事。董事会与经理层要减少交叉任职，董事长和总经理原则上不得由一人兼任。

（八）强化监事会的监督作用。依照国务院发布的《国有企业监事会暂行条例》，国有重点大型企业监事会由国务院派出，对国务院不派出监事会的国有企业，由省级人民政府决定派出，监事会依法履行监督职责。

国有控股的公司制企业，监事会中的国有股东代表半数以上应由不在企业内部任职的人员担任。

（九）建立母子公司体制。企业集团应按照《公司法》的要求建立母子公司体制，母公司对子公司依法行使出资人权利并承担相应责任。子公司应依法改制，建立规范的法人治理结构。

大型企业内部管理层次要科学、合理，除极少数特大型企业集团外，企业集团的母子公司结构一般应在三个层次以内。

二、发展战略

（十）加强发展战略研究。企业应了解经济全球化及当代科学技术的发展趋势，切实把握国家宏观经济政策、本行业关键技术的发展方向、企业主导产品在国内外市场的地位和变化趋势，全面分析、掌握自身及竞争对手的优势和劣势。

（十一）确定科学合理的战略目标。大型企业或企业集团应将研究发展战略列入重要议事日程，并设立专门机构负责制定发展战略。发展战略必须符合国家产业政策，突出主业的发展、核心业务能力的培育和整体优势的发挥，有利于增强技术创新能力和形成本企业的竞争优势，并根据市场的变化适时调整。

（十二）做好重大决策的可行性研究。投资项目必须进行科学、审慎的可行性研究、论证。重大投资项目的可行性研究应聘请有相应资质的科研机构、中介机构或有关专家进行咨询或参与评估、论证。严禁在国家明令禁止的投资领域内上项目，防止盲目投资和重复建设。

（十三）建立重大决策的责任制度。对于重大投融资项目（包括兼并收购企业），公司制企业由公司董事会集体决策，并由股东会审议批准；其他企业由经理（厂长）会议等形式集体决策。董事会或经理（厂长）会议必须对所作出的决定做成会议记录，并由出席会议的人员签名确认。对于违反法律、国家产业政策致使企业遭受严重损失的决策，必须追究有关人员的责任。

三、技术创新

（十四）企业要成为技术创新的主体。企业应认真贯彻落实《中共中央、国务院关于加强技术创新，发展高科技，实现产业化的决定》（中发〔1999〕14 号），切实把技术创新作为增强企业竞争力的关键措施。以市场为导向，从企业实际出发，研究、制定技术创新的方向、目标和规划。引进技术应注重技术的先进性和适用性，并做到消化吸收。积极实行“产、学、研”相结合的研究开发方式，跟踪国际上技术的最新发展动态，加快推进企业技术创新和科研成果的转化，提高企业自主开发能力。

（十五）建立企业技术中心。国务院确定的国有大中型重点联系企业（以下简称重点企业）中的国有和国有控股企业必须建立技术中心，并达到《关于印发〈企业技术中心认定与评价办法〉及〈企业技术中心评价指标体系〉的通知》（国经贸技术〔1998〕849 号）规定的要求。其他企业的技术开发机构及其人员、装备、经费等也要适应企业发展的需要。

（十六）增强技术创新能力。企业应根据实际情况逐步增加研究开发费用。通过技术创新，属于新兴产业和高技术产业的企业应逐步掌握核心技术，占领技术制高点；属于传统产业的企业要拥有一批具有自主知识产权、具有竞争优势的产品和技术。

（十七）加强科技人员队伍建设。采取面向社会公开招聘等多种形式吸引优秀科技人才，关键技术人才的引进不受地域、国别的限制。对科技人员可实行项目成果奖、新产品新增利润提成、技术折价入股或实行股票期权等分配办法。适应现代科学技术发展和产品更新换代的要求，对科技人员开展继续教育，有条件的企业可以与大专院校联合培训，不断更新科技人员的知识。

（十八）加大技术改造力度。围绕增加品种、改进质量、防治污染、提高效益和扩大出口进行技术改造，大力采用新技术、新工艺、新材料，不断提高企业的技术装备水平和工艺水平。技术改造项目资本金必须按照《国务院关于固定资产投资项目试行资本金制度的通知》（国发〔1996〕35号）的规定及时足额到位，项目资金必须专款专用，不得用项目资金兴建非生产性设施。技术改造项目必须实行责任制，项目的投资、质量、工期责任必须落实到人。

（十九）加强现代信息技术的应用。密切跟踪信息技术的发展，在产品开发、设计、制造以及物资采购、市场营销过程中，应积极采用现代信息技术手段，通过运用企业资源计划（ERP）等计算机管理系统，实现企业内部管理的信息化。同时，应借助网络技术实现商务信息的传输与共享，探索电子商务等新的贸易方式。

四、劳动、人事、分配制度

（二十）全面实行劳动合同制度。依照《中华人民共和国劳动法》（以下简称《劳动法》），企业与职工通过平等协商签订劳动合同，确定劳动关系。加强劳动合同管理，做好劳动合同变更、续订、终止和解除等各项工作，完善企业内部劳动争议调解制度。

（二十一）改革用工制度。企业根据生产经营需要依法自主决定招聘职工，完善定员定额，优化劳动组织结构；科学设置工作岗位、测定岗位工作量、确定用工人数，实行定岗定员，减员增效，多渠道安置富余人员。实行全员竞争上岗制度，经培训仍未能竞争上岗的职工，企业可依法与其解除劳动合同，形成职工能进能出的机制。

（二十二）改革人事制度。按照精干、高效原则设置各类管理岗位和管理人员职数，精简职能部门，减少管理层次。打破“干部”和“工人”的身份界限，企业内部各级管理人员必须实行公开竞聘、择优聘用、定期考核，并实行任期制，不称职的必须及时从管理岗位上调整下来，形成管理人员能上能下的机制。

（二十三）改革收入分配制度。建立以岗位工资为主要形式的工资制度，明确岗位职责和技能要求，实行以岗定薪，岗变薪变。岗位工资标准应与企业经济效益挂钩，效益下降时相应降低岗位工资标准。调整职工收入分配结构，工资收入与企业效益和职工实际贡献挂钩，形成收入能增能减的机制。

实行职工工资收入银行个人账户制度，委托银行代发全部工资收入，严禁违规违纪发放工资外收入，提高工资收入分配的透明度。

（二十四）改革住房分配制度。认真贯彻执行建设部、财政部、国家经贸委、全国总工会《关于进一步深化国有企业住房制度改革加快解决职工住房问题的通知》（建房改〔2000〕105 号），停止住房实物分配，加快企业自管公有住房向职工出售的步伐，逐步实现住房供应商品化、住房分配货币化。

（二十五）维护职工合法权益。严格执行《劳动法》及其配套法规、规章关于工作时间、休息休假、安全卫生、女工和未成年工特殊保护的规定，认真落实各项劳动标准，严格执行最低工资制度，保证按时足额支付职工工资。企业可与工会就劳动条件、工作时间和劳动报酬等事项通过民主协商签订集体合同。

（二十六）按时足额缴纳社会保险费。依照《国务院关于建立统一的企业职工基本养老保险制度的决定》（国发〔1997〕26 号）、《国务院关于建立城镇职工基本医疗保险制度的决定》（国发〔1998〕44 号）、《失业保险条例》（国务院令第 258 号）、《社会保险费征缴暂行条例》（国务院令第 259 号）等有关规定参加各项社会保险，并按时足额缴纳社会保险费。各项社会保险费必须按时足额计入成本。企业离退休人员养老金实行社会化发放，退休人员逐步与原企业分离，由社区管理。

（二十七）建立健全对企业经营管理者的激励机制和约束机制。企业经营管理者的薪酬必须与其职责、贡献挂钩。监督约束机制健全的企业，在严格考核的基础上，对经营管理者可以试行年薪制、持有股权、股票期权等分配方式。

五、成本核算与成本管理

（二十八）做好成本核算与成本管理的各项基础工作。健全成本费用管理制度，科学合理地确定各种原材料、能源消耗定额，准确计量验收各项原材料、能源，严格按照国家统计制度如实统计各项指标，建立跟踪市场价格的内部价格核算体系。

（二十九）正确核算成本费用。按照《中华人民共和国会计法》和国家统一的会计制度（指财政部制定的关于会计核算、会计监督、会计机构和会计人员以及会计工作管理的制度，下同）规定的各项费用划分、分摊原则，制订适合于本企业的费用划分标准、费用在完工产品与在产品成本之间的分摊方法、费用分摊期限。合理划分生产费用与非生产费用的界限、期间费用与产品成本的界限、直接计入当期损益的费用与可以分摊计入期间费用或产品成本的费用界限、费用与支出的界限等。

（三十）合理计提固定资产折旧。按照国家统一的会计制度规定的有关固定资产划分原则，制订具体的固定资产标准和目标，作为核算的依据。根据所列固定资产的具体使用情况，估计各项固定资产的预计可使用年限，并根据科技发展、环境及其他各方面情况，选择合理的固定资产折旧方法，作为企业计提折旧的依据。固定资产折旧年限和折旧方法一经确定，不得随意变更。企业不得不提或少提折旧。

（三十一）按国家统一的会计制度核算利息支出。企业购建固定资产所发生的借款利息支出，在固定资产交付使用前的，计入在建固定资产的成本；在固定资产交付使用后的，计入财务费用。已经完工的在建工程必须及时办理竣工决算，不得利用拖延办理竣工决算的办法将应计入财务费用的利息支出计入在建工程成本。非购建固定资产的各项借款利息支出，在生产经营期间的必须全部计入财务费用。

（三十二）按规定预提和摊销费用。预提费用与实际数额发生差异时，应及时调整提取标准，多提数额应在年终冲减成本、费用，需要保留余额的，应在年度财务报告中予以说明。凡属一次或分期摊销的待摊费用，应按费用项目的受益期分摊，分摊期限不得超过一年。递延资产必须严格按照国家统一的会计制度规定的项目进行列示，并制定严格的摊销计划，分期进行处理。

（三十三）按规定计提和处理资产损失。企业应在国家统一的会计制度允许的范围内，根据本企业的具体情况，选择合理的资产损失预计方法，预计各项资产可能发生的损失。实际发生的各项资产损失，除按规定应由有关责任人员承担的以外，应当制订内部的具体审批程序，在年度终了前，经企业董事会或经理（厂长）会议批准后进行处理。

（三十四）开展目标成本管理。依据产品的市场价格、目标利润和原材料、能源消耗定额等确定目标成本，把目标成本分解到产品开发和生产经营的各个环节，目标责任落实到人，严格考核成本指标，奖罚兑现。对于有市场需求、实际成本高于市场价格的产品必须制定措施，限期达到降低成本的目标。

（三十五）推行比质比价采购。企业生产经营所需物资的采购必须严格执行《国有工业企业物资采购管理暂行规定》（国家经贸委令第 9 号）。结合实际制订和完善本企业物资采购的具体规章制度，对物资采购实施有效的管理和监督，做到决策透明、权力制衡、比质比价，对损公肥私行为要从严惩处。

（三十六）大力节能降耗。淘汰原材料、能源消耗高的落后生产工艺和装备，大力采用先进技术改造现有生产工艺和装备，降低原材料、能源消耗，杜绝跑、冒、滴、漏等各种浪费现象。

（三十七）降低企业管理费用。从严控制非生产性支出。差旅费的开支必须公布标准、严格控制；业务招待费的开支必须控制在财政部发布的有关财务制度规定的比例以内，并向职代会报告支出情况。企业亏损或欠交税费、欠发职工工资、拖欠职工医药费期间，不得购置非生产性固定资产。

六、资金管理与财务会计报表管理

（三十八）加强资金的监督和控制。实行母子公司体制的大型企业和企业集团，应当通过法定程序加强对全资、控股子公司资金的监督和控制，建立健全统一的资金管理体制。充分发挥企业内部结算中心的功能，对内部各单位实行统一结算。严格按照银行账户管理办法开立和使用银行账户，结算账户统一归口管理，取消内部各单位违规开立的银行账户，杜绝资金账外循环现象。

（三十九）建立全面预算管理制度。以现金流量为重点，对生产经营各个环节实施预算编制、执行、分析、考核，严格限制无预算资金支出，最大限度减少资金占用，保证偿还到期银行贷款。预算内资金支出实行责任人限额审批制，限额以上资金支出实行集体审议联签制。严格现金收支管理，现金出纳与会计记账人员必须分设。

（四十）严格控制对外担保。企业对外担保应依据《中华人民共和国担保法》的有关规定，必须有严格的内部管理制度和责任追究制度，并严格审查被担保单位的偿债能力和信用程度。各级政府部门不得强令企业对外担保。

（四十一）确保财务会计报告真实、完整。按照《企业财务会计报告条例》（国务院令第 287 号）的规定，编制和提供财务会计报告。严格按照国家统一的会计制度规定，合理地确认和计量各项资产、负债、所有者权益、收入、费用等。企业只能设一套会计账簿进行核算，不得账外设账。任何人不得授意、指使、强令会计机构、会计人员违法办理会计事项，对弄虚作假的行为，要依法追究有关人员责任。

（四十二）建立健全财务报表内部管理制度。企业应根据国家统一的会计制度规定，对资产负债表、利润表和现金流量表及其附表的设置、格式、填报口径、填报时间、报送单位、复核制度、责任制度等建立全面的内部管理制度，并根据需要，合理选择、设置成本费用明细表、营业外收支明细表等内部报表，多种经营的企业还应对其他业务设置相关的报表进行专门反映。

（四十三）加强财务审计。企业年度会计报表必须经注册会计师审计，并在规定的时间内连同注册会计师的审计报告一并提供给报表使用者及政府有关部门。企业必须向注册会计师提供有关财务会计资料或文件，不得妨碍注册会计师办理正常业务。

（四十四）加强项目的招投标管理。基本建设项目、技术改造项目等必须严格按照《中华人民共和国招标投标法》和《工程建设项目招标范围和规模标准规定》（国家计委令第 3 号）、《关于加强国债专项资金技术改造项目招标监管工作的通知》（国经贸投资〔1999〕1162 号）进行招标。国务院有关行政监督部门依法对招标投标活动实施监督，依法查处招标投标活动中的违法行为。

七、质量管理

（四十五）明确质量发展目标。严格执行《中华人民共和国产品质量法》，认真贯彻《国务院关于印发质量振兴纲要（1996—2010年）的通知》（国发〔1996〕51号）和《国务院关于进一步加强产品质量工作若干问题的决定》（国发〔1999〕24号）有关规定。坚持质量第一、用户至上的方针，树立最大限度满足用户需要的质量观念，把技术进步和加强管理紧密结合起来，制定积极可行的质量发展目标，实施名牌战略。大型企业和企业集团应当瞄准世界先进水平，开发生产高质量、高档次的名优产品，在国际市场上占有一定份额。

（四十六）开展全面质量管理。贯彻质量管理和质量保证系列国家标准，提倡企业开展GB/T 19000—ISO 9000质量体系认证。大力开展对职工的质量意识教育，学习和借鉴国内外先进的质量管理经验和方法，推行"零缺陷"和可靠性管理。经理（厂长）是质量工作的第一责任者，要建立健全各级质量责任制，严格实行质量否决制度。

（四十七）加强标准化和计量检测工作。企业必须按标准组织生产，严禁无标准或不按标准生产。凡生产涉及人体健康和人身、财产安全产品的企业，必须严格执行国家强制性标准和安全认证的规定。享受国家贴息政策的技术改造项目生产的产品，引进设备、技术和利用外资生产的一般工业产品，质量水平不得低于国际标准或国外先进标准。建立计量检测体系，完善计量检测手段，严格对计量设备进行定期检定，实施生产全过程的计量检测。

（四十八）搞好产品开发过程的质量控制。通过有效的制度和健全的机构，用科学的市场调研方法，了解用户对产品质量、性能、款式等方面的要求，及时将信息反馈到产品开发设计等部门，按用户要求改进产品设计。

（四十九）强化生产过程的质量管理。提高技术装备水平，确保生产设备能满足产品质量要求。严格执行生产工艺纪律。加强现场管理，做到设备良好、物流合理、信息准确、环境整洁。

（五十）强化质量检验。建立健全质量检验的各项规章制度。严格原材料和外购件入厂质量检验，不合格的不得使用。严格生产加工过程质量检验，不合格品不得进入下道工序。严格产成品入库和出厂检验，确保不合格产品不出厂。

（五十一）建立健全售后服务质量体系。执行售后服务质量国家标准，严格执行修理、更换、退货责任制度。充实售后服务人员队伍，建立健全售后服务网络，忠实履行对用户的各项承诺，及时为用户提供技术咨询、安装调试和维修服务。

八、营销管理

（五十二）面向市场制定营销战略。认真进行市场调查和市场预测，了解用户需求，进行市场细分，选准目标市场，明确市场定位，制定切实可行的营销策略。具有产品出口能力的企业，应当加强国际市场营销研究，大力开拓国际市场。企业应当通过改进产品质量、增加产品品种、提高服务水平等措施和采取合法的促销手段提高市场占有率。营销行为不得违反《中华人民共和国价格法》《中华人民共和国反不正当竞争法》以及《关于制止低价倾销行为的规定》（国家计委令第 2 号）等有关规定。

（五十三）加强营销机构和营销队伍建设。大型企业应当强化研究市场、开拓市场的职能，建立健全营销网络，积极采用连锁经营、代理配送等现代营销方式，开拓销售渠道，提高物流效率。培养高素质营销人才，对销售人员可以实行工资收入和有关销售费用与产品销售额和货款回笼额挂钩的办法。

（五十四）加强资信管理。企业必须强化法律意识，守合同，讲信用，按期交货，不拖欠货款。及时了解和掌握用户资信状况，建立用户资信档案。

（五十五）加强货款回收管理。严格按合同和订单组织生产和销售，杜绝无合同或不按合同发货。企业应当实行货款两清或不见款不发货。对市场没有销路的产品必须停止生产；对销售不畅或货款回笼差的产品必须限产；对资信下降的用户应及时采取减少发货、实行担保和加强货款催收等措施；对资信差、长期拖欠货款的用户停止发货。

九、安全生产与环境保护

（五十六）建立健全安全生产规章制度。坚持预防为主，确保安全生产。依据国家有关安全生产的法律、法规，结合本企业的实际情况，制定切实可行的以岗位责任制为核心的安全生产管理规章制度和安全生产操作规程，并保证实施。落实安全生产责任制，经理（厂长）对安全生产工作全面负责，明确企业各级领导、各职能机构和各岗位人员的安全生产职责，并严格考核与奖惩。

（五十七）改善安全生产条件。按照《劳动法》有关规定，为职工提供劳动安全卫生条件和劳动防护用品。新建、改建、扩建工程必须进行安全预评价，保障安全生产的设施应与主体工程同时设计、同时施工、同时投入生产和使用。安全设施建成后必须按规定进行验收，未经验收或验收不合格的，不得投入生产和使用。

（五十八）防止重特大事故发生。对重大危险源进行评估和监控，并制定应急预案。对存在的事故隐患必须采取措施及时整改，防止发生事故。事故发生后，企业必须立即、如实向当地政府和有关部门报告，并迅速采取必要措施组织抢救，防止事故扩大。积极配合有关部门进行事故调查处理。

（五十九）加强职工安全生产教育。未经安全生产教育的职工不得上岗。特种作业人员必须按照《劳动法》等有关规定进行安全技术培训，建立持证上岗制度，取得操作资格证书后方可上岗作业。

（六十）依法保护环境。严格执行国家有关环境保护的法律、法规，环境保护设施必须保持正常、稳定运行，污染物排放必须达到国家环保总局或省、自治区、直辖市人民政府规定的标准。在实施污染物排放总量控制的地区，污染物排放必须符合总量控制指标的要求。企业在新建、扩建、改建及技术改造时，要严格执行环境影响评价制度和环境保护“三同时”（同时设计、同时施工、同时投入使用）制度。

（六十一）大力推行清洁生产。淘汰污染严重的生产工艺和设施。企业在建设项目中，严禁采用污染严重的生产工艺和设施。严格按照《中华人民共和国大气污染防治法》的规定生产和使用清洁能源，大力开展综合利用。大中型企业或产品出口企业应努力贯彻 ISO 14000 环境管理系列标准，提倡企业开展环境管理体系认证。

（六十二）建立健全环境保护责任制。把污染防治和生态保护纳入企业发展规划，明确决策、生产、运输等各环节的环保责任人，严格按照环境保护法律、法规的规定，开展污染防治工作，把企业污染治理任务与责任人的经济利益挂起钩来。

十、职工培训

（六十三）大力开展经营管理者培训。企业应加强对经营管理者管理知识培训，掌握现代管理及相关知识，提高经营管理者的素质。

（六十四）加强职工培训。对新招或转岗的职工必须先培训，后上岗。有针对性地对职工进行新设备、新工艺、新材料和计算机知识的培训，加快技师和高级技师的培养，提高职工的业务水平和专业技能。进行企业文化的培训教育，塑造现代企业的良好形象。

十一、加强党的建设

（六十五）充分发挥企业党组织的政治核心作用。要按照《中国共产党章程》和中央有关规定，建立和健全企业党的组织，切实加强企业党的建设，不断改进企业党组织的工作内容和活动方式，进一步探索发挥政治核心作用的途径和方法。

（六十六）加强企业精神文明建设。加强企业思想政治工作，发展企业文化，开展创建文明企业、文明班组和争当文明职工活动，树立爱岗敬业、诚实守信、奉献社会的良好职业道德和职业风尚，建设有理想、有道德、有文化、有纪律的职工队伍。

（六十七）加强职工民主管理。坚持和完善以职工代表大会为基本形式的企业民主管理制度，发挥工会和职工代表大会在民主决策、民主管理、民主监督方面的作用。建立健全厂务公开和民主评议企业领导人员的制度。工会应当利用多种形式和途径，组织职工广泛开展劳动竞赛、技术革新、技术协作、发明创造等群众性经济技术活动。

十二、组织实施

（六十八）加强组织领导。建立现代企业制度工作由国家经贸委负责组织实施。中央管理的企业，由国家经贸委会同有关部门进行指导；地方管理的企业，在地方政府领导下，由地方经贸委（经委、计经委）会同有关部门进行指导。中央管理的国有大中型企业进行股份制改革，其改制方案及公司章程由国家经贸委商有关部门提出意见，报国务院审批；地方管理的国有大中型企业进行股份制改革，其改制方案及公司章程由地方经贸委（经委、计经委）商有关部门提出意见，报地方政府审批。

（六十九）认真贯彻落实。重点企业中的国有及国有控股企业，以及各省、自治区、直辖市及计划单列市人民政府确定的地方重点企业，应对照本规范查找不足，采取有效措施认真加以改进，尽快达到本规范的各项要求。其他企业也应认真贯彻执行本规范，努力达到各项要求。各级经贸委（经委、计经委）要深入调查研究，总结推广典型经验，进一步推动国有企业改革和发展。

本规范适用于国有及国有控股大中型工业企业，其他行业的国有及国有控股大中型企业参照执行。

十九、2000年10月24日，国务院办公厅转发建设部等部门《关于中央所属工程勘察设计单位体制改革实施方案的通知》（国办发〔2000〕71号）

建设部、国家计委、国家经贸委、财政部、劳动保障部、中编办、中央企业工委、人事部、税务总局、国家工商行政管理局《关于中央所属工程勘察设计单位体制改革实施方案》已经国务院同意，现转发给你们，请认真贯彻执行。

关于中央所属工程勘察设计单位体制改革实施方案

建设部　国家计委　国家经贸委　财政部　劳动保障部　中编办 中央企业工委　人事部　税务总局　国家工商行政管理局（二〇〇〇年九月二十八日）

根据《国务院办公厅转发建设部等部门关于工程勘察设计单位体制改革若干意见的通知》（国办发〔1999〕101号），现对中央所属工程勘察设计单位（以下简称勘察设计单位）的体制改革，提出如下具体实施方案。

一、基本原则

（一）勘察设计单位要按照建立社会主义市场经济体制的总体要求，在国务院批准改革实施方案后，半年内全部由事业单位改制为科技型企业（以下简称企业）。具备条件的，可以依照《中华人民共和国公司法》改制为有限责任公司或股份有限公司。勘察设计单位要参照国际通行的工程公司、工程咨询设计公司、岩土工程公司和设计事务所等模式改造成为适应社会主义市场经济要求的法人实体和市场主体。

（二）勘察设计单位体制改革参照《中共中央办公厅、国务院办公厅关于中央党政机关与所办经济实体和管理的直属企业脱钩有关问题的通知》（中办发〔1998〕27 号）的规定，一律与主管部门解除行政隶属关系。

已经进入中央管理的企业的 80 个和移交地方管理的 12 个勘察设计单位（名单详见附表六和附表七），这次改革不再调整其隶属关系。

（三）进入中央管理的企业的勘察设计单位，作为该企业的成员单位，应保留其独立法人资格，自主经营，自负盈亏。

（四）移交地方管理的勘察设计单位，划归所在省、自治区、直辖市直接管理，不得再下放。

二、体制改革方案

（一）管理体制调整。此次管理体制调整涉及 86 个单位，具体方案为：

1. 中国建筑设计研究院等 10 个勘察设计单位交由中央管理（名单详见附表一）。

2. 中国市政工程东北设计研究院等 48 个勘察设计单位进入中央管理的企业（名单详见附表二）。

3. 信息产业部电子综合勘察研究院等 4 个勘察设计单位移交地方管理（名单详见附表三）。

4. 水利部所属的水利部东北勘测设计研究院等 6 个勘察设计单位交由相应的流域机构管理（名单详见附表四）。铁道部所属的铁道部第一勘测设计院、铁道部第二勘测设计院、铁道部第三勘测设计院、铁道部第四勘测设计院和铁道部专业设计院等 5 个勘察设计单位的管理体制调整与铁路运输企业的改革一并进行。这 11 个勘察设计单位也要按照国办发〔1999〕101 号文件要求，在本实施方案发布后，半年内改为企业。

5. 国家有色金属局所属的沈阳铝镁设计研究院等 13 个勘察设计单位（名单详见附表五）管理体制的调整，按照《国务院关于调整中央所属有色金属企事业单位管理体制有关问题的通知》（国发〔2000〕17 号）执行。

6. 勘察设计单位改为企业后，若需调整隶属关系，可由企业自主协商并按有关规定办理。

（二）交由中央管理的勘察设计单位，与原主管部门解除行政隶属关系后，领导干部职务由中共中央企业工作委员会（以下简称中央企业工委）管理，原主管部门要将移交单位的领导干部名单、职务资料登记造册，移交中央企业工委。党的关系原在国家机关的，交由中央企业工委管理；党的关系原在地方的，不作变动。资产与财务管理由财政部负责。行业管理工作由建设部负责。

（三）进入中央管理的企业的勘察设计单位，由原主管部门按批准的方案，解除行政隶属关系，并按有关规定办理领导干部职务、党的关系、资产及财务关系移交和划转手续。

（四）移交地方管理的勘察设计单位，与原主管部门解除行政隶属关系后，其领导干部职务及党的关系移交所在省、自治区、直辖市管理，资产与财务管理由同级财政部门负责。

（五）勘察设计单位在体制改革过程中需要办理资质调整、变更手续的，按国家有关规定办理。

三、配套政策

勘察设计单位改为企业后，享受国办发〔1999〕101 号文件及本方案规定的扶持政策。

（一）离休、退休人员和在职职工参加地方社会保险统筹。

1. 从 2000 年 10 月 1 日起，改为企业的单位及其职工按当地人民政府规定的比例和统筹层次，分别以 2000 年 10 月的单位工资总额和职工个人缴费工资为基数缴纳基本养老保险费，建立基本养老保险个人账户。2000 年 10 月 1 日前的连续工龄（工作年限）视同缴费年限，不再补缴基本养老保险费。

2. 改为企业前已经离退休的人员，原离退休待遇标准不变，由社会保险经办机构按国家规定的事业单位离退休费标准支付基本养老金。基本养老金的调整按照企业职工基本养老金调整办法执行，所需经费从基本养老保险统筹基金中支付。

3. 改为企业前参加工作、改为企业后退休的人员，基本养老金计发办法按照企业职工基本养老保险制度的规定执行。为保证退休人员待遇水平平稳衔接，对在 2005 年 10 月 1 日（不含）前退休的人员，按企业职工基本养老金计发办法计发的基本养老金，如低于按原事业单位职工退休金计发办法计发的基本养老金，采用加发补贴的办法解决，所需费用从基本养老保险统筹基金中支付，由社会保险经办机构负责办理。补贴基数为 2000 年 10 月当地企业基本养老金平均标准与本人 2000 年 10 月按事业单位办法计算的退休金的差额。补贴基数一次核定后不再变动。其中，2000 年 10 月 1 日至 2001 年 10 月 1 日（不含）前退休的，发给补贴基数的 90%；2002 年 10 月 1 日（不含）前退休的，发给补贴基数的 70%；2003 年 10 月 1 日（不含）前退休的，发给补贴基数的 50%；2004 年 10 月 1 日（不含）前退休的，发给补贴基数的 30%；2005 年 10 月 1 日（不含）前退休的，发给补贴基数的 10%；2005 年 10 月 1 日后退休的，不再发给该项补贴。核定的补贴标准与个人按企业办法计算的基本养老金之和，不得高于按原事业单位职工退休金计发办法计发的养老金。有条件的单位可建立补充养老保险。

4. 改为企业后参加工作的人员退休，按有关规定执行当地企业职工基本养老保险办法。

5. 2000 年 10 月 1 日（不含）前，已经参加当地企业职工基本养老保险社会统筹而基本养老金仍按事业单位计发办法执行的勘察设计单位，按本方案规定调整执行。已经随原行业基本养老保险统筹移交地方管理的勘察设计单位，仍按国家有关规定执行。

6. 勘察设计单位要严格按国家规定的退休政策办理退休手续。

7. 退休人员和在职职工按照属地化原则，参加所在统筹地区的城镇职工基本医疗保险，执行当地统一政策。离休人员的医疗保险政策按国家有关规定执行。

8. 勘察设计单位改为企业后应继续参加失业保险，履行缴费义务，职工失业后按规定享受失业保险待遇。

（二）国家计委、建设部要会同国务院有关部门按照国办发〔1999〕101 号文件精神，尽快制定颁布新的勘察设计收费标准，此项工作原则上与体制改革工作同步完成。

（三）勘察设计单位改为企业后，有关税收政策按《关于工程勘察设计单位体制改革若干税收政策的通知》（财税字〔2000〕38 号）的规定办理。在改制前属于财政拨款的勘察设计单位，其自用土地的税收政策按照《关于国家经贸委管理的 10 个国家局所属科研机构转制后税收管理问题的通知》（国税发〔1999〕135 号）的规定办理。

（四）勘察设计单位改为企业时，要在工商行政管理部门登记为企业法人。交由中央管理的勘察设计单位，按规定在国家工商行政管理局登记，其子公司及直属分支机构到所在省、自治区、直辖市工商行政管理部门登记。进入中央管理的企业的勘察设计单位，按国家工商行政管理局的有关规定办理登记。移交地方管理的勘察设计单位，到所在省、自治区、直辖市工商行政管理部门登记。

勘察设计单位改为企业后的名称，可用原单位名称（去掉主管部门），或用符合企业名称登记管理规定的其他名称。考虑到原单位名称的品牌和无形资产，改为企业后的 5 年内，在工程勘察设计资质证书上可附注原单位名称。

（五）勘察设计单位改为企业后，工资分配管理按以下原则进行。

1. 凡原实行工效挂钩办法的勘察设计单位，可按国家现行政策规定，继续执行工效挂钩办法。改为企业后，工资总额增长幅度低于经济效益增长幅度、职工平均工资增长幅度低于劳动生产率增长幅度的，经税务主管机关审核，在计算应纳税所得额时，其实际发生的企业工资总额可在税前扣除。

2. 可根据有关政策，结合本单位的实际情况，在贯彻“两低于”的前提下，实行其他工资分配形式。

3. 有条件的单位，要积极探索适合科技型企业特点的分配制度，进行项目核算分配制、年薪制等改革试点。

四、组织领导

（一）勘察设计单位体制改革工作由建设部牵头，会同国家计委、国家经贸委、财政部、劳动保障部、中编办、中央企业工委、人事部、税务总局、国家工商行政管理局及勘察设计单位原主管部门负责组织实施，并及时协调解决改革过程中出现的有关问题。对改革过程中遇到的重大问题要及时向国务院报告。

（二）各省、自治区、直辖市人民政府，要切实做好移交地方管理的勘察设计单位的接收工作，不得将接收单位再下放，不得随意向这些单位安置人员，确保此项工作按要求如期完成。

（三）在体制改革期间，勘察设计单位的现有领导班子要保持相对稳定，交接工作尚未完全到位时，日常工作仍以原主管部门管理为主。

（四）地方人民政府及其有关部门要认真执行国办发〔1999〕101 号文件和本方案要求，尽职尽责地支持勘察设计单位的体制改革工作。

（五）国务院有关部门及所属勘察设计单位在此次体制改革工作中，必须严格遵照中办发〔1998〕27 号文件的有关规定，防止国有资产流失，查处违法违纪行为。

（六）国务院有关部门原直属企事业单位、社团组织及派出机构等所属的勘察设计单位，参照本方案实施改革，同时享受国办发〔1999〕101 号文件和本方案的有关政策，具体名单和体制改革方案由建设部会同国家计委、国家经贸委、财政部、劳动保障部、中编办、税务总局、国家工商行政管理局等部门负责审核批准。

（七）地方人民政府有关部门所属勘察设计单位体制改革，由各省、自治区、直辖市参照国办发〔1999〕101 号文件精神和本方案进行。

（八）勘察设计单位改为企业并与政府部门解除行政隶属关系后，要充分发挥勘察设计行业协会在行业自律中的作用，地方各级人民政府建设行政主管部门和国务院有关部门要加强对行业协会以及勘察设计企业的监督管理。

附表一至附表七（略）

二十、2001 年 3 月 13 日，国家经贸委、人事部、劳动保障部《关于深化国有企业内部人事、劳动、分配制度改革的意见》（国经贸企改〔2001〕230 号）

改革国有企业内部人事、劳动、分配制度（以下简称三项制度），是充分调动职工积极性、增强企业市场竞争力的一个关键因素。为进一步贯彻党的十五届四中全会、五中全会精神，落实《国有大中型企业建立现代企业制度和加强管理的基本规范（试行）》的要求，推动企业加快建立现代企业制度、切实转换经营机制，对深化企业三项制度改革提出如下意见。

一、深化企业三项制度改革是当前国有企业改革和发展的紧迫任务

近年来，随着经济体制改革步伐加快，一些国有企业按照建立现代企业制度的要求，在三项制度改革方面进行了积极探索，取得了明显成效。但也有相当一部分企业内部改革不到位，用人制度和分配制度不适应市场经济发展的要求，企业内部竞争机制、有效激励和约束的机制没有形成，严重影响企业经营机制的转换和市场竞争力的提高。当前，要把深化企业三项制度改革作为推进国有企业改革与发展的一项重要而紧迫的任务，采取切实有效措施，加大工作力度。

深化企业三项制度改革的工作原则和要求是：做好深入、细致的宣传工作和思想政治工作，引导广大职工转变观念、提高认识，营造深化改革的舆论氛围；充分引入竞争机制，改革的方案做到公平、公正、公开，增加透明度；从实际出发，勇于实践，积极探索适合企业特点的改革方式和办法，务求实效；涉及职工利益的重大改革措施出台，要认真听取职工代表大会意见，维护职工合法权益，确保社会稳定和企业生产经营正常进行。

深化企业三项制度改革的目标是：把深化企业三项制度改革作为规范建立现代企业制度的必备条件之一，建立与社会主义市场经济体制和现代企业制度相适应，能够充分调动广大职工积极性的企业用人和分配制度。尽快形成企业管理人员能上能下、职工能进能出、收入能增能减的机制。国家重点企业以及各省、自治区、直辖市确定的国有大中型骨干企业，要在深化三项制度改革方面走在前列，率先达到本意见的各项要求；其他企业也要积极创造条件，加快改革步伐，尽快达到本意见的各项要求。

二、建立管理人员竞聘上岗、能上能下的人事制度

（一）调整企业组织机构。改革不适应市场竞争需要的企业组织体系与管理流程。按照《中华人民共和国公司法》的要求，建立规范的法人治理结构，精减职能部门、减少管理层次、控制管理幅度，使部门之间和上下级之间做到责权明确、信息通畅、监控有力、运转高效。企业管理岗位与管理人员职数的设定，要按照精干、高效原则，从严掌握。

（二）取消企业行政级别。企业不再套用政府机关的行政级别，不再比照国家机关公务员确定管理人员的行政级别。打破“干部”和“工人”的界限，变身份管理为岗位管理。在管理岗位工作的即为管理人员。岗位发生变动后，

其收入和其他待遇要按照新的岗位相应调整。

（三）实行管理人员竞聘上岗。管理人员是指企业内部担任各级行政领导职务的人员、各职能管理机构的工作人员以及各生产经营单位中专职从事管理工作的人员。除应由出资人管理和应由法定程序产生或更换的企业管理人员外，对所有管理人员都应实行公开竞争、择优聘用，也可以面向社会招聘。企业对管理人员竞聘的岗位和条件，要根据需要在尽可能大的范围内提前公布，对应聘人员严格考试或测试，公开答辩、公正评价、公示测评结果，按企业制定的竞聘办法决定聘用人员。实行领导人员亲属回避制度，企业财务、购销、人事等重要部门的负责人，原则上不得聘用企业领导人员的近亲属。

（四）加强对管理人员的考评。企业对管理人员实行定量考核与定性评价相结合的考评制度。根据企业经营目标和岗位职责特点，确定量化的考核指标。难以实行定量考核的岗位，要根据经营业绩和工作实绩进行严格考核。对重要岗位上的管理人员要建立定期述职报告制度，并建立考评档案。考评结果的确定，以经营业绩和工作实绩考核为主，参考民主评议意见。

（五）依据考评结果进行奖励或处罚。对年度或任期内考评成绩优秀的管理人员应予以表彰或奖励；对考评成绩达不到规定要求的管理人员，要给予警示和处罚。任期内不称职的，可以通过企业的规定程序予以提前解聘。企业根据实际，可在健全考评制度的基础上，对管理人员实行淘汰制度，真正形成竞争上岗的用人机制。

（六）加强培训，切实提高管理人员素质。对关键、特殊岗位的管理人员要实行持证上岗制度，上岗前进行必要的岗位知识和技能培训。

三、建立职工择优录用、能进能出的用工制度

（一）保障企业用工自主权。企业根据生产经营需要，按照面向社会、条件公开、平等竞争、择优录用的原则，依法自主决定用工数量和招工的时间、条件、方式。除国家另有规定外，任何部门、单位或个人不得强制企业接受人员。

（二）规范劳动合同制度。企业与职工按照平等自愿、双向选择、协商一致的原则，签订劳动合同，依法确定劳动关系。企业职工中不再有全民固定工、集体工、合同工等身份界限，所有职工的权益依法受到保护。建立健全劳动合同管理制度，完善管理手段，依法做好劳动合同变更、续订、终止、解除等各项工作，对劳动合同实行动态管理，认真履行劳动合同。职工劳动合同期满，企业应根据考核情况和企业生产经营需要，择优与职工续签劳动合同。

（三）优化劳动组织结构。根据企业生产经营需要，参照国内外同行业先进水平，科学设置职工工作岗位，测定岗位工作量，合理确定劳动定员定额标

准，减员增效，不断提高劳动生产率。

（四）推行职工竞争上岗制度。企业中凡具备竞争条件的岗位都应实行竞争上岗。对在岗职工进行岗位动态考核，依据考核结果实行内部淘汰办法；对不胜任工作的人员及未竞争到岗位的人员，企业应对其进行转岗或培训；对不服从转岗分配或经培训仍不能胜任工作的职工，企业可依法与其解除劳动关系。

（五）加强以岗位管理为核心的内部劳动管理。依据国家有关法律法规和企业实际，建立健全企业内部劳动管理的配套规章制度，规范奖惩办法，严肃劳动纪律。对违反企业规章制度和劳动纪律的职工，应视情节轻重按规定予以处理；情节严重的，可以依法解除劳动关系。

（六）多渠道分流安置富余人员。富余人员较多的企业，要采取主辅分离和鼓励职工自己创办独立核算、自负盈亏的经济实体等多种途径，加快人员分流。富余人员未分流前，富余人员能够胜任的工作岗位原则上不再招用新的职工。积极采取有效措施，鼓励富余人员直接进入劳动力市场自谋职业。生产经营遇到严重困难和濒临破产的企业，可依法实行经济性裁员。

（七）建立和完善职工培训制度。企业要形成培训与考核、使用、待遇相结合的激励机制。坚持先培训后上岗的制度，大力开展职工岗前培训。对按规定必须持职业资格证书上岗的职工，应按国家职业资格标准进行培训，使其取得相应的职业资格。加强职工在岗、转岗培训，提高职工素质，增强职工创新能力。

四、建立收入能增能减、有效激励的分配制度

（一）实行按劳分配为主、效率优先、兼顾公平的多种分配方式。企业内部实行按劳分配原则，合理拉开分配档次。允许和鼓励资本、技术等生产要素参与收益分配。积极推行股份制改革，在依据有关法规政策进行规范运作的基础上，允许职工通过投资入股的方式参与分配。

（二）改革企业工资决定机制。企业职工工资水平，在国家宏观调控下由企业依据当地社会平均工资和企业经济效益自主决定。企业应严格按照国家有关工资支付的法律法规，按时支付职工工资，不得故意拖欠工资。企业应依法执行最低工资保障制度，保证职工在法定工作时间内提供正常劳动后，获取的工资报酬不低于当地政府规定的最低工资标准。

（三）完善企业内部分配办法。建立以岗位工资为主的基本工资制度，明确规定岗位职责和技能要求，实行以岗定薪，岗变薪变。岗位工资标准要与企业经济效益相联系，随之上下浮动。允许企业采取形式多样、自主灵活的其他分配形式。无论哪一种形式，都应该坚持与职工的岗位职责、工作业绩和实际贡献直接挂钩，真正形成重实绩、重贡献的分配激励机制。

（四）运用市场手段调节收入分配。随着分配制度改革的深化，在企业内部分配上逐步引入市场机制，更好地发挥市场对企业工资分配的基础性调节作用。

（五）调整职工收入分配结构。把工资总额中的部分补贴、津贴纳入岗位工资，提高岗位工资的比重。通过调整收入结构，提高工资占人工成本的比重，充分发挥工资的激励功能。按照企业效益和职工的实际贡献，确定职工工资收入，做到奖勤罚懒、奖优罚劣。

（六）实行适合企业专业技术人员特点的激励和分配制度。对企业专业技术人员实行按岗位定酬、按任务定酬、按业绩（科技成果）定酬的分配办法。对有贡献的专业技术人员可实行项目成果奖励，技术创新和新产品商品化的新增净利润提成，技术转让以及与技术转让有关的技术开发、技术服务、技术咨询所得净收入提成，关键技术折价入股和股份奖励、股份（股票）期权等分配办法和激励形式。企业可采取特殊的工资福利措施，引进和稳定少数关键专业技术人才。对贡献突出的专业技术人才实行重奖，其奖励可在企业技术开发费中据实列支。

（七）完善对营销人员的分配办法。企业根据产品的市场状况和销售特点，确定营销人员的任务、责任和分配办法。营销人员的收入除了依据其完成的销售收入量而定外，还可与其销售经营的实际回款额挂钩。对推销新产品、库存1年以上积压产品或回收逾期1年以上货款效果显著的人员应给予奖励。营销人员的奖励可在销售费用中据实列支。

五、扎实工作，积极稳妥地推进企业三项制度改革

（一）领导重视并认真组织实施。企业要把贯彻落实本意见作为当前转换经营机制、建立现代企业制度的一项重点工作，制定切合本企业实际的改革方案，并认真组织实施。各级政府行使国有资产出资人职能的机构和股份制企业的董事会，要把三项制度改革的成效作为对企业经营管理者考核的一项重要内容，加大推进力度，促进改革到位，努力取得实效。

（二）做好职工的思想政治工作。深化三项制度改革，是一项涉及职工切身利益的重要工作，也是一场深刻的经营管理革命。必须充分发挥企业党组织和工会等群众组织的作用，调动各方面积极性，有针对性地做好职工思想政治工作，引导广大职工转变观念，提高对改革必要性和紧迫性的认识，使职工理解改革、积极参与改革。同时，要保障职工的民主权利，对改革中涉及职工切身利益的重大问题，要审慎对待，认真解决。要关心职工生活，特别要关心困难职工、下岗职工和离退休职工的生活，通过多种途径，解决他们的实际困难，切实保障职工的基本生活，维护社会稳定。

（三）有关部门要支持企业推进内部改革。各地经贸委和人事、劳动保障

等部门要积极配合，加强对改革的指导，对改革中出现的一些突出问题要及时沟通研究对策，认真做好组织工作，主动为企业的改革创造条件，在全社会营造良好的改革氛围。要深入企业，帮助解决实际问题。认真总结和推广成功的典型经验，以推动企业三项制度改革不断深入。

本意见适用于国有及国有控股工业企业，其他行业的国有及国有控股企业参照执行。

二十一、2003 年 2 月 13 日，建设部《关于培育发展工程总承包和工程项目管理企业的指导意见》（建市〔2003〕30 号）

为了深化我国工程建设项目组织实施方式改革，培育发展专业化的工程总承包和工程项目管理企业，现提出指导意见如下：

一、推行工程总承包和工程项目管理的重要性和必要性

工程总承包和工程项目管理是国际通行的工程建设项目组织实施方式。积极推行工程总承包和工程项目管理，是深化我国工程建设项目组织实施方式改革，提高工程建设管理水平，保证工程质量和投资效益，规范建筑市场秩序的重要措施；是勘察、设计、施工、监理企业调整经营结构，增强综合实力，加快与国际工程承包和管理方式接轨，适应社会主义市场经济发展和加入世界贸易组织后新形势的必然要求；是贯彻党的十六大关于“走出去”的发展战略，积极开拓国际承包市场，带动我国技术、机电设备及工程材料的出口，促进劳务输出，提高我国企业国际竞争力的有效途径。

各级建设行政主管部门要统一思想，提高认识，采取有效措施，切实加强对工程总承包和工程项目管理活动的指导，及时总结经验，促进我国工程总承包和工程项目管理的健康发展。

二、工程总承包的基本概念和主要方式

（一）工程总承包是指从事工程总承包的企业（以下简称工程总承包企业）受业主委托，按照合同约定对工程项目的勘察、设计、采购、施工、试运行（竣工验收）等实行全过程或若干阶段的承包。

（二）工程总承包企业按照合同约定对工程项目的质量、工期、造价等向业主负责。工程总承包企业可依法将所承包工程中的部分工作发包给具有相应资质的分包企业；分包企业按照分包合同的约定对总承包企业负责。

（三）工程总承包的具体方式、工作内容和责任等，由业主与工程总承包企业在合同中约定。工程总承包主要有如下方式：

1. 设计采购施工（EPC）/ 交钥匙总承包

设计采购施工总承包是指工程总承包企业按照合同约定，承担工程项目的设计、采购、施工、试运行服务等工作，并对承包工程的质量、安全、工期、造价全面负责。

交钥匙总承包是设计采购施工总承包业务和责任的延伸，最终是向业主提交一个满足使用功能、具备使用条件的工程项目。

2. 设计—施工总承包（D-B）

设计—施工总承包是指工程总承包企业按照合同约定，承担工程项目设计和施工，并对承包工程的质量、安全、工期、造价全面负责。

根据工程项目的不同规模、类型和业主要求，工程总承包还可采用设计—采购总承包（E-P）、采购—施工总承包（P-C）等方式。

三、工程项目管理的基本概念和主要方式

（一）工程项目管理是指从事工程项目管理的企业（以下简称工程项目管理企业）受业主委托，按照合同约定，代表业主对工程项目的组织实施进行全过程或若干阶段的管理和服务。

（二）工程项目管理企业不直接与该工程项目的总承包企业或勘察、设计、供货、施工等企业签订合同，但可以按合同约定，协助业主与工程项目的总承包企业或勘察、设计、供货、施工等企业签订合同，并受业主委托监督合同的履行。

（三）工程项目管理的具体方式及服务内容、权限、取费和责任等，由业主与工程项目管理企业在合同中约定。工程项目管理主要有如下方式：

1. 项目管理服务（PM）

项目管理服务是指工程项目管理企业按照合同约定，在工程项目决策阶段，为业主编制可行性研究报告，进行可行性分析和项目策划；在工程项目实施阶段，为业主提供招标代理、设计管理、采购管理、施工管理和试运行（竣工验收）等服务，代表业主对工程项目进行质量、安全、进度、费用、合同、信息等管理和控制。工程项目管理企业一般应按照合同约定承担相应的管理责任。

2. 项目管理承包（PMC）

项目管理承包是指工程项目管理企业按照合同约定，除完成项目管理服务（PM）的全部工作内容外，还可以负责完成合同约定的工程初步设计（基础工程设计）等工作。对于需要完成工程初步设计（基础工程设计）工作的工程项目管理企业，应当具有相应的工程设计资质。项目管理承包企业一般应当按照合同约定承担一定的管理风险和经济责任。

根据工程项目的不同规模、类型和业主要求，还可采用其他项目管理方式。

四、进一步推行工程总承包和工程项目管理的措施

（一）鼓励具有工程勘察、设计或施工总承包资质的勘察、设计和施工企业，通过改造和重组，建立与工程总承包业务相适应的组织机构、项目管理体系，充实项目管理专业人员，提高融资能力，发展成为具有设计、采购、施工（施工管理）综合功能的工程公司，在其勘察、设计或施工总承包资质等级许可的工程项目范围内开展工程总承包业务。

工程勘察、设计、施工企业也可以组成联合体对工程项目进行联合总承包。

（二）鼓励具有工程勘察、设计、施工、监理资质的企业，通过建立与工程项目管理业务相适应的组织机构、项目管理体系，充实项目管理专业人员，按照有关资质管理规定在其资质等级许可的工程项目范围内开展相应的工程项目管理业务。

（三）打破行业界限，允许工程勘察、设计、施工、监理等企业，按照有关规定申请取得其他相应资质。

（四）工程总承包企业可以接受业主委托，按照合同约定承担工程项目管理业务，但不应在同一个工程项目上同时承担工程总承包和工程项目管理业务，也不应与承担工程总承包或者工程项目管理业务的另一方企业有隶属关系或者其他利害关系。

（五）对于依法必须实行监理的工程项目，具有相应监理资质的工程项目管理企业受业主委托进行项目管理，业主可不再另行委托工程监理，该工程项目管理企业依法行使监理权利，承担监理责任；没有相应监理资质的工程项目管理企业受业主委托进行项目管理，业主应当委托监理。

（六）各级建设行政主管部门要加强与有关部门的协调，认真贯彻《国务院办公厅转发外经贸部等部门关于大力发展对外承包工程意见的通知》（国办发〔2000〕32号）精神，使有关融资、担保、税收等方面的政策落实到重点扶持发展的工程总承包企业和工程项目管理企业，增强其国际竞争实力，积极开拓国际市场。

鼓励大型设计、施工、监理等企业与国际大型工程公司以合资或合作的方式，组建国际型工程公司或项目管理公司，参加国际竞争。

（七）提倡具备条件的建设项目，采用工程总承包、工程项目管理方式组织建设。

鼓励有投融资能力的工程总承包企业，对具备条件的工程项目，根据业主的要求，按照建设—转让（BT）、建设—经营—转让（BOT）、建设—拥有—经营（BOO）、建设—拥有—经营—转让（BOOT）等方式组织实施。

（八）充分发挥行业协会和高等院校的作用，进一步开展工程总承包和工

程项目管理的专业培训，培养工程总承包和工程项目管理的专业人才，适应国内外工程建设的市场需要。

有条件的行业协会、高等院校和企业等，要加强对工程总承包和工程项目管理的理论研究，开发工程项目管理软件，促进我国工程总承包和工程项目管理水平的提高。

（九）本指导意见自印发之日起实施。1992 年 11 月 17 日建设部颁布的《设计单位进行工程总承包资格管理的有关规定》（建设〔1992〕805 号）同时废止。

二十二、2004 年 11 月 16 日建设部关于印发《建设工程项目管理试行办法》的通知（建市〔2004〕200 号）

现将《建设工程项目管理试行办法》印发给你们，请结合本地区、本部门实际情况认真贯彻执行。执行中有何问题，请及时告我部建筑市场管理司。

建设工程项目管理试行办法

第一条　[目的和依据]　为了促进我国建设工程项目管理健康发展，规范建设工程项目管理行为，不断提高建设工程投资效益和管理水平，依据国家有关法律、行政法规，制定本办法。

第二条　[适用范围]　凡在中华人民共和国境内从事工程项目管理活动，应当遵守本办法。

本办法所称建设工程项目管理，是指从事工程项目管理的企业（以下简称项目管理企业），受工程项目业主方委托，对工程建设全过程或分阶段进行专业化管理和服务活动。

第三条　[企业资质]　项目管理企业应当具有工程勘察、设计、施工、监理、造价咨询、招标代理等一项或多项资质。

工程勘察、设计、施工、监理、造价咨询、招标代理等企业可以在本企业资质以外申请其他资质。企业申请资质时，其原有工程业绩、技术人员、管理人员、注册资金和办公场所等资质条件可合并考核。

第四条　[执业资格]　从事工程项目管理的专业技术人员，应当具有城市规划师、建筑师、工程师、建造师、监理工程师、造价工程师等一项或者多项执业资格。

取得城市规划师、建筑师、工程师、建造师、监理工程师、造价工程师等执业资格的专业技术人员，可在工程勘察、设计、施工、监理、造价咨询、招标代理等任何一家企业申请注册并执业。

取得上述多项执业资格的专业技术人员，可以在同一企业分别注册并执业。

第五条 [服务范围] 项目管理企业应当改善组织结构，建立项目管理体系，充实项目管理专业人员，按照现行有关企业资质管理规定，在其资质等级许可的范围内开展工程项目管理业务。

第六条 [服务内容] 工程项目管理业务范围包括:

（一）协助业主方进行项目前期策划，经济分析、专项评估与投资确定;

（二）协助业主方办理土地征用、规划许可等有关手续;

（三）协助业主方提出工程设计要求、组织评审工程设计方案、组织工程勘察设计招标、签订勘察设计合同并监督实施，组织设计单位进行工程设计优化、技术经济方案比选并进行投资控制;

（四）协助业主方组织工程监理、施工、设备材料采购招标;

（五）协助业主方与工程项目总承包企业或施工企业及建筑材料、设备、构配件供应等企业签订合同并监督实施;

（六）协助业主方提出工程实施用款计划，进行工程竣工结算和工程决算，处理工程索赔，组织竣工验收，向业主方移交竣工档案资料;

（七）生产试运行及工程保修期管理，组织项目后评估;

（八）项目管理合同约定的其他工作。

第七条 [委托方式] 工程项目业主方可以通过招标或委托等方式选择项目管理企业，并与选定的项目管理企业以书面形式签订委托项目管理合同。合同中应当明确履约期限，工作范围，双方的权利、义务和责任，项目管理酬金及支付方式，合同争议的解决办法等。

工程勘察、设计、监理等企业同时承担同一工程项目管理和其资质范围内的工程勘察、设计、监理业务时，依法应当招标投标的应当通过招标投标方式确定。

施工企业不得在同一工程从事项目管理和工程承包业务。

第八条 [联合投标] 两个及以上项目管理企业可以组成联合体以一个投标人身份共同投标。联合体中标的，联合体各方应当共同与业主方签订委托项目管理合同，对委托项目管理合同的履行承担连带责任。联合体各方应签订联合体协议，明确各方权利、义务和责任，并确定一方作为联合体的主要责任方，项目经理由主要责任方选派。

第九条 [合作管理] 项目管理企业经业主方同意，可以与其他项目管理企业合作，并与合作方签订合作协议，明确各方权利、义务和责任。合作各方对委托项目管理合同的履行承担连带责任。

第十条 [管理机构] 项目管理企业应当根据委托项目管理合同约定，选派具有相应执业资格的专业人员担任项目经理，组建项目管理机构，建立与管理业务相适应的管理体系，配备满足工程项目管理需要的专业技术管理人员，制定各专业项目管理人员的岗位职责，履行委托项目管理合同。

工程项目管理实行项目经理责任制。项目经理不得同时在两个及以上工程项目中从事项目管理工作。

第十一条 [服务收费]　工程项目管理服务收费应当根据受委托工程项目规模、范围、内容、深度和复杂程度等，由业主方与项目管理企业在委托项目管理合同中约定。

工程项目管理服务收费应在工程概算中列支。

第十二条　[执业原则]　在履行委托项目管理合同时，项目管理企业及其人员应当遵守国家现行的法律法规、工程建设程序，执行工程建设强制性标准，遵守职业道德，公平、科学、诚信地开展项目管理工作。

第十三条　[奖励]　业主方应当对项目管理企业提出并落实的合理化建议按照相应节省投资额的一定比例给予奖励。奖励比例由业主方与项目管理企业在合同中约定。

第十四条　[禁止行为]　项目管理企业不得有下列行为:

（一）与受委托工程项目的施工以及建筑材料、构配件和设备供应企业有隶属关系或者其他利害关系;

（二）在受委托工程项目中同时承担工程施工业务;

（三）将其承接的业务全部转让给他人，或者将其承接的业务肢解以后分别转让给他人;

（四）以任何形式允许其他单位和个人以本企业名义承接工程项目管理业务;

（五）与有关单位串通，损害业主方利益，降低工程质量。

第十五条　[禁止行为]　项目管理人员不得有下列行为:

（一）取得一项或多项执业资格的专业技术人员，不得同时在两个及以上企业注册并执业。

（二）收受贿赂、索取回扣或者其他好处;

（三）明示或者暗示有关单位违反法律法规或工程建设强制性标准，降低工程质量。

第十六条　[监督管理]　国务院有关专业部门、省级政府建设行政主管部门应当加强对项目管理企业及其人员市场行为的监督管理，建立项目管理企业及其人员的信用评价体系，对违法违规等不良行为进行处罚。

第十七条　[行业指导]　各行业协会应当积极开展工程项目管理业务培训，培养工程项目管理专业人才，制定工程项目管理标准、行为规则，指导和规范建设工程项目管理活动，加强行业自律，推动建设工程项目管理业务健康发展。

第十八条　本办法由建设部负责解释。

第十九条　本办法自 2004 年 12 月 1 日起执行。

二十三、2013年2月6日，住房城乡建设部印发《关于进一步促进工程勘察设计行业改革与发展若干意见的通知》(建市〔2013〕23号)

现将《关于进一步促进工程勘察设计行业改革与发展若干意见》印发给你们，请结合实际，认真贯彻落实。

关于进一步促进工程勘察设计行业改革与发展的若干意见

工程勘察设计行业是国民经济的基础产业之一，是现代服务业的重要组成部分。工程勘察设计是工程建设的先导和灵魂，是贯彻落实国家发展规划、产业政策和促进先进技术向现实生产力转化的关键环节，是提高建设项目投资效益、社会效益和保障工程质量安全的重要保证，对传承优秀历史文化、促进城乡协调发展科学发展、推动经济转型升级、建设创新型国家起着十分重要的作用。

当前，我国正处于全面建成小康社会的决定性阶段，也是信息化和工业化深度融合、工业化和城镇化良性互动的重要时期。为进一步优化工程建设发展环境，提升服务水平，促进工程勘察设计行业改革与发展，提出如下意见。

一、坚持科学发展理念，明确基本思路和主要目标

(一)发展理念

工程勘察设计要坚持质量第一、以人为本，资源节约、生态环保，科技引领、人才兴业，文化传承、创新驱动的理念。

工程勘察设计要始终坚持将质量安全放在第一位，确保工程建设项目功能和质量；充分考虑地域、人文、环境、资源等特点，促进人与自然和谐发展；节约集约利用资源和能源，推进低碳循环经济建设；注重环境保护，促进生态文明建设;加快科技成果向现实生产力转化，推进产业技术进步;加强人才培养，提升行业队伍素质；坚持安全、适用、经济、美观的原则，弘扬优秀历史文化；坚持技术、管理和业态创新，促进勘察设计行业健康可持续发展。

(二)基本思路

以邓小平理论、“三个代表”重要思想、科学发展观为指导，以加快转变行业发展方式为主线，坚持市场化、国际化的发展方向，完善行业发展体制与机制，推进技术、管理和业态创新，优化行业发展环境，提升行业核心竞争力，不断提高勘察设计质量与技术水平，实现勘察设计行业全面协调可持续的科学发展。

(三)主要目标

构建与社会主义市场经济体制相适应、具有中国特色的工程勘察设计行业管理体制和运行机制。以加强企业资质和个人执业资格动态监管为手段，以推

进工程担保、保险和诚信体系建设为重点，完善勘察设计市场运行体系；以大型综合工程勘察设计企业和工程公司为龙头，以中小型专业工程勘察设计企业为基础，构建规模级配合理、专业分工有序的行业结构体系；以质量安全为核心，以技术、管理、业态创新为动力，逐步形成涵盖工程建设全过程的行业服务体系，实现建设工程的经济效益、社会效益和环境效益相统一。

二、优化行业发展环境

（四）完善企业资质管理制度

进一步简化工程勘察设计资质分类，加强对专业相关、相近的企业资质归并整合的研究。加强企业资质动态监管，强化勘察设计市场准入清出机制。完善工程勘察设计企业跨区域开展业务的管理，规范企业市场行为，防止地方保护，加快建立统一开放、竞争有序的工程勘察设计市场。

（五）完善个人执业资格管理制度

进一步完善勘察设计个人执业资格制度框架体系，合理优化专业划分，逐步实现相关、相近类别注册资格的归并整合。完善执业标准，探索拓宽注册建筑师、勘察设计注册工程师的执业范围，强化执业责任，维护执业合法权益。加强执业监管，规范执业行为，加大对人员业绩、从业行为、诚信行为、社保关系的审查力度，防止注册执业人员的人证分离，全面提高执业人员的素质。

（六）改进工程勘察设计招投标制度

针对勘察设计行业特点完善招投标制度，研究推行不同的招标方式，大中型建筑设计项目采用概念性方案设计招标、实施性方案设计招标等形式，大中型工业设计项目采用工艺方案比选、初步设计招标等形式。工程勘察设计招标应重点评估投标人的能力、业绩、信誉以及方案的优劣，不得以压低勘察设计费、增加工作量、缩短勘察设计周期作为中标条件。

（七）加强工程勘察设计市场监管

健全工程勘察设计市场监督管理机制，加强对企业市场行为和个人从业行为的动态监管，定期开展勘察设计市场集中检查。健全勘察设计行业管理信息系统，逐步实现与工商、社保、税务等行政主管部门的信息联动，实现对各类市场主体、专业技术人员、工程项目等相关数据的共享和管理联动，提高监管效能。

（八）推行勘察设计责任保险和担保

进一步完善市场风险防范机制，加快建立由政府倡导、按市场模式运行的工程保险、担保制度，保障企业稳定运营。支持工程勘察设计领域的保险产品创新，积极运用保险机制分担工程勘察设计企业和人员的从业风险。引导工程担保制度发展，为工程勘察设计企业增强服务能力、提升企业实力提供支撑。

（九）保证工程勘察设计合理收费和周期

完善工程勘察设计收费和周期管理体系，进一步提高工程勘察设计质量和水平。合理确定工程勘察设计各阶段周期，在合同中明确约定并严格履行。完善优化设计激励办法，鼓励和推行优质优价。监督建设工程勘察设计承发包双方严格执行工程勘察设计收费标准。加大对工程勘察设计企业违规低价竞标和建设单位压缩合理勘察设计周期等行为的处罚力度。

（十）健全工程勘察设计行业诚信体系

按照“依法经营、诚实守信、失信必惩、保障有力”的原则，推进诚信体系建设，营造良好的勘察设计市场环境。完善工程勘察设计行业诚信标准，建立比较完整的各类市场主体和注册执业人员的信用档案。依托全国统一的诚信信息平台，及时采集并公布诚信信息，接受社会监督。加强对诚信信息的分析和应用，推行市场准入清出、勘察设计招投标、市场动态监管等环节的差别化管理，逐步培育依法竞争、合理竞争、诚实守信的勘察设计市场。

三、提升行业服务水平

（十一）拓宽工程勘察设计企业服务范围

支持企业参与工程建设项目全过程管理，引导企业加强业态创新。促进大型设计企业向具有项目前期咨询、工程总承包、项目管理和融资能力的工程公司或工程设计咨询公司发展；促进大型勘察企业向具有集成化服务能力的岩土工程公司或岩土工程咨询公司发展；促进中小型工程勘察设计企业向具有较强专业技术优势的专业公司发展。鼓励有条件的大中型工程勘察设计企业以设计和研发为基础，以自身专利及专有技术为优势，拓展装备制造、设备成套、项目运营维护等相关业务，逐步形成工程项目全生命周期的一体化服务体系。

（十二）增强工程勘察设计企业自主创新能力

鼓励工程勘察设计企业坚持自主创新，引导企业建立自主创新的工作机制和激励制度。鼓励企业创建技术研发中心，重点开发具有自主知识产权的核心技术、专利和专有技术及产品，形成完备的科研开发和技术运用体系。引导行业企业与生产企业、高等院校、科研单位进行战略合作，重点解决影响行业发展的关键性技术。支持有条件的工程勘察设计企业申请高新技术企业，全面提高工程勘察设计企业的科技水平。

（十三）强化工程勘察设计行业人才支撑

工程勘察设计企业要重视人才队伍建设，制订人才发展规划，努力建设一支结构合理、素质优秀的人才队伍。要建立健全与市场接轨的人才选拔任用、培养和分配激励制度，最大限度地调动从业人员的积极性和创造性，吸引和留住人才。加快行业领军人物、复合型人才、卓越工程师的培养，加强多层次人才梯队建设。强化职业道德教育，提高从业人员的责任心和使命感。

（十四）推进工程勘察设计行业信息化建设

加强信息化建设，不断提升信息技术应用水平。加快建立勘察设计行业信息化标准。积极推广三维设计、协同设计系统的建设与应用，大型建筑设计企业要积极应用BIM等技术。建立项目管理、综合办公管理、科研管理等相结合的集成化系统。探索发展云计算平台，实现硬件、软件、数据等资源的全面共享，增强企业的规范化、精细化管理能力，全面提高行业生产效率。

（十五）提高工程勘察设计质量保障水平

勘察设计企业应当严格执行法律法规和工程建设强制性标准，建立健全内部质量保证体系，注重全过程质量控制，加强审核环节管理，同时提高自身技术装备水平，积极开展人员职业道德与业务素质教育，全面提高勘察设计质量。勘察设计企业应当对设计使用年限内的勘察设计质量负责，企业法定代表人、技术负责人、项目负责人、各专业设计人、注册执业人员对勘察设计质量承担相应的责任。施工图审查机构应当对勘察设计质量严格把关，按照要求对勘察设计文件中涉及公共利益、公众安全和工程建设强制性标准的内容进行审查，全面提高工程勘察设计行业的质量水平。

（十六）鼓励工程勘察设计行业参与村镇建设

鼓励工程勘察设计企业和专业技术人员积极开展村镇建设工程勘察设计和相关专业技术工作，参与农房建设标准规范和农村房屋建设标准设计图集编制，提供农村基础设施和农房设计服务。允许注册建筑师、注册结构工程师等专业技术人员以个人名义承担农村低层房屋设计任务，并对设计质量负责，逐步提高农村房屋的工程质量。

（十七）推动工程勘察设计企业“走出去”

积极培育一批具有较强国际竞争力的大型工程勘察设计企业，加快行业国际化发展进程。对有实力、有信誉的工程勘察设计企业，在对外承包工程等经营活动等方面给予政策支持。鼓励企业与国际先进的工程公司、供应商、专利商、分包商建立合作关系，带动国际工程承包业务发展和设备材料出口。推动大型工程勘察设计企业掌握国际标准规范和通行规则，积极将国内标准规范推广应用于国际工程项目，逐步提高我国标准规范的国际地位。

四、强化行业组织作用

（十八）充分发挥工程勘察设计行业组织作用

充分发挥行业组织“提供服务、反映诉求、规范行为”的桥梁纽带作用，切实履行服务行业企业的宗旨，加强行业自律，维护行业合法权益。支持行业组织参与政策研究、法规标准制定、行业科技进步、国际市场拓展等相关工作。引导行业组织在人才培训、国际交流、协调对外工程服务贸易争端、诚信体系建设、行业改革与发展等方面发挥更大作用。鼓励行业组织间加强沟通、交流与合作，形成合力，深入开展行业调研，研究行业发展与改革中的重大问题，提出对策建议，共同促进勘察设计行业的科学发展。

二十四、2015年7月9日，中共中央办公厅、国务院办公厅印发《行业协会商会与行政机关脱钩总体方案》（中办发〔2015〕39号）

行业协会商会是我国经济建设和社会发展的重要力量。改革开放以来，随着社会主义市场经济体制的建立和完善，行业协会商会发展迅速，在为政府提供咨询、服务企业发展、优化资源配置、加强行业自律、创新社会治理、履行社会责任等方面发挥了积极作用。目前，一些行业协会商会还存在政会不分、管办一体、治理结构不健全、监督管理不到位、创新发展不足、作用发挥不够等问题。按照《中共中央关于全面深化改革若干重大问题的决定》《国务院机构改革和职能转变方案》有关精神和工作部署，为加快转变政府职能，实现行业协会商会与行政机关脱钩，促进行业协会商会规范发展，制定本方案。

一、总体要求和基本原则

（一）总体要求

贯彻落实党的十八大和十八届二中、三中、四中全会精神，加快形成政社分开、权责明确、依法自治的现代社会组织体制，理清政府、市场、社会关系，积极稳妥推进行业协会商会与行政机关脱钩，厘清行政机关与行业协会商会的职能边界，加强综合监管和党建工作，促进行业协会商会成为依法设立、自主办会、服务为本、治理规范、行为自律的社会组织。创新行业协会商会管理体制和运行机制，激发内在活力和发展动力，提升行业服务功能，充分发挥行业协会商会在经济发展新常态中的独特优势和应有作用。

（二）基本原则

坚持社会化、市场化改革方向。围绕使市场在资源配置中起决定性作用和更好发挥政府作用，改革传统的行政化管理方式，按照去行政化的要求，切断行政机关和行业协会商会之间的利益链条，建立新型管理体制和运行机制，促进和引导行业协会商会自主运行、有序竞争、优化发展。

坚持法制化、非营利原则。加快行业协会商会法律制度建设，明确脱钩后的法律地位，实现依法规范运行。建立准入和退出机制，健全综合监管体系。各级政府要明确权力边界，实现权力责任统一、服务监管并重。按照非营利原则要求，规范行业协会商会服务行为，发挥对会员的行为引导、规则约束和权益维护作用。

坚持服务发展、释放市场活力。提升行业协会商会专业化水平和能力，推动服务重心从政府转向企业、行业、市场。通过提供指导、咨询、信息等服务，更好地为企业、行业提供智力支撑，规范市场主体行为，引导企业健康有序发展，促进产业提质增效升级。

坚持试点先行、分步稳妥推进。在中央和地方分别开展试点，设置必要的过渡期，积极探索，总结经验，完善措施，逐步推开。根据行业协会商会不同情况，因地因业因会逐个缜密制定脱钩实施方案，具体安排、具体指导、具体把握，确保脱钩工作平稳过渡、有序推进。

二、脱钩主体和范围

脱钩的主体是各级行政机关与其主办、主管、联系、挂靠的行业协会商会。其他依照和参照公务员法管理的单位与其主办、主管、联系、挂靠的行业协会商会，参照本方案执行。

同时具有以下特征的行业协会商会纳入脱钩范围：会员主体为从事相同性质经济活动的单位、同业人员，或同地域的经济组织；名称以“行业协会”“协会”“商会”“同业公会”“联合会”“促进会”等字样为后缀；在民政部门登记为社会团体法人。

个别承担特殊职能的全国性行业协会商会，经中央办公厅、国务院办公厅批准，另行制定改革办法。

三、脱钩任务和措施

（一）机构分离，规范综合监管关系

取消行政机关（包括下属单位）与行业协会商会的主办、主管、联系和挂靠关系。行业协会商会依法直接登记和独立运行。行政机关依据职能对行业协会商会提供服务并依法监管。

依法保障行业协会商会独立平等法人地位。按照有利于行业发展和自愿互惠原则，对行业协会商会之间、行业协会商会与其他社会组织之间的代管协管挂靠关系进行调整，并纳入章程予以规范。鼓励行业协会商会优化整合，提高服务效率和水平。

调整行业协会商会与其代管的事业单位的关系。行业协会商会代管的事业单位，并入行业协会商会的，注销事业单位法人资格，核销事业编制，并入人员按照行业协会商会人员管理方式管理；不能并入行业协会商会的，应当与行业协会商会脱钩，根据业务关联性，在精简的基础上划转到相关行业管理部门管理，并纳入事业单位分类改革。

行政机关或事业单位与行业协会商会合署办公的，逐步将机构、人员和资产分开，行政机关或事业单位不再承担行业协会商会职能。

（二）职能分离，规范行政委托和职责分工关系

厘清行政机关与行业协会商会的职能。剥离行业协会商会现有的行政职能，法律法规另有规定的除外。业务主管单位对剥离行业协会商会有关行政职能提出具体意见。

加快转移适合由行业协会商会承担的职能。行政机关对适合由行业协会商会承担的职能，制定清单目录，按程序移交行业协会商会承担，并制定监管措施、履行监管责任。

（三）资产财务分离，规范财产关系

行业协会商会应执行民间非营利组织会计制度，单独建账、独立核算。没有独立账号、与行政机关会计合账、财务由行政机关代管或集中管理的行业协会商会，要设立独立账号，单独核算，实行独立财务管理。

对原有财政预算支持的全国性行业协会商会，逐步通过政府购买服务等方式支持其发展。自 2018 年起，取消全国性行业协会商会的财政直接拨款，在此之前，保留原有财政拨款经费渠道不变。为鼓励全国性行业协会商会加快与行政机关脱钩，过渡期内根据脱钩年份，财政直接拨款额度逐年递减。地方性行业协会商会的财政拨款过渡期和过渡办法，由各地自行确定，但过渡期不得超过 2017 年底。用于安置历次政府机构改革分流人员的财政资金，仍按原规定执行。

按照财政部门、机关事务主管部门统一部署和有关规定，各业务主管单位对其主管的行业协会商会财务资产状况进行全面摸底和清查登记，厘清财产归属。财政部门会同机关事务主管部门按照所有权、使用权相分离的原则，制定行业协会商会使用国有资产（包括无形资产）管理办法，确保国有资产不流失，同时确保行业协会商会的正常运行和发展。

行业协会商会占用的行政办公用房，超出规定面积标准的部分限期清理腾退；符合规定面积标准的部分暂由行业协会商会使用，2017 年底前按《中共中央办公厅、国务院办公厅关于党政机关停止新建楼堂馆所和清理办公用房的通知》及有关规定清理腾退，原则上应实现办公场所独立。具体办法由机关事务主管部门会同有关部门制定。

（四）人员管理分离，规范用人关系

行业协会商会具有人事自主权，在人员管理上与原主办、主管、联系和挂靠单位脱钩，依法依规建立规范用人制度，逐步实行依章程自主选人用人。

行政机关不得推荐、安排在职和退（离）休公务员到行业协会商会任职兼职。现职和不担任现职但未办理退（离）休手续的党政领导干部及在职工作人员，不得在行业协会商会兼任职务。领导干部退（离）休后三年内一般不得到行业协会商会兼职，个别确属工作特殊需要兼职的，应当按照干部管理权限审批；退（离）休三年后到行业协会商会兼职，须按干部管理权限审批或备案后

方可兼职。

对已在行业协会商会中任职、兼职的公务员，按相关规定进行一次性清理。任职的在职公务员，脱钩后自愿选择去留：退出行业协会商会工作的，由所属行政机关妥善安置；本人自愿继续留在行业协会商会工作的，退出公务员管理，不再保留公务员身份。在行业协会商会兼职的公务员，要限期辞去兼任职务。

行业协会商会全面实行劳动合同制度，与工作人员签订劳动合同，依法保障工作人员合法权益。工作人员的工资，由行业协会商会按照国家有关法律、法规和政策确定。行业协会商会及其工作人员按规定参加基本养老、基本医疗等社会保险和缴存住房公积金。

行业协会商会与行政机关脱钩后，使用的事业编制相应核销。现有事业人员按国家有关规定参加机关事业单位养老保险。历次政府机构改革分流人员仍执行原定政策。

（五）党建、外事等事项分离，规范管理关系

行业协会商会的党建、外事、人力资源服务等事项与原主办、主管、联系和挂靠单位脱钩。全国性行业协会商会与行政机关脱钩后的党建工作，按照原业务主管单位党的关系归口分别由中央直属机关工委、中央国家机关工委、国务院国资委党委领导。地方行业协会商会与行政机关脱钩后的党建工作，依托各地党委组织部门和民政部门建立社会组织党建工作机构统一领导；已经建立非公有制企业党建工作机构的，可依托组织部门将其与社会组织党建工作机构整合为一个机构。行业协会商会脱钩后，外事工作由住所地省（区、市）人民政府按中央有关外事管理规定执行，不再经原主办、主管、联系和挂靠单位审批。行业协会商会主管和主办的新闻出版单位的业务管理，按照文化体制改革相关要求和新闻出版行政管理部门有关规定执行。人力资源服务等事项由行业协会商会住所地有关部门按职能分工承担。

四、配套政策

（一）完善支持政策

制定有针对性的扶持引导政策，加强分类指导。完善政府购买服务机制，支持行业协会商会转型发展。鼓励各有关部门按照《国务院办公厅关于政府向社会力量购买服务的指导意见》要求，向符合条件的行业协会商会和其他社会力量购买服务，及时公布购买服务事项和相关信息，加强绩效管理。

完善行业协会商会价格政策，落实有关税收政策。按照行政事业性收费管理的有关规定，规范行业协会商会承接政府委托的行政事业性收费事项。对符合条件的非营利组织落实企业所得税优惠政策。

鼓励行业协会商会参与制定相关立法、政府规划、公共政策、行业标准和

行业数据统计等事务。有关部门要充分发挥行业协会商会在行业指南制定、行业人才培养、共性技术平台建设、第三方咨询评估等方面作用，完善对行业协会商会服务创新能力建设的支持机制。

建立信息资源共享机制。全国性行业协会商会的有关行业统计数据，按原规定报送国家统计局。行业协会商会应按原渠道向行业管理部门报送相关行业数据和信息。有关职能部门要建立行业公共信息交汇平台，整合全国性行业协会商会的有关数据，为政府制定和实施相关政策提供信息服务，为行业协会商会提供必要的行业信息和数据。

支持行业协会商会在进出口贸易和对外经济交流、企业“走出去”、应对贸易摩擦等事务中，发挥协调、指导、咨询、服务作用。鼓励行业协会商会参与协助政府部门多双边经贸谈判工作，提供相关咨询和协调服务。鼓励行业协会商会积极搭建促进对外贸易和投资等服务平台，帮助企业开拓国际市场。

（二）完善综合监管体制

加强法律法规制度建设。加快推进行业协会商会立法工作。行业协会商会脱钩后，按程序修改章程并报民政部门备案。健全行业协会商会退出机制，在实施脱钩中对职能不清、业务开展不正常、不适应经济社会发展的行业协会商会依法予以注销。鼓励和促进行业协会商会间公平有序竞争。

完善政府综合监管体系。制定行业协会商会综合监管办法，健全监督管理机制。民政部门依照相关登记管理法规，对行业协会商会加强登记审查、监督管理和执法检查，强化对主要负责人任职条件和任用程序的监督管理。财政部门负责对政府购买行业协会商会服务的资金和行为进行评估和监管，并会同机关事务主管部门对行业协会商会使用的国有资产进行登记和监管。税务部门对行业协会商会涉税行为进行稽查和监管。审计部门对行业协会商会依法进行审计监督。价格部门对行业协会商会收费及价格行为进行监管。行业协会商会组织论坛、评比、达标、表彰等活动，要严格按相关规定执行，并接受监督。各行业管理部门按职能对行业协会商会进行政策和业务指导，并履行相关监管责任。其他职能部门和地方政府按职能分工对行业协会商会进行监管。党的各级纪检机关加强监督执纪问责。探索建立专业化、社会化的第三方监督机制。

完善信用体系和信息公开制度。建立行业协会商会信用承诺制度，完善行业协会商会的信用记录，建立综合信用评级制度。对行业协会商会的信用情况开展社会评价，评价结果向社会公布。建立健全行业协会商会信息公开和年度报告制度，接受社会监督。

建立完善法人治理结构。行业协会商会要按照建立现代社会组织要求，建立和完善产权清晰、权责明确、运转协调、制衡有效的法人治理结构。健全行业协会商会章程审核备案机制，完善以章程为核心的内部管理制度，健全会员大会（会员代表大会）、理事会（常务理事会）制度，建立和健全监事会（监事）制度。落实民主选举、差额选举和无记名投票制度。鼓励选举企业家担任行业协会商会理事长，探索实行理事长（会长）轮值制，推行秘书长聘任制。实施法定代表人述职、主要负责人任职前公示和过错责任追究制度。在重要的行业协会商会试行委派监事制度，委派监事履行监督和指导职责，督促行业协会商会落实宏观调控政策和行业政策。所派监事不在行业协会商会兼职、取酬、享受福利。

五、组织实施

（一）建立工作机制

国家发展改革委、民政部会同中央组织部、中央编办、中央直属机关工委、中央国家机关工委、外交部、工业和信息化部、财政部、人力资源社会保障部、商务部、审计署、国务院国资委、国管局、全国工商联，成立行业协会商会与行政机关脱钩联合工作组（以下简称联合工作组），负责组织实施本方案，推进全国性行业协会商会脱钩工作，指导和督促各地开展脱钩工作。联合工作组由国务院领导同志牵头，办公室设在国家发展改革委。各地建立相应领导机制和工作组，制定本地区脱钩方案，负责推进本地区脱钩工作。

（二）明确责任分工

各相关职能部门按照本方案和职能分工，落实相关政策和措施。各级发展改革、民政部门负责统筹协调、督促检查脱钩工作。审计部门负责对资产清查结果进行抽查监督，审计脱钩过程中财政资金使用情况。各业务主管单位负责逐个制定行业协会商会脱钩实施方案，落实各项工作，并向社会公开。

本方案印发后一个月内，有关部门分别出台相关配套文件：中央组织部会同中央直属机关工委、中央国家机关工委、国务院国资委党委制定关于全国性行业协会商会与行政机关脱钩后党建工作管理体制调整的实施办法，明确党的思想、组织、作风、反腐倡廉和制度建设的具体任务，切实加强党对行业协会商会党建工作的领导；中央编办会同国家发展改革委、工业和信息化部、财政部、人力资源社会保障部、商务部、国务院国资委等部门提出关于行业协会商会与行政机关脱钩涉及事业单位机构编制调整的意见；外交部提出相关外事管理工作政策措施；国家发展改革委牵头制定行业公共信息平台建设方案；民政部牵头制定全国性行业协会商会主要负责人任职管理办法；财政部会同国管局、中直管理局等有关部门制定行业协会商会资产清查和国有资产管理规定，财政部提出逐步取消财政拨款的具体操作办法，财政部会同国家发展改革委等部门提出购买行业协会商会服务的具体措施；国管局、中直管理局会同有关部门制定清理腾退全国性行业协会商会占用行政办公用房的具体办法。

为适应行业协会商会脱钩后的新体制新要求，国家发展改革委、民政部会同有关部门制定综合监管办法。

（三）稳妥开展试点

全国性行业协会商会脱钩试点工作由民政部牵头负责，2015 年下半年开始第一批试点，2016 年总结经验、扩大试点，2017 年在更大范围试点，通过试点完善相应的体制机制后全面推开。按照兼顾不同类型、行业和部门的原则，第一批选择 100 个左右全国性行业协会商会开展脱钩试点。各业务主管单位于 2015 年 7 月底前将推荐试点名单报送民政部，并逐个制定试点行业协会商会脱钩实施方案。方案报经民政部核准、联合工作组批复后实施，其中须有关部门批准的事项，按管理权限和职能分别报批。各试点单位要在 2016 年 6 月底前完成第一批试点，由联合工作组对试点成效进行评估并认真总结经验，完善配套政策。

地方行业协会商会脱钩试点工作由各省（区、市）工作组负责。各省（区、市）同步开展本地区脱钩试点工作，首先选择几个省一级协会开展试点，试点方案报经民政部核准、联合工作组批复后实施。各地要在 2016 年底前完成第一批试点和评估，并将评估结果报联合工作组。在认真总结经验的基础上，完善试点政策，逐步扩大试点范围，稳妥审慎推开。

（四）精心组织实施

脱钩工作涉及面广、政策性强、社会关注度高，各地区、各有关部门和行业协会商会要高度重视，严明纪律，做好风险预案，确保如期完成脱钩任务。要严格按照本方案要求推进脱钩工作，规范工作程序，建立考核机制，确保工作有序开展。要加强舆论引导和政策解读，形成良好舆论氛围。脱钩工作中遇有重要情况和问题，要及时向联合工作组报告。

各地区、各部门要大力支持行业协会商会发展，优化发展环境，改进工作方式，构建与行业协会商会新型合作关系；建立和完善与行业协会商会协商机制，在研究重大问题和制定相关法律法规、规划、政策时应主动听取相关行业协会商会意见；加强对行业协会商会的指导和支持，及时研究解决行业协会商会改革发展中的困难和问题。行业协会商会要加快转型，努力适应新常态、新规则、新要求，完善治理结构，规范自身行为，提升专业服务水平，强化行业自律，引导企业规范经营，积极反映会员诉求，维护会员合法权益，真正成为依法自治的现代社会组织。

二十五、2015 年 8 月 24 日，中共中央、国务院《关于深化国有企业改革的指导意见》（中发〔2015〕22 号）

国有企业属于全民所有，是推进国家现代化、保障人民共同利益的重要力量，是我们党和国家事业发展的重要物质基础和政治基础。改革开放以来，国有企业改革发展不断取得重大进展，总体上已经同市场经济相融合，运行质量和效益明显提升，在国际国内市场竞争中涌现出一批具有核心竞争力的骨干企业，为推动经济社会发展、保障和改善民生、开拓国际市场、增强我国综合实力做出了重大贡献，国有企业经营管理者队伍总体上是好的，广大职工付出了不懈努力，成就是突出的。但也要看到，国有企业仍然存在一些亟待解决的突出矛盾和问题，一些企业市场主体地位尚未真正确立，现代企业制度还不健全，国有资产监管体制有待完善，国有资本运行效率需进一步提高；一些企业管理混乱，内部人控制、利益输送、国有资产流失等问题突出，企业办社会职能和历史遗留问题还未完全解决；一些企业党组织管党治党责任不落实、作用被弱化。面向未来，国有企业面临日益激烈的国际竞争和转型升级的巨大挑战。在推动我国经济保持中高速增长和迈向中高端水平、完善和发展中国特色社会主义制度、实现中华民族伟大复兴中国梦的进程中，国有企业肩负着重大历史使命和责任。要认真贯彻落实党中央、国务院战略决策，按照“四个全面”战略布局的要求，以经济建设为中心，坚持问题导向，继续推进国有企业改革，切实破除体制机制障碍，坚定不移做强做优做大国有企业。为此，提出以下意见。

一、总体要求

（一）指导思想

高举中国特色社会主义伟大旗帜，认真贯彻落实党的十八大和十八届三中、四中全会精神，深入学习贯彻习近平总书记系列重要讲话精神，坚持和完善基本经济制度，坚持社会主义市场经济改革方向，适应市场化、现代化、国际化新形势，以解放和发展社会生产力为标准，以提高国有资本效率、增强国有企业活力为中心，完善产权清晰、权责明确、政企分开、管理科学的现代企业制度，完善国有资产监管体制，防止国有资产流失，全面推进依法治企，加强和改进党对国有企业的领导，做强做优做大国有企业，不断增强国有经济活力、控制力、影响力、抗风险能力，主动适应和引领经济发展新常态，为促进经济社会持续健康发展、实现中华民族伟大复兴中国梦做出积极贡献。

（二）基本原则

——坚持和完善基本经济制度。这是深化国有企业改革必须把握的根本要求。必须毫不动摇巩固和发展公有制经济，毫不动摇鼓励、支持、引导非公有制经济发展。坚持公有制主体地位，发挥国有经济主导作用，积极促进国有资本、集体资本、非公有资本等交叉持股、相互融合，推动各种所有制资本取长补短、相互促进、共同发展。

——坚持社会主义市场经济改革方向。这是深化国有企业改革必须遵循的基本规律。国有企业改革要遵循市场经济规律和企业发展规律，坚持政企分开、政资分开、所有权与经营权分离，坚持权利、义务、责任相统一，坚持激励机制和约束机制相结合，促使国有企业真正成为依法自主经营、自负盈亏、自担风险、自我约束、自我发展的独立市场主体。社会主义市场经济条件下的国有企业，要成为自觉履行社会责任的表率。

——坚持增强活力和强化监管相结合。这是深化国有企业改革必须把握的重要关系。增强活力是搞好国有企业的本质要求，加强监管是搞好国有企业的重要保障，要切实做到两者的有机统一。继续推进简政放权，依法落实企业法人财产权和经营自主权，进一步激发企业活力、创造力和市场竞争力。进一步完善国有企业监管制度，切实防止国有资产流失，确保国有资产保值增值。

——坚持党对国有企业的领导。这是深化国有企业改革必须坚守的政治方向、政治原则。要贯彻全面从严治党方针，充分发挥企业党组织政治核心作用，加强企业领导班子建设，创新基层党建工作，深入开展党风廉政建设，坚持全心全意依靠工人阶级，维护职工合法权益，为国有企业改革发展提供坚强有力的政治保证、组织保证和人才支撑。

——坚持积极稳妥统筹推进。这是深化国有企业改革必须采用的科学方法。要正确处理推进改革和坚持法治的关系，正确处理改革发展稳定关系，正确处理搞好顶层设计和尊重基层首创精神的关系，突出问题导向，坚持分类推进，把握好改革的次序、节奏、力度，确保改革扎实推进、务求实效。

（三）主要目标

到 2020 年，在国有企业改革重要领域和关键环节取得决定性成果，形成更加符合我国基本经济制度和社会主义市场经济发展要求的国有资产管理体制、现代企业制度、市场化经营机制，国有资本布局结构更趋合理，造就一大批德才兼备、善于经营、充满活力的优秀企业家，培育一大批具有创新能力和国际竞争力的国有骨干企业，国有经济活力、控制力、影响力、抗风险能力明显增强。

——国有企业公司制改革基本完成，发展混合所有制经济取得积极进展，法人治理结构更加健全，优胜劣汰、经营自主灵活、内部管理人员能上能下、员工能进能出、收入能增能减的市场化机制更加完善。

——国有资产监管制度更加成熟，相关法律法规更加健全，监管手段和方式不断优化，监管的科学性、针对性、有效性进一步提高，经营性国有资产实现集中统一监管，国有资产保值增值责任全面落实。

——国有资本配置效率显著提高，国有经济布局结构不断优化、主导作用有效发挥，国有企业在提升自主创新能力、保护资源环境、加快转型升级、履行社会责任中的引领和表率作用充分发挥。

——企业党的建设全面加强，反腐倡廉制度体系、工作体系更加完善，国有企业党组织在公司治理中的法定地位更加巩固，政治核心作用充分发挥。

二、分类推进国有企业改革

（四）划分国有企业不同类别。根据国有资本的战略定位和发展目标，结合不同国有企业在经济社会发展中的作用、现状和发展需要，将国有企业分为商业类和公益类。通过界定功能、划分类别，实行分类改革、分类发展、分类监管、分类定责、分类考核，提高改革的针对性、监管的有效性、考核评价的科学性，推动国有企业同市场经济深入融合，促进国有企业经济效益和社会效益有机统一。按照谁出资谁分类的原则，由履行出资人职责的机构负责制定所出资企业的功能界定和分类方案，报本级政府批准。各地区可结合实际，划分并动态调整本地区国有企业功能类别。

（五）推进商业类国有企业改革。商业类国有企业按照市场化要求实行商业化运作，以增强国有经济活力、放大国有资本功能、实现国有资产保值增值为主要目标，依法独立自主开展生产经营活动，实现优胜劣汰、有序进退。

主业处于充分竞争行业和领域的商业类国有企业，原则上都要实行公司制股份制改革，积极引入其他国有资本或各类非国有资本实现股权多元化，国有资本可以绝对控股、相对控股，也可以参股，并着力推进整体上市。对这些国有企业，重点考核经营业绩指标、国有资产保值增值和市场竞争能力。

主业处于关系国家安全、国民经济命脉的重要行业和关键领域、主要承担重大专项任务的商业类国有企业，要保持国有资本控股地位，支持非国有资本参股。对自然垄断行业，实行以政企分开、政资分开、特许经营、政府监管为主要内容的改革，根据不同行业特点实行网运分开、放开竞争性业务，促进公共资源配置市场化；对需要实行国有全资的企业，也要积极引入其他国有资本实行股权多元化；对特殊业务和竞争性业务实行业务板块有效分离，独立运作、独立核算。对这些国有企业，在考核经营业绩指标和国有资产保值增值情况的同时，加强对服务国家战略、保障国家安全和国民经济运行、发展前瞻性战略性产业以及完成特殊任务的考核。

（六）推进公益类国有企业改革。公益类国有企业以保障民生、服务社会、提供公共产品和服务为主要目标，引入市场机制，提高公共服务效率和能力。这类企业可以采取国有独资形式，具备条件的也可以推行投资主体多元化，还可以通过购买服务、特许经营、委托代理等方式，鼓励非国有企业参与经营。对公益类国有企业，重点考核成本控制、产品服务质量、营运效率和保障能力，根据企业不同特点有区别地考核经营业绩指标和国有资产保值增值情况，考核中要引入社会评价。

三、完善现代企业制度

（七）推进公司制股份制改革。加大集团层面公司制改革力度，积极引入各类投资者实现股权多元化，大力推动国有企业改制上市，创造条件实现集团公司整体上市。根据不同企业的功能定位，逐步调整国有股权比例，形成股权结构多元、股东行为规范、内部约束有效、运行高效灵活的经营机制。允许将部分国有资本转化为优先股，在少数特定领域探索建立国家特殊管理股制度。

（八）健全公司法人治理结构。重点是推进董事会建设，建立健全权责对等、运转协调、有效制衡的决策执行监督机制，规范董事长、总经理行权行为，充分发挥董事会的决策作用、监事会的监督作用、经理层的经营管理作用、党组织的政治核心作用，切实解决一些企业董事会形同虚设、“一把手”说了算的问题，实现规范的公司治理。要切实落实和维护董事会依法行使重大决策、选人用人、薪酬分配等权利，保障经理层经营自主权，法无授权任何政府部门和机构不得干预。加强董事会内部的制衡约束，国有独资、全资公司的董事会和监事会均应有职工代表，董事会外部董事应占多数，落实一人一票表决制度，董事对董事会决议承担责任。改进董事会和董事评价办法，强化对董事的考核评价和管理，对重大决策失误负有直接责任的要及时调整或解聘，并依法追究责任。进一步加强外部董事队伍建设，拓宽来源渠道。

（九）建立国有企业领导人员分类分层管理制度。坚持党管干部原则与董事会依法产生、董事会依法选择经营管理者、经营管理者依法行使用人权相结合，不断创新有效实现形式。上级党组织和国有资产监管机构按照管理权限加强对国有企业领导人员的管理，广开推荐渠道，依规考察提名，严格履行选用程序。根据不同企业类别和层级，实行选任制、委任制、聘任制等不同选人用人方式。推行职业经理人制度，实行内部培养和外部引进相结合，畅通现有经营管理者与职业经理人身份转换通道，董事会按市场化方式选聘和管理职业经理人，合理增加市场化选聘比例，加快建立退出机制。推行企业经理层成员任期制和契约化管理，明确责任、权利、义务，严格任期管理和目标考核。

（十）实行与社会主义市场经济相适应的企业薪酬分配制度。企业内部的薪酬分配权是企业的法定权利，由企业依法依规自主决定，完善既有激励又有约束、既讲效率又讲公平、既符合企业一般规律又体现国有企业特点的分配机制。建立健全与劳动力市场基本适应、与企业经济效益和劳动生产率挂钩的工资决定和正常增长机制。推进全员绩效考核，以业绩为导向，科学评价不同岗位员工的贡献，合理拉开收入分配差距，切实做到收入能增能减和奖惩分明，充分调动广大职工积极性。对国有企业领导人员实行与选任方式相匹配、与企业功能性质相适应、与经营业绩相挂钩的差异化薪酬分配办法。对党中央、国务院和地方党委、政府及其部门任命的国有企业领导人员，合理确定基本年薪、绩效年薪和任期激励收入。对市场化选聘的职业经理人实行市场化薪酬分配机制，可以采取多种方式探索完善中长期激励机制。健全与激励机制相对称的经济责任审计、信息披露、延期支付、追索扣回等约束机制。严格规范履职待遇、业务支出，严禁将公款用于个人支出。

（十一）深化企业内部用人制度改革。建立健全企业各类管理人员公开招聘、竞争上岗等制度，对特殊管理人员可以通过委托人才中介机构推荐等方式，拓宽选人用人视野和渠道。建立分级分类的企业员工市场化公开招聘制度，切实做到信息公开、过程公开、结果公开。构建和谐劳动关系，依法规范企业各类用工管理，建立健全以合同管理为核心、以岗位管理为基础的市场化用工制度，真正形成企业各类管理人员能上能下、员工能进能出的合理流动机制。

四、完善国有资产管理体制

（十二）以管资本为主推进国有资产监管机构职能转变。国有资产监管机构要准确把握依法履行出资人职责的定位，科学界定国有资产出资人监管的边界，建立监管权力清单和责任清单，实现以管企业为主向以管资本为主的转变。该管的要科学管理、决不缺位，重点管好国有资本布局、规范资本运作、提高资本回报、维护资本安全；不该管的要依法放权、决不越位，将依法应由企业自主经营决策的事项归位于企业，将延伸到子企业的管理事项原则上归位于一级企业，将配合承担的公共管理职能归位于相关政府部门和单位。大力推进依法监管，着力创新监管方式和手段，改变行政化管理方式，改进考核体系和办法，提高监管的科学性、有效性。

（十三）以管资本为主改革国有资本授权经营体制。改组组建国有资本投资、运营公司，探索有效的运营模式，通过开展投资融资、产业培育、资本整合，推动产业集聚和转型升级，优化国有资本布局结构；通过股权运作、价值管理、有序进退，促进国有资本合理流动，实现保值增值。科学界定国有资本所有权和经营权的边界，国有资产监管机构依法对国有资本投资、运营公司和其他直接监管的企业履行出资人职责，并授权国有资本投资、运营公司对授权范围内的国有资本履行出资人职责。国有资本投资、运营公司作为国有资本市场化运作的专业平台，依法自主开展国有资本运作，对所出资企业行使股东职责，按照责权对应原则切实承担起国有资产保值增值责任。开展政府直接授权国有资本投资、运营公司履行出资人职责的试点。

（十四）以管资本为主推动国有资本合理流动优化配置。坚持以市场为导向、以企业为主体，有进有退、有所为有所不为，优化国有资本布局结构，增强国有经济整体功能和效率。紧紧围绕服务国家战略，落实国家产业政策和重点产业布局调整总体要求，优化国有资本重点投资方向和领域，推动国有资本向关系国家安全、国民经济命脉和国计民生的重要行业和关键领域、重点基础设施集中，向前瞻性战略性产业集中，向具有核心竞争力的优势企业集中。发挥国有资本投资、运营公司的作用，清理退出一批、重组整合一批、创新发展一批国有企业。建立健全优胜劣汰市场化退出机制，充分发挥失业救济和再就业培训等的作用，解决好职工安置问题，切实保障退出企业依法实现关闭或破产，加快处置低效无效资产，淘汰落后产能。支持企业依法合规通过证券交易、产权交易等资本市场，以市场公允价格处置企业资产，实现国有资本形态转换，变现的国有资本用于更需要的领域和行业。推动国有企业加快管理创新、商业模式创新，合理限定法人层级，有效压缩管理层级。发挥国有企业在实施创新驱动发展战略和制造强国战略中的骨干和表率作用，强化企业在技术创新中的主体地位，重视培养科研人才和高技能人才。支持国有企业开展国际化经营，鼓励国有企业之间以及与其他所有制企业以资本为纽带，强强联合、优势互补，加快培育一批具有世界一流水平的跨国公司。

（十五）以管资本为主推进经营性国有资产集中统一监管。稳步将党政机关、事业单位所属企业的国有资本纳入经营性国有资产集中统一监管体系，具备条件的进入国有资本投资、运营公司。加强国有资产基础管理，按照统一制度规范、统一工作体系的原则，抓紧制定企业国有资产基础管理条例。建立覆盖全部国有企业、分级管理的国有资本经营预算管理制度，提高国有资本收益上缴公共财政比例，2020 年提高到 30%，更多用于保障和改善民生。划转部分国有资本充实社会保障基金。

五、发展混合所有制经济

（十六）推进国有企业混合所有制改革。以促进国有企业转换经营机制，放大国有资本功能，提高国有资本配置和运行效率，实现各种所有制资本取长补短、相互促进、共同发展为目标，稳妥推动国有企业发展混合所有制经济。对通过实行股份制、上市等途径已经实行混合所有制的国有企业，要着力在完善现代企业制度、提高资本运行效率上下功夫；对于适宜继续推进混合所有制改革的国有企业，要充分发挥市场机制作用，坚持因地施策、因业施策、因企施策，宜独则独、宜控则控、宜参则参，不搞拉郎配，不搞全覆盖，不设时间表，成熟一个推进一个。改革要依法依规、严格程序、公开公正，切实保护混合所有制企业各类出资人的产权权益，杜绝国有资产流失。

（十七）引入非国有资本参与国有企业改革。鼓励非国有资本投资主体通过出资入股、收购股权、认购可转债、股权置换等多种方式，参与国有企业改制重组或国有控股上市公司增资扩股以及企业经营管理。实行同股同权，切实维护各类股东合法权益。在石油、天然气、电力、铁路、电信、资源开发、公用事业等领域，向非国有资本推出符合产业政策、有利于转型升级的项目。依照外商投资产业指导目录和相关安全审查规定，完善外资安全审查工作机制。开展多类型政府和社会资本合作试点，逐步推广政府和社会资本合作模式。

（十八）鼓励国有资本以多种方式入股非国有企业。充分发挥国有资本投资、运营公司的资本运作平台作用，通过市场化方式，以公共服务、高新技术、生态环保、战略性产业为重点领域，对发展潜力大、成长性强的非国有企业进行股权投资。鼓励国有企业通过投资入股、联合投资、重组等多种方式，与非国有企业进行股权融合、战略合作、资源整合。

（十九）探索实行混合所有制企业员工持股。坚持试点先行，在取得经验基础上稳妥有序推进，通过实行员工持股建立激励约束长效机制。优先支持人才资本和技术要素贡献占比较高的转制科研院所、高新技术企业、科技服务型企业开展员工持股试点，支持对企业经营业绩和持续发展有直接或较大影响的科研人员、经营管理人员和业务骨干等持股。员工持股主要采取增资扩股、出资新设等方式。完善相关政策，健全审核程序，规范操作流程，严格资产评估，建立健全股权流转和退出机制，确保员工持股公开透明，严禁暗箱操作，防止利益输送。

六、强化监督防止国有资产流失

（二十）强化企业内部监督。完善企业内部监督体系，明确监事会、审计、纪检监察、巡视以及法律、财务等部门的监督职责，完善监督制度，增强制度执行力。强化对权力集中、资金密集、资源富集、资产聚集的部门和岗位的监督，实行分事行权、分岗设权、分级授权，定期轮岗，强化内部流程控制，防止权力滥用。建立审计部门向董事会负责的工作机制。落实企业内部监事会对董事、经理和其他高级管理人员的监督。进一步发挥企业总法律顾问在经营管理中的法律审核把关作用，推进企业依法经营、合规管理。集团公司要依法依规、尽职尽责加强对子企业的管理和监督。大力推进厂务公开，健全以职工代表大会为基本形式的企业民主管理制度，加强企业职工民主监督。

（二十一）建立健全高效协同的外部监督机制。强化出资人监督，加快国有企业行为规范法律法规制度建设，加强对企业关键业务、改革重点领域、国有资本运营重要环节以及境外国有资产的监督，规范操作流程，强化专业检查，开展总会计师由履行出资人职责机构委派的试点。加强和改进外派监事会制度，明确职责定位，强化与有关专业监督机构的协作，加强当期和事中监督，强化监督成果运用，建立健全核查、移交和整改机制。健全国有资本审计监督体系和制度，实行企业国有资产审计监督全覆盖，建立对企业国有资本的经常性审计制度。加强纪检监察监督和巡视工作，强化对企业领导人员廉洁从业、行使权力等的监督，加大大案要案查处力度，狠抓对存在问题的整改落实。整合出资人监管、外派监事会监督和审计、纪检监察、巡视等监督力量，建立监督工作会商机制，加强统筹，创新方式，共享资源，减少重复检查，提高监督效能。建立健全监督意见反馈整改机制，形成监督工作的闭环。

（二十二）实施信息公开加强社会监督。完善国有资产和国有企业信息公开制度，设立统一的信息公开网络平台，依法依规、及时准确披露国有资本整体运营和监管、国有企业公司治理以及管理架构、经营情况、财务状况、关联交易、企业负责人薪酬等信息，建设阳光国企。认真处理人民群众关于国有资产流失等问题的来信、来访和检举，及时回应社会关切。充分发挥媒体舆论监督作用，有效保障社会公众对企业国有资产运营的知情权和监督权。

（二十三）严格责任追究。建立健全国有企业重大决策失误和失职、渎职责任追究倒查机制，建立和完善重大决策评估、决策事项履职记录、决策过错认定标准等配套制度，严厉查处侵吞、贪污、输送、挥霍国有资产和逃废金融债务的行为。建立健全企业国有资产的监督问责机制，对企业重大违法违纪问题敷衍不追、隐匿不报、查处不力的，严格追究有关人员失职渎职责任，视不同情形给予纪律处分或行政处分，构成犯罪的，由司法机关依法追究刑事责任。

七、加强和改进党对国有企业的领导

（二十四）充分发挥国有企业党组织政治核心作用。把加强党的领导和完善公司治理统一起来，将党建工作总体要求纳入国有企业章程，明确国有企业党组织在公司法人治理结构中的法定地位，创新国有企业党组织发挥政治核心作用的途径和方式。在国有企业改革中坚持党的建设同步谋划、党的组织及工作机构同步设置、党组织负责人及党务工作人员同步配备、党的工作同步开展，保证党组织工作机构健全、党务工作者队伍稳定、党组织和党员作用得到有效发挥。坚持和完善双向进入、交叉任职的领导体制，符合条件的党组织领导班子成员可以通过法定程序进入董事会、监事会、经理层，董事会、监事会、经理层成员中符合条件的党员可以依照有关规定和程序进入党组织领导班子；经理层成员与党组织领导班子成员适度交叉任职；董事长、总经理原则上分设，党组织书记、董事长一般由一人担任。

国有企业党组织要切实承担好、落实好从严管党治党责任。坚持从严治党、思想建党、制度治党，增强管党治党意识，建立健全党建工作责任制，聚精会神抓好党建工作，做到守土有责、守土负责、守土尽责。党组织书记要切实履行党建工作第一责任人职责，党组织班子其他成员要切实履行“一岗双责”，结合业务分工抓好党建工作。中央企业党组织书记同时担任企业其他主要领导职务的，应当设立1名专职抓企业党建工作的副书记。加强国有企业基层党组织建设和党员队伍建设，强化国有企业基层党建工作的基础保障，充分发挥基层党组织战斗堡垒作用、共产党员先锋模范作用。加强企业党组织对群众工作的领导，发挥好工会、共青团等群团组织的作用，深入细致做好职工群众的思想政治工作。把建立党的组织、开展党的工作，作为国有企业推进混合所有制改革的必要前提，根据不同类型混合所有制企业特点，科学确定党组织的设置方式、职责定位、管理模式。

（二十五）进一步加强国有企业领导班子建设和人才队伍建设。根据企业改革发展需要，明确选人用人标准和程序，创新选人用人方式。强化党组织在企业领导人员选拔任用、培养教育、管理监督中的责任，支持董事会依法选择经营管理者、经营管理者依法行使用人权，坚决防止和整治选人用人中的不正之风。加强对国有企业领导人员尤其是主要领导人员的日常监督管理和综合考核评价，及时调整不胜任、不称职的领导人员，切实解决企业领导人员能上不能下的问题。以强化忠诚意识、拓展世界眼光、提高战略思维、增强创新精神、锻造优秀品行为重点，加强企业家队伍建设，充分发挥企业家作用。大力实施人才强企战略，加快建立健全国有企业集聚人才的体制机制。

（二十六）切实落实国有企业反腐倡廉“两个责任”。国有企业党组织要切实履行好主体责任，纪检机构要履行好监督责任。加强党性教育、法治教育、警示教育，引导国有企业领导人员坚定理想信念，自觉践行“三严三实”要求，正确履职行权。建立切实可行的责任追究制度，与企业考核等挂钩，实行“一案双查”。推动国有企业纪律检查工作双重领导体制具体化、程序化、制度化，强化上级纪委对下级纪委的领导。加强和改进国有企业巡视工作，强化对权力运行的监督和制约。坚持运用法治思维和法治方式反腐败，完善反腐倡廉制度体系，严格落实反“四风”规定，努力构筑企业领导人员不敢腐、不能腐、不想腐的有效机制。

八、为国有企业改革创造良好环境条件

（二十七）完善相关法律法规和配套政策。加强国有企业相关法律法规立改废释工作，确保重大改革于法有据。切实转变政府职能，减少审批、优化制度、简化手续、提高效率。完善公共服务体系，推进政府购买服务，加快建立稳定可靠、补偿合理、公开透明的企业公共服务支出补偿机制。完善和落实国有企业重组整合涉及的资产评估增值、土地变更登记和国有资产无偿划转等方面税收优惠政策。完善国有企业退出的相关政策，依法妥善处理劳动关系调整、社会保险关系接续等问题。

（二十八）加快剥离企业办社会职能和解决历史遗留问题。完善相关政策，建立政府和国有企业合理分担成本的机制，多渠道筹措资金，采取分离移交、重组改制、关闭撤销等方式，剥离国有企业职工家属区“三供一业”和所办医院、学校、社区等公共服务机构，继续推进厂办大集体改革，对国有企业退休人员实施社会化管理，妥善解决国有企业历史遗留问题，为国有企业公平参与

市场竞争创造条件。

（二十九）形成鼓励改革创新的氛围。坚持解放思想、实事求是，鼓励探索、实践、创新。全面准确评价国有企业，大力宣传中央关于全面深化国有企业改革的方针政策，宣传改革的典型案例和经验，营造有利于国有企业改革的良好舆论环境。

（三十）加强对国有企业改革的组织领导。各级党委和政府要统一思想，以高度的政治责任感和历史使命感，切实履行对深化国有企业改革的领导责任。要根据本指导意见，结合实际制定实施意见，加强统筹协调、明确责任分工、细化目标任务、强化督促落实，确保深化国有企业改革顺利推进，取得实效。

金融、文化等国有企业的改革，中央另有规定的依其规定执行。

二十六、2015年9月23日，国务院《关于国有企业发展混合所有制经济的意见》（国发〔2015〕54号）

发展混合所有制经济，是深化国有企业改革的重要举措。为贯彻党的十八大和十八届三中、四中全会精神，按照"四个全面"战略布局要求，落实党中央、国务院决策部署，推进国有企业混合所有制改革，促进各种所有制经济共同发展，现提出以下意见。

一、总体要求

（一）改革出发点和落脚点。国有资本、集体资本、非公有资本等交叉持股、相互融合的混合所有制经济，是基本经济制度的重要实现形式。多年来，一批国有企业通过改制发展成为混合所有制企业，但治理机制和监管体制还需要进一步完善；还有许多国有企业为转换经营机制、提高运行效率，正在积极探索混合所有制改革。当前，应对日益激烈的国际竞争和挑战，推动我国经济保持中高速增长、迈向中高端水平，需要通过深化国有企业混合所有制改革，推动完善现代企业制度，健全企业法人治理结构；提高国有资本配置和运行效率，优化国有经济布局，增强国有经济活力、控制力、影响力和抗风险能力，主动适应和引领经济发展新常态；促进国有企业转换经营机制，放大国有资本功能，实现国有资产保值增值，实现各种所有制资本取长补短、相互促进、共同发展，夯实社会主义基本经济制度的微观基础。在国有企业混合所有制改革中，要坚决防止因监管不到位、改革不彻底导致国有资产流失。

（二）基本原则。

——政府引导，市场运作。尊重市场经济规律和企业发展规律，以企业为主体，充分发挥市场机制作用，把引资本与转机制结合起来，把产权多元化与完善企业法人治理结构结合起来，探索国有企业混合所有制改革的有效途径。

——完善制度，保护产权。以保护产权、维护契约、统一市场、平等交换、公平竞争、有效监管为基本导向，切实保护混合所有制企业各类出资人的产权权益，调动各类资本参与发展混合所有制经济的积极性。

——严格程序，规范操作。坚持依法依规，进一步健全国有资产交易规则，科学评估国有资产价值，完善市场定价机制，切实做到规则公开、过程公开、结果公开。强化交易主体和交易过程监管，防止暗箱操作、低价贱卖、利益输送、化公为私、逃废债务，杜绝国有资产流失。

——宜改则改，稳妥推进。对通过实行股份制、上市等途径已经实行混合所有制的国有企业，要着力在完善现代企业制度、提高资本运行效率上下功夫；对适宜继续推进混合所有制改革的国有企业，要充分发挥市场机制作用，坚持因地施策、因业施策、因企施策，宜独则独、宜控则控、宜参则参，不搞拉郎配，不搞全覆盖，不设时间表，一企一策，成熟一个推进一个，确保改革规范有序进行。尊重基层创新实践，形成一批可复制、可推广的成功做法。

二、分类推进国有企业混合所有制改革

（三）稳妥推进主业处于充分竞争行业和领域的商业类国有企业混合所有制改革。按照市场化、国际化要求，以增强国有经济活力、放大国有资本功能、实现国有资产保值增值为主要目标，以提高经济效益和创新商业模式为导向，充分运用整体上市等方式，积极引入其他国有资本或各类非国有资本实现股权多元化。坚持以资本为纽带完善混合所有制企业治理结构和管理方式，国有资本出资人和各类非国有资本出资人以股东身份履行权利和职责，使混合所有制企业成为真正的市场主体。

（四）有效探索主业处于重要行业和关键领域的商业类国有企业混合所有制改革。对主业处于关系国家安全、国民经济命脉的重要行业和关键领域、主要承担重大专项任务的商业类国有企业，要保持国有资本控股地位，支持非国有资本参股。对自然垄断行业，实行以政企分开、政资分开、特许经营、政府监管为主要内容的改革，根据不同行业特点实行网运分开、放开竞争性业务，促进公共资源配置市场化，同时加强分类依法监管，规范营利模式。

——重要通信基础设施、枢纽型交通基础设施、重要江河流域控制性水利水电航电枢纽、跨流域调水工程等领域，实行国有独资或控股，允许符合条件的非国有企业依法通过特许经营、政府购买服务等方式参与建设和运营。

——重要水资源、森林资源、战略性矿产资源等开发利用，实行国有独资

或绝对控股，在强化环境、质量、安全监管的基础上，允许非国有资本进入，依法依规有序参与开发经营。

——江河主干渠道、石油天然气主干管网、电网等，根据不同行业领域特点实行网运分开、主辅分离，除对自然垄断环节的管网实行国有独资或绝对控股外，放开竞争性业务，允许非国有资本平等进入。

——核电、重要公共技术平台、气象测绘水文等基础数据采集利用等领域，实行国有独资或绝对控股，支持非国有企业投资参股以及参与特许经营和政府采购。粮食、石油、天然气等战略物资国家储备领域保持国有独资或控股。

——国防军工等特殊产业，从事战略武器装备科研生产、关系国家战略安全和涉及国家核心机密的核心军工能力领域，实行国有独资或绝对控股。其他军工领域，分类逐步放宽市场准入，建立竞争性采购体制机制，支持非国有企业参与武器装备科研生产、维修服务和竞争性采购。

——对其他服务国家战略目标、重要前瞻性战略性产业、生态环境保护、共用技术平台等重要行业和关键领域，加大国有资本投资力度，发挥国有资本引导和带动作用。

（五）引导公益类国有企业规范开展混合所有制改革。在水电气热、公共交通、公共设施等提供公共产品和服务的行业和领域，根据不同业务特点，加强分类指导，推进具备条件的企业实现投资主体多元化。通过购买服务、特许经营、委托代理等方式，鼓励非国有企业参与经营。政府要加强对价格水平、成本控制、服务质量、安全标准、信息披露、营运效率、保障能力等方面的监管，根据企业不同特点有区别地考核其经营业绩指标和国有资产保值增值情况，考核中要引入社会评价。

三、分层推进国有企业混合所有制改革

（六）引导在子公司层面有序推进混合所有制改革。对国有企业集团公司二级及以下企业，以研发创新、生产服务等实体企业为重点，引入非国有资本，加快技术创新、管理创新、商业模式创新，合理限定法人层级，有效压缩管理层级。明确股东的法律地位和股东在资本收益、企业重大决策、选择管理者等方面的权利，股东依法按出资比例和公司章程规定行权履职。

（七）探索在集团公司层面推进混合所有制改革。在国家有明确规定的特定领域，坚持国有资本控股，形成合理的治理结构和市场化经营机制；在其他领域，鼓励通过整体上市、并购重组、发行可转债等方式，逐步调整国有股权比例，积极引入各类投资者，形成股权结构多元、股东行为规范、内部约束有效、运行高效灵活的经营机制。

（八）鼓励地方从实际出发推进混合所有制改革。各地区要认真贯彻落实

中央要求，区分不同情况，制定完善改革方案和相关配套措施，指导国有企业稳妥开展混合所有制改革，确保改革依法合规、有序推进。

四、鼓励各类资本参与国有企业混合所有制改革

（九）鼓励非公有资本参与国有企业混合所有制改革。非公有资本投资主体可通过出资入股、收购股权、认购可转债、股权置换等多种方式，参与国有企业改制重组或国有控股上市公司增资扩股以及企业经营管理。非公有资本投资主体可以货币出资，或以实物、股权、土地使用权等法律法规允许的方式出资。企业国有产权或国有股权转让时，除国家另有规定外，一般不在意向受让人资质条件中对民间投资主体单独设置附加条件。

（十）支持集体资本参与国有企业混合所有制改革。明晰集体资产产权，发展股权多元化、经营产业化、管理规范化的经济实体。允许经确权认定的集体资本、资产和其他生产要素作价入股，参与国有企业混合所有制改革。研究制定股份合作经济（企业）管理办法。

（十一）有序吸收外资参与国有企业混合所有制改革。引入外资参与国有企业改制重组、合资合作，鼓励通过海外并购、投融资合作、离岸金融等方式，充分利用国际市场、技术、人才等资源和要素，发展混合所有制经济，深度参与国际竞争和全球产业分工，提高资源全球化配置能力。按照扩大开放与加强监管同步的要求，依照外商投资产业指导目录和相关安全审查规定，完善外资安全审查工作机制，切实加强风险防范。

（十二）推广政府和社会资本合作（PPP）模式。优化政府投资方式，通过投资补助、基金注资、担保补贴、贷款贴息等，优先支持引入社会资本的项目。以项目运营绩效评价结果为依据，适时对价格和补贴进行调整。组合引入保险资金、社保基金等长期投资者参与国家重点工程投资。鼓励社会资本投资或参股基础设施、公用事业、公共服务等领域项目，使投资者在平等竞争中获取合理收益。加强信息公开和项目储备，建立综合信息服务平台。

（十三）鼓励国有资本以多种方式入股非国有企业。在公共服务、高新技术、生态环境保护和战略性产业等重点领域，以市场选择为前提，以资本为纽带，充分发挥国有资本投资、运营公司的资本运作平台作用，对发展潜力大、成长性强的非国有企业进行股权投资。鼓励国有企业通过投资入股、联合投资、并购重组等多种方式，与非国有企业进行股权融合、战略合作、资源整合，发展混合所有制经济。支持国有资本与非国有资本共同设立股权投资基金，参与企业改制重组。

（十四）探索完善优先股和国家特殊管理股方式。国有资本参股非国有企业或国有企业引入非国有资本时，允许将部分国有资本转化为优先股。在少数特定领域探索建立国家特殊管理股制度，依照相关法律法规和公司章程规定，

行使特定事项否决权，保证国有资本在特定领域的控制力。

（十五）探索实行混合所有制企业员工持股。坚持激励和约束相结合的原则，通过试点稳妥推进员工持股。员工持股主要采取增资扩股、出资新设等方式，优先支持人才资本和技术要素贡献占比较高的转制科研院所、高新技术企业和科技服务型企业开展试点，支持对企业经营业绩和持续发展有直接或较大影响的科研人员、经营管理人员和业务骨干等持股。完善相关政策，健全审核程序，规范操作流程，严格资产评估，建立健全股权流转和退出机制，确保员工持股公开透明，严禁暗箱操作，防止利益输送。混合所有制企业实行员工持股，要按照混合所有制企业实行员工持股试点的有关工作要求组织实施。

五、建立健全混合所有制企业治理机制

（十六）进一步确立和落实企业市场主体地位。政府不得干预企业自主经营，股东不得干预企业日常运营，确保企业治理规范、激励约束机制到位。落实董事会对经理层成员等高级经营管理人员选聘、业绩考核和薪酬管理等职权，维护企业真正的市场主体地位。

（十七）健全混合所有制企业法人治理结构。混合所有制企业要建立健全现代企业制度，明晰产权，同股同权，依法保护各类股东权益。规范企业股东（大）会、董事会、经理层、监事会和党组织的权责关系，按章程行权，对资本监管，靠市场选人，依规则运行，形成定位清晰、权责对等、运转协调、制衡有效的法人治理结构。

（十八）推行混合所有制企业职业经理人制度。按照现代企业制度要求，建立市场导向的选人用人和激励约束机制，通过市场化方式选聘职业经理人依法负责企业经营管理，畅通现有经营管理者与职业经理人的身份转换通道。职业经理人实行任期制和契约化管理，按照市场化原则决定薪酬，可以采取多种方式探索中长期激励机制。严格职业经理人任期管理和绩效考核，加快建立退出机制。

六、建立依法合规的操作规则

（十九）严格规范操作流程和审批程序。在组建和注册混合所有制企业时，要依据相关法律法规，规范国有资产授权经营和产权交易等行为，健全清产核资、评估定价、转让交易、登记确权等国有产权流转程序。国有企业产权和股权转让、增资扩股、上市公司增发等，应在产权、股权、证券市场公开披露信息，公开择优确定投资人，达成交易意向后应及时公示交易对象、交易价格、关联交易等信息，防止利益输送。国有企业实施混合所有制改革前，应依据本意见制定方案，报同级国有资产监管机构批准；重要国有企业改制后

国有资本不再控股的，报同级人民政府批准。国有资产监管机构要按照本意见要求，明确国有企业混合所有制改革的操作流程。方案审批时，应加强对社会资本质量、合作方诚信与操守、债权债务关系等内容的审核。要充分保障企业职工对国有企业混合所有制改革的知情权和参与权，涉及职工切身利益的要做好评估工作，职工安置方案要经过职工代表大会或者职工大会审议通过。

（二十）健全国有资产定价机制。按照公开公平公正原则，完善国有资产交易方式，严格规范国有资产登记、转让、清算、退出等程序和交易行为。通过产权、股权、证券市场发现和合理确定资产价格，发挥专业化中介机构作用，借助多种市场化定价手段，完善资产定价机制，实施信息公开，加强社会监督，防止出现内部人控制、利益输送造成国有资产流失。

（二十一）切实加强监管。政府有关部门要加强对国有企业混合所有制改革的监管，完善国有产权交易规则和监管制度。国有资产监管机构对改革中出现的违法转让和侵吞国有资产、化公为私、利益输送、暗箱操作、逃废债务等行为，要依法严肃处理。审计部门要依法履行审计监督职能，加强对改制企业原国有企业法定代表人的离任审计。充分发挥第三方机构在清产核资、财务审计、资产定价、股权托管等方面的作用。加强企业职工内部监督。进一步做好信息公开，自觉接受社会监督。

七、营造国有企业混合所有制改革的良好环境

（二十二）加强产权保护。健全严格的产权占有、使用、收益、处分等完整保护制度，依法保护混合所有制企业各类出资人的产权和知识产权权益。在立法、司法和行政执法过程中，坚持对各种所有制经济产权和合法利益给予同等法律保护。

（二十三）健全多层次资本市场。加快建立规则统一、交易规范的场外市场，促进非上市股份公司股权交易，完善股权、债权、物权、知识产权及信托、融资租赁、产业投资基金等产品交易机制。建立规范的区域性股权市场，为企业提供融资服务，促进资产证券化和资本流动，健全股权登记、托管、做市商等第三方服务体系。以具备条件的区域性股权、产权市场为载体，探索建立统一结算制度，完善股权公开转让和报价机制。制定场外市场交易规则和规范监管制度，明确监管主体，实行属地化、专业化监管。

（二十四）完善支持国有企业混合所有制改革的政策。进一步简政放权，最大限度取消涉及企业依法自主经营的行政许可审批事项。凡是市场主体基于自愿的投资经营和民事行为，只要不属于法律法规禁止进入的领域，且不危害国家安全、社会公共利益和第三方合法权益，不得限制进入。完善工商登记、财税管理、土地管理、金融服务等政策。依法妥善解决混合所有制改革涉及的

国有企业职工劳动关系调整、社会保险关系接续等问题，确保企业职工队伍稳定。加快剥离国有企业办社会职能，妥善解决历史遗留问题。完善统计制度，加强监测分析。

（二十五）加快建立健全法律法规制度。健全混合所有制经济相关法律法规和规章，加大法律法规立、改、废、释工作力度，确保改革于法有据。根据改革需要抓紧对合同法、物权法、公司法、企业国有资产法、企业破产法中有关法律制度进行研究，依照法定程序及时提请修改。推动加快制定有关产权保护、市场准入和退出、交易规则、公平竞争等方面法律法规。

八、组织实施

（二十六）建立工作协调机制。国有企业混合所有制改革涉及面广、政策性强、社会关注度高。各地区、各有关部门和单位要高度重视，精心组织，严守规范，明确责任。各级政府及相关职能部门要加强对国有企业混合所有制改革的组织领导，做好把关定向、配套落实、审核批准、纠偏提醒等工作。各级国有资产监管机构要及时跟踪改革进展，加强改革协调，评估改革成效，推广改革经验，重大问题及时向同级人民政府报告。各级工商联要充分发挥广泛联系非公有制企业的组织优势，参与做好沟通政企、凝聚共识、决策咨询、政策评估、典型宣传等方面工作。

（二十七）加强混合所有制企业党建工作。坚持党的建设与企业改革同步谋划、同步开展，根据企业组织形式变化，同步设置或调整党的组织，理顺党组织隶属关系，同步选配好党组织负责人，健全党的工作机构，配强党务工作者队伍，保障党组织工作经费，有效开展党的工作，发挥好党组织政治核心作用和党员先锋模范作用。

（二十八）开展不同领域混合所有制改革试点示范。结合电力、石油、天然气、铁路、民航、电信、军工等领域改革，开展放开竞争性业务、推进混合所有制改革试点示范。在基础设施和公共服务领域选择有代表性的政府投融资项目，开展多种形式的政府和社会资本合作试点，加快形成可复制、可推广的模式和经验。

（二十九）营造良好的舆论氛围。以坚持“两个毫不动摇”（毫不动摇巩固和发展公有制经济，毫不动摇鼓励、支持、引导非公有制经济发展）为导向，加强国有企业混合所有制改革舆论宣传，做好政策解读，阐释目标方向和重要意义，宣传成功经验，正确引导舆论，回应社会关切，使广大人民群众了解和支持改革。

各级政府要加强对国有企业混合所有制改革的领导，根据本意见，结合实际推动改革。

金融、文化等国有企业的改革，中央另有规定的依其规定执行。

二十七、2015年9月24日，中共中央办公厅、国务院办公厅印发关于《深化科技体制改革实施方案》的通知（中办发〔2015〕46号）

深化科技体制改革实施方案

深化科技体制改革是全面深化改革的重要内容，是实施创新驱动发展战略、建设创新型国家的根本要求。党的十八大特别是十八届二中、三中、四中全会以来，中央对科技体制改革和创新驱动发展做出了全面部署，出台了一系列重大改革举措。为更好地贯彻落实中央的改革决策，形成系统、全面、可持续的改革部署和工作格局，打通科技创新与经济社会发展通道，最大限度地激发科技第一生产力、创新第一动力的巨大潜能，现制定如下实施方案。

一、指导思想、基本原则和主要目标

（一）指导思想

高举中国特色社会主义伟大旗帜，全面贯彻落实党的十八大和十八届二中、三中、四中全会精神，深入学习贯彻习近平总书记系列重要讲话精神，按照“四个全面”战略布局总要求，坚持走中国特色自主创新道路，聚焦实施创新驱动发展战略，以构建中国特色国家创新体系为目标，全面深化科技体制改革，推动以科技创新为核心的全面创新，推进科技治理体系和治理能力现代化，促进军民融合深度发展，营造有利于创新驱动发展的市场和社会环境，激发大众创业、万众创新的热情与潜力，主动适应和引领经济发展新常态，加快创新型国家建设步伐，为实现发展驱动力的根本转换奠定体制基础。

（二）基本原则

激发创新。把增强自主创新能力、促进科技与经济紧密结合作为根本目的，以改革驱动创新，强化创新成果同产业对接、创新项目同现实生产力对接、研发人员创新劳动同其利益收入对接，充分发挥市场作用，释放科技创新潜能，打造创新驱动发展新引擎。

问题导向。坚持把破解制约创新驱动发展的体制机制障碍作为着力点，找准突破口，增强针对性，在重要领域和关键环节取得决定性进展，提高改革的质量和效益。

整体推进。坚持科技体制改革与经济社会等领域改革同步发力，既继承又发展，围绕实施创新驱动发展战略和建设国家创新体系，制定具有标志性、带动性的改革举措和政策措施，抓好进度统筹、质量统筹、落地统筹，增强改革的系统性、全面性和协同性。

开放协同。统筹中央和地方改革部署，强化部门改革协同，注重财税、金融、投资、产业、贸易、消费等政策与科技政策的配套，充分利用国内国际资

源，加强工作衔接和协调配合，形成改革合力，更大范围、更高层次、更有效率配置创新资源。

落实落地。坚持科技体制改革的目标和方向，统筹衔接当前和长远举措，把握节奏，分步实施，增强改革的有序性。明确部门分工，强化责任担当，注重可操作、可考核、可督查，确保改革举措落地生根，形成标志性成果。

（三）主要目标

到 2020 年，在科技体制改革的重要领域和关键环节取得突破性成果，基本建立适应创新驱动发展战略要求、符合社会主义市场经济规律和科技创新发展规律的中国特色国家创新体系，进入创新型国家行列。自主创新能力显著增强，技术创新的市场导向机制更加健全，企业、科研院所、高等学校等创新主体充满活力、高效协同，军民科技融合深度发展，人才、技术、资本等创新要素流动更加顺畅，科技管理体制机制更加完善，创新资源配置更加优化，科技人员积极性、创造性充分激发，大众创业、万众创新氛围更加浓厚，创新效率显著提升，为到 2030 年建成更加完备的国家创新体系、进入创新型国家前列奠定坚实基础。

二、建立技术创新市场导向机制

企业是科技与经济紧密结合的主要载体，解决科技与经济结合不紧问题的关键是增强企业创新能力和协同创新的合力。要健全技术创新的市场导向机制和政府引导机制，加强产学研协同创新，引导各类创新要素向企业集聚，促进企业成为技术创新决策、研发投入、科研组织和成果转化的主体，使创新转化为实实在在的产业活动，培育新的增长点，促进经济转型升级提质增效。

（一）建立企业主导的产业技术创新机制，激发企业创新内生动力

1. 建立高层次、常态化的企业技术创新对话、咨询制度，发挥企业和企业家在国家创新决策中的重要作用。吸收更多企业参与研究制定国家技术创新规划、计划、政策和标准，相关专家咨询组中产业专家和企业家应占较大比例。

2. 市场导向明确的科技项目由企业牵头、政府引导、联合高等学校和科研院所实施。政府更多运用财政后补助、间接投入等方式，支持企业自主决策、先行投入，开展重大产业关键共性技术、装备和标准的研发攻关。开展国家科技计划（专项、基金）后补助试点。

3. 开展龙头企业创新转型试点，探索政府支持企业技术创新、管理创新、商业模式创新的新机制。

4. 坚持结构性减税方向，逐步将国家对企业技术创新的投入方式转变为以普惠性财税政策为主。

5. 统筹研究企业所得税加计扣除政策，完善企业研发费用计核方法，调整目录管理方式，扩大研发费用加计扣除政策适用范围。

6. 健全国有企业技术创新经营业绩考核制度，加大技术创新在国有企业经营业绩考核中的比重。对国有企业研发投入和产出进行分类考核，形成鼓励创新、宽容失败的考核机制。完善中央企业负责人经营业绩考核暂行办法。

7. 建立健全符合国际规则的支持采购创新产品和服务的政策，加大创新产品和服务采购力度。鼓励采用首购、订购等非招标采购方式以及政府购买服务等方式予以支持，促进创新产品的研发和规模化应用。

8. 研究完善使用首台（套）重大技术装备鼓励政策，健全研制、使用单位在产品创新、增值服务和示范应用等环节的激励和约束机制。推进首台（套）重大技术装备保险补偿机制。

（二）加强科技创新服务体系建设，完善对中小微企业创新的支持方式

9. 制定科技型中小企业的条件和标准，为落实扶持中小企业创新政策开辟便捷通道。

10. 完善中小企业创新服务体系，加快推进创业孵化、知识产权服务、第三方检验检测认证等机构的专业化、市场化改革，构建面向中小微企业的社会化、专业化、网络化技术创新服务平台。

11. 修订高新技术企业认定管理办法，重点鼓励中小企业加大研发力度，将涉及文化科技支撑、科技服务的核心技术纳入国家重点支持的高新技术领域。

12. 落实和完善政府采购促进中小企业创新发展的相关措施，完善政府采购向中小企业预留采购份额、评审优惠等措施。

（三）健全产学研用协同创新机制，强化创新链和产业链有机衔接

13. 鼓励构建以企业为主导、产学研合作的产业技术创新战略联盟，制定促进联盟发展的措施，按照自愿原则和市场机制，进一步优化联盟在重点产业和重点区域的布局。加强产学研结合的中试基地和共性技术研发平台建设。

14. 探索在战略性领域采取企业主导、院校协作、多元投资、军民融合、成果分享的新模式，整合形成若干产业创新中心。

15. 制定具体管理办法，允许符合条件的高等学校和科研院所科研人员经所在单位批准，带着科研项目和成果、保留基本待遇到企业开展创新工作或创办企业。

16. 开展高等学校和科研院所设立流动岗位吸引企业人才兼职的试点工作，允许高等学校和科研院所设立一定比例流动岗位，吸引有创新实践经验的企业家和企业科技人才兼职。试点将企业任职经历作为高等学校新聘工程类教师的必要条件。

17. 改进科研人员薪酬和岗位管理制度，破除人才流动的体制机制障碍，促进科研人员在事业单位与企业间合理流动。加快社会保障制度改革，完善科研人员在事业单位与企业之间流动社保关系转移接续政策。

三、构建更加高效的科研体系

科研院所和高等学校是源头创新的主力军，必须大力增强其原始创新和服务经济社会发展能力。深化科研院所分类改革和高等学校科研体制机制改革，构建符合创新规律、职能定位清晰的治理结构，完善科研组织方式和运行管理机制，加强分类管理和绩效考核，增强知识创造和供给，筑牢国家创新体系基础。

（四）加快科研院所分类改革，建立健全现代科研院所制度

18. 完善科研院所法人治理结构，推动科研机构制定章程，探索理事会制度，推进科研事业单位取消行政级别。

19. 制定科研事业单位领导人员管理暂行规定，规范领导人员任职资格、选拔任用、考核评价激励、监督管理等。在有条件的单位对院（所）长实行聘任制。

20. 推进公益类科研院所分类改革，落实科研事业单位在编制管理、人员聘用、职称评定、绩效工资分配等方面的自主权。

21. 坚持技术开发类科研机构企业化转制方向，对于承担较多行业共性任务的转制科研院所，可组建产业技术研发集团，对行业共性技术研究和市场经营活动进行分类管理、分类考核。推动以生产经营活动为主的转制科研院所深化市场化改革，通过引入社会资本或整体上市，积极发展混合所有制。对于部分转制科研院所中基础能力强的团队，在明确定位和标准的基础上，引导其回归公益，参与国家重点实验室建设，支持其继续承担国家任务。

22. 研究制定科研机构创新绩效评价办法，对基础和前沿技术研究实行同行评价，突出中长期目标导向，评价重点从研究成果数量转向研究质量、原创价值和实际贡献；对公益性研究强化国家目标和社会责任评价，定期对公益性研究机构组织第三方评价，将评价结果作为财政支持的重要依据，引导建立公益性研究机构依托国家资源服务行业创新机制。扩大科研机构绩效拨款试点范围，逐步建立财政支持的科研机构绩效拨款制度。

23. 实施中国科学院率先行动计划。发挥集科研院所、学部、教育机构于一体的优势，探索中国特色的国家现代科研院所制度。

（五）完善高等学校科研体系，建设一批世界一流大学和一流学科

24. 按照中央财政科技计划管理改革方案，实施“高等学校创新能力提升计划”（2011 计划）。

25. 制定总体方案，统筹推进世界一流大学和一流学科建设，完善专业设置和动态调整机制，建立以国际同类一流学科为参照的学科评估制度，扩大交流合作，稳步推进高等学校国际化进程。

26. 启动高等学校科研组织方式改革，开展自主设立科研岗位试点，推进

高等学校研究人员聘用制度改革。

（六）推动新型研发机构发展，形成跨区域、跨行业的研发和服务网络

27. 制定鼓励社会化新型研发机构发展的意见，探索非营利性运行模式。

28. 优化国家实验室、重点实验室、工程实验室、工程（技术）研究中心布局，按功能定位分类整合，构建开放共享互动的创新网络。制定国家实验室发展规划、运行规则和管理办法，探索新型治理结构和运行机制。

四、改革人才培养、评价和激励机制

创新驱动实质上是人才驱动。改革和完善人才发展机制，加大创新型人才培养力度，对从事不同创新活动的科技人员实行分类评价，制定和落实鼓励创新创造的激励政策，鼓励科研人员持续研究和长期积累，充分调动和激发人的积极性和创造性。

（七）改进创新型人才培养模式，增强科技创新人才后备力量

29. 开展启发式、探究式、研究式教学方法改革试点，弘扬科学精神，营造鼓励创新、宽容失败的创新文化。改革基础教育培养模式，尊重个性发展，强化兴趣爱好和创造性思维培养。

30. 以人才培养为中心，着力提高本科教育质量，加快部分普通本科高等学校向应用技术型高等学校转型，开展校企联合招生、联合培养试点，拓展校企合作育人的途径与方式。

31. 分类改革研究生培养模式，探索科教结合的学术学位研究生培养新模式，扩大专业学位研究生招生比例，增进教学与实践的融合，建立以科学与工程技术研究为主导的导师责任制和导师项目资助制，推行产学研联合培养研究生的“双导师制”。

32. 制定关于深化高等学校创新创业教育改革的实施意见，加大创新创业人才培养力度。

（八）实行科技人员分类评价，建立以能力和贡献为导向的评价和激励机制

33. 建立健全各类人才培养、使用、吸引、激励机制，制定关于深化人才发展体制机制改革的意见。

34. 改进人才评价方式，制定关于分类推进人才评价机制改革的指导意见，提升人才评价的科学性。对从事基础和前沿技术研究、应用研究、成果转化等不同活动的人员建立分类评价制度。

35. 完善科技人才职称评价标准和方式，制定关于深化职称制度改革的意见，促进职称评价结果和科技人才岗位聘用有效衔接。

36. 研究制定事业单位高层次人才收入分配激励机制的政策意见，健全鼓励创新创造的分配激励机制。优化工资结构，保证科研人员合理工资待遇水

平。推进科研事业单位实施绩效工资，完善内部分配机制，重点向关键岗位、业务骨干和做出突出贡献的人员倾斜。

（九）深化科技奖励制度改革，强化奖励的荣誉性和对人的激励

37. 制定深化科技奖励改革方案，逐步完善推荐提名制，突出对重大科技贡献、优秀创新团队和青年人才的激励。

38. 完善国家科技奖励工作，修订国家科学技术奖励条例。

39. 引导和规范社会力量设奖，制定关于鼓励社会力量设立科学技术奖的指导意见。

（十）改进完善院士制度，健全院士遴选、管理和退出机制

40. 完善院士增选机制，改进院士候选人推荐（提名）方式，按照新的章程及相关实施办法开展院士推荐和遴选。

41. 制定规范院士学术兼职和待遇的相关措施，明确相关标准和范围。

42. 制定实施院士退出机制的具体管理措施，加强院士在科学道德建设方面的示范作用。

五、健全促进科技成果转化的机制

科技成果转化为现实生产力是创新驱动发展的本质要求。要完善科技成果使用、处置和收益管理制度，加大对科研人员转化科研成果的激励力度，构建服务支撑体系，打通成果转化通道，通过成果应用体现创新价值，通过成果转化创造财富。

（十一）深入推进科技成果使用、处置和收益管理改革，强化对科技成果转化的激励

43. 推动修订促进科技成果转化法和相关政策规定，在财政资金设立的科研院所和高等学校中，将职务发明成果转让收益在重要贡献人员、所属单位之间合理分配，对用于奖励科研负责人、骨干技术人员等重要贡献人员和团队的比例，可以从现行不低于 20% 提高到不低于 50%。

44. 结合事业单位分类改革要求，尽快将财政资金支持形成的，不涉及国防、国家安全、国家利益、重大社会公共利益的科技成果的使用权、处置权和收益权，全部下放给符合条件的项目承担单位。单位主管部门和财政部门对科技成果在境内的使用、处置不再审批或备案，科技成果转移转化所得收入全部留归单位，纳入单位预算，实行统一管理，处置收入不上缴国库。总结试点经验，结合促进科技成果转化法修订进程，尽快将有关政策在全国范围内推广。

45. 完善职务发明制度，推动修订专利法、公司法等相关内容，完善科技成果、知识产权归属和利益分享机制，提高骨干团队、主要发明人受益比例。完善奖励报酬制度，健全职务发明的争议仲裁和法律救济制度。

46. 制定在全国加快推行股权和分红激励政策的办法，对高等学校和科研院所等事业单位以科技成果作价入股的企业，放宽股权奖励、股权出售对企业设立年限和盈利水平的限制。建立促进国有企业创新的激励制度，对在创新中做出重要贡献的技术人员实施股权和分红激励政策。

47. 落实国有企业事业单位成果转化奖励的相关政策，国有企业事业单位对职务发明完成人、科技成果转化重要贡献人员和团队的奖励，计入当年单位工资总额，但不纳入工资总额基数。

48. 完善事业单位无形资产管理，探索建立适应无形资产特点的国有资产管理考核机制。

（十二）完善技术转移机制，加速科技成果产业化

49. 加强高等学校和科研院所的知识产权管理，完善技术转移工作体系，制定具体措施，推动建立专业化的机构和职业化的人才队伍，强化知识产权申请、运营权责。逐步实现高等学校和科研院所与下属公司剥离，原则上高等学校、科研院所不再新办企业，强化科技成果以许可方式对外扩散，鼓励以转让、作价入股等方式加强技术转移。

50. 建立完善高等学校和科研院所科技成果转化年度统计和报告制度，财政资金支持形成的科技成果，除涉及国防、国家安全、国家利益、重大社会公共利益外，在合理期限内未能转化的，可由国家依法强制许可实施。

51. 构建全国技术交易市场体系，在明确监管职责和监管规则的前提下，以信息化网络连接依法设立、运行规范的现有各区域技术交易平台，制定促进技术交易和相关服务业发展的措施。

52. 统筹研究国家自主创新示范区实行的科技人员股权奖励个人所得税试点政策推广工作。

53. 研究制定科研院所和高等学校技术入股形成的国有股转持豁免的政策。

54. 推动修订标准化法，强化标准化促进科技成果转化应用的作用。

55. 健全科技与标准化互动支撑机制，制定以科技提升技术标准水平、以技术标准促进技术成果转化应用的措施，制定团体标准发展指导意见和标准化良好行为规范，鼓励产业技术创新战略联盟及学会、协会协调市场主体共同制定团体标准，加速创新成果市场化、产业化，提高标准国际化水平。

六、建立健全科技和金融结合机制

金融创新对技术创新具有重要的助推作用。要大力发展创业投资，建立多层次资本市场支持创新机制，构建多元化融资渠道，支持符合创新特点的结构性、复合性金融产品开发，完善科技和金融结合机制，形成各类金融工具协同支持创新发展的良好局面。

（十三）壮大创业投资规模，加大对早中期、初创期创新型企业支持力度

56. 扩大国家科技成果转化引导基金规模，吸引优秀创业投资管理团队联合设立一批子基金，开展贷款风险补偿工作。

57. 设立国家新兴产业创业投资引导基金，带动社会资本支持战略性新兴产业和高技术产业早中期、初创期创新型企业发展。

58. 研究设立国家中小企业发展基金，保留专注于科技型中小企业的投资方向。

59. 研究制定天使投资相关法规，鼓励和规范天使投资发展，出台私募投资基金管理暂行条例。

60. 按照税制改革的方向与要求，对包括天使投资在内的投向种子期、初创期等创新活动的投资，统筹研究相关税收支持政策。

61. 研究扩大促进创业投资企业发展的税收优惠政策，适当放宽创业投资企业投资高新技术企业的条件限制，并在试点基础上将享受投资抵扣政策的创业投资企业范围扩大到有限合伙制创业投资企业法人合伙人。

62. 结合国有企业改革建立国有资本创业投资基金制度，完善国有创投机构激励约束机制。

63. 完善外商投资创业投资企业规定，引导境外资本投向创新领域。

64. 研究保险资金投资创业投资基金的相关政策，制定保险资金设立私募投资基金的办法。

（十四）强化资本市场对技术创新的支持，促进创新型成长型企业加速发展

65. 发挥沪深交易所股权质押融资机制作用，支持符合条件的创新创业企业发行公司债券。

66. 支持符合条件的企业发行项目收益债，募集资金用于加大创新投入。

67. 推动修订相关法律法规，开展知识产权证券化试点。

68. 开展股权众筹融资试点，积极探索和规范发展服务创新的互联网金融。

69. 加快创业板市场改革，推动股票发行注册制改革，健全适合创新型、成长型企业发展的制度安排，扩大服务实体经济覆盖面，强化全国中小企业股份转让系统融资、并购、交易等功能，规范发展服务小微企业的区域性股权市场。加强不同层次资本市场的有机联系。

（十五）拓宽技术创新间接融资渠道，完善多元化融资体系

70. 建立知识产权质押融资市场化风险补偿机制，简化知识产权质押融资流程，鼓励有条件的地区建立科技保险奖补机制和再保险制度，加快发展科技保险，开展专利保险试点，完善专利保险服务机制。

71. 完善商业银行相关法律。选择符合条件的银行业金融机构，探索试点为企业创新活动提供股权和债权相结合的融资服务方式，与创业投资、股权投

资机构实现投贷联动。

72. 政策性银行在有关部门及监管机构的指导下，加快业务范围内金融产品和服务方式创新，对符合条件的企业创新活动加大信贷支持力度。

73. 稳步发展民营银行，建立与之相适应的监管制度，支持面向中小企业创新需求的金融产品创新。

七、（略）

八、构建统筹协调的创新治理机制

深化科技管理改革是提升科技资源配置使用效率的根本途径。要加快政府职能转变，加强科技、经济、社会等方面政策的统筹协调和有效衔接，改革中央财政科技计划管理，完善科技管理基础制度，建立创新驱动导向的政绩考核机制，推进科技治理体系和治理能力现代化。

（十八）完善政府统筹协调和决策咨询机制，提高科技决策的科学化水平

82. 建立部门科技创新沟通协调机制，加强创新规划制定、任务安排、项目实施等的统筹协调，优化科技资源配置。

83. 建立国家科技创新决策咨询机制，发挥好科技界和智库对创新决策的支撑作用，成立国家科技创新咨询委员会，定期向党中央、国务院报告国际科技创新动向。

84. 建立并完善国家科技规划体系，国家科技规划进一步聚焦战略需求，重点部署市场不能有效配置资源的关键领域研究。进一步明晰中央和地方科技管理事权和职能定位，建立责权统一的协同联动机制。

85. 建立创新政策协调审查机制，启动政策清理工作，废止有违创新规律、阻碍创新发展的政策条款，对新制定政策是否制约创新进行审查。

86. 建立创新政策调查和评价制度，定期对政策落实情况进行跟踪分析，及时调整完善。

（十九）推进中央财政科技计划（专项、基金等）管理改革，再造科技计划管理体系

87. 对现有科技计划（专项、基金等）进行优化整合，按照国家自然科学基金、国家科技重大专项、国家重点研发计划、技术创新引导专项（基金）、基地和人才专项等五类科技计划重构国家科技计划布局，实行分类管理、分类支持。

88. 构建统一的国家科技管理平台，建立国家科技计划（专项、基金等）管理部际联席会议制度，组建战略咨询与综合评审委员会，制定议事规则，完善运行机制，加强重大事项的统筹协调。

89. 建立专业机构管理项目机制，制定专业机构改建方案和管理制度，逐

步推进专业机构的市场化和社会化。

90. 建立统一的国家科技计划监督评估机制，制定监督评估通则和标准规范，强化科技计划实施和经费监督检查，开展第三方评估。

（二十）改革科研项目和资金管理，建立符合科研规律、高效规范的管理制度

91. 建立五类科技计划（专项、基金等）管理和资金管理制度，制定和修订相关计划管理办法和经费管理办法，改进和规范项目管理流程，提高资金使用效率。

92. 完善科研项目间接费管理制度。

93. 健全完善科研项目资金使用公务卡结算有关制度，健全科研项目和资金巡视检查、审计等制度，依法查处违法违规行为，完善科研项目和资金使用监管机制。

94. 制定加强基础研究的指导性文件，在科研布局、科研评价、政策环境、资金投入等方面加强顶层设计和综合施策，切实加大对基础研究的支持力度。完善稳定支持和竞争性支持相协调的机制，加大稳定支持力度，支持研究机构自主布局科研项目，扩大高等学校、科研院所学术自主权和个人科研选题选择权。在基础研究领域建立包容和支持“非共识”创新项目的制度。

95. 完善科研信用管理制度，建立覆盖项目决策、管理、实施主体的逐级考核问责机制和责任倒查制度。

（二十一）全面推进科技管理基础制度建设，推动科技资源开放共享

96. 建立统一的国家科技计划管理信息系统和中央财政科研项目数据库，对科技计划实行全流程痕迹管理。

97. 全面实行国家科技报告制度，建立科技报告共享服务机制，将科技报告呈交和共享情况作为对项目承担单位后续支持的依据。

98. 全面推进国家创新调查制度建设，发布国家、区域、高新区、企业等创新能力监测评价报告。

99. 建立统一开放的科研设施与仪器国家网络管理平台，将所有符合条件的科研设施与仪器纳入平台管理，建立国家重大科研基础设施和大型科研仪器开放共享制度和运行补助机制。

（二十二）完善宏观经济统计指标体系和政绩考核机制，强化创新驱动导向

100. 改进和完善国内生产总值核算方法，体现科技创新的经济价值。研究建立科技创新、知识产权与产业发展相结合的创新驱动发展评价指标，并纳入国民经济和社会发展规划。

101. 完善地方党政领导干部政绩考核办法，把创新驱动发展成效纳入考核范围。

九、推动形成深度融合的开放创新局面

以全球视野谋划和推动科技创新。坚持引进来和走出去相结合，开展全方位、多层次、高水平的国际科技合作与交流，深入实施“千人计划”“万人计划”，加大先进技术和海外高层次人才引进力度，充分利用全球创新资源，以更加积极的策略推动技术和标准输出，提升我国科技创新的国际化水平。

（二十三）有序开放国家科技计划，提高我国科技的全球影响力

102. 制定国家科技计划对外开放的管理办法，鼓励在华的外资研发中心参与承担国家科技计划项目，开展高附加值原创性研发活动，启动外籍科学家参与承担国家科技计划项目实施的试点。

103. 在基础研究和重大全球性问题研究领域，研究发起国际大科学计划和工程，积极参与大型国际科技合作计划。吸引国际知名科研机构来华联合组建国际科技中心。鼓励和支持中国科学家在国际科技组织任职。

（二十四）实行更加积极的人才引进政策，聚集全球创新人才

104. 制定外国人永久居留管理的意见，加快外国人永久居留管理立法，规范和放宽技术型人才取得外国人永久居留证的条件，探索建立技术移民制度，对持有外国人永久居留证的外籍高层次人才在创办科技型企业等创新活动方面，给予中国籍公民同等待遇。

105. 加快制定外国人在中国工作管理条例，对符合条件的外国人才给予工作许可便利，对符合条件的外国人才及其随行家属给予签证和居留等便利。对满足一定条件的国外高层次科技创新人才取消来华工作许可的年龄限制。

106. 开展国有企业事业单位选聘、聘用国际高端人才实行市场化薪酬试点，加大对高端人才激励力度。

107. 围绕国家重大需求，面向全球引进首席科学家等高层次科技创新人才。建立访问学者制度，广泛吸引海外高层次人才回国（来华）从事创新研究。

108. 开展高等学校和科研院所非涉密的部分岗位全球招聘试点，提高科研院所所长全球招聘比例。

109. 逐步放宽外商投资人才中介服务机构的外资持股比例和最低注册资本金要求。鼓励有条件的国内人力资源服务机构走出去与国外人力资源服务机构开展合作，在境外设立分支机构。

（二十五）鼓励企业建立国际化创新网络，提升企业利用国际创新资源的能力

110. 进一步完善同主要国家创新对话机制，积极吸收企业参与，在研发合作、技术标准、知识产权、跨国并购等方面为企业搭建沟通和对话平台。

111. 健全综合协调机制，支持国内技术、产品、标准、品牌走出去，支持

企业在海外设立研发中心、参与国际标准制定。强化技术贸易措施评价和风险预警机制。

（二十六）优化境外创新投资管理制度，鼓励创新要素跨境流动

112. 研究通过国有重点金融机构发起设立海外创新投资基金，外汇储备通过债权、股权等方式参与设立基金工作，积极吸收其他性质资金参与，更多更好利用全球创新资源。

113. 制定鼓励上市公司海外投资创新类项目的措施，改革投资信息披露制度。

114. 制定相关规定，对开展国际研发合作项目所需付汇，实行研发单位事先承诺、事后并联监管制度。

115. 对科研人员因公出国进行分类管理，放宽因公临时出国批次限量管理政策。

116. 改革检验管理，对研发所需设备、样本及样品进行分类管理，在保证安全前提下，采用重点审核、抽检、免检等方式，提高审核效率。

十、营造激励创新的良好生态

积极营造公平、开放、透明的市场环境，推动大众创业、万众创新。强化知识产权保护，改进新技术新产品新商业模式的准入管理和产业准入制度，加快推进垄断性行业改革，建立主要由市场决定要素价格的机制，形成有利于转型升级、鼓励创新的产业政策导向，营造勇于探索、鼓励创新、宽容失败的文化和社会氛围。

（二十七）实行严格的知识产权保护制度，鼓励创业、激励创新

117. 完善知识产权保护相关法律，研究降低侵权行为追究刑事责任门槛，调整损害赔偿标准，探索实施惩罚性赔偿制度。完善权利人维权机制，合理划分权利人举证责任。

118. 完善商业秘密保护法律制度，明确商业秘密和侵权行为界定，研究制定相关保护措施，探索建立诉前保护制度。

119. 研究商业模式等新形态创新成果的知识产权保护办法。

120. 完善知识产权审判工作机制，推进知识产权民事、行政、刑事案件审判“三合一”，积极发挥知识产权法院的作用，探索建立跨地区知识产权案件异地审理机制，打破对侵权行为的地方保护。

121. 健全知识产权侵权查处机制，强化行政执法与司法衔接，加强知识产权综合行政执法，将侵权行为信息纳入社会信用记录。

122. 建立知识产权海外维权援助机制，完善中国保护知识产权网海外维权信息平台建设和知识产权海外服务机构、专家名录。

（二十八）打破制约创新的行业垄断和市场分割，营造激励创新的市场

环境

123. 加快推进垄断性行业改革，放开自然垄断行业竞争性业务，建立鼓励创新的统一透明、有序规范的市场环境。切实加强反垄断执法，及时发现和制止垄断协议和滥用市场支配地位等垄断行为，为中小企业创新发展拓展空间。

124. 打破地方保护，清理和废除各地妨碍全国统一市场的规定和做法，纠正地方政府不当补贴或利用行政权力限制、排除竞争的行为，探索实施公平竞争审查制度。

（二十九）改进市场准入与监管，完善放活市场、拉动创新的产业技术政策

125. 改革市场准入制度，制定和实施产业准入负面清单，对未纳入负面清单管理的行业、领域、业务等，各类市场主体皆可依法平等进入。

126. 破除限制新技术新产品新商业模式发展的不合理准入障碍。对药品、医疗器械等创新产品建立便捷高效的监管模式，深化审评审批制度改革，多种渠道增加审评资源，优化流程，缩短周期，支持委托生产等新的组织模式发展。

127. 对新能源汽车、风电、光伏等领域制定有针对性的准入政策。

128. 完善相关管理制度，改进互联网、金融、环保、医疗卫生、文化、教育等领域的监管，支持和鼓励新业态、新商业模式发展。

129. 改革产业监管制度，将前置审批为主转变为依法加强事中事后监管为主。

130. 明确并逐步提高生产环节和市场准入的环境、节能、节水、节地、节材、质量和安全指标及相关标准，形成统一权威、公开透明的市场准入标准体系。健全技术标准体系，制定和实施强制性标准。

131. 加强产业技术政策、标准执行的过程监管。建立健全环保、质检、工商、安全监管等部门的行政执法联动机制。

（三十）推动有利于创新的要素价格改革，形成创新倒逼机制

132. 运用主要由市场决定要素价格的机制，促使企业从依靠过度消耗资源能源、低性能低成本竞争，向依靠创新、实施差别化竞争转变。

133. 加快推进资源税改革，逐步将资源税扩展到占用各种自然生态空间。

134. 推进环境保护费改税。

135. 完善市场化的工业用地价格形成机制。

136. 健全企业职工工资正常增长机制，实现劳动力成本变化与经济提质增效相适应。

（三十一）培育创新文化，形成支持创新创业的社会氛围

137. 发展众创、众筹、众包和虚拟创新创业社区等多种形式的创新创业模

式，研究制定发展众创空间推进大众创新创业的政策措施。

138. 深入实施全民科学素质行动计划纲要，加强科学普及，推进科普信息化建设，实现到2020年我国公民具备基本科学素质的比例达到10%。

139. 创新科技宣传方式，突出对重大科技创新工程、重大科技活动、优秀科技工作者、创新创业典型事迹的宣传，在全社会营造崇尚科学、尊重创新的文化氛围和价值理念。

十一、推动区域创新改革

遵循创新区域高度集聚的规律，突出分类指导和系统改革，选择若干省（自治区、直辖市）对各项重点改革举措进行先行先试，取得一批重大改革突破，复制、推广一批改革举措和重大政策，一些地方率先实现创新驱动发展转型，引领、示范和带动全国加快实现创新驱动发展。

（三十二）打造具有创新示范和带动作用的区域性创新平台

140. 遵循创新区域高度集聚的规律，在有条件的省（自治区、直辖市）系统推进全面创新改革试验，授权开展知识产权、科研院所、高等教育、人才流动、国际合作、金融创新、激励机制、市场准入等改革试验，努力在重要领域和关键环节取得新突破，及时总结推广经验，发挥示范和带动作用，促进创新驱动发展战略的深入实施。出台关于在部分区域系统推进全面创新改革试验的总体方案，启动改革试验工作。

141. 深入推进创新型省份和创新型城市试点建设。

142. 按照国家自主创新示范区的建设原则和整体布局，推进国家自主创新示范区建设，加强体制机制改革和政策先行先试。

143. 制定京津冀创新驱动发展指导意见，支撑京津冀协同发展。

深化科技体制改革是关系国家发展全局的重大改革，要加强领导，精心组织实施。国家科技体制改革和创新体系建设领导小组要加强统筹协调、督促落实。各有关部门、各地方要高度重视，认真落实好相关任务。各牵头单位对牵头的任务要负总责，会同其他参与单位制定具体落实方案，明确责任人、路线图、时间表，加快各项任务实施，确保按进度要求完成任务。

二十八、2016年2月6日，中共中央 国务院《关于进一步加强城市规划建设管理工作的若干意见》（中发〔2016〕6号）

城市是经济社会发展和人民生产生活的重要载体，是现代文明的标志。新中国成立特别是改革开放以来，我国城市规划建设管理工作成就显著，城市规划法律法规和实施机制基本形成，基础设施明显改善，公共服务和管理水平持续提升，在促进经济社会发展、优化城乡布局、完善城市功能、增进民生福祉等方面发挥了重要作用。同时务必清醒地看到，城市规划建设管理中还存在一些突出问题：城市规划前瞻性、严肃性、强制性和公开性不够，城市建筑贪大、媚洋、求怪等乱象丛生，特色缺失，文化传承堪忧；城市建设盲目追求规模扩张，节约集约程度不高；依法治理城市力度不够，违法建设、大拆大建问题突出，公共产品和服务供给不足，环境污染、交通拥堵等“城市病”蔓延加重。

积极适应和引领经济发展新常态，把城市规划好、建设好、管理好，对促进以人为核心的新型城镇化发展，建设美丽中国，实现“两个一百年”奋斗目标和中华民族伟大复兴的中国梦具有重要现实意义和深远历史意义。为进一步加强和改进城市规划建设管理工作，解决制约城市科学发展的突出矛盾和深层次问题，开创城市现代化建设新局面，现提出以下意见。

一、总体要求

（一）指导思想。全面贯彻党的十八大和十八届三中、四中、五中全会及中央城镇化工作会议、中央城市工作会议精神，深入贯彻习近平总书记系列重要讲话精神，按照“五位一体”总体布局和“四个全面”战略布局，牢固树立和贯彻落实创新、协调、绿色、开放、共享的发展理念，认识、尊重、顺应城市发展规律，更好发挥法治的引领和规范作用，依法规划、建设和管理城市，贯彻“适用、经济、绿色、美观”的建筑方针，着力转变城市发展方式，着力塑造城市特色风貌，着力提升城市环境质量，着力创新城市管理服务，走出一条中国特色城市发展道路。

（二）总体目标。实现城市有序建设、适度开发、高效运行，努力打造和谐宜居、富有活力、各具特色的现代化城市，让人民生活更美好。

（三）基本原则。坚持依法治理与文明共建相结合，坚持规划先行与建管并重相结合，坚持改革创新与传承保护相结合，坚持统筹布局与分类指导相结合，坚持完善功能与宜居宜业相结合，坚持集约高效与安全便利相结合。

二、强化城市规划工作

（四）依法制定城市规划。城市规划在城市发展中起着战略引领和刚性控制的重要作用。依法加强规划编制和审批管理，严格执行城乡规划法规定的原则和程序，认真落实城市总体规划由本级政府编制、社会公众参与、同级人大常委会审议、上级政府审批的有关规定。创新规划理念，改进规划方法，把以人为本、尊重自然、传承历史、绿色低碳等理念融入城市规划全过程，增强规划的前瞻性、严肃性和连续性，实现一张蓝图干到底。坚持协调发展理念，从区域、城乡整体协调的高度确定城市定位、谋划城市发展。加强空间开发管制，划定城市开发边界，根据资源禀赋和环境承载能力，引导调控城市规模，优化城市空间布局和形态功能，确定城市建设约束性指标。按照严控增量、盘活存量、优化结构的思路，逐步调整城市用地结构，把保护基本农田放在优先地位，保证生态用地，合理安排建设用地，推动城市集约发展。改革完善城市规划管理体制，加强城市总体规划和土地利用总体规划的衔接，推进两图合一。在有条件的城市探索城市规划管理和国土资源管理部门合一。

（五）严格依法执行规划。经依法批准的城市规划，是城市建设和管理的依据，必须严格执行。进一步强化规划的强制性，凡是违反规划的行为都要严肃追究责任。城市政府应当定期向同级人大常委会报告城市规划实施情况。城市总体规划的修改，必须经原审批机关同意，并报同级人大常委会审议通过，从制度上防止随意修改规划等现象。控制性详细规划是规划实施的基础，未编制控制性详细规划的区域，不得进行建设。控制性详细规划的编制、实施以及对违规建设的处理结果，都要向社会公开。全面推行城市规划委员会制度。健全国家城乡规划督察员制度，实现规划督察全覆盖。完善社会参与机制，充分发挥专家和公众的力量，加强规划实施的社会监督。建立利用卫星遥感监测等多种手段共同监督规划实施的工作机制。严控各类开发区和城市新区设立，凡不符合城镇体系规划、城市总体规划和土地利用总体规划进行建设的，一律按违法处理。用 5 年左右时间，全面清查并处理建成区违法建设，坚决遏制新增违法建设。

三、塑造城市特色风貌

（六）提高城市设计水平。城市设计是落实城市规划、指导建筑设计、塑造城市特色风貌的有效手段。鼓励开展城市设计工作，通过城市设计，从整体平面和立体空间上统筹城市建筑布局，协调城市景观风貌，体现城市地域特征、民族特色和时代风貌。单体建筑设计方案必须在形体、色彩、体量、高度等方面符合城市设计要求。抓紧制定城市设计管理法规，完善相关技术导则。支持高等学校开设城市设计相关专业，建立和培育城市设计队伍。

（七）加强建筑设计管理。按照“适用、经济、绿色、美观”的建筑方针，突出建筑使用功能以及节能、节水、节地、节材和环保，防止片面追求建筑外观形象。强化公共建筑和超限高层建筑设计管理，建立大型公共建筑工程后评估制度。坚持开放发展理念，完善建筑设计招投标决策机制，规范决策行为，提高决策透明度和科学性。进一步培育和规范建筑设计市场，依法严格实施市场准入和清出。为建筑设计院和建筑师事务所发展创造更加良好的条件，鼓励国内外建筑设计企业充分竞争，使优秀作品脱颖而出。培养既有国际视野又有民族自信的建筑师队伍，进一步明确建筑师的权利和责任，提高建筑师的地位。倡导开展建筑评论，促进建筑设计理念的交融和升华。

（八）保护历史文化风貌。有序实施城市修补和有机更新，解决老城区环境品质下降、空间秩序混乱、历史文化遗产损毁等问题，促进建筑物、街道立面、天际线、色彩和环境更加协调、优美。通过维护加固老建筑、改造利用旧厂房、完善基础设施等措施，恢复老城区功能和活力。加强文化遗产保护传承和合理利用，保护古遗址、古建筑、近现代历史建筑，更好地延续历史文脉，展现城市风貌。用 5 年左右时间，完成所有城市历史文化街区划定和历史建筑确定工作。

四、提升城市建筑水平

（九）落实工程质量责任。完善工程质量安全管理制度，落实建设单位、勘察单位、设计单位、施工单位和工程监理单位等五方主体质量安全责任。强化政府对工程建设全过程的质量监管，特别是强化对工程监理的监管，充分发挥质监站的作用。加强职业道德规范和技能培训，提高从业人员素质。深化建设项目组织实施方式改革，推广工程总承包制，加强建筑市场监管，严厉查处转包和违法分包等行为，推进建筑市场诚信体系建设。实行施工企业银行保函和工程质量责任保险制度。建立大型工程技术风险控制机制，鼓励大型公共建筑、地铁等按市场化原则向保险公司投保重大工程保险。

（十）加强建筑安全监管。实施工程全生命周期风险管理，重点抓好房屋建筑、城市桥梁、建筑幕墙、斜坡（高切坡）、隧道（地铁）、地下管线等工程运行使用的安全监管，做好质量安全鉴定和抗震加固管理，建立安全预警及应急控制机制。加强对既有建筑改扩建、装饰装修、工程加固的质量安全监管。全面排查城市老旧建筑安全隐患，采取有力措施限期整改，严防发生垮塌等重大事故，保障人民群众生命财产安全。

（十一）发展新型建造方式。大力推广装配式建筑，减少建筑垃圾和扬尘污染，缩短建造工期，提升工程质量。制定装配式建筑设计、施工和验收规范。完善部品部件标准，实现建筑部品部件工厂化生产。鼓励建筑企业装配式施工，现场装配。建设国家级装配式建筑生产基地。加大政策支持力度，力争用 10 年左右时间，使装配式建筑占新建建筑的比例达到 30%。积极稳妥推广钢结构建筑。在具备条件的地方，倡导发展现代木结构建筑。

五、推进节能城市建设

（十二）推广建筑节能技术。提高建筑节能标准，推广绿色建筑和建材。支持和鼓励各地结合自然气候特点，推广应用地源热泵、水源热泵、太阳能发电等新能源技术，发展被动式房屋等绿色节能建筑。完善绿色节能建筑和建材评价体系，制定分布式能源建筑应用标准。分类制定建筑全生命周期能源消耗标准定额。

（十三）实施城市节能工程。在试点示范的基础上，加大工作力度，全面推进区域热电联产、政府机构节能、绿色照明等节能工程。明确供热采暖系统安全、节能、环保、卫生等技术要求，健全服务质量标准和评估监督办法。进一步加强对城市集中供热系统的技术改造和运行管理，提高热能利用效率。大力推行采暖地区住宅供热分户计量，新建住宅必须全部实现供热分户计量，既有住宅要逐步实施供热分户计量改造。

六、完善城市公共服务

（十四）大力推进棚改安居。深化城镇住房制度改革，以政府为主保障困难群体基本住房需求，以市场为主满足居民多层次住房需求。大力推进城镇棚户区改造，稳步实施城中村改造，有序推进老旧住宅小区综合整治、危房和非成套住房改造，加快配套基础设施建设，切实解决群众住房困难。打好棚户区改造三年攻坚战，到 2020 年，基本完成现有的城镇棚户区、城中村和危房改造。完善土地、财政和金融政策，落实税收政策。创新棚户区改造体制机制，推动政府购买棚改服务，推广政府与社会资本合作模式，构建多元化棚改实施主体，发挥开发性金融支持作用。积极推行棚户区改造货币化安置。因地制宜确定住房保障标准，健全准入退出机制。

（十五）建设地下综合管廊。认真总结推广试点城市经验，逐步推开城市地下综合管廊建设，统筹各类管线敷设，综合利用地下空间资源，提高城市综合承载能力。城市新区、各类园区、成片开发区域新建道路必须同步建设地下综合管廊，老城区要结合地铁建设、河道治理、道路整治、旧城更新、棚户区改造等，逐步推进地下综合管廊建设。加快制定地下综合管廊建设标准和技术导则。凡建有地下综合管廊的区域，各类管线必须全部入廊，管廊以外区域不得新建管线。管廊实行有偿使用，建立合理的收费机制。鼓励社会资本投资和运营地下综合管廊。各城市要综合考虑城市发展远景，按照先规划、后建设的原则，编制地下综合管廊建设专项规划，在年度建设计划中优先安排，并预留和控制地下空间。完善管理制度，确保管廊正常运行。

（十六）优化街区路网结构。加强街区的规划和建设，分梯级明确新建街区面积，推动发展开放便捷、尺度适宜、配套完善、邻里和谐的生活街区。新建住宅要推广街区制，原则上不再建设封闭住宅小区。已建成的住宅小区和单位大院要逐步打开，实现内部道路公共化，解决交通路网布局问题，促进土地节约利用。树立“窄马路、密路网”的城市道路布局理念，建设快速路、主次干路和支路级配合理的道路网系统。打通各类“断头路”，形成完整路网，提高道路通达性。科学、规范设置道路交通安全设施和交通管理设施，提高道路安全性。到 2020 年，城市建成区平均路网密度提高到 8 千米 / 平方千米，道路面积率达到 15%。积极采用单行道路方式组织交通。加强自行车道和步行道系统建设，倡导绿色出行。合理配置停车设施，鼓励社会参与，放宽市场准入，逐步缓解停车难问题。

（十七）优先发展公共交通。以提高公共交通分担率为突破口，缓解城市交通压力。统筹公共汽车、轻轨、地铁等多种类型公共交通协调发展，到 2020 年，超大、特大城市公共交通分担率达到 40% 以上，大城市达到 30% 以上，中小城市达到 20% 以上。加强城市综合交通枢纽建设，促进不同运输方式和城市内外交通之间的顺畅衔接、便捷换乘。扩大公共交通专用道的覆盖范围。实现中心城区公交站点 500 米内全覆盖。引入市场竞争机制，改革公交公司管理体制，鼓励社会资本参与公共交通设施建设和运营，增强公共交通运力。

（十八）健全公共服务设施。坚持共享发展理念，使人民群众在共建共享中有更多获得感。合理确定公共服务设施建设标准，加强社区服务场所建设，形成以社区级设施为基础，市、区级设施衔接配套的公共服务设施网络体系。配套建设中小学、幼儿园、超市、菜市场，以及社区养老、医疗卫生、文化服务等设施，大力推进无障碍设施建设，打造方便快捷生活圈。继续推动公共图书馆、美术馆、文化馆（站）、博物馆、科技馆免费向全社会开放。推动社区内公共设施向居民开放。合理规划建设广场、公园、步行道等公共活动空间，方便居民文体活动，促进居民交流。强化绿地服务居民日常活动的功能，使市民在居家附近能够见到绿地、亲近绿地。城市公园原则上要免费向居民开放。限期清理腾退违规占用的公共空间。顺应新型城镇化的要求，稳步推进城镇基本公共服务常住人口全覆盖，稳定就业和生活的农业转移人口在住房、教育、文化、医疗卫生、计划生育和证照办理服务等方面，与城镇居民有同等权利和义务。

（十九）切实保障城市安全。加强市政基础设施建设，实施地下管网改造工程。提高城市排涝系统建设标准，加快实施改造。提高城市综合防灾和安全设施建设配置标准，加大建设投入力度，加强设施运行管理。建立城市备用饮用水水源地，确保饮水安全。健全城市抗震、防洪、排涝、消防、交通、应对地质灾害应急指挥体系，完善城市生命通道系统，加强城市防灾避难场所建设，增强抵御自然灾害、处置突发事件和危机管理能力。加强城市安全监管，建立专业化、职业化的应急救援队伍，提升社会治安综合治理水平，形成全天候、系统性、现代化的城市安全保障体系。

七、营造城市宜居环境

（二十）推进海绵城市建设。充分利用自然山体、河湖湿地、耕地、林地、草地等生态空间，建设海绵城市，提升水源涵养能力，缓解雨洪内涝压力，促进水资源循环利用。鼓励单位、社区和居民家庭安装雨水收集装置。大幅度减少城市硬覆盖地面，推广透水建材铺装，大力建设雨水花园、储水池塘、湿地公园、下沉式绿地等雨水滞留设施，让雨水自然积存、自然渗透、自然净化，不断提高城市雨水就地蓄积、渗透比例。

（二十一）恢复城市自然生态。制定并实施生态修复工作方案，有计划有步骤地修复被破坏的山体、河流、湿地、植被，积极推进采矿废弃地修复和再利用，治理污染土地，恢复城市自然生态。优化城市绿地布局，构建绿道系统，实现城市内外绿地连接贯通，将生态要素引入市区。建设森林城市。推行生态绿化方式，保护古树名木资源，广植当地树种，减少人工干预，让乔灌草合理搭配、自然生长。鼓励发展屋顶绿化、立体绿化。进一步提高城市人均公园绿地面积和城市建成区绿地率，改变城市建设中过分追求高强度开发、高密度建设、大面积硬化的状况，让城市更自然、更生态、更有特色。

（二十二）推进污水大气治理。强化城市污水治理，加快城市污水处理设施建设与改造，全面加强配套管网建设，提高城市污水收集处理能力。整治城市黑臭水体，强化城中村、老旧城区和城乡结合部污水截流、收集，抓紧治理城区污水横流、河湖水系污染严重的现象。到2020年，地级以上城市建成区力争实现污水全收集、全处理，缺水城市再生水利用率达到20%以上。以中水洁厕为突破口，不断提高污水利用率。新建住房和单体建筑面积超过一定规模的新建公共建筑应当安装中水设施，老旧住房也应当逐步实施中水利用改造。培育以经营中水业务为主的水务公司，合理形成中水回用价格，鼓励按市场化方式经营中水。城市工业生产、道路清扫、车辆冲洗、绿化浇灌、生态景观等生产和生态用水要优先使用中水。全面推进大气污染防治工作。加大城市工业源、面源、移动源污染综合治理力度，着力减少多污染物排放。加快调整城市能源结构，增加清洁能源供应。深化京津冀、长三角、珠三角等区域大气污染联防联控，健全重污染天气监测预警体系。提高环境监管能力，加大执法力度，严厉打击各类环境违法行为。倡导文明、节约、绿色的消费方式和生活习惯，动员全社会参与改善环境质量。

（二十三）加强垃圾综合治理。树立垃圾是重要资源和矿产的观念，建立政府、社区、企业和居民协调机制，通过分类投放收集、综合循环利用，促进垃圾减量化、资源化、无害化。到2020年，力争将垃圾回收利用率提高到35%以上。强化城市保洁工作，加强垃圾处理设施建设，统筹城乡垃圾处理处置，大力解决垃圾围城问题。推进垃圾收运处理企业化、市场化，促进垃圾清运体系与再生资源回收体系对接。通过限制过度包装，减少一次性制品使用，推行净菜入城等措施，从源头上减少垃圾产生。利用新技术、新设备，推广厨余垃圾家庭粉碎处理。完善激励机制和政策，力争用5年左右时间，基本建立餐厨废弃物和建筑垃圾回收和再生利用体系。

八、创新城市治理方式

（二十四）推进依法治理城市。适应城市规划建设管理新形势和新要求，加强重点领域法律法规的立改废释，形成覆盖城市规划建设管理全过程的法律法规制度。严格执行城市规划建设管理行政决策法定程序，坚决遏制领导干部随意干预城市规划设计和工程建设的现象。研究推动城乡规划法与刑法衔接，严厉惩处规划建设管理违法行为，强化法律责任追究，提高违法违规成本。

（二十五）改革城市管理体制。明确中央和省级政府城市管理主管部门，确定管理范围、权力清单和责任主体，理顺各部门职责分工。推进市县两级政府规划建设管理机构改革，推行跨部门综合执法。在设区的市推行市或区一级执法，推动执法重心下移和执法事项属地化管理。加强城市管理执法机构和队伍建设，提高管理、执法和服务水平。

（二十六）完善城市治理机制。落实市、区、街道、社区的管理服务责任，健全城市基层治理机制。进一步强化街道、社区党组织的领导核心作用，以社区服务型党组织建设带动社区居民自治组织、社区社会组织建设。增强社区服务功能，实现政府治理和社会调节、居民自治良性互动。加强信息公开，推进城市治理阳光运行，开展世界城市日、世界住房日等主题宣传活动。

（二十七）推进城市智慧管理。加强城市管理和服务体系智能化建设，促进大数据、物联网、云计算等现代信息技术与城市管理服务融合，提升城市治理和服务水平。加强市政设施运行管理、交通管理、环境管理、应急管理等城市管理数字化平台建设和功能整合，建设综合性城市管理数据库。推进城市宽带信息基础设施建设，强化网络安全保障。积极发展民生服务智慧应用。到2020年，建成一批特色鲜明的智慧城市。通过智慧城市建设和其他一系列城市规划建设管理措施，不断提高城市运行效率。

（二十八）提高市民文明素质。以加强和改进城市规划建设管理来满足人民群众日益增长的物质文化需要，以提升市民文明素质推动城市治理水平的不断提高。大力开展社会主义核心价值观学习教育实践，促进市民形成良好的道德素养和社会风尚，提高企业、社会组织和市民参与城市治理的意识和能力。从青少年抓起，完善学校、家庭、社会三结合的教育网络，将良好校风、优良家风和社会新风有机融合。建立完善市民行为规范，增强市民法治意识。

九、切实加强组织领导

（二十九）加强组织协调。中央和国家机关有关部门要加大对城市规划建设管理工作的指导、协调和支持力度，建立城市工作协调机制，定期研究相关工作。定期召开中央城市工作会议，研究解决城市发展中的重大问题。中央组织部、住房城乡建设部要定期组织新任市委书记、市长培训，不断提高城市主要领导规划建设管理的能力和水平。

（三十）落实工作责任。省级党委和政府要围绕中央提出的总目标，确定本地区城市发展的目标和任务，集中力量突破重点难点问题。城市党委和政府要制定具体目标和工作方案，明确实施步骤和保障措施，加强对城市规划建设管理工作的领导，落实工作经费。实施城市规划建设管理工作监督考核制度，确定考核指标体系，定期通报考核结果，并作为城市党政领导班子和领导干部综合考核评价的重要参考。

各地区各部门要认真贯彻落实本意见精神，明确责任分工和时间要求，确保各项政策措施落到实处。各地区各部门贯彻落实情况要及时向党中央、国务院报告。中央将就贯彻落实情况适时组织开展监督检查。

二十九、2016年5月20日，住房城乡建设部《关于进一步推进工程总承包发展的若干意见》（建市〔2016〕93号）

为落实《中共中央国务院关于进一步加强城市规划建设管理工作的若干意见》，深化建设项目组织实施方式改革，推广工程总承包制，提升工程建设质量和效益，现提出以下意见。

一、大力推进工程总承包

（一）充分认识推进工程总承包的意义。工程总承包是国际通行的建设项目组织实施方式。大力推进工程总承包，有利于提升项目可行性研究和初步设计深度，实现设计、采购、施工等各阶段工作的深度融合，提高工程建设水平；有利于发挥工程总承包企业的技术和管理优势，促进企业做优做强，推动产业转型升级，服务于“一带一路”倡议实施。

（二）工程总承包的主要模式。工程总承包是指从事工程总承包的企业按照与建设单位签订的合同，对工程项目的设计、采购、施工等实行全过程的承包，并对工程的质量、安全、工期和造价等全面负责的承包方式。工程总承包一般采用设计—采购—施工总承包或者设计—施工总承包模式。建设单位也可以根据项目特点和实际需要，按照风险合理分担原则和承包工作内容采用其他工程总承包模式。

（三）优先采用工程总承包模式。建设单位在选择建设项目组织实施方式时，应当本着质量可靠、效率优先的原则，优先采用工程总承包模式。政府投资项目和装配式建筑应当积极采用工程总承包模式。

二、完善工程总承包管理制度

（四）工程总承包项目的发包阶段。建设单位可以根据项目特点，在可行性研究、方案设计或者初步设计完成后，按照确定的建设规模、建设标准、投资限额、工程质量和进度要求等进行工程总承包项目发包。

（五）建设单位的项目管理。建设单位应当加强工程总承包项目全过程管理，督促工程总承包企业履行合同义务。建设单位根据自身资源和能力，可以自行对工程总承包项目进行管理，也可以委托项目管理单位，依照合同对工程总承包项目进行管理。项目管理单位可以是本项目的可行性研究、方案设计或者初步设计单位，也可以是其他工程设计、施工或者监理等单位，但项目管理单位不得与工程总承包企业具有利害关系。

（六）工程总承包企业的选择。建设单位可以依法采用招标或者直接发包的方式选择工程总承包企业。工程总承包评标可以采用综合评估法，评审的主要因素包括工程总承包报价、项目管理组织方案、设计方案、设备采购方案、施工计划、工程业绩等。工程总承包项目可以采用总价合同或者成本加酬金合同，合同价格应当在充分竞争的基础上合理确定，合同的制订可以参照住房城乡建设部、工商总局联合印发的建设项目工程总承包合同示范文本。

（七）工程总承包企业的基本条件。工程总承包企业应当具有与工程规模相适应的工程设计资质或者施工资质，相应的财务、风险承担能力，同时具有相应的组织机构、项目管理体系、项目管理专业人员和工程业绩。

（八）工程总承包项目经理的基本要求。工程总承包项目经理应当取得工程建设类注册执业资格或者高级专业技术职称，担任过工程总承包项目经理、设计项目负责人或者施工项目经理，熟悉工程建设相关法律法规和标准，同时具有相应工程业绩。

（九）工程总承包项目的分包。工程总承包企业可以在其资质证书许可的工程项目范围内自行实施设计和施工，也可以根据合同约定或者经建设单位同意，直接将工程项目的设计或者施工业务择优分包给具有相应资质的企业。仅具有设计资质的企业承接工程总承包项目时，应当将工程总承包项目中的施工业务依法分包给具有相应施工资质的企业。仅具有施工资质的企业承接工程总承包项目时，应当将工程总承包项目中的设计业务依法分包给具有相应设计资质的企业。

（十）工程总承包项目严禁转包和违法分包。工程总承包企业应当加强对分包的管理，不得将工程总承包项目转包，也不得将工程总承包项目中设计和施工业务一并或者分别分包给其他单位。工程总承包企业自行实施设计的，不得将工程总承包项目工程主体部分的设计业务分包给其他单位。工程总承包企业自行实施施工的，不得将工程总承包项目工程主体结构的施工业务分包给其他单位。

（十一）工程总承包企业的义务和责任。工程总承包企业应当加强对工程总承包项目的管理，根据合同约定和项目特点，制定项目管理计划和项目实施计划，建立工程管理与协调制度，加强设计、采购与施工的协调，完善和优化设计，改进施工方案，合理调配设计、采购和施工力量，实现对工程总承包项目的有效控制。工程总承包企业对工程总承包项目的质量和安全全面负责。工程总承包企业按照合同约定对建设单位负责，分包企业按照分包合同的约定对工程总承包企业负责。工程分包不能免除工程总承包企业的合同义务和法律责任，工程总承包企业和分包企业就分包工程对建设单位承担连带责任。

（十二）工程总承包项目的风险管理。工程总承包企业和建设单位应当加强风险管理，公平合理分担风险。工程总承包企业按照合同约定向建设单位出具履约担保，建设单位向工程总承包企业出具支付担保。

（十三）工程总承包项目的监管手续。按照法规规定进行施工图设计文件审查的工程总承包项目，可以根据实际情况按照单体工程进行施工图设计文件审查。住房城乡建设主管部门可以根据工程总承包合同及分包合同确定的设计、施工企业，依法办理建设工程质量、安全监督和施工许可等相关手续。相关许可和备案表格，以及需要工程总承包企业签署意见的相关工程管理技术文件，应当增加工程总承包企业、工程总承包项目经理等栏目。

（十四）安全生产许可证和质量保修。工程总承包企业自行实施工程总承包项目施工的，应当依法取得安全生产许可证；将工程总承包项目中的施工业务依法分包给具有相应资质的施工企业完成的，施工企业应当依法取得安全生产许可证。工程总承包企业应当组织分包企业配合建设单位完成工程竣工验收，签署工程质量保修书。

三、提升企业工程总承包能力和水平

（十五）完善工程总承包企业组织机构。工程总承包企业要根据开展工程总承包业务的实际需要，及时调整和完善企业组织机构、专业设置和人员结构，形成集设计、采购和施工各阶段项目管理于一体，技术与管理密切结合，具有工程总承包能力的组织体系。

（十六）加强工程总承包人才队伍建设。工程总承包企业要高度重视工程总承包的项目经理及从事项目控制、设计管理、采购管理、施工管理、合同管理、质量安全管理和风险管理等方面的人才培养。加强项目管理业务培训，并在工程总承包项目实践中锻炼人才、培育人才，培养一批符合工程总承包业务需求的专业人才，为开展工程总承包业务提供人才支撑。

（十七）加强工程总承包项目管理体系建设。工程总承包企业要不断建立完善包括技术标准、管理标准、质量管理体系、职业健康安全和环境管理体系在内的工程总承包项目管理标准体系。加强对分包企业的跟踪、评估和管理，充分利用市场优质资源，保证项目的有效实施。积极推广应用先进实用的项目管理软件，建立与工程总承包管理相适应的信息网络平台，完善相关数据库，提高数据统计、分析和管控水平。

四、加强推进工程总承包发展的组织和实施

（十八）加强组织领导。各级住房城乡建设主管部门要高度重视推进工程总承包发展工作，创新建设工程管理机制，完善相关配套政策；加强领导，推进各项制度措施落实，明确管理部门，依据职责加强对房屋建筑和市政工程的工程总承包活动的监督管理；加强与发展改革、财政、税务、审计等有关部门的沟通协调，积极解决制约工程总承包项目实施的有关问题。

（十九）加强示范引导。各级住房城乡建设主管部门要引导工程建设项目采用工程总承包模式进行建设，从重点企业入手，培育一批工程总承包骨干企业，发挥示范引领带动作用，提高工程总承包的供给质量和能力。加大宣传力度，加强人员培训，及时总结和推广经验，扩大工程总承包的影响力。

（二十）发挥行业组织作用。充分发挥行业组织桥梁和纽带作用，在推进工程总承包发展过程中，行业组织要积极反映企业诉求，协助政府开展相关政策研究，组织开展工程总承包项目管理人才培训，开展工程总承包企业经验交流，促进工程总承包发展。

三十、2016 年 8 月 23 日，住房城乡建设部《关于印发 2016—2020 年建筑业信息化发展纲要的通知》（建质函〔2016〕183 号）

为贯彻落实《中共中央 国务院关于进一步加强城市规划建设管理工作的若干意见》及《国家信息化发展战略纲要》，进一步提升建筑业信息化水平，我部组织编制了《2016—2020 年建筑业信息化发展纲要》。现印发给你们，请结合实际贯彻执行。

2016—2020 年建筑业信息化发展纲要

建筑业信息化是建筑业发展战略的重要组成部分，也是建筑业转变发展方式、提质增效、节能减排的必然要求，对建筑业绿色发展、提高人民生活品质具有重要意义。

一、指导思想

贯彻党的十八大以来、国务院推进信息化发展相关精神，落实创新、协调、绿色、开放、共享的发展理念及国家大数据战略、“互联网 +”行动等相关要求，实施《国家信息化发展战略纲要》，增强建筑业信息化发展能力，优化建筑业信息化发展环境，加快推动信息技术与建筑业发展深度融合，充分发挥信息化的引领和支撑作用，塑造建筑业新业态。

二、发展目标

“十三五”时期，全面提高建筑业信息化水平，着力增强 BIM、大数据、智能化、移动通信、云计算、物联网等信息技术集成应用能力，建筑业数字化、网络化、智能化取得突破性进展，初步建成一体化行业监管和服务平台，数据资源利用水平和信息服务能力明显提升，形成一批具有较强信息技术创新能力和信息化应用达到国际先进水平的建筑企业及具有关键自主知识产权的建筑业信息技术企业。

三、主要任务

（一）企业信息化

建筑企业应积极探索“互联网 +”形势下管理、生产的新模式，深入研究 BIM、物联网等技术的创新应用，创新商业模式，增强核心竞争力，实现跨越式发展。

1. 勘察设计类企业

（1）推进信息技术与企业管理深度融合。

进一步完善并集成企业运营管理信息系统、生产经营管理信息系统，实现企业管理信息系统的升级换代。深度融合 BIM、大数据、智能化、移动通信、云计算等信息技术，实现 BIM 与企业管理信息系统的一体化应用，促进企业设计水平和管理水平的提高。

（2）加快 BIM 普及应用，实现勘察设计技术升级。

在工程项目勘察中，推进基于 BIM 进行数值模拟、空间分析和可视化表达，研究构建支持异构数据和多种采集方式的工程勘察信息数据库，实现工程勘察信息的有效传递和共享。在工程项目策划、规划及监测中，集成应用 BIM、GIS、物联网等技术，对相关方案及结果进行模拟分析及可视化展示。在工程项目设计中，普及应用 BIM 进行设计方案的性能和功能模拟分析、优化、绘图、审查，以及成果交付和可视化沟通，提高设计质量。

推广基于 BIM 的协同设计，开展多专业间的数据共享和协同，优化设计流程，提高设计质量和效率。研究开发基于 BIM 的集成设计系统及协同工作系统，实现建筑、结构、水暖电等专业的信息集成与共享。

（3）强化企业知识管理，支撑智慧企业建设。

研究改进勘察设计信息资源的获取和表达方式，探索知识管理和发展模式，建立勘察设计知识管理信息系统。不断开发勘察设计信息资源，完善知识库，实现知识的共享，充分挖掘和利用知识的价值，支撑智慧企业建设。

2. 施工类企业

（1）加强信息化基础设施建设。

建立满足企业多层级管理需求的数据中心，可采用私有云、公有云或混合云等方式。在施工现场建设互联网基础设施，广泛使用无线网络及移动终端，实现项目现场与企业管理的互联互通强化信息安全，完善信息化运维管理体系，保障设施及系统稳定可靠运行。

（2）推进管理信息系统升级换代。

普及项目管理信息系统，开展施工阶段的 BIM 基础应用。有条件的企业应研究 BIM 应用条件下的施工管理模式和协同工作机制，建立基于 BIM 的项目管理信息系统。

推进企业管理信息系统建设。完善并集成项目管理、人力资源管理、财务资金管理、劳务管理、物资材料管理等信息系统，实现企业管理与主营业务的信息化。有条件的企业应推进企业管理信息系统中项目业务管理和财务管理的深度集成，实现业务财务管理一体化。推动基于移动通信、互联网的施工阶段多参与方协同工作系统的应用，实现企业与项目其他参与方的信息沟通和数据共享。注重推进企业知识管理信息系统、商业智能和决策支持系统的应用，有条件的企业应探索大数据技术的集成应用，支撑智慧企业建设。

（3）拓展管理信息系统新功能。

研究建立风险管理信息系统，提高企业风险管控能力。建立并完善电子商务系统，或利用第三方电子商务系统，开展物资设备采购和劳务分包，降低成本。开展 BIM 与物联网、云计算、3S 等技术在施工过程中的集成应用研究，建立施工现场管理信息系统，创新施工管理模式和手段。

3. 工程总承包类企业

（1）优化工程总承包项目信息化管理，提升集成应用水平。

进一步优化工程总承包项目管理组织架构、工作流程及信息流，持续完善项目资源分解结构和编码体系。深化应用估算、投标报价、费用控制及计划进度控制等信息系统，逐步建立适应国际工程的估算、报价、费用及进度管控体系。继续完善商务管理、资金管理、财务管理、风险管理及电子商务等信息系统，提升成本管理和风险管控水平。利用新技术提升并深化应用项目管理信息系统，实现设计管理、采购管理、施工管理、企业管理等信息系统的集成及应用。

探索 PPP 等工程总承包项目的信息化管理模式，研究建立相应的管理信息系统。

（2）推进“互联网 +”协同工作模式，实现全过程信息化。

研究“互联网 +”环境下的工程总承包项目多参与方协同工作模式，建立并应用基于互联网的协同工作系统，实现工程项目多参与方之间的高效协同与信息共享。研究制定工程总承包项目基于 BIM 的多参与方成果交付标准，实现从设计、施工到运行维护阶段的数字化交付和全生命期信息共享。

（二）行业监管与服务信息化

积极探索“互联网 +”形势下建筑行业格局和资源整合的新模式，促进建筑业行业新业态，支持“互联网 +”形势下企业创新发展。

1. 建筑市场监管

（1）深化行业诚信管理信息化。

研究建立基于互联网的建筑企业、从业人员基本信息及诚信信息的共享模式与方法。完善行业诚信管理信息系统，实现企业、从业人员诚信信息和项目信息的集成化信息服务。

（2）加强电子招投标的应用。

应用大数据技术识别围标、串标等不规范行为，保障招投标过程的公正、公平。

（3）推进信息技术在劳务实名制管理中应用。

应用物联网、大数据和基于位置的服务（LBS）等技术建立全国建筑工人信息管理平台，并与诚信管理信息系统进行对接，实现深层次的劳务人员信息共享。推进人脸识别、指纹识别、虹膜识别等技术在工程现场劳务人员管理中的应用，与工程现场劳务人员安全、职业健康、培训等信息联动。

2. 工程建设监管

（1）建立完善数字化成果交付体系。

建立设计成果数字化交付、审查及存档系统，推进基于二维图的、探索基于 BIM 的数字化成果交付、审查和存档管理。开展白图代蓝图和数字化审图试点、示范工作。完善工程竣工备案管理信息系统，探索基于 BIM 的工程竣工备案模式。

（2）加强信息技术在工程质量安全管理中的应用。

构建基于 BIM、大数据、智能化、移动通信、云计算等技术的工程质量、安全监管模式与机制。建立完善工程项目质量监管信息系统，对工程实体质量和工程建设、勘察、设计、施工、监理和质量检测单位的质量行为监管信息进行采集，实现工程竣工验收备案、建筑工程五方责任主体项目负责人等信息共享，保障数据可追溯，提高工程质量监管水平。建立完善建筑施工安全监管信息系统，对工程现场人员、机械设备、临时设施等安全信息进行采集和汇总分析，实现施工企业、人员、项目等安全监管信息互联共享，提高施工安全监管水平。

（3）推进信息技术在工程现场环境、能耗监测和建筑垃圾管理中的应用。

研究探索基于物联网、大数据等技术的环境、能耗监测模式，探索建立环境、能耗分析的动态监控系统，实现对工程现场空气、粉尘、用水、用电等的实时监测。建立建筑垃圾综合管理信息系统，实现项目建筑垃圾的申报、识别、计量、跟踪、结算等数据的实时监控，提升绿色建造水平。

3. 重点工程信息化

大力推进 BIM、GIS 等技术在综合管廊建设中的应用，建立综合管廊集成管理信息系统，逐步形成智能化城市综合管廊运营服务能力。在海绵城市建设中积极应用 BIM、虚拟现实等技术开展规划、设计，探索基于云计算、大数据等的运营管理，并示范应用。加快 BIM 技术在城市轨道交通工程设计、施工中的应用，推动各参建方共享多维建筑信息模型进行工程管理。在“一带一路”重点工程中应用 BIM 进行建设，探索云计算、大数据、GIS 等技术的应用。

4. 建筑产业现代化

加强信息技术在装配式建筑中的应用，推进基于 BIM 的建筑工程设计、生产、运输、装配及全生命期管理，促进工业化建造。建立基于 BIM、物联网等技术的云服务平台，实现产业链各参与方之间在各阶段、各环节的协同工作。

5. 行业信息共享与服务

研究建立工程建设信息公开系统，为行业和公众提供地质勘察、环境及能耗监测等信息服务，提高行业公共信息利用水平。建立完善工程项目数字化档案管理信息系统，转变档案管理服务模式，推进可公开的档案信息共享。

（三）专项信息技术应用

1. 大数据技术

研究建立建筑业大数据应用框架，统筹政务数据资源和社会数据资源，建设大数据应用系统，推进公共数据资源向社会开放。汇聚整合和分析建筑企业、项目、从业人员和信用信息等相关大数据，探索大数据在建筑业创新应用，推进数据资产管理，充分利用大数据价值。建立安全保障体系，规范大数据采集、传输、存储、应用等各环节安全保障措施。

2. 云计算技术

积极利用云计算技术改造提升现有电子政务信息系统、企业信息系统及软硬件资源，降低信息化成本。挖掘云计算技术在工程建设管理及设施运行监控等方面应用潜力。

3. 物联网技术

结合建筑业发展需求，加强低成本、低功耗、智能化传感器及相关设备的研发，实现物联网核心芯片、仪器仪表、配套软件等在建筑业的集成应用。开展传感器、高速移动通信、无线射频、近场通信及二维码识别等物联网技术与工程项目管理信息系统的集成应用研究，开展示范应用。

4. 3D 打印技术

积极开展建筑业 3D 打印设备及材料的研究。结合 BIM 技术应用，探索 3D 打印技术运用于建筑部品、构件生产，开展示范应用。

5. 智能化技术

开展智能机器人、智能穿戴设备、手持智能终端设备、智能监测设备、3D扫描等设备在施工过程中的应用研究，提升施工质量和效率，降低安全风险。探索智能化技术与大数据、移动通信、云计算、物联网等信息技术在建筑业中的集成应用，促进智慧建造和智慧企业发展。

（四）信息化标准

强化建筑行业信息化标准顶层设计，继续完善建筑业行业与企业信息化标准体系，结合 BIM 等新技术应用，重点完善建筑工程勘察设计、施工、运维全生命期的信息化标准体系，为信息资源共享和深度挖掘奠定基础。

加快相关信息化标准的编制，重点编制和完善建筑行业及企业信息化相关的编码、数据交换、文档及图档交付等基础数据和通用标准。继续推进 BIM 技术应用标准的编制工作，结合物联网、云计算、大数据等新技术在建筑行业的应用，研究制定相关标准。

四、保障措施

（一）加强组织领导，完善配套政策，加快推进建筑业信息化

各级城乡建设行政主管部门要制定本地区“十三五”建筑业信息化发展目标和措施，加快完善相关配套政策措施，形成信息化推进工作机制，落实信息化建设专项经费保障。探索建立信息化条件下的电子招投标、数字化交付和电子签章等相关制度。

建立信息化专家委员会及专家库，充分发挥专家作用，建立产学研用相结合的建筑业信息化创新体系，加强信息技术与建筑业结合的专项应用研究、建筑业信息化软科学研究。开展建筑业信息化示范工程，根据国家“双创”工程，开展基于“互联网 +”的建筑业信息化创新创业示范。

（二）大力增强建筑企业信息化能力

企业应制定企业信息化发展目标及配套管理制度，加强信息化在企业标准化管理中的带动作用。鼓励企业建立首席信息官（CIO）制度，按营业收入一定比例投入信息化建设，开辟投融资渠道，保证建设和运行的资金投入。注重引进 BIM 等信息技术专业人才，培育精通信息技术和业务的复合型人才，强化各类人员信息技术应用培训，提高全员信息化应用能力。大型企业要积极探索开发自有平台，瞄准国际前沿，加强信息化关键技术应用攻关，推动行业信息化发展。

（三）强化信息化安全建设

各级城乡建设行政主管部门和广大企业要提高信息安全意识，建立健全信息安全保障体系，重视数据资产管理，积极开展信息系统安全等级保护工作，提高信息安全水平。

三十一、2017 年 2 月 24 日，国务院办公厅《关于促进建筑业持续健康发展的意见》（国办发〔2017〕19 号）

建筑业是国民经济的支柱产业。改革开放以来，我国建筑业快速发展，建造能力不断增强，产业规模不断扩大，吸纳了大量农村转移劳动力，带动了大量关联产业，对经济社会发展、城乡建设和民生改善做出了重要贡献。但也要看到，建筑业仍然大而不强，监管体制机制不健全、工程建设组织方式落后、建筑设计水平有待提高、质量安全事故时有发生、市场违法违规行为较多、企业核心竞争力不强、工人技能素质偏低等问题较为突出。为贯彻落实《中共中央 国务院关于进一步加强城市规划建设管理工作的若干意见》，进一步深化建筑业“放管服”改革，加快产业升级，促进建筑业持续健康发展，为新型城镇化提供支撑，经国务院同意，现提出以下意见：

一、总体要求

全面贯彻党的十八大和十八届二中、三中、四中、五中、六中全会以及中央经济工作会议、中央城镇化工作会议、中央城市工作会议精神，深入贯彻习近平总书记系列重要讲话精神和治国理政新理念新思想新战略，认真落实党中央、国务院决策部署，统筹推进“五位一体”总体布局和协调推进“四个全面”战略布局，牢固树立和贯彻落实创新、协调、绿色、开放、共享的发展理念，坚持以推进供给侧结构性改革为主线，按照适用、经济、安全、绿色、美观的要求，深化建筑业“放管服”改革，完善监管体制机制，优化市场环境，提升工程质量安全水平，强化队伍建设，增强企业核心竞争力，促进建筑业持续健康发展，打造“中国建造”品牌。

二、深化建筑业简政放权改革

（一）优化资质资格管理。进一步简化工程建设企业资质类别和等级设置，减少不必要的资质认定。选择部分地区开展试点，对信用良好、具有相关专业技术能力、能够提供足额担保的企业，在其资质类别内放宽承揽业务范围限制，同时，加快完善信用体系、工程担保及个人执业资格等相关配套制度，加强事中事后监管。强化个人执业资格管理，明晰注册执业人员的权利、义务和责任，加大执业责任追究力度。有序发展个人执业事务所，推动建立个人执业保险制度。大力推行“互联网＋政务服务”，实行“一站式”网上审批，进一步提高建筑领域行政审批效率。

（二）完善招标投标制度。加快修订《工程建设项目招标范围和规模标准规定》，缩小并严格界定必须进行招标的工程建设项目范围，放宽有关规模标准，防止工程建设项目实行招标“一刀切”。在民间投资的房屋建筑工程中，探索由建设单位自主决定发包方式。将依法必须招标的工程建设项目纳入统一的公共资源交易平台，遵循公平、公正、公开和诚信的原则，规范招标投标行为。进一步简化招标投标程序，尽快实现招标投标交易全过程电子化，推行网上异地评标。对依法通过竞争性谈判或单一来源方式确定供应商的政府采购工程建设项目，符合相应条件的应当颁发施工许可证。

三、完善工程建设组织模式

（三）加快推行工程总承包。装配式建筑原则上应采用工程总承包模式。政府投资工程应完善建设管理模式，带头推行工程总承包。加快完善工程总承包相关的招标投标、施工许可、竣工验收等制度规定。按照总承包负总责的原则，落实工程总承包单位在工程质量安全、进度控制、成本管理等方面的责任。除以暂估价形式包括在工程总承包范围内且依法必须进行招标的项目外，工程总承包单位可以直接发包总承包合同中涵盖的其他专业业务。

（四）培育全过程工程咨询。鼓励投资咨询、勘察、设计、监理、招标代理、造价等企业采取联合经营、并购重组等方式发展全过程工程咨询，培育一批具有国际水平的全过程工程咨询企业。制定全过程工程咨询服务技术标准和合同范本。政府投资工程应带头推行全过程工程咨询，鼓励非政府投资工程委托全过程工程咨询服务。在民用建筑项目中，充分发挥建筑师的主导作用，鼓励提供全过程工程咨询服务。

四、加强工程质量安全管理

（五）严格落实工程质量责任。全面落实各方主体的工程质量责任，特别要强化建设单位的首要责任和勘察、设计、施工单位的主体责任。严格执行工程质量终身责任制，在建筑物明显部位设置永久性标牌，公示质量责任主体和主要责任人。对违反有关规定、造成工程质量事故的，依法给予责任单位停业整顿、降低资质等级、吊销资质证书等行政处罚并通过国家企业信用信息公示系统予以公示，给予注册执业人员暂停执业、吊销资格证书、一定时间直至终身不得进入行业等处罚。对发生工程质量事故造成损失的，要依法追究经济赔偿责任，情节严重的要追究有关单位和人员的法律责任。参与房地产开发的建筑业企业应依法合规经营，提高住宅品质。

（六）加强安全生产管理。全面落实安全生产责任，加强施工现场安全防护，特别要强化对深基坑、高支模、起重机械等危险性较大的分部分项工程的管理，以及对不良地质地区重大工程项目的风险评估或论证。推进信息技术与安全生产深度融合，加快建设建筑施工安全监管信息系统，通过信息化手段加强安全生产管理。建立健全全覆盖、多层次、经常性的安全生产培训制度，提升从业人员安全素质以及各方主体的本质安全水平。

（七）全面提高监管水平。完善工程质量安全法律法规和管理制度，健全企业负责、政府监管、社会监督的工程质量安全保障体系。强化政府对工程质量的监管，明确监管范围，落实监管责任，加大抽查抽测力度，重点加强对涉及公共安全的工程地基基础、主体结构等部位和竣工验收等环节的监督检查。加强工程质量监督队伍建设，监督机构履行职能所需经费由同级财政预算全额保障。政府可采取购买服务的方式，委托具备条件的社会力量进行工程质量监督检查。推进工程质量安全标准化管理，督促各方主体健全质量安全管控机制。强化对工程监理的监管，选择部分地区开展监理单位向政府报告质量监理情况的试点。加强工程质量检测机构管理，严厉打击出具虚假报告等行为。推动发展工程质量保险。

五、优化建筑市场环境

（八）建立统一开放市场。打破区域市场准入壁垒，取消各地区、各行业在法律、行政法规和国务院规定外对建筑业企业设置的不合理准入条件；严禁擅自设立或变相设立审批、备案事项，为建筑业企业提供公平市场环境。完善全国建筑市场监管公共服务平台，加快实现与全国信用信息共享平台和国家企业信用信息公示系统的数据共享交换。建立建筑市场主体黑名单制度，依法依规全面公开企业和个人信用记录，接受社会监督。

（九）加强承包履约管理。引导承包企业以银行保函或担保公司保函的形式，向建设单位提供履约担保。对采用常规通用技术标准的政府投资工程，在原则上实行最低价中标的同时，有效发挥履约担保的作用，防止恶意低价中标，确保工程投资不超预算。严厉查处转包和违法分包等行为。完善工程量清单计价体系和工程造价信息发布机制，形成统一的工程造价计价规则，合理确定和有效控制工程造价。

（十）规范工程价款结算。审计机关应依法加强对以政府投资为主的公共工程建设项目的审计监督，建设单位不得将未完成审计作为延期工程结算、拖欠工程款的理由。未完成竣工结算的项目，有关部门不予办理产权登记。对长期拖欠工程款的单位不得批准新项目开工。严格执行工程预付款制度，及时按合同约定足额向承包单位支付预付款。通过工程款支付担保等经济、法律手段约束建设单位履约行为，预防拖欠工程款。

六、提高从业人员素质

（十一）加快培养建筑人才。积极培育既有国际视野又有民族自信的建筑师队伍。加快培养熟悉国际规则的建筑业高级管理人才。大力推进校企合作，培养建筑业专业人才。加强工程现场管理人员和建筑工人的教育培训。健全建筑业职业技能标准体系，全面实施建筑业技术工人职业技能鉴定制度。发展一批建筑工人技能鉴定机构，开展建筑工人技能评价工作。通过制定施工现场技能工人基本配备标准、发布各个技能等级和工种的人工成本信息等方式，引导企业将工资分配向关键技术技能岗位倾斜。大力弘扬工匠精神，培养高素质建筑工人，到2020年建筑业中级工技能水平以上的建筑工人数量达到300万，2025年达到1000万。

（十二）改革建筑用工制度。推动建筑业劳务企业转型，大力发展木工、电工、砌筑、钢筋制作等以作业为主的专业企业。以专业企业为建筑工人的主要载体，逐步实现建筑工人公司化、专业化管理。鼓励现有专业企业进一步做专做精，增强竞争力，推动形成一批以作业为主的建筑业专业企业。促进建筑业农民工向技术工人转型，着力稳定和扩大建筑业农民工就业创业。建立全国建筑工人管理服务信息平台，开展建筑工人实名制管理，记录建筑工人的身份信息、培训情况、职业技能、从业记录等信息，逐步实现全覆盖。

（十三）保护工人合法权益。全面落实劳动合同制度，加大监察力度，督促施工单位与招用的建筑工人依法签订劳动合同，到2020年基本实现劳动合同全覆盖。健全工资支付保障制度，按照谁用工谁负责和总承包负总责的原则，落实企业工资支付责任，依法按月足额发放工人工资。将存在拖欠工资行为的企业列入黑名单，对其采取限制市场准入等惩戒措施，情节严重的降低资质等级。建立健全与建筑业相适应的社会保险参保缴费方式，大力推进建筑施工单位参加工伤保险。施工单位应履行社会责任，不断改善建筑工人的工作环境，提升职业健康水平，促进建筑工人稳定就业。

七、推进建筑产业现代化

（十四）推广智能和装配式建筑。坚持标准化设计、工厂化生产、装配化施工、一体化装修、信息化管理、智能化应用，推动建造方式创新，大力发展装配式混凝土和钢结构建筑，在具备条件的地方倡导发展现代木结构建筑，不断提高装配式建筑在新建建筑中的比例。力争用10年左右的时间，使装配式建筑占新建建筑面积的比例达到30%。在新建建筑和既有建筑改造中推广普及智能化应用，完善智能化系统运行维护机制，实现建筑舒适安全、节能高效。

（十五）提升建筑设计水平。建筑设计应体现地域特征、民族特点和时代风貌，突出建筑使用功能及节能、节水、节地、节材和环保等要求，提供功能适用、经济合理、安全可靠、技术先进、环境协调的建筑设计产品。健全适应建筑设计特点的招标投标制度，推行设计团队招标、设计方案招标等方式。促进国内外建筑设计企业公平竞争，培育有国际竞争力的建筑设计队伍。倡导开展建筑评论，促进建筑设计理念的融合和升华。

（十六）加强技术研发应用。加快先进建造设备、智能设备的研发、制造和推广应用，提升各类施工机具的性能和效率，提高机械化施工程度。限制和淘汰落后、危险工艺工法，保障生产施工安全。积极支持建筑业科研工作，大幅提高技术创新对产业发展的贡献率。加快推进建筑信息模型（BIM）技术在规划、勘察、设计、施工和运营维护全过程的集成应用，实现工程建设项目全生命周期数据共享和信息化管理，为项目方案优化和科学决策提供依据，促进建筑业提质增效。

（十七）完善工程建设标准。整合精简强制性标准，适度提高安全、质量、性能、健康、节能等强制性指标要求，逐步提高标准水平。积极培育团体标准，鼓励具备相应能力的行业协会、产业联盟等主体共同制定满足市场和创新需要的标准，建立强制性标准与团体标准相结合的标准供给体制，增加标准有效供给。及时开展标准复审，加快标准修订，提高标准的时效性。加强科技研发与标准制定的信息沟通，建立全国工程建设标准专家委员会，为工程建设标准化工作提供技术支撑，提高标准的质量和水平。

八、加快建筑业企业“走出去”

（十八）加强中外标准衔接。积极开展中外标准对比研究，适应国际通行的标准内容结构、要素指标和相关术语，缩小中国标准与国外先进标准的技术差距。加大中国标准外文版翻译和宣传推广力度，以“一带一路”倡议为引领，优先在对外投资、技术输出和援建工程项目中推广应用。积极参加国际标准认证、交流等活动，开展工程技术标准的双边合作。到 2025 年，实现工程建设国家标准全部有外文版。

（十九）提高对外承包能力。统筹协调建筑业“走出去”，充分发挥我国建筑业企业在高铁、公路、电力、港口、机场、油气长输管道、高层建筑等工程建设方面的比较优势，有目标、有重点、有组织地对外承包工程，参与“一带一路”建设。建筑业企业要加大对国际标准的研究力度，积极适应国际标准，加强对外承包工程质量、履约等方面管理，在援外住房等民生项目中发挥积极作用。鼓励大企业带动中小企业、沿海沿边地区企业合作“出海”，积极有序开拓国际市场，避免恶性竞争。引导对外承包工程企业向项目融资、设计咨询、后续运营维护管理等高附加值的领域有序拓展。推动企业提高属地化经营水平，实现与所在国家和地区互利共赢。

（二十）加大政策扶持力度。加强建筑业“走出去”相关主管部门间的沟通协调和信息共享。到 2025 年，与大部分“一带一路”沿线国家和地区签订双边工程建设合作备忘录，同时争取在双边自贸协定中纳入相关内容，推进建设领域执业资格国际互认。综合发挥各类金融工具的作用，重点支持对外经济合作中建筑领域的重大战略项目。借鉴国际通行的项目融资模式，按照风险可控、商业可持续原则，加大对建筑业“走出去”的金融支持力度。

各地区、各部门要高度重视深化建筑业改革工作，健全工作机制，明确任务分工，及时研究解决建筑业改革发展中的重大问题，完善相关政策，确保按期完成各项改革任务。加快推动修订建筑法、招标投标法等法律，完善相关法律法规。充分发挥协会商会熟悉行业、贴近企业的优势，及时反映企业诉求，反馈政策落实情况，发挥好规范行业秩序、建立从业人员行为准则、促进企业诚信经营等方面的自律作用。

三十二、2017 年 5 月 2 日，住房城乡建设部《关于开展全过程工程咨询试点工作的通知》(建市〔2017〕101 号)

为贯彻落实《国务院办公厅关于促进建筑业持续健康发展的意见》(国办发〔2017〕19 号)，培育全过程工程咨询，经研究，决定选择部分地区和企业开展全过程工程咨询试点，现就有关事项通知如下：

一、试点目的

通过选择有条件的地区和企业开展全过程工程咨询试点，健全全过程工程咨询管理制度，完善工程建设组织模式，培养有国际竞争力的企业，提高全过程工程咨询服务能力和水平，为全面开展全过程工程咨询积累经验。

二、试点地区、企业

选择北京、上海、江苏、浙江、福建、湖南、广东、四川 8 省（市）以及中国建筑设计院有限公司等 40 家企业（名单见附件）开展全过程工程咨询试点。

试点工作自本通知印发之日开始，时间为 2 年。我部将根据试点情况，对试点地区和试点企业进行调整。

三、试点工作要求

（一）制订试点工作方案。试点地区住房城乡建设主管部门、试点企业要加强组织领导，制订试点工作方案，明确任务目标，积极稳妥推进相关工作。试点工作方案于 2017 年 6 月底前报我部建筑市场监管司。

（二）创新管理机制。试点地区住房城乡建设主管部门要研究全过程工程咨询管理制度，制定全过程工程咨询服务技术标准和合同范本等文件，创新开展全过程工程咨询试点。

（三）实现重点突破。试点地区住房城乡建设主管部门、试点企业要坚持政府引导与市场选择相结合的原则，因地制宜，探索适用的试点模式，在有条件的房屋建筑和市政工程领域实现重点突破。

（四）确保项目落地。试点地区住房城乡建设主管部门要引导政府投资工程带头参加全过程工程咨询试点，鼓励非政府投资工程积极参与全过程工程咨询试点。同时，切实抓好试点项目的工作推进，落地一批具有影响力、有示范作用的试点项目。

（五）实施分类推进。试点地区住房城乡建设主管部门要引导大型勘察、设计、监理等企业积极发展全过程工程咨询服务，拓展业务范围。在民用建筑项目中充分发挥建筑师的主导作用，鼓励提供全过程工程咨询服务。

（六）提升企业能力。试点企业要积极延伸服务内容，提供高水平全过程技术性和管理性服务项目，提高全过程工程咨询服务能力和水平，积累全过程工程咨询服务经验，增强企业国际竞争力。

（七）总结推广经验。试点地区住房城乡建设主管部门、试点企业要及时研究解决试点工作中的新情况、新问题，不断总结经验和不足，提高试点工作成效，每季度末向我部建筑市场监管司报送试点工作进展情况。我部将及时总结和推广试点工作经验。

附件：全过程工程咨询试点企业名单

1. 中国建筑设计院有限公司 2. 北京市建筑设计研究院有限公司 3. 中国中元国际工程有限公司 4. 中冶京诚工程技术有限公司 5. 中国寰球工程有限公司 6. 北京市勘察设计研究院有限公司 7. 建设综合勘察研究设计院有限公司 8. 北京方圆工程监理有限公司 9. 北京国金管理咨询有限公司 10. 北京希达建设监理有限责任公司 11. 京兴国际工程管理有限公司 12. 中国市政工程华北设计研究总院有限公司 13. 中国天辰工程有限公司 14. 同济大学建筑设计研究院（集团）有限公司 15. 华东建筑设计研究院有限公司 16. 上海市政工程设计研究总院（集团）有限公司 17. 上海华城工程建设管理有限公司 18. 上海建科工程咨询有限公司 19. 上海市建设工程监理咨询有限公司 20. 上海同济工程咨询有限公司 21. 启迪设计集团股份有限公司 22. 中衡设计集团股份有限公司 23. 江苏建科建设监理有限公司 24. 中国电建集团华东勘测设计研究院有限公司 25. 中国联合工程公司 26. 宁波高专建设监理有限公司 27. 浙江江南工程管理股份有限公司 28. 福建省建筑设计研究院 29. 深圳市建筑设计研究总院有限公司 30. 悉地国际设计顾问（深圳）有限公司 31. 广东省建筑设计研究院 32. 深圳市华阳国际工程设计股份有限公司 33. 广州轨道交通建设监理有限公司 34. 海南新世纪建设项目咨询管理有限公司 35. 林同棪国际工程咨询（中国）有限公司 36. 重庆赛迪工程咨询有限公司 37. 中国建筑西南设计研究院有限公司 38. 成都衡泰工程管理有限责任公司 39. 四川二滩国际工程咨询有限责任公司 40. 中国建筑西北设计研究院有限公司。

三十三、2017年11月6日，国家发展改革委发布《关于工程咨询行业管理办法》（第9号令）

工程咨询是指遵循独立、科学、公正的原则，运用工程技术、科学技术、经济管理和法律法规等多学科方面的知识和经验，为政府部门、项目业主及其他各类客户的工程建设项目决策和管理提供咨询活动的智力服务，包括前期立项阶段咨询、勘察设计阶段咨询、施工阶段咨询、投产或交付使用后的评价等工作。

工程咨询行业管理办法

第一章　总则

第一条　为加强对工程咨询行业的管理，规范从业行为，保障工程咨询服务质量，促进投资科学决策、规范实施，发挥投资对优化供给结构的关键性作用，根据《中共中央国务院关于深化投融资体制改革的意见》（中发〔2016〕18号）、《企业投资项目核准和备案管理条例》（国务院令第673号）及有关法律法规，制定本办法。

第二条　工程咨询是遵循独立、公正、科学的原则，综合运用多学科知识、工程实践经验、现代科学和管理方法，在经济社会发展、境内外投资建设项目决策与实施活动中，为投资者和政府部门提供阶段性或全过程咨询和管理的智力服务。

第三条　工程咨询单位是指在中国境内设立的从事工程咨询业务并具有独立法人资格的企业、事业单位。

工程咨询单位及其从业人员应当遵守国家法律法规和政策要求，恪守行业规范和职业道德，积极参与和接受行业自律管理。

第四条　国家发展改革委负责指导和规范全国工程咨询行业发展，制定工程咨询单位从业规则和标准，组织开展对工程咨询单位及其人员执业行为的监督管理。地方各级发展改革部门负责指导和规范本行政区域内工程咨询行业发展，实施对工程咨询单位及其人员执业行为的监督管理。

第五条　各级发展改革部门对工程咨询行业协会等行业组织进行政策和业务指导，依法加强监管。

第二章　工程咨询单位管理

第六条　对工程咨询单位实行告知性备案管理。工程咨询单位应当通过全国投资项目在线审批监管平台（以下简称在线平台）备案以下信息：

（一）基本情况，包括企业营业执照（事业单位法人证书）、在岗人员及技术力量、从事工程咨询业务年限、联系方式等；

（二）从事的工程咨询专业和服务范围；

（三）备案专业领域的专业技术人员配备情况；

（四）非涉密的咨询成果简介。

工程咨询单位应当保证所备案信息真实、准确、完整。备案信息有变化的，工程咨询单位应及时通过在线平台告知。

工程咨询单位基本信息由国家发展改革委通过在线平台向社会公布。

第七条　工程咨询业务按照以下专业划分：

（一）农业、林业；（二）水利水电；（三）电力（含火电、水电、核电、新能源）；（四）煤炭；（五）石油天然气；（六）公路；（七）铁路、城市轨道交通；（八）民航；（九）水运（含港口河海工程）；（十）电子、信息工程（含通信、广电、信息化）；（十一）冶金（含钢铁、有色）；（十二）石化、化工、医药；（十三）核工业；（十四）机械（含智能制造）；（十五）轻工、纺织；（十六）建材；（十七）建筑；（十八）市政公用工程；（十九）生态建设和环境工程；（二十）水文地质、工程测量、岩土工程；（二十一）其他（以实际专业为准）。

第八条　工程咨询服务范围包括：

（一）规划咨询：含总体规划、专项规划、区域规划及行业规划的编制；

（二）项目咨询：含项目投资机会研究、投融资策划，项目建议书（预可行性研究）、项目可行性研究报告、项目申请报告、资金申请报告的编制，政府和社会资本合作（PPP）项目咨询等；

（三）评估咨询：各级政府及有关部门委托的对规划、项目建议书、可行性研究报告、项目申请报告、资金申请报告、PPP 项目实施方案、初步设计的评估，规划和项目中期评价、后评价，项目概预决算审查，及其他履行投资管理职能所需的专业技术服务；

（四）全过程工程咨询：采用多种服务方式组合，为项目决策、实施和运营持续提供局部或整体解决方案以及管理服务。有关工程设计、工程造价、工程监理等资格，由国务院有关主管部门认定。

第九条　工程咨询单位订立服务合同和开展相应的咨询业务，应当与备案的专业和服务范围一致。

第十条　工程咨询单位应当建立健全咨询质量管理制度，建立和实行咨询成果质量、成果文件审核等岗位人员责任制。

第十一条　工程咨询单位应当和委托方订立书面合同，约定各方权利义务并共同遵守。合同中应明确咨询活动形成的知识产权归属。

第十二条　工程咨询实行有偿服务。工程咨询服务价格由双方协商确定，促进优质优价，禁止价格垄断和恶意低价竞争。

第十三条　编写咨询成果文件应当依据法律法规、有关发展建设规划、技术标准、产业政策以及政府部门发布的标准规范等。

第十四条　咨询成果文件上应当加盖工程咨询单位公章和咨询工程师（投资）执业专用章。

工程咨询单位对咨询质量负总责。主持该咨询业务的人员对咨询成果文件质量负主要直接责任，参与人员对其编写的篇章内容负责。

实行咨询成果质量终身负责制。工程咨询单位在开展项目咨询业务时，应在咨询成果文件中就符合本办法。

第十五条　要求独立、公正、科学的原则做出信用承诺。工程项目在设计使用年限内，因工程咨询质量导致项目单位重大损失的，应倒查咨询成果质量责任，并根据本办法第三十、三十一条进行处理，形成工程咨询成果质量追溯机制。

第十六条　工程咨询单位应当建立从业档案制度，将委托合同、咨询成果文件等存档备查。

第十七条　承担编制任务的工程咨询单位，不得承担同一事项的评估咨询任务。

承担评估咨询任务的工程咨询单位，与同一事项的编制单位、项目业主单位之间不得存在控股、管理关系或者负责人为同一人的重大关联关系。

第三章　从业人员管理

第十八条　国家设立工程咨询（投资）专业技术人员水平评价类职业资格制度。

通过咨询工程师（投资）职业资格考试并取得职业资格证书的人员，表明其已具备从事工程咨询（投资）专业技术岗位工作的职业能力和水平。

取得咨询工程师（投资）职业资格证书的人员从事工程咨询工作的，应当选择且仅能同时选择一个工程咨询单位作为其执业单位，进行执业登记并取得登记证书。

第十九条　咨询工程师（投资）是工程咨询行业的核心技术力量。工程咨询单位应当配备一定数量的咨询工程师（投资）。

第二十条　国家发展改革委和人力资源社会保障部按职责分工负责工程咨询（投资）专业技术人员职业资格制度实施的指导、监督、检查工作。

中国工程咨询协会具体承担咨询工程师（投资）的管理工作，开展考试、执业登记、继续教育、执业检查等管理事务。

第二十一条　执业登记分为初始登记、变更登记、继续登记和注销登记四类。

申请登记的人员，应当选择已通过在线平台备案的工程咨询单位，按照本办法第七条划分的专业申请登记。申请人最多可以申请两个专业。

第二十二条　申请人登记合格取得《中华人民共和国咨询工程师（投资）登记证书》和执业专用章，登记证书和执业专用章是咨询工程师（投资）的执业证明。登记的有效期为3年。

第四章　行业自律和监督检查

第二十三条　工程咨询单位应具备良好信誉和相应能力。国家发展改革委应当推进工程咨询单位资信管理体系建设，指导监督行业组织开展资信评价，为委托单位择优选择工程咨询单位和政府部门实施重点监督提供参考依据。

第二十四条　工程咨询单位资信评价等级以一定时期内的合同业绩、守法信用记录和专业技术力量为主要指标，分为甲级 和乙级两个级别，具体标准由国家发展改革委制定。

第二十五条　甲级资信工程咨询单位的评定工作，由国家发展改革委指导有关行业组织开展。

乙级资信工程咨询单位的评定工作，由省级发展改革委指导有关行业组织开展。

第二十六条　开展工程咨询单位资信评价工作的行业组织，应当根据本办法及资信评价标准开展资信评价工作，并向获得资信评价的工程咨询单位颁发资信评价等级证书。

第二十七条　工程咨询单位的资信评价结果，由国家和省级发展改革委通过在线平台和“信用中国”网站向社会公布。

行业自律性质的资信评价等级，仅作为委托咨询业务的参考。任何单位不得对资信评价设置机构数量限制，不得对各类工程咨询单位设置区域性、行业性从业限制，也不得对未参加或未获得资信评价的工程咨询单位设置执业限制。

第二十八条　国家和省级发展改革委应当依照有关法律法规、本办法及有关规定，制订工程咨询单位监督检查计划，按照一定比例开展抽查，并及时公布抽查结果。监督检查内容主要包括:

（一）遵守国家法律法规及有关规定的情况;

（二）信息备案情况;

（三）咨询质量管理制度建立情况;

（四）咨询成果质量情况;

（五）咨询成果文件档案建立情况;

（六）其他应当检查的内容。

第二十九条　中国工程咨询协会应当对咨询工程师（投资）执业情况进行检查。检查内容包括:

（一）遵守国家法律法规及有关规定的情况;

（二）登记申请材料的真实性;

（三）遵守职业道德、廉洁从业情况;

（四）行使权利、履行义务情况;

（五）接受继续教育情况;

（六）其他应当检查的情况。

第三十条　国家和省级发展改革委应当对实施行业自律管理的工程咨询行业组织开展年度评估，提出加强和改进自律管理的建议。对评估中发现问题的，按照本办法第三十一条处理。

第五章　法律责任

第三十一条　工程咨询单位有下列行为之一的，由发展改革部门责令改正；情节严重的，给予警告处罚并从备案名录中移除；已获得资信评价等级的，由开展资信评价的组织取消其评价等级。触犯法律的，依法追究法律责任。

（一）备案信息存在弄虚作假或与实际情况不符的；

（二）违背独立公正原则，帮助委托单位骗取批准文件和国 家资金的；

（三）弄虚作假、泄露委托方的商业秘密以及采取不正当竞争手段损害其他工程咨询单位利益的；

（四）咨询成果存在严重质量问题的；

（五）未建立咨询成果文件完整档案的；

（六）伪造、涂改、出租、出借、转让资信评价等级证书的；

（七）弄虚作假、提供虚假材料申请资信评价的；

（八）弄虚作假、帮助他人申请咨询工程师（投资）登记的；

（九）其他违反法律法规的行为。

对直接责任人员，由发展改革部门责令改正，或给予警告处罚；涉及咨询工程师（投资）的，按本办法第三十二条处理。

第三十二条　咨询工程师（投资）有下列行为之一的，由中国工程咨询协会视情节轻重给予警告、通报批评、注销登记证书并收回执业专用章。触犯法律的，依法追究法律责任。

（一）在执业登记中弄虚作假的；

（二）准许他人以本人名义执业的；

（三）涂改或转让登记证书和执业专用章的；

（四）接受任何影响公正执业的酬劳的。

第三十三条

行业组织有下列情形之一的，由国家或省级发展改革委责令改正或停止有关行业自律管理工作；情节严重的，对行业组织和责任人员给予警告处罚。触犯法律的，依法追究法律责任。

（一）无故拒绝工程咨询单位申请资信评价的；

（二）无故拒绝申请人申请咨询工程师（投资）登记的；

（三）未按规定标准开展资信评价的；

（四）未按规定开展咨询工程师（投资）登记的；

（五）伙同申请单位或申请人弄虚作假的；

（六）其他违反法律、法规的行为。

第三十四条　工程咨询行业有关单位、组织和人员的违法违规信息，列入不良记录，及时通过在线平台和“信用中国”网站向社会公布，并建立违法失信联合惩戒机制。

第六章　附则

第三十五条　本办法所称省级发展改革委是指各省、自治区、直辖市及计划单列市、新疆生产建设兵团发展改革委。

第三十六条　本办法由国家发展改革委负责解释。

第三十七条　本办法自2017年12月6日起施行。《工程咨询单位资格认定办法》（国家发展改革委2005年第29号令）、《国家发展改革委关于适用〈工程咨询单位资格认定办法〉有关条款的通知》（发改投资〔2009〕620号）、《咨询工程师（投资）管理办法》（国家发展改革委2013年第2号令）同时废止。

三十四、2017年12月11日，住房城乡建设部关于征求在民用建筑工程中推进建筑师负责制指导意见（征求意见稿）意见的函（建市设函〔2017〕62号）

为贯彻落实中央城市工作会议精神和《国务院办公厅关于促进建筑业持续健康发展的意见》（国办发〔2017〕19号），在民用建筑工程中充分发挥建筑师主导作用，推进建筑师负责制，我们组织起草了《关于在民用建筑工程中推进建筑师负责制的指导意见（征求意见稿）》。现印送你单位征求意见，请于2017年12月25日前将书面意见函告我司勘察设计监管处。

关于在民用建筑工程中推进建筑师负责制的指导意见

（征求意见稿）

为贯彻落实中央城市工作会议精神和《国务院办公厅关于促进建筑业持续健康发展的意见》（国办发〔2017〕19号），在民用建筑工程中充分发挥建筑师主导作用，推进建筑师负责制，现提出以下意见。

一、总体要求

（一）指导思想。全面贯彻落实党的十九大精神，坚持以习近平新时代中国特色社会主义思想为指导，认真落实党中央、国务院决策部署，统筹推进“五位一体”总体布局和协调推进“四个全面”战略布局，牢固树立和贯彻落实新发展理念，按照适用、经济、绿色、美观建筑方针，推进建筑师负责制，充分发挥建筑师主导作用，鼓励提供全过程工程咨询服务，明确建筑师权利和责任，提高建筑师地位，提升建筑设计供给体系质量和建筑设计品质，增强核心竞争力，满足“中国设计”走出去和参与“一带一路”国际合作的需要。

（二）基本原则。坚持政府引领和市场培育，将国际通行做法与我国的国情相结合，注重运用经济手段和法治办法加强对建筑师负责制的引导，充分发挥市场在资源配置中的决定性作用，尊重工程建设的内在要求，明确企业主体地位，最大程度激发建筑师活力和创造力，依据合同约定提供服务，促进工程建设水平和效益提升，统筹兼顾，重点突破，在有条件的地区的民用建筑工程中逐步推进建筑师负责制。

（三）总体目标。推进民用建筑工程全寿命周期设计咨询管理服务，从设计阶段开始，由建筑师负责统筹协调各专业设计、咨询机构及设备供应商的设计咨询管理服务，在此基础上逐步向规划、策划、施工、运维、改造、拆除等方面拓展建筑师服务内容，发展民用建筑工程全过程建筑师负责制。

二、构建建筑师负责制组织模式

（四）建筑师负责制。建筑师负责制是以担任民用建筑工程项目设计主持人或设计总负责人的注册建筑师（以下称为建筑师）为核心的设计团队，依托所在的设计企业为实施主体，依据合同约定，对民用建筑工程全过程或部分阶段提供全寿命周期设计咨询管理服务，最终将符合建设单位要求的建筑产品和服务交付给建设单位的一种工作模式。

（五）建筑师的服务内容。建筑师依托所在设计企业，依据合同约定，可以提供工程建设全过程或部分以下服务内容：

1. 参与规划。参与城市修建性详细规划和城市设计，统筹建筑设计和城市设计协调统一。

2. 提出策划。参与项目建议书、可行性研究报告与开发计划的制定，确认环境与规划条件、提出建筑总体要求、提供项目策划咨询报告、概念性设计方案及设计要求任务书，代理建设单位完成前期报批手续。

3. 完成设计。完成方案设计、初步设计、施工图技术设计和施工现场设计服务。综合协调把控幕墙、装饰、景观、照明等专项设计，审核承包商完成的施工图深化设计。建筑师负责的施工图技术设计重点解决建筑使用功能、品质价值与投资控制。承包商负责的施工图深化设计重点解决设计施工一体化，准确控制施工节点大样详图，促进建筑精细化。

4. 监督施工。代理建设单位进行施工招投标管理和施工合同管理服务，对总承包商、分包商、供应商和指定服务商履行监管职责，监督工程建设项目按照设计文件要求进行施工，协助组织工程验收服务。

5. 指导运维。组织编制建筑使用说明书，督促、核查承包商编制房屋维修手册，指导编制使用后维护计划。

6. 更新改造。参与制定建筑更新改造、扩建与翻新计划，为实施城市修补、城市更新和生态修复提供设计咨询管理服务。

7. 辅助拆除。提供建筑全寿命期提示制度，协助专业拆除公司制定建筑安全绿色拆除方案等。

（六）对合同双方的要求。实行建筑师负责制的项目，建设单位应在与设计企业、总承包商、分包商、供应商和指定服务商的合同中明确建筑师的权力，并保障建筑师权力的有效实施。

建筑师应自觉遵守国家法律法规，诚信执业，公正处理社会公众利益和建设单位利益，维护社会公共利益，及时向建设单位汇报所有与其利益密切相关的重要信息，保证专业品质和建设单位利益。

（七）保障建筑师合法权益。借鉴国际通行成熟经验，探索建立符合建筑师负责制的权益保障机制。建设单位要根据设计企业和建筑师承担的服务业务内容和周期，结合项目的规模和复杂程度等要素合理确定服务报酬，在合同中明确约定并及时支付，或者采用"人工时"的计价模式取费。建筑师负责制服务收费，应纳入工程概算。倡导推行建筑师负责制职业责任保险，探索建立企业、团队与个人保险相互补充机制。

（八）明确相关法律责任和合同义务。建筑师在提供建筑师负责制的项目中，应承担相应法定责任和合同义务，因设计质量造成的经济损失，由设计企业承担赔偿责任，并有权向签章的建筑师进行追偿。建筑师负责制不能免除总承包商、分包商、供应商和指定服务商的法律责任和合同义务。

三、统筹协同推进建筑师负责制

（九）完善管理制度。积极开展建筑师负责制试点工作，试点地区和企业要先行先试，实行建筑师负责制的项目，可试行建筑师对设计文件进行技术审查并承担审查责任，政府有关部门将其作为审批依据，简政放权，压缩审批时限，具备条件的可以将审批制调整为备案制或采用承诺审批。要及时总结试点经验，完善相关管理和技术标准体系建设，编制合同示范文本和服务手册，提高建筑师负责制管理水平。

（十）加快培养人才队伍。要完善注册建筑师考试大纲与继续教育内容，增加适应建筑师负责制相关内容，强化注册建筑师执业实践。开展建筑师负责制设计企业要加快培养建筑师团队中管理型人才，强化建筑师统筹专业设计能力、综合组织协调能力和交流沟通能力，增强对材料、设备、施工工艺及工程造价等的把控能力，鼓励建筑师参与项目管理培训，增加项目管理实践，全面提升项目管理能力，提高市场对建筑师负责制的认可度。

（十一）加强企业组织建设。开展建筑师负责制的设计企业，要调整和完善企业组织结构、专业设置和人员结构，积极整合社会资源，加快形成全过程管理于一体，技术、经济、管理和组织密切结合，具有综合服务能力的组织体系。要建立和完善包括质量管理、职业健康安全、环境管理和风险管理等管理体系，为建筑师负责制的实施提供保障。

（十二）积极开展国际交流。要积极开展建筑师负责制国际化研究，加强建筑师负责制国际化交流，扩大国际化视野，提高国际化素养，从管理方式、组织模式、技术标准、人员素质等方面与国际接轨。要大力支持设计企业到国际市场开展全过程工程咨询服务，实践建筑师负责制。

四、加强组织实施

（十三）加强组织领导。各级住房城乡建设主管部门应高度重视建筑师负责制推进工作，创新工作机制，统筹制定整体推进计划，积极引导促进。可结合本地实际，适时出台推进工作实施细则或指引，将工作落到实处。

（十四）强化示范引领作用。要支持试点地区开展建筑师负责制试点工作，从试点企业和试点项目入手，培育一批骨干企业，发挥示范引领带动作用。同时，要加大宣传力度，积极总结推广成功经验，扩大建筑师负责制的影响力。

（十五）倡导诚信服务。要充分发挥行业自律作用，制定建筑师职业道德守则，建立建筑师负责制诚信执业平台和数据库，构建建筑师负责制企业和个人诚信档案，收录良好行为和不良行为。探索建立建筑师负责制收费原则与保险体系，加快形成信用体系、工程保险及个人资信等相关配套制度，强化行业监督。

（十六）采取多种形式的鼓励措施。要支持设计企业和建筑师积极开展建筑师负责制业务，对担任过建筑师负责制的建筑师，经申请可以减免继续教育学时要求，并在国际互认、评优评奖中，同等条件下优先选择。

（十七）积极发挥行业组织作用。要充分发挥行业学会、协会桥梁纽带作用，鼓励行业组织积极反应诉求，协助政府开展相关政策研究，组织培训，开展交流，助推建筑师负责制顺利实施。

三十五、2019年3月15日，国家发展改革委 住房城乡建设部《关于推进全过程工程咨询服务发展的指导意见》（发改投资规〔2019〕515号）

为深化投融资体制改革，提升固定资产投资决策科学化水平，进一步完善工程建设组织模式，提高投资效益、工程建设质量和运营效率，根据中央城市工作会议精神及《中共中央 国务院关于深化投融资体制改革的意见》（中发〔2016〕18号）、《国务院办公厅关于促进建筑业持续健康发展的意见》（国办发

〔2017〕19号）等要求，现就在房屋建筑和市政基础设施领域推进全过程工程咨询服务发展提出如下意见。

一、充分认识推进全过程工程咨询服务发展的意义

改革开放以来，我国工程咨询服务市场化快速发展，形成了投资咨询、招标代理、勘察、设计、监理、造价、项目管理等专业化的咨询服务业态，部分专业咨询服务建立了执业准入制度，促进了我国工程咨询服务专业化水平提升。随着我国固定资产投资项目建设水平逐步提高，为更好地实现投资建设意图，投资者或建设单位在固定资产投资项目决策、工程建设、项目运营过程中，对综合性、跨阶段、一体化的咨询服务需求日益增强。这种需求与现行制度造成的单项服务供给模式之间的矛盾日益突出。

为深入贯彻习近平新时代中国特色社会主义思想和党的十九大精神，深化工程领域咨询服务供给侧结构性改革，破解工程咨询市场供需矛盾，必须完善政策措施，创新咨询服务组织实施方式，大力发展以市场需求为导向、满足委托方多样化需求的全过程工程咨询服务模式。特别是要遵循项目周期规律和建设程序的客观要求，在项目决策和建设实施两个阶段，着力破除制度性障碍，重点培育发展投资决策综合性咨询和工程建设全过程咨询，为固定资产投资及工程建设活动提供高质量智力技术服务，全面提升投资效益、工程建设质量和运营效率，推动高质量发展。

二、以投资决策综合性咨询促进投资决策科学化

（一）大力提升投资决策综合性咨询水平。投资决策环节在项目建设程序中具有统领作用，对项目顺利实施、有效控制和高效利用投资至关重要。鼓励投资者在投资决策环节委托工程咨询单位提供综合性咨询服务，统筹考虑影响项目可行性的各种因素，增强决策论证的协调性。综合性工程咨询单位接受投资者委托，就投资项目的市场、技术、经济、生态环境、能源、资源、安全等影响可行性的要素，结合国家、地区、行业发展规划及相关重大专项建设规划、产业政策、技术标准及相关审批要求进行分析研究和论证，为投资者提供决策依据和建议。

（二）规范投资决策综合性咨询服务方式。投资决策综合性咨询服务可由工程咨询单位采取市场合作、委托专业服务等方式牵头提供，或由其会同具备相应资格的服务机构联合提供。牵头提供投资决策综合性咨询服务的机构，根据与委托方合同约定对服务成果承担总体责任；联合提供投资决策综合性咨询服务的，各合作方承担相应责任。鼓励纳入有关行业自律管理体系的工程咨询单位发挥投资机会研究、项目可行性研究等特长，开展综合性咨询服务。投资决策综合性咨询应当充分发挥咨询工程师（投资）的作用，鼓励其作为综合性

咨询项目负责人，提高统筹服务水平。

（三）充分发挥投资决策综合性咨询在促进投资高质量发展和投资审批制度改革中的支撑作用。落实项目单位投资决策自主权和主体责任，鼓励项目单位加强可行性研究，对国家法律法规和产业政策、行政审批中要求的专项评价评估等一并纳入可行性研究统筹论证，提高决策科学化，促进投资高质量发展。单独开展的各专项评价评估结论应当与可行性研究报告相关内容保持一致，各审批部门应当加强审查要求和标准的协调，避免对相同事项的管理要求相冲突。鼓励项目单位采用投资决策综合性咨询，减少分散专项评价评估，避免可行性研究论证碎片化。各地要建立并联审批、联合审批机制，提高审批效率，并通过通用综合性咨询成果、审查一套综合性申报材料，提高并联审批、联合审批的操作性。

（四）政府投资项目要优先开展综合性咨询。为增强政府投资决策科学性，提高政府投资效益，政府投资项目要优先采取综合性咨询服务方式。政府投资项目要围绕可行性研究报告，充分论证建设内容、建设规模，并按照相关法律法规、技术标准要求，深入分析影响投资决策的各项因素，将其影响分析形成专门篇章纳入可行性研究报告；可行性研究报告包括其他专项审批要求的论证评价内容的，有关审批部门可以将可行性研究报告作为申报材料进行审查。

三、以全过程咨询推动完善工程建设组织模式

（一）以工程建设环节为重点推进全过程咨询。在房屋建筑、市政基础设施等工程建设中，鼓励建设单位委托咨询单位提供招标代理、勘察、设计、监理、造价、项目管理等全过程咨询服务，满足建设单位一体化服务需求，增强工程建设过程的协同性。全过程咨询单位应当以工程质量和安全为前提，帮助建设单位提高建设效率、节约建设资金。

（二）探索工程建设全过程咨询服务实施方式。工程建设全过程咨询服务应当由一家具有综合能力的咨询单位实施，也可由多家具有招标代理、勘察、设计、监理、造价、项目管理等不同能力的咨询单位联合实施。由多家咨询单位联合实施的，应当明确牵头单位及各单位的权利、义务和责任。要充分发挥政府投资项目和国有企业投资项目的示范引领作用，引导一批有影响力、有示范作用的政府投资项目和国有企业投资项目带头推行工程建设全过程咨询。鼓励民间投资项目的建设单位根据项目规模和特点，本着信誉可靠、综合能力和效率优先的原则，依法选择优秀团队实施工程建设全过程咨询。

（三）促进工程建设全过程咨询服务发展。全过程咨询单位提供勘察、设计、监理或造价咨询服务时，应当具有与工程规模及委托内容相适应的资质条件。全过程咨询服务单位应当自行完成自有资质证书许可范围内的业务，在保证整个工程项目完整性的前提下，按照合同约定或经建设单位同意，可将自有

资质证书许可范围外的咨询业务依法依规择优委托给具有相应资质或能力的单位，全过程咨询服务单位应对被委托单位的委托业务负总责。建设单位选择具有相应工程勘察、设计、监理或造价咨询资质的单位开展全过程咨询服务的，除法律法规另有规定外，可不再另行委托勘察、设计、监理或造价咨询单位。

（四）明确工程建设全过程咨询服务人员要求。工程建设全过程咨询项目负责人应当取得工程建设类注册执业资格且具有工程类、工程经济类高级职称，并具有类似工程经验。对于工程建设全过程咨询服务中承担工程勘察、设计、监理或造价咨询业务的负责人，应具有法律法规规定的相应执业资格。全过程咨询服务单位应根据项目管理需要配备具有相应执业能力的专业技术人员和管理人员。设计单位在民用建筑中实施全过程咨询的，要充分发挥建筑师的主导作用。

四、鼓励多种形式的全过程工程咨询服务市场化发展

（一）鼓励多种形式全过程工程咨询服务模式。除投资决策综合性咨询和工程建设全过程咨询外，咨询单位可根据市场需求，从投资决策、工程建设、运营等项目全生命周期角度，开展跨阶段咨询服务组合或同一阶段内不同类型咨询服务组合。鼓励和支持咨询单位创新全过程工程咨询服务模式，为投资者或建设单位提供多样化的服务。同一项目的全过程工程咨询单位与工程总承包、施工、材料设备供应单位之间不得有利害关系。

（二）创新咨询单位和人员管理方式。要逐步减少投资决策环节和工程建设领域对从业单位和人员实施的资质资格许可事项，精简和取消强制性中介服务事项，打破行业壁垒和部门垄断，放开市场准入，加快咨询服务市场化进程。将政府管理重心从事前的资质资格证书核发转向事中事后监管，建立以政府监管、信用约束、行业自律为主要内容的管理体系，强化单位和人员从业行为监管。

（三）引导全过程工程咨询服务健康发展。全过程工程咨询单位应当在技术、经济、管理、法律等方面具有丰富经验，具有与全过程工程咨询业务相适应的服务能力，同时具有良好的信誉。全过程工程咨询单位应当建立与其咨询业务相适应的专业部门及组织机构，配备结构合理的专业咨询人员，提升核心竞争力，培育综合性多元化服务及系统性问题一站式整合服务能力。鼓励投资咨询、招标代理、勘察、设计、监理、造价、项目管理等企业，采取联合经营、并购重组等方式发展全过程工程咨询。

五、优化全过程工程咨询服务市场环境

（一）建立全过程工程咨询服务技术标准和合同体系。研究建立投资决策综合性咨询和工程建设全过程咨询服务技术标准体系，促进全过程工程咨询服

务科学化、标准化和规范化；以服务合同管理为重点，加快构建适合我国投资决策和工程建设咨询服务的招标文件及合同示范文本，科学制定合同条款，促进合同双方履约。全过程工程咨询单位要切实履行合同约定的各项义务、承担相应责任，并对咨询成果的真实性、有效性和科学性负责。

（二）完善全过程工程咨询服务酬金计取方式。全过程工程咨询服务酬金可在项目投资中列支，也可根据所包含的具体服务事项，通过项目投资中列支的投资咨询、招标代理、勘察、设计、监理、造价、项目管理等费用进行支付。全过程工程咨询服务酬金在项目投资中列支的，所对应的单项咨询服务费用不再列支。投资者或建设单位应当根据工程项目的规模和复杂程度，咨询服务的范围、内容和期限等与咨询单位确定服务酬金。全过程工程咨询服务酬金可按各专项服务酬金叠加后再增加相应统筹管理费用计取，也可按人工成本加酬金方式计取。全过程工程咨询单位应努力提升服务能力和水平，通过为所咨询的工程建设或运行增值来体现其自身市场价值，禁止恶意低价竞争行为。鼓励投资者或建设单位根据咨询服务节约的投资额对咨询单位予以奖励。

（三）建立全过程工程咨询服务管理体系。咨询单位要建立自身的服务技术标准、管理标准，不断完善质量管理体系、职业健康安全和环境管理体系，通过积累咨询服务实践经验，建立具有自身特色的全过程工程咨询服务管理体系及标准。大力开发和利用建筑信息模型（BIM）、大数据、物联网等现代信息技术和资源，努力提高信息化管理与应用水平，为开展全过程工程咨询业务提供保障。

（四）加强咨询人才队伍建设和国际交流。咨询单位要高度重视全过程工程咨询项目负责人及相关专业人才的培养，加强技术、经济、管理及法律等方面的理论知识培训，培养一批符合全过程工程咨询服务需求的综合型人才，为开展全过程工程咨询业务提供人才支撑。鼓励咨询单位与国际著名的工程顾问公司开展多种形式的合作，提高业务水平，提升咨询单位的国际竞争力。

六、强化保障措施

（一）加强组织领导。国务院投资主管部门负责指导投资决策综合性咨询，国务院住房和城乡建设主管部门负责指导工程建设全过程咨询。各级投资主管部门、住房和城乡建设主管部门要高度重视全过程工程咨询服务的推进和发展，创新投资决策机制和工程建设管理机制，完善相关配套政策，加强对全过程工程咨询服务活动的引导和支持，加强与财政、税务、审计等有关部门的沟通协调，切实解决制约全过程工程咨询实施中的实际问题。

（二）推动示范引领。各级政府主管部门要引导和鼓励工程决策和建设采用全过程工程咨询模式，通过示范项目的引领作用，逐步培育一批全过程工程咨询骨干企业，提高全过程工程咨询的供给质量和能力；鼓励各地区和企业积极探索和开展全过程工程咨询，及时总结和推广经验，扩大全过程工程咨询的影响力。

（三）加强政府监管和行业自律。有关部门要根据职责分工，建立全过程工程咨询监管制度，创新全过程监管方式，实施综合监管、联动监管，加大对违法违规咨询单位和从业人员的处罚力度，建立信用档案和公开不良行为信息，推动咨询单位切实提高服务质量和效率。有关行业协会应当充分发挥专业优势，协助政府开展相关政策和标准体系研究，引导咨询单位提升全过程工程咨询服务能力；加强行业诚信自律体系建设，规范咨询单位和从业人员的市场行为，引导市场合理竞争。

三十六、2019年6月14日，国家发展改革委等九部委《关于全面推开行业协会商会与行政机关脱钩改革的实施意见》（发改体改〔2019〕1063号）

根据《中共中央办公厅 国务院办公厅关于印发〈行业协会商会与行政机关脱钩总体方案〉的通知》（中办发〔2015〕39号，以下简称《总体方案》）要求，经党中央、国务院同意，现就全面推开行业协会商会与行政机关脱钩改革提出以下意见。

一、总体要求

按照去行政化的原则，落实“五分离、五规范”的改革要求，全面实现行业协会商会与行政机关脱钩。加快转变政府职能，创新管理方式，促进行业协会商会提升服务水平、依法规范运行、健康有序发展、充分发挥作用。

坚持“应脱尽脱”的改革原则。凡是符合条件并纳入改革范围的行业协会商会，都要与行政机关脱钩，加快成为依法设立、自主办会、服务为本、治理规范、行为自律的社会组织。

坚持落实主管单位的主体责任。业务主管单位应精心组织，指导行业协会商会高质高效完成脱钩改革任务，积极协调解决脱钩过程中出现的问题，不得简单采用通知、声明或会议传达等方式提前“甩包袱”。行业协会商会应按要求切实落实好各项改革任务。

坚持协同推进的工作机制。行业协会商会与行政机关脱钩联合工作组负责指导推动改革工作。全国性行业协会商会脱钩改革由民政部牵头落实，地方行业协会商会脱钩改革由各级脱钩联合工作机制负责落实。发展改革、民政、组织（社会组织党建工作机构）、财政、人力资源社会保障等职能部门及行业管理部门协同配合做好脱钩改革工作。

二、改革主体和范围

脱钩的主体是各级行政机关与其主办、主管、联系、挂靠的行业协会商会。其他列入公务员法实施范围和参照公务员法管理的单位与其主办、主管、联系、挂靠的行业协会商会，参照本意见执行。

同时具有以下特征的行业协会商会纳入脱钩范围：会员主体为从事相同性质经济活动的单位、同业人员，或同地域的经济组织；名称以"行业协会""协会""商会""同业公会""联合会""促进会"等字样为后缀；在民政部门登记为社会团体法人。

列入脱钩名单的全国性行业协会商会（见附件），必须按规定要求和时限完成脱钩。暂未列入脱钩名单的全国性行业协会商会，暂时实行业务主管单位和登记管理机关双重管理，同时按照去行政化的要求，加快推进相关改革。

三、改革具体任务

（一）机构分离。取消行政机关（包括下属单位）与行业协会商会的主办、主管、联系和挂靠关系，行业协会商会依法直接登记、独立运行，不再设置业务主管单位。原委托行业协会商会代管的事业单位，按照《关于贯彻落实行业协会商会与行政机关脱钩总体方案涉及事业单位机构编制调整的意见（试行）》（中央编办发〔2015〕38号）要求，并入行业协会商会或根据业务关联性划转至相关行业管理部门管理；暂时无法并入或划转的，先推进行业协会商会脱钩，待脱钩完成后，由事业单位的主管部门再按有关要求采取并入、划转或其他方式改革。

（二）职能分离。厘清行政机关与行业协会商会的职能，剥离行业协会商会现有行政职能，行政机关不得将其法定职能转移或委托给行业协会商会行使，法律法规另有规定的除外。深化"放管服"改革，鼓励行政机关向符合条件的行业协会商会和其他社会力量购买服务，鼓励和支持行业协会商会参与承接政府购买服务。财政部门要加强对政府向行业协会商会购买服务实施工作的指导，促进购买服务工作有效有序开展。

（三）资产财务分离。取消对行业协会商会的直接财政拨款，通过政府购买服务等方式支持其发展。行业协会商会执行民间非营利组织会计制度，单独建账、独立核算。业务主管单位负责对其主管的行业协会商会资产财务状况进行全面摸底和清查登记，财政部门按照"严界定、宽使用"的原则批复资产核实情况。脱钩过程中，要严格执行国有资产管理和处置的有关规定，严禁隐匿、私分国有资产，防止国有资产流失。行业协会商会占用的行政办公用房，按照有关规定进行腾退，实现办公场所独立。

（四）人员管理分离。落实行业协会商会人事自主权，规范用人管理，全面实行劳动合同制度，依法依章程自主选人用人。行业协会商会按照法律、法规和政策规定合理确定工作人员工资，并为工作人员缴存住房公积金。行业协会商会工作人员按照属地管理原则参加当地企业职工养老保险。鼓励行业协会商会建立企业年金。行政机关不得推荐、安排在职和退（离）休公务员（含参照公务员法管理的机关或单位工作人员）到行业协会商会任职兼职，现职和不担任现职但未办理退（离）休手续的党政领导干部及在职工作人员，不得在行业协会商会兼任职务。领导干部退（离）休后三年内一般不得到行业协会商会兼职，个别确属工作特殊需要兼职的，应当按照干部管理权限审批；退（离）休三年后到行业协会商会兼职，须按干部管理权限审批或备案后方可兼职。

（五）党建外事等事项分离。脱钩后，全国性行业协会商会的党建工作，按照原业务主管单位党的关系归口由中央和国家机关工作委员会、国务院国资委党委领导。地方行业协会商会的党建工作，由各地党委成立的社会组织党建工作机构统一领导。行业协会商会外事工作按照中央有关外事管理规定，由住所地政府外事工作机构管理。外事工作机构要加强指导协调、管理服务，必要时可就有关外事活动、国际交流合作事项函询行业管理部门，行业管理部门应及时函复意见。行业协会商会举办国际博（展）览会、国际比赛、国际文化展演等，按规定报有关部门审批。行业协会商会主管且主办的报刊不受脱钩影响，可维持现状；行政机关主管、行业协会商会主办的报刊，行政机关可根据与该报刊的业务指导或行业管理关系紧密程度，选择保留主管关系，或按程序变更为由行业协会商会主管主办。脱钩后，行业协会商会住所地县级以上（含县级）公共就业和人才服务机构及经人力资源社会保障部门授权的单位，应当提供人事档案管理服务。对职称评定、居住证办理等须经业务主管单位审核才能申报的事项，相关职能部门应及时修订原管理办法，调整申报条件和程序等；新管理办法出台前，应明确过渡性措施，并做好新旧政策衔接，确保行业协会商会脱钩过程中和脱钩后均能顺利办理类似事项。

四、全面加强行业协会商会党建工作

各级社会组织党建工作机构要会同有关部门加强具体指导，深入推进脱钩行业协会商会党的建设，在脱钩改革中同步健全党的组织、同步加强党务工作力量、同步完善党建工作体制、同步推进党的工作，全面增强党对行业协会商会的领导，确保脱钩过程中党的工作不间断、党组织作用不削弱。

（一）完善党建工作管理体制和工作机制。各地要在总结试点经验的基础上，进一步理顺脱钩行业协会商会党建工作管理体制。脱钩行业协会商会已建立党委的，可由社会组织党建工作机构直接管理；已建立党总支或党支部的，结合实际和工作需要，可依托较大的行业协会商会等，整合组建为隶属于社会组织党建工作机构的若干联合党委。完善行业协会商会负责人人选审核特别是政治审核办法，严把人选关。民政部门要把党建工作情况作为行业协会商会登记审查、检查评估的重要内容。各级社会组织党建工作机构要加强统筹协调，建立与相关部门工作沟通机制，及时研究解决脱钩行业协会商会党建工作中的重要问题，强化督促检查，确保脱钩工作顺利推进、有序衔接。

（二）扩大党的组织覆盖和工作覆盖。健全基层组织，优化组织设置，理顺隶属关系，提高脱钩行业协会商会党的组织覆盖和工作覆盖质量。各行业协会商会原业务主管单位要逐一摸清行业协会商会党组织和党员基本情况，逐个研究制定行业协会商会党建工作体制调整方案。已经建立党组织的，原业务主管单位和接收单位要密切配合，做好党组织关系移交、党员组织关系转接等相关工作。具备党组织组建条件但尚未建立党组织的，接收单位要会同原业务主管单位研究提出党组织组建方案，推动同步建立党组织，实现应建尽建。对暂不具备党组织组建条件的行业协会商会，接收单位要及时选派既懂党建又熟悉行业情况的党员担任党建工作指导员，合理确定党建工作指导员联系行业协会商会的数量，明确职责任务，加强教育培训和管理考核，对不称职的及时调整。

（三）充分发挥行业协会商会党组织作用。各级社会组织党建工作机构要督促行业协会商会把党建工作要求写入章程，健全党组织参与重大问题决策、规范管理的工作机制。推行行业协会商会党组织班子成员与管理层双向进入、交叉任职，推荐符合条件的行业协会商会主要负责人或主持日常工作的负责人担任党组织书记，探索行业协会商会党员负责人年度考核办法。注重把符合条件的行业协会商会负责人和业务骨干发展成党员，提高行业协会商会管理层中党员的比例，提高从业人员中党员的比例。认真执行基层党组织任期制度和按期换届提醒督促机制。按照“一方隶属、参加多重组织生活”原则，组织暂未转移组织关系的党员参加行业协会商会党组织活动。各地要多渠道保障脱钩行业协会商会党建工作经费，脱钩行业协会商会应将党建工作经费纳入管理费用列支，可按规定在税前扣除。

（四）加强行业协会商会党风廉政建设。行业协会商会党组织应当认真落实全面从严治党主体责任，引导和监督社会组织依法执业、诚信从业，加强对党员遵守党章党规党纪、贯彻执行党的路线方针政策等情况的监督检查，维护和执行党的政治纪律和政治规矩，定期开展廉政警示教育，强化廉洁风险防控，推动中央八项规定精神落实见效。社会组织党建工作机构要指导行业协会商会加强党风廉政建设，督促落实党风廉政建设主体责任和监督责任。

五、完善综合监管体制

全面落实《行业协会商会综合监管办法（试行）》（发改经体〔2016〕2657

号）要求，不断完善专业化、协同化、社会化监督管理机制，构建组织（社会组织党建工作机构）、民政、财政、税务、审计、价格、市场监管等部门各司其职、信息共享、协同配合、分级负责、依法监管的行业协会商会综合监管体系。

（一）完善登记管理。民政部门依法依规对行业协会商会设立进行登记审查，加强对其成立必要性、发起人代表性、会员广泛性、运作可行性等方面的审核，严把登记入口关。科学充分论证新设立全国性行业协会商会的必要性，与已有行业协会商会业务范围相似的，认真听取行业管理部门和相关方面的意见。加强对行业协会商会治理机制、年度报告、信息公开等方面的监管，加大对违法违规行业协会商会、非法社会组织的执法检查和查处力度。直接登记的行业协会商会纳入综合监管范围，其党建、资产、外事、人力资源服务等事项参照脱钩行业协会商会进行管理。登记机关应在登记时告知行业协会商会接受综合监管的相关要求，及时主动向相关部门告知行业协会商会登记信息。鼓励地方政府积极探索加强与行业协会商会交流会商、有效合作的工作机制。

（二）加强资产监管。按照《脱钩后行业协会商会资产管理暂行办法》（财资〔2017〕86号）要求，规范资产管理，维护各类资产安全完整。各级财政、民政部门应加强对行业协会商会占有使用的国有资产、暂按国有资产管理资产以及其他资产的监督管理。审计机关对行业协会商会占有使用的国有资产和暂按国有资产管理资产的管理、使用、处置、收益情况，和行业协会商会接受、管理、使用财政资金的真实、合法、效益情况，依法进行审计监督。

（三）规范收费管理。落实《关于进一步规范行业协会商会收费管理的意见》（发改经体〔2017〕1999号）要求，加强对行业协会商会收费的指导监督，从严从实查处行业协会商会违规收费行为，引导行业协会商会在其宗旨和业务范围内规范开展经营服务性活动。完善行业协会商会收费信息集中公示制度，依托“信用中国”网站，集中公示并定期更新收费项目、收费性质、服务内容、收费标准及依据等信息。

（四）强化行业指导与管理。行业管理部门要转变管理思路，创新管理方式，建立工作机制，畅通联系渠道，主动了解掌握在本行业领域内活动的行业协会商会基本情况，积极开展政策和业务指导。行业管理部门可结合实际情况制定对本行业、本领域社会组织引导发展和规范管理的指导性意见、工作方案等。通过购买服务等方式支持本行业领域内行业协会商会发展，引导其强化行业自律、反映行业诉求，鼓励行业协会商会参与行业立法、规划、标准制定、数据统计、评估评价、诚信体系建设等工作。依法依规对行业协会商会的业务活动实施行业监管，开展专项治理，查办或协助查办违法违规行为。

（五）加强信用监管。建立行业协会商会诚信承诺和自律公约制度，行业协会商会要向社会公开诚信承诺书，重点就服务内容、服务方式、服务对象和收费标准等做出承诺。建立行业协会商会失信“黑名单”制度，相关信息纳入全国信用信息共享平台。推动跨地区、跨部门、跨行业协同监管，开展失信联合惩戒，在参与政府购买服务、年检、评先评优等方面进行限制，提高行业协会商会守信收益、增加失信成本。完善行业协会商会第三方评估机制，发挥好第三方评估的引导和监督作用。加强行业协会商会信息公开，接受社会监督。推动行业协会商会在行业信用建设方面发挥重要作用。

六、组织实施

各地区、各部门和行业协会商会要高度重视，严明纪律，借鉴脱钩试点中积累的经验和做法，按《总体方案》和本意见要求，全面实施行业协会商会脱钩改革，2020年底前基本完成。要坚持稳中求进工作总基调，切实处理好改革与稳定的关系，坚持底线思维，增强风险意识，做好风险预案，把可能的隐患消除在萌芽状态。业务主管单位要深入宣讲政策，认真制定实施方案，积极帮助行业协会商会排忧解难，在脱钩未完成前仍要切实履行管理职责，确保改革平稳有序。行业协会商会要强化风险防控，发现重大风险隐患及时处置并向业务主管单位报告，确保改革过程中“思想不乱、队伍不散、工作不断”。

本意见自印发之日起施行。

附件：全国性行业协会商会脱钩改革名单（共795家，其中已脱钩422家，拟脱钩373家）（略）。

三十七、2019年6月20日，住房城乡建设部等部门《关于加快推进房屋建筑和市政基础设施工程实行工程担保制度的指导意见》（建市〔2019〕64号）

工程担保是转移、分担、防范和化解工程风险的重要措施，是市场信用体系的主要支撑，是保障工程质量安全的有效手段。当前建筑市场存在着工程防风险能力不强，履约纠纷频发，工程欠款、欠薪屡禁不止等问题，亟需通过完善工程担保应用机制加以解决。为贯彻落实《国务院办公厅关于清理规范工程建设领域保证金的通知》（国办发〔2016〕49号）、《国务院办公厅关于促进建筑业持续健康发展的意见》（国办发〔2017〕19号）、《国务院办公厅关于全面开展工程建设项目审批制度改革的实施意见》（国办发〔2019〕11号），进一步优化营商环境，强化事中事后监管，保障工程建设各方主体合法权益，现就加快推进房屋建筑和市政基础设施工程实行工程担保制度提出如下意见。

一、总体要求

以习近平新时代中国特色社会主义思想为指导，深入贯彻党的十九大和十九届二中、三中全会精神，落实党中央、国务院关于防范应对各类风险、优化营商环境、减轻企业负担的工作部署，通过加快推进实施工程担保制度，推进建筑业供给侧结构性改革，激发市场主体活力，创新建筑市场监管方式，适应建筑业“走出去”发展需求。

二、工作目标

加快推行投标担保、履约担保、工程质量保证担保和农民工工资支付担保。支持银行业金融机构、工程担保公司、保险机构作为工程担保保证人开展工程担保业务。到2020年，各类保证金的保函替代率明显提升；工程担保保证人的风险识别、风险控制能力显著增强；银行信用额度约束力、建设单位及建筑业企业履约能力全面提升。

三、分类实施工程担保制度

（一）推行工程保函替代保证金。加快推行银行保函制度，在有条件的地区推行工程担保公司保函和工程保证保险。严格落实国务院清理规范工程建设领域保证金的工作要求，对于投标保证金、履约保证金、工程质量保证金、农民工工资保证金，建筑业企业可以保函的方式缴纳。严禁任何单位和部门将现金保证金挪作他用，保证金到期应当及时予以退还。

（二）大力推行投标担保。对于投标人在投标有效期内撤销投标文件、中标后在规定期限内不签订合同或未在规定的期限内提交履约担保等行为，鼓励将其纳入投标保函的保证范围进行索赔。招标人到期不按规定退还投标保证金及银行同期存款利息或投标保函的，应作为不良行为记入信用记录。

（三）着力推行履约担保。招标文件要求中标人提交履约担保的，中标人应当按照招标文件的要求提交。招标人要求中标人提供履约担保的，应当同时向中标人提供工程款支付担保。建设单位和建筑业企业应当加强工程风险防控能力建设。工程担保保证人应当不断提高专业化承保能力，增强风险识别能力，认真开展保中、保后管理，及时做好预警预案，并在违约发生后按保函约定及时代为履行或承担损失赔付责任。

（四）强化工程质量保证银行保函应用。以银行保函替代工程质量保证金的，银行保函金额不得超过工程价款结算总额的3%。在工程项目竣工前，已经缴纳履约保证金的，建设单位不得同时预留工程质量保证金。建设单位到期未退还保证金的，应作为不良行为记入信用记录。

（五）推进农民工工资支付担保应用。农民工工资支付保函全部采用具有见索即付性质的独立保函，并实行差别化管理。对被纳入拖欠农民工工资“黑名单”的施工企业，实施失信联合惩戒。工程担保保证人应不断提升专业能力，提前预控农民工工资支付风险。各地住房和城乡建设主管部门要会同人力资源社会保障部门加快应用建筑工人实名制平台，加强对农民工合法权益保障力度，推进建筑工人产业化进程。

四、促进工程担保市场健康发展

（六）加强风险控制能力建设。支持工程担保保证人与全过程工程咨询、工程监理单位开展深度合作，创新工程监管和化解工程风险模式。工程担保保证人的工作人员应当具有第三方风险控制能力和工程领域的专业技术能力。

（七）创新监督管理方式。修订保函示范文本，修改完善工程招标文件和合同示范文本，推进工程担保应用；积极发展电子保函，鼓励以工程再担保体系增强对担保机构的信用管理，推进“互联网+”工程担保市场监管。

（八）完善风险防控机制。推进工程担保保证人不断完善内控管理制度，积极开展风险管理服务，有效防范和控制风险。保证人应不断规范工程担保行为，加强风险防控机制建设，发展保后风险跟踪和风险预警服务能力，增强处理合同纠纷、认定赔付责任等能力。全面提升工程担保保证人风险评估、风险防控能力，切实发挥工程担保作用。鼓励工程担保保证人遵守相关监管要求，积极为民营、中小建筑业企业开展保函业务。

（九）加强建筑市场监管。建设单位在办理施工许可时，应当有满足施工需要的资金安排。政府投资项目所需资金应当按照国家有关规定确保落实到位，不得由施工单位垫资建设。对于未履行工程款支付责任的建设单位，将其不良行为记入信用记录。

（十）加大信息公开力度。加大建筑市场信息公开力度，全面公开企业资质、人员资格、工程业绩、信用信息以及工程担保相关信息，方便与保函相关的人员及机构查询。

（十一）推进信用体系建设。引导各方市场主体树立信用意识，加强内部信用管理，不断提高履约能力，积累企业信用。积极探索建筑市场信用评价结果直接应用于工程担保的办法，为信用状况良好的企业提供便利，降低担保费用、简化担保程序；对恶意索赔等严重失信企业纳入建筑市场主体“黑名单”管理，实施联合惩戒，构建“一处失信、处处受制”的市场环境。

五、加强统筹推进

（十二）加强组织领导。各地有关部门要高度重视工程担保工作，依据职责明确分工，明晰工作目标，健全工作机制，完善配套政策，落实工作责任。加大对工程担保保证人的动态监管，不断提升保证人专业能力，防范化解工程风险。

（十三）做好宣传引导。各地有关部门要通过多种形式积极做好工程担保的宣传工作，加强舆论引导，促进建筑市场主体对工程担保的了解和应用，切实发挥工程担保防范和化解工程风险的作用。

三十八、2019年9月15日，国务院办公厅转发住房城乡建设部《关于完善质量保障体系提升建筑工程品质指导意见的通知》（国办函〔2019〕92号）

住房城乡建设部《关于完善质量保障体系提升建筑工程品质的指导意见》已经国务院同意，现转发给你们，请认真贯彻落实。

关于完善质量保障体系提升建筑工程品质的指导意见

建筑工程质量事关人民群众生命财产安全，事关城市未来和传承，事关新型城镇化发展水平。近年来，我国不断加强建筑工程质量管理，品质总体水平稳步提升，但建筑工程量大面广，各种质量问题依然时有发生。为解决建筑工程质量管理面临的突出问题，进一步完善质量保障体系，不断提升建筑工程品质，现提出以下意见。

一、总体要求

以习近平新时代中国特色社会主义思想为指导，全面贯彻党的十九大和十九届二中、三中全会以及中央城镇化工作会议、中央城市工作会议精神，按照党中央、国务院决策部署，坚持以人民为中心，牢固树立新发展理念，以供给侧结构性改革为主线，以建筑工程质量问题为切入点，着力破除体制机制障碍，逐步完善质量保障体系，不断提高工程质量抽查符合率和群众满意度，进一步提升建筑工程品质总体水平。

二、强化各方责任

（一）突出建设单位首要责任。建设单位应加强对工程建设全过程的质量管理，严格履行法定程序和质量责任，不得违法违规发包工程。建设单位应切实落实项目法人责任制，保证合理工期和造价。建立工程质量信息公示制度，建设单位应主动公开工程竣工验收等信息，接受社会监督。（住房城乡建设部、发展改革委负责）

（二）落实施工单位主体责任。施工单位应完善质量管理体系，建立岗位责任制度，设置质量管理机构，配备专职质量负责人，加强全面质量管理。推行工程质量安全手册制度，推进工程质量管理标准化，将质量管理要求落实到每个项目和员工。建立质量责任标识制度，对关键工序、关键部位隐蔽工程实施举牌验收，加强施工记录和验收资料管理，实现质量责任可追溯。施工单位对建筑工程的施工质量负责，不得转包、违法分包工程。（住房城乡建设部

负责）

（三）明确房屋使用安全主体责任。房屋所有权人应承担房屋使用安全主体责任。房屋所有权人和使用人应正确使用和维护房屋，严禁擅自变动房屋建筑主体和承重结构。加强房屋使用安全管理，房屋所有权人及其委托的管理服务单位要定期对房屋安全进行检查，有效履行房屋维修保养义务，切实保证房屋使用安全。（住房城乡建设部负责）

（四）履行政府的工程质量监管责任。强化政府对工程建设全过程的质量监管，鼓励采取政府购买服务的方式，委托具备条件的社会力量进行工程质量监督检查和抽测，探索工程监理企业参与监管模式，健全省、市、县监管体系。完善日常检查和抽查抽测相结合的质量监督检查制度，全面推行“双随机、一公开”检查方式和“互联网＋监管”模式，落实监管责任。加强工程质量监督队伍建设，监督机构履行监督职能所需经费由同级财政预算全额保障。强化工程设计安全监管，加强对结构计算书的复核，提高设计结构整体安全、消防安全等水平。（住房城乡建设部、发展改革委、财政部、应急部负责）

三、完善管理体制

（一）改革工程建设组织模式。推行工程总承包，落实工程总承包单位在工程质量安全、进度控制、成本管理等方面的责任。完善专业分包制度，大力发展专业承包企业。积极发展全过程工程咨询和专业化服务，创新工程监理制度，严格落实工程咨询（投资）、勘察设计、监理、造价等领域职业资格人员的质量责任。在民用建筑工程中推进建筑师负责制，依据双方合同约定，赋予建筑师代表建设单位签发指令和认可工程的权利，明确建筑师应承担的责任。（住房城乡建设部、发展改革委负责）

（二）完善招标投标制度。完善招标人决策机制，进一步落实招标人自主权，在评标定标环节探索建立能够更好满足项目需求的制度机制。简化招标投标程序，推行电子招标投标和异地远程评标，严格评标专家管理。强化招标主体责任追溯，扩大信用信息在招标投标环节的规范应用。严厉打击围标、串标和虚假招标等违法行为，强化标后合同履约监管。（发展改革委、住房城乡建设部、市场监管总局负责）

（三）推行工程担保与保险。推行银行保函制度，在有条件的地区推行工程担保公司保函和工程保证保险。招标人要求中标人提供履约担保的，招标人应当同时向中标人提供工程款支付担保。对采用最低价中标的探索实行高保额履约担保。组织开展工程质量保险试点，加快发展工程质量保险。（住房城乡建设部、发展改革委、财政部、人民银行、银保监会负责）

（四）加强工程设计建造管理。贯彻落实“适用、经济、绿色、美观”的建筑方针，指导制定符合城市地域特征的建筑设计导则。建立建筑“前策划、后评估”制度，完善建筑设计方案审查论证机制，提高建筑设计方案决策水平。加强住区设计管理，科学设计单体住宅户型，增强安全性、实用性、宜居性，提升住区环境质量。严禁政府投资项目超标准建设。严格控制超高层建筑建设，严格执行超限高层建筑工程抗震设防审批制度，加强超限高层建筑抗震、消防、节能等管理。创建建筑品质示范工程，加大对优秀企业、项目和个人的表彰力度；在招标投标、金融等方面加大对优秀企业的政策支持力度，鼓励将企业质量情况纳入招标投标评审因素。（住房城乡建设部、发展改革委、工业和信息化部、人力资源社会保障部、应急部、人民银行负责）

（五）推行绿色建造方式。完善绿色建材产品标准和认证评价体系，进一步提高建筑产品节能标准，建立产品发布制度。大力发展装配式建筑，推进绿色施工，通过先进技术和科学管理，降低施工过程对环境的不利影响。建立健全绿色建筑标准体系，完善绿色建筑评价标识制度。（住房城乡建设部、发展改革委、工业和信息化部、市场监管总局负责）

（六）支持既有建筑合理保留利用。推动开展老城区、老工业区保护更新，引导既有建筑改建设计创新。依法保护和合理利用文物建筑。建立建筑拆除管理制度，不得随意拆除符合规划标准、在合理使用寿命内的公共建筑。开展公共建筑、工业建筑的更新改造利用试点示范。制定支持既有建筑保留和更新利用的消防、节能等相关配套政策。（住房城乡建设部、发展改革委、工业和信息化部、应急部、文物局负责）

四、健全支撑体系

（一）完善工程建设标准体系。系统制定全文强制性工程建设规范，精简整合政府推荐性标准，培育发展团体和企业标准，加快适应国际标准通行规则。组织开展重点领域国内外标准比对，提升标准水平。加强工程建设标准国际交流合作，推动一批中国标准向国际标准转化和推广应用。（住房城乡建设部、市场监管总局、商务部负责）

（二）加强建材质量管理。建立健全缺陷建材产品响应处理、信息共享和部门协同处理机制，落实建材生产单位和供应单位终身责任，规范建材市场秩序。强化预拌混凝土生产、运输、使用环节的质量管理。鼓励企业建立装配式建筑部品部件生产和施工安装全过程质量控制体系，对装配式建筑部品部件实行驻厂监造制度。建立从生产到使用全过程的建材质量追溯机制，并将相关信息向社会公示。（市场监管总局、住房城乡建设部、工业和信息化部负责）

（三）提升科技创新能力。加大建筑业技术创新及研发投入，推进产学研用一体化，突破重点领域、关键共性技术开发应用。加大重大装备和数字化、智能化工程建设装备研发力度，全面提升工程装备技术水平。推进建筑信息模型（BIM）、大数据、移动互联网、云计算、物联网、人工智能等技术在设计、施工、运营维护全过程的集成应用，推广工程建设数字化成果交付与应用，提升建筑业信息化水平。（科技部、工业和信息化部、住房城乡建设部负责）

（四）强化从业人员管理。加强建筑业从业人员职业教育，大力开展建筑工人职业技能培训，鼓励建立职业培训实训基地。加强职业技能鉴定站点建设，完善技能鉴定、职业技能等级认定等多元评价体系。推行建筑工人实名制管理，加快全国建筑工人管理服务信息平台建设，促进企业使用符合岗位要求的技能工人。建立健全与建筑业相适应的社会保险参保缴费方式，大力推进建筑施工单位参加工伤保险，保障建筑工人合法权益。（住房城乡建设部、人力资源社会保障部、财政部负责）

五、加强监督管理

（一）推进信用信息平台建设。完善全国建筑市场监管公共服务平台，加强信息归集，健全违法违规行为记录制度，及时公示相关市场主体的行政许可、行政处罚、抽查检查结果等信息，并与国家企业信用信息公示系统、全国信用信息共享平台等实现数据共享交换。建立建筑市场主体黑名单制度，对违法违规的市场主体实施联合惩戒，将工程质量违法违规等记录作为企业信用评价的重要内容。（住房城乡建设部、发展改革委、人民银行、市场监管总局负责）

（二）严格监管执法。加大建筑工程质量责任追究力度，强化工程质量终身责任落实，对违反有关规定、造成工程质量事故和严重质量问题的单位和个人依法严肃查处曝光，加大资质资格、从业限制等方面处罚力度。强化个人执业资格管理，对存在证书挂靠等违法违规行为的注册执业人员，依法给予暂扣、吊销资格证书直至终身禁止执业的处罚。（住房城乡建设部负责）

（三）加强社会监督。相关行业协会应完善行业约束与惩戒机制，加强行业自律。建立建筑工程责任主体和责任人公示制度。企业须公开建筑工程项目质量信息，接受社会监督。探索建立建筑工程质量社会监督机制，支持社会公众参与监督、合理表达质量诉求。各地应完善建筑工程质量投诉和纠纷协调处理机制，明确工程质量投诉处理主体、受理范围、处理流程和办结时限等事项，定期向社会通报建筑工程质量投诉处理情况。（住房城乡建设部、发展改革委、市场监管总局负责）

（四）强化督促指导。建立健全建筑工程质量管理、品质提升评价指标体系，科学评价各地执行工程质量法律法规和强制性标准、落实质量责任制度、质量保障体系建设、质量监督队伍建设、建筑质量发展、公众满意程度等方面

状况，督促指导各地切实落实建筑工程质量管理各项工作措施。（住房城乡建设部负责）

六、抓好组织实施

各地区、各相关部门要高度重视完善质量保障体系、提升建筑工程品质工作，健全工作机制，细化工作措施，突出重点任务，确保各项工作部署落到实处。强化示范引领，鼓励有条件的地区积极开展试点，形成可复制、可推广的经验。加强舆论宣传引导，积极宣传各地的好经验、好做法，营造良好的社会氛围。

三十九、2019 年 12 月 23 日，住房城乡建设部 国家发展改革委《关于印发房屋建筑和市政基础设施项目工程总承包管理办法的通知》（建市规〔2019〕12 号）

为贯彻落实《中共中央国务院关于进一步加强城市规划建设管理工作的若干意见》和《国务院办公厅关于促进建筑业持续健康发展的意见》（国办发〔2017〕19 号），住房和城乡建设部、国家发展改革委制定了《房屋建筑和市政基础设施项目工程总承包管理办法》。现印发给你们，请结合本地区实际，认真贯彻执行。

第一章　总则

第一条　为规范房屋建筑和市政基础设施项目工程总承包活动，提升工程建设质量和效益，根据相关法律法规，制定本办法。

第二条　从事房屋建筑和市政基础设施项目工程总承包活动，实施对房屋建筑和市政基础设施项目工程总承包活动的监督管理，适用本办法。

第三条　本办法所称工程总承包，是指承包单位按照与建设单位签订的合同，对工程设计、采购、施工或者设计、施工等阶段实行总承包，并对工程的质量、安全、工期和造价等全面负责的工程建设组织实施方式。

第四条　工程总承包活动应当遵循合法、公平、诚实守信的原则，合理分担风险，保证工程质量和安全，节约能源，保护生态环境，不得损害社会公共利益和他人的合法权益。

第五条　国务院住房和城乡建设主管部门对全国房屋建筑和市政基础设施项目工程总承包活动实施监督管理。国务院发展改革部门依据固定资产投资建设管理的相关法律法规履行相应的管理职责。

县级以上地方人民政府住房和城乡建设主管部门负责本行政区域内房屋建筑和市政基础设施项目工程总承包（以下简称工程总承包）活动的监督管理。县级以上地方人民政府发展改革部门依据固定资产投资建设管理的相关法律法规在本行政区域内履行相应的管理职责。

第二章　工程总承包项目的发包和承包

第六条　建设单位应当根据项目情况和自身管理能力等，合理选择工程建设组织实施方式。

建设内容明确、技术方案成熟的项目，适宜采用工程总承包方式。

第七条　建设单位应当在发包前完成项目审批、核准或者备案程序。采用工程总承包方式的企业投资项目，应当在核准或者备案后进行工程总承包项目发包。采用工程总承包方式的政府投资项目，原则上应当在初步设计审批完成后进行工程总承包项目发包；其中，按照国家有关规定简化报批文件和审批程序的政府投资项目，应当在完成相应的投资决策审批后进行工程总承包项目发包。

第八条　建设单位依法采用招标或者直接发包等方式选择工程总承包单位。

工程总承包项目范围内的设计、采购或者施工中，有任一项属于依法必须进行招标的项目范围且达到国家规定规模标准的，应当采用招标的方式选择工程总承包单位。

第九条　建设单位应当根据招标项目的特点和需要编制工程总承包项目招标文件，主要包括以下内容：

（一）投标人须知；

（二）评标办法和标准；

（三）拟签订合同的主要条款；

（四）发包人要求，列明项目的目标、范围、设计和其他技术标准，包括对项目的内容、范围、规模、标准、功能、质量、安全、节约能源、生态环境保护、工期、验收等的明确要求；

（五）建设单位提供的资料和条件，包括发包前完成的水文地质、工程地质、地形等勘察资料，以及可行性研究报告、方案设计文件或者初步设计文件等；

（六）投标文件格式；

（七）要求投标人提交的其他材料。

建设单位可以在招标文件中提出对履约担保的要求，依法要求投标文件载明拟分包的内容；对于设有最高投标限价的，应当明确最高投标限价或者最高投标限价的计算方法。

推荐使用由住房和城乡建设部会同有关部门制定的工程总承包合同示范文本。

第十条　工程总承包单位应当同时具有与工程规模相适应的工程设计资质和施工资质，或者由具有相应资质的设计单位和施工单位组成联合体。工程总承包单位应当具有相应的项目管理体系和项目管理能力、财务和风险承担能力，以及与发包工程相类似的设计、施工或者工程总承包业绩。

设计单位和施工单位组成联合体的，应当根据项目的特点和复杂程度，合理确定牵头单位，并在联合体协议中明确联合体成员单位的责任和权利。联合体各方应当共同与建设单位签订工程总承包合同，就工程总承包项目承担连带责任。

第十一条　工程总承包单位不得是工程总承包项目的代建单位、项目管理单位、监理单位、造价咨询单位、招标代理单位。

政府投资项目的项目建议书、可行性研究报告、初步设计文件编制单位及其评估单位，一般不得成为该项目的工程总承包单位。政府投资项目招标人公开已经完成的项目建议书、可行性研究报告、初步设计文件的，上述单位可以参与该工程总承包项目的投标，经依法评标、定标，成为工程总承包单位。

第十二条　鼓励设计单位申请取得施工资质，已取得工程设计综合资质、行业甲级资质、建筑工程专业甲级资质的单位，可以直接申请相应类别施工总承包一级资质。鼓励施工单位申请取得工程设计资质，具有一级及以上施工总承包资质的单位可以直接申请相应类别的工程设计甲级资质。完成的相应规模工程总承包业绩可以作为设计、施工业绩申报。

第十三条　建设单位应当依法确定投标人编制工程总承包项目投标文件所需要的合理时间。

第十四条　评标委员会应当依照法律规定和项目特点，由建设单位代表、具有工程总承包项目管理经验的专家，以及从事设计、施工、造价等方面的专家组成。

第十五条　建设单位和工程总承包单位应当加强风险管理，合理分担风险。

建设单位承担的风险主要包括：

（一）主要工程材料、设备、人工价格与招标时基期价相比，波动幅度超过合同约定幅度的部分；

（二）因国家法律法规政策变化引起的合同价格的变化；

（三）不可预见的地质条件造成的工程费用和工期的变化；

（四）因建设单位原因产生的工程费用和工期的变化；

（五）不可抗力造成的工程费用和工期的变化。

具体风险分担内容由双方在合同中约定。

鼓励建设单位和工程总承包单位运用保险手段增强防范风险能力。

第十六条　企业投资项目的工程总承包宜采用总价合同，政府投资项目的工程总承包应当合理确定合同价格形式。采用总价合同的，除合同约定可以调整的情形外，合同总价一般不予调整。

建设单位和工程总承包单位可以在合同中约定工程总承包计量规则和计价方法。

依法必须进行招标的项目，合同价格应当在充分竞争的基础上合理确定。

第三章　工程总承包项目实施

第十七条　建设单位根据自身资源和能力，可以自行对工程总承包项目进行管理，也可以委托勘察设计单位、代建单位等项目管理单位，赋予相应权利，依照合同对工程总承包项目进行管理。

第十八条　工程总承包单位应当建立与工程总承包相适应的组织机构和管理制度，形成项目设计、采购、施工、试运行管理以及质量、安全、工期、造价、节约能源和生态环境保护管理等工程总承包综合管理能力。

第十九条　工程总承包单位应当设立项目管理机构，设置项目经理，配备相应管理人员，加强设计、采购与施工的协调，完善和优化设计，改进施工方案，实现对工程总承包项目的有效管理控制。

第二十条　工程总承包项目经理应当具备下列条件：

（一）取得相应工程建设类注册执业资格，包括注册建筑师、勘察设计注册工程师、注册建造师或者注册监理工程师等；未实施注册执业资格的，取得高级专业技术职称；

（二）担任过与拟建项目相类似的工程总承包项目经理、设计项目负责人、施工项目负责人或者项目总监理工程师；

（三）熟悉工程技术和工程总承包项目管理知识以及相关法律法规、标准规范；

（四）具有较强的组织协调能力和良好的职业道德。

工程总承包项目经理不得同时在两个或者两个以上工程项目担任工程总承包项目经理、施工项目负责人。

第二十一条　工程总承包单位可以采用直接发包的方式进行分包。但以暂估价形式包括在总承包范围内的工程、货物、服务分包时，属于依法必须进行招标的项目范围且达到国家规定规模标准的，应当依法招标。

第二十二条　建设单位不得迫使工程总承包单位以低于成本的价格竞标，不得明示或者暗示工程总承包单位违反工程建设强制性标准、降低建设工程质量，不得明示或者暗示工程总承包单位使用不合格的建筑材料、建筑构配件和设备。

工程总承包单位应当对其承包的全部建设工程质量负责，分包单位对其分包工程的质量负责，分包不免除工程总承包单位对其承包的全部建设工程所负的质量责任。

工程总承包单位、工程总承包项目经理依法承担质量终身责任。

第二十三条　建设单位不得对工程总承包单位提出不符合建设工程安全生产法律、法规和强制性标准规定的要求，不得明示或者暗示工程总承包单位购买、租赁、使用不符合安全施工要求的安全防护用具、机械设备、施工机具及配件、消防设施和器材。

工程总承包单位对承包范围内工程的安全生产负总责。分包单位应当服从工程总承包单位的安全生产管理，分包单位不服从管理导致生产安全事故的，由分包单位承担主要责任，分包不免除工程总承包单位的安全责任。

第二十四条　建设单位不得设置不合理工期，不得任意压缩合理工期。

工程总承包单位应当依据合同对工期全面负责，对项目总进度和各阶段的进度进行控制管理，确保工程按期竣工。

第二十五条　工程保修书由建设单位与工程总承包单位签署，保修期内工程总承包单位应当根据法律法规规定以及合同约定承担保修责任，工程总承包单位不得以其与分包单位之间保修责任划分而拒绝履行保修责任。

第二十六条　建设单位和工程总承包单位应当加强设计、施工等环节管理，确保建设地点、建设规模、建设内容等符合项目审批、核准、备案要求。

政府投资项目所需资金应当按照国家有关规定确保落实到位，不得由工程总承包单位或者分包单位垫资建设。政府投资项目建设投资原则上不得超过经核定的投资概算。

第二十七条　工程总承包单位和工程总承包项目经理在设计、施工活动中有转包违法分包等违法违规行为或者造成工程质量安全事故的，按照法律法规对设计、施工单位及其项目负责人相同违法违规行为的规定追究责任。

第四章　附则

第二十八条　本办法自 2020 年 3 月 1 日起施行。

四十、2020 年 3 月 30 日，中共中央 国务院《关于构建更加完善的要素市场化配置体制机制的意见》

完善要素市场化配置是建设统一开放、竞争有序市场体系的内在要求，是坚持和完善社会主义基本经济制度、加快完善社会主义市场经济体制的重要内容。为深化要素市场化配置改革，促进要素自主有序流动，提高要素配置效率，进一步激发全社会创造力和市场活力，推动经济发展质量变革、效率变革、动力变革，现就构建更加完善的要素市场化配置体制机制提出如下意见。

一、总体要求

（一）指导思想。以习近平新时代中国特色社会主义思想为指导，全面贯彻党的十九大和十九届二中、三中、四中全会精神，坚持稳中求进工作总基调，坚持以供给侧结构性改革为主线，坚持新发展理念，坚持深化市场化改革、扩大高水平开放，破除阻碍要素自由流动的体制机制障碍，扩大要素市场化配置范围，健全要素市场体系，推进要素市场制度建设，实现要素价格市场决定、流动自主有序、配置高效公平，为建设高标准市场体系、推动高质量发展、建设现代化经济体系打下坚实制度基础。

（二）基本原则。一是市场决定，有序流动。充分发挥市场配置资源的决定性作用，畅通要素流动渠道，保障不同市场主体平等获取生产要素，推动要素配置依据市场规则、市场价格、市场竞争实现效益最大化和效率最优化。二是健全制度，创新监管。更好发挥政府作用，健全要素市场运行机制，完善政府调节与监管，做到放活与管好有机结合，提升监管和服务能力，引导各类要素协同向先进生产力集聚。三是问题导向，分类施策。针对市场决定要素配置范围有限、要素流动存在体制机制障碍等问题，根据不同要素属性、市场化程度差异和经济社会发展需要，分类完善要素市场化配置体制机制。四是稳中求进，循序渐进。坚持安全可控，从实际出发，尊重客观规律，培育发展新型要素形态，逐步提高要素质量，因地制宜稳步推进要素市场化配置改革。

二、推进土地要素市场化配置

（三）建立健全城乡统一的建设用地市场。加快修改完善土地管理法实施条例，完善相关配套制度，制定出台农村集体经营性建设用地入市指导意见。全面推开农村土地征收制度改革，扩大国有土地有偿使用范围。建立公平合理的集体经营性建设用地入市增值收益分配制度。建立公共利益征地的相关制度规定。

（四）深化产业用地市场化配置改革。健全长期租赁、先租后让、弹性年期供应、作价出资（入股）等工业用地市场供应体系。在符合国土空间规划和用途管制要求前提下，调整完善产业用地政策，创新使用方式，推动不同产业用地类型合理转换，探索增加混合产业用地供给。

（五）鼓励盘活存量建设用地。充分运用市场机制盘活存量土地和低效用地，研究完善促进盘活存量建设用地的税费制度。以多种方式推进国有企业存量用地盘活利用。深化农村宅基地制度改革试点，深入推进建设用地整理，完善城乡建设用地增减挂钩政策，为乡村振兴和城乡融合发展提供土地要素保障。

（六）完善土地管理体制。完善土地利用计划管理，实施年度建设用地总量调控制度，增强土地管理灵活性，推动土地计划指标更加合理化，城乡建设用地指标使用应更多由省级政府负责。在国土空间规划编制、农村房地一体不动产登记基本完成的前提下，建立健全城乡建设用地供应三年滚动计划。探索建立全国性的建设用地、补充耕地指标跨区域交易机制。加强土地供应利用统计监测。实施城乡土地统一调查、统一规划、统一整治、统一登记。推动制定不动产登记法。

三、引导劳动力要素合理畅通有序流动

（七）深化户籍制度改革。推动超大、特大城市调整完善积分落户政策，探索推动在长三角、珠三角等城市群率先实现户籍准入年限同城化累计互认。放开放宽除个别超大城市外的城市落户限制，试行以经常居住地登记户口制度。建立城镇教育、就业创业、医疗卫生等基本公共服务与常住人口挂钩机制，推动公共资源按常住人口规模配置。

（八）畅通劳动力和人才社会性流动渠道。健全统一规范的人力资源市场体系，加快建立协调衔接的劳动力、人才流动政策体系和交流合作机制。营造公平就业环境，依法纠正身份、性别等就业歧视现象，保障城乡劳动者享有平等就业权利。进一步畅通企业、社会组织人员进入党政机关、国有企事业单位渠道。优化国有企事业单位面向社会选人用人机制，深入推行国有企业分级分类公开招聘。加强就业援助，实施优先扶持和重点帮助。完善人事档案管理服务，加快提升人事档案信息化水平。

（九）完善技术技能评价制度。创新评价标准，以职业能力为核心制定职业标准，进一步打破户籍、地域、身份、档案、人事关系等制约，畅通非公有制经济组织、社会组织、自由职业专业技术人员职称申报渠道。加快建立劳动者终身职业技能培训制度。推进社会化职称评审。完善技术工人评价选拔制度。探索实现职业技能等级证书和学历证书互通衔接。加强公共卫生队伍建设，健全执业人员培养、准入、使用、待遇保障、考核评价和激励机制。

（十）加大人才引进力度。畅通海外科学家来华工作通道。在职业资格认定认可、子女教育、商业医疗保险以及在中国境内停留、居留等方面，为外籍高层次人才来华创新创业提供便利。

四、推进资本要素市场化配置

（十一）完善股票市场基础制度。制定出台完善股票市场基础制度的意见。坚持市场化、法治化改革方向，改革完善股票市场发行、交易、退市等制度。鼓励和引导上市公司现金分红。完善投资者保护制度，推动完善具有中国特色的证券民事诉讼制度。完善主板、科创板、中小企业板、创业板和全国中小企业股份转让系统（新三板）市场建设。

（十二）加快发展债券市场。稳步扩大债券市场规模，丰富债券市场品种，推进债券市场互联互通。统一公司信用类债券信息披露标准，完善债券违约处

置机制。探索对公司信用类债券实行发行注册管理制。加强债券市场评级机构统一准入管理，规范信用评级行业发展。

（十三）增加有效金融服务供给。健全多层次资本市场体系。构建多层次、广覆盖、有差异、大中小合理分工的银行机构体系，优化金融资源配置，放宽金融服务业市场准入，推动信用信息深度开发利用，增加服务小微企业和民营企业的金融服务供给。建立县域银行业金融机构服务“三农”的激励约束机制。推进绿色金融创新。完善金融机构市场化法治化退出机制。

（十四）主动有序扩大金融业对外开放。稳步推进人民币国际化和人民币资本项目可兑换。逐步推进证券、基金行业对内对外双向开放，有序推进期货市场对外开放。逐步放宽外资金融机构准入条件，推进境内金融机构参与国际金融市场交易。

五、加快发展技术要素市场

（十五）健全职务科技成果产权制度。深化科技成果使用权、处置权和收益权改革，开展赋予科研人员职务科技成果所有权或长期使用权试点。强化知识产权保护和运用，支持重大技术装备、重点新材料等领域的自主知识产权市场化运营。

（十六）完善科技创新资源配置方式。改革科研项目立项和组织实施方式，坚持目标引领，强化成果导向，建立健全多元化支持机制。完善专业机构管理项目机制。加强科技成果转化中试基地建设。支持有条件的企业承担国家重大科技项目。建立市场化社会化的科研成果评价制度，修订技术合同认定规则及科技成果登记管理办法。建立健全科技成果常态化路演和科技创新咨询制度。

（十七）培育发展技术转移机构和技术经理人。加强国家技术转移区域中心建设。支持科技企业与高校、科研机构合作建立技术研发中心、产业研究院、中试基地等新型研发机构。积极推进科研院所分类改革，加快推进应用技术类科研院所市场化、企业化发展。支持高校、科研机构和科技企业设立技术转移部门。建立国家技术转移人才培养体系，提高技术转移专业服务能力。

（十八）促进技术要素与资本要素融合发展。积极探索通过天使投资、创业投资、知识产权证券化、科技保险等方式推动科技成果资本化。鼓励商业银行采用知识产权质押、预期收益质押等融资方式，为促进技术转移转化提供更多金融产品服务。

（十九）支持国际科技创新合作。深化基础研究国际合作，组织实施国际科技创新合作重点专项，探索国际科技创新合作新模式，扩大科技领域对外开放。加大抗病毒药物及疫苗研发国际合作力度。开展创新要素跨境便利流动试点，发展离岸创新创业，探索推动外籍科学家领衔承担政府支持科技项目。发展技术贸易，促进技术进口来源多元化，扩大技术出口。

六、加快培育数据要素市场

（二十）推进政府数据开放共享。优化经济治理基础数据库，加快推动各地区各部门间数据共享交换，制定出台新一批数据共享责任清单。研究建立促进企业登记、交通运输、气象等公共数据开放和数据资源有效流动的制度规范。

（二十一）提升社会数据资源价值。培育数字经济新产业、新业态和新模式，支持构建农业、工业、交通、教育、安防、城市管理、公共资源交易等领域规范化数据开发利用的场景。发挥行业协会商会作用，推动人工智能、可穿戴设备、车联网、物联网等领域数据采集标准化。

（二十二）加强数据资源整合和安全保护。探索建立统一规范的数据管理制度，提高数据质量和规范性，丰富数据产品。研究根据数据性质完善产权性质。制定数据隐私保护制度和安全审查制度。推动完善适用于大数据环境下的数据分类分级安全保护制度，加强对政务数据、企业商业秘密和个人数据的保护。

七、加快要素价格市场化改革

（二十三）完善主要由市场决定要素价格机制。完善城乡基准地价、标定地价的制定与发布制度，逐步形成与市场价格挂钩动态调整机制。健全最低工资标准调整、工资集体协商和企业薪酬调查制度。深化国有企业工资决定机制改革，完善事业单位岗位绩效工资制度。建立公务员和企业相当人员工资水平调查比较制度，落实并完善工资正常调整机制。稳妥推进存贷款基准利率与市场利率并轨，提高债券市场定价效率，健全反映市场供求关系的国债收益率曲线，更好发挥国债收益率曲线定价基准作用。增强人民币汇率弹性，保持人民币汇率在合理均衡水平上的基本稳定。

（二十四）加强要素价格管理和监督。引导市场主体依法合理行使要素定价自主权，推动政府定价机制由制定具体价格水平向制定定价规则转变。构建要素价格公示和动态监测预警体系，逐步建立要素价格调查和信息发布制度。完善要素市场价格异常波动调节机制。加强要素领域价格反垄断工作，维护要素市场价格秩序。

（二十五）健全生产要素由市场评价贡献、按贡献决定报酬的机制。着重保护劳动所得，增加劳动者特别是一线劳动者劳动报酬，提高劳动报酬在初次分配中的比重。全面贯彻落实以增加知识价值为导向的收入分配政策，充分尊重科研、技术、管理人才，充分体现技术、知识、管理、数据等要素的价值。

八、健全要素市场运行机制

（二十六）健全要素市场化交易平台。拓展公共资源交易平台功能。健全科技成果交易平台，完善技术成果转化公开交易与监管体系。引导培育大数据交易市场，依法合规开展数据交易。支持各类所有制企业参与要素交易平台建设，规范要素交易平台治理，健全要素交易信息披露制度。

（二十七）完善要素交易规则和服务。研究制定土地、技术市场交易管理制度。建立健全数据产权交易和行业自律机制。推进全流程电子化交易。推进实物资产证券化。鼓励要素交易平台与各类金融机构、中介机构合作，形成涵盖产权界定、价格评估、流转交易、担保、保险等业务的综合服务体系。

（二十八）提升要素交易监管水平。打破地方保护，加强反垄断和反不正当竞争执法，规范交易行为，健全投诉举报查处机制，防止发生损害国家安全及公共利益的行为。加强信用体系建设，完善失信行为认定、失信联合惩戒、信用修复等机制。健全交易风险防范处置机制。

（二十九）增强要素应急配置能力。把要素的应急管理和配置作为国家应急管理体系建设的重要内容，适应应急物资生产调配和应急管理需要，建立对相关生产要素的紧急调拨、采购等制度，提高应急状态下的要素高效协同配置能力。鼓励运用大数据、人工智能、云计算等数字技术，在应急管理、疫情防控、资源调配、社会管理等方面更好发挥作用。

九、组织保障

（三十）加强组织领导。各地区各部门要充分认识完善要素市场化配置的重要性，切实把思想和行动统一到党中央、国务院决策部署上来，明确职责分工，完善工作机制，落实工作责任，研究制定出台配套政策措施，确保本意见确定的各项重点任务落到实处。

（三十一）营造良好改革环境。深化“放管服”改革，强化竞争政策基础地位，打破行政性垄断、防止市场垄断，清理废除妨碍统一市场和公平竞争的各种规定和做法，进一步减少政府对要素的直接配置。深化国有企业和国有金融机构改革，完善法人治理结构，确保各类所有制企业平等获取要素。

（三十二）推动改革稳步实施。在维护全国统一大市场的前提下，开展要素市场化配置改革试点示范。及时总结经验，认真研究改革中出现的新情况新问题，对不符合要素市场化配置改革的相关法律法规，要按程序抓紧推动调整完善。

四十一、2020 年 8 月 28 日，住房和城乡建设部等部门《关于加快新型建筑工业化发展的若干意见》（建标规〔2020〕8 号）

新型建筑工业化是通过新一代信息技术驱动，以工程全寿命期系统化集成设计、精益化生产施工为主要手段，整合工程全产业链、价值链和创新链，实现工程建设高效益、高质量、低消耗、低排放的建筑工业化。《国务院办公厅关于大力发展装配式建筑的指导意见》（国办发〔2016〕71 号）印发实施以来，以装配式建筑为代表的新型建筑工业化快速推进，建造水平和建筑品质明显提高。为全面贯彻新发展理念，推动城乡建设绿色发展和高质量发展，以新型建筑工业化带动建筑业全面转型升级，打造具有国际竞争力的“中国建造”品牌，提出以下意见。

一、加强系统化集成设计

（一）推动全产业链协同。推行新型建筑工业化项目建筑师负责制，鼓励设计单位提供全过程咨询服务。优化项目前期技术策划方案，统筹规划设计、构件和部品部件生产运输、施工安装和运营维护管理。引导建设单位和工程总承包单位以建筑最终产品和综合效益为目标，推进产业链上下游资源共享、系统集成和联动发展。

（二）促进多专业协同。通过数字化设计手段推进建筑、结构、设备管线、装修等多专业一体化集成设计，提高建筑整体性，避免二次拆分设计，确保设计深度符合生产和施工要求，发挥新型建筑工业化系统集成综合优势。

（三）推进标准化设计。完善设计选型标准，实施建筑平面、立面、构件和部品部件、接口标准化设计，推广少规格、多组合设计方法，以学校、医院、办公楼、酒店、住宅等为重点，强化设计引领，推广装配式建筑体系。

（四）强化设计方案技术论证。落实新型建筑工业化项目标准化设计、工业化建造与建筑风貌有机统一的建筑设计要求，塑造城市特色风貌。在建筑设计方案审查阶段，加强对新型建筑工业化项目设计要求落实情况的论证，避免建筑风貌千篇一律。

二、优化构件和部品部件生产

（五）推动构件和部件标准化。编制主要构件尺寸指南，推进型钢和混凝土构件以及预制混凝土墙板、叠合楼板、楼梯等通用部件的工厂化生产，满足标准化设计选型要求，扩大标准化构件和部品部件使用规模，逐步降低构件和部件生产成本。

（六）完善集成化建筑部品。编制集成化、模块化建筑部品相关标准图集，提高整体卫浴、集成厨房、整体门窗等建筑部品的产业配套能力，逐步形成标准化、系列化的建筑部品供应体系。

（七）促进产能供需平衡。综合考虑构件、部品部件运输和服务半径，引导产能合理布局，加强市场信息监测，定期发布构件和部品部件产能供需情况，提高产能利用率。

（八）推进构件和部品部件认证工作。编制新型建筑工业化构件和部品部件相关技术要求，推行质量认证制度，健全配套保险制度，提高产品配套能力和质量水平。

（九）推广应用绿色建材。发展安全健康、环境友好、性能优良的新型建材，推进绿色建材认证和推广应用，推动装配式建筑等新型建筑工业化项目率先采用绿色建材，逐步提高城镇新建建筑中绿色建材应用比例。

三、推广精益化施工

（十）大力发展钢结构建筑。鼓励医院、学校等公共建筑优先采用钢结构，积极推进钢结构住宅和农房建设。完善钢结构建筑防火、防腐等性能与技术措施，加大热轧 H 型钢、耐候钢和耐火钢应用，推动钢结构建筑关键技术和相关产业全面发展。

（十一）推广装配式混凝土建筑。完善适用于不同建筑类型的装配式混凝土建筑结构体系，加大高性能混凝土、高强钢筋和消能减震、预应力技术的集成应用。在保障性住房和商品住宅中积极应用装配式混凝土结构，鼓励有条件的地区全面推广应用预制内隔墙、预制楼梯板和预制楼板。

（十二）推进建筑全装修。装配式建筑、星级绿色建筑工程项目应推广全装修，积极发展成品住宅，倡导菜单式全装修，满足消费者个性化需求。推进装配化装修方式在商品住房项目中的应用，推广管线分离、一体化装修技术，推广集成化模块化建筑部品，提高装修品质，降低运行维护成本。

（十三）优化施工工艺工法。推行装配化绿色施工方式，引导施工企业研发与精益化施工相适应的部品部件吊装、运输与堆放、部品部件连接等施工工艺工法，推广应用钢筋定位钢板等配套装备和机具，在材料搬运、钢筋加工、高空焊接等环节提升现场施工工业化水平。

（十四）创新施工组织方式。完善与新型建筑工业化相适应的精益化施工组织方式，推广设计、采购、生产、施工一体化模式，实行装配式建筑装饰装修与主体结构、机电设备协同施工，发挥结构与装修穿插施工优势，提高施工现场精细化管理水平。

（十五）提高施工质量和效益。加强构件和部品部件进场、施工安装、节点连接灌浆、密封防水等关键部位和工序质量安全管控，强化对施工管理人员和一线作业人员的质量安全技术交底，通过全过程组织管理和技术优化集成，全面提升施工质量和效益。

四、加快信息技术融合发展

（十六）大力推广建筑信息模型（BIM）技术。加快推进 BIM 技术在新型建筑工业化全寿命期的一体化集成应用。充分利用社会资源，共同建立、维护基于 BIM 技术的标准化部品部件库，实现设计、采购、生产、建造、交付、运行维护等阶段的信息互联互通和交互共享。试点推进 BIM 报建审批和施工图 BIM 审图模式，推进与城市信息模型（CIM）平台的融通联动，提高信息化监管能力，提高建筑行业全产业链资源配置效率。

（十七）加快应用大数据技术。推动大数据技术在工程项目管理、招标投标环节和信用体系建设中的应用，依托全国建筑市场监管公共服务平台，汇聚整合和分析相关企业、项目、从业人员和信用信息等相关大数据，支撑市场监测和数据分析，提高建筑行业公共服务能力和监管效率。

（十八）推广应用物联网技术。推动传感器网络、低功耗广域网、5G、边缘计算、射频识别（RFID）及二维码识别等物联网技术在智慧工地的集成应用，发展可穿戴设备，提高建筑工人健康及安全监测能力，推动物联网技术在监控管理、节能减排和智能建筑中的应用。

（十九）推进发展智能建造技术。加快新型建筑工业化与高端制造业深度融合，搭建建筑产业互联网平台。推动智能光伏应用示范，促进与建筑相结合的光伏发电系统应用。开展生产装备、施工设备的智能化升级行动，鼓励应用建筑机器人、工业机器人、智能移动终端等智能设备。推广智能家居、智能办公、楼宇自动化系统，提升建筑的便捷性和舒适度。

五、创新组织管理模式

（二十）大力推行工程总承包。新型建筑工业化项目积极推行工程总承包模式，促进设计、生产、施工深度融合。引导骨干企业提高项目管理、技术创新和资源配置能力，培育具有综合管理能力的工程总承包企业，落实工程总承包单位的主体责任，保障工程总承包单位的合法权益。

（二十一）发展全过程工程咨询。大力发展以市场需求为导向、满足委托方多样化需求的全过程工程咨询服务，培育具备勘察、设计、监理、招标代理、造价等业务能力的全过程工程咨询企业。

（二十二）完善预制构件监管。加强预制构件质量管理，积极采用驻厂监造制度，实行全过程质量责任追溯，鼓励采用构件生产企业备案管理、构件质量飞行检查等手段，建立长效机制。

（二十三）探索工程保险制度。建立完善工程质量保险和担保制度，通过保险的风险事故预防和费率调节机制帮助企业加强风险管控，保障建筑工程质量。

（二十四）建立使用者监督机制。编制绿色住宅购房人验房指南，鼓励将住宅绿色性能和全装修质量相关指标纳入商品房买卖合同、住宅质量保证书和住宅使用说明书，明确质量保修责任和纠纷处理方式，保障购房人权益。

六、强化科技支撑

（二十五）培育科技创新基地。组建一批新型建筑工业化技术创新中心、重点实验室等创新基地，鼓励骨干企业、高等院校、科研院所等联合建立新型建筑工业化产业技术创新联盟。

（二十六）加大科技研发力度。大力支持 BIM 底层平台软件的研发，加大钢结构住宅在围护体系、材料性能、连接工艺等方面的联合攻关，加快装配式混凝土结构灌浆质量检测和高效连接技术研发，加强建筑机器人等智能建造技术产品研发。

（二十七）推动科技成果转化。建立新型建筑工业化重大科技成果库，加大科技成果公开，促进科技成果转化应用，推动建筑领域新技术、新材料、新产品、新工艺创新发展。

七、加快专业人才培育

（二十八）培育专业技术管理人才。大力培养新型建筑工业化专业人才，壮大设计、生产、施工、管理等方面人才队伍，加强新型建筑工业化专业技术人员继续教育，鼓励企业建立首席信息官（CIO）制度。

（二十九）培育技能型产业工人。深化建筑用工制度改革，完善建筑业从业人员技能水平评价体系，促进学历证书与职业技能等级证书融通衔接。打通建筑工人职业化发展道路，弘扬工匠精神，加强职业技能培训，大力培育产业工人队伍。

（三十）加大后备人才培养。推动新型建筑工业化相关企业开展校企合作，支持校企共建一批现代产业学院，支持院校对接建筑行业发展新需求、新业态、新技术，开设装配式建筑相关课程，创新人才培养模式，提供专业人才保障。

八、开展新型建筑工业化项目评价

（三十一）制定评价标准。建立新型建筑工业化项目评价技术指标体系，重点突出信息化技术应用情况，引领建筑工程项目不断提高劳动生产率和建筑品质。

（三十二）建立评价结果应用机制。鼓励新型建筑工业化项目单位在项目竣工后，按照评价标准开展自评价或委托第三方评价，积极探索区域性新型建筑工业化系统评价，评价结果可作为奖励政策重要参考。

九、加大政策扶持力度

（三十三）强化项目落地。各地住房和城乡建设部门要会同有关部门组织编制新型建筑工业化专项规划和年度发展计划，明确发展目标、重点任务和具体实施范围。要加大推进力度，在项目立项、项目审批、项目管理各环节明确新型建筑工业化的鼓励性措施。政府投资工程要带头按照新型建筑工业化方式建设，鼓励支持社会投资项目采用新型建筑工业化方式。

（三十四）加大金融扶持。支持新型建筑工业化企业通过发行企业债券、公司债券等方式开展融资。完善绿色金融支持新型建筑工业化的政策环境，积极探索多元化绿色金融支持方式，对达到绿色建筑星级标准的新型建筑工业化项目给予绿色金融支持。用好国家绿色发展基金，在不新增隐性债务的前提下鼓励各地设立专项基金。

（三十五）加大环保政策支持。支持施工企业做好环境影响评价和监测，在重污染天气期间，装配式等新型建筑工业化项目在非土石方作业的施工环节可以不停工。建立建筑垃圾排放限额标准，开展施工现场建筑垃圾排放公示，鼓励各地对施工现场达到建筑垃圾减量化要求的施工企业给予奖励。

（三十六）加强科技推广支持。推动国家重点研发计划和科研项目支持新型建筑工业化技术研发，鼓励各地优先将新型建筑工业化相关技术纳入住房和城乡建设领域推广应用技术公告和科技成果推广目录。

（三十七）加大评奖评优政策支持。将城市新型建筑工业化发展水平纳入中国人居环境奖评选、国家生态园林城市评估指标体系。大力支持新型建筑工业化项目参与绿色建筑创新奖评选。

主要参考文献

[1]《中国共产党简史》编写组，编著．中国共产党简史［M］．北京：人民出版社，中共党史出版社 .2021 年 2 月 .

[2] 吴奕良，何立山．主编．新时代工程勘察设计企业高质量发展方式［M］．北京：中国建筑工业出版社 .2019 年 10 月 .

[3] 吴奕良，何立山，姜兴周，秦景光．编著．纵论中国工程勘察设计咨询业的发展道路［M］.北京：中国轻工业出版社 .2012 年 9 月 .

[4] 王家善，何立山．主编．中国工程勘察设计五十年 第一卷 工程勘察设计综合卷［M］．北京：中国建筑工业出版社 .2006 年 10 月 .

[5] 吴竞新．主编．中国工程勘察设计五十年 第七卷工程勘察设计文献 史料卷［M］．北京：中国建筑工业出版社 .2006 年 12 月 .

[6] 何立山．主编．创建国际型项目管理公司和工程公司实用指南［M］．北京：化学工业出版社出版 .2004 年 1 月 .

[7] 杨发君．主编．岩土工程项目管理与控制实用方法［M］．北京：化学工业出版社 .2000 年 8 月 .

[8] 何立山．编著．我们的路［M］．北京：化学工业出版社 .2003 年 5 月 .

[9] 住房城乡建设部政策研究中心，建筑市场监管司．编著．中国建筑业改革与发展研究报告（年度报告）［C］.

[10] 中国勘察设计协会工程勘察设计行业年度发展研究报告编写组．工程勘察设计行业年度发展研究报告［C］.

[11] 建设部设计管理司．编．基本建设勘察设计文件汇编（1990）［C］.

[12] 建设部勘察设计司，中国化工勘察设计协会．工程勘察设计单位体制改革有关政策文件汇编［C］.2001 年 5 月 .

[13] 化学工业部基本建设局．基本建设规章制度文件汇编第一、二、三、四编［C］.

后　记

勘察设计在国民经济中具有重要地位，我国勘察设计的全体人员为中国的经济建设和社会发展做出了卓越的贡献，为人类文明留下了许多美好的作品。但一直以来没有一部系统记载行业筚路蓝缕发展历程的书籍。为此，中国勘察设计协会组织业内资深专家精心撰写了《中国勘察设计发展史》，今天终于付梓。希望本书有助于行业总结历史经验，有益于行业开启新的征程。我们衷心祝愿身处第四次产业革命新时代和两个百年目标交汇点的勘察设计行业能够抓住机遇、迎接挑战，在美丽中国、智慧社会建设的伟大实践中，实现更大的价值创造！

在这里，我们衷心感谢住房城乡建设部有关司局提供的很多宝贵的行业发展历史资料。衷心感谢中国建筑业协会等各支持单位。

中华文明，源远流长，博大精深。勘察设计伟绩辉煌，史迹浩瀚。由于时间仓促，本书难免会有资料收集不全和疏漏、不确切之处，甚为遗憾，敬请读者予以指正。

杨天举

中国勘察设计协会副理事长

2021 年 12 月